Teubner Studienbücher

Mathematik

Ahlswede/Wegener: **Suchprobleme**
328 Seiten. DM 29,80

Aigner: **Graphentheorie**
269 Seiten. DM 29,80

Ansorge: **Differenzenapproximationen partieller Anfangswertaufgaben**
298 Seiten. DM 29,80 (LAMM)

Behnen/Neuhaus: **Grundkurs Stochastik**
376 Seiten. DM 34,—

Bohl: **Finite Modelle gewöhnlicher Randwertaufgaben**
318 Seiten. DM 29,80 (LAMM)

Böhmer: **Spline-Funktionen**
Theorie und Anwendungen. 340 Seiten. DM 32,—

Bröcker: **Analysis in mehreren Variablen**
einschließlich gewöhnlicher Differentialgleichungen und des Satzes von Stokes
VI, 361 Seiten. DM 32,80

Clegg: **Variationsrechnung**
138 Seiten. DM 18,80

v. Collani: **Optimale Wareneingangskontrolle**
IV, 150 Seiten. DM 29,80

Collatz: **Differentialgleichungen**
Eine Einführung unter besonderer Berücksichtigung der Anwendungen
6. Aufl. 287 Seiten. DM 29,80 (LAMM)

Collatz/Krabs: **Approximationstheorie**
Tschebyscheffsche Approximation mit Anwendungen. 208 Seiten. DM 28,—

Constantinescu: **Distributionen und ihre Anwendung in der Physik**
144 Seiten. DM 21,80

Dinges/Rost: **Prinzipien der Stochastik**
294 Seiten. DM 34,—

Fischer/Sacher: **Einführung in die Algebra**
3. Aufl. 240 Seiten. DM 21,80

Floret: **Maß- und Integrationstheorie**
Eine Einführung. 360 Seiten. DM 32,—

Grigorieff: **Numerik gewöhnlicher Differentialgleichungen**
Band 1: Einschrittverfahren. 202 Seiten. DM 19,80
Band 2: Mehrschrittverfahren. 411 Seiten. DM 32,80

Hainzl: **Mathematik für Naturwissenschaftler**
3. Aufl. 376 Seiten. DM 34,— (LAMM)

Hässig: **Graphentheoretische Methoden des Operations Research**
160 Seiten. DM 26,80 (LAMM)

Hettich/Zencke: **Numerische Methoden der Approximation und semi-infiniten Optimierung**
232 Seiten. DM 24,80

Fortsetzung auf S. 350

Teubner Studienbücher Mathematik

Schwarz
Methode der finiten Elemente

Leitfäden der angewandten Mathematik und Mechanik LAMM

Unter Mitwirkung von
Prof. Dr. E. Becker, Darmstadt
Prof. Dr. G. Hotz, Saarbrücken
Prof. Dr. P. Kall, Zürich
Prof. Dr. Dr.-Ing. E.h. K. Magnus, München
Prof. Dr. E. Meister, Darmstadt
Prof. Dr. Dr. h. c. F. K. G. Odqvist, Stockholm

herausgegeben von
Prof. Dr. Dr. h. c. H. Görtler, Freiburg

Band 47

Die Lehrbücher dieser Reihe sind einerseits allen mathematischen Theorien und Methoden von grundsätzlicher Bedeutung für die Anwendung der Mathematik gewidmet; andererseits werden auch die Anwendungsgebiete selbst behandelt. Die Bände der Reihe sollen dem Ingenieur und Naturwissenschaftler die Kenntnis der mathematischen Methoden, dem Mathematiker die Kenntnisse der Anwendungsgebiete seiner Wissenschaft zugänglich machen. Die Werke sind für die angehenden Industrie- und Wirtschaftsmathematiker, Ingenieure und Naturwissenschaftler bestimmt, darüber hinaus aber sollen sie den im praktischen Beruf Tätigen zur Fortbildung im Zuge der fortschreitenden Wissenschaft dienen.

Methode der finiten Elemente

Eine Einführung unter besonderer
Berücksichtigung der Rechenpraxis

Von Dr. sc. math. Hans Rudolf Schwarz
ord. Professor an der Universität Zürich

2., überarbeitete und erweiterte Auflage
Mit 162 Figuren, 57 Tabellen und
zahlreichen Beispielen

B. G. Teubner Stuttgart 1984

Prof. Dr. sc. math. Hans Rudolf Schwarz

Geboren 1930 in Zürich. Von 1949 bis 1953 Studium der Mathematik und Diplom an der ETH Zürich. Von 1953 bis 1957 Mathematiker bei den Flug- und Fahrzeugwerken Altenrhein (Schweiz). 1957 Promotion, ab 1957 wiss. Mitarbeiter an der ETH Zürich. 1962 Visiting Associate Professor an der Brown University in Providence, Rhode Island, USA. 1964 Habilitation an der ETH Zürich, von 1964 bis 1972 Lehrbeauftragter an der ETH Zürich. 1972 Assistenzprofessor, 1974 a.o. Professor, seit 1983 ord. Professor für angewandte Mathematik an der Universität Zürich.

CIP-Kurztitelaufnahme der Deutschen Bibliothek

Schwarz, Hans R.:
Methode der finiten Elemente : e. Einf. unter
bes. Berücks. d. Rechenpraxis / von Hans Rudolf
Schwarz. – 2., überarb. u. erw. Aufl. – Stuttgart :
Teubner, 1984.
   (Leitfäden der angewandten Mathematik und Mechanik ;
   Bd. 47) (Teubner-Studienbücher : Mathematik)
   ISBN 978-3-519-12349-1   ISBN 978-3-322-96758-9 (eBook)
   DOI 10.1007/978-3-322-96758-9
NE: 1. GT

Satz: Elsner & Behrens GmbH, Oftersheim

Umschlaggestaltung: W. Koch, Sindelfingen

Vorwort

Das vorliegende Buch entstand auf die verdankenswerte Anregung meines verehrten
Lehrers, Herrn Prof. Dr. E. S t i e f e l. Es richtet sich an Mathematiker, Physiker,
Ingenieure und allgemeine Naturwissenschaftler, welche an einer elementaren und auf
die praktische und effiziente Durchführung ausgerichteten einführenden Darstellung der
Methode der finiten Elemente interessiert sind.

In dem mit voller Absicht elementar gehaltenen einführenden Lehrbuch sind die Grund-
prinzipien der Methode der finiten Elemente für ein- und zweidimensionale Probleme
eingehend dargelegt. Die Übertragung der Ideen auf die Lösung von dreidimensionalen
Aufgaben liegt auf der Hand. Die Beschränkung auf die Behandlung von ein- und zweidimensionalen Problemstellungen hat den Vorteil der Anschaulichkeit und der Durchsichtigkeit. Es wurde versucht, einen dem Umfang des Buches angemessenen Querschnitt
von repräsentativen Anwendungen zur Darstellung zu bringen und die zugehörigen
Grundlagen zu vermitteln. Da der Anwendungsbereich der Methode der finiten Elemente
sehr weit und vielseitig ist, wurde der Zielsetzung des Buches entsprechend eine Auswahl von typischen Problemkreisen getroffen. So werden zunächst die für die Physik
und verschiedene Zweige der Naturwissenschaften wichtigen stationären und instationären Feldprobleme behandelt. Darunter fallen im wesentlichen elliptische Randwertaufgaben, instationäre Wärmeleitungsprobleme und Schwingungsaufgaben. Aus dem
weiten Gebiet der Elastomechanik werden einschränkend nur Stäbe, Balken, Scheiben
und Platten betrachtet, an denen das grundsätzliche Vorgehen aufgezeigt wird.

Das Buch gliedert sich in sechs Kapitel. Zuerst werden eine Reihe von typischen und
anwendungsorientierten Problemstellungen formuliert und anschließend die zu ihrer
Lösung notwendigen mathematischen und physikalischen Grundlagen zusammengestellt. Soweit als möglich bilden Extremalprinzipien den Ausgangspunkt, andernfalls
wird die Methode von Galerkin zur Begründung der Methode der finiten Elemente herangezogen. Im umfangreichsten zweiten Kapitel wird für die zentrale Stufe der Elemente
gezeigt, wie für die verschiedenen Problemkreise die betreffenden Beiträge auf effiziente
und numerisch stabile Art bereitgestellt werden können. Das dritte Kapitel befaßt sich
mit der Aufgabe, die Matrizen und Konstantenvektoren für das Gesamtproblem zu
kompilieren, wobei konkrete Angaben über die praktische Durchführung zur Realisierung als Computerprogramm gegeben werden. In diesem Zusammenhang werden die für
die nachfolgende Behandlung wichtigen Fragestellungen nach einer optimalen Numerierung der Unbekannten und der Elimination von Unbekannten zur Reduktion der Ordnung der Probleme behandelt. In den beiden folgenden Kapiteln sind praktische Methoden zur numerischen Behandlung der großen, schwach besetzten linearen Gleichungssysteme und Eigenwertaufgaben so dargestellt, daß auf Grund der algorithmischen Beschreibung eine Realisierung als Computerprogramm unmittelbar möglich ist. Es gelangen einige Rechentechniken zur Darstellung, welche bisher meist nur in Zeitschriften
oder technischen Reports im Detail beschrieben worden sind. Das letzte Kapitel bringt
einige praxisbezogene Anwendungen mit numerischen und grafischen Ergebnissen. Es
ist versucht worden, die Beispiele so zu wählen, daß sie möglichst anwendungsorientiert

sind, aber doch durchsichtig genug, damit sie mit den bereitgestellten Hilfsmitteln auch nachvollzogen werden können. Mögen die Beispiele anregend genug sein, um die Studierenden zur Lösung analoger Probleme zu stimulieren!

Die bestehende Literatur über die Methode der finiten Elemente ist immens und wächst jeden Monat um Dutzende von Beiträgen über neue Anwendungen, Verfeinerungen und Rechentechniken. Im vorliegenden Buch ist nur ein verschwindend kleiner Teil zitiert, soweit es der Kontext erfordert. Eine erste Übersicht über die Literatur bis 1975 mit über 2000 zitierten Arbeiten stammt von J. R. W h i t e m a n [116], eine stark erweiterte Bibliographie wurde von N o r r i e und d e V r i e s zusammengestellt [80]. Ferner erscheinen laufend Bücher, in denen die Vorträge von Tagungen über die Methode der finiten Elemente zusammengefaßt sind, wie etwa [3, 11, 14, 21, 40, 115, 117, 144, 150, 151]. Für das weitere Studium der Materie sei auch auf die hauptsächlich in Englisch erscheinenden Lehrbücher verwiesen, welche mit verschiedenen Zielsetzungen und Schwerpunkten das Gebiet behandeln [13, 27, 32, 39, 53, 57, 58, 72, 76, 79, 81, 88, 103, 108, 126, 127, 130, 135]. Schließlich seien noch die Zeitschriften Computers and Structures, Computer Methods in Applied Mechanics and Engineering und International Journal for Numerical Methods in Engineering genannt, welche sehr viele Arbeiten über die Methode der finiten Elemente und damit zusammenhängende Rechenverfahren enthalten.

In der vorliegenden Auflage wurden einige sachliche Mängel behoben, ein effizienter arbeitender Algorithmus zur Lösung der linearen Gleichungen mit Hüllenstruktur eingefügt und die Methode der Vorkonditionierung stark erweitert. Die Behandlung der Eigenwertaufgaben wurde einerseits erweitert durch einen neuen Bisektionsalgorithmus für Matrizen mit Hüllenstruktur, und die Methode der simultanen Koordinatenüberrelaxation wurde stark vereinfacht. Diese Änderungen hatten zur Folge, daß die meisten Beispiele des sechsten Kapitels mit teils geänderten Methoden neu durchgerechnet werden mußten, wodurch sich teilweise auch andere Schlußfolgerungen ergaben. Gleichzeitig wurde das Kapitel um das Beispiel eines Hochspannungsmastes erweitert.

Ich danke den Herren Dipl.-Math. P. Arbenz, A. Hanzal, H. P. Märchy, M. Suter und P. Waldvogel für ihre Mitarbeit bei der Entwicklung von Computerprogrammen, der Durchführung von Berechnungen auf dem Computer und für die Durchsicht des Manuskriptes. Frl. V. Schkölziger gebührt mein Dank für die Reinschrift des Textes. Dem Verlag B. G. Teubner danke ich für die Aufnahme des Buches in seiner Reihe und für die stets freundliche Zusammenarbeit.

Zürich, im Frühjahr 1983   H. R. Schwarz

Inhalt

1 Mathematische Grundlagen

Die Lösungsfunktion zu Aufgaben aus der Physik oder Technik wird normalerweise
durch eine Differentialgleichung in Verbindung mit Rand- und eventuell Anfangsbedingungen charakterisiert. Für eine bestimmte Klasse solcher Probleme existieren
E x t r e m a l p r i n z i p i e n, wonach die gesuchte Lösungsfunktion ein entsprechendes Funktional stationär oder in gewissen Fällen sogar extremal macht. Diese vollkommen äquivalenten Formulierungen bieten für die praktische Lösung der Aufgaben
wesentliche Vorteile, weshalb diese Extremal- oder Variationsprinzipien im folgenden
den zweckmäßigen Ausgangspunkt bilden werden. Daneben existieren aber auch Aufgaben, für welche keine echten Extremalprinzipien vorhanden sind oder hergeleitet
werden können. In diesen Fällen müssen notwendigerweise die aus physikalischen Überlegungen hergeleiteten das Problem beschreibenden Differentialgleichungen den Ausgangspunkt bilden. Sie werden durch geeignete Ansätze näherungsweise so zu lösen versucht, daß der resultierende Fehler beim Einsetzen der Näherungslösung in die Differentialgleichungen in einem zu präzisierenden Sinn möglichst klein ist. Dies ist die Idee der
sogenannten R e s i d u e n m e t h o d e n und führt zu den Gleichungen von
G a l e r k i n.
Wir beginnen damit, eine Reihe von typischen und repräsentativen Problemstellungen
zusammenzustellen und die für deren Behandlung notwendigen mathematischen und
physikalischen Hilfsmittel bereitzustellen. Aus Raumgründen muß eine eingeschränkte
Auswahl von Problemen getroffen werden. An den ausgewählten Aufgaben sollen die
grundlegenden Ideen und die daraus resultierenden Rechentechniken so dargestellt
werden, daß die Behandlung analoger und im allgemeinen komplexerer Probleme durch
sinngemäße Übertragung möglich ist.

1.1 Typische Problemstellungen

1.1.1 Stationäre Feldprobleme

Eine erste Klasse von Aufgaben der Physik umfaßt die sogenannten stationären Feldprobleme mit der gemeinsamen Eigenschaft, daß eine Funktion des Ortes des zwei- oder
dreidimensionalen Raumes gesucht ist, die eine e l l i p t i s c h e D i f f e r e n t i a l -
g l e i c h u n g und bestimmte R a n d b e d i n g u n g e n zu erfüllen hat. Zu dieser
Kategorie von Aufgaben gehören beispielsweise die Bestimmung der stationären Temperaturverteilung bei Wärmeleitungsproblemen, die Berechnung der elektrischen Feldstärke
in elektrostatischen Feldern, die Ermittlung des Geschwindigkeitspotentials von wirbel-
freien Strömungsfeldern und der zugehörigen Stromlinien, die Bestimmung der Span-
nungsfunktion bei Torsionsproblemen und die Berechnung der stationären langsamen
Strömung einer Flüssigkeit durch ein poröses Medium.

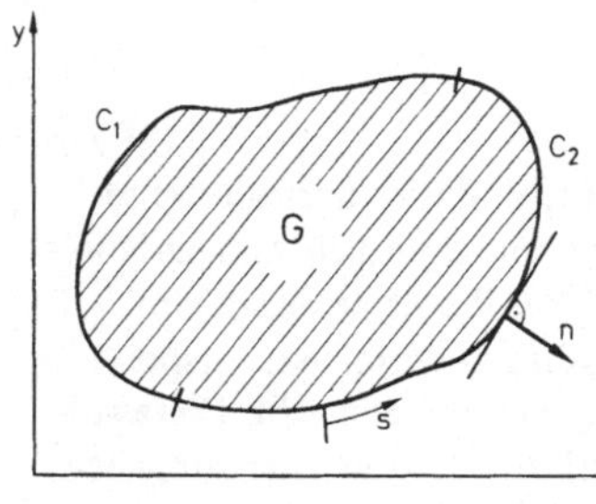

Fig. 1.1
Zweidimensionale Randwertaufgabe

Unter der Annahme eines h o m o g e n e n und i s o t r o p e n Mediums und eines
ebenen Problems muß die gesuchte Funktion u(x, y) in einem gegebenen Gebiet G
(s. Fig.1.1) die P o i s s o n ' s c h e D i f f e r e n t i a l g l e i c h u n g

$$\Delta u = \frac{\partial^2 u}{\partial x^2} + \frac{\partial^2 u}{\partial y^2} = f(x, y) \quad \text{in } G \tag{1.1}$$

erfüllen, wo f(x, y) eine gegebene Funktion des Ortes in G darstellt. Auf dem Rand C
des Gebietes G hat u(x, y) bestimmten Randbedingungen zu genügen. Im allgemeinen
werden auf einem Teil C_1 des Randes die Werte von u vorgeschrieben sein

$$u(s) = \varphi(s) \quad \text{auf } C_1, \tag{1.2}$$

wo s die Bogenlänge und $\varphi(s)$ eine gegebene Funktion bedeuten. Die Bedingung (1.2)
heißt eine D i r i c h l e t s c h e R a n d b e d i n g u n g. Auf dem Restteil C_2 des
Randes mit $C_1 \cup C_2 = C$ und $C_1 \cap C_2 = \emptyset$ wird eine Randbedingung der allgemeinen
Form

$$\frac{\partial u}{\partial n} + \alpha(s) u(s) = \gamma(s) \quad \text{auf } C_2 \tag{1.3}$$

vorgegeben sein, wo $\dfrac{\partial u}{\partial n}$ die Ableitung von u in Richtung der äußeren Normalen der
Randkurve C_2 darstellt und $\alpha(s)$ und $\gamma(s)$ gegebene Funktionen sind. Im allgemeinen
Fall wird (1.3) als C a u c h y s c h e R a n d b e d i n g u n g bezeichnet, die im Spe-
zialfall $\alpha(s) = \gamma(s) = 0$ N e u m a n n s c h e R a n d b e d i n g u n g genannt wird.
In der allgemeinen Formulierung der zu lösenden Randwertaufgabe (1.1), (1.2) und
(1.3) sind die Spezialfälle eingeschlossen, daß etwa die Funktion f(x, y) im ganzen
Gebiet G verschwindet, so daß die L a p l a c e - G l e i c h u n g

$$\Delta u = \frac{\partial^2 u}{\partial x^2} + \frac{\partial^2 u}{\partial y^2} = 0 \quad \text{in } G \tag{1.4}$$

zu lösen ist, oder daß etwa eines der beiden Randstücke C_1 bzw. C_2 leer ist.

Beispiel 1.1 Die stationäre Temperaturverteilung u(x, y) im zweidimensionalen Gebiet
G der Fig.1.2 genügt der Poisson-Gleichung unter der Annahme, daß in G Wärmequellen
vorhanden sind. Längs der Strecken AB und EF werde die Temperatur auf dem Wert

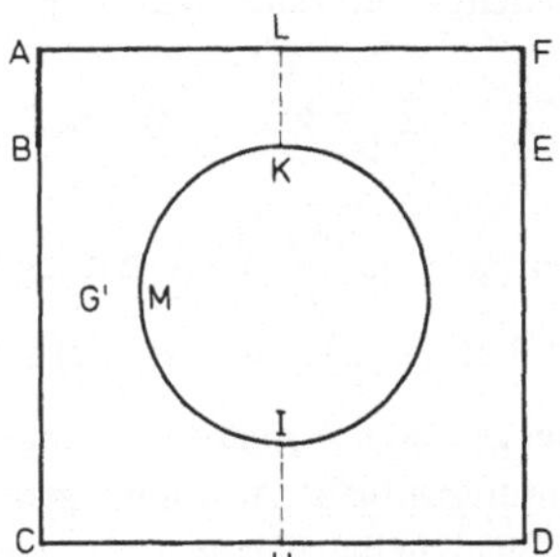

Fig. 1.2
Wärmeleitungspro-
blem

Null gehalten, während im übrigen äußeren Rand infolge Wärmeisolierung keine Wärme
abfließen kann. Längs des Kreises erfolge ein Wärmeverlust infolge Konvektion.
Das Grundgebiet G und die Randbedingungen weisen offensichtlich die Symmetrieachse
HL auf. Falls auch die Ergiebigkeit der Wärmequellen, d. h. die Funktion $f(x, y)$ symmetrisch bezüglich der genannten Achse ist, kann die Lösung der Aufgabe auf eine Hälfte
G' reduziert werden, indem längs den neu hinzu kommenden Randstücken HI und KL
die Symmetrie der Lösung durch Neumannsche Randbedingungen berücksichtigt wird.
Die Randwertaufgabe lautet damit

$$
\left.\begin{aligned}
\Delta u &= f(x, y) && \text{in } G' \\[2mm]
u &= 0 && \text{auf AB} \\[2mm]
\frac{\partial u}{\partial n} &= 0 && \text{auf BC, CH, HI, KL, LA} \\[2mm]
\frac{\partial u}{\partial n} + \alpha u &= 0 && \text{auf KMI}
\end{aligned}\right\} \tag{1.5}
$$

Die Aufgabe (1.5) ist ein charakteristisches elliptisches Randwertproblem mit gemisch-
ten Randbedingungen vom Dirichletschen, Neumannschen und Cauchyschen Typus.

In Verallgemeinerung wird bei Aufgaben im dreidimensionalen Raum für ein homogenes
und isotropes Medium eine Feldfunktion $u(x, y, z)$ in den drei Ortsvariablen x, y und z
gesucht, welche der Poisson-Gleichung

$$
\Delta u = \frac{\partial^2 u}{\partial x^2} + \frac{\partial^2 u}{\partial y^2} + \frac{\partial^2 u}{\partial z^2} = f(x, y, z) \quad \text{in } G \tag{1.6}
$$

genügen soll. Auf einem Teil Γ_1 der Randoberfläche Γ soll die gesuchte Funktion eine
Dirichletsche Randbedingung

$$
u(x, y, z) = \varphi(x, y, z) \quad \text{auf } \Gamma_1 \tag{1.7}
$$

erfüllen, wo $\varphi(x, y, z)$ eine gegebene Funktion auf Γ_1 darstellt. Auf dem Rest Γ_2 der
Randoberfläche mit $\Gamma_1 \cup \Gamma_2 = \Gamma$ und $\Gamma_1 \cap \Gamma_2 = \emptyset$ muß $u(x, y, z)$ einer allgemeinen

Cauchyschen Randbedingung

$$\frac{\partial u}{\partial n} + \alpha(x, y, z)u(x, y, z) = \gamma(x, y, z) \quad \text{auf } \Gamma_2 \tag{1.8}$$

genügen, wo $\dfrac{\partial u}{\partial n}$ die Ableitung in Richtung der äußeren Flächennormalen bedeutet und $\alpha(x, y, z)$ und $\gamma(x, y, z)$ gegebene Funktionen auf Γ_2 sind.

Bei gewissen Aufgabenstellungen, wie etwa im Fall von Sickerproblemen oder Wärmeleitungsaufgaben in inhomogenen und anisotropen Medien, tritt an die Stelle der Poisson-Gleichung die allgemeinere q u a s i h a r m o n i s c h e   D i f f e r e n t i a l g l e i -c h u n g

$$\frac{\partial}{\partial x}\left(k_1 \frac{\partial u}{\partial x}\right) + \frac{\partial}{\partial y}\left(k_2 \frac{\partial u}{\partial y}\right) + \frac{\partial}{\partial z}\left(k_3 \frac{\partial u}{\partial z}\right) = f(x, y, z) \quad \text{in G,} \tag{1.9}$$

worin k_1, k_2 und k_3 gegebene Funktionen des Ortes sind. Diese Koeffizienten widerspiegeln die Inhomogenität des Mediums und besitzen die physikalische Bedeutung der richtungs- und eventuell auch ortsabhängigen Durchlässigkeitswerte des Mediums. Festzuhalten ist, daß in Gleichung (1.9) die rechtwinkligen Koordinaten x, y und z mit den sogenannten Hauptrichtungen zusammenfallen müssen. Dirichletsche Randbedingungen (1.7) behalten ihre Form, während die Cauchyschen Randbedingungen die verallgemeinerte Form

$$k_1 \frac{\partial u}{\partial x} n_x + k_2 \frac{\partial u}{\partial y} n_y + k_3 \frac{\partial u}{\partial z} n_z + \alpha(x, y, z)u = \gamma(x, y, z) \quad \text{auf } \Gamma_2 \tag{1.10}$$

erhalten, wobei n_x, n_y und n_z die Richtungskosinus der äußeren Normalen von Γ_2 darstellen.

Beispiel 1.2 Die Berechnung der stationären Sickerströmung durch ein poröses Material unter einem undurchlässigen Staudamm und oberhalb einer wasserundurchlässigen Erdschicht läßt sich als zweidimensionale Aufgabe behandeln. Fig. 1.3 zeigt einen ebenen Schnitt mit den wesentlichen Elementen des Problems. Die Hauptrichtungen und die Durchlässigkeitswerte k_1 und k_2 werden in Wirklichkeit vom Ort abhängig sein. Zur Vereinfachung soll angenommen werden, daß die beiden verschiedenen Durchlässigkeitswerte k_1 und k_2 mit horizontaler und vertikaler Hauptrichtung im ganzen Gebiet G konstant seien.

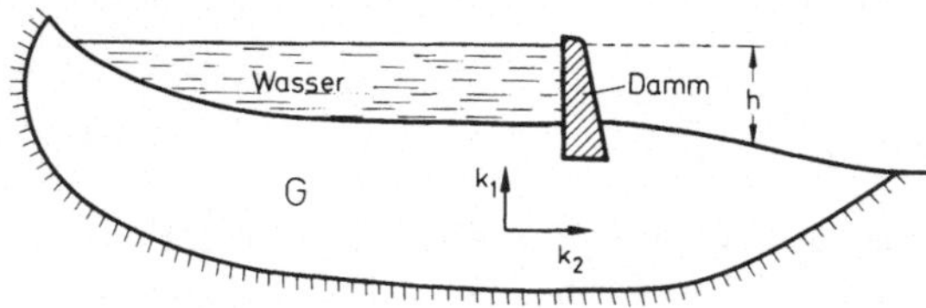

Fig. 1.3
Sickerproblem

Das Strömungspotential u(x, y) erfüllt die quasiharmonische Differentialgleichung

$$\frac{\partial}{\partial x}\left(k_1\,\frac{\partial u}{\partial x}\right) + \frac{\partial}{\partial y}\left(k_2\,\frac{\partial u}{\partial y}\right) = k_1\,\frac{\partial^2 u}{\partial x^2} + k_2\,\frac{\partial^2 u}{\partial y^2} = 0 \quad \text{in G.} \tag{1.11}$$

Längs wasserundurchlässigen Randstücken ist eine Neumannsche Randbedingung

$$k_1\,\frac{\partial u}{\partial x}\,n_x + k_2\,\frac{\partial u}{\partial y}\,n_y = 0 \tag{1.12}$$

zuständig. An den Erdoberflächen sind die Werte des Geschwindigkeitspotentials durch Dirichletsche Randbedingungen gegeben, da das Geschwindigkeitspotential als Summe der Druckhöhe $p/(g\rho)$ und der Wasserhöhe h definiert werden kann gemäß

$$u = \frac{p}{g\rho} + h\;, \tag{1.13}$$

wo p den Wasserdruck, g die Erdbeschleunigung, ρ die Dichte und h die Höhe des Wassers, gemessen von einem Bezugspunkt, bedeuten.

1.1.2 Zeitabhängige, instationäre Feldprobleme

In einem gewissen Sinn eng verwandt mit den stationären Feldproblemen sind die zeitabhängigen Aufgaben der Physik, bei denen in Verallgemeinerung der Poissonschen oder der quasiharmonischen Gleichung noch zeitliche Ableitungen der gesuchten Feldfunktion hinzutreten. Letztere ist jetzt nicht nur orts- sondern auch zeitabhängig. Im zweidimensionalen Fall liegt solchen Aufgaben eine allgemeine partielle Differentialgleichung von folgender typischer Art zugrunde.

$$\frac{\partial}{\partial x}\left(k_1\,\frac{\partial u}{\partial x}\right) + \frac{\partial}{\partial y}\left(k_2\,\frac{\partial u}{\partial y}\right) = f(x, y, t) + \kappa\,\frac{\partial u}{\partial t} + \mu\,\frac{\partial^2 u}{\partial t^2} \tag{1.14}$$

Die neu auftretenden Koeffizienten κ und μ können grundsätzlich vom Ort und der Zeit abhängige Funktionen sein, welche aus physikalischen Gegebenheiten nicht negativ sind. Zur Differentialgleichung (1.14) gehören einerseits Randbedingungen wie im Fall von stationären Feldproblemen, die jetzt aber grundsätzlich noch von der Zeit t abhängig sein können, und anderseits kommen noch sogenannte Anfangsbedingungen hinzu, welche den Zustand des Feldes zu einem bestimmten Anfangszeitpunkt t_0 festlegen. Dabei ist zwischen drei Fällen zu unterscheiden.

a) Es sei $\mu = 0$. Dann liegt eine sogenannte p a r a b o l i s c h e D i f f e r e n t i a l -
g l e i c h u n g vor, welche beispielsweise die instationäre Wärmeleitung beschreibt, aber auch allgemeineren instationären Diffusionsprozessen zugrunde liegt. Man bezeichnet sie deshalb auch gelegentlich als D i f f u s i o n s g l e i c h u n g. Da hier nur die erste zeitliche Ableitung auftritt, besteht die Anfangsbedingung nur aus der Angabe des Zustandes des Feldes zum Zeitpunkt t_0:

$$u(x, y; t_0) = \psi(x, y) \tag{1.15}$$

b) Es sei $\kappa = 0$ und $\mu \neq 0$. In diesem Fall ist normalerweise $f = 0$, und es liegt eine Schwingungsaufgabe vor, bei der man in der Regel nur an periodischen Lösungen interessiert ist. Für die gesuchte Feldfunktion wird deshalb der Separationsansatz für Normalschwingungen

$$u(x, y; t) = U(x, y)\, e^{i\omega t} \tag{1.16}$$

angewandt, so daß nach Substitution in (1.14) und Kürzen mit $e^{i\omega t}$ die W e l l e n - g l e i c h u n g oder H e l m h o l t z s c h e Gleichung resultiert

$$\frac{\partial}{\partial x}\left(k_1\, \frac{\partial U}{\partial x}\right) + \frac{\partial}{\partial y}\left(k_2\, \frac{\partial U}{\partial y}\right) + \omega^2 \mu U = 0. \tag{1.17}$$

Die Aufgabe besteht nun darin, die unbekannten Werte der Kreisfrequenz ω so zu bestimmen, daß die Wellengleichung (1.17) unter Berücksichtigung der Randbedingungen nichttriviale Lösungen besitzt. Die resultierenden Kreisfrequenzen entsprechen den E i g e n f r e q u e n z e n des schwingungsfähigen Systems und die Lösungen $U(x, y)$ den zugehörigen E i g e n s c h w i n g u n g s f o r m e n . Da die zeitliche Abhängigkeit der Lösung vermöge des Separationsansatzes (1.16) in der Wellengleichung eliminiert worden ist, treten bei dieser Problemstellung selbstverständlich keine Anfangsbedingungen mehr auf.

Diese Aufgabenstellung ist in den Ingenieuranwendungen von besonderer praktischer Bedeutung, um die Eigenschwingungen und Eigenfrequenzen von schwingungsfähigen Systemen und die damit zusammenhängenden Resonanzerscheinungen abklären zu können. Zu dieser Klasse von anwendungsorientierten Problemen gehört im einfachsten eindimensionalen Fall beispielsweise die Berechnung der Eigenschwingungsformen und Eigenfrequenzen von homogenen und inhomogenen Saiten, die Bestimmung von Eigenfrequenzen und Eigenschwingungen von beliebig geformten Membranen, die Behandlung von akustischen Schwingungsproblemen in geschlossenen Räumen wie beispielsweise in einem Autoinnenraum, die Ausbreitung von elektromagnetischen Wellen in einem Dielektrikum und schließlich die Ermittlung von freien Schwingungen der Wasseroberfläche in Seen und insbesondere in Häfen.

c) Im allgemeinen Fall mit $\kappa \neq 0$ und $\mu \neq 0$ liegt eine gedämpfte Wellengleichung vor, welche das dynamische Verhalten von elastischen Gebilden unter Berücksichtigung linearer Dämpfung beschreibt. Da jetzt auch zweite Ableitungen nach der Zeit auftreten, sind zwei Anfangsbedingungen notwendig, welche sowohl den Anfangszustand und die zeitliche erste Ableitung des Feldes zu einem bestimmten Zeitpunkt t_0 festlegen:

$$u(x, y; t_0) = \psi(x, y) \tag{1.18}$$

$$\frac{\partial u}{\partial t}(x, y; t_0) = \chi(x, y) \tag{1.19}$$

Darin sind $\psi(x, y)$ und $\chi(x, y)$ gegebene Funktionen des Ortes. Solche allgemeine Anfangs-Randwertaufgaben treten in der Strömungsmechanik auf.

Beispiel 1.3 Die instationäre Temperaturverteilung $u(x, y; t)$ für das zweidimensionale Gebiet G von Fig.1.2 aus Beispiel 1.1 genügt der Wärmeleitungsgleichung

$$\kappa \frac{\partial u}{\partial t} = \Delta u - f(x, y) \quad \text{in G,} \tag{1.20}$$

worin κ die spezifische Wärmeleitzahl bedeutet. Die Randbedingungen des Problems sind die gleichen wie im Beispiel 1.1. Die zeitabhängige Temperaturverteilung soll beispielsweise unter der Annahme bestimmt werden, daß zur Zeit $t = 0$ die Temperatur gleich Null sei und daß zu diesem Zeitpunkt die innere Wärmequelle aktiv wird. Die Anfangsbedingung lautet somit

$$u(x, y; 0) = 0 \quad \text{in G.} \tag{1.21}$$

Beispiel 1.4 Die Eigenschwingungsformen $u(x, y)$ einer homogenen Membran, welche das Gebiet G bedeckt, sind die nichttrivialen Lösungen der Wellengleichung

$$\Delta u + \lambda u = 0 \quad \text{in G,} \tag{1.22}$$

und die zugehörigen Kreisfrequenzen ω sind, abgesehen von Materialkonstanten, die Quadratwurzeln der Eigenwerte λ. Für festgehaltene Randstücke gilt die homogene Dirichletsche Randbedingung $u = 0$, auf freien Randstücken ist die Neumannsche Randbedingung $\frac{\partial u}{\partial n} = 0$ zuständig, während auf elastisch gelagerten Randstücken eine homogene Cauchysche Randbedingung $\frac{\partial u}{\partial n} + \alpha u = 0$ zu berücksichtigen ist.

Für die rechteckige Membran der Fig.1.4 mit dem Seitenverhältnis $5:4$, mit festgehaltenen Längsseiten, freiem linken Rand und elastisch gebettetem rechten Rand lautet die Eigenwertaufgabe

$$\left. \begin{array}{ll} \Delta u + \lambda u = 0 & \text{in G} \\[1mm] u = 0 & \text{auf AB und CD} \\[1mm] \dfrac{\partial u}{\partial n} = 0 & \text{auf DA} \\[2mm] \dfrac{\partial u}{\partial n} + u = 0 & \text{auf BC} \end{array} \right\} \tag{1.23}$$

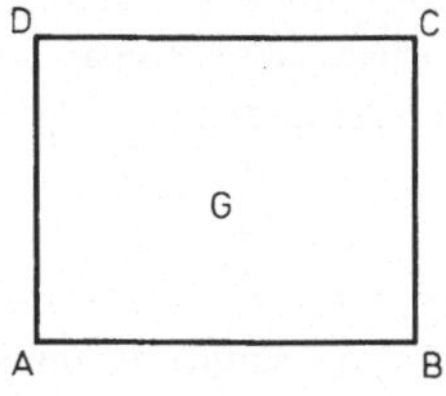

Fig. 1.4 Schwingende Membran

Beispiel 1.5 Die Berechnung der akustischen Eigenfrequenzen und der zugehörigen Stehwellen in einem Autoinnenraum ist für die Automobilhersteller von Interesse, um durch geeignete konstruktive Änderungen das oft unangenehme Dröhnen zu reduzieren. Das Problem ist an sich dreidimensional, doch kann durch Separation der Variablen die Aufgabe auf einen zweidimensionalen Autolängsschnitt (vgl. Fig.1.5) beschränkt werden. Falls starre und akustisch harte Wände angenommen werden, führt die mathematische Erfassung der akustischen Eigenfrequenzen und Stehwellen auf eine Neumannsche

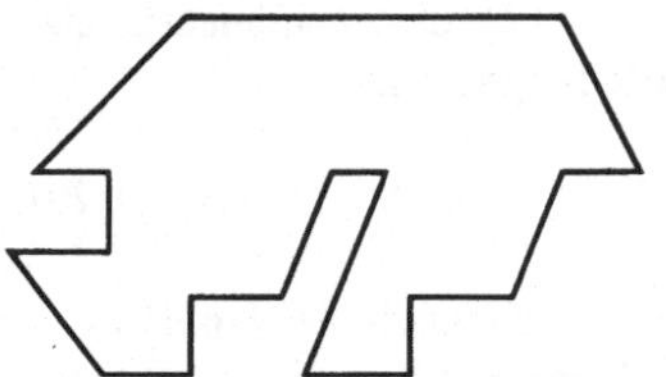

Eigenwertaufgabe [77]

$$\Delta u + \lambda u = 0 \quad \text{in G}$$

$$\frac{\partial u}{\partial n} = 0 \qquad \text{auf dem Rand.}$$

Fig. 1.5 Autolängsschnitt

In diesem typischen Problem ist die Wellengleichung für ein recht unregelmäßiges Grundgebiet zu lösen, wobei aus praktischen Überlegungen nur eine gewisse Anzahl der kleinsten, von Null verschiedenen Eigenwerte λ und die zugehörigen Eigenlösungen interessieren. Die Feldfunktion $u(x, y)$ hat in dieser Anwendung die Bedeutung der Druckdifferenz der Luft gegenüber dem Normaldruck. Stellen mit großer Amplitude bedeuten, daß dort die Stehwellen entsprechend laut gehört werden.

Beispiel 1.6 Die freien harmonischen Schwingungen der Wasseroberfläche in Seen oder Häfen sind unter geeigneten vereinfachenden Voraussetzungen [111] Lösungen der Helmholtzschen Gleichung

$$\frac{\partial}{\partial x}\left(h(x, y)\,\frac{\partial u}{\partial x}\right) + \frac{\partial}{\partial y}\left(h(x, y)\,\frac{\partial u}{\partial y}\right) + \lambda u(x, y) = 0, \qquad (1.24)$$

worin $u(x, y)$ die vertikale Verschiebung der Wasseroberfläche von ihrem mittleren Stand und $h(x, y)$ die Wassertiefe bedeuten. An den festen Rändern des Gebietes, d. h. an den Hafenmauern, sind Neumannsche Randbedingungen zuständig, während im Sinne einer Approximation angenommen wird, daß am offenen Hafeneingang eine Knotenlinie vorhanden sei, so daß dort eine Dirichletsche Randbedingung zu berücksichtigen ist. Aus den resultierenden Eigenwerten λ ergibt sich die Periode T der Oberflächenwellen zu

$$T = \frac{2\,\pi}{\sqrt{\lambda g}},$$

wo g die Erdbeschleunigung darstellt. Dieses Problem ist für den Bau von neuen Hafenanlagen oder für die bauliche Änderung von bestehenden Anlagen von Bedeutung, um unerwünschte Bewegungen von Schiffen zu vermeiden, welche durch Schwingungen der Wasseroberfläche im Hafen verursacht werden.
Im Vergleich zur Aufgabe der Berechnung von Membraneigenschwingungen ist das Problem der Wasseroberflächenschwingungen insofern etwas allgemeiner, als hier die im allgemeinen variable Wassertiefe Anlaß gibt zu einer allgemeinen Helmholtzgleichung (1.24). Bei konstanter Wassertiefe $h(x, y) = h$ reduziert sich das Problem offensichtlich auf das Membranproblem mit dem einzigen Unterschied, daß beim Hafenproblem die Neumannsche Randbedingung vorwiegend auftritt entsprechend einem freien Rand der Membran.

1.1.3 Probleme der Elastomechanik

Die Methode der finiten Elemente hat wohl ihre größte praktische Anwendung auf dem Gebiet der Elastomechanik gefunden, da sie zur Lösung solcher Aufgaben entwickelt worden ist. Auf diesem Gebiet existiert eine derart immense Fülle von Aufgaben, welche nach diesem Verfahren behandelt worden sind, daß nur eine mehr grundsätzliche Andeutung von möglichen Problemkreisen möglich ist.

In einer ersten und wohl wichtigsten Klasse von statischen Aufgaben sind die Deformationen und insbesondere die dadurch verursachten Spannungen in Körpern oder Strukturen unter dem Einfluß von äußeren Belastungen gesucht, um damit die Sicherheit der untersuchten Konstruktionen zu prüfen. Die einfachsten und durchsichtigsten Strukturen sind die F a c h w e r k e, bestehend aus Zug- und Druckstäben, die an ihren Verbindungen als gelenkig verbunden angesehen werden. Derartige komplexe Fachwerke finden in neuerer Zeit häufig bei Dachkonstruktionen Verwendung, deren statisches Verhalten unter dem Eigengewicht, dem Gewicht des zu tragenden Daches und eventuell zusätzlicher äußerer Kräfte, wie beispielsweise Schneelasten, zu untersuchen ist. Ähnlich gelagert sind die Aufgaben bei B a l k e n p r o b l e m e n, wo Strukturen betrachtet werden, die sich aus Balkenelementen zusammensetzen, welche an ihren Verbindungsstellen in der Regel starr verbunden sind. Auch in diesem Fall sind die Deformationen und Spannungen beispielsweise in Durchlaufträgern, Tragwerken oder allgemeinen Rahmenkonstruktionen unter äußeren Belastungen zu bestimmen.

Neben den genannten eindimensionalen Bauelementen sind zweidimensionale Körper oder Elemente von praktischer Bedeutung. Zu nennen sind hier die sogenannten S c h e i b e n, welche nur durch Kräfte belastet werden, die in ihrer Ebene liegen. Auch hier steht die Ermittlung der Spannungsverteilung im Vordergrund. Für dünne ebene Scheiben ist es zulässig, einen sogenannten e b e n e n S p a n n u n g s z u - s t a n d anzunehmen. Nach ähnlichen Überlegungen lassen sich gerade Staudämme behandeln, die einerseits durch ihr Eigengewicht und anderseits durch Wasserkräfte belastet werden. Für jeden Querschnitt ist in dieser Situation ein e b e n e r V e r z e r - r u n g s z u s t a n d zuständig.

Im Gegensatz zu den Scheiben sind P l a t t e n durch Kräfte senkrecht zu ihrer Ebene und eventuell durch Biegemomente belastet. Es interessieren hierbei die Auslenkungen senkrecht zur Plattenebene und die dabei auftretenden inneren Spannungen. Plattenprobleme sind im Zusammenhang mit dem modernen Brückenbau von Bedeutung.

In Verallgemeinerung von Platten und Scheiben sind S c h a l e n Flächentragwerke mit gekrümmter Mittelfläche, welche beliebigen Belastungen unterworfen werden können. Für diese räumlichen Konstruktionselemente muß die dreidimensionale Elastizitätstheorie einerseits spezialisiert und anderseits eine Reihe von vereinfachenden Vernachlässigungen getroffen werden, damit die so resultierende Theorie praktisch durchführbar wird. Schalenelemente finden ihre weite Anwendung in der Behandlung von statischen Problemen etwa von Kuppelbauten, Bogenstaumauern, Hochkaminen und Kühltürmen.

Mannigfaltige und sehr komplexe Probleme ergeben sich beim Flugzeugbau, Schiffsbau und bei Raumfahrtkonstruktionen, zu deren Lösung die einfacheren Elemente als Bausteine herangezogen werden. Schließlich sei noch als Repräsentant eines echten dreidimensionalen Problems die Analyse der Sicherheit eines Druckbehälters für einen Kernreaktor genannt.

Eine zweite Klasse von technisch wichtigen dynamischen Aufgaben besteht in der Berechnung von Eigenfrequenzen und von Eigenschwingungsformen mechanischer Strukturen. Das Ziel solcher Schwingungsanalysen besteht sehr oft darin, für die Struktur gefährliche oder zumindest störende Resonanzerscheinungen abzuklären und durch geeignete Maßnahmen zu eliminieren. In diesem Sinn interessieren etwa die Eigenfrequenzen von Turbinenschaufeln, die Schwingungsformen und Frequenzen von Erddämmen im Zusammenhang mit möglichen Erdbeben oder die Eigenschwingungen von Eisenbahnwagen. Wird beispielsweise die erste Transversalschwingung eines Eisenbahnwagens durch Resonanz vermöge der stets vorhandenen kleinen Unwucht der Räder bei bestimmten Fahrgeschwindigkeiten angeregt, ist diese Erscheinung für die mitfahrenden Passagiere sehr lästig und muß vermieden werden.

Beispiel 1.7 Ein einfaches räumliches Fachwerk (Fig.1.6), bestehend aus 24 Stäben, welche in ihren Verbindungspunkten gelenkig miteinander verbunden gedacht werden, ist in seinen acht unteren Punkten auf Rollenlagern abgestützt. Die vier Knotenpunkte auf den Mitten sind zudem in einer Parallelführung gelagert. Die Konstruktion wird an den vier oberen Knotenpunkten durch vertikal angreifende Kräfte belastet. Gefragt ist nach den Deformationen und Spannungen in den einzelnen Stäben.

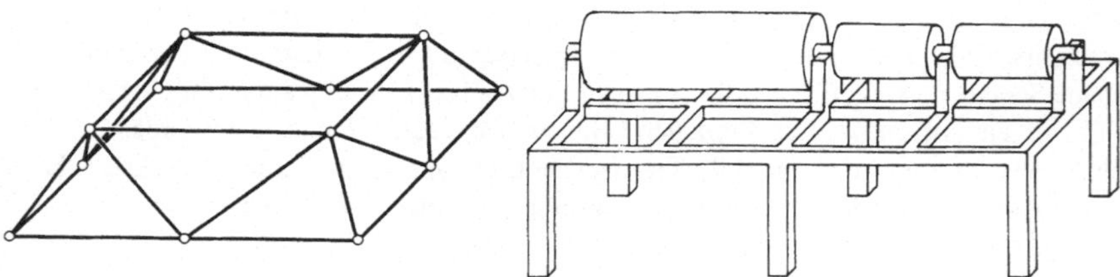

Fig. 1.6 Räumliches Fachwerk   Fig. 1.7 Maschinentisch

Beispiel 1.8 Häufig werden ganze Maschinengruppen auf Rahmenkonstruktionen montiert, deren Bestandteile als Balken angesehen werden können, die an ihren Verbindungsstellen starr miteinander verbunden sind. In Fig.1.7 wird eine idealisierte vereinfachte Situation dargestellt, in welcher eine dreiteilige Maschinengruppe bestehend etwa aus Hochdruckturbine, Niederdruckturbine und Generator, auf einer sechsbeinigen Rahmenkonstruktion aufgebaut ist. Die Rahmenkonstruktion sei am Boden starr befestigt. Neben der rein statischen Beanspruchung der Rahmenkonstruktion durch das Gewicht der Maschinengruppe interessieren hier für die Praxis die Eigenfrequenzen und Schwingungsformen der ganzen Konfiguration, um Resonanzerscheinungen im Betrieb vermeiden zu können [65].

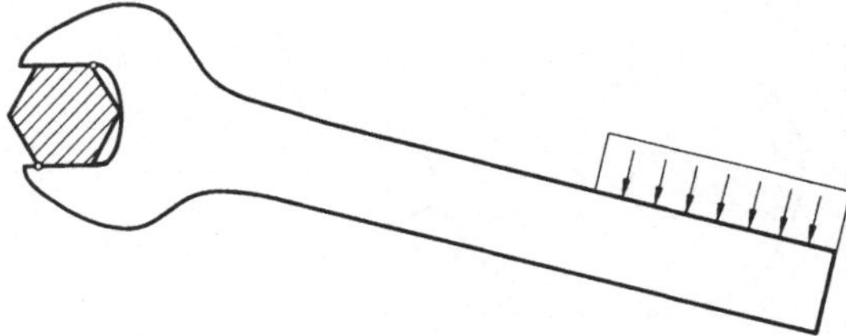

Fig. 1.8 Gabelschlüssel

Beispiel 1.9 Die Bestimmung der Spannungen in einem Gabelschlüssel (Fig.1.8) beim
Ansetzen an eine Schraube und entsprechender Kraftanwendung liefert vermittels der
auftretenden Spannungsmaxima die Information, ob der Schlüssel bei einer bestimmten
Kraftanwendung bricht oder nicht. Da hier (im Idealfall!) nur Kräfte in der Ebene des
Schlüssels auftreten, kann der Schlüssel als belastete Scheibe behandelt werden.

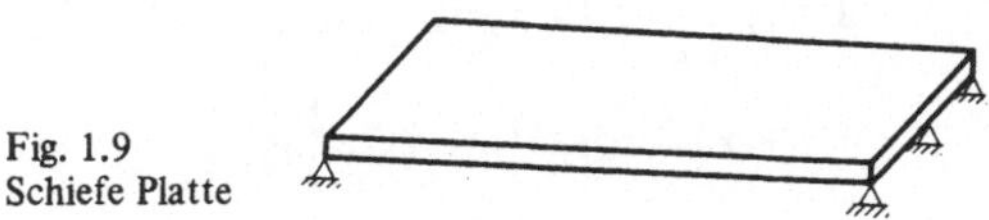

Fig. 1.9
Schiefe Platte

Beispiel 1.10 Eine Platte von der Form eines Parallelogramms der Fig.1.9 repräsentiere
eine idealisierte Straßenbrücke aus Beton, die an den beiden schiefen kurzen Seiten gelagert und an den beiden Längsseiten frei sei. Gesucht ist die Deformation der Platte
und die auftretenden Spannungen unter einer gegebenen Belastung.

1.2 Extremalprinzipien

1.2.1 Stationäre Feldprobleme

Sowohl für die stationären Feldprobleme, denen eine quasiharmonische Gleichung zugrunde liegt, als auch für die instationären Feldprobleme, die auf die zeitunabhängige
Wellengleichung führen, existiert eine äquivalente Formulierung als Extremalaufgabe.
Es zeigt sich, daß für beide Aufgabentypen dasselbe Extremalprinzip anwendbar ist,
falls dasselbe genügend allgemein angesetzt wird. Da wir uns im folgenden vorwiegend
mit zweidimensionalen Aufgaben befassen werden, soll das einschlägige Extremalprinzip
auch nur für diesen Fall eingehend behandelt werden. Die naheliegende Verallgemeinerung auf den dreidimensionalen Fall ist offensichtlich.
In der (x,y)-Ebene sei ein endliches zusammenhängendes Gebiet G gegeben, begrenzt
vom stückweise stetig differenzierbaren Rand C, der möglicherweise auch aus mehreren
geschlossenen Kurven bestehen darf, falls das Gebiet G nicht einfach zusammenhängend

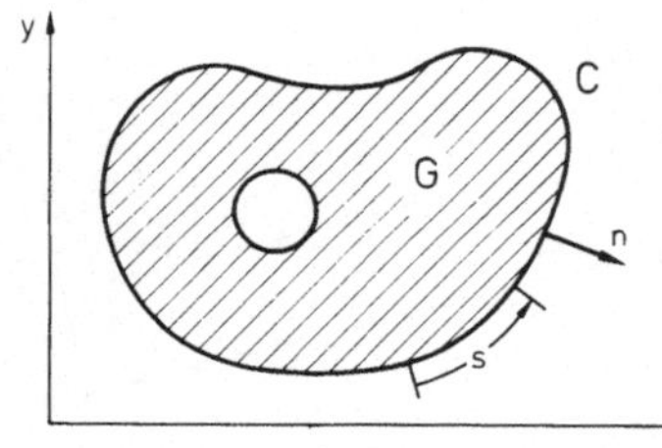

Fig. 1.10
Gebiet für das Feldproblem

ist (vgl. Fig.1.10). Wir wollen nun zeigen, daß anstelle der in Abschn.1.1.1 und 1.1.2 formulierten Randwertaufgaben ebenso gut ein entsprechendes Funktional extremal gemacht werden kann. Es gilt nämlich der für die Methode der finiten Elemente zentrale

Satz 1 *Es seien* $k_1(x, y)$, $k_2(x, y)$, $\rho(x, y)$ *und* $f(x, y)$ *im Gebiet* G *gegebene Funktionen und* $\alpha(s)$ *und* $\gamma(s)$ *gegebene Funktionen der Bogenlänge* s *auf dem Rand* C. *Die Funktion* $u(x, y)$, *welche den Integralausdruck*

$$I = \iint\limits_{G} \left[\frac{1}{2} (k_1(x, y) u_x^2 + k_2(x, y) u_y^2) - \frac{1}{2} \rho(x, y) u^2 + f(x, y) u \right] dx\,dy$$

$$+ \oint\limits_{C} \left[\frac{1}{2} \alpha(s) u^2 - \gamma(s) u \right] ds \tag{1.25}$$

stationär macht unter der Nebenbedingung

$$u = \varphi(s) \quad \text{auf } C_1, \tag{1.26}$$

wo C_1 *einen Teil des Randes* C *darstellt, löst notwendigerweise die Randwertaufgabe*

$$\frac{\partial}{\partial x} \left(k_1(x, y) \, \frac{\partial u}{\partial x} \right) + \frac{\partial}{\partial y} \left(k_2(x, y) \, \frac{\partial u}{\partial y} \right) + \rho(x, y) u = f(x, y) \quad \text{in } G \tag{1.27}$$

unter der Dirichletschen Randbedingung

$$u = \varphi(s) \quad \text{auf } C_1$$

und der allgemeinen Cauchyschen Randbedingung

$$k_1 \, \frac{\partial u}{\partial x}\, n_x + k_2 \, \frac{\partial u}{\partial y}\, n_y + \alpha(s) u = \gamma(s) \quad \text{auf } C_2, \tag{1.28}$$

worin n_x *und* n_y *die Richtungskosinus der äußeren Normalen* n *auf dem Rand* C *bedeuten und* C_2 *den Rest des Randes mit der Eigenschaft* $C_1 \cup C_2 = C$, $C_1 \cap C_2 = \emptyset$ *darstellt.*

Beweis Damit der Integralausdruck I für eine Funktion $u(x, y)$ einen stationären Wert annimmt, muß notwendigerweise die erste Variation verschwinden. Nach den Regeln der Variationsrechnung [28, 38, 114] ergibt sich zunächst

$$\delta I = \iint\limits_{G} [k_1(x, y) u_x \delta u_x + k_2(x, y) u_y \delta u_y - \rho(x, y) u \delta u + f(x, y) \delta u] dx\,dy$$

$$+ \oint\limits_{C} [\alpha(s) u \delta u - \gamma(s) \delta u] ds. \tag{1.29}$$

Auf die beiden ersten Integranden kann vermöge der G a u ß s c h e n I n t e g r a l -
f o r m e l je partielle Integration angewendet werden, indem beispielsweise gilt

$$\iint_G v(x, y)u_x(x, y)\,dx\,dy = \oint_C v(x, y)u(x, y)n_x\,ds - \iint_G v_x u\,dx\,dy.$$

Darin bedeutet n_x den Richtungskosinus der äußeren Normalen der Randkurve C. Damit
wird die erste Variation von I nach entsprechender Zusammenfassung

$$\delta I = \iint_G \left[-\frac{\partial}{\partial x}\left(k_1(x, y)\,\frac{\partial u}{\partial x}\right) - \frac{\partial}{\partial y}\left(k_2(x, y)\,\frac{\partial u}{\partial y}\right) - \rho(x, y)u + f(x, y)\right]\delta u\,dx\,dy$$

$$+ \oint_C \left[k_1\,\frac{\partial u}{\partial x}\,n_x + k_2\,\frac{\partial u}{\partial y}\,n_y + \alpha(s)u - \gamma(s)\right]\delta u\,ds = 0. \tag{1.30}$$

Die erste Variation muß für jede zulässige Variation der Funktion u verschwinden. Nach
der üblichen Technik der Konkurrenzeinschränkung mit $\delta u = 0$ auf C folgt als erste notwendige Bedingung die E u l e r s c h e D i f f e r e n t i a l g l e i c h u n g im Gebiet G,
d. h.

$$\frac{\partial}{\partial x}\left(k_1(x, y)\,\frac{\partial u}{\partial x}\right) + \frac{\partial}{\partial y}\left(k_2(x, y)\,\frac{\partial u}{\partial y}\right) + \rho(x, y)u = f(x, y) \quad \text{in G}. \tag{1.31}$$

Die Funktion $u(x, y)$, welche das Funktional I stationär werden läßt, erfüllt somit in der
Tat die allgemeine quasi-harmonische Differentialgleichung im Gebiet G.
Auf dem Teil C_1 des Randes C, erfüllt die Funktion $u(x, y)$ entsprechend der Nebenbedingung (1.26) selbstverständlich die Dirichletsche Randbedingung. Auf diesem Teilstück des Randes muß $\delta u = 0$ sein, und aus dem Randintegral in (1.30) ergibt sich hier
keine weitere Bedingung. Ist der Teil C_2 des Randes nicht leer, so muß dort notwendigerweise die sogenannte n a t ü r l i c h e R a n d b e d i n g u n g

$$k_1\,\frac{\partial u}{\partial x}\,n_x + k_2\,\frac{\partial u}{\partial y}\,n_y + \alpha(s)u = \gamma(s) \quad \text{auf } C_2 \tag{1.32}$$

erfüllt sein. Damit ist die Aussage des Satzes gezeigt.
Das Extremalprinzip, welches nach Satz 1 die Funktion $u(x, y)$ als Lösung der zugehöri-
gen Randwertaufgabe liefert, zeigt eine für das folgende wesentliche Unterscheidung der
Randbedingungen auf, indem die natürliche Randbedingung (1.32) in der Formulierung
als Extremalaufgabe nicht auftritt. Diese Randbedingung steckt implizit im Randintegral
von I, und die Lösungsfunktion der Extremalaufgabe erfüllt die allgemeine Cauchysche
Randbedingung automatisch. Diese Tatsache stellt in der Tat einen ersten wesentlichen
Vorteil der Formulierung der Aufgabe nach dem Extremalprinzip dar, indem nur die
bedeutend einfacheren Dirichletschen Randbedingungen zu berücksichtigen sind. Diese
Dirichletschen Randbedingungen werden oft auch Z w a n g s b e d i n g u n g e n genannt. Da sie gelegentlich eine geometrische Bedeutung besitzen, heißen sie auch g e o -
m e t r i s c h e R a n d b e d i n g u n g e n.
Durch Spezialisierungen der Koeffizientenfunktionen in (1.25) können alle Spezialfälle
von zugehörigen Differentialgleichungen und Randbedingungen gewonnen werden. Mit

$k_1(x, y) = k_2(x, y) = 1$ resultiert insbesondere der Laplacesche Differentialoperator, mit den weiteren Spezialfällen

$$u_{xx} + u_{yy} = 0 \qquad \text{L a p l a c e - Gleichung} \qquad (\rho = f = 0)$$

$$u_{xx} + u_{yy} = f(x, y) \qquad \text{P o i s s o n - Gleichung} \qquad (\rho = 0)$$

$$u_{xx} + u_{yy} + \lambda u = 0 \qquad \text{H e l m h o l t z - Gleichung} \quad (f = 0, \rho = \lambda)$$

In der allgemeinen Cauchyschen Randbedingung entspricht der Ausdruck $\dfrac{\partial u}{\partial x} n_x + \dfrac{\partial u}{\partial y} n_y$ der Ableitung von u in Richtung der äußeren Normalen, so daß die speziellen Randbedingungen für den Randteil C_2

$$\frac{\partial u}{\partial n} = 0 \qquad \text{falls } \alpha(s) = \gamma(s) = 0$$

$$\frac{\partial u}{\partial n} = \gamma(s) \qquad \text{falls } \alpha(s) = 0$$

$$\frac{\partial u}{\partial n} + \alpha(s)u = 0 \quad \text{falls } \gamma(s) = 0$$

erhalten werden können.

Das Variationsintegral, zugehörig zur Aufgabe der Bestimmung der stationären Temperaturverteilung von Beispiel 1.1 lautet

$$I = \iint\limits_{G} \left[\frac{1}{2}(u_x^2 + u_y^2) + f(x, y)u \right] dx\,dy + \frac{1}{2} \int\limits_{K} \alpha u^2 ds, \tag{1.33}$$

wobei das Randintegral nur über den Halbkreis K zu erstrecken ist. In diesem Fall ist das Funktional zu minimieren unter der einzigen Nebenbedingung

$$u = 0 \quad \text{auf AB.}$$

Für das Beispiel 1.4 der schwingenden Membran lautet der zuständige Integralausdruck

$$I = \frac{1}{2} \iint\limits_{G} [(u_x^2 + u_y^2) - \lambda u^2]dx\,dy + \frac{1}{2} \int\limits_{B}^{C} u^2 ds, \tag{1.34}$$

welcher unter der Nebenbedingung

$$u = 0 \quad \text{auf AB und CD}$$

stationär zu machen ist. Die Lösungsfunktion ist im Fall von Eigenwertaufgaben offensichtlich nur bis auf einen multiplikativen Faktor $\neq 0$ bestimmt.

Schließlich ist das Variationsintegral zur entsprechenden Behandlung der Aufgabe der Wasseroberflächenwellen von Beispiel 1.6

$$I = \frac{1}{2} \iint\limits_{G} [h(x, y)(u_x^2 + u_y^2) - \lambda u^2]dx\,dy, \tag{1.35}$$

welches in Verbindung mit einer eventuellen Dirichletschen Randbedingung stationär zu machen ist. Ein Vergleich der Gleichung (1.24) mit dem Integral (1.35) ergibt noch die bemerkenswerte Tatsache, daß die Wassertiefe $h(x, y)$ jetzt nur als Faktor unter dem Integral erscheint, während diese Funktion in (1.24) noch der Differentiation unterworfen ist.

1.2.2 Statische elastomechanische Probleme

Zur Behandlung von statischen elastomechanischen Aufgaben bieten sich auf fast natürliche Weise verschiedene Variationsprinzipien der Mechanik an [70, 82], welche insbesondere für die Bearbeitung von komplexeren Problemen den zweckmäßigen Ausgangspunkt bilden. Im folgenden werden wir durchwegs das Prinzip des M i n i m u m s d e r g e s a m t e n p o t e n t i e l l e n E n e r g i e eines Systems anwenden, obwohl auch noch andere Variationsprinzipien zur Verfügung stehen, wie das häufig angewandte P r i n z i p d e r v i r t u e l l e n A r b e i t, das M i n i m a l p r i n z i p d e r k o m - p l e m e n t ä r e n E n e r g i e oder das H e l l i n g e r - R e i s s n e r s c h e P r i n z i p, die alle äquivalente Formulierungen für dasselbe Problem, nur unter anderen Gesichtspunkten, darstellen. Zunächst formulieren wir das Extremalprinzip für einen allgemeinen dreidimensionalen isotropen Körper, um anschließend durch Spezialisierungen die betreffenden Funktionale für Stäbe, Balken, Scheiben und Platten herzuleiten. Diese bilden dann die eigentliche Grundlage für das weitere Vorgehen.

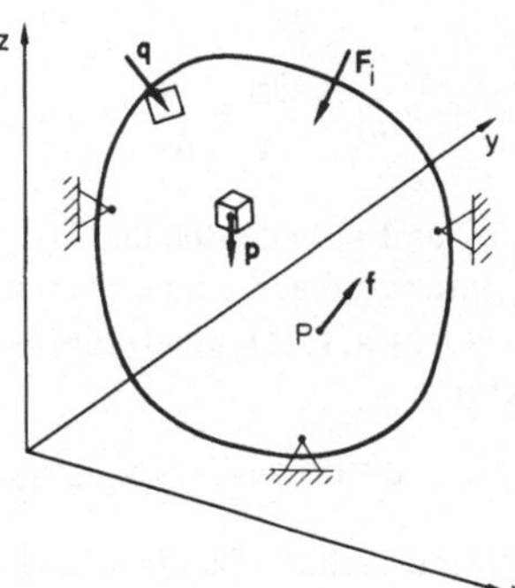

Fig. 1.11
Belasteter Körper

Wir betrachten einen zusammenhängenden dreidimensionalen elastischen Körper, welcher an einigen Stellen gelagert, bzw. festgehalten werde (Fig.1.11). Er sei einer räumlich verteilten Kräfteverteilung p, Oberflächenkräften q und m Einzelkräften F_i unterworfen. Mit f bezeichnen wir den ortsabhängigen Verschiebungsvektor im allgemeinen Punkt P des Körpers. Die totale potentielle Energie des Körpers unter den Belastungen wird gegeben durch

$$\Pi = \frac{1}{2} \iiint\limits_{V} \sigma^T \varepsilon \, dV - \iiint\limits_{V} p^T f \; dV - \iint\limits_{S} q^T f \, dS - \sum_{i=1}^{m} F_i^T f_i \, . \qquad (1.36)$$

Darin bedeuten σ den Spannungsvektor, ε den Verzerrungsvektor, V das Volumen des Körpers, S seine Oberfläche, F_i die angreifenden Einzelkräfte und f_i die diskreten Verschiebungsvektoren in den Angriffspunkten der Einzelkräfte. Das erste Volumenintegral entspricht der Arbeit der inneren Spannungen und die übrigen Terme dem Potential der angreifenden äußeren Kräfte.

Das Prinzip der minimalen potentiellen Energie besagt nun, daß unter allen möglichen Verschiebungszuständen, welche den k i n e m a t i s c h e n R a n d b e d i n g u n g e n genügen, der tatsächliche Gleichgewichtszustand die potentielle Energie Π minimiert.

Dieses Prinzip ist analog zur Aussage von Satz 1 und es erlaubt die Bestimmung des Verschiebungszustandes eines Körpers unter einem Belastungszustand durch Minimierung der totalen potentiellen Energie. Um das Prinzip anwenden zu können, sind der Verzerrungsvektor ε und der Spannungsvektor σ durch die Verschiebungen f darzustellen. Der Verschiebungsvektor f besteht aus den drei Komponenten u, v und w in x-, y- und z-Richtung:

$$\mathbf{f} = (u, v, w)^{T} , \qquad (1.37)$$

worin u, v und w je Funktionen der drei Ortsvariablen sind. Die Verzerrungen eines Körpers sind ein Maß für seine Verformung und sind unter der Annahme kleiner Verschiebungen im Sinn der l i n e a r e n E l a s t i z i t ä t s t h e o r i e gegeben durch [53]

$$\epsilon_x = \frac{\partial u}{\partial x} , \quad \epsilon_y = \frac{\partial v}{\partial y} , \quad \epsilon_z = \frac{\partial w}{\partial z} , \qquad (1.38)$$

$$\gamma_{xy} = \frac{\partial u}{\partial y} + \frac{\partial v}{\partial x} , \quad \gamma_{yz} = \frac{\partial v}{\partial z} + \frac{\partial w}{\partial y} , \quad \gamma_{zx} = \frac{\partial w}{\partial x} + \frac{\partial u}{\partial z} . \qquad (1.39)$$

ϵ_x, ϵ_y und ϵ_z bedeuten die D e h n u n g e n in x-, y- und z-Richtung, während γ_{xy}, γ_{yz} und γ_{zx} die S c h i e b u n g e n, d. h. Änderungen des ursprünglich rechten Winkels in der (x,y)-, (y,z)- und (z,x)-Ebene darstellen[1]. Diese 6 Größen werden im Verzerrungsvektor

$$\boldsymbol{\varepsilon} = (\epsilon_x, \epsilon_y, \epsilon_z, \gamma_{xy}, \gamma_{yz}, \gamma_{zx})^{T} \qquad (1.40)$$

zusammengefaßt. Da die sechs Komponenten des Verzerrungsvektors von den drei Verschiebungskomponenten hergeleitet werden, können sie nicht unabhängig voneinander sein. Vielmehr müssen sie die sogenannten S t. V e n a n t s c h e n K o m p a t i b i l i t ä t s b e d i n g u n g e n erfüllen, die aber für das folgende nicht benötigt werden.

Der innere Spannungszustand in einem allgemeinen Punkt P eines verformbaren Körpers läßt sich unter Berücksichtigung von inneren Gleichgewichtsbedingungen durch sechs Spannungskomponenten σ_x, σ_y, σ_z, τ_{xy}, τ_{yz}, τ_{zw} beschreiben, wobei σ_x, σ_y und σ_z

---

[1] Die Indizes bei ϵ und γ haben nicht die Bedeutung von partiellen Ableitungen, wie etwa bei u_x, v_x usw.

die Normalspannungen in den drei Koordinatenrichtungen und τ_{xy}, τ_{yz} und τ_{zx} die drei Schubspannungen bedeuten. Die sechs Spannungskomponenten bilden den Spannungsvektor

$$\boldsymbol{\sigma} = (\sigma_x, \sigma_y, \sigma_z, \tau_{xy}, \tau_{yz}, \tau_{zx})^{\mathrm{T}}. \tag{1.41}$$

Zwischen den Spannungen und Verzerrungen bestehen physikalische Gesetze, welche das elastomechanische Verhalten des Materials beschreiben. Auf Grund der klassischen linearen Elastizitätstheorie ist diese Beziehung linear. Falls wir uns für das folgende auf i s o t r o p e Körper beschränken, für welche keine Richtungsabhängigkeit der elastischen Eigenschaften besteht, lautet das verallgemeinerte H o o k e s c h e Gesetz

$$\begin{aligned}
\epsilon_x &= \frac{1}{E}(\sigma_x - \nu\sigma_y - \nu\sigma_z) \ , & \gamma_{xy} &= \frac{2(1+\nu)}{E}\,\tau_{xy} \ , \\[2mm]
\epsilon_y &= \frac{1}{E}(-\nu\sigma_x + \sigma_y - \nu\sigma_z) \ , & \gamma_{yz} &= \frac{2(1+\nu)}{E}\,\tau_{yz} \ , \\[2mm]
\epsilon_z &= \frac{1}{E}(-\nu\sigma_x - \nu\sigma_y + \sigma_z) \ , & \gamma_{zx} &= \frac{2(1+\nu)}{E}\,\tau_{zx} \ .
\end{aligned} \tag{1.42}$$

Darin bedeuten E den E l a s t i z i t ä t s m o d u l und ν die P o i s s o n s c h e Z a h l. Diese beiden physikalischen, voneinander unabhängigen und experimentell zu bestimmenden Konstanten beschreiben das elastische Verhalten des Materials vollkommen. Durch Auflösen der linearen Beziehungen (1.42) nach den Spannungskomponenten ergibt sich in Matrixschreibweise

$$\boldsymbol{\sigma} = \mathbf{D}\,\boldsymbol{\varepsilon} \tag{1.43}$$

mit der symmetrischen Matrix

$$\mathbf{D} = \frac{E}{(1+\nu)(1-2\nu)}
\left[\begin{array}{ccc|ccc}
1-\nu & \nu & \nu & 0 & 0 & 0 \\
\nu & 1-\nu & \nu & 0 & 0 & 0 \\
\nu & \nu & 1-\nu & 0 & 0 & 0 \\
\hline
0 & 0 & 0 & \frac{1}{2}(1-2\nu) & 0 & 0 \\
0 & 0 & 0 & 0 & \frac{1}{2}(1-2\nu) & 0 \\
0 & 0 & 0 & 0 & 0 & \frac{1}{2}(1-2\nu)
\end{array}\right] \tag{1.44}$$

Auf Grund der Relationen (1.38) und (1.39) zwischen den Verschiebungen und Verzerrungen einerseits und der Beziehung (1.43) zwischen den Verzerrungen und Spannungen anderseits kann das erste Integral der gesamten potentiellen Energie in (1.36) ebenfalls durch den Verschiebungsvektor **f** dargestellt werden. Formal kann der Zusammenhang durch die Einführung einer rechteckigen (6 x 3)-Differentiationsoperatormatrix **B** geschehen, mit welcher die Relationen (1.38) und (1.39) als $\boldsymbol{\varepsilon} = \mathbf{B}\,\mathbf{f}$ darstellbar sind. Von dieser formalen Schreibweise soll jedoch im folgenden kein Gebrauch gemacht werden.

1. Spezialfall Z u g s t a b Ein Stab von konstantem Querschnitt A und Länge ℓ werde nur Kräften in seiner Längsrichtung unterworfen (Fig.1.12). Dabei wird angenommen, daß bei Deformation des Stabes jeder Querschnitt eben bleibt und sich nur als Ganzes in x-Richtung verschiebt. Es sollen keine Verschiebungen in y- und z-Richtung erfolgen. Im Verschiebungsvektor $\mathbf{f}$ sind die zweite und dritte Komponente gleich Null, so daß nur die Verschiebungsfunktion u(x) übrig bleibt, die nur eine Funktion von x allein ist. Unter den Verzerrungskomponenten ist nur

$$\epsilon_x = \frac{\partial u}{\partial x} = u'(x)$$

von Null verschieden. Um das Produkt $\boldsymbol{\sigma}^T\boldsymbol{\varepsilon}$ zu bilden, benötigen wir deshalb nur die erste Komponente σ_x des Spannungsvektors $\boldsymbol{\sigma}$. Unter den getroffenen Annahmen treten im Zugstab nur Normalspannungen in x-Richtung auf, so daß $\sigma_y = \sigma_z = 0$ sind. Aus dem verallgemeinerten Hookeschen Gesetz (1.42) ergibt sich deshalb

$$\sigma_x = E\,\epsilon_x = E\,u'(x)$$

und es wird

$$\boldsymbol{\sigma}^T\boldsymbol{\varepsilon} = \sigma_x\epsilon_x = E\,u'(x)^2\ .$$

Fig. 1.12 Zugstab

Da bei Zug- und Druckstäben normalerweise Volumenkräfte (etwa das Eigengewicht) und Oberflächenkräfte nicht berücksichtigt werden, erhalten wir nach Ausintegration über die y- und z-Richtung für die gesamte potentielle Energie

$$\Pi_{STAB} = \frac{1}{2}\,EA \int_0^\ell u'(x)^2 dx - u_0 F_0 - u_\ell F_\ell \tag{1.45}$$

wo F_0 und F_ℓ die diskreten Kräfte an den Stabenden und u_0 und u_ℓ die entsprechenden diskreten Verschiebungen in Stabrichtung bedeuten.

2. Spezialfall B a l k e n b i e g u n g In der klassischen Balkentheorie wird angenommen, daß bei Biegung in einer Hauptrichtung ebene Querschnitte eben bleiben. Betrachten wir einen Balken der Länge ℓ mit rechteckigem Querschnitt (Fig.1.13) und Biegung in der (x,z)-Ebene. Unter der weiteren üblichen Annahme, daß die Auslenkungen und Neigungen klein sind und sich die Punkte der neutralen x-Achse nur parallel zur z-Richtung verschieben, ist die Verschiebungskomponente u(x, y, z) in x-Richtung näherungsweise im Sinn einer Linearisierung darstellbar vermittels der Neigung der Biegelinie w(x) als

$$u(x, y, z) = -z\,w'(x)\ . \tag{1.46}$$

Die Verschiebungskomponente in z-Richtung eines beliebigen Punktes des Schnittes kann aus demselben Grund gleich w(x) gesetzt werden. Da die Biegung in der (x,z)-Ebene erfolgt, ist ferner v = 0, und es stellt sich wiederum heraus, daß im Verzerrungsvektor nur die erste Komponente ϵ_x von Null verschieden ist mit

$$\epsilon_x = -z\, w''(x) \ , \tag{1.47}$$

da die Schiebung $\gamma_{zx} = \dfrac{\partial w}{\partial x} + \dfrac{\partial u}{\partial z} = w' - w' = 0$ ist. Bei der Balkenbiegung sind weiter

die Normalspannungen $\sigma_y = \sigma_z = 0$, so daß nach (1.42) die Spannungskomponente $\sigma_x = E\,\epsilon_x$ wird.

Für die Spannungsenergie erhalten wir nach Substitution von ϵ_x und σ_x das Volumenintegral

$$\frac{1}{2} \iiint\limits_V E\, z^2 w''(x)^2 \, dx\, dy\, dz \ .$$

Für festes x kann die Integration für den Querschnitt der Fig.1.13 ausgeführt werden und liefert

$$\int\limits_{-h/2}^{h/2} \int\limits_{-b/2}^{b/2} z^2 \, dy\, dz = \frac{1}{12} b h^3 = I$$

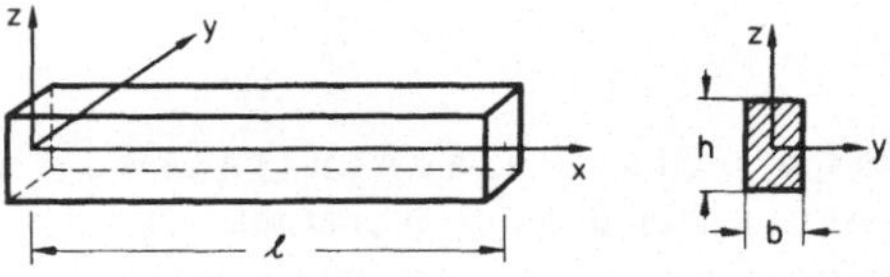

Fig. 1.13 Balkenbiegung

das a x i a l e   F l ä c h e n t r ä g h e i t s m o m e n t des Querschnittes bezüglich der y-Achse. Für konstanten Balkenquerschnitt erhalten wir den Anteil der Spannungsenergie zu

$$\frac{1}{2} EI \int\limits_0^\ell w''(x)^2 \, dx \ .$$

Die Volumen- und Oberflächenkräfte werden üblicherweise in eine einzige Belastungsfunktion q(x) zusammengefaßt, die in positiver z-Richtung an der neutralen Achse angreift. Als Einzelkräfte kommen hier neben Kräften F_i in z-Richtung auch (Biege-) Momente M_i in Frage im Sinn allgemeinerer Kräfte. Das Funktional für einen Biegestab wird somit

$$\Pi_{BSTAB} = \frac{1}{2} EI \int\limits_0^\ell w''(x)^2 \, dx - \int\limits_0^\ell q(x) w(x)\, dx - \sum_{i=1}^m F_i w_i - \sum_{i=1}^{m'} M_i w_i' \tag{1.48}$$

3. Spezialfall B a l k e n t o r s i o n Bei Belastung eines geraden Stabes mit rotationssymmetrischem Querschnitt durch ein reines Torsionsmoment dreht sich jeder Querschnitt ohne Verformung in seiner Ebene. Mit dem Verdrehwinkel $\theta(x)$ ist die Deformation des Stabes gegeben durch u = 0, $v(x, y, z) = y(\cos\theta - 1) - z \sin\theta$, $w(x, y, z) =$

$y \sin \theta + z(\cos \theta - 1)$. Für kleine Winkel θ werden die Auslenkungen im Rahmen der linearen Theorie mit $\cos \theta \approx 1$, $\sin \theta \approx \theta$ gegeben durch

$$u = 0, \quad v(x, y, z) = -z\theta(x), \quad w(x, y, z) = y\theta(x) . \tag{1.49}$$

Der Verzerrungsvektor ε erhält damit die Komponenten

$$\varepsilon = (0, 0, 0, -z\theta'(x), 0, y\theta'(x))^T .$$

Der zugehörige Spannungsvektor wird gemäß (1.43) und (1.44)

$$\sigma = (0, 0, 0, - \frac{E}{2(1 + \nu)} z\theta'(x), 0, \frac{E}{2(1 + \nu)} y\theta'(x))^T .$$

Mit dem S c h u b m o d u l $G = E/(2(1 + \nu))$ wird die Spannungsenergie des Torsionsstabes gegeben durch das Volumenintegral

$$\frac{1}{2} G \iiint_V (y^2 + z^2)\theta'(x)^2 dx\, dy\, dz .$$

Für festes x liefert die Integration über den Querschnitt A

$$\iint_A (y^2 + z^2) dy\, dz = I_p$$

das sog. p o l a r e F l ä c h e n t r ä g h e i t s m o m e n t des Querschnittes. Dieser Wert ist jedoch unter der Voraussetzung u = 0 in (1.49) hergeleitet worden und ist nur für kreisförmige und kreisringförmige Querschnitte gültig. Für einen rechteckigen Querschnitt nach Fig. 1.13 ist I_p durch das T o r s i o n s f l ä c h e n m o m e n t I_t zu ersetzen, dessen Wert in guter Approximation gegeben ist durch [148]

$$I_t = b^3 h \eta, \quad \eta = \frac{1}{3} \left[1 - \frac{192}{\pi^5} \frac{b}{h} \tanh\left(\frac{\pi h}{2b}\right) \right], \quad h \geqslant b .$$

Falls wir uns weiter auf den praktisch wichtigen Fall beschränken, daß nur an den beiden Enden äußere Torsionsmomente M_0 und M_ℓ wirksam sind, erhalten wir bei konstantem Querschnitt für die gesamte potentielle Energie eines Torsionsstabes

$$\boxed{\Pi_{\text{Torsion}} = \frac{1}{2} G I_t \int_0^\ell \theta'(x)^2 dx - M_0 \theta_0 - M_\ell \theta_\ell} \tag{1.51}$$

Abgesehen von der verschiedenen Bedeutung der auftretenden Größen sind die Funktionale für den Zugstab und Torsionsstab identisch aufgebaut.

4. Spezialfall S c h e i b e n Aus den allgemeinen Beziehungen für dreidimensionale elastische Körper lassen sich die Grundgleichungen für die wichtige Klasse von zweidimensionalen Elastizitätsproblemen mit e b e n e m S p a n n u n g s z u s t a n d herleiten. Die Verschiebungen, Verzerrungen und Spannungen sind nur von den beiden kartesischen Koordinaten x und y abhängig, so daß dementsprechend nach (1.38) und

(1.39) nur zwei Dehnungen und eine Schiebung auftreten, nämlich

$$\epsilon_x = \frac{\partial u}{\partial x} \quad , \quad \epsilon_y = \frac{\partial v}{\partial y} \quad , \quad \gamma_{xy} = \frac{\partial u}{\partial y} + \frac{\partial v}{\partial x} \quad . \tag{1.52}$$

Im Fall des e b e n e n S p a n n u n g s z u s t a n d e s trifft man die Annahme, daß auch alle inneren Kräfte nur Komponenten in der (x,y)-Ebene besitzen, d. h. daß

$$\sigma_z = 0 \quad \text{und} \quad \tau_{xz} = \tau_{yz} = 0 \tag{1.53}$$

sind. Hingegen kann der Körper eine Dehnung in z-Richtung erfahren, so daß $\epsilon_z \neq 0$ sein kann. Aus den allgemeinen Stoffgesetzen (1.42) folgen durch Spezialisierung mit (1.53)

$$\epsilon_x = \frac{1}{E}(\sigma_x - \nu\sigma_y) \qquad \epsilon_y = \frac{1}{E}(-\nu\sigma_x + \sigma_y) \qquad \gamma_{xy} = \frac{2(1+\nu)}{E}\tau_{xy} \tag{1.54}$$

und dazu noch

$$\epsilon_z = -\frac{\nu}{E}(\sigma_x + \sigma_y) \quad . \tag{1.55}$$

Aus (1.54) ergeben sich durch Auflösen nach σ_x, σ_y und τ_{xy} die für die Anwendung benötigten Relationen

$$\sigma_x = \frac{E}{1-\nu^2}(\epsilon_x + \nu\epsilon_y) \quad , \quad \sigma_y = \frac{E}{1-\nu^2}(\nu\epsilon_x + \epsilon_y) \quad , \quad \tau_{xy} = \frac{E}{2(1+\nu)}\gamma_{xy} \quad . \tag{1.56}$$

Sie lassen sich mit den Verzerrungs- und Spannungsvektoren

$$\boldsymbol{\varepsilon} = (\epsilon_x, \epsilon_y, \gamma_{xy})^T, \qquad \boldsymbol{\sigma} = (\sigma_x, \sigma_y, \tau_{xy})^T \tag{1.57}$$

in Matrizenschreibweise als

$$\boldsymbol{\sigma} = \mathbf{D}_{ESZ}\,\boldsymbol{\varepsilon} \tag{1.58}$$

zusammenfassen mit der für den ebenen Spannungszustand zuständigen Matrix

$$\boxed{\mathbf{D}_{ESZ} = \frac{E}{1-\nu^2}\begin{bmatrix} 1 & \nu & 0 \\ \nu & 1 & 0 \\ 0 & 0 & \frac{1}{2}(1-\nu) \end{bmatrix}} \tag{1.59}$$

Falls die resultierende Dehnung in z-Richtung ebenfalls interessiert, ergibt sie sich nach Substitution von σ_x und σ_y aus (1.56) in (1.55) zu

$$\epsilon_z = \frac{-\nu}{1-\nu}(\epsilon_x + \epsilon_y), \quad .$$

doch wird diese Dehnung im folgenden außer Betracht fallen.

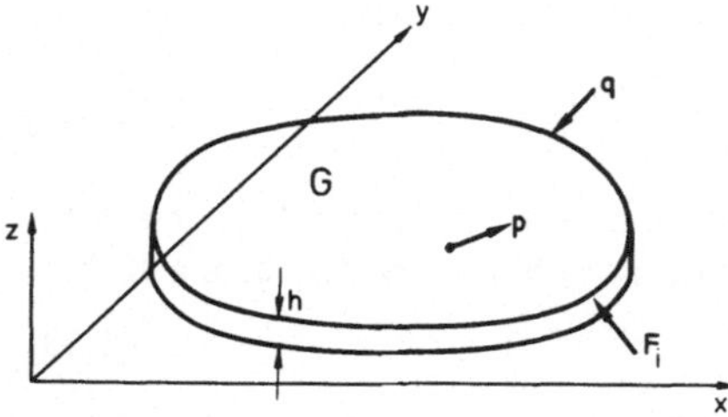

Fig. 1.14
Belastete Scheibe

Der beschriebene ebene Spannungszustand trifft zumindest in guter Näherung zu im
Innern einer dünnen Scheibe, die nur durch Kräfte in ihrer Ebene belastet ist (Fig. 1.14).
Von den parallel zur (x,y)-Ebene wirkenden räumlichen Kräften p und q wird angenommen, daß sie gleichmäßig über die konstante Dicke h der Scheibe wirksam sind. So
kann in den Volumen- und im Oberflächenintegral in (1.36) die Integration in z-Richtung ausgeführt werden, so daß nur noch Gebiets- und Randintegrale verbleiben. Für die
gesamte potentielle Energie erhalten wir damit die Darstellung

$$\Pi_{\text{Scheibe}} = h\left[\frac{1}{2}\iint_G \boldsymbol{\sigma}^T\boldsymbol{\varepsilon}\,dx\,dy - \iint_G \mathbf{p}^T\mathbf{f}\,dx\,dy - \int_C \mathbf{q}^T\mathbf{f}\,ds\right] - \sum_{i=1}^m \mathbf{F}_i^T\mathbf{f}_i \qquad (1.60)$$

Die Kräfte- und Verschiebungsvektoren p, q und f sind jetzt selbstverständlich zwei-
dimensional.

5. Spezialfall E b e n e r   V e r z e r r u n g s z u s t a n d Bei Problemen für l a n g e
K ö r p e r , deren Geometrie und Belastung in ihrer Längsrichtung nicht ändert, können
ebenfalls als ebene Aufgaben behandelt werden, wobei nur mehr die Verschiebungen in
einer senkrechten Schnittebene als die eigentlichen Unbekannten anzusehen sind. Wir
lassen diesen Querschnitt mit der (x,y)-Ebene zusammenfallen. Dann wird aber keine
Verschiebung w in z-Richtung stattfinden und die Verschiebungen u und v sind nur von
x und y abhängig. Auf Grund der grundlegenden Beziehungen (1.38) ist demzufolge die
Verzerrung $\epsilon_z = 0$ und die Schiebungen $\gamma_{yz} = \gamma_{zx} = 0$, so daß wiederum nur die drei
Komponenten ϵ_x, ϵ_y und γ_{xy} übrig bleiben. In diesem Fall kann aber wohl die Normal-
spannung $\sigma_z \neq 0$ sein. Auf Grund der fundamentalen Relationen (1.42) ist wegen $\epsilon_z = 0$

$$\sigma_z = \nu(\sigma_x + \sigma_y).$$

Daraus folgen nach Substitution in die beiden ersten Gleichungen von (1.42) die Beziehungen

$$\epsilon_x = \frac{1}{E}\left[(1-\nu^2)\sigma_x - \nu(1+\nu)\sigma_y\right]\ , \qquad \epsilon_y = \frac{1}{E}\left[-\nu(1+\nu)\sigma_x + (1-\nu^2)\sigma_y\right]\ , \qquad (1.61)$$

während die Gleichung zwischen γ_{xy} und τ_{xy} unverändert bleibt. Auflösen von (1.61)
nach σ_x und σ_y ergibt in Matrixform die Beziehung

$$\boldsymbol{\sigma} = \mathbf{D}_{EVZ}\,\boldsymbol{\varepsilon} \qquad (1.62)$$

mit der für den ebenen Verzerrungszustand maßgebenden Matrix

$$\mathbf{D}_{EVZ} = \frac{E}{(1+\nu)(1-2\nu)}\begin{bmatrix} 1-\nu & \nu & 0 \\ \nu & 1-\nu & 0 \\ 0 & 0 & \frac{1}{2}(1-2\nu) \end{bmatrix} \qquad (1.63)$$

Die gesamte potentielle Energie für einen Schnitt stellt sich dar als

$$\Pi_{EVZ} = \frac{1}{2}\iint_G \boldsymbol{\sigma}^T\boldsymbol{\varepsilon}\,dxdy - \iint_G \mathbf{p}^T\mathbf{f}\,dxdy - \int_C \mathbf{q}^T\mathbf{f}\,ds - \sum_{i=1}^{m}\mathbf{F}_i^T\mathbf{f}_i \qquad (1.64)$$

Das zu minimierende Funktional stimmt im wesentlichen mit demjenigen für eine Scheibe überein. Es ist einzig zu beachten, daß sich der Spannungsvektor $\boldsymbol{\sigma}$ vermöge der Matrix $\mathbf{D}_{EVZ}$ (1.63) aus dem Verzerrungsvektor ergibt. Abgesehen von diesem untergeordneten Unterschied lassen sich die Probleme mit ebenem Spannungszustand und ebenem Verzerrungszustand vollkommen analog behandeln.

6. Spezialfall P l a t t e n b i e g u n g Wir betrachten eine dünne Platte konstanter Dicke h, deren Mittelebene mit der (x,y)-Ebene zusammenfällt. Die Platte werde durch vertikale Kräfte, kontinuierlich verteilte und/oder Einzelkräfte belastet (Fig.1.15).

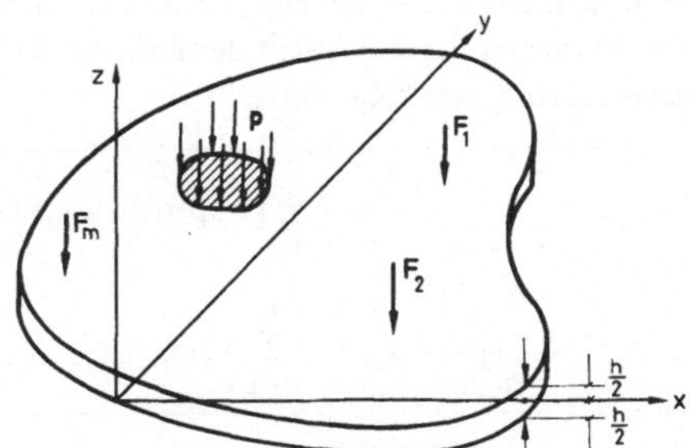

Fig. 1.15
Belastete Platte

Auf Grund der wesentlichsten K i r c h h o f f s c h e n H y p o t h e s e n wird angenommen, daß die vertikale Durchbiegung w der Mittelfläche und ihre partiellen Ableitungen klein seien, daß die Mittelebene als neutrale Schicht ohne Verzerrungen angesehen werden könne und daß die Normalen zur Mittelebene der unverformten Platte auch nach der Verformung gerade und normal zur Mittelfläche bleiben. Unter diesen Annahmen werden die Verschiebungskomponenten

$$u(x, y, z) = -z\,\frac{\partial w}{\partial x} \quad , \quad v(x, y, z) = -z\,\frac{\partial w}{\partial y} \quad . \qquad (1.65)$$

Daraus folgen die Komponenten des Verzerrungsvektors

$$\epsilon_x = -z\,\frac{\partial^2 w}{\partial x^2} \;,\quad \epsilon_y = -z\,\frac{\partial^2 w}{\partial y^2} \;,\quad \epsilon_z = 0 \;, \tag{1.66}$$

$$\gamma_{xy} = -2z\,\frac{\partial^2 w}{\partial x \partial y} \;,\quad \gamma_{yz} = 0 \;,\quad \gamma_{zx} = 0 \;.$$

Als weitere Kirchhoffsche Hypothese werden Spannungen normal zur Mittelebene vernachlässigt ($\sigma_z = \tau_{xz} = \tau_{yz} = 0$), so daß die Beziehungen (1.59) für den ebenen Spannungszustand anwendbar werden. Für die drei Komponenten des Spannungsvektors, die zur Bildung von $\boldsymbol{\sigma}^T\boldsymbol{\varepsilon}$ benötigt werden, ergeben sich so nach Substitution von (1.66) die Ausdrücke

$$\sigma_x = -\frac{Ez}{1-\nu^2}\left(\frac{\partial^2 w}{\partial x^2} + \nu\frac{\partial^2 w}{\partial y^2}\right) \;,\quad \sigma_y = -\frac{Ez}{1-\nu^2}\left(\nu\frac{\partial^2 w}{\partial x^2} + \frac{\partial^2 w}{\partial y^2}\right) \;,$$

$$\tau_{xy} = -\frac{Ez}{1+\nu}\,\frac{\partial^2 w}{\partial x \partial y} \;. \tag{1.67}$$

Die Deformationsenergie wird damit gegeben durch

$$\frac{1}{2}\iiint\limits_V \boldsymbol{\sigma}^T\boldsymbol{\varepsilon}\,dx\,dy\,dz$$

$$= \frac{1}{2}\,\frac{E}{1-\nu^2}\iiint\limits_V z^2\left[w_{xx}(w_{xx}+\nu w_{yy}) + w_{yy}(\nu w_{xx}+w_{yy}) + 2(1-\nu)w_{xy}^2\right]dx\,dy\,dz$$

Die Integration in z-Richtung über die Plattendicke kann ausgeführt werden, so daß sich unter Einbezug des Potentials der äußeren Kräfte die gesamte potentielle Energie bei Plattenbiegung wie folgt darstellt

$$\boxed{\begin{aligned}\Pi_{\text{Platte}} = {} & \frac{1}{2}\,\frac{Eh^3}{12(1-\nu^2)}\iint\limits_G\left[w_{xx}^2 + 2\nu w_{xx}w_{yy} + w_{yy}^2 + 2(1-\nu)w_{xy}^2\right]dx\,dy \\ & -\iint\limits_G p\,w\,dx\,dy - \sum_{i=1}^{m} F_i w_i\end{aligned}} \tag{1.68}$$

Der von den Materialeigenschaften E und ν sowie von der Plattendicke h abhängige Koeffizient

$$D = \frac{Eh^3}{12(1-\nu^2)}$$

wird als P l a t t e n s t e i f i g k e i t bezeichnet.

Bei der Behandlung der verschiedenen Spezialfälle wurden nur die Ausdrücke für die gesamte potentielle Energie gegeben und in keinem Fall irgendwelche Randbedingungen in Betracht gezogen. Es sei aber an dieser Stelle noch einmal ganz nachdrücklich darauf hingewiesen, daß die mathematische Aufgabe darin bestehen wird, die Energiefunktio-

nale zu minimieren nur unter Berücksichtigung von g e o m e t r i s c h e n Randbedingungen, welche die Verschiebungen betreffen und im Fall der Balken- und Plattenbiegung
allenfalls noch die Ableitungen bei eingespannten Enden bzw. Rändern.

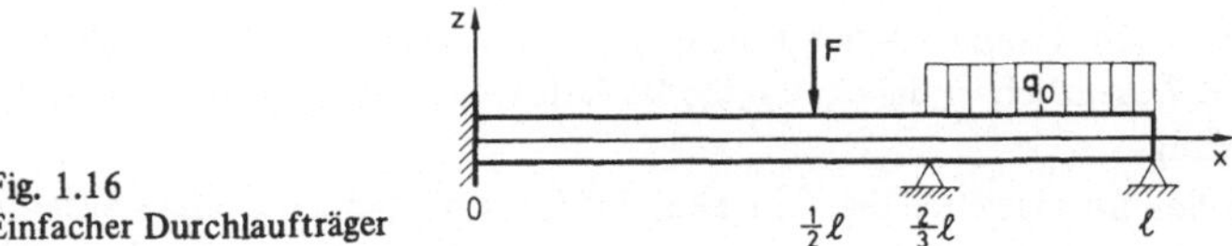

Fig. 1.16
Einfacher Durchlaufträger

Beispiel 1.11 Für einen mehrfach gelagerten Durchlaufträger mit konstantem Querschnitt, der am einen Ende eingespannt, an zwei weiteren Stellen gelenkig gelagert und
durch eine kontinuierlich verteilte Last und eine Einzelkraft nach Fig.1.16 belastet ist,
lautet die Extremalaufgabe: Man minimiere das Funktional

$$\Pi = \frac{1}{2} EI \int_0^\ell w''(x)^2 dx - \int_{2/3\,\ell}^\ell q_0\, w(x)\, dx - F\, w\left(\frac{1}{2}\,\ell\right) \tag{1.69}$$

unter den geometrischen Randbedingungen

$$w(0) = 0 \ , \quad w'(0) = 0 \ , \quad w\left(\frac{2}{3}\,\ell\right) = 0 \ , \quad w(\ell) = 0 \ . \tag{1.70}$$

1.2.3 Dynamische elastomechanische Probleme

Für dynamische Probleme, insbesondere Schwingungsaufgaben, ist das H a m i l t o n
s c h e P r i n z i p zuständig. Man betrachtet die sogenannte L a g r a n g e - F u n k
t i o n [70]

$$L = T - U - W \ , \tag{1.71}$$

wo T die kinetische Energie des betrachteten Systems bedeutet und für einen räumlichen
Körper mit der spezifischen Dichte $\rho(x, y, z)$ gegeben ist durch das Volumenintegral

$$T = \frac{1}{2} \iiint_V \rho\ \dot{f}^T \dot{f}\ dV \ . \tag{1.72}$$

Dabei stellt $\dot{f}$ als Ableitung des Verschiebungsvektors f nach der Zeit t den ortsabhängigen Geschwindigkeitsvektor dar. U ist die Deformationsenergie und W das Potential
der äußeren Kräfte. Nach (1.36) ist die Lagrange-Funktion für einen elastischen Körper
gegeben durch

$$L = \frac{1}{2} \iiint_V \rho\ \dot{f}^T \dot{f} dV - \frac{1}{2} \iiint_V \sigma^T \varepsilon dV + \iiint_V p^T f dV + \iint_S q^T f dS + \sum_{i=1}^m F_i^T f_i \ . \tag{1.73}$$

Betrachtet man alle die kinematischen oder geometrischen Randbedingungen erfüllenden Bewegungsabläufe des Systems zwischen zwei beliebigen Zeitpunkten t_0 und t_1 bei fest gegebenen Zuständen für t_0 und t_1, so nimmt das Wirkungsintegral

$$I = \int_{t_0}^{t_1} L\, dt \tag{1.74}$$

nach dem Hamiltonschen Prinzip für den tatsächlichen Ablauf einen stationären Wert an. Wesentlich ist dabei, daß die Variation des Wirkungsintegrals nur bezüglich der Zeit erfolgt.

Sollen im speziellen die f r e i e n S c h w i n g u n g e n eines Systems ohne äußere Kräfte untersucht werden, so fallen in der Lagrange-Funktion L (1.73) die drei letzten Summanden weg. Um das Wirkungsintegral in unmittelbarer Abhängigkeit des Verschiebungsvektors f darzustellen, soll an dieser Stelle vom formalen Zusammenhang zwischen f und dem Verzerrungsvektor $\boldsymbol{\varepsilon} = \mathbf{Bf}$ vermittels der rechteckigen (6 x 3) Differentiationsoperatormatrix $\mathbf{B}$ vorübergehend Gebrauch gemacht werden, um die Relationen (1.38) und (1.39) zusammenzufassen. Mit der weiteren Beziehung (1.43) erhält das Wirkungsintegral (1.74) die Form

$$I = \int_{t_0}^{t_1} \left\{ \frac{1}{2} \iiint_V [\rho \dot{\mathbf{f}}^T \dot{\mathbf{f}} - \mathbf{f}^T \mathbf{B}^T \mathbf{DBf}]dV \right\} dt\ .$$

Für die Variation bezüglich der Zeit erhält man nach Vertauschung der Integrationen

$$\delta I = \iiint_V \left\{ \int_{t_0}^{t_1} [\rho \dot{\mathbf{f}}^T(\delta \dot{\mathbf{f}}) - \mathbf{f}^T \mathbf{B}^T \mathbf{DB}(\delta \mathbf{f})]dt \right\} dV\ .$$

Da $(\delta \dot{\mathbf{f}}) = \dfrac{d}{dt}(\delta \mathbf{f})$ gilt, liefert partielle Integration des ersten Integrals bezüglich der Zeit

$$\delta I = \iiint_V \left\{ \rho \dot{\mathbf{f}}^T \delta \mathbf{f} \Big|_{t_0}^{t_1} - \int_{t_0}^{t_1} [\rho \ddot{\mathbf{f}}^T + \mathbf{f}^T \mathbf{B}^T \mathbf{DB}]\delta \mathbf{f}\, dt \right\} dV\ . \tag{1.75}$$

Die Variationen $\delta \mathbf{f}$ müssen aber auf Grund der oben erwähnten Einschränkungen des Hamiltonschen Prinzips für die beiden Zeitpunkte t_0 und t_1 verschwinden, so daß der bezüglich der Zeit ausintegrierte erste Term verschwindet. Die Variation des Wirkungsintegrals muß für jede zeitliche Variation $\delta \mathbf{f}$ verschwinden, so daß notwendigerweise die hier gültige E u l e r s c h e D i f f e r e n t i a l g l e i c h u n g

$$\rho \ddot{\mathbf{f}} + \mathbf{B}^T \mathbf{D} \mathbf{B} \mathbf{f} = \mathbf{O} \quad \text{in V} \tag{1.76}$$

erfüllt sein muß, welche sich durch Transponierung des Integranden von (1.75) ergibt. Für die gesuchten freien Schwingungen erfolgt für den vom Ort und der Zeit abhängigen Verschiebungsvektor f der Separationsansatz für harmonische Schwingungen

$$\mathbf{f}(x, y, z; t) = \widetilde{\mathbf{f}}(x, y, z)\cos(\omega t)\ . \tag{1.77}$$

Darin bedeuten ω die Kreisfrequenz der gesuchten freien Schwingung und $\widetilde{\mathbf{f}}(x, y, z)$ den nur noch ortsabhängigen Verschiebungsvektor, welcher die zugehörige Amplitudenverteilung der Schwingung darstellt. Nach Substitution von (1.77) in (1.76) und anschließender Division durch $\cos(\omega t)$ folgt die von der Zeit unabhängige Differentialgleichung

$$\mathbf{B}^T \mathbf{DB}\, \widetilde{\mathbf{f}} - \omega^2\, \rho \widetilde{\mathbf{f}} = \mathbf{0}, \tag{1.78}$$

worin das Quadrat der Kreisfrequenz als Parameter auftritt. Die Gleichung (1.78) kann umgekehrt als Eulersche Differentialgleichung zum zeitunabhängigen Variationsintegral

$$\widetilde{I} = \frac{1}{2}\iiint\limits_V \widetilde{\boldsymbol{\sigma}}^T\, \widetilde{\boldsymbol{\varepsilon}}\, \mathrm{dV} - \frac{1}{2}\,\omega^2 \iiint\limits_V \rho \widetilde{\mathbf{f}}^T \widetilde{\mathbf{f}}\, \mathrm{dV} \tag{1.79}$$

interpretiert werden, welches unter Beachtung der geometrischen Randbedingungen durch eine nur vom Ort abhängige Verschiebungsfunktion $\widetilde{\mathbf{f}}(x, y, z)$ stationär zu machen ist. Das Funktional (1.79) ist bei anderer Bedeutung der auftretenden physikalischen Größen analog zu demjenigen zugehörig zur Helmholtz-Gleichung.

1.3 Der klassische Ritz-Ansatz

Zur praktischen Bestimmung einer Näherungslösung, welche ein gegebenes Funktional stationär macht, existiert ein auf R i t z [91] zurückgehendes konstruktives Verfahren. Das klassische Vorgehen soll hier kurz dargestellt werden, da die zugrundeliegende Idee in der Methode der finiten Elemente in leicht modifizierter Art angewendet wird.

Es sei etwa eine Funktion $u(x, y)$ in einem zweidimensionalen Gebiet G gesucht, die ein bestimmtes Funktional stationär macht unter bestimmten Randbedingungen. Um diese Aufgabe näherungsweise zu lösen, wähle man einen Satz von linear unabhängigen Funktionen

$$\varphi_0(x, y);\quad \varphi_1(x, y),\quad \varphi_2(x, y),\quad \dots,\quad \varphi_m(x, y). \tag{1.80}$$

Die Funktion $\varphi_0(x, y)$ spielt darin eine spezielle Rolle, da sie die inhomogenen Randbedingungen zu erfüllen hat. Sie entfällt, falls keine inhomogenen Bedingungen existieren. Die übrigen Funktionen $\varphi_1(x, y), \dots, \varphi_m(x, y)$ sollen sowohl die gegebenen homogenen Randbedingungen als auch die durch Nullsetzen der von den Funktionen unabhängigen Konstanten homogen gemachten inhomogenen Randbedingungen erfüllen. Die gesuchte Funktion $u(x, y)$ wird als Linearkombination der Funktionen (1.80) angesetzt

$$u(x, y) = \varphi_0(x, y) + \sum_{k=1}^{m} c_k\, \varphi_k(x, y), \tag{1.81}$$

worin die Koeffizienten c_k geeignet zu bestimmen sind. Der Ansatz (1.81) erfüllt für beliebige c_k die Randbedingungen, so daß die c_k allein aus der Bedingung zu ermitteln sind, daß $u(x, y)$ dem Funktional einen stationären Wert gibt. Nach Substitution des Ansatzes (1.81) in das Funktional wird dasselbe eine Funktion der unbekannten Koeffizienten c_k. Als notwendige Bedingung dafür, daß das Funktional stationär wird, müssen die ersten partiellen Ableitungen nach den c_k verschwinden. Dies liefert genau m Bedingungen für die zu bestimmenden Koeffizienten. Diese Bedingungen sind linear in den c_k, falls das Funktional quadratisch in u ist, wie dies in allen betrachteten Fällen zutrifft.

Beispiel 1.12 Die resultierende Durchbiegung des belasteten Durchlaufträgers der Fig.1.16 von Beispiel 1.11 soll mit Hilfe des klassischen Ritz-Verfahrens näherungsweise bestimmt werden. Dazu ist die gesamte potentielle Energie (1.69) unter den geometrischen Randbedingungen (1.70) zu minimieren. Da alle Randbedingungen homogen sind, tritt keine Funktion $\varphi_0(x)$ auf. Um das Prinzip zu erläutern, beschränken wir uns auf zwei dimensionslose Ansatzfunktionen

$$\varphi_1(x) = \frac{x^2(3x - 2\ell)(x - \ell)}{\ell^4}, \quad \varphi_2(x) = \frac{x^3(3x - 2\ell)(x - \ell)}{\ell^5},$$

die alle geometrischen Bedingungen erfüllen. Mit dem Ansatz

$$w(x) = c_1\varphi_1(x) + c_2\varphi_2(x)$$

erhält das Funktional die Gestalt

$$\Pi = \frac{1}{2} EI \int_0^\ell [c_1\varphi_1'' + c_2\varphi_2'']^2 dx - \int_{2/3\ell}^\ell q_0[c_1\varphi_1 + c_2\varphi_2]dx - F\left[c_1\varphi_1\left(\frac{1}{2}\ell\right) + c_2\varphi_2\left(\frac{1}{2}\ell\right)\right].$$

Es ist eine quadratische Funktion in c_1 und c_2 entstanden, die zu minimieren ist. Als notwendige Bedingungen ergeben sich die beiden Gleichungen für c_1 und c_2

$$\frac{\partial \Pi}{\partial c_1} = EI \int_0^\ell [c_1\varphi_1'' + c_2\varphi_2'']\varphi_1''dx - \int_{2/3\ell}^\ell q_0\varphi_1 dx - F\varphi_1\left(\frac{1}{2}\ell\right) = 0$$

$$\frac{\partial \Pi}{\partial c_2} = EI \int_0^\ell [c_1\varphi_1'' + c_2\varphi_2'']\varphi_2''dx - \int_{2/3\ell}^\ell q_0\varphi_2 dx - F\varphi_2\left(\frac{1}{2}\ell\right) = 0$$

Die Koeffizienten des linearen Gleichungssystems sind teilweise recht komplizierte Integrale. So ist der Koeffizient von c_1 in der ersten Gleichung

$$EI \int_0^\ell \varphi_1''(x)^2 dx = EI \int_0^\ell \frac{1}{\ell^8}(36x^2 - 30\ell x + 4\ell^2)^2 dx = 11.2\,\frac{EI}{\ell^3}.$$

Man erhält so schließlich das System

$$11.2\,EI\ell^{-3}\,c_1 + 10\,EI\ell^{-3}\,c_2 + \frac{7}{540}\ell q_0 - \frac{F}{16} = 0$$

$$10\quad EI\ell^{-3}\,c_1 + \frac{72}{7}EI\ell^{-3}\,c_2 + \frac{8}{729}\ell q_0 - \frac{F}{32} = 0.$$

Mit den Zahlwerten $E = 2 \cdot 10^7$ N/cm^2, $I = 16$ cm^4, $\ell = 300$ cm, $F = -100$ N und $q_0 = -2$ N/cm lautet das Gleichungssystem nach Division der beiden Gleichungen durch $EI\ell^{-3}$

$$11.2\,c_1 + 10\quad c_2 - 0.12891 = 0$$

$$10\quad c_1 + 10.2857\,c_2 - 0.29188 = 0.$$

Die resultierenden Koeffizienten sind $c_1 = -0.1048$, $c_2 = 0.1303$. Die Durchbiegung an der Stelle der Einzellast wird daher

$$w\left(\frac{\ell}{2}\right) = c_1\varphi_1\left(\frac{\ell}{2}\right) + c_2\varphi_2\left(\frac{\ell}{2}\right) = -0.00248 \text{ cm},$$

und in der Mitte des zweiten Feldes ist die Durchbiegung

$$w\left(\frac{5}{6}\,\ell\right) = -0.000217 \text{ cm}.$$

Beispiel 1.13 Für die schwingende Membran von Beispiel 1.4 lautet das Funktional

$$\Pi = \frac{1}{2}\iint\limits_{G}[(u_x^2 + u_y^2) - \lambda u^2]\,dx\,dy + \frac{1}{2}\int\limits_{B}^{C} u^2\,ds,$$

welches unter den geometrischen Randbedingungen

$$u = 0 \quad \text{auf} \quad AB \quad \text{und} \quad CD$$

stationär zu machen ist. Da hier die Randbedingungen homogen sind, entfällt die Funktion $\varphi_0(x, y)$. Zwei Funktionen, welche die Randbedingungen erfüllen sind beispielsweise

$$\varphi_1(x, y) = y(4 - y), \qquad \varphi_2(x, y) = x^2 y(4 - y).$$

Folglich lautet die Ansatzfunktion

$$u(x, y) = (c_1 + c_2 x^2)(4y - y^2),$$

und ihre ersten partiellen Ableitungen sind

$$u_x = 2\,c_2 x(4y - y^2)\,, \quad u_y = (c_1 + c_2 x^2)(4 - 2y).$$

Auf dem Rand BC ist im Ansatz $x = 5$ einzusetzen und bezüglich y zu integrieren, da ja y gleich der Bogenlänge ist. Das Funktional erhält damit die Gestalt

$$\Pi = \frac{1}{2}\iint\limits_{G}[(2\,c_2 x)^2(4y - y^2)^2 + (c_1 + c_2 x^2)^2(4 - 2y)^2$$

$$- \lambda(c_1 + c_2 x^2)^2(4y - y^2)^2]\,dx\,dy + \frac{1}{2}\int\limits_{0}^{4}(c_1 + 25\,c_2)^2(4y - y^2)^2\,dy.$$

Nach einer elementaren Rechnung ergibt sich nach Auswertung der Integrale und nach Zusammenfassung die quadratische Form in den Koeffizienten c_1 und c_2

$$\Pi = \frac{1}{2}\frac{64}{45}\,[(99 - 120\,\lambda)\,c_1^2 + (2450 - 2000\,\lambda)\,c_1 c_2 + (28375 - 15000\,\lambda)\,c_2^2].$$

Die notwendige Bedingung dafür, daß Π stationär ist, besteht in den beiden linearen und homogenen Gleichungen

$$(99 - 120\,\lambda)\,c_1 + (1225 - 1000\,\lambda)\,c_2 = 0$$
$$(1225 - 1000\,\lambda)\,c_1 + (28375 - 15000\,\lambda)\,c_2 = 0 \tag{1.82}$$

Gesucht sind nur nichttriviale Lösungen für c_1 und c_2. Die Gleichungen (1.82) stellen ein allgemeines Eigenwertproblem $\mathbf{Ac} = \lambda\mathbf{Bc}$ dar mit den symmetrischen Matrizen

$$\mathbf{A} = \begin{bmatrix} 99 & 1225 \\ 1225 & 28375 \end{bmatrix}, \quad \mathbf{B} = \begin{bmatrix} 120 & 1000 \\ 1000 & 15000 \end{bmatrix}.$$

Die daraus resultierenden Eigenwerte λ_1 und λ_2 sind

$$\lambda_1 = 0.69434, \quad \lambda_2 = 2.3557.$$

Der berechnete Wert λ_1 ist eine recht gute Näherung für den kleinsten exakten Eigenwert 0.685897 mit einem relativen Fehler von rund 1.2%. Die Näherung der zugehörigen Eigenschwingungsform ergibt sich mit den Zahlwerten $c_1 = 1$ und $c_2 = -0.029547$ als Lösung von (1.82) zu

$$u_1(x, y) = (1 - 0.029547\,x^2)\,y(4 - y).$$

Sie gibt den qualitativen Verlauf der exakten Eigenschwingungsform $u(x, y) = \cos(0.262767\,x)\,\sin\left(\dfrac{\pi}{4}\,y\right)$ richtig wieder. Infolge der getroffenen Wahl der Ansatzfunktionen erfüllt $u_1(x, y)$ die natürliche Randbedingung am linken Rand sogar exakt, während sie am rechten Rand nur angenähert erfüllt ist. Dort gilt

$$\left.\frac{\partial u_1}{\partial n}\right|_{x=5} = \left.\frac{\partial u_1}{\partial x}\right|_{x=5} = -0.295\,y(4 - y), \quad u_1(5, y) = 0.261\,y(4 - y).$$

Eine solche Abweichung ist aber beim verwendeten groben Ansatz durchaus zu erwarten. Die Anwendung der klassischen Ritzschen Methode ist weitgehend auf Probleme beschränkt, denen ein regelmäßiges Grundgebiet zugrundeliegt. Sobald das Grundgebiet G eine allgemeine Geometrie aufweist, ist es in der Regel praktisch unmöglich, Ansatzfunktionen zu finden, die den Randbedingungen genügen. Zudem kann die Auswertung der auftretenden Integrale im Fall von mehrgliedrigen Ansätzen zu Schwierigkeiten führen. Die grundlegende Idee von Ritz erweist sich aber in ihrer modifizierten Version der Methode der finiten Elemente als sehr zweckmäßig. So erlebt diese klassische Idee eine wahre Renaissance.

1.4 Die Methode von Galerkin

Jetzt wenden wir uns derjenigen Klasse von Problemen zu, für welche keine echten Extremalprinzipien existieren. In diesen Fällen ist von den das Problem bestimmenden Differentialgleichungen und den zugehörigen Rand- und eventuell Anfangsbedingungen auszugehen. Das im folgenden beschriebene Verfahren kann deshalb auf einen bedeutend größeren Problemkreis angewendet werden. Es wird so zu einem recht universellen Werkzeug. Das Vorgehen wird sehr häufig auch dann angewendet, wenn für das betreffende Problem an sich ein Extremalprinzip zur Verfügung steht. Dies liegt daran, daß die klassische Idee der Methode von Galerkin recht einfach zu verstehen ist, und zudem führt sie in diesen Fällen zu denselben Bestimmungsgleichungen.

Die Methode von Galerkin oder allgemeiner die Methode der gewichteten Residuen läßt sich ganz generell wie folgt beschreiben: Die gesuchte Funktion u des Problems soll mit Hilfe von geeignet gewählten Funktionen $\varphi_0, \varphi_1, \ldots, \varphi_m$ in Analogie zum Ritzschen Ansatz angenähert werden in der Form

$$u = \varphi_0 + \sum_{k=1}^{m} c_k \varphi_k, \tag{1.83}$$

wobei φ_0 wiederum eventuelle inhomogene Randbedingungen erfülle und die übrigen Funktionen φ_k die entsprechenden homogenen Randbedingungen. Damit erfüllt u für beliebige c_k die Randbedingungen. Wird nun dieser Ansatz in die Differentialgleichung eingesetzt, so wird sie in den wenigsten Fällen erfüllt sein, vielmehr resultiert ein sogenanntes Residuum. Dieses Residuum soll nun im Innern des Gebietes möglichst klein werden. Dazu verlangt man, daß das Integral des Residuums, gewichtet mit gewissen Gewichtsfunktionen W_i, über das Grundgebiet verschwindet. Dies heißt mit andern Worten, daß das Residuum im Mittel bezüglich der Gewichtsfunktionen im Gebiet verschwindet. Da der Ansatz (1.83) für die gesuchte Funktion m Parameter $c_1, c_2, \ldots, c_m$ enthält, kann die Bedingung für m voneinander linear unabhängige Gewichtsfunktionen formuliert werden, so daß m Gleichungen resultieren, aus denen die Parameter zu bestimmen sind. In dieser allgemeinen Formulierung entspricht dies dem Verfahren der gewichteten Residuen.

In der Methode von Galerkin werden die m Gewichtsfunktionen der Reihe nach gleich den gewählten Funktionen $\varphi_1, \varphi_2, \ldots, \varphi_m$ gewählt, welche ja die Bedingung der linearen Unabhängigkeit erfüllen. Mit dieser Wahl der Gewichtsfunktionen erreicht man, daß die Residuenfunktion orthogonal zum Funktionsunterraum ist, der durch $\varphi_1, \varphi_2, \ldots, \varphi_m$ aufgespannt ist. Diese Tatsache rechtfertigt das Vorgehen, indem die resultierende Näherungslösung in diesem Sinn die bestmögliche im Raum der Ansatzfunktionen darstellt.

Führt man die Idee von Galerkin in der eben geschilderten Art durch, so enthalten die Integranden ebenso hohe Ableitungen der gesuchten Funktion wie die Differentialgleichung. In der klassischen Ausführung der Methode stellt dies kaum ein Problem dar. Im Hinblick auf ihre Anwendung in der Methode der finiten Elemente ergeben sich jedoch gewisse Schwierigkeiten, da schärfere Anforderungen an die Stetigkeit von höheren Ableitungen der verwendeten Funktionen zu erfüllen sind. Die Variationsintegrale enthalten aber stets nur Ableitungen niedrigerer Ordnung als die zugehörigen Eulerschen Differentialgleichungen. Die höheren Ableitungen lassen sich in der Regel vermittels partieller Integration, bzw. durch die Anwendung von Gausschen und Greenschen Integralsätzen eliminieren, so daß die erwähnte Schwierigkeit behoben werden kann.

Die allgemein gehaltenen Ausführungen werden im folgenden anhand von konkreten Beispielen illustriert.

1. Anwendung In einem Gebiet G der (x,y)-Ebene sei die Poissonsche Differentialgleichung

$$u_{xx} + u_{yy} = f(x, y) \quad \text{in } G$$

zu lösen unter den Dirichletschen Randbedingungen

$$u = \varphi(s) \quad \text{auf } C_1$$

und den Cauchyschen Randbedingungen

$$\frac{\partial u}{\partial n} + \alpha(s)u(s) = \gamma(s) \quad \text{auf } C_2.$$

Es soll gezeigt werden, daß die resultierenden Gleichungen nach der Methode von Galerkin in diesem Spezialfall zumindest formal übereinstimmen mit den entsprechenden Gleichungen, die sich nach dem Extremalprinzip ergeben.

Es sei $\varphi_0(x, y)$ eine Funktion, welche die inhomogenen Randbedingungen

$$\varphi_0 = \varphi(s) \quad \text{auf } C_1 \quad \text{und} \quad \frac{\partial \varphi_0}{\partial n} + \alpha(s)\varphi_0(s) = \gamma(s) \quad \text{auf } C_2 \qquad (1.84)$$

erfülle, und $\varphi_1(x, y), \ldots, \varphi_m(x, y)$ seien Funktionen, die den homogenen Randbedingungen

$$\varphi_k = 0 \quad \text{auf } C_1 \quad \text{und} \quad \frac{\partial \varphi_k}{\partial n} + \alpha(s)\varphi_k(s) = 0 \quad \text{auf } C_2 \qquad (1.85)$$

genügen. Der Ansatz

$$u(x, y) = \varphi_0(x, y) + \sum_{k=1}^{m} c_k \varphi_k(x, y) \qquad (1.86)$$

erfüllt die Randbedingungen für beliebige Werte c_k. Substitution in die Differentialgleichung liefert die Residuenfunktion

$$\Delta\varphi_0 + \sum_{k=1}^{m} c_k \Delta\varphi_k - f(x, y) = R(x, y). \qquad (1.87)$$

Nach der Idee von Galerkin wird das Verschwinden der Integrale

$$\iint\limits_{G} R(x, y)\varphi_j(x, y)\,dx\,dy = 0 \qquad (j = 1, 2, \ldots, m)$$

gefordert. Das führt nach Substitution von $R(x, y)$ zu den Gleichungen

$$\sum_{k=1}^{m} c_k \left\{ \iint\limits_{G} \Delta\varphi_k \cdot \varphi_j\,dx\,dy \right\} + \iint\limits_{G} \Delta\varphi_0 \cdot \varphi_j\,dx\,dy - \iint\limits_{G} f(x, y)\varphi_j\,dx\,dy = 0, \qquad (1.88)$$
$$(j = 1, 2, \ldots, m).$$

Hier zeigt sich die Tatsache, daß die Integranden der ersten beiden Integrale zweite partielle Ableitungen enthalten. Diese Integrale lassen sich aber mit Hilfe der Greenschen Formel

$$\iint_G \Delta u \cdot v \, dx \, dy = -\iint_G \operatorname{grad} u \cdot \operatorname{grad} v \, dx \, dy + \oint_C \frac{\partial u}{\partial n} \cdot v \, ds$$

umformen, so daß anstelle von (1.88) die gleichwertigen Gleichungen

$$\sum_{k=1}^{m} c_k \left\{ -\iint_G \operatorname{grad} \varphi_k \cdot \operatorname{grad} \varphi_j \, dx \, dy + \oint_C \frac{\partial \varphi_k}{\partial n} \varphi_j \, ds \right\} \tag{1.89}$$

$$- \iint_G \operatorname{grad} \varphi_0 \cdot \operatorname{grad} \varphi_j \, dx \, dy + \oint_C \frac{\partial \varphi_0}{\partial n} \varphi_j \, ds - \iint_G f(x, y) \varphi_j \, dx \, dy = 0$$

gelten müssen. Für die Randintegrale sind die Bedingungen an die Ansatzfunktionen zu berücksichtigen. Auf dem Randstück C_1 sind $\varphi_j(s) = 0$ für $j = 1, 2, \ldots, m$, weshalb die Integrale für diesen Teil verschwinden. Auf dem Randstück C_2 hingegen sind die Bedingungen (1.84) und (1.85) gültig, so daß dort die Ableitungen nach der äußeren Normalenrichtung ersetzt werden können. Dies führt zu einer weiteren Umformulierung der Gleichungen (1.89), wobei gleichzeitig noch mit (-1) multipliziert wird.

$$\sum_{k=1}^{m} c_k \left\{ \iint_G \operatorname{grad} \varphi_k \cdot \operatorname{grad} \varphi_j \, dx \, dy + \int_{C_2} \alpha(s) \varphi_k(s) \varphi_j(s) \, ds \right\}$$

$$+ \iint_G \operatorname{grad} \varphi_0 \cdot \operatorname{grad} \varphi_j \, dx \, dy + \int_{C_2} [\alpha(s) \varphi_0(s) - \gamma(s)] \varphi_j(s) \, ds \tag{1.90}$$

$$+ \iint_G f(x, y) \varphi_j \, dx \, dy = 0, \qquad (j = 1, 2, \ldots, m).$$

In der geschweiften Klammer erscheint der Koeffizient der Unbekannten c_k in der j-ten Galerkinschen Gleichung, und die übrigen zwei Gebiets- und das Randintegral ergeben den konstanten Term dieser Gleichung.

Jetzt gehen wir anderseits vom zugehörigen Variationsintegral aus

$$I = \iint_G \left[\frac{1}{2} (u_x^2 + u_y^2) + f(x, y) u \right] dx \, dy + \oint_C \left[\frac{1}{2} \alpha(s) u^2 - \gamma(s) u \right] ds, \tag{1.91}$$

welches durch eine Funktion $u(x, y)$ stationär zu machen ist unter der Nebenbedingung

$$u = \varphi(s) \quad \text{auf } C_1.$$

In diesem Fall sei $\varphi_0(x, y)$ derart, daß sie nur die inhomogene Dirichletsche Randbedingung auf C_1 erfüllt

$$\varphi_0(s) = \varphi(s) \quad \text{auf } C_1,$$

während die weiteren Funktionen $\varphi_1(x, y), \ldots, \varphi_m(x, y)$ nur der homogenen Dirichletschen Randbedingung auf C_1 genügen

$$\varphi_k(s) = 0 \quad \text{auf } C_1, \qquad (k = 1, 2, \ldots, m).$$

Die Ansatzfunktionen unterliegen also weniger Bedingungen als im Fall der Lösung der Randwertaufgabe. Der Ansatz (1.86) entspricht der Ritzschen Methode, und man erhält nach Substitution im Funktional (1.91)

$$I = \iint\limits_{G} \left[\frac{1}{2} \left(\left\{ \varphi_0 + \sum_{k=1}^{m} c_k \varphi_k \right\}_x^2 + \left\{ \varphi_0 + \sum_{k=1}^{m} c_k \varphi_k \right\}_y^2 \right) + f(x,y) \left\{ \varphi_0 + \sum_{k=1}^{m} c_k \varphi_k \right\} \right] dx\,dy$$

$$+ \oint\limits_{C} \left[\frac{1}{2} \alpha(s) \left\{ \varphi_0 + \sum_{k=1}^{m} c_k \varphi_k \right\}^2 - \gamma(s) \left\{ \varphi_0 + \sum_{k=1}^{m} c_k \varphi_k \right\} \right] ds. \tag{1.92}$$

Das Randintegral für das Teilstück C_1 liefert hierbei nur eine Konstante, da dort $\varphi_k = 0$ für $k = 1, 2, \ldots, m$ vorausgesetzt ist und $\varphi_0(s) = \varphi(s)$ eine bekannte vorgegebene Funktion darstellt. Das Funktional (1.92) ist bezüglich der Parameter $c_1, \ldots, c_m$ stationär zu machen. Es müssen somit notwendigerweise seine partiellen Ableitungen nach den c_j $(j = 1, 2, \ldots, m)$ verschwinden:

$$\frac{\partial I}{\partial c_j} = \iint\limits_{G} \left[\left\{ \varphi_0 + \sum_{k=1}^{m} c_k \varphi_k \right\}_x \varphi_{j_x} + \left\{ \varphi_0 + \sum_{k=1}^{m} c_k \varphi_k \right\}_y \varphi_{j_y} + f(x,y)\varphi_j \right] dx\,dy$$

$$+ \int\limits_{C_2} \left[\alpha(s) \left\{ \varphi_0 + \sum_{k=1}^{m} c_k \varphi_k \right\} \varphi_j - \gamma(s)\varphi_j \right] ds = 0, \qquad (j = 1, 2, \ldots, m)$$

Indem wir Integrationen und Summationen vertauschen und für $\varphi_{k_x} \varphi_{j_x} + \varphi_{k_y} \varphi_{j_y} = \operatorname{grad} \varphi_k \cdot \operatorname{grad} \varphi_j$ schreiben, weiter die Terme geeignet zusammenfassen, ergibt sich

$$\sum_{k=1}^{m} c_k \left\{ \iint\limits_{G} \operatorname{grad} \varphi_k \cdot \operatorname{grad} \varphi_j \, dx\,dy + \int\limits_{C_2} \alpha(s)\varphi_k \varphi_j \, ds \right\}$$

$$+ \iint\limits_{G} [\operatorname{grad} \varphi_0 \cdot \operatorname{grad} \varphi_j + f(x,y)\varphi_j]\, dx\,dy + \int\limits_{C_2} [\alpha(s)\varphi_0 - \gamma(s)]\varphi_j \, ds = 0$$

$$(j = 1, 2, \ldots, m)$$

in formaler Übereinstimmung mit (1.90). Falls nur Dirichletsche Randbedingungen auftreten ($C_2 = \emptyset$), besteht eine vollkommene Übereinstimmung, so daß auch die erhaltenen Näherungslösungen identisch sind. Treten hingegen auch Cauchysche Randbedingungen auf, so sind zwar die Gleichungssysteme formal identisch, die Näherungslösungen hingegen im allgemeinen verschieden, da im Fall der Galerkinschen Gleichungen die Ansatzfunktionen schärferen Nebenbedingungen unterliegen. Die mit Hilfe des Ritz-Ansatzes gewonnene Näherungslösung des Variationsintegrals wird demgegenüber die natürlichen Randbedingungen nur angenähert erfüllen. Auf Grund dieser Feststellung wird man im Fall der Galerkinschen Methode die Cauchyschen Randbedingungen ebenfalls nicht berücksichtigen, wodurch eine für die Rechenpraxis wesentliche Vereinfachung resultiert. Mit dieser Modifikation werden Bestimmungsgleichungen und damit auch die resultierenden Näherungslösungen identisch.

2. Anwendung I n s t a t i o n ä r e   W ä r m e l e i t u n g Als Repräsentant eines instationären Feldproblems sei die Wärmeleitung in einem isotropen zweidimensionalen Medium betrachtet, wofür kein klassisches Extremalprinzip existiert. Im Gebiet G ist die Differentialgleichung

$$\Delta u - f(x, y, t) - \kappa \frac{\partial u}{\partial t} = 0 \quad \text{in G} \tag{1.93}$$

zu lösen unter den im allgemeinen zeitabhängigen Randbedingungen

$$u(s, t) \qquad\qquad = \varphi(s, t) \quad \text{auf } C_1 \text{ für } t > 0 \tag{1.94}$$

$$\frac{\partial u(s, t)}{\partial n} + \alpha(s) u(s, t) = \gamma(s, t) \quad \text{auf } C_2 \text{ für } t > 0 \tag{1.95}$$

und der Anfangsbedingung zur Zeit t = 0

$$u(x, y, 0) = u_0(x, y) \quad \text{in G.} \tag{1.96}$$

Das grundsätzliche Vorgehen zur Lösung des Anfangs-Randwertproblems nach der Methode von Galerkin besteht darin, daß für die Funktion $u(x, y, t)$ ein Ansatz verwendet wird, in welchem die örtliche und zeitliche Abhängigkeit separiert ist.

$$u(x, y, t) = \varphi_0(x, y, t) + \sum_{k=1}^{m} c_k(t) \varphi_k(x, y) \tag{1.97}$$

Die bisher konstanten Koeffizienten c_k werden jetzt als Funktionen der Zeit angesetzt. Im Ansatz (1.97) soll die Funktion $\varphi_0(x, y, t)$ die inhomogenen Randbedingungen auf C_1 und C_2 erfüllen, während die Funktionen $\varphi_k(x, y)$ den zeitunabhängigen homogenen Randbedingungen genügen sollen. Damit erfüllt der Ansatz (1.97) für beliebige Funktionen $c_k(t)$ die inhomogenen Randbedingungen.

Wird der Ansatz der Funktion $u(x, y, t)$ in die Differentialgleichung (1.93) eingesetzt, wird die Residuenfunktion sowohl eine Funktion des Ortes und der Zeit. Die Galerkinschen Bedingungsgleichungen werden in diesem Fall nur für einen f e s t e n Zeitpunkt t bezüglich des Grundgebietes G formuliert. Es wird also verlangt, daß das Gebietsintegral über die Residuenfunktion, gewichtet mit den nur ortsabhängigen Funktionen $\varphi_j(x, y)$, (j = 1, 2, . . . , m) verschwinde. Die so modifizierte Forderung liefert die Galerkinschen Bedingungsgleichungen

$$\iint_G \left[\Delta \varphi_0 + \sum_{k=1}^{m} c_k(t) \Delta \varphi_k - f(x, y, t) - \kappa \left\{ \frac{\partial \varphi_0}{\partial t} + \sum_{k=1}^{m} \frac{dc_k}{dt} \varphi_k \right\} \right] \varphi_j \, dx \, dy = 0 \ ,$$

$$(j = 1, 2, \ldots, m) \ .$$

Nach Vertauschung von Integration und Summation und Anwendung der Greenschen Formel ergeben sich daraus die neuen Gleichungen

$$\sum_{k=1}^{m} c_k(t) \left\{ -\iint_G \text{grad}\,\varphi_k \cdot \text{grad}\,\varphi_j \,dx\,dy + \oint_C \frac{\partial\varphi_k}{\partial n}\,\varphi_j \,ds \right\}$$

$$-\sum_{k=1}^{m} \frac{dc_k}{dt} \iint_G \kappa\,\varphi_k\varphi_j\,dx\,dy - \iint_G \text{grad}\,\varphi_0 \cdot \text{grad}\,\varphi_j\,dx\,dy + \oint_C \frac{\partial\varphi_0}{\partial n}\,\varphi_j\,ds$$

$$-\iint_G f(x,y,t)\,\varphi_j\,dx\,dy - \iint_G \kappa\,\frac{\partial\varphi_0}{\partial t}\,\varphi_j\,dx\,dy = 0 \;,\quad (j = 1, 2, \ldots, m)\;.$$

An dieser Stelle können wie in der ersten Anwendung die Randbedingungen der gewählten Ansatzfunktionen berücksichtigt werden, so daß in Analogie und gleichzeitiger Verallgemeinerung zu (1.90) die Galerkinschen Gleichungen resultieren:

$$\sum_{k=1}^{m} \frac{dc_k}{dt} \iint_G \kappa\,\varphi_k\varphi_j\,dx\,dy + \sum_{k=1}^{m} c_k(t) \left\{ \iint_G \text{grad}\,\varphi_k \cdot \text{grad}\,\varphi_j\,dx\,dy + \int_{C_2} \alpha(s)\varphi_k(s)\varphi_j(s)\,ds \right\}$$

$$+ \iint_G \left[\text{grad}\,\varphi_0 \cdot \text{grad}\,\varphi_j + \left\{ f(x,y,t) + \kappa\,\frac{\partial\varphi_0}{\partial t} \right\} \varphi_j \right] dx\,dy + \int_{C_2} [\alpha(s)\varphi_0(s,t) - \gamma(s)]\varphi_j\,ds = 0$$

$$(j = 1, 2, \ldots, m) \qquad (1.98)$$

Die Galerkinschen Gleichungen stellen ein System von m gewöhnlichen Differentialgleichungen erster Ordnung für die m Koeffizientenfunktionen $c_k(t)$ dar. Dieses Differentialgleichungssystem stellt sich mit den Matrizen

$$\mathbf{A} = (a_{jk}), \qquad a_{jk} = \iint_G \text{grad}\,\varphi_j \cdot \text{grad}\,\varphi_k\,dx\,dy + \int_{C_2} \alpha(s)\,\varphi_j\,\varphi_k\,ds \qquad (1.99)$$

$$\mathbf{B} = (b_{jk}), \qquad b_{jk} = \iint_G \kappa\,\varphi_j\varphi_k\,dx\,dy \qquad (1.100)$$

und den Vektoren

$$c(t) = (c_1(t), c_2(t), \ldots, c_m(t))^T$$

$$d \quad = (d_1, d_2, \ldots, d_m)^T$$

$$d_j \quad = \iint_G \left[\text{grad}\,\varphi_0 \cdot \text{grad}\,\varphi_j + \left\{ f + \kappa\,\frac{\partial\varphi_0}{\partial t} \right\} \varphi_j \right] dx\,dy$$

$$\qquad\quad + \int_{C_2} [\alpha(s)\,\varphi_0 - \gamma(s)]\,\varphi_j\,ds \qquad (1.101)$$

in übersichtlicher Form wie folgt dar

$$\mathbf{B}\,\dot{c} + \mathbf{A}\,c + d = \mathbf{O}\;. \qquad (1.102)$$

Die Matrizen sind offensichtlich symmetrisch, und die Matrix $\mathbf{B}$ bei der geforderten linearen Unabhängigkeit der Funktionen φ_k sogar positiv definit und damit regulär. Für eine numerische Integrationsmethode ist die Tatsache von Bedeutung, daß die Matrizen

A und **B** nicht von der Zeit t abhängig sind, also konstant sind. Hingegen wird der Vektor **d** bei zeitabhängigen Randbedingungen ebenfalls von t abhängig sein.

Die Integration von (1.102) erfordert die Kenntnis einer Anfangsbedingung für den Vektor **c**. Diese kann aus der Anfangsbedingung (1.96) gewonnen werden. Gemäß Ansatz (1.97) sollte gelten

$$\varphi_0(x, y, 0) + \sum_{k=1}^{m} c_k(0)\varphi_k(x, y) = u_0(x, y) \quad \text{in } G. \tag{1.103}$$

Da diese Bedingung in der Regel nicht identisch für alle Punkte in G zu erfüllen ist, besteht die Möglichkeit, die Werte $c_k(0)$ nach dem Galerkinschen Prinzip zu bestimmen. Danach ergeben sich folgende Gleichungen

$$\sum_{k=1}^{m} c_k(0) \iint_G \varphi_k \varphi_j \, dxdy + \iint_G [\varphi_0(x, y, 0) - u_0(x, y)]\varphi_j \, dxdy = 0,$$

$$(j = 1, 2, \ldots, m).$$

Als Koeffizientenmatrix ergibt sich im wesentlichen die Matrix **B**, falls κ konstant ist. Da das Differentialgleichungssystem (1.102) linear ist, bietet sich als zweckmäßiges numerisches Integrationsverfahren die Trapezmethode an [107]. Zur Herleitung der Formeln kann (1.102) zunächst in expliziter Form geschrieben werden.

$$\dot{c} = -B^{-1}Ac - B^{-1}d \tag{1.104}$$

Ein allgemeiner Integrationsschritt mit der Schrittweite Δt lautet mit dem Vektor c_n zur Zeit $t = n \cdot \Delta t$ demnach

$$c_{n+1} = c_n - \frac{1}{2}\Delta t[B^{-1}Ac_n + B^{-1}d_n + B^{-1}Ac_{n+1} + B^{-1}d_{n+1}] \; .$$

Nach Multiplikation dieser Gleichung mit **B** und anschließendem Ordnen ergibt sich weiter

$$\left(B + \frac{1}{2}\Delta t \, A\right)c_{n+1} = \left(B - \frac{1}{2}\Delta t \, A\right)c_n - \frac{1}{2}\Delta t \, (d_n + d_{n+1}) \; . \tag{1.105}$$

Jeder Integrationsschritt erfordert die Lösung eines linearen Gleichungssystems mit der konstanten Koeffizientenmatrix $B + \frac{1}{2}\Delta t \, A$, falls der Zeitschritt Δt konstant gehalten wird. Die Berechnung von c_{n+1} erfolgt nach der bekannten Rechentechnik, wonach bei einmal durchgeführter Zerlegung der symmetrischen und positiv definiten Matrix $B + \frac{1}{2}\Delta t \, A$ in jedem Integrationsschritt nur mehr die Prozesse des Vorwärts- und Rückwärtseinsetzens nötig sind [98], sobald die rechte Seite von (1.105) berechnet worden ist.

3. Anwendung Das Verfahren von Galerkin ist nicht auf Probleme beschränkt, bei denen eine einzige Differentialgleichung für eine gesuchte Funktion zu lösen ist. Vielmehr läßt sich die prinzipielle Vorgehensweise übertragen auf Aufgaben, bei denen verschiedene Funktionen als Lösungen eines Differentialgleichungssystems zu bestimmen sind.

Als repräsentatives Beispiel betrachten wir die Aufgabe, den stationären ebenen Strömungszustand einer viskosen und inkompressiblen Flüssigkeit zu bestimmen unter der vereinfachenden Annahme, daß die Reynoldsche Zahl klein sei, so daß die Trägheitskräfte gegenüber den inneren Reibungskräften vernachlässigbar sind. Sind zudem keine äußeren Kräfte vorhanden, so lautet das Differentialgleichungssystem für den Druck p und die Geschwindigkeitskomponenten u und v in x- und y-Richtung [68]

$$\frac{\partial p}{\partial x} - \mu\left(\frac{\partial^2 u}{\partial x^2} + \frac{\partial^2 u}{\partial y^2}\right) = 0 \qquad (1.106)$$

$$\frac{\partial p}{\partial y} - \mu\left(\frac{\partial^2 v}{\partial x^2} + \frac{\partial^2 v}{\partial y^2}\right) = 0 \qquad \text{(Momentengleichungen)} \qquad (1.107)$$

$$\frac{\partial u}{\partial x} + \frac{\partial v}{\partial y} = 0 \qquad \text{(Kontinuitätsgleichung)} \qquad (1.108)$$

Darin bedeutet μ die Zähigkeit der Flüssigkeit. Die Randbedingungen schreiben den Druck, die Geschwindigkeit oder den Geschwindigkeitsgradienten vor. Ohne auf konkrete Randbedingungen einzugehen, soll nur das prinzipielle Vorgehen so weit beschrieben werden, daß die wesentlichen Punkte in Erscheinung treten. Für die drei Feldfunktionen u, v und p werden die üblichen Ansätze von Linearkombinationen von gewählten Grundfunktionen verwendet.

$$u(x, y) = \varphi_0(x, y) + \sum_{k=1}^{m} u_k \varphi_k(x, y) \qquad (1.109)$$

$$v(x, y) = \psi_0(x, y) + \sum_{k=1}^{m} v_k \psi_k(x, y) \qquad (1.110)$$

$$p(x, y) = \chi_0(x, y) + \sum_{k=1}^{q} p_k \chi_k(x, y) \qquad (1.111)$$

Dabei sollen für u und v gleichviele Grundfunktionen verwendet werden, während für p eine im allgemeinen verschiedene Anzahl gewählt wird. Nach Substitution der Ansätze (1.109) bis (1.111) in die drei Differentialgleichungen (1.106) bis (1.108) ergibt sich in jeder Gleichung ein Residuum. Es gilt nun, nach dem Galerkinschen Prinzip insgesamt $2\,m + q$ Bedingungen für die $2\,m + q$ Unbekannten $u_1, \ldots, u_m, v_1, \ldots, v_m, p_1, \ldots, p_q$ aufzustellen. Es ist jetzt nicht möglich zu verlangen, daß die drei Residuenfunktionen bezüglich aller Funktionen φ_k, ψ_k und χ_k im Mittel verschwinden, da diese Forderung zu $3(2\,m + q)$ Gleichungen führen würde. Demzufolge ist eine bestimmte Auswahl zu treffen. Es ist sinnvoll und problemgerecht, für das Residuum der ersten Differentialgleichung (1.106) die Gewichtsfunktionen $\varphi_j(x, y)$, für (1.107) die $\psi_j(x, y)$ und für die dritte Gleichung die $\chi_j(x, y)$ zu verwenden. Diese Auswahl liefert in der Tat die gewünschte Anzahl von (2 m + q) Bedingungsgleichungen. Wir erhalten so

$$\iint_G \left[\left\{ \frac{\partial \chi_0}{\partial x} + \sum_{k=1}^q p_k \frac{\partial \chi_k}{\partial x} - \mu \right\} \Delta\varphi_0 + \sum_{k=1}^m u_k \Delta\varphi_k \right\} \right] \varphi_j \, dxdy = 0,$$

$$(j = 1, 2, \ldots, m)$$

$$\iint_G \left[\left\{ \frac{\partial \chi_0}{\partial y} + \sum_{k=1}^q p_k \frac{\partial \chi_k}{\partial y} - \mu \right\} \Delta\psi_0 + \sum_{k=1}^m v_k \Delta\psi_k \right\} \right] \psi_j \, dxdy = 0$$

$$(j = 1, 2, \ldots, m)$$

$$\iint_G \left[\frac{\partial \varphi_0}{\partial x} + \sum_{k=1}^m u_k \frac{\partial \varphi_k}{\partial x} + \frac{\partial \psi_0}{\partial y} + \sum_{k=1}^m v_k \frac{\partial \psi_k}{\partial y} \right] \chi_j \, dxdy = 0$$

$$(j = 1, 2, \ldots, q)$$

Die auftretenden zweiten partiellen Ableitungen lassen sich durch die Greensche Formel eliminieren. Für konstante Zähigkeit μ erhalten wir folgenden Satz von Bedingungsgleichungen

$$\sum_{k=1}^m u_k \iint_G \mu \, \mathrm{grad}\, \varphi_k \cdot \mathrm{grad}\, \varphi_j \, dxdy + \sum_{k=1}^q p_k \iint_G \frac{\partial \chi_k}{\partial x} \varphi_j \, dxdy + R_j = 0$$

$$\sum_{k=1}^m v_k \iint_G \mu \, \mathrm{grad}\, \psi_k \cdot \mathrm{grad}\, \psi_j \, dxdy + \sum_{k=1}^q p_k \iint_G \frac{\partial \chi_k}{\partial y} \psi_j \, dxdy + S_j = 0$$

$$\sum_{k=1}^m u_k \iint_G \frac{\partial \varphi_k}{\partial x} \chi_j \, dxdy + \sum_{k=1}^m v_k \iint_G \frac{\partial \psi_k}{\partial y} \chi_j \, dxdy + T_j = 0$$

Zur Wahrung der Übersichtlichkeit wurden einige Gebiets- und Randintegrale in den Termen R_j, S_j und T_j zusammengefaßt. Um die Struktur des resultierenden linearen Gleichungssystems zu untersuchen, bilden wir den Vektor $\boldsymbol{\xi}$ der Unbekannten $\boldsymbol{\xi} = (u_1, u_2, \ldots, u_m, v_1, v_2, \ldots, v_m, p_1, p_2, \ldots, p_q)^T$ und den Konstantenvektor $\mathbf{d} = (R_1, R_2, \ldots, R_m, S_1, S_2, \ldots, S_m, T_1, T_2, \ldots, T_q)^T$. Die Koeffizientenmatrix $\mathbf{A}$ des Systems

$$\mathbf{A}\,\boldsymbol{\xi} + \mathbf{d} = \mathbf{0}$$

besitzt die Blockstruktur

$$\mathbf{A} = \begin{bmatrix} \mathbf{A}_{11} & \mathbf{0} & \mathbf{A}_{13} \\ \mathbf{0} & \mathbf{A}_{22} & \mathbf{A}_{23} \\ \mathbf{A}_{31} & \mathbf{A}_{32} & \mathbf{0} \end{bmatrix}$$

Darin bedeuten $\mathbf{A}_{11}$ und $\mathbf{A}_{22}$ je quadratische und symmetrische Matrizen der Ordnung m, während $\mathbf{A}_{13}$ und $\mathbf{A}_{23}$ je rechteckige (m x q), $\mathbf{A}_{31}$ und $\mathbf{A}_{32}$ je (q x m) Matrizen darstellen. Der Rest der Matrix $\mathbf{A}$ besteht aus Nulluntermatrizen entsprechender Ordnung. Ein Blick auf die Integrale, welche die Elemente der Matrizen A_{13} und A_{31} definieren, offenbart, daß diese beiden Untermatrizen in der Regel nicht zueinander transponiert sind. Folglich ist die Matrix A im allgemeinen u n s y m m e t r i s c h. Bei Anwendung des Galerkinschen Verfahrens auf beliebige lineare Differentialgleichungssysteme sind die resultierenden Gleichungssysteme in der Regel nicht symmetrisch. Dies ist teilweise Ausdruck der Tatsache, daß für das betreffende Problem kein echtes Extremalprinzip existiert. Dennoch gelingt es gelegentlich, durch besonders geschickte Wahl der Ansatzfunktionen die Symmetrie der Gleichungssysteme wiederherzustellen. In unserem Fall wäre dies etwa mit der Wahl von identischen Ansatzfunktionen $\varphi_k(x, y) = \psi_k(x, y) = \chi_k(x, y)$ für $k = 1, 2, \ldots, m$ möglich, falls dies auf Grund der Randbedingungen überhaupt zulässig ist.

1.5 Generelle Beschreibung der Methode der finiten Elemente

In diesem Abschnitt soll die wesentliche zugrundeliegende Idee und das sich daraus ergebende prinzipielle Vorgehen der Methode der finiten Elemente zur Lösung von Aufgaben, wie sie oben skizziert worden sind, generell beschrieben werden. Dies wird die auszuführenden Teilschritte bereits vorzeichnen, die in den folgenden Kapiteln im Detail behandelt werden.

1. Schritt Die gegebene Aufgabe wird diskretisiert, indem ganz allgemein das Grundgebiet in einfache Teilgebiete, den sogenannten E l e m e n t e n, zerlegt wird. Bei gewissen Aufgabenstellungen ist die Aufteilung in Elemente durch das Problem bereits weitgehend vorgegeben. Man denke dabei beispielsweise an ein räumliches Fachwerk (Beispiel 1.7), bei welchem die einzelnen Stäbe die Elemente der Konstruktion bilden. Dasselbe gilt etwa auch bei Rahmenkonstruktionen, wo die einzelnen Balken oder sogar unterteilte Balkenstücke die Elemente der Aufgabe darstellen.

Im Fall von zweidimensionalen Feldproblemen oder elastomechanischen Aufgaben wird das Grundgebiet G in Dreiecke, Parallelogramme, krummlinige Dreiecke oder Vierecke eingeteilt, wie dies etwa in Fig.1.17 angedeutet ist. Selbst wenn nur geradlinige Elemente verwendet werden, erreicht man mit einer entsprechend feinen Diskretisierung eine recht gute Approximation des Grundgebietes. Krummlinige Elemente erhöhen selbstverständlich die Güte der Annäherung des Grundgebietes. Jedenfalls erlaubt diese Diskretisierung

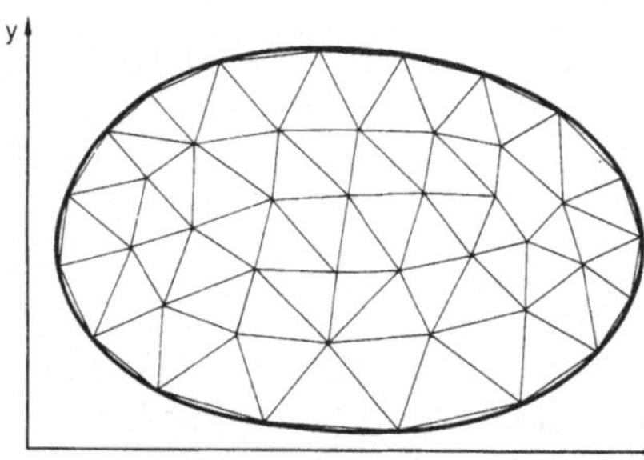

Fig. 1.17
Diskretisierung des Grundgebietes

eine äußerst flexible und auch dem Problem angepaßte Erfassung des Grundgebietes. Allerdings muß unbedingt darauf geachtet werden, daß Paare von allzu spitzen und damit allzu s t u m p f e Winkel in den Elementen vermieden werden, um numerische Schwierigkeiten zu vermeiden. Dann wird das gegebene Gebiet durch die Fläche der approximierenden Elemente ersetzt.

Bei räumlichen Problemen erfolgt eine Diskretisierung des dreidimensionalen Gebietes in Tetraederelemente, Quaderelemente oder andern dem Problem angepaßten möglicherweise auch krummflächig berandeten Elementen.

2. Schritt In jedem der Elemente wird für die gesuchte Funktion, bzw. allgemeiner für die das Problem beschreibenden Funktionen, ein problemgerechter Ansatz gewählt. Im besonderen eignen sich dazu ganz rationale Funktionen in den unabhängigen Raumkoordinaten. Für eindimensionale Elemente (Stäbe, Balken) kommen Polynome ersten, zweiten, dritten und gelegentlich sogar höheren Grades in Frage. Bei zweidimensionalen Problemen finden lineare, quadratische und höhergradige Polynome der Form

$$u(x, y) = c_1 + c_2 x + c_3 y, \tag{1.112}$$

$$u(x, y) = c_1 + c_2 x + c_3 y + c_4 x^2 + c_5 xy + c_6 y^2, \tag{1.113}$$

oder etwa bilineare Ansätze

$$u(x, y) = c_1 + c_2 x + c_3 y + c_4 xy \tag{1.114}$$

Verwendung. Die Art des Ansatzes hängt dabei einerseits von der Form des Elementes ab und anderseits kann auch das zu behandelnde Problem den zu wählenden Ansatz beeinflussen. Denn die Ansatzfunktionen müssen beim Übergang von einem Element ins benachbarte ganz bestimmte problemabhängige Stetigkeitsbedingungen erfüllen. Die Stetigkeitsanforderungen sind häufig aus physikalischen Gründen offensichtlich. Sie sind aus mathematischen Gründen auch erforderlich, damit die Menge der Ansatzfunktionen eine für das Extremalprinzip oder die Galerkinsche Methode zulässige Funktionsklasse bilden. Hat etwa $u(x, y)$ die Bedeutung der Verschiebung eines kontinuierlichen Mediums in z-Richtung, so muß diese Funktion offenbar beim Übergang von einem Element zum andern stetig sein, um die Kontinuität des Materials zu gewährleisten. Im Fall der Balken- oder Plattenbiegung sind die Stetigkeitsanforderungen höher, indem dort aus analogen physikalischen Gründen sogar die Stetigkeit der ersten Ableitung, bzw. der beiden ersten partiellen Ableitungen gefordert werden muß. Elemente mit Ansatzfunktionen, welche den Stetigkeitsbedingungen genügen, heißen k o n f o r m. Eigentlich sind vom mathematischen Standpunkt aus nur konforme Elemente zulässig. Insbesondere im Fall der Plattenbiegung sind die Stetigkeitsanforderungen aber nur mit recht großem Aufwand zu erfüllen, weshalb man hier die Bedingungen etwas lockert und meistens mit n i c h t k o n f o r m e n Elementen arbeitet. Obwohl das Vorgehen mathematisch unhaltbar erscheint, rechtfertigen die erzielten Ergebnisse das Vorgehen. In neuerer Zeit werden auch zur Lösung anderer Aufgaben nichtkonforme Elemente angewandt und damit gute Resultate gewonnen. Anstelle der Stetigkeitsforderungen müssen die Elemente den sog. P a t c h - T e s t [63, 76, 108] bestehen, damit bei Verfeinerung des Netzes die Konvergenz der Näherungslösung gegen die exakte Lösung garantiert ist.

Abgesehen von den Stetigkeitsanforderungen an die Ansätze sollten die verwendeten Polynomfunktionen bei linearen Transformationen von einem kartesischen Koordinatensystem in ein anderes ihre Form unverändert beibehalten. Nach einer solchen Drehung des Koordinatensystems soll die approximierende Funktion auch noch dem Problem angepaßt sein. Diese plausible Forderung an den Ansatz wird dadurch erreicht, daß er entweder v o l l s t ä n d i g ist, d. h. sämtliche Potenzen bis zu einem bestimmten Grad enthält wie (1.112) und (1.113), oder wenigstens die zueinander s y m m e - t r i s c h e n T e r m e enthält wie (1.114) oder beispielsweise das unvollständige Polynom dritten Grades

$$u(x, y) = c_1 + c_2 x + c_3 y + c_4 x^2 + c_5 xy + c_6 y^2 + c_7 x^2 y + c_8 xy^2. \qquad (1.115)$$

Solche g e o m e t r i s c h i s o t r o p e n Ansätze besitzen die Eigenschaft, daß sie für festes x oder y stets ein vollständiges Polynom in der andern Variablen sind, was für die Erfüllung der Stetigkeit von Bedeutung sein wird.

Um nun die Stetigkeitsforderungen tatsächlich zu erfüllen, eignen sich die Ansätze mit den Koeffizienten c_k nicht. Vielmehr ist der Funktionsverlauf im Element durch Funktionswerte und eventuell auch durch Werte von (partiellen) Ableitungen in bestimmten Punkten des Elementes, den sogenannten K n o t e n p u n k t e n , auszudrücken. Die in den Knotenpunkten benützten Funktionswerte und Werte von Ableitungen nennt man die K n o t e n v a r i a b l e n des Elementes. Mit Hilfe dieser Knotenvariablen stellt sich die Ansatzfunktion als Linearkombination von sogenannten F o r m f u n k - t i o n e n mit den Knotenvariablen als Koeffizienten dar. Nehmen wir konkret den Fall an, daß in den Knotenpunkten nur Funktionswerte $u_i^{(e)}$ als Knotenvariable auftreten, dann erhält die Ansatzfunktion für ein zweidimensionales Element mit p Knotenpunkten die Darstellung

$$u^{(e)}(x, y) = \sum_{i=1}^{p} u_i^{(e)} N_i^{(e)}(x, y). \qquad (1.116)$$

Da die Darstellung (1.116) für beliebige Knotenvariable $u_i^{(e)}$ gültig sein muß, so hat die Formfunktion $N_i^{(e)}(x, y)$ notwendigerweise die Interpolationseigenschaft aufzuweisen, im Knotenpunkt $P_i^{(e)}$ mit den Koordinaten $(x_i^{(e)}, y_i^{(e)})$ gleich Eins zu sein und in den andern Knotenpunkten des Elementes zu verschwinden:

$$N_i^{(e)}(x_j^{(e)}, y_j^{(e)}) = \begin{cases} 1 & \text{für } j = i \\ 0 & \text{für } j \neq i \end{cases} \qquad (1.117)$$

Der Ansatz (1.116) gilt für ein bestimmtes Element, was mit dem oberen Index e präzisierend angedeutet ist.

Um an dieser Stelle einerseits die Verbindung zum Ritzschen Ansatz herzustellen und um anderseits auch die Grundlage für die Anwendung des Galerkinschen Verfahrens im Sinne der Methode der finiten Elemente vorzubereiten, betrachten wir die globale Darstellung der gesuchten Funktion u(x, y) im ganzen Grundgebiet, bestehend aus der Vereinigungsmenge der Elemente. Der Ansatz für u(x, y) setzt sich stückweise zusammen aus den einzelnen Ansätzen $u^{(e)}(x, y)$ aller Elemente und ist damit selbst gewissermaßen die Vereinigung der Ansätze (1.116) über alle Elemente. Wenn wir sämtliche Knotenvariablen fortlaufend durchnumerieren von 1 bis n, dann läßt sich das Ergebnis der Zusammensetzung formulieren als

$$u(x, y) = \sum_{k=1}^{n} u_k N_k(x, y).$$ (1.118)

Darin bedeutet jetzt $N_k(x, y)$ die Zusammensetzung (Vereinigung) jener Elementformfunktionen $N_i^{(e)}(x, y)$, welche im Knotenpunkt P_k mit der Knotenvariablen u_k den Wert Eins besitzen. Daraus wird einmal ersichtlich, daß die g l o b a l e n F o r m f u n k t i o n e n $N_k(x, y)$ nur in denjenigen Elementen von Null verschieden sind, welche den Knotenpunkt P_k gemeinsam haben, so daß also die Funktionen $N_k(x, y)$ nur in einem sehr beschränkten Teilgebiet von Null verschieden sind. Auf der andern Seite stellt aber (1.118) einen Ritz-Ansatz dar, wobei die Entwicklungskoeffizienten u_k unmittelbar die gesuchten Knotenvariablen darstellen. In Modifikation zum klassischen Ritz-Verfahren wird mit Ansatzfunktionen $N_k(x, y)$ gearbeitet, die nur einen l o k a l e n T r ä g e r aufweisen, und diese Betrachtungsweise ist ein wesentliches Charakteristikum der Methode der finiten Elemente.

In einem Ansatz der Form (1.118) lassen sich geometrische Randbedingungen auf einfachste Weise berücksichtigen durch Vorgabe entsprechender Werte für die betreffenden Knotenvariablen. So löst sich auf triviale Art das an sich schwierig erscheinende Problem, im Ritz-Ansatz inhomogene und homogene geometrische Randbedingungen zu erfüllen.

3. Schritt Steht ein Extremalprinzip zur Verfügung, wird der Ansatz der Gestalt (1.118) in das Funktional eingesetzt. Da die in Abschn.1.2 behandelten Extremalprinzipien als Integranden durchwegs quadratische Funktionen in u und seinen Ableitungen aufweisen, entsteht zwangsläufig in allen Fällen eine quadratische Funktion in den Knotenvariablen u_k. Diese quadratische Funktion, welche ja als Summe von Gebiets- und Randintegralen definiert ist, wird als Summe der Beiträge der einzelnen Elemente und der Randkanten aufgebaut. Damit ist die Aufgabe, die Gebiets- und Randintegrale zu berechnen, auf das elementarere Problem reduziert, die einschlägigen Integrale für ein Element, bzw. für eine Randkante in Funktion der beteiligten Knotenvariablen darzustellen. Diese zentrale Vorbereitungsarbeit wird in Kapitel 2 ausführlich behandelt, wo gezeigt wird, wie die Beiträge eines einzelnen Elementes in Form der quadratischen Funktionen in effizienter Weise erhalten werden können. Anschließend sind die Elementbeiträge im wesentlichen nur noch zur gesamten quadratischen Funktion zu addieren, welche sich im Fall von stationären Problemen in der allgemeinen Gestalt darstellen läßt.

$$I = \frac{1}{2}\, \mathbf{u}^T \mathbf{S}\, \mathbf{u} + \mathbf{d}^T \mathbf{u} + c \; .$$ (1.119)

Hier bedeuten $\mathbf{u}$ den Vektor der Knotenvariablen, $\mathbf{S}$ die symmetrische und in der Regel sogar positiv definite Matrix, $\mathbf{d}$ den Koeffizientenvektor der linearen Terme und c eine Konstante. Die Bedingung des Stationärwerdens des Funktionals führt auf das lineare Gleichungssystem

$$\mathbf{S}\, \mathbf{u} + \mathbf{d} = \mathbf{0} \; .$$ (1.120)

Daraus ist ersichtlich, daß schlußendlich bei diesen Problemen nur die Matrix S und der Vektor d wirklich benötigt werden. Praktische Fragen, welche mit der Kompilation von S entstehen, werden in Kapitel 3 besprochen.

Schwingungsaufgaben liefern demgegenüber eine reine quadratische Form in den Knotenvariablen in der Gestalt

$$I = \frac{1}{2} \, u^T \, S \, u - \frac{1}{2} \lambda u^T \, M \, u \;. \tag{1.121}$$

Die Bedingung des Stationärwerdens des Funktionals führt auf die allgemeine Eigenwertaufgabe

$$S \, u = \lambda M \, u \tag{1.122}$$

mit symmetrischen Matrizen S und M und positiv definiter Matrix M. Die quadratische Form $u^T \, M \, u$ entspricht im wesentlichen der kinetischen Energie des Systems und ist als solche positiv definit. In Kapitel 5 werden einschlägige Lösungsverfahren dargelegt.

Zur praktischen Durchführung des Galerkinschen Verfahrens wird für die gesuchte (oder die gesuchten) Funktion(en) ein Ansatz der Form (1.118) verwendet. Hier spielen die globalen Formfunktionen $N_k(x, y)$ die Rolle der Ansatzfunktionen, welche in den Galerkinschen Gleichungen auch wieder als Gewichtsfunktionen auftreten. Entsprechend dem allgemein geschilderten Vorgehen von Abschn.1.4 sind schließlich Gebiets- und Randintegrale auszuwerten, die wiederum als Summe von entsprechenden Integralen über die Elemente berechnet werden. Die Koeffizientenmatrix der resultierenden Bedingungsgleichungen und der Konstantenvektor werden durch Aufsummation der Beiträge der einzelnen Elemente gebildet.

2 Elemente und Elementmatrizen

Für eine Auswahl von Elementen und Ansätzen werden im folgenden die zugehörigen Beiträge der verschiedenen Integrale bereitgestellt. Einerseits werden die zweckmäßigen Berechnungsarten dargestellt und anderseits werden eine Reihe von sog. Elementmatrizen hergeleitet und zusammengestellt. Diese Daten bilden die Grundlage zur Lösung von Problemen, wie sie etwa in den Beispielen von Kapitel 1 skizziert worden sind.

Normalerweise werden die Formfunktionen zur Berechnung der Elementbeiträge herangezogen und die tatsächliche Auswertung als numerische Aufgabe dem Computer überlassen. Statt dessen wird im folgenden für geradlinige Elemente eine elementare Methode entwickelt, welche die Elementbeiträge auf effiziente und numerisch stabile Art aus sog. Grundmatrizen zu berechnen gestattet. Im besonderen läßt sich für die elastomechanischen Probleme des ebenen Spannungs- und des ebenen Verzerrungszustandes eine enge Verwandtschaft mit den zweidimensionalen stationären Feldproblemen ausnützen. Die Formfunktionen hingegen erweisen sich als zweckmäßig und vorteilhaft im Fall von krummlinigen Elementen.

2.1 Eindimensionale Elemente

In diesem Abschnitt betrachten wir eindimensionale Integrale und setzen uns zum Ziel, die betreffenden Beiträge in Abhängigkeit der Knotenvariablen darzustellen. Dabei stellen wir die Ergebnisse zusammen, wie sie im Zusammenhang mit Zugstäben, Balkentorsion, Balkenbiegung und gleichzeitig mit Randintegralen für geradlinige Kantenstücke benötigt werden. Für ein solches allgemeines Element der Länge ℓ betrachten wir die Integrale

$$\int_0^\ell u^2(x)\,dx, \qquad \int_0^\ell u'(x)^2\,dx, \qquad \int_0^\ell u''(x)^2\,dx, \qquad \int_0^\ell u(x)\,dx, \tag{2.1}$$

die sich alle einheitlich bearbeiten lassen. Als Vorbereitung soll das Intervall $[0, \ell]$ auf das Einheitsintervall $[0, 1]$ transformiert werden vermittels der Variablensubstitution

$$x = \ell \cdot \xi. \tag{2.2}$$

Damit gehen die Integrale über in

$$\int_0^\ell u^2(x)\,dx = \ell \int_0^1 u^2(\xi)\,d\xi, \qquad \int_0^\ell u'(x)^2\,dx = \frac{1}{\ell} \int_0^1 u'(\xi)^2\,d\xi,$$

$$\int_0^\ell u''(x)^2\,dx = \frac{1}{\ell^3} \int_0^1 u''(\xi)^2\,d\xi, \qquad \int_0^\ell u(x)\,dx = \ell \int_0^1 u(\xi)\,d\xi, \tag{2.3}$$

worin $u'(\xi)$ jetzt die Ableitung nach ξ bedeutet. Nachfolgend betrachten wir nur noch die Integrale für das Einheitsintervall.

2.1.1 Linearer Ansatz

Für die Funktion $u(\xi)$ soll ein linearer Ansatz von der Gestalt

$$u(\xi) = c_1 + c_2 \xi \tag{2.4}$$

verwendet werden. Für die Balkenbiegung ist dies kein zulässiger Ansatz, so daß das Integral für das Quadrat der zweiten Ableitung außer Betracht fällt. Für die drei restlichen Integrale erhält man nach elementarer Rechnung

$$I_1 = \int_0^1 u^2(\xi)\,d\xi \;=\int_0^1 (c_1 + c_2\xi)^2\,d\xi = c_1^2 + c_1 c_2 + \frac{1}{3}\, c_2^2$$

$$I_2 = \int_0^1 u'(\xi)^2\,d\xi \;=\int_0^1 c_2^2\,d\xi = c_2^2$$

$$I_4 = \int_0^1 u(\xi)\,d\xi \;=\int_0^1 (c_1 + c_2\xi)\,d\xi = c_1 + \frac{1}{2}\, c_2.$$

Es resultieren quadratische Formen, bzw. eine lineare Form in den Koeffizienten c_1 und c_2, die wir wie folgt schreiben wollen

$$I_i = c^T \widetilde{S}_i c \ , \quad (i = 1, 2) \ , \qquad I_4 = \widetilde{b}^T c \tag{2.5}$$

mit $\quad c = \begin{bmatrix} c_1 \\ c_2 \end{bmatrix} , \qquad \widetilde{S}_1 = \frac{1}{6} \begin{bmatrix} 6 & 3 \\ 3 & 2 \end{bmatrix} , \qquad \widetilde{S}_2 = \begin{bmatrix} 0 & 0 \\ 0 & 1 \end{bmatrix} , \qquad \widetilde{b} = \frac{1}{2} \begin{bmatrix} 2 \\ 1 \end{bmatrix} .$ (2.6)

Die Koeffizienten c_1, c_2 sind in einem nächsten Schritt durch die Knotenvariablen u_1 und u_2 am Anfang und Ende des Elementes auszudrücken. Gemäß (2.4) müssen gelten

$$\begin{array}{lll} u_1 = c_1 & & c_1 = u_1 \\ & \text{also} & \\ u_2 = c_1 + c_2 & & c_2 = -u_1 + u_2 \ . \end{array} \tag{2.7}$$

Gleichung (2.7) läßt sich mit dem Vektor $u_e = (u_1, u_2)^T$ der Knotenvariablen des Elementes in Matrixform darstellen als

$$c = A u_e \quad \text{mit } A = \begin{bmatrix} 1 & 0 \\ -1 & 1 \end{bmatrix} . \tag{2.8}$$

Damit lassen sich die quadratischen Formen und die Linearform (2.5) umrechnen nach Substitution von (2.8) gemäß

$$I_i = u_e^T A^T \widetilde{S}_i A u_e \ , \qquad I_4 = \widetilde{b}^T A u_e = (A^T \widetilde{b})^T u_e \ .$$

Die Matrizen $\widetilde{S}_i$ sind einer Kongruenztransformation mit der Matrix A zu unterwerfen, um die gewünschte Abhängigkeit der Integrale von den Knotenvariablen zu erhalten. Als Ergebnis erhalten wir

$$\boxed{\begin{array}{ll} \displaystyle\int_0^\ell u^2(x)\,dx = u_e^T M_e u_e \ , & M_e = \dfrac{\ell}{6} \begin{bmatrix} 2 & 1 \\ 1 & 2 \end{bmatrix} \\[3ex] \displaystyle\int_0^\ell u'(x)^2\,dx = u_e^T S_e u_e \ , & S_e = \dfrac{1}{\ell} \begin{bmatrix} 1 & -1 \\ -1 & 1 \end{bmatrix} \\[3ex] \displaystyle\int_0^\ell u(x)\,dx = b_e^T u_e \ , & b_e = \dfrac{\ell}{2} \begin{bmatrix} 1 \\ 1 \end{bmatrix} \end{array}}$$

$$\text{(2.9)} \qquad \text{(2.10)} \qquad \text{(2.11)}$$

Die Matrix M_e heißt M a s s e n e l e m e n t m a t r i x und S_e die S t e i f i g k e i t s - e l e m e n t m a t r i x für ein lineares eindimensionales Element. In der Formel (2.11) erkennt man die bekannte Trapezregel zur numerischen Integration.

Durch Substitution von (2.7) in den Ansatz (2.4) erhalten wir die Darstellung

$$u(\xi) = u_1(1 - \xi) + u_2 \xi = u_1 N_1(\xi) + u_2 N_2(\xi) \ , \tag{2.12}$$

worin die F o r m f u n k t i o n e n $N_i(\xi)$ für ein Element erscheinen (Fig. 2.1).

Die Ergebnisse (2.9) bis (2.11) lassen sich im Prinzip auch direkt unter Verwendung von (2.12) herleiten.

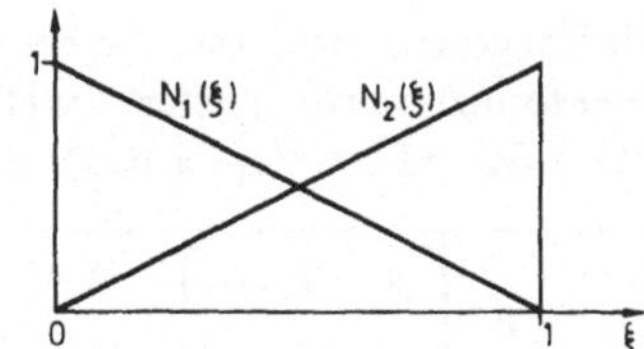

Fig. 2.1
Formfunktionen, linearer Ansatz

2.1.2 Quadratischer Ansatz

Mit einem quadratischen Ansatz

$$u(\xi) = c_1 + c_2\xi + c_3\xi^2 \tag{2.13}$$

ergeben sich die Integrale nach einfacher Rechnung zu

$$\int_0^1 u^2(\xi)\,d\xi = \int_0^1 [c_1 + c_2\xi + c_3\xi^2]^2\,d\xi = c^T \widetilde{S}_1 c$$

$$\int_0^1 u'(\xi)^2\,d\xi = \int_0^1 [c_2 + 2\,c_3\xi]^2\,d\xi \qquad = c^T \widetilde{S}_2 c$$

$$\int_0^1 u(\xi)\,d\xi \;= \int_0^1 [c_1 + c_2\xi + c_3\xi^2]\,d\xi \;= \widetilde{b}^T c$$

mit

$$\widetilde{S}_1 = \frac{1}{60}\begin{bmatrix} 60 & 30 & 20 \\ 30 & 20 & 15 \\ 20 & 15 & 12 \end{bmatrix}, \qquad \widetilde{S}_2 = \frac{1}{3}\begin{bmatrix} 0 & 0 & 0 \\ 0 & 3 & 3 \\ 0 & 3 & 4 \end{bmatrix}, \qquad \widetilde{b} = \frac{1}{6}\begin{bmatrix} 6 \\ 3 \\ 2 \end{bmatrix}, \qquad c = \begin{bmatrix} c_1 \\ c_2 \\ c_3 \end{bmatrix}$$

Eine quadratische Funktion (2.13) ist durch drei Funktionswerte eindeutig bestimmt. Als Knotenpunkte bieten sich hier auf natürliche Weise die beiden Endpunkte und der Mittelpunkt an. Wird die Numerierung der Fig.2.2 zugrundegelegt, lautet die Interpolationsbedingung

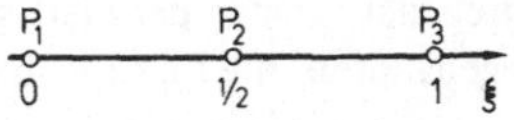

$$u_1 = c_1$$
$$u_2 = c_1 + 0.5\,c_2 + 0.25\,c_3$$
$$u_3 = c_1 + c_2 + c_3 \;.$$

Fig. 2.2 Knotenpunkte für
quadratischen Ansatz

Inversion dieser linearen Beziehungen führt mit dem Vektor $u_e = (u_1, u_2, u_3)^T$ der Knotenvariablen des Elementes zu

$$c = A u_e \quad \text{mit } A = \begin{bmatrix} 1 & 0 & 0 \\ -3 & 4 & -1 \\ 2 & -4 & 2 \end{bmatrix}. \tag{2.14}$$

Die Kongruenztransformation der Matrizen $\widetilde{S}_1$ und $\widetilde{S}_2$ mit A und die entsprechende Transformation von $\widetilde{b}$ liefert die Massenelementmatrix M_e, die Steifigkeitselementmatrix S_e und den Vektor b_e für ein quadratisches eindimensionales Element zu

$$\dot{M}_e = \frac{\ell}{30}\begin{bmatrix} 4 & 2 & -1 \\ 2 & 16 & 2 \\ -1 & 2 & 4 \end{bmatrix}, \qquad S_e = \frac{1}{3\,\ell}\begin{bmatrix} 7 & -8 & 1 \\ -8 & 16 & -8 \\ 1 & -8 & 7 \end{bmatrix}, \qquad b_e = \frac{\ell}{6}\begin{bmatrix} 1 \\ 4 \\ 1 \end{bmatrix} \quad (2.15)$$

Substitution der Relationen (2.14) in den Ansatz (2.13) liefert die Darstellung von $u(\xi)$ mit Hilfe der Formfunktionen $N_i(\xi)$

$$u(\xi) = u_1(1 - 3\,\xi + 2\,\xi^2) + u_2(4\,\xi - 4\,\xi^2) + u_3(-\xi + 2\,\xi^2) = \sum_{i=1}^{3} u_i N_i(\xi) \quad (2.16)$$

Die für das Element gültigen Formfunktionen sind gegeben durch

$$\begin{aligned} N_1(\xi) &= 1 - 3\,\xi + 2\,\xi^2 = (1 - \xi)(1 - 2\,\xi) \\ N_2(\xi) &= 4\,\xi - 4\,\xi^2 \quad\;\; = 4\,\xi(1 - \xi) \\ N_3(\xi) &= -\xi + 2\,\xi^2 \quad\;\; = -\xi(1 - 2\,\xi) \end{aligned} \quad (2.17)$$

und sind in Fig.2.3 dargestellt.

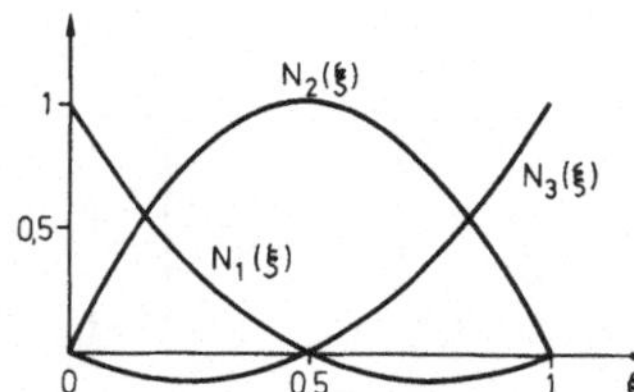

Fig. 2.3
Formfunktionen, quadratischer Ansatz

Selbstverständlich lassen sich die Resultate (2.15) direkt mit Hilfe des Ansatzes (2.16) gewinnen, wobei die einzelnen Elemente allerdings teilweise durch etwas kompliziertere Integralausdrücke definiert sind. Eine gewisse Vereinfachung bringt die Verwendung von sogenannten n a t ü r l i c h e n   K o o r d i n a t e n für die Einheitsstrecke, nämlich

$$L_1 = \xi, \qquad L_2 = 1 - \xi \quad \text{mit } L_1 + L_2 = 1. \quad (2.18)$$

In diesen natürlichen Koordinaten lauten die Formfunktionen

$$N_1(\xi) = L_2(L_2 - L_1), \qquad N_2(\xi) = 4\,L_1 L_2, \qquad N_3(\xi) = L_1(L_1 - L_2). \quad (2.19)$$

Unter Beachtung von $dL_1/d\xi = 1$, $dL_2/d\xi = -1$ ergeben sich daraus für die ersten Ableitungen nach der Produktregel

$$\frac{dN_1}{d\xi} = L_1 - 3\,L_2, \qquad \frac{dN_2}{d\xi} = -4\,L_1 + 4\,L_2, \qquad \frac{dN_3}{d\xi} = 3\,L_1 - L_2. \quad (2.20)$$

Die Berechnung der Zahlwerte in (2.15) wird auf diese Art im wesentlichen zurückgeführt auf die Auswertung von Integralen der Form

$$I_{pq} = \int_0^1 L_1^p \, L_2^q \, d\xi = \int_0^1 \xi^p (1 - \xi)^q \, d\xi = \frac{p! \, q!}{(p + q + 1)!}, \qquad (p, q \in \mathbf{N}_0). \qquad (2.21)$$

Der angegebene Wert des Integrals ergibt sich auf Grund sukzessiver partieller Integration.

2.1.3 Kubischer Ansatz

Mit einem kubischen Ansatz für die Funktion $u(\xi)$ läßt sich ein auch für die Balkenbiegung konformes Element gewinnen, falls neben den Funktionswerten auch noch die ersten Ableitungen in den Endpunkten als Knotenvariable eingeführt werden. Dadurch erreicht man die Stetigkeit der ersten Ableitung beim Übergang von einem Element ins nächste.

Wir gehen aus vom Ansatz

$$u(\xi) = c_1 + c_2 \xi + c_3 \xi^2 + c_4 \xi^3 \qquad (2.22)$$

und erhalten für die Integrale die Darstellungen

$$\int_0^1 u^2(\xi) d\xi = c^T \, \widetilde{S}_1 c \ , \qquad \int_0^1 u'(\xi)^2 d\xi = c^T \, \widetilde{S}_2 c$$

$$\int_0^1 u''(\xi)^2 d\xi = c^T \, \widetilde{S}_3 c \ , \qquad \int_0^1 u(\xi) d\xi = \widetilde{b}^T c$$

$$\text{mit} \qquad \widetilde{S}_1 = \frac{1}{420} \begin{bmatrix} 420 & 210 & 140 & 105 \\ 210 & 140 & 105 & 84 \\ 140 & 105 & 84 & 70 \\ 105 & 84 & 70 & 60 \end{bmatrix}, \qquad \widetilde{S}_2 = \frac{1}{30} \begin{bmatrix} 0 & 0 & 0 & 0 \\ 0 & 30 & 30 & 30 \\ 0 & 30 & 40 & 45 \\ 0 & 30 & 45 & 54 \end{bmatrix}$$

$$\widetilde{S}_3 = \begin{bmatrix} 0 & 0 & 0 & 0 \\ 0 & 0 & 0 & 0 \\ 0 & 0 & 4 & 6 \\ 0 & 0 & 6 & 12 \end{bmatrix}, \qquad \widetilde{b} = \frac{1}{12} \begin{bmatrix} 12 \\ 6 \\ 4 \\ 3 \end{bmatrix}, \qquad c = \begin{bmatrix} c_1 \\ c_2 \\ c_3 \\ c_4 \end{bmatrix}.$$

Die kubische Funktion (2.22) ist durch die vier Werte u_1, u_1', u_2 und u_2' eindeutig bestimmt, die wir im Vektor der Knotenvariablen $\hat{u}_e = (u_1, u_1', u_2, u_2')^T$ zusammenfassen. Die H e r m i t e s c h e Interpolationsbedingung liefert die linearen Beziehungen mit der zugehörigen inversen Matrix A

$$
\begin{aligned}
u_1 &= c_1 \\
u_1' &= \quad c_2 \\
u_2 &= c_1 + c_2 + c_3 + c_4 \\
u_2' &= \quad c_2 + 2\,c_3 + 3\,c_4
\end{aligned}
\quad , \quad
A = \begin{bmatrix} 1 & 0 & 0 & 0 \\ 0 & 1 & 0 & 0 \\ -3 & -2 & 3 & -1 \\ 2 & 1 & -2 & 1 \end{bmatrix} .
\tag{2.23}
$$

Damit können wiederum die notwendigen Transformationen ausgeführt werden. Für die Massenelementmatrix $\hat{M}_e$, die Steifigkeitselementmatrix $\hat{S}_e^{(1)}$ bezüglich der ersten Ableitung, für die Steifigkeitselementmatrix $\hat{S}_e^{(2)}$ bezüglich der zweiten Ableitung und für den konstanten Vektor $\hat{b}_e$ ergeben sich

$$
\hat{M}_e = \frac{\ell}{420} \begin{bmatrix} 156 & 22 & 54 & -13 \\ 22 & 4 & 13 & -3 \\ 54 & 13 & 156 & -22 \\ -13 & -3 & -22 & 4 \end{bmatrix} ,
\quad
\hat{S}_e^{(1)} = \frac{1}{30\,\ell} \begin{bmatrix} 36 & 3 & -36 & 3 \\ 3 & 4 & -3 & -1 \\ -36 & -3 & 36 & -3 \\ 3 & -1 & -3 & 4 \end{bmatrix}
$$

$$
\hat{S}_e^{(2)} = \frac{2}{\ell^3} \begin{bmatrix} 6 & 3 & -6 & 3 \\ 3 & 2 & -3 & 1 \\ -6 & -3 & 6 & -3 \\ 3 & 1 & -3 & 2 \end{bmatrix} ,
\quad
\hat{b}_e = \frac{\ell}{12} \begin{bmatrix} 6 \\ 1 \\ 6 \\ -1 \end{bmatrix} ,
\quad
\hat{u}_e = \begin{bmatrix} u_1 \\ u_1' \\ u_2 \\ u_2' \end{bmatrix} .
\tag{2.24}
$$

Nun ist aber zu beachten, daß im Vektor $\hat{u}_e$ die Ableitungen nach der dimensionslosen Variablen ξ des betreffenden Elementes zu verstehen sind. Dies ist für die später zu vollziehende Zusammensetzung von Elementen verschiedener Länge ungeeignet. Damit die Ableitungen aneinanderstoßender Elemente die gleiche Bedeutung besitzen, sind unbedingt die Ableitungen von u nach der Ortsvariablen x zu verwenden. Für ein Element der Länge ℓ gilt ja nach (2.2)

$$
\frac{du}{d\xi} = \frac{du}{dx} \frac{dx}{d\xi} = \ell\,\frac{du}{dx} ,
\tag{2.25}
$$

so daß sich der Übergang zu den problemgerechten Knotenvariablen $u_1 , \left.\dfrac{du}{dx}\right|_1 , u_2 , \left.\dfrac{du}{dx}\right|_2$ in den Matrizen und dem Vektor in (2.24) einfach damit vollziehen läßt, daß die zweiten und vierten Zeilen und Kolonnen je mit ℓ multipliziert werden. Anstelle von $\hat{M}_e$ und $\hat{b}_e$ treten somit beispielsweise

$$
M_e = \frac{\ell}{420} \begin{bmatrix} 156 & 22\,\ell & 54 & -13\,\ell \\ 22\,\ell & 4\,\ell^2 & 13\,\ell & -3\,\ell^2 \\ 54 & 13\,\ell & 156 & -22\,\ell \\ -13\,\ell & -3\,\ell^2 & -22\,\ell & 4\,\ell^2 \end{bmatrix} ,
\quad
b_e = \frac{\ell}{12} \begin{bmatrix} 6 \\ \ell \\ 6 \\ -\ell \end{bmatrix} .
\tag{2.26}
$$

Aus der Matrix **A** (2.23) ergeben sich noch die Formfunktionen

$$N_1(\xi) = 1 - 3\,\xi^2 + 2\,\xi^3 = (1 - \xi)^2(1 + 2\,\xi) = (1 + 2\,L_1)L_2^2$$
$$N_2(\xi) = \xi - 2\,\xi^2 + \xi^3 \quad = \xi(1 - \xi)^2 \qquad\quad = L_1 L_2^2$$
$$N_3(\xi) = 3\,\xi^2 - 2\,\xi^3 \quad = \xi^2(3 - 2\,\xi) \qquad = L_1^2(1 + 2\,L_2)$$
$$N_4(\xi) = -\xi^2 + \xi^3 \qquad = -\xi^2(1 - \xi) \qquad = -L_1^2 L_2$$

$$(2.27)$$

In Fig.2.4 sind aus Symmetriegründen nur $N_1(\xi)$ und $N_2(\xi)$ dargestellt.

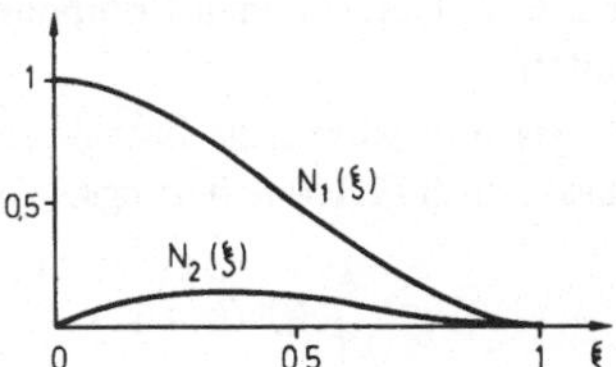

Fig. 2.4
Formfunktionen, kubischer Ansatz

2.1.4 Ergänzungen und Anwendungen

Bei Behandlung der Ansätze wurde stillschweigend vorausgesetzt, daß eventuelle multiplikative Funktionen in den Integranden konstant seien oder aber für das Element als konstant angenommen werden. In vielen Fällen trifft dies auch wirklich zu, doch soll im speziellen das Integral

$$\int_0^1 q(\xi)u(\xi)\,d\xi \tag{2.28}$$

betrachtet werden, um aufzuzeigen, wie eine variable Belastung berücksichtigt werden kann, ohne numerische Integrationsmethoden anzuwenden. Zu diesem Zweck soll der Verlauf von $q(x)$ durch einen gleichen Ansatz approximiert werden wie die gesuchte Funktion $u(x)$. Mit Hilfe der Formfunktionen kann also angesetzt werden

$$u(\xi) = \sum_{k=1}^{p} u_k N_k(\xi), \qquad q(\xi) = \sum_{k=1}^{p} q_k N_k(\xi),$$

worin die u_k unbekannte Knotenvariable, q_k hingegen durch $q(\xi)$ gegebene Werte darstellen. Dies ergibt eingesetzt in (2.28)

$$\int_0^1 q(\xi)u(\xi)\,d\xi = \int_0^1 \left\{ \sum_{j=1}^{p} q_j N_j(\xi) \right\}\left\{ \sum_{k=1}^{p} u_k N_k(\xi) \right\} d\xi$$

$$= \sum_{k=1}^{p} \left\{ \sum_{j=1}^{p} q_j \int_0^1 N_j(\xi)N_k(\xi)\,d\xi \right\} u_k = q_e^T M_e u_e = b_e^T u_e \ .$$

Die Integrale sind gleich den Elementen der Massenelementmatrix M_e, und die Werte $q_1, q_2, \ldots, q_p$ sind im Vektor q_e zusammengefaßt. Der Vektor b_e kann also vermittels

$\mathbf{M_e}$ und dem Vektor $\mathbf{q_e}$ leicht berechnet werden. Für eine linear veränderliche Belastungsfunktion $q(x)$, definiert durch die beiden Werte q_1 und q_2 wird $\mathbf{b_e}$ unter Verwendung von (2.9)

$$\mathbf{b_e} = \frac{\ell}{6} \begin{bmatrix} 2\,q_1 + q_2 \\ q_1 + 2\,q_2 \end{bmatrix}.$$

Die beiden Komponenten von $\mathbf{b_e}$ können als Ersatz-Einzelkräfte interpretiert werden, welche die kontinuierlich verteilten Kräfte ersetzen. Im Fall des kubischen Ansatzes sind die entsprechenden Komponenten von $\mathbf{b_e}$ als Ersatzkräfte und Ersatzmomente zu deuten.

Die gesamte potentielle Energie eines Zugstabes ist nach (1.45) und für einen linearen Ansatz nach (2.10) näherungsweise darstellbar als

$$\Pi = \frac{1}{2\,\ell}\, EA(\hat{u}_1, \hat{u}_2) \begin{bmatrix} 1 & -1 \\ -1 & 1 \end{bmatrix} \begin{bmatrix} \hat{u}_1 \\ \hat{u}_2 \end{bmatrix} - (\hat{F}_1, \hat{F}_2) \begin{bmatrix} \hat{u}_1 \\ \hat{u}_2 \end{bmatrix}, \tag{2.29}$$

wo $\hat{u}_1$ die Verschiebungen und $\hat{F}_i$ die angreifenden äußeren Kräfte an den Endknotenpunkten darstellen. Dabei ist ein (lokales) Koordinatensystem zugrundegelegt, dessen $\hat{x}$-Achse mit der Stabachse zusammenfällt. Um aber die gesamte potentielle Energie eines räumlichen Fachwerks (Fig.1.6) aufzustellen, nützen diese auf ein lokales System bezogenen Verschiebungen recht wenig. Dazu sind die Verschiebungen in einem globalen

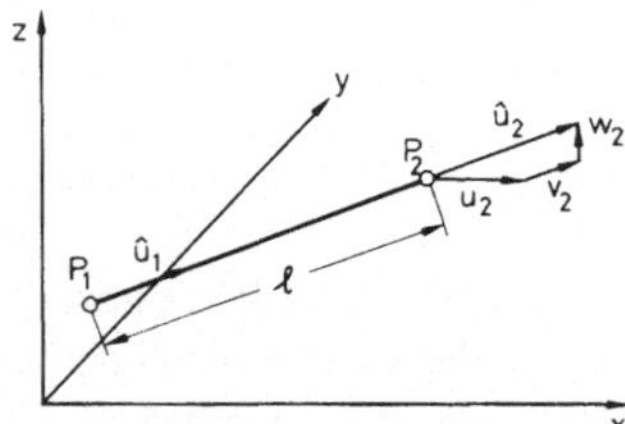

Fig. 2.5
Zugstab in allgemeiner Lage

Koordinatensystem zu verwenden. In Fig.2.5 ist die allgemeine räumliche Lage eines Zugstabes in einem kartesischen Koordinatensystem gezeichnet. Die Verschiebungen $\hat{u}_i$ in Stabrichtung besitzen im globalen (x, y, z)-Koordinatensystem die Komponenten u_i, v_i, w_i, die durch $\hat{u}_i$ und die Richtungskosinus

$$c_x = \frac{x_2 - x_1}{\ell}, \qquad c_y = \frac{y_2 - y_1}{\ell}, \qquad c_z = \frac{z_2 - z_1}{\ell} \tag{2.30}$$

des Stabes gegeben werden durch

$$u_i = c_x\,\hat{u}_i, \qquad v_i = c_y\,\hat{u}_i, \qquad w_i = c_z\,\hat{u}_i. \tag{2.31}$$

Umgekehrt gilt die Relation

$$\hat{u}_i = c_x u_i + c_y v_i + c_z w_i, \tag{2.32}$$

welche erlaubt, den Vektor der Knotenvariablen vermittels einer Matrix mit dem Vektor der Verschiebungen im globalen System in Verbindung zu bringen

$$
\begin{bmatrix} \hat{u}_1 \\ \hat{u}_2 \end{bmatrix} =
\begin{bmatrix} c_x & c_y & c_z & 0 & 0 & 0 \\ 0 & 0 & 0 & c_x & c_y & c_z \end{bmatrix}
\begin{bmatrix} u_1 \\ v_1 \\ w_1 \\ u_2 \\ v_2 \\ w_2 \end{bmatrix} .
\tag{2.33}
$$

Die Beziehung (2.33) ist in (2.29) einzusetzen. Nach Ausmultiplikation der Matrizen ergibt sich die neue Darstellung der gesamten potentiellen Energie eines Zugstabes in allgemeiner räumlicher Lage

$$
\Pi = \frac{EA}{2\,\ell}
\begin{bmatrix} u_1 \\ v_1 \\ w_1 \\ u_2 \\ v_2 \\ w_2 \end{bmatrix}^T
\begin{bmatrix}
c_x^2 & c_x c_y & c_x c_z & -c_x^2 & -c_x c_y & -c_x c_z \\
c_x c_y & c_y^2 & c_y c_z & -c_x c_y & -c_y^2 & -c_y c_z \\
c_x c_z & c_y c_z & c_z^2 & -c_x c_z & -c_y c_z & -c_z^2 \\
-c_x^2 & -c_x c_y & -c_x c_z & c_x^2 & c_x c_y & c_x c_z \\
-c_x c_y & -c_y^2 & -c_y c_z & c_x c_y & c_y^2 & c_y c_z \\
-c_x c_z & -c_y c_z & -c_z^2 & c_x c_z & c_y c_z & c_z^2
\end{bmatrix}
\begin{bmatrix} u_1 \\ v_1 \\ w_1 \\ u_2 \\ v_2 \\ w_2 \end{bmatrix}
-
\begin{bmatrix} F_{1x} \\ F_{1y} \\ F_{1z} \\ F_{2x} \\ F_{2y} \\ F_{2z} \end{bmatrix}^T
\begin{bmatrix} u_1 \\ v_1 \\ w_1 \\ u_2 \\ v_2 \\ w_2 \end{bmatrix}
\tag{2.34}
$$

Die zweireihige Steifigkeitselementmatrix in (2.29) ist infolge der Transformation auf globale Koordinaten und Verschiebungen durch eine sechsreihige Steifigkeitselementmatrix ersetzt worden. Sie setzt sich aus vier dreireihigen, bis aufs Vorzeichen identischen, Untermatrizen zusammen.

Eine ähnliche Situation stellt sich bei dreidimensionalen Rahmenkonstruktionen, die sich aus Balkenelementen zusammensetzen. Zur problemgerechten Behandlung eines allgemeinen Balkenelementes sind Biegungen in zwei Ebenen, Längsdehnung und Torsion zu berücksichtigen. Die Deformationsenergie allein ist dann für ein lokales $(\hat{x},\hat{y},\hat{z})$-Koordinatensystem, welches nach Fig.2.6 zum Balkenelement gehört, gegeben als Summe der vier Deformationsenergien

$$
\Pi_B = \frac{1}{2}\,E \left\{ \frac{bh^3}{12} \int_0^\ell \hat{w}''(\hat{x})^2\,d\hat{x} + \frac{b^3 h}{12} \int_0^\ell \hat{v}''(\hat{x})^2\,d\hat{x} + bh \int_0^\ell \hat{u}'(\hat{x})^2\,d\hat{x} + \frac{I_t}{2(1+\nu)} \int_0^\ell \theta'(\hat{x})^2\,d\hat{x} \right\}
$$

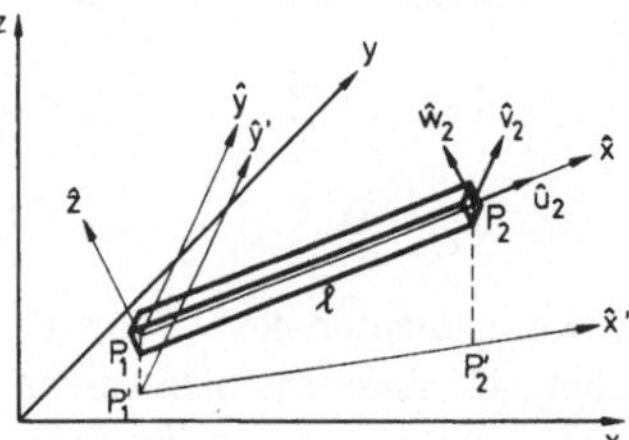

Fig. 2.6
Balkenelement in allgemeiner Lage

Für die Balkenbiegungen $\hat{w}(\hat{x})$ und $\hat{v}(\hat{x})$ sind kubische Ansätze erforderlich, während für die Längsdehnung $\hat{u}(\hat{x})$ wie auch für den Torsionswinkel $\hat{\theta}(\hat{x})$ lineare Ansätze angebracht sind. Mit Hilfe der einschlägigen Steifigkeitselementmatrizen (2.24) und (2.10) stellt sich die Deformationsenergie des Balkenelementes dar als quadratische Form in den 12 Knotenvariablen $\hat{w}_1$, $\hat{w}_1'$, $\hat{w}_2$, $\hat{w}_2'$; $\hat{v}_1$, $\hat{v}_1'$, $\hat{v}_2$, $\hat{v}_2'$; $\hat{u}_1$, $\hat{u}_2$; $\hat{\theta}_1$, $\hat{\theta}_2$, und die zugehörige Steifigkeitselementmatrix baut sich bei der angegebenen Reihenfolge der Knotenvariablen als Diagonalblockmatrix auf, mit zwei vierreihigen und zwei zweireihigen Untermatrizen in der Diagonale. Die für die Rechenpraxis unzweckmäßige Reihenfolge wurde nur der Übersichtlichkeit halber so gewählt, um den Aufbau der Steifigkeitsmatrix der Ordnung zwölf klar zu erkennen. Für die Rechenpraxis eignet sich die Anordnung im Vektor der Knotenvariablen gemäß

$$\hat{u}_e = (\hat{u}_1, \hat{v}_1, \hat{w}_1, \hat{\theta}_1, \hat{w}_1', \hat{v}_1', \hat{u}_2, \hat{v}_2, \hat{w}_2, \hat{\theta}_2, \hat{w}_2', \hat{v}_2')^{\mathrm{T}} \tag{2.35}$$

besser, was in der eben beschriebenen Matrix gleichzeitigen Zeilen- und Kolonnenpermutationen gleichkommt, die aber bereits beim Aufbau der Matrix berücksichtigt werden können durch geeignete Indexmanipulationen im Computerprogramm.

In (2.35) stellt $\hat{w}_i'$ die Steigung der Biegelinie im Knotenpunkt P_i in der $(\hat{x}, \hat{z})$-Ebene dar und ist für kleine Steigungen in erster Näherung gleich dem Drehwinkel um die $\hat{y}$-Achse. Ebenso ist $\hat{v}_i'$ der Drehwinkel in der $(\hat{x}, \hat{y})$-Ebene um die $\hat{z}$-Achse, was die getroffene Wahl der Reihenfolge erklärt. Die auf das lokale $(\hat{x}, \hat{y}, \hat{z})$-Koordinatensystem bezogenen Verschiebungen $\hat{u}_i$, $\hat{v}_i$, $\hat{w}_i$ und Drehwinkel $\hat{\theta}_i$, $\hat{w}_i'$, $\hat{v}_i'$ sind mit den entsprechenden Verschiebungen u_i, v_i, w_i und Winkeln θ_i, w_i', v_i' im globalen Koordinatensystem in Beziehung zu bringen. Hierfür sind die neun Werte der Richtungskosinus $c_{\hat{x}x}$, $c_{\hat{x}y}$, $c_{\hat{x}z}$, $c_{\hat{y}x}$, $c_{\hat{y}y}$, $c_{\hat{y}z}$, $c_{\hat{z}x}$, $c_{\hat{z}y}$, $c_{\hat{z}z}$ maßgebend. Die Bestimmung der ersten drei Richtungskosinus bietet auf Grund der Koordinaten der beiden Knotenpunkte $P_1(x_1, y_1, z_1)$ und $P_2(x_2, y_2, z_2)$ keine Schwierigkeiten. Sie sind gegeben durch die Komponenten des Vektors der Länge Eins in Richtung von P_1 nach P_2

$$c_{\hat{x}x} = \frac{x_2 - x_1}{\ell}, \qquad c_{\hat{x}y} = \frac{y_2 - y_1}{\ell}, \qquad c_{\hat{x}z} = \frac{z_2 - z_1}{\ell}. \tag{2.36}$$

Für die weiteren Richtungskosinus wollen wir die vereinfachende und vom praktischen Standpunkt aus annehmbare Annahme treffen, daß die $\hat{y}$-Achse parallel zur (x, y)-Ebene sei, was nur bedeutet, daß die Richtung der Breitseite des Querschnitts des Balkens parallel zur (x, y)-Ebene ist, er also keiner allgemeinen Drehung unterworfen worden ist. Die Richtung der $\hat{y}$-Achse ist damit orthogonal zur Projektion der $\hat{x}$-Achse in die (x, y)-Ebene. Damit ergeben sich mit $\ell' = \sqrt{c_{\hat{x}x}^2 + c_{\hat{x}y}^2}$

$$
\begin{aligned}
c_{\hat{y}x} &= -\frac{c_{\hat{x}y}}{\ell'}, & c_{\hat{y}y} &= \frac{c_{\hat{x}x}}{\ell'}, & c_{\hat{y}z} &= 0, & \text{falls } \ell' \neq 0; \\
c_{\hat{y}x} &= 0, & c_{\hat{y}y} &= 1, & c_{\hat{y}z} &= 0, & \text{falls } \ell' = 0 ,
\end{aligned}
\tag{2.37}
$$

die Komponenten des Vektors der Länge Eins in Richtung der $\hat{y}$-Achse. Im Ausnahmefall eines vertikalen Balkens wird die $\hat{y}$-Achse parallel zur y-Achse festgelegt, was nur einer tragbaren Einschränkung der Lage des Balkens entspricht. Die Richtungskosinus der $\hat{z}$-Achse sind schließlich als Komponenten des Vektorprodukts der beiden Richtungsvektoren berechenbar.

Mit der dreireihigen Matrix C der Richtungskosinus stellen sich die Relationen zwischen den lokalen und den globalen Größen gruppenweise wie folgt dar

$$\begin{bmatrix} \hat{u}_i \\ \hat{v}_i \\ \hat{w}_i \end{bmatrix} = \begin{bmatrix} c_{\hat{x}x} & c_{\hat{x}y} & c_{\hat{x}z} \\ c_{\hat{y}x} & c_{\hat{y}y} & c_{\hat{y}z} \\ c_{\hat{z}x} & c_{\hat{z}y} & c_{\hat{z}z} \end{bmatrix} \cdot \begin{bmatrix} u_i \\ v_i \\ w_i \end{bmatrix} \;,\quad \begin{bmatrix} \hat{\theta}_i \\ \hat{w}'_i \\ \hat{v}'_i \end{bmatrix} = \begin{bmatrix} c_{\hat{x}x} & c_{\hat{x}y} & c_{\hat{x}z} \\ c_{\hat{y}x} & c_{\hat{y}y} & c_{\hat{y}z} \\ c_{\hat{z}x} & c_{\hat{z}y} & c_{\hat{z}z} \end{bmatrix} \cdot \begin{bmatrix} \theta_i \\ w'_i \\ v'_i \end{bmatrix} \tag{2.38}$$

Die Transformation der lokalen in die globalen Knotenvariablen im Vektor

$$\mathbf{u}_e = (u_1, v_1, w_1, \theta_1, w'_1, v'_1, u_2, v_2, w_2, \theta_2, w'_2, v'_2)^T \tag{2.39}$$

ist mit der Blockdiagonalmatrix der Ordnung 12

$$\mathbf{D} = \begin{bmatrix} C & O & O & O \\ O & C & O & O \\ O & O & C & O \\ O & O & O & C \end{bmatrix} \tag{2.40}$$

darstellbar als

$$\hat{\mathbf{u}}_e = \mathbf{D}\,\mathbf{u}_e \;. \tag{2.41}$$

Bezeichnen wir mit $\hat{\mathbf{S}}_e$ die Steifigkeitselementmatrix zu $\hat{\mathbf{u}}_e$, so gilt

$$\Pi_B = \frac{1}{2}\,\hat{\mathbf{u}}_e^T\,\hat{\mathbf{S}}_e\,\hat{\mathbf{u}}_e = \frac{1}{2}\,\mathbf{u}_e^T\,\mathbf{D}^T\,\hat{\mathbf{S}}_e\,\mathbf{D}\,\mathbf{u}_e = \frac{1}{2}\,\mathbf{u}_e^T\,\mathbf{S}_e\,\mathbf{u}_e \;. \tag{2.42}$$

Die Matrix $\hat{\mathbf{S}}_e$ ist der Kongruenztransformation mit $\mathbf{D}$ zu unterwerfen. Bei der effektiven Ausführung ist aber darauf zu achten, daß $\mathbf{D}$ eine Blockdiagonalmatrix ist, so daß sich die Transformation $\mathbf{D}^T\,\hat{\mathbf{S}}_e\,\mathbf{D} = \mathbf{S}_e$ sehr effizient durchführen läßt, indem man beachtet, daß die Multiplikation von links oder rechts mit $\mathbf{D}^T$ oder $\mathbf{D}$ nur je drei aufeinanderfolgende Gruppen von Zeilen oder Kolonnen betrifft.

Beispiel 2.1 Als einfache Anwendung sei der Durchlaufträger von Beispiel 1.12 nach der Methode der finiten Elemente behandelt. Der Durchlaufträger werde in drei Balkenelemente nach Fig.2.7 eingeteilt, wobei vernünftigerweise die Knotenpunkte an den Auflagestellen und der Angriffstelle der Einzelkraft gewählt werden.

Die Längen der Elemente sind verschieden, nämlich

$$\ell_1 = 150\ \text{cm}, \qquad \ell_2 = 50\ \text{cm}, \qquad \ell_3 = 100\ \text{cm}.$$

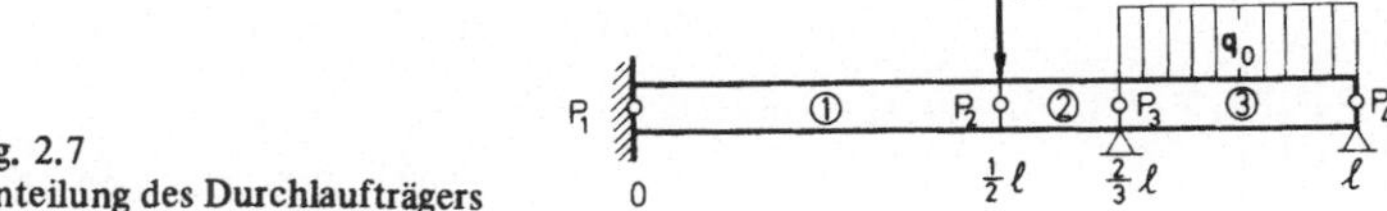

Fig. 2.7
Einteilung des Durchlaufträgers

Als Knotenvariable treten ohne Berücksichtigung von Randbedingungen

$$w_1, \quad w_1', \quad w_2, \quad w_2', \quad w_3, \quad w_3', \quad w_4, \quad w_4'$$

in den vier Knotenpunkten P_1, P_2, P_3, P_4 auf. Nach (2.24) und gemäß (2.26) lauten die drei Steifigkeitselementmatrizen für die drei Elemente

$$S_e^{(1)} = \frac{2}{150^3} \begin{bmatrix} 6 & 450 & -6 & 450 \\ 450 & 45000 & -450 & 22500 \\ -6 & -450 & 6 & -450 \\ 450 & 22500 & -450 & 45000 \end{bmatrix}, \quad S_e^{(2)} = \frac{2}{50^3} \begin{bmatrix} 6 & 150 & -6 & 150 \\ 150 & 5000 & -150 & 2500 \\ -6 & -150 & 6 & -150 \\ 150 & 2500 & -150 & 5000 \end{bmatrix}$$

$$S_e^{(3)} = \frac{2}{100^3} \begin{bmatrix} 6 & 300 & -6 & 300 \\ 300 & 20000 & -300 & 10000 \\ -6 & -300 & 6 & -300 \\ 300 & 10000 & -300 & 20000 \end{bmatrix}, \quad u_e^{(1)} = \begin{bmatrix} w_1 \\ w_1' \\ w_2 \\ w_2' \end{bmatrix}, \quad u_e^{(2)} = \begin{bmatrix} w_2 \\ w_2' \\ w_3 \\ w_3' \end{bmatrix}, \quad u_e^{(3)} = \begin{bmatrix} w_3 \\ w_3' \\ w_4 \\ w_4' \end{bmatrix}$$

Ferner sind die drei zugehörigen Konstantenvektoren nach (2.26)

$$b_e^{(1)} = \frac{150}{12} (6, 150, 6, -150)^T, \quad b_e^{(2)} = \frac{50}{12} (6, 50, 6, -50)^T, \quad b_e^{(3)} = \frac{100}{12} (6, 100, 6, -100)^T.$$

Für die gesamte potentielle Energie erhalten wir mit $E = 2 \cdot 10^7 \ N/cm^2$, $I = 16 \ cm^4$, $F = -100 \ N$ und $q_0 = -2 \ N/cm$

$$\Pi = \frac{1}{2} \, u^T S \, u + d^T u \tag{2.43}$$

nach Addition der Elementbeiträge die Gesamtsteifigkeitsmatrix S und den konstanten Vektor d zu

$$S = 160 \cdot \begin{bmatrix} \frac{64}{9} & \frac{1600}{3} & -\frac{64}{9} & \frac{1600}{3} & & & & \\ \frac{1600}{3} & \frac{160000}{3} & -\frac{1600}{3} & \frac{80000}{3} & & & & \\ -\frac{64}{9} & -\frac{1600}{3} & \frac{1792}{9} & \frac{12800}{3} & -192 & 4800 & & \\ \frac{1600}{3} & \frac{80000}{3} & \frac{12800}{3} & \frac{640000}{3} & -4800 & 80000 & & \\ & & -192 & -4800 & 216 & -3600 & -24 & 1200 \\ & & 4800 & 80000 & -3600 & 240000 & -1200 & 40000 \\ & & & & -24 & -1200 & 24 & -1200 \\ & & & & 1200 & 40000 & -1200 & 80000 \end{bmatrix} \tag{2.44}$$

$$\mathbf{d} = \left(0, 0, 100, 0, 100, \frac{5000}{3}, 100, -\frac{5000}{3}\right)^{\mathrm{T}}.\qquad(2.45)$$

Da einzig im dritten Balkenelement eine kontinuierliche Belastung auftritt, liefert nur $\mathbf{b}_e^{\textcircled{3}}$ einen entsprechenden von Null verschiedenen Beitrag zu $\mathbf{d}$, und die Einzelkraft steuert die dritte Komponente in $\mathbf{d}$ bei. Die Gesamtsteifigkeitsmatrix $\mathbf{S}$ weist eine Bandstruktur auf, sie ist genauer blockweise tridiagonal. Die Matrix ist, solange keine Randbedingungen berücksichtigt werden, singulär, im Fall der Balkenbiegung beträgt der Rangabfall 2 entsprechend der translatorischen und der Drehbewegung des freien Balkens als Ganzes.

Die Randbedingungen verlangen $w_1 = w_1' = w_3 = w_4 = 0$. Im Ausdruck (2.43) sind die betreffenden Knotenvariablen gleich Null zu setzen und das Minimum der verbleibenden gesamten potentiellen Energie zu bestimmen. Das Nullsetzen dieser Variablen ist gleichbedeutend damit, daß die erste, zweite, fünfte und siebente Zeile und Kolonne in $\mathbf{S}$ und die entsprechenden Komponenten in $\mathbf{d}$ gestrichen werden. Das lineare Gleichungssystem, welches aus der so reduzierten quadratischen Funktion aus der Minimalbedingung folgt, lautet nach Division aller Gleichungen durch $16'000$

w_2	w_2'	w_3'	w_4'	1
1.99111	42.66667	48	0	0.00625
42.66667	2133.333	800	0	0
48	800	2400	400	0.104167
0	0	400	800	−0.104167

Die Lösung lautet

$$w_2 = -0.006043 \text{ cm}, \qquad w_2' = 0.000114, \qquad w_3' = 0.000020,$$

$$w_4' = 0.000120.$$

Die Methode der finiten Elemente liefert an der Stelle der Einzelkraft mit w_2 eine größere Durchbiegung im Vergleich zum recht groben Ritz-Ansatz im Beispiel 1.12. Der hier verwendete flexiblere Ansatz wird der Problemstellung schon besser gerecht.

2.2 Zweidimensionale Elemente

Zur Behandlung von stationären Feldproblemen nach dem Extremalprinzip von Abschn. 1.2.1 oder von instationären Feldproblemen nach dem Verfahren von Galerkin werden die Beiträge von Integralen über die Elemente benötigt. Dieser Beitrag ist einerseits von der Art des Elementes und anderseits vom Typus des verwendeten Ansatzes für die gesuchte Funktion innerhalb des Elementes abhängig. Als Arbeitshypothese werde angenommen, daß die in der allgemeinen Formulierung des Variationsausdruckes I (1.25) von Satz 1 auftretenden ortsabhängigen Funktionen $k_1(x, y)$, $k_2(x, y)$, $\rho(x, y)$

und $f(x, y)$ innerhalb des Elementes konstant seien. Unter dieser Voraussetzung geht es darum, die Beiträge der folgenden Integrale zu bestimmen

$$\iint\limits_{G_i} (u_x^2 + u_y^2)\,dxdy, \qquad \iint\limits_{G_i} u^2\,dxdy, \qquad \iint\limits_{G_i} u\,dxdy, \tag{2.46}$$

worin G_i für das betreffende Gebiet des i-ten Elementes steht. Als Elemente behandeln wir vorderhand nur geradlinige Dreiecke und Parallelogramme, für die ausführlich die Beiträge für verschiedene Ansätze hergeleitet werden.

2.2.1 Vorbereitung

Um im folgenden einerseits die erforderliche Integration über ein Dreieck oder Parallelogramm in allgemeiner Lage zu vereinfachen, und um anderseits die verschiedenen Ansätze für die Funktion $u(x, y)$ und die daraus resultierenden Elementbeiträge einheitlich behandeln zu können, betrachten wir als Vorbereitung die Abbildung eines Dreiecks oder Parallelogramms auf ein Einheitsdreieck, bzw. Einheitsquadrat.

Ein Dreieck T_i in allgemeiner Lage mit den Eckpunkten $P_1(x_1, y_1)$, $P_2(x_2, y_2)$ und $P_3(x_3, y_3)$, welche im Gegenuhrzeigersinn fortlaufend numeriert seien, wie dies in Fig.2.8a) erfolgte, kann vermittels der linearen Transformation

$$x = x_1 + (x_2 - x_1)\xi + (x_3 - x_1)\eta$$
$$y = y_1 + (y_2 - y_1)\xi + (y_3 - y_1)\eta \tag{2.47}$$

eineindeutig auf das gleichschenklig rechtwinklige Einheitsdreieck T_0 mit Kathetenlänge 1 abgebildet werden, wobei sich gleich indizierte Eckpunkte entsprechen (Fig.2.8b)).

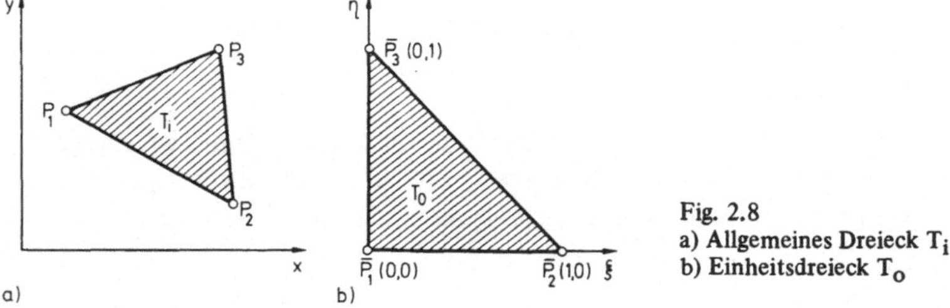

Fig. 2.8
a) Allgemeines Dreieck T_i
b) Einheitsdreieck T_0

Mit der Variablensubstitution (2.47) wird die Berechnung eines Integrals über das Dreieckelement T_i zurückgeführt auf ein einfacheres Gebietsintegral. Die Gebietsintegrale sind nach den elementaren Regeln der Analysis zu transformieren. So ist das Flächenelement $dxdy$ mit Hilfe der sog. Jacobi-Determinante

$$J = \begin{vmatrix} \dfrac{\partial x}{\partial \xi} & \dfrac{\partial y}{\partial \xi} \\[2mm] \dfrac{\partial x}{\partial \eta} & \dfrac{\partial y}{\partial \eta} \end{vmatrix} = \begin{vmatrix} (x_2 - x_1) & (y_2 - y_1) \\[2mm] (x_3 - x_1) & (y_3 - y_1) \end{vmatrix} = (x_2 - x_1)(y_3 - y_1) - (x_3 - x_1)(y_2 - y_1)$$

der Transformation zu ersetzen durch

$$dxdy = J\,d\xi\,d\eta.$$

Die Jacobi-Determinante ist gleich der doppelten Fläche des Dreiecks T_i und hat bei Beachtung der Orientierung der drei Eckpunkte einen positiven Wert.

Die partiellen Ableitungen im ersten Integral transformieren sich nach der Kettenregel gemäß

$$u_x = u_\xi\,\xi_x + u_\eta\,\eta_x$$
$$u_y = u_\xi\,\xi_y + u_\eta\,\eta_y$$

Auf Grund der linearen Transformation (2.47) ergeben sich nach partieller Differentiation der beiden Beziehungen nach x zunächst

$$1 = (x_2 - x_1)\,\xi_x + (x_3 - x_1)\eta_x$$
$$0 = (y_2 - y_1)\,\xi_x + (y_3 - y_1)\eta_x,$$

woraus sich nach Auflösung der beiden linearen Gleichungen nach ξ_x und η_x die Werte ergeben

$$\xi_x = \frac{y_3 - y_1}{J}, \qquad \eta_x = -\frac{y_2 - y_1}{J}.$$

Durch partielle Differentiation nach y erhält man analog

$$\xi_y = -\frac{x_3 - x_1}{J}, \qquad \eta_y = \frac{x_2 - x_1}{J}.$$

Diese vier partiellen Ableitungen sind bei gegebenem Dreieck T_i konstante, allein von der Geometrie und der Lage von T_i abhängige Größen.

Ergänzen wir das Dreieck T_i der Fig.2.8 über die Seite P_2P_3 zu einem Parallelogramm Q_i in allgemeiner Lage, wobei wir den neu hinzukommenden Eckpunkt in etwas inkonsequent erscheinender Weise mit P_4 bezeichnen, so wird dieses Parallelogramm vermöge derselben linearen Abbildung (2.47) auf das Einheitsquadrat Q_0 abgebildet (Fig.2.9).

Die entwickelten Formelsätze bleiben somit unverändert bestehen mit dem einzigen Unterschied, daß J jetzt die Fläche des Parallelogramms darstellt. Die Konvention über die Bezeichnung der Eckpunkte wird damit verständlich. Es ist aber auch hier dafür zu sorgen, daß das Teildreieck $P_1P_2P_3$ im Gegenuhrzeigersinn orientiert ist.

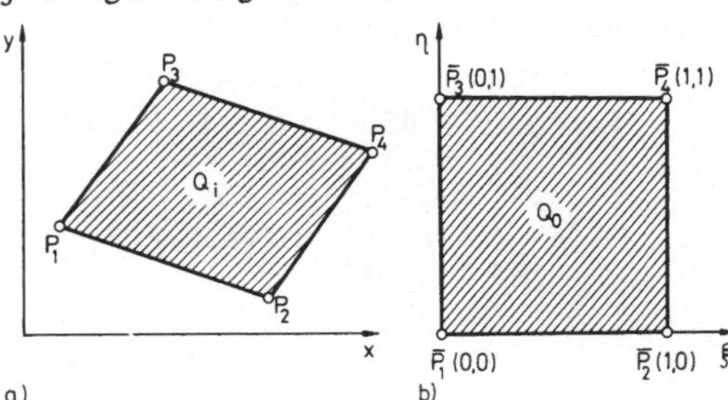

Fig. 2.9
a) Allgemeines Parallelogramm Q_i
b) Einheitsquadrat Q_0

Auf Grund der übereinstimmenden Transformationen unterliegen die drei Gebietsintegrale den gleichen Transformationen. Wenn wir somit mit G_i entweder ein Dreieck T_i oder ein Parallelogramm Q_i bezeichnen, so bedeute im folgenden G_0 entsprechend entweder das Einheitsdreieck T_0 oder das Einheitsquadrat Q_0. Die Gebietsintegrale transformieren sich

$$\iint\limits_{G_i} (u_x^2 + u_y^2)\,dxdy = \iint\limits_{G_0} [(u_\xi \xi_x + u_\eta \eta_x)^2 + (u_\xi \xi_y + u_\eta \eta_y)^2]\,Jd\xi d\eta$$

$$= a \iint\limits_{G_0} u_\xi^2 d\xi d\eta + 2\,b \iint\limits_{G_0} u_\xi u_\eta d\xi d\eta + c \iint\limits_{G_0} u_\eta^2 d\xi d\eta \tag{2.48}$$

mit den allein von der Geometrie von G_i abhängigen Konstanten

$$\boxed{\begin{aligned}
a &= [(x_3 - x_1)^2 + (y_3 - y_1)^2]/J \\
b &= -[(x_3 - x_1)(x_2 - x_1) + (y_3 - y_1)(y_2 - y_1)]/J \\
c &= [(x_2 - x_1)^2 + (y_2 - y_1)^2]/J \\
J &= (x_2 - x_1)(y_3 - y_1) - (x_3 - x_1)(y_2 - y_1)
\end{aligned}} \tag{2.49}$$

$$\iint\limits_{G_i} u^2\,dxdy = J \iint\limits_{G_0} u^2\,d\xi d\eta \tag{2.50}$$

$$\iint\limits_{G_i} u\,dxdy = J \iint\limits_{G_0} u\,d\xi d\eta \tag{2.51}$$

Im folgenden wird es einzig darum gehen, die fünf auftretenden Integrale für spezifische Ansätze zu berechnen. Die ersten vier Integrale werden quadratische Formen in den Knotenvariablen mit zugehörigen Grundmatrizen liefern, das letzte Integral eine lineare Form mit einem zugehörigen Grundvektor. Da diese Integrale über das Einheitsgebiet zu erstrecken sind, sind sie von der Geometrie unabhängig und nur vom verwendeten Ansatz abhängig. Aus diesen nur einmal zu berechnenden Beiträgen sind die gewünschten Elementmatrizen und linearen Beiträge auf triviale Weise zu erhalten, wobei dann die Geometrie berücksichtigt wird.

Bei der nachfolgenden Behandlung einer Reihe von speziellen Ansätzen für die Funktion u werden Integrale von Produkten von Potenzen der unabhängigen Veränderlichen über das Einheitsdreieck und das Einheitsquadrat zu berechnen sein. Deshalb werden noch die entsprechenden Integralformeln bereitgestellt.

Seien p und q zwei nichtnegative ganze Zahlen. Im Fall des Einheitsdreiecks ergibt sich nach den elementaren Regeln der Integration und Anwendung der partiellen Integration nacheinander unter der Annahme $q > 0$

$$I_{pq} = \iint\limits_{T_0} \xi^p \eta^q\,d\xi d\eta = \int_0^1 \eta^q \left(\int_0^{1-\eta} \xi^p\,d\xi \right) d\eta = \frac{1}{p+1} \int_0^1 \eta^q (1-\eta)^{p+1}\,d\eta$$

$$= \frac{1}{p+1} \left\{ \left[-\frac{1}{p+2} \eta^q (1-\eta)^{p+2} \right]_0^1 + \frac{q}{p+2} \int_0^1 \eta^{q-1}(1-\eta)^{p+2}\,d\eta \right\}$$

$$= \frac{q}{p+1} \int_0^1 \eta^{q-1} \left(\int_0^{1-\eta} \xi^{p+1}\,d\xi \right) d\eta = \frac{q}{p+1} I_{p+1,\,q-1}.$$

Durch rekursive Anwendung dieser Beziehung bezüglich des Indexes q erhält man so

$$I_{pq} = \frac{q(q-1)(q-2)\ldots 1}{(p+1)(p+2)(p+3)\ldots(p+q)}\, I_{p+q,0}$$

und mit

$$I_{p+q,0} = \int_0^1 \left(\int_0^{1-\eta} \xi^{p+q}d\xi \right) d\eta = \frac{1}{p+q+1} \int_0^1 (1-\eta)^{p+q+1}d\eta = \frac{1}{(p+q+1)(p+q+2)}$$

$$\boxed{I_{pq}^{\triangle} = \iint\limits_{T_0} \xi^p \eta^q d\xi d\eta = \frac{q!}{(p+1)(p+2)\ldots(p+q+2)} = \frac{p!\,q!}{(p+q+2)!}} \qquad (2.52)$$

Das Resultat ist auch gültig für $p = 0$ oder $q = 0$ unter Beachtung der Definition $0! = 1$. Der Integralwert I_{pq} ist übrigens für alle $p, q \in \mathbf{N}_0$ der Kehrwert einer ganzen Zahl, da in der ersten Darstellung von (2.52) der Zähler stets ein Teiler des Nenners ist.

Für das Einheitsquadrat sind die Integrale

$$\boxed{I_{pq}^{\square} = \iint\limits_{Q_0} \xi^p \eta^q d\xi d\eta = \int_0^1 \int_0^1 \xi^p \eta^q d\xi d\eta = \frac{1}{(p+1)(q+1)}} \qquad (2.53)$$

2.2.2 Linearer Ansatz im Dreieck

Im allgemeinen Dreieck T_i werde für die Funktion $u(x, y)$ ein in x und y linearer Ansatz angenommen in der Form

$$u(x, y) = c_1 + c_2 x + c_3 y. \qquad (2.54)$$

Diese Funktion ist durch die Vorgabe der Funktionswerte in den drei Eckpunkten eindeutig bestimmt. Längs einer jeden Seite des Dreiecks wird $u(x, y)$ eine lineare Funktion der Bogenlänge. Längs einer gemeinsamen Seite zweier aneinandergrenzender Dreiecke stimmen somit die Funktionswerte der beiden Funktionen überein, falls die Werte in den gemeinsamen Eckpunkten übereinstimmen. Dies gewährleistet die Stetigkeit der Ansatzfunktionen beim Übergang von einem Element zum benachbarten. Die linearen Ansatzfunktionen bilden damit eine für die vorliegende Variationsaufgabe zulässige Funktionsklasse. Die resultierenden Elemente sind konform.

Die lineare Variablensubstitution (2.47) führt den Ansatz (2.54) in eine lineare Funktion in ξ und η über, so daß wir im Einheitsdreieck T_0 mit dem Ansatz

$$u(\xi, \eta) = \alpha_1 + \alpha_2 \xi + \alpha_3 \eta \qquad (2.55)$$

arbeiten können. Die auch benötigten partiellen Ableitungen sind

$$u_\xi = \alpha_2 \quad , \quad u_\eta = \alpha_3 \ .$$

Die Berechnung der fünf Integrale über das Einheitsdreieck ergibt mit (2.52)

$$I_1 = \iint_{T_0} u_\xi^2 \, d\xi d\eta = \iint_{T_0} \alpha_2^2 \, d\xi d\eta = \frac{1}{2}\,\alpha_2^2$$

$$I_2 = 2 \iint_{T_0} u_\xi u_\eta \, d\xi d\eta = 2 \iint_{T_0} \alpha_2 \alpha_3 \, d\xi d\eta = \alpha_2 \alpha_3$$

$$I_3 = \iint_{T_0} u_\eta^2 \, d\xi d\eta = \iint_{T_0} \alpha_3^2 \, d\xi d\eta = \frac{1}{2}\,\alpha_3^2$$

$$I_4 = \iint_{T_0} u^2 \, d\xi d\eta = \iint_{T_0} [\alpha_1 + \alpha_2 \xi + \alpha_3 \eta]^2 d\xi d\eta$$

$$= \iint_{T_0} [\alpha_1^2 + 2\,\alpha_1\alpha_2\xi + 2\,\alpha_1\alpha_3\eta + \alpha_2^2\xi^2 + 2\,\alpha_2\alpha_3\xi\eta + \alpha_3^2\eta^2]\,d\xi d\eta$$

$$= \frac{1}{2}\,\alpha_1^2 + \frac{1}{3}\,\alpha_1\alpha_2 + \frac{1}{3}\,\alpha_1\alpha_3 + \frac{1}{12}\,\alpha_2^2 + \frac{1}{12}\,\alpha_2\alpha_3 + \frac{1}{12}\,\alpha_3^2$$

$$I_5 = \iint_{T_0} u \, d\xi d\eta = \iint_{T_0} [\alpha_1 + \alpha_2 \xi + \alpha_3 \eta]\,d\xi d\eta = \frac{1}{2}\,\alpha_1 + \frac{1}{6}\,\alpha_2 + \frac{1}{6}\,\alpha_3$$

Die ersten vier Integrale liefern quadratische Formen in den Koeffizienten $\alpha_1, \alpha_2, \alpha_3$, während das letzte Integral eine lineare Form ergibt. Die quadratischen Formen lassen sich mit Hilfe der zugehörigen symmetrischen Matrizen und mit dem Koeffizientenvektor $\boldsymbol{\alpha} = (\alpha_1, \alpha_2, \alpha_3)^T$ schreiben als

$$I_i = \boldsymbol{\alpha}^T \widetilde{S}_i \, \boldsymbol{\alpha} \qquad i = 1, 2, 3, 4,$$

wobei die Matrizen $\widetilde{S}_i$ wie folgt definiert sind:

$$\widetilde{S}_1 = \frac{1}{2}\begin{bmatrix} 0 & 0 & 0 \\ 0 & 1 & 0 \\ 0 & 0 & 0 \end{bmatrix}, \qquad \widetilde{S}_2 = \frac{1}{2}\begin{bmatrix} 0 & 0 & 0 \\ 0 & 0 & 1 \\ 0 & 1 & 0 \end{bmatrix},$$

$$\widetilde{S}_3 = \frac{1}{2}\begin{bmatrix} 0 & 0 & 0 \\ 0 & 0 & 0 \\ 0 & 0 & 1 \end{bmatrix}, \qquad \widetilde{S}_4 = \frac{1}{24}\begin{bmatrix} 12 & 4 & 4 \\ 4 & 2 & 1 \\ 4 & 1 & 2 \end{bmatrix}.$$

Die lineare Form für I_5 kann mit dem Vektor

$$\widetilde{s}_1 = \frac{1}{6}\,(3, 1, 1)^T$$

als $I_5 = \widetilde{s}_1^T \boldsymbol{\alpha}$ dargestellt werden.

Die Koeffizienten α_i im Ansatz sind weiter durch die Werte der Funktion u in den Eckpunkten, den Knotenvariablen, auszudrücken. Aus der Interpolationsbedingung der linearen Ansatzfunktion im Einheitsdreieck ergeben sich zunächst die linearen Beziehungen

$$u_1 = \alpha_1$$
$$u_2 = \alpha_1 + \alpha_2$$
$$u_3 = \alpha_1 \qquad + \alpha_3 \ .$$

Inversion dieser Linearformen liefert die inversen Formen mit der zugehörigen Matrix $\mathbf{A}$

$$\alpha_1 = u_1 \qquad\qquad\qquad\qquad\qquad \begin{bmatrix} 1 & 0 & 0 \\ -1 & 1 & 0 \\ -1 & 0 & 1 \end{bmatrix}$$

$$\alpha_2 = -u_1 + u_2 \quad , \quad \mathbf{A} = \qquad\qquad\qquad\qquad . \tag{2.56}$$

$$\alpha_3 = -u_1 \qquad + u_3$$

Führen wir weiter den Vektor $\mathbf{u}_e = (u_1, u_2, u_3)^T$ der Knotenvariablen des Dreieckelementes ein, lautet die letzte Beziehung

$$\boldsymbol{\alpha} = \mathbf{A}\mathbf{u}_e \ . \tag{2.57}$$

Die oben erhaltenen quadratischen Formen I_1 bis I_4 und die lineare Form I_5 lassen sich mit (2.57) nach Substitution von $\boldsymbol{\alpha}$ durch die Knotenvariablen ausdrücken:

$$I_i = \mathbf{u}_e^T \mathbf{A}^T \widetilde{\mathbf{S}}_i \mathbf{A} \mathbf{u}_e = \mathbf{u}_e^T \mathbf{S}_i \mathbf{u}_e \qquad\qquad i = 1, 2, 3, 4$$
$$I_5 = \widetilde{\mathbf{s}}_1^T \mathbf{A} \mathbf{u}_e = (\mathbf{A}^T \widetilde{\mathbf{s}}_1)^T \mathbf{u}_e = \mathbf{s}_1^T \mathbf{u}_e$$

Die vier Matrizen $\widetilde{\mathbf{S}}_i$ sind einer Kongruenztransformation mit derselben Matrix $\mathbf{A}$ zu unterwerfen, um die vier G r u n d e l e m e n t m a t r i z e n $\mathbf{S}_i$ zu liefern, und $\widetilde{\mathbf{s}}_1$ ist mit $\mathbf{A}^T$ zu multiplizieren, um den G r u n d e l e m e n t v e k t o r $\mathbf{s}_1$ zu erhalten. Nach Ausführung der Operationen erhalten wir zusammengefaßt die Resultate:

$$\mathbf{S}_1 = \frac{1}{2} \begin{bmatrix} 1 & -1 & 0 \\ -1 & 1 & 0 \\ 0 & 0 & 0 \end{bmatrix}, \qquad \mathbf{S}_2 = \frac{1}{2} \begin{bmatrix} 2 & -1 & -1 \\ -1 & 0 & 1 \\ -1 & 1 & 0 \end{bmatrix}$$

$$\mathbf{S}_3 = \frac{1}{2} \begin{bmatrix} 1 & 0 & -1 \\ 0 & 0 & 0 \\ -1 & 0 & 1 \end{bmatrix}, \qquad \mathbf{S}_4 = \frac{1}{24} \begin{bmatrix} 2 & 1 & 1 \\ 1 & 2 & 1 \\ 1 & 1 & 2 \end{bmatrix} \tag{2.58}$$

$$\mathbf{s}_1 = \frac{1}{6} (1, 1, 1)^T$$

Für ein gegebenes Dreieck T_i berechnet sich die S t e i f i g k e i t s e l e m e n t m a t r i x $\mathbf{S}_e$ gemäß (2.48) durch Linearkombination der Grundmatrizen $\mathbf{S}_1$, $\mathbf{S}_2$ und $\mathbf{S}_3$ mit den Faktoren a, b und c (2.49)

$$\iint\limits_{T_i} (u_x^2 + u_y^2)\,dxdy = \mathbf{u}_e^T \mathbf{S}_e \mathbf{u}_e \ , \quad \mathbf{S}_e = a\mathbf{S}_1 + b\mathbf{S}_2 + c\mathbf{S}_3 \tag{2.59}$$

Die **Massenelementmatrix** M_e ergibt sich entsprechend zu (2.50) durch Multiplikation von S_4 mit dem Wert J

$$\iint_{T_i} u^2 \, dxdy = u_e^T M_e u_e \ , \qquad M_e = J \, S_4 \tag{2.60}$$

Den **Elementvektor** b_e zugehörig zum fünften Integral erhält man schließlich durch Multiplikation von s_1 mit J.

$$\iint_{T_i} u \, dxdy = b_e^T u_e \ , \quad b_e = J \, s_1 \tag{2.61}$$

Die Funktion $u(x, y)$ ist auf jeder Seite des Dreiecks eine lineare Funktion der Bogen-länge s und ist damit durch die Werte der Knotenvariablen in den entsprechenden End-punkten eindeutig bestimmt. Eventuelle Beiträge von Randintegralen können (2.9) und (2.11) entnommen werden.

2.2.3 Quadratischer Ansatz im Dreieck

Ein vollständiger quadratischer Ansatz

$$u(x, y) = c_1 + c_2 x + c_3 y + c_4 x^2 + c_5 xy + c_6 y^2 \tag{2.62}$$

enthält sechs Koeffizienten und wird durch die Werte von u in sechs Knotenpunkten eindeutig festgelegt. Als Knotenpunkte werden dabei die drei Eckpunkte und die drei Seitenmittelpunkte gemäß der in Fig.2.10 eingeführten Numerierung verwendet.

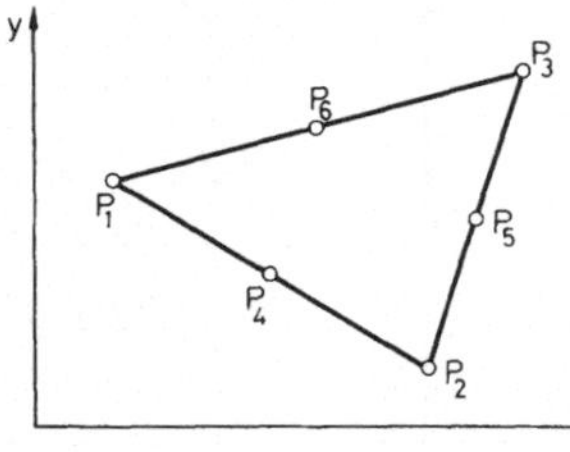

Fig. 2.10
Knotenpunkte für quadratischen
Ansatz im Dreieck

Auf jeder Dreiecksseite reduziert sich die Ansatzfunktion auf eine vollständige quadra-tische Funktion der Bogenlänge. Durch die Funktionswerte in den drei Knotenpunkten ist diese quadratische Funktion eindeutig bestimmt. Diese Tatsache garantiert wiederum die Stetigkeit der Ansatzfunktionen beim Übergang von einem Dreieckelement in das längs einer Seite benachbarte Element.

Die lineare Variablensubstitution (2.47) führt den Ansatz (2.62) über in eine quadra-tische Funktion in den Variablen ξ und η

$$u(\xi, \eta) = \alpha_1 + \alpha_2 \xi + \alpha_3 \eta + \alpha_4 \xi^2 + \alpha_5 \xi\eta + \alpha_6 \eta^2 \tag{2.63}$$

$$\text{mit} \qquad u_\xi \ = \ \alpha_2 \ + 2\,\alpha_4 \xi + \alpha_5 \eta$$

$$u_\eta \ = \ \alpha_3 \ + \alpha_5 \xi + 2\,\alpha_6 \eta$$

Die im linearen Fall sehr ausführlich dargestellte Methode zur Herleitung der Grundmatrizen S_i und des Grundvektors s_1 führt vollkommen analog zum Ziel. Dabei sei darauf hingewiesen, daß die Berechnung der Matrizen $\tilde{S}_i$ mit einem äußerst einfachen Rechenprogramm unter Benützung der Integralformeln (2.52) erfolgen kann. Die Angabe der Vorfaktoren der Koeffizienten α_i und die zugehörigen Potenzen von ξ und η des betreffenden Terms genügen, um die Matrizen $\tilde{S}_i$ zu berechnen.

Die Interpolationsbedingung der quadratischen Funktion im Einheitsdreieck führt auf die linearen Beziehungen

$$\begin{aligned}
u_1 &= \alpha_1 \\
u_2 &= \alpha_1 + \alpha_2 && + \alpha_4 \\
u_3 &= \alpha_1 && + \alpha_3 && + \alpha_6 \\
u_4 &= \alpha_1 + 0.5\,\alpha_2 && + 0.25\,\alpha_4 \\
u_5 &= \alpha_1 + 0.5\,\alpha_2 + 0.5\,\alpha_3 + 0.25\,\alpha_4 + 0.25\,\alpha_5 + 0.25\,\alpha_6 \\
u_6 &= \alpha_1 && + 0.5\,\alpha_3 && + 0.25\,\alpha_6
\end{aligned} \tag{2.64}$$

Die dazu inversen Beziehungen lauten mit den Vektoren

$$\boldsymbol{\alpha} = (\alpha_1, \alpha_2, \alpha_3, \alpha_4, \alpha_5, \alpha_6)^T \quad , \quad \mathbf{u}_e = (u_1, u_2, u_3, u_4, u_5, u_6)^T$$

$$\boldsymbol{\alpha} = A\,\mathbf{u}_e$$

mit der ganzzahligen Matrix

$$A = \begin{bmatrix}
1 & 0 & 0 & 0 & 0 & 0 \\
-3 & -1 & 0 & 4 & 0 & 0 \\
-3 & 0 & -1 & 0 & 0 & 4 \\
2 & 2 & 0 & -4 & 0 & 0 \\
4 & 0 & 0 & -4 & 4 & -4 \\
2 & 0 & 2 & 0 & 0 & -4
\end{bmatrix} \tag{2.65}$$

Als Grundelementmatrizen S_i und Grundelementvektor s_1 erhält man nach entsprechender elementarer Rechnung die Ergebnisse (2.66).

Aus diesen Matrizen und dem Vektor s_1 ergeben sich die Steifigkeitselementmatrix S_e, die Massenelementmatrix M_e und der Elementvektor b_e nach denselben Formeln (2.59), (2.60) und (2.61) wie für den linearen Ansatz. Dies gilt auch für die nachfolgend beschriebenen Ansätze, womit die einheitliche Behandlung bereits deutlich in Erscheinung tritt.

Die Ansatzfunktion $u(x, y)$ ist auf einer Randkante eine quadratische Funktion der Bogenlänge und wird deshalb durch die Knotenvariablen u_A, u_M und u_B im Anfangsknotenpunkt P_A, dem Mittelpunkt P_M und dem Endpunkt P_B eindeutig festgelegt. Allfällige Beiträge von Randintegralen werden durch (2.15) erfaßt.

$$S_1 = \frac{1}{6}\begin{bmatrix} 3 & 1 & 0 & -4 & 0 & 0 \\ 1 & 3 & 0 & -4 & 0 & 0 \\ 0 & 0 & 0 & 0 & 0 & 0 \\ -4 & -4 & 0 & 8 & 0 & 0 \\ 0 & 0 & 0 & 0 & 8 & -8 \\ 0 & 0 & 0 & 0 & -8 & 8 \end{bmatrix} \qquad S_2 = \frac{1}{6}\begin{bmatrix} 6 & 1 & 1 & -4 & 0 & -4 \\ 1 & 0 & -1 & -4 & 4 & 0 \\ 1 & -1 & 0 & 0 & 4 & -4 \\ -4 & -4 & 0 & 8 & -8 & 8 \\ 0 & 4 & 4 & -8 & 8 & -8 \\ -4 & 0 & -4 & 8 & -8 & 8 \end{bmatrix}$$

$$S_3 = \frac{1}{6}\begin{bmatrix} 3 & 0 & 1 & 0 & 0 & -4 \\ 0 & 0 & 0 & 0 & 0 & 0 \\ 1 & 0 & 3 & 0 & 0 & -4 \\ 0 & 0 & 0 & 8 & -8 & 0 \\ 0 & 0 & 0 & -8 & 8 & 0 \\ -4 & 0 & -4 & 0 & 0 & 8 \end{bmatrix} \qquad S_4 = \frac{1}{360}\begin{bmatrix} 6 & -1 & -1 & 0 & -4 & 0 \\ -1 & 6 & -1 & 0 & 0 & -4 \\ -1 & -1 & 6 & -4 & 0 & 0 \\ 0 & 0 & -4 & 32 & 16 & 16 \\ -4 & 0 & 0 & 16 & 32 & 16 \\ 0 & -4 & 0 & 16 & 16 & 32 \end{bmatrix}$$

$$s_1 = \frac{1}{6}(0,0,0,1,1,1)^T$$

(2.66)

2.2.4 Bilinearer Ansatz im Parallelogramm

Um in einem Parallelogramm einen geeigneten Funktionsansatz definieren zu können, der durch die vier Funktionswerte u_1 bis u_4 in den vier Eckpunkten eindeutig bestimmt ist, muß man vom Einheitsquadrat ausgehen. Im Gegensatz zu Fig. 2.9 sollen die Eckpunkte im Gegenuhrzeigersinn fortlaufend numeriert werden, wie dies für das Parallelogramm in allgemeiner Lage und das Einheitsquadrat in Fig. 2.11 festgehalten ist. In den allgemeinen Formeln (2.47) und (2.49) ist der Index 3 durch 4 zu ersetzen.

Im Einheitsquadrat Q_0 wird für $u(\xi, \eta)$ ein bilinearer Ansatz festgelegt

$$u(\xi, \eta) = \alpha_1 + \alpha_2 \xi + \alpha_3 \eta + \alpha_4 \xi\eta \quad . \tag{2.67}$$

Man erkennt nun sofort, daß bei festem ξ oder festem η der Ansatz eine lineare Funktion der andern Variablen wird. Im speziellen ist $u(\xi, \eta)$ auf den Randkanten von Q_0

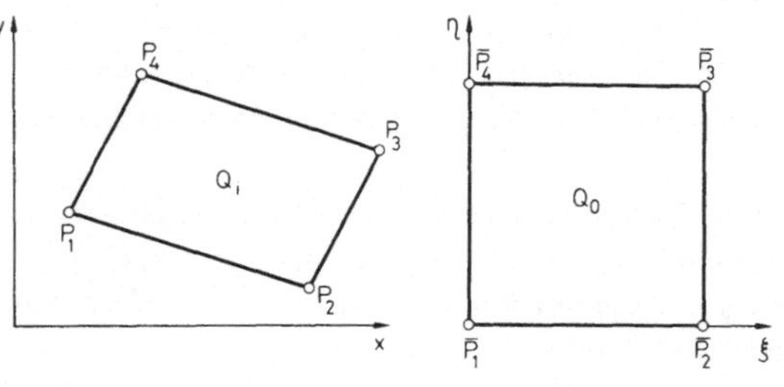

Fig. 2.11
Neunumerierung der Knotenpunkte im Parallelogramm und im Einheitsquadrat

eine lineare Funktion der Bogenlänge. Schließlich wird $u(\xi, \eta)$ durch Vorgabe der vier Funktionswerte in den Ecken eindeutig festgelegt.

Die bilineare Funktion (2.67) werde nun vermöge der zu (2.47) inversen linearen Transformation auf das allgemeine Parallelogramm Q_i transformiert oder übertragen. Im allgemeinen wird die resultierende Funktion in x und y ein vollständiges quadratisches Polynom sein, doch ist der Funktionsverlauf auf den Parallelogrammseiten infolge der linearen Subsitution nach wie vor linear. Das bedeutet aber, daß die Funktionswerte an den Enden einer Seite den linearen Verlauf eindeutig bestimmen, und daraus folgt die Stetigkeit der Funktion beim Übergang von einem Element ins benachbarte. Zudem zeigt diese Überlegung, daß ein Parallelogrammelement mit einem so definierten Ansatz kombinierbar wird mit einem linearen Dreieckelement nach Abschn.2.2.2 unter Wahrung der Stetigkeit.

Die Bestimmung der vierreihigen Matrizen $\tilde{\mathbf{S}}_i$ ist hier sehr einfach, und es bleibt noch die Substitution der Koeffizienten α_i des Ansatzes (2.67) durch die Knotenvariablen u_1 bis u_4. Die Interpolationsbedingungen lauten mit der zugehörigen inversen Matrix $\mathbf{A}$

$$
\begin{aligned}
u_1 &= \alpha_1 \\
u_2 &= \alpha_1 + \alpha_2 \\
u_3 &= \alpha_1 + \alpha_2 + \alpha_3 + \alpha_4, \\
u_4 &= \alpha_1 \qquad\; + \alpha_3
\end{aligned}
\qquad
\mathbf{A} = \begin{bmatrix} 1 & 0 & 0 & 0 \\ -1 & 1 & 0 & 0 \\ -1 & 0 & 0 & 1 \\ 1 & -1 & 1 & -1 \end{bmatrix} . \tag{2.68}
$$

Für den Vektor $\mathbf{u}_e = (u_1, u_2, u_3, u_4)^T$ der Knotenvariablen des Elementes ergeben sich die Grundelementmatrizen $\mathbf{S}_i$ und der Grundelementvektor s_1 zu

$$
\mathbf{S}_1 = \frac{1}{6} \begin{bmatrix} 2 & -2 & -1 & 1 \\ -2 & 2 & 1 & -1 \\ -1 & 1 & 2 & -2 \\ 1 & -1 & -2 & 2 \end{bmatrix}
\qquad
\mathbf{S}_2 = \frac{1}{2} \begin{bmatrix} 1 & 0 & -1 & 0 \\ 0 & -1 & 0 & 1 \\ -1 & 0 & 1 & 0 \\ 0 & 1 & 0 & -1 \end{bmatrix}
$$

$$
\mathbf{S}_3 = \frac{1}{6} \begin{bmatrix} 2 & 1 & -1 & -2 \\ 1 & 2 & -2 & -1 \\ -1 & -2 & 2 & 1 \\ -2 & -1 & 1 & 2 \end{bmatrix}
\qquad
\mathbf{S}_4 = \frac{1}{36} \begin{bmatrix} 4 & 2 & 1 & 2 \\ 2 & 4 & 2 & 1 \\ 1 & 2 & 4 & 2 \\ 2 & 1 & 2 & 4 \end{bmatrix}
\tag{2.69}
$$

$$
s_1 = \frac{1}{4} (1, 1, 1, 1)^T
$$

Da die Ansatzfunktion auf jeder Seite des Parallelogramms linear ist, können die Beiträge von Randintegralen aus Abschn.2.1.1 übernommen werden.

2.2.5 Quadratischer Ansatz der Serendipity-Klasse im Parallelogramm

Um auch die Dreieckelemente mit Parallelogrammelementen kombinieren zu können, ist es naheliegend, je auf den Parallelogrammseiten die Mittelpunkte als weitere Knotenpunkte einzuführen, so daß im ganzen 8 Knotenpunkte resultieren.

In Fig. 2.12 ist die im folgenden gültige Numerierung der Knotenpunkte angegeben.

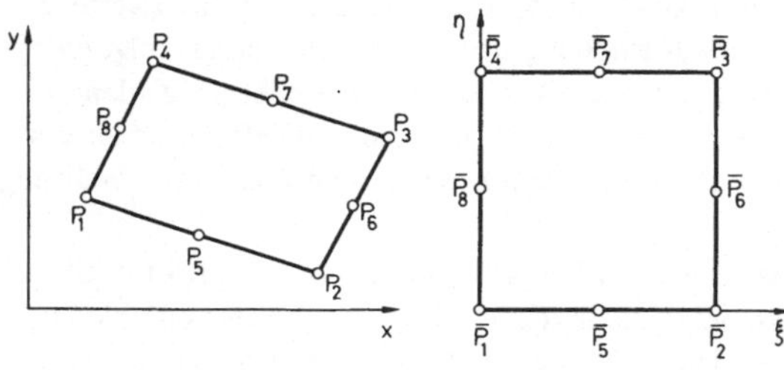

Fig. 2.12
Knotenpunkte für quadratischen
Ansatz der Serendipity-Klasse

Um den verwendeten Ansatz zu beschreiben, ist auch in diesem Fall vom Einheitsquadrat auszugehen. Als Ansatz mit 8 unabhängigen Koeffizienten kommt ein unvollständiges Polynom dritten Grades in Frage:

$$u(\xi, \eta) = \alpha_1 + \alpha_2\xi + \alpha_3\eta + \alpha_4\xi^2 + \alpha_5\xi\eta + \alpha_6\eta^2 + \alpha_7\xi^2\eta + \alpha_8\xi\eta^2 \qquad (2.70)$$

mit den partiellen Ableitungen

$$u_\xi = \alpha_2 \quad + 2\,\alpha_4\xi + \alpha_5\eta \quad\quad + 2\,\alpha_7\xi\eta + \alpha_8\eta^2$$

$$u_\eta = \quad \alpha_3 \quad\quad + \alpha_5\xi + 2\,\alpha_6\eta + \quad \alpha_7\xi^2 + 2\,\alpha_8\xi\eta$$

Der Ansatz und die resultierenden Elemente werden von ihren Entdeckern [34] nach der Märchenerzählung „Die drei Prinzen von Serendip" von Horace Walpole so benannt, da sie offenbar wie die Helden der Sage die Fähigkeit besaßen, unverhoffte und glückliche Entdeckungen durch Zufall zu machen.

Die Ansatzfunktion hat die Eigenschaft, für festen Wert der einen Variablen quadratisch in der andern Variablen zu sein. Demzufolge ist sie auf jeder Seite des Einheitsquadrates eine quadratische Funktion der Bogenlänge. Bei der linearen Abbildung des Einheitsquadrates auf ein allgemeines Parallelogramm überträgt sich diese Eigenschaft. Auf jeder Seite ist die Funktion durch die drei Werte in den Knotenpunkten eindeutig festgelegt, so daß daraus die Stetigkeit beim Übergang in ein anstoßendes Parallelogramm oder Dreieck mit quadratischem Ansatz folgt. Die Elemente werden damit tatsächlich miteinander kombinierbar hinsichtlich der Stetigkeitsbedingung.

Durch Inversion der acht Linearformen, welche die Interpolationsforderungen beinhalten, ergibt sich die ganzzahlige Matrix $\mathbf{A}$ (2.71) der Ordnung acht, welche den Koeffizientenvektor $\boldsymbol{\alpha}$ mit dem Vektor $\mathbf{u}_e = (u_1, u_2, u_3, \ldots, u_8)^T$ der Elementknotenvariablen verknüpft.

$$
\mathbf{A} = \begin{bmatrix}
1 & 0 & 0 & 0 & 0 & 0 & 0 & 0 \\
-3 & -1 & 0 & 0 & 4 & 0 & 0 & 0 \\
-3 & 0 & 0 & -1 & 0 & 0 & 0 & 4 \\
2 & 2 & 0 & 0 & -4 & 0 & 0 & 0 \\
5 & -1 & -3 & -1 & -4 & 4 & 4 & -4 \\
2 & 0 & 0 & 2 & 0 & 0 & 0 & -4 \\
-2 & -2 & 2 & 2 & 4 & 0 & -4 & 0 \\
-2 & 2 & 2 & -2 & 0 & -4 & 0 & 4
\end{bmatrix}
\tag{2.71}
$$

Die Grundelementmatrizen $\mathbf{S}_1$ bis $\mathbf{S}_4$, welche nach dem üblichen Vorgehen berechnet werden, sind in Tab. 2.1 zusammengefaßt.

Da das Einheitsquadrat eine Rotationssymmetrie aufweist, sind die vierreihigen Untermatrizen von $\mathbf{S}_4$ je zyklisch. Dies ist auch der Fall für die Steifigkeitselementmatrix $\mathbf{S}_e$ zugehörig zu einem Quadrat in beliebiger Lage und von beliebiger Größe, indem ja a = 1, b = 0, c = 1 gilt. $\mathbf{S}_e$ wird damit die Summe von $\mathbf{S}_1$ und $\mathbf{S}_3$, und die zyklische Struktur der vierreihigen Untermatrizen ist offensichtlich.

Vom numerischen Standpunkt ist an diesem Ansatz die Tatsache unbefriedigend, daß in der Integrationsformel

$$
\iint\limits_{Q_i} u\,dx\,dy = \frac{J}{12}\left(-u_1 - u_2 - u_3 - u_4 + 4\,u_5 + 4\,u_6 + 4\,u_7 + 4\,u_8\right)
$$

die Funktionswerte in den vier Eckpunkten mit negativen Gewichten eingehen.

Da die Ansatzfunktion auf den Parallelogrammseiten quadratische Funktionen der Bogenlänge werden, behalten die Beiträge von Randintegralen aus Abschn. 2.1.2 ihre Gültigkeit.

2.2.6 Quadratischer Ansatz der Lagrange-Klasse im Parallelogramm

Ein andersgeartetes Parallelogrammelement, welches ebenfalls mit den Dreieckelementen mit quadratischem Ansatz kombinierbar ist, erhält man, indem einerseits die Knotenpunkte des Elementes der Serendipity-Klasse durch den Schwerpunkt ergänzt werden und anderseits der Ansatz für das Einheitsquadrat dementsprechend um einen neunten

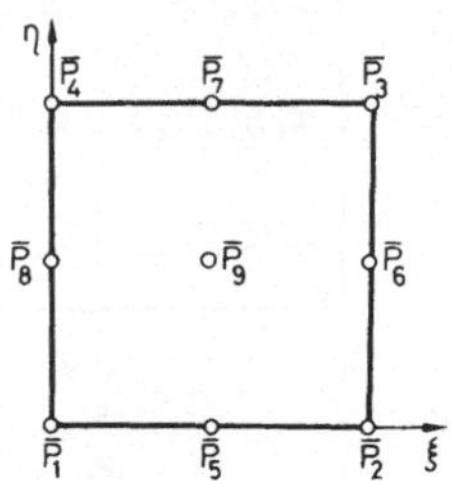

Fig. 2.13
Knotenpunkte für quadratischen Ansatz
der Lagrange-Klasse

Tab. 2.1 Grundelementmatrizen und Grundelementvektor für quadratischen Ansatz der Serendipity-Klasse

$$\mathbf{S}_1 = \frac{1}{90}\left[\begin{array}{cccc|cccc}
52 & 28 & 23 & 17 & -80 & -6 & -40 & 6 \\
28 & 52 & 17 & 23 & -80 & 6 & -40 & -6 \\
23 & 17 & 52 & 28 & -40 & 6 & -80 & -6 \\
17 & 23 & 28 & 52 & -40 & -6 & -80 & 6 \\
\hline
-80 & -80 & -40 & -40 & 160 & 0 & 80 & 0 \\
-6 & 6 & 6 & -6 & 0 & 48 & 0 & -48 \\
-40 & -40 & -80 & -80 & 80 & 0 & 160 & 0 \\
6 & -6 & -6 & 6 & 0 & -48 & 0 & 48
\end{array}\right]$$

$$\mathbf{S}_2 = \frac{1}{90}\left[\begin{array}{cccc|cccc}
85 & 0 & 35 & 0 & -40 & -20 & -20 & -40 \\
0 & -85 & 0 & -35 & 40 & 40 & 20 & 20 \\
35 & 0 & 85 & 0 & -20 & -40 & -40 & -20 \\
0 & -35 & 0 & -85 & 20 & 20 & 40 & 40 \\
\hline
-40 & 40 & -20 & 20 & 0 & -80 & 0 & 80 \\
-20 & 40 & -40 & 20 & -80 & 0 & 80 & 0 \\
-20 & 20 & -40 & 40 & 0 & 80 & 0 & -80 \\
-40 & 20 & -20 & 40 & 80 & 0 & -80 & 0
\end{array}\right]$$

$$\mathbf{S}_3 = \frac{1}{90}\left[\begin{array}{cccc|cccc}
52 & 17 & 23 & 28 & 6 & -40 & -6 & -80 \\
17 & 52 & 28 & 23 & 6 & -80 & -6 & -40 \\
23 & 28 & 52 & 17 & -6 & -80 & 6 & -40 \\
28 & 23 & 17 & 52 & -6 & -40 & 6 & -80 \\
\hline
6 & 6 & -6 & -6 & 48 & 0 & -48 & 0 \\
-40 & -80 & -80 & -40 & 0 & 160 & 0 & 80 \\
-6 & -6 & 6 & 6 & -48 & 0 & 48 & 0 \\
-80 & -40 & -40 & -80 & 0 & 80 & 0 & 160
\end{array}\right]$$

$$\mathbf{S}_4 = \frac{1}{180}\left[\begin{array}{cccc|cccc}
6 & 2 & 3 & 2 & -6 & -8 & -8 & -6 \\
2 & 6 & 2 & 3 & -6 & -6 & -8 & -8 \\
3 & 2 & 6 & 2 & -8 & -6 & -6 & -8 \\
2 & 3 & 2 & 6 & -8 & -8 & -6 & -6 \\
\hline
-6 & -6 & -8 & -8 & 32 & 20 & 16 & 20 \\
-8 & -6 & -6 & -8 & 20 & 32 & 20 & 16 \\
-8 & -8 & -6 & -6 & 16 & 20 & 32 & 20 \\
-6 & -8 & -8 & -6 & 20 & 16 & 20 & 32
\end{array}\right]$$

$$s_1 = \frac{1}{12}(-1, -1, -1, -1, 4, 4, 4, 4)^T$$

Term erweitert wird zu

$$u(\xi, \eta) = \alpha_1 + \alpha_2\xi + \alpha_3\eta + \alpha_4\xi^2 + \alpha_5\xi\eta + \alpha_6\eta^2 + \alpha_7\xi^2\eta + \alpha_8\xi\eta^2 + \alpha_9\xi^2\eta^2 \qquad (2.72)$$

Dieser b i q u a d r a t i s c h e Ansatz kann mit der zweidimensionalen Interpolationsaufgabe über einem regelmäßigen Gitter in Verbindung gebracht werden (Fig.2.13), und
er kann als allgemeines Produkt eines quadratischen Polynoms in ξ und eines quadratischen Polynoms in η angesehen werden. Der Ansatz ist ein unvollständiges Polynom
4. Grades, doch besitzt er die oben erwähnte Symmetrieeigenschaft. Die Interpolationsaufgabe kann mit Hilfe von L a g r a n g e - P o l y n o m e n gelöst werden, und dies
erklärt die Bezeichnung dieser Elemente.

Die Kombinierbarkeit des allgemeinen Parallelogrammelementes mit dem Dreieckelement aus Abschn.2.2.3 folgt nach der vollkommen analogen Überlegung wie im vorangehenden Abschnitt.

Die Berechnung der übrigens auch ganzzahligen Matrix $\mathbf{A}$, der Grundelementmatrizen
$\mathbf{S_i}$ und des Vektors $\mathbf{s_1}$ seien dem Leser als Übung überlassen.

Für diesen Ansatz ergibt sich als Integrationsformel für

$$\iint_{Q_i} u\,dxdy = \frac{J}{36}\,[u_1 + u_2 + u_3 + u_4 + 4(u_5 + u_6 + u_7 + u_8) + 16\,u_9]$$

die zweidimensionale Simpson-Regel mit lauter positiven Integrationsgewichten.

Die Knotenvariable u_9 zugehörig zum Schwerpunkt P_9 des Parallelogramms ist durch
die Elementmatrizen mit den acht Knotenvariablen auf dem Rand verknüpft. Bei der
Addition der Beiträge aller Elemente wird die betreffende Variable allein mit den acht
umliegenden Variablen verknüpft bleiben. Diese i n n e r e n Variablen eines jeden
Elementes erhöhen damit die Anzahl der Unbekannten unnötigerweise, was als gewissen
Nachteil des Ansatzes zu betrachten ist, falls man das Element in dieser Form verwendet.
Wir werden jedoch sehen, daß solche inneren Knotenvariablen durch den Prozeß der
K o n d e n s a t i o n (s. Abschn.3.3.1) im Fall von Gleichgewichtsaufgaben eliminiert
werden können, ohne dabei irgend einen Verlust hinsichtlich der Approximationsgüte in
Kauf nehmen zu müssen.

2.2.7 Übersicht über weitere Elementtypen

Nach den bisherigen Ausführungen dürfte klar geworden sein, daß der Grad des Ansatzes
beliebig erhöht werden kann, wobei selbstverständlich gleichzeitig die Anzahl der Knotenvariablen entsprechend vergrößert werden muß. Im folgenden soll nur auf einige
wenige der höhergradigen Ansätze hingewiesen werden, wobei nur Funktionswerte in
den Knotenpunkten als Knotenvariable in Betracht fallen sollen. Das prinzipielle Vorgehen zur Bestimmung der Grundmatrizen bleibt stets dasselbe.

Für einen vollständigen kubischen Ansatz im Einheitsdreieck

$$u(\xi, \eta) = \alpha_1 + \alpha_2\xi + \alpha_3\eta + \alpha_4\xi^2 + \alpha_5\xi\eta + \alpha_6\eta^2 + \alpha_7\xi^3 + \alpha_8\xi^2\eta + \alpha_9\xi\eta^2 + \alpha_{10}\eta^3$$

sind 10 Knotenpunkte erforderlich, von denen neun auf den Seiten und einer im Schwerpunkt gewählt wird (Fig.2.14). Die Knotenpunkte auf jeder Seite sind äquidistant verteilt.

Dieses Dreieckelement ist kombinierbar mit einem Parallelogrammelement entweder der Serendipity-Klasse mit 12 Knotenpunkten (Fig.2.15) oder der Lagrange-Klasse mit 16 Knotenpunkten (Fig.2.16).

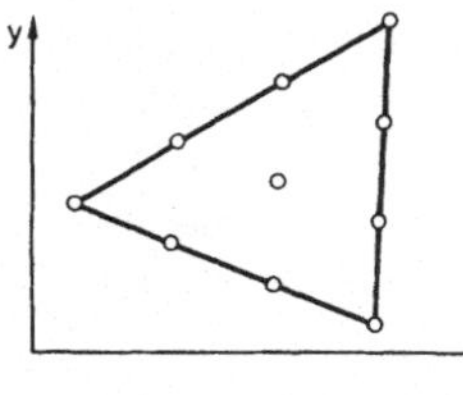

Fig. 2.14 Dreieck mit kubischem Ansatz

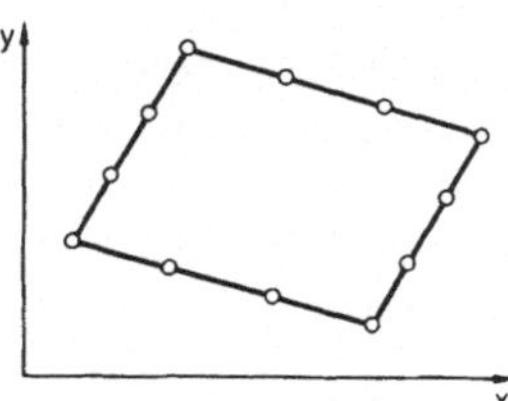

Fig. 2.15 Parallelogrammelement der Serendipity-Klasse

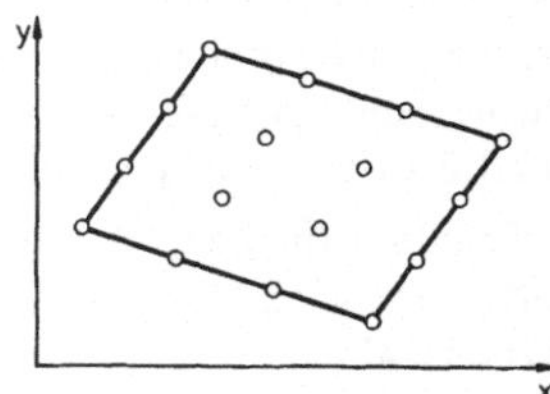

Fig. 2.16 Parallelogrammelement der Lagrange-Klasse

Der Ansatz für das Einheitsquadrat im Fall der Serendipity-Klasse ist ein unvollständiges Polynom vierten Grades

$$u(\xi, \eta) = \alpha_1 + \alpha_2\xi + \alpha_3\eta + \alpha_4\xi^2 + \alpha_5\xi\eta + \alpha_6\eta^2 + \alpha_7\xi^3 + \alpha_8\xi^2\eta + \alpha_9\xi\eta^2 +$$
$$+ \alpha_{10}\eta^3 + \alpha_{11}\xi^3\eta + \alpha_{12}\xi\eta^3, \tag{2.73}$$

während derjenige im Fall der Lagrange-Klasse bikubisch ist

$$u(\xi, \eta) = \alpha_1 + \alpha_2\xi + \alpha_3\eta + \alpha_4\xi^2 + \alpha_5\xi\eta + \alpha_6\eta^2 + \alpha_7\xi^3 + \alpha_8\xi^2\eta + \alpha_9\xi\eta^2 + \tag{2.74}$$
$$+ \alpha_{10}\eta^3 + \alpha_{11}\xi^3\eta + \alpha_{12}\xi^2\eta^2 + \alpha_{13}\xi\eta^3 + \alpha_{14}\xi^2\eta^3 + \alpha_{15}\xi^3\eta^2 + \alpha_{16}\xi^3\eta^3$$

und ebenfalls ein unvollständiges, aber wenigstens symmetrisches Polynom ist.

Das Dreieckelement besitzt einen und das Parallelogrammelement der Lagrange-Klasse vier innere Knotenpunkte, welche wiederum zweckmäßigerweise nach der Methode der Kondensation eliminiert werden sollten.

Einer weiteren Erhöhung des Grades sind theoretisch keine Grenzen gesetzt. Aus praktischen Gründen werden aber bereits quintische Ansätze in Dreiecken nur selten verwendet. Denn die Zahl der Knotenvariablen pro Element steigt rasch an, und damit werden bereits innerhalb eines Elementes entsprechend viele Variable miteinander verknüpft. Dies wirkt sich auf die Struktur der Gesamtgleichungssysteme so aus, daß die Matrizen stärker besetzt sind und eine größere Bandbreite aufweisen. Da wir bisher auch nur Elemente betrachtet haben mit Funktionswerten als Knotenvariablen, steigt ihre totale Anzahl auch rasch an. Obwohl die erforderliche Anzahl von Knotenvariablen pro Element bei gegebenem Ansatz fest ist, kann im Fall von kubischen und höhergradigen Ansätzen die Totalzahl der Knotenvariablen des Gesamtproblems verringert werden, falls neben Funktionswerten auch partielle Ableitungen als Knotenvariable verwendet werden.

2.2.8 Kubische Ansätze mit partiellen Ableitungen als Knotenvariablen

Neben dem bereits erwähnten Grund kann die Einführung von partiellen Ableitungen als Knotenvariable auch vom Problem her angebracht sein, um etwa die Stetigkeit der ersten partiellen Ableitungen mindestens in einzelnen Knotenpunkten zu erzwingen, oder da sie etwa als Verzerrungen bei ebenen Spannungsproblemen eine unmittelbare physikalische Bedeutung besitzen.

Für den vollständigen kubischen Ansatz, gültig für das Einheitsdreieck,

$$u(\xi, \eta) = \alpha_1 + \alpha_2\xi + \alpha_3\eta + \alpha_4\xi^2 + \alpha_5\xi\eta + \alpha_6\eta^2 + \alpha_7\xi^3 + \alpha_8\xi^2\eta + \alpha_9\xi\eta^2 + \alpha_{10}\eta^3 \quad (2.75)$$

mit den partiellen Ableitungen

$$u_\xi = \alpha_2 \quad + 2\,\alpha_4\xi + \alpha_5\eta \quad\quad + 3\,\alpha_7\xi^2 + 2\,\alpha_8\xi\eta + \alpha_9\eta^2$$
$$u_\eta = \quad \alpha_3 \quad\quad + \alpha_5\xi + 2\,\alpha_6\eta \quad\quad + \alpha_8\xi^2 + 2\,\alpha_9\xi\eta + 3\,\alpha_{10}\eta^2$$

ergibt sich mit den Abkürzungen

$$u_\xi(P_i) = p_i, \quad\quad u_\eta(P_i) = q_i \quad\quad (i = 1, 2, 3)$$

der Satz von zehn Interpolationsbedingungen in den drei Eckpunkten und dem Schwerpunkt des Einheitsdreiecks

	α_1	α_2	α_3	α_4	α_5	α_6	α_7	α_8	α_9	α_{10}
$u_1 =$	1	0	0	0	0	0	0	0	0	0
$p_1 =$	0	1	0	0	0	0	0	0	0	0
$q_1 =$	0	0	1	0	0	0	0	0	0	0
$u_2 =$	1	1	0	1	0	0	1	0	0	0
$p_2 =$	0	1	0	2	0	0	3	0	0	0
$q_2 =$	0	0	1	0	1	0	0	1	0	0
$u_3 =$	1	0	1	0	0	1	0	0	0	1
$p_3 =$	0	1	0	0	1	0	0	0	1	0
$q_3 =$	0	0	1	0	0	2	0	0	0	3
$u_4 =$	1	1/3	1/3	1/9	1/9	1/9	1/27	1/27	1/27	1/27

Die Inversion dieser zehnreihigen Matrix liefert die ganzzahlige Matrix

$$\mathbf{A} = \begin{bmatrix}
1 & 0 & 0 & 0 & 0 & 0 & 0 & 0 & 0 & 0 \\
0 & 1 & 0 & 0 & 0 & 0 & 0 & 0 & 0 & 0 \\
0 & 0 & 1 & 0 & 0 & 0 & 0 & 0 & 0 & 0 \\
-3 & -2 & 0 & 3 & -1 & 0 & 0 & 0 & 0 & 0 \\
-13 & -3 & -3 & -7 & 2 & -1 & -7 & -1 & 2 & 27 \\
-3 & 0 & -2 & 0 & 0 & 0 & 3 & 0 & -1 & 0 \\
2 & 1 & 0 & -2 & 1 & 0 & 0 & 0 & 0 & 0 \\
13 & 3 & 2 & 7 & -2 & 2 & 7 & 1 & -2 & -27 \\
13 & 2 & 3 & 7 & -2 & 1 & 7 & 2 & -2 & -27 \\
2 & 0 & 1 & 0 & 0 & 0 & -2 & 0 & 1 & 0
\end{bmatrix} \quad\quad (2.76)$$

Nun ist es leicht, die zugehörigen Grundelementmatrizen zu berechnen, welche die Grundlage zur Berechnung der Steifigkeits- und Massenelementmatrix bilden. Sobald diese von jeder Geometrie unabhängigen Matrizen vorliegen, ist aber zu beachten, daß die Matrizen bezüglich der Knotenvariablen

$$\hat{u}_e = (u_1, p_1, q_1, u_2, p_2, q_2, u_3, p_3, q_3, u_4)^T$$

gültig sind, d. h. für die partiellen Ableitungen nach ξ und η in den drei Eckpunkten. Dies sind jedoch nicht die geeigneten Ableitungen im Hinblick auf die Addition der Beiträge der verschiedenen Dreieckelemente. Zu diesem Zweck sind die partiellen Ableitungen nach x und y, d. h. die Werte u_x und u_y in den Eckpunkten, die zuständigen Variablen, denn diese Ableitungen allein haben für die in den Eckpunkten zusammenstoßenden Dreiecke eine globale Bedeutung.

Nach der Kettenregel gelten einerseits

$$u_\xi = u_x x_\xi + u_y y_\xi, \qquad u_\eta = u_x x_\eta + u_y y_\eta$$

und anderseits sind auf Grund der linearen Abbildung (2.47)

$$
\begin{aligned}
x_\xi &= x_2 - x_1 = x_{21}, & y_\xi &= y_2 - y_1 = y_{21}, \\
x_\eta &= x_3 - x_1 = x_{31}, & y_\eta &= y_3 - y_1 = y_{31}.
\end{aligned}
\tag{2.77}
$$

Infolge der Linearität der Abbildung sind die Koeffizienten in der Transformation der partiellen Ableitungen konstant, allein von der Geometrie des Dreiecks abhängig, aber insbesondere nicht von der speziellen Ecke. Sobald die Elementmatrix $\hat{S}_e$ zugehörig zum Integral

$$\iint\limits_{T_i} [(u_x^2 + u_y^2) - \rho \cdot u^2]\,dxdy = \hat{u}_e^T \, \hat{S}_e \, \hat{u}_e$$

als Linearkombination der Matrizen S_i berechnet ist, sind noch die Substitutionen

$$
\begin{aligned}
p_i &= x_{21} u_x^{(i)} + y_{21} u_y^{(i)} \\
q_i &= x_{31} u_x^{(i)} + y_{31} u_y^{(i)}
\end{aligned}
\qquad (i = 1, 2, 3)
\tag{2.78}
$$

auszuführen. Versteht man unter

$$u_e = (u_1, u_x^{(1)}, u_y^{(1)}, u_2, u_x^{(2)}, u_y^{(2)}, u_3, u_x^{(3)}, u_y^{(3)}, u_4)^T$$

den eigentlichen für das Dreieck T_i zuständigen Vektor der globalen Knotenvariablen, läßt sich der Übergang von $\hat{u}_e$ zu u_e formal mit einer Matrix C beschreiben, welche Blockdiagonalgestalt aufweist gemäß

$$\hat{u}_e = C\,u_e \ , \quad C = \begin{bmatrix} 1 & & & & & & \\ & C_{11} & & & & & \\ & & 1 & & & & \\ & & & C_{22} & & & \\ & & & & 1 & & \\ & & & & & C_{33} & \\ & & & & & & 1 \end{bmatrix} \quad \text{mit } C_{ii} = \begin{bmatrix} x_{21} & y_{21} \\ x_{31} & y_{31} \end{bmatrix} \tag{2.79}$$

Die zweireihigen Blockmatrizen C_{ii} sind alle gleich. Die Matrix $\hat{S}_e$ ist somit noch einer Kongruenztransformation mit C zu unterziehen, entsprechend

$$\hat{u}_e^T \, \hat{S}_e \, \hat{u}_e = u_e^T \, C^T \, \hat{S}_e \, C \, u_e = u_e^T \, S_e \, u_e \quad , \quad S_e = C^T \, \hat{S}_e \, C \ . \tag{2.80}$$

Infolge der sehr speziellen Gestalt der Matrix C ist die Transformation (2.80) nicht als volle Matrizenmultiplikation auszuführen. Bei der Produktbildung $\hat{S}_e C = \hat{\hat{S}}_e$ werden nur die drei Paare von Kolonnen (2, 3), (5, 6) und (8, 9) je linear kombiniert gemäß der Vorschrift

$$\begin{aligned}
\hat{\hat{s}}_{ij} &= x_{21} \, \hat{s}_{ij} + x_{31} \, \hat{s}_{i,j+1} \\
\hat{\hat{s}}_{i,j+1} &= y_{21} \, \hat{s}_{ij} + y_{31} \, \hat{s}_{i,j+1}
\end{aligned} \qquad (i = 1, 2, \ldots, 10; j = 2, 5, 8),$$

während für die übrigen Elemente $\hat{\hat{s}}_{ij} = \hat{s}_{ij}$ gilt. Schließlich bewirkt die Multiplikation $C^T \, \hat{\hat{S}}_e$ nur eine Linearkombination der drei Paare von Zeilen (2, 3), (5, 6) und (8, 9) gemäß

$$\begin{aligned}
s_{ij} &= x_{21} \, \hat{\hat{s}}_{ij} + x_{31} \, \hat{\hat{s}}_{i+1,j} \\
s_{i+1,j} &= y_{21} \, \hat{\hat{s}}_{ij} + y_{31} \, \hat{\hat{s}}_{i+1,j}
\end{aligned} \qquad (j = 1, 2, \ldots, 10; i = 2, 5, 8),$$

während die übrigen Elemente $s_{ij} = \hat{\hat{s}}_{ij}$ unverändert bleiben. Die Transformation von $\hat{S}_e$ in S_e kann durch eine geeignete Programmierung an Ort erfolgen und benötigt insgesamt nur 240 Multiplikationen.

Anmerkung Im Fall des Eigenwertproblems werden die Steifigkeits- und Massenelementmatrizen getrennt benötigt. Die beiden entsprechenden Elementmatrizen sind deshalb in diesem Fall gesondert der beschriebenen Transformation zu unterwerfen.

Für den in u linearen Integralausdruck ergibt sich

$$\iint_{T_0} u d\xi d\eta = \frac{1}{2} \alpha_1 + \frac{1}{6} \alpha_2 + \frac{1}{6} \alpha_3 + \frac{1}{12} \alpha_4 + \frac{1}{24} \alpha_5 + \frac{1}{12} \alpha_6 + \frac{1}{20} \alpha_7 +$$

$$+ \frac{1}{60} \alpha_8 + \frac{1}{60} \alpha_9 + \frac{1}{20} \alpha_{10}$$

$$= \frac{1}{120} \left[60 \, \alpha_1 + 20 \, \alpha_2 + 20 \, \alpha_3 + 10 \, \alpha_4 + 5 \, \alpha_5 + 10 \, \alpha_6 + 6 \, \alpha_7 + 2 \, \alpha_8 + 2 \, \alpha_9 + 6 \, \alpha_1 \right.$$

$$= \frac{1}{120} \left[11 \, u_1 + p_1 + q_1 + 11 \, u_2 - 2 \, p_2 + q_2 + 11 \, u_3 + p_3 - 2 \, q_3 + 27 \, u_4 \right] = \hat{s}_1^T \, \hat{u}$$

$$\text{mit} \qquad \hat{s}_1 = \frac{1}{120} (11, 1, 1, 11, -2, 1, 11, 1, -2, 27)^T \ . \tag{2.81}$$

Selbstverständlich ist auch dieser lineare Beitrag unter Berücksichtigung der Geometrie umzurechnen. Wegen

$$\hat{s}_1^T \hat{u}_e = \hat{s}_1^T \, C u_e = (C^T \hat{s}_1)^T u_e = s_1^T u_e$$

entsteht s_1 aus $\hat{s}_1$ einzig durch Linearkombination der drei Komponentenpaare $(2, 3)$, $(5, 6)$ und $(8, 9)$ gemäß

$$s_i = x_{21}\hat{s}_i + x_{31}\hat{s}_{i+1}$$
$$s_{i+1} = y_{21}\hat{s}_i + y_{31}\hat{s}_{i+1} \qquad (i = 2, 5, 8) \ . \qquad (2.82)$$

Die Bereitstellung der Beiträge von Randkanten bedarf auch einer zusätzlichen Überlegung. Die Ansatzfunktion u (2.75) reduziert sich längs einer Dreiecksseite auf ein Polynom dritten Grades in der Bogenlänge s. Dieses Polynom ist somit nach Abschn.2.1.3 bestimmt durch die beiden Funktionswerte und den beiden ersten Ableitungen in Richtung der Seite in den Endpunkten. Bezeichnet $\hat{u}_R = (\hat{u}_A, \hat{u}'_A, \hat{u}_B, \hat{u}'_B)$ den Elementvektor einer Randkante C_j nach Fig.2.17, wobei $\hat{u}'_A$ die Richtungsableitung nach s bedeutet, und besitzt die Kante die Länge ℓ, so werden die Integralbeiträge für $\hat{u}_R$ gegeben durch

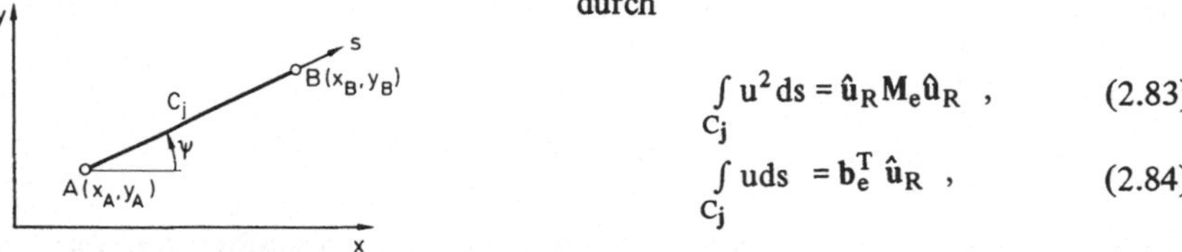

Fig. 2.17 Randkante C_j

$$\int\limits_{C_j} u^2 ds = \hat{u}_R M_e \hat{u}_R \ , \qquad (2.83)$$

$$\int\limits_{C_j} u ds = b_e^T \hat{u}_R \ , \qquad (2.84)$$

wobei M_e und b_e nach (2.26) gegeben sind.

Für die Ableitung in Richtung von A nach B gilt mit dem Winkel ψ

$$\hat{u}' = \frac{\partial u}{\partial s} = u_x \cos \psi + u_y \sin \psi \ , \qquad (2.85)$$

$$\cos \psi = \frac{1}{\ell}(x_B - x_A), \qquad \sin \psi = \frac{1}{\ell}(y_B - y_A). \qquad (2.86)$$

Die Beziehung (2.85) gilt natürlich für beide Endpunkte A und B mit denselben Werten für $\cos \psi$ und $\sin \psi$. Der Vektor $u_R = (u_A, u_x^{(A)}, u_y^{(A)}, u_B, u_x^{(B)}, u_y^{(B)})^T$ mit den zum Kantenstück C_j gehörenden globalen Knotenvariablen ist mit dem Vektor $\hat{u}_R$ vermöge der linearen Transformation (2.87) verknüpft.

$$\begin{bmatrix} \hat{u}_A \\ \hat{u}'_A \\ \hat{u}_B \\ \hat{u}'_B \end{bmatrix} = \begin{bmatrix} 1 & 0 & 0 & 0 & 0 & 0 \\ 0 & \cos\psi & \sin\psi & 0 & 0 & 0 \\ 0 & 0 & 0 & 1 & 0 & 0 \\ 0 & 0 & 0 & 0 & \cos\psi & \sin\psi \end{bmatrix} \begin{bmatrix} u_A \\ u_x^{(A)} \\ u_y^{(A)} \\ u_B \\ u_x^{(B)} \\ u_y^{(B)} \end{bmatrix} \qquad (2.87)$$

$$\hat{u}_R = C \, u_R$$

Die Integralbeiträge (2.83) und (2.84) sind deshalb nach (2.87) zu transformieren. Die Grundmatrix M_e in (2.83) ist einer Kongruenztransformation mit C zu unterziehen entsprechend

$$\int\limits_{C_j} u^2 ds = \hat{u}_R^T M_e \hat{u}_R = u_R^T C^T M_e C u_R = u_R^T M_R u_R \ . \qquad (2.88)$$

Die resultierende Matrix $\mathbf{M}_R$ ist eine quadratische Matrix der Ordnung sechs. Ihre Berechnung aus $\mathbf{M}_e$ kann aber unter Ausnützung der sehr speziellen Gestalt von $\mathbf{C}$ effizient durchgeführt werden. Eine triviale Rechnung zeigt, daß sich $\mathbf{M}_R$ aus der erweiterten sechsreihigen Hilfsmatrix

$$\hat{\mathbf{M}}_R = \frac{\ell}{420} \begin{bmatrix} 156 & 22 & 22 & 54 & -13 & -13 \\ 22 & 4 & 4 & 13 & -3 & -3 \\ 22 & 4 & 4 & 13 & -3 & -3 \\ 54 & 13 & 13 & 156 & -22 & -22 \\ -13 & -3 & -3 & -22 & 4 & 4 \\ -13 & -3 & -3 & -22 & 4 & 4 \end{bmatrix} \tag{2.89}$$

durch Multiplikation der zweiten und fünften Zeilen und Kolonnen mit $x_B - x_A$ und der dritten und sechsten Zeilen und Kolonnen mit $y_B - y_A$ ergibt.

Entsprechend ist auch der Vektor $\mathbf{b}_R$ aus $\mathbf{b}_e$ zu gewinnen gemäß

$$\int_{C_j} u \, ds = \mathbf{b}_e^T \, \hat{\mathbf{u}}_R = \mathbf{b}_e^T \, \mathbf{C} \mathbf{u}_R = (\mathbf{C}^T \mathbf{b}_e)^T \, \mathbf{u}_R = \mathbf{b}_R^T \, \mathbf{u}_R$$

mit $\quad \mathbf{b}_R = \dfrac{\ell}{12} (6, x_B - x_A, y_B - y_A, 6, -(x_B - x_A), -(y_B - y_A))^T.$

Die Betrachtung zeigt, daß auch beim Hinzukommen von verallgemeinerten Knotenvariablen wie partiellen Ableitungen die Elementbeiträge im wesentlichen nach dem normalen Vorgehen erhalten werden können, wobei nur geringfügige Ergänzungen erforderlich sind.

Die dargestellte Methode läßt sich in offensichtlicher Weise auf Parallelogrammelemente mit kubischem Ansatz übertragen. Ein Parallelogrammelement, welches mit dem Dreieckelement kombinierbar ist, besitzt nur in jedem der vier Eckpunkte je die drei Knotenvariablen u, u_x und u_y. Dieses Element mit insgesamt zwölf Knotenvariablen gehört zur Serendipity-Klasse, denn man kann das Parallelogrammelement der Fig. 2.15 einem Grenzübergang unterziehen, bei welchem die beiden den Eckpunkten benachbarten Knotenpunkte gegen diesen konvergieren und mit ihm verschmelzen. Bei diesem Grenzübergang sind die Funktionswerte in den Seitenknotenpunkten durch die partiellen Ableitungen zu ersetzen. Für dieses Element gilt im Einheitsquadrat der Ansatz (2.73).
Unterwirft man das Parallelogrammelement der Lagrange-Klasse (Fig.2.16) in Gedanken einem analogen Grenzübergang, wobei neben den beiden auf den anstoßenden Seiten gelegenen benachbarten Knotenpunkten auch noch der nächstgelegene Punkt im Innern mit dem Eckpunkt verschmolzen wird, entsteht ein Element mit den Knotenvariablen u, u_x, u_y und u_{xy} in den vier Eckpunkten. Diesem Parallelogrammelement liegt der bikubische Ansatz (2.74) zugrunde. Es besitzt die besondere Eigenschaft, daß neben der Stetigkeit der Funktion auch noch die Stetigkeit der Normalableitung beim Übergang ins Nachbarelement sichergestellt ist. Dieses Element erfüllt die Anforderungen bei Plattenproblemen und wird dort näher behandelt.

2.3 Formfunktionen für zweidimensionale Elemente

Für die Funktion $u(\xi, \eta)$ wurden innerhalb des Einheitsdreiecks und des Einheitsquadrates Polynomansätze verwendet, wobei die Koeffizienten α_i anschließend durch die Knotenvariablen zu ersetzen waren. Die Funktion $u(\xi, \eta)$ kann statt dessen auch direkt als Linearkombination der Formfunktionen dargestellt werden mit den Knotenvariablen des betreffenden Elementes als Koeffizienten. Die einschlägigen Formfunktionen sollen im folgenden zusammengestellt werden, da sie für die formale Darstellung der Funktion $u(\xi, \eta)$ innerhalb eines Elementes sehr zweckmäßig sind, und da sie sich zur Behandlung von krummlinigen Elementen sehr gut eignen. Wir sprechen in diesem Abschnitt stets von den Formfunktionen innerhalb eines Elementes. Um die Schreibweise zu entlasten, lassen wir den an sich notwendigen oberen Index e, wie er in Abschn.1.5 zur Unterscheidung eingeführt worden ist, weg.

Die explizite Darstellung der Formfunktionen für die im vorangehenden Abschnitt behandelten Elemente ergeben sich unmittelbar als Nebenprodukt jener Behandlungsart. Es seien nämlich ganz allgemein $\boldsymbol{\alpha} = (\alpha_1, \alpha_2, \ldots, \alpha_p)^T$ der Koeffizientenvektor, $\boldsymbol{\xi} = (1, \xi, \eta, \ldots)$ der Vektor mit den im Ansatz auftretenden Potenzen, $\mathbf{u}_e = (u_1, u_2, \ldots, u_p)^T$ der Vektor der Knotenvariablen des Elementes und schließlich $\mathbf{A}$ die inverse Matrix, welche auf Grund der Interpolationsbedingung die Vektoren $\boldsymbol{\alpha}$ und $\mathbf{u}_e$ gemäß $\boldsymbol{\alpha} = \mathbf{A}\mathbf{u}_e$ miteinander in Relation brachte. Für die Ansatzfunktion $u(\xi, \eta)$ gelten damit folgende identische Darstellungen

$$u(\xi, \eta) = \boldsymbol{\alpha}^T \boldsymbol{\xi} = \mathbf{u}_e^T \mathbf{A}^T \boldsymbol{\xi} = \mathbf{u}_e^T \mathbf{N}(\xi, \eta) = \sum_{k=1}^{p} u_k N_k(\xi, \eta). \tag{2.90}$$

In (2.90) wurde der Vektor $\mathbf{N} = (N_1, N_2, \ldots, N_p)^T$ der Formfunktionen eingeführt, der sich also formal als Produkt von $\mathbf{A}^T$ mit $\boldsymbol{\xi}$ ergibt. Das heißt aber, daß die k-te Kolonne von $\mathbf{A}$ die Koeffizienten der Potenzen für $N_k(\xi, \eta)$ enthält. Die Formfunktionen können deshalb von den einschlägigen Matrizen $\mathbf{A}$ direkt abgeleitet werden. Dies rechtfertigt nachträglich die explizite Angabe der Matrizen.

Mit Hilfe der Formfunktionen lassen sich die im vorigen Abschnitt hergeleiteten Grundmatrizen und Grundvektoren formal definieren. Nach (2.90) ist beispielsweise

$$u_\xi(\xi, \eta) = \mathbf{u}_e^T \mathbf{N}_\xi(\xi, \eta), \quad u_\xi^2 = \mathbf{u}_e^T \mathbf{N}_\xi \mathbf{N}_\xi^T \mathbf{u}_e$$

und deshalb

$$\iint_{G_0} u_\xi^2 \, d\xi d\eta = \mathbf{u}_e^T \left\{ \iint_{G_0} \mathbf{N}_\xi \mathbf{N}_\xi^T d\xi d\eta \right\} \mathbf{u}_e = \mathbf{u}_e^T \mathbf{S}_1 \mathbf{u}_e \tag{2.91}$$

$$2 \iint_{G_0} u_\xi u_\eta \, d\xi d\eta = \mathbf{u}_e^T \left\{ \iint_{G_0} [\mathbf{N}_\xi \mathbf{N}_\eta^T + \mathbf{N}_\eta \mathbf{N}_\xi^T] d\xi d\eta \right\} \mathbf{u}_e = \mathbf{u}_e^T \mathbf{S}_2 \mathbf{u}_e \tag{2.92}$$

$$\iint_{G_0} u_\eta^2 \, d\xi d\eta = \mathbf{u}_e^T \left\{ \iint_{G_0} \mathbf{N}_\eta \mathbf{N}_\eta^T d\xi d\eta \right\} \mathbf{u}_e = \mathbf{u}_e^T \mathbf{S}_3 \mathbf{u}_e \tag{2.93}$$

$$\iint_{G_0} u^2 \, d\xi d\eta = \mathbf{u}_e^T \left\{ \iint_{G_0} \mathbf{N} \mathbf{N}^T d\xi d\eta \right\} \mathbf{u}_e = \mathbf{u}_e^T \mathbf{S}_4 \mathbf{u}_e \tag{2.94}$$

$$\iint_{G_0} u \, d\xi d\eta = \mathbf{u}_e^T \iint_{G_0} \mathbf{N} \, d\xi d\eta = \mathbf{u}_e^T \mathbf{s}_1 \tag{2.95}$$

Die Integranden der ersten vier Integrale stellen als Produkt eines Kolonnenvektors mit einem Zeilenvektor je eine Matrix dar, welche elementweise zu integrieren ist.

2.3.1 Natürliche Koordinaten im Dreieck

Die formale Darstellung und damit auch die numerische Berechnung von Formfunktionen im Dreieck vereinfacht sich, falls n a t ü r l i c h e   D r e i e c k s k o o r d i n a t e n verwendet werden. Für ein Dreieck in allgemeiner Lage (Fig.2.18) läßt sich die Lage eines Punktes P in bezug auf dieses Dreieck durch drei natürliche Koordinaten ζ_1, ζ_2 und ζ_3 festlegen.

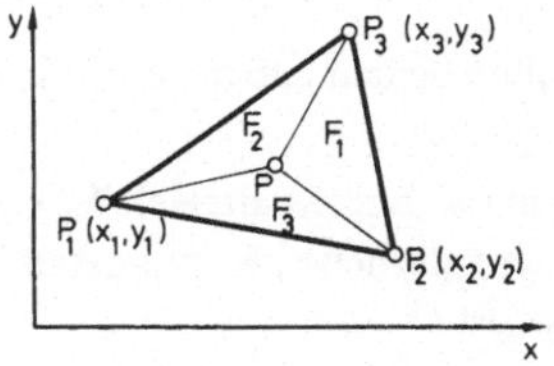

Fig 2.18
Natürliche Koordinaten

Es bedeute F_1 die vorzeichenbehaftete Fläche des Dreiecks PP_2P_3, F_2 diejenige des Dreiecks PP_3P_1 und F_3 diejenige von PP_1P_2. Für einen Punkt P innerhalb des Dreiecks sind alle F_i positiv. Nun bedeute ζ_i den Quotienten der Fläche F_i zur Gesamtfläche F des gegebenen Dreiecks. Dann ist offenbar die Summe der drei Werte ζ_i gleich Eins.

$$\zeta_1 + \zeta_2 + \zeta_3 = 1 \tag{2.96}$$

Ein Wertetripel $(\zeta_1, \zeta_2, \zeta_3)$ mit Summe Eins bestimmt die Lage eines Punktes P relativ zum Dreieck eindeutig. Die drei Ecken des Dreiecks erhalten insbesondere die natürlichen Koordinaten $P_1(1, 0, 0)$, $P_2(0, 1, 0)$, $P_3(0, 0, 1)$.

Der Zusammenhang zwischen den kartesischen Koordinaten x, y eines Punktes P mit seinen natürlichen Dreieckskoordinaten $\zeta_1, \zeta_2, \zeta_3$ ergibt sich auf Grund der bekannten Berechnung von Flächen.

$$2\,F_1 = \begin{vmatrix} 1 & x & y \\ 1 & x_2 & y_2 \\ 1 & x_3 & y_3 \end{vmatrix}, \qquad 2\,F_2 = \begin{vmatrix} 1 & x & y \\ 1 & x_3 & y_3 \\ 1 & x_1 & y_1 \end{vmatrix}, \qquad 2\,F_3 = \begin{vmatrix} 1 & x & y \\ 1 & x_1 & y_1 \\ 1 & x_2 & y_2 \end{vmatrix}$$

$$\tag{2.97}$$

$$2\,F = \begin{vmatrix} 1 & x_1 & y_1 \\ 1 & x_2 & y_2 \\ 1 & x_3 & y_3 \end{vmatrix} = (x_2 - x_1)(y_3 - y_1) - (x_3 - x_1)(y_2 - y_1)$$

Indem die Determinanten für $2\,F_i$ je nach der ersten Zeile entwickelt werden, gelten

$$\zeta_1 = \frac{1}{2\,F}\left[(x_2 y_3 - x_3 y_2) + x(y_2 - y_3) + y(x_3 - x_2)\right]$$

$$\zeta_2 = \frac{1}{2\,F}\left[(x_3 y_1 - x_1 y_3) + x(y_3 - y_1) + y(x_1 - x_3)\right] \qquad (2.98)$$

$$\zeta_3 = \frac{1}{2\,F}\left[(x_1 y_2 - x_2 y_1) + x(y_1 - y_2) + y(x_2 - x_1)\right]$$

Löst man etwa die beiden letzten Beziehungen von (2.98) nach x und y auf, erhält man unter Berücksichtigung des Ausdrucks (2.97) für 2 F und der Relation (2.96) umgekehrt

$$x = x_1\zeta_1 + x_2\zeta_2 + x_3\zeta_3 \;, \quad y = y_1\zeta_1 + y_2\zeta_2 + y_3\zeta_3 \;. \qquad (2.99)$$

Diese beiden äußerst einfachen Zusammenhänge (2.99) sind stets noch durch (2.96) zu ergänzen.

Für das Einheitsdreieck T_0 bestehen zwischen den kartesischen Koordinaten ξ, η und den natürlichen Koordinaten besonders einfache Relationen. Aus Fig.2.19 liest man sofort ab

$$\zeta_1 = 1 - \xi - \eta$$
$$\zeta_2 = \xi \qquad\qquad\qquad (2.100)$$
$$\zeta_3 = \eta$$

Die Beziehungen (2.100) werden im folgenden angewendet werden, um die Formfunktionen auch durch die natürlichen Koordinaten darzustellen. Diese Darstellung erweist sich für die Rechenpraxis als nützlich.

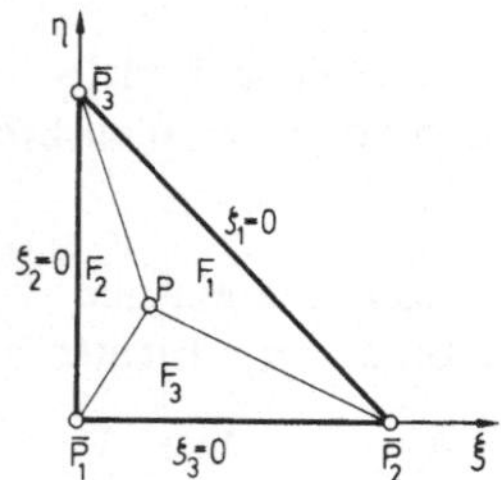

Fig. 2.19
Natürliche Koordinaten
im Einheitsdreieck

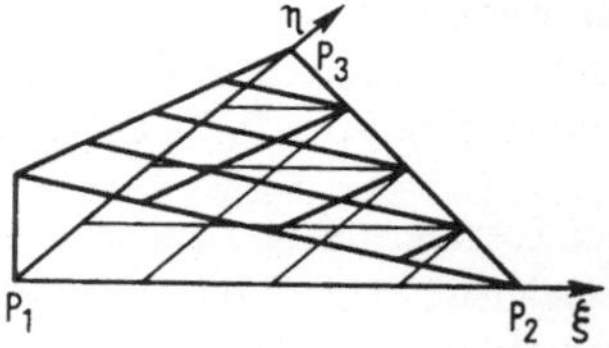

Fig. 2.20 Formfunktion N_1

2.3.2 Zusammenstellung von Formfunktionen

a) Linearer Ansatz in Dreiecken Aus (2.56) folgen

$$N_1(\xi, \eta) = 1 - \xi - \eta = \zeta_1$$
$$N_2(\xi, \eta) = \xi \qquad\quad = \zeta_2 \qquad\qquad (2.101)$$
$$N_3(\xi, \eta) = \eta \qquad\quad = \zeta_3$$

Die Interpolationseigenschaft von $N_1(\xi, \eta)$ ist in Fig.2.20 ersichtlich. Zusammenfassend gilt hier $N_k(\xi, \eta) = \zeta_k$.

b) Quadratischer Ansatz in Dreiecken Die Matrix **A** (2.65) liefert

$$N_1(\xi, \eta) = 1 - 3\,\xi - 3\,\eta + 2\,\xi^2 + 4\,\xi\eta + 2\,\eta^2 = (1 - \xi - \eta)(1 - 2\,\xi - 2\,\eta) = \zeta_1(2\,\zeta_1 - 1)$$

$$N_2(\xi, \eta) = -\xi + 2\,\xi^2 = \xi(2\,\xi - 1) \qquad\qquad\qquad = \zeta_2(2\,\zeta_2 - 1)$$

$$N_3(\xi, \eta) = -\eta + 2\,\eta^2 = \eta(2\,\eta - 1) \qquad\qquad\qquad = \zeta_3(2\,\zeta_3 - 1)$$

$$N_4(\xi, \eta) = 4\,\xi - 4\,\xi^2 - 4\,\xi\eta = 4\,\xi(1 - \xi - \eta) \qquad = 4\,\zeta_1\zeta_2$$

$$N_5(\xi, \eta) = 4\,\xi\eta \qquad\qquad\qquad\qquad\qquad\qquad = 4\,\zeta_2\zeta_3$$

$$N_6(\xi, \eta) = 4\,\eta - 4\,\xi\eta - 4\,\eta^2 = 4\,\eta(1 - \xi - \eta) \qquad = 4\,\zeta_1\zeta_3$$

$$(2.102)$$

Die Darstellung der Formfunktionen in den natürlichen Koordinaten macht die zyklische Vertauschbarkeit offensichtlich. In Fig. 2.21 sind zwei repräsentative Formfunktionen veranschaulicht. Die Fläche, welche durch $N_1(\xi, \eta)$ definiert wird, enthält übrigens eine Schar paralleler Niveaugeraden parallel zur Seite $P_2 P_3$.

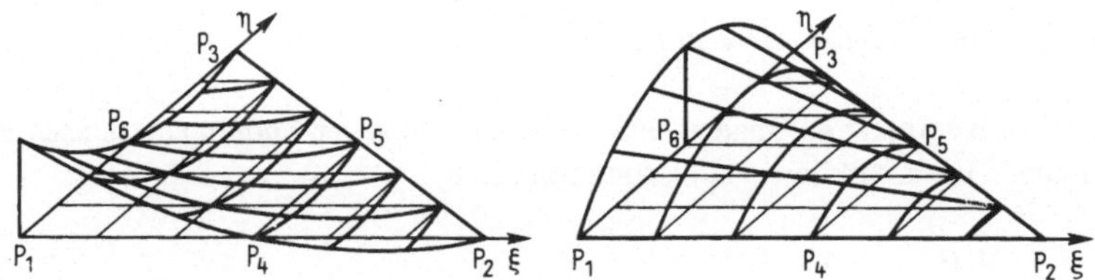

Fig. 2.21 Formfunktionen $N_1\,(\xi, \eta)$ und $N_6\,(\xi, \eta)$

c) Kubischer Ansatz in Dreiecken mit partiellen Ableitungen als Knotenvariablen Nach (2.76) lauten die Formfunktionen nach leichter algebraischer Umformung

$$N_1(\xi, \eta) = (1 - \xi - \eta)[(1 - \xi + 2\,\eta)(1 + 2\,\xi - \eta) - 16\,\xi\eta] = \zeta_1^2(3 - 2\,\zeta_1) - 7\,\zeta_1\zeta_2\zeta_3$$

$$N_2(\xi, \eta) = \xi(1 - \xi - 2\,\eta)(1 - \xi - \eta) = \zeta_1\zeta_2(\zeta_1 - \zeta_3)$$

$$N_3(\xi, \eta) = \eta(1 - 2\,\xi - \eta)(1 - \xi - \eta) = \zeta_1\zeta_3(\zeta_1 - \zeta_2)$$

$$N_4(\xi, \eta) = \xi^2(3 - 2\,\xi) - 7\,\xi\eta(1 - \xi - \eta) = \zeta_2^2(3 - 2\,\zeta_2) - 7\,\zeta_1\zeta_2\zeta_3$$

$$N_5(\xi, \eta) = \xi^2(\xi - 1) + 2\,\xi\eta(1 - \xi - \eta) \quad = \zeta_2^2(\zeta_2 - 1) + 2\,\zeta_1\zeta_2\zeta_3$$

$$N_6(\xi, \eta) = -\xi\eta(1 - 2\,\xi - \eta) \qquad\qquad = -\zeta_2\zeta_3(\zeta_1 - \zeta_2)$$

$$N_7(\xi, \eta) = \eta^2(3 - 2\,\eta) - 7\,\xi\eta(1 - \xi - \eta) = \zeta_3^2(3 - 2\,\zeta_3) - 7\,\zeta_1\zeta_2\zeta_3$$

$$N_8(\xi, \eta) = -\xi\eta(1 - \xi - 2\,\eta) \qquad\qquad = -\zeta_2\zeta_3(\zeta_1 - \zeta_3)$$

$$N_9(\xi, \eta) = \eta^2(\eta - 1) + 2\,\xi\eta(1 - \xi - \eta) \quad = \zeta_3^2(\zeta_3 - 1) + 2\,\zeta_1\zeta_2\zeta_3$$

$$N_{10}(\xi, \eta) = 27\,\xi\eta(1 - \xi - \eta) \qquad\qquad = 27\,\zeta_1\zeta_2\zeta_3$$

$$(2.103)$$

Infolge der komplizierten Interpolationseigenschaften ist die Darstellung auch entsprechend kompliziert geworden. Die Eigenschaften werden am besten durch die anschauliche Darstellung von vier repräsentativen Formfunktionen in Fig. 2.22 deutlich.

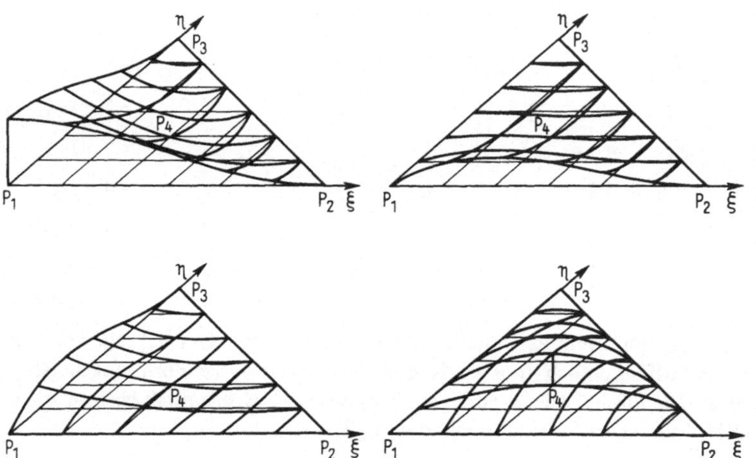

Fig. 2.22 Formfunktionen, kubischer Ansatz

d) Bilinearer Ansatz im Quadrat Für die Numerierung der Knotenpunkte nach Fig.2.11 lauten die Formfunktionen auf Grund von (2.68)

$$N_1(\xi, \eta) = (1 - \xi)(1 - \eta)$$
$$N_2(\xi, \eta) = \xi(1 - \eta)$$
$$N_3(\xi, \eta) = \xi\,\eta$$
$$N_4(\xi, \eta) = (1 - \xi)\eta$$

$$(2.104)$$

Die Formfunktion $N_1(\xi, \eta)$ ist in Fig 2.23 dargestellt. Die weiteren Formfunktionen gehen aus ihr durch eine Drehung um 90°, 180°, 270° hervor.

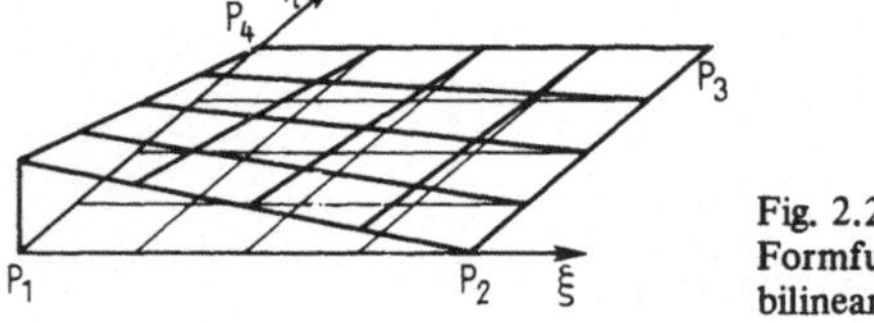

Fig. 2.23
Formfunktion $N_1(\xi, \eta)$,
bilinearer Ansatz

Anmerkung Das Grundquadrat wird in der Literatur meistens so definiert, daß die vier Eckpunkte die Koordinaten $(\pm 1, \pm 1)$ erhalten. Mit dieser Festsetzung lassen sich die Formfunktionen mit Hilfe von zwei Parametern auf eine einheitliche Form bringen.

e) Quadratischer Ansatz der Serendipity-Klasse Auf Grund der Matrix **A** (2.71) sind die Formfunktionen

$$N_1(\xi, \eta) = (1 - \xi)(1 - \eta)(1 - 2\,\xi - 2\,\eta) \qquad N_5(\xi, \eta) = 4\,\xi(1 - \xi)(1 - \eta)$$
$$N_2(\xi, \eta) = -\xi(1 - \eta)(1 - 2\,\xi + 2\,\eta) \qquad N_6(\xi, \eta) = 4\,\xi\eta(1 - \eta)$$
$$N_3(\xi, \eta) = -\xi\eta(3 - 2\,\xi - 2\,\eta) \qquad N_7(\xi, \eta) = 4\,\xi\eta(1 - \xi)$$
$$N_4(\xi, \eta) = -\eta(1 - \xi)(1 + 2\,\xi - 2\,\eta) \qquad N_8(\xi, \eta) = 4\,\eta(1 - \xi)(1 - \eta)$$

$$(2.105)$$

In Fig. 2.24 sind $N_1(\xi, \eta)$ und $N_5(\xi, \eta)$ als Repräsentanten dargestellt.

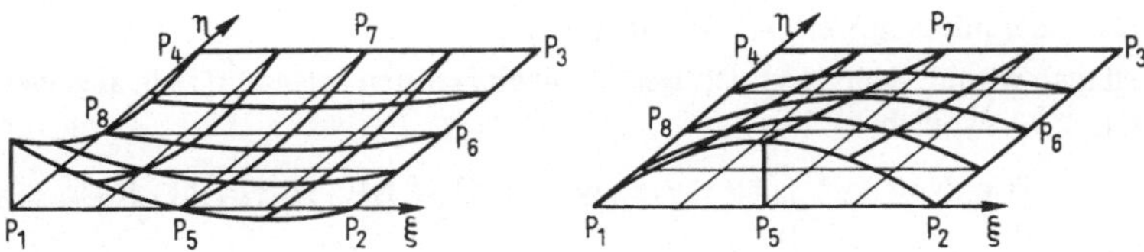

Fig. 2.24 Formfunktionen, quadratischer Ansatz der Serendipity-Klasse

f) Kubischer Ansatz der Serendipity-Klasse im Quadrat Obwohl dieser Fall im Abschn. 2.2.8 nur angedeutet wurde, sollen hier von den insgesamt 12 Formfunktionen die drei ersten repräsentativen für den Knotenpunkt P_1 angegeben werden.

$$N_1(\xi, \eta) = (1 - \xi)(1 - \eta)[(1 - \xi - \eta)(1 + 2\,\xi + 2\,\eta) + 4\,\xi\eta]$$
$$N_2(\xi, \eta) = \xi(1 - \xi)^2(1 - \eta) \qquad\qquad (2.106)$$
$$N_3(\xi, \eta) = \eta(1 - \xi)(1 - \eta)^2$$

Die Funktionen $N_2(\xi, \eta)$ und $N_3(\xi, \eta)$ sind symmetrisch bezüglich einer Vertauschung der Variablen ξ und η. Fig. 2.25 stellt deshalb nur die Formfunktionen $N_1(\xi, \eta)$ und $N_2(\xi, \eta)$ dar.

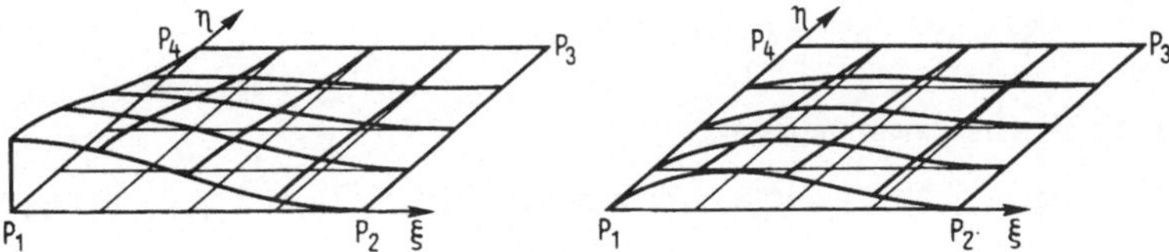

Fig. 2.25 Formfunktionen, kubischer Ansatz der Serendipity-Klasse

2.3.3 Direkte Berechnung von Elementmatrizen

In der Literatur werden die Elementmatrizen in der Regel auf Grund der Formfunktionen definiert und auch auf diese Weise berechnet. Für ein Dreieckelement werden hierbei die natürlichen Koordinaten verwendet, da sich die Formfunktionen darin sehr einfach formulieren lassen. Die Integration über ein Dreieckelement in allgemeiner Lage wird vermittels der Beziehungen (2.98) und (2.99) auf eine Integration bezüglich der Dreieckskoordinaten zurückgeführt. Nach den elementaren Regeln der Integralrechnung ist das Flächenelement dxdy nach (2.99) und (2.96) zu ersetzen durch

$$dxdy = \begin{vmatrix} x_1 - x_3 & x_2 - x_3 \\ y_1 - y_3 & y_2 - y_3 \end{vmatrix} d\zeta_1 d\zeta_2 = 2\,Fd\zeta_1 d\zeta_2 = Jd\zeta_1 d\zeta_2,$$

wobei zu berücksichtigen ist, daß nur zwei der natürlichen Koordinaten unabhängig sind. Da die Jacobi-Determinante konstant ist, erscheint die doppelte Fläche des Dreiecks als Faktor, der mit dem Wert J (2.49) identisch ist.

Beginnen wir mit dem durchsichtigsten und einfachsten Integral für ein allgemeines Dreieck T_i, nämlich

$$\iint_{T_i} u\, dxdy = u_e^T \iint_{T_i} N(x,y)\,dxdy = u_e^T \left\{ J \iint_{T_0} N(\zeta_1, \zeta_2, \zeta_3)d\zeta_1 d\zeta_2 \right\}.$$

Die k-te Komponente des Vektors b_e ist also gegeben durch

$$b_k^{(e)} = J \iint_{T_0} N_k\, d\zeta_1 d\zeta_2.$$

Da N_k in den natürlichen Koordinaten recht einfache Darstellungen in Form von Summen von Produkten aus Potenzen der Koordinaten besitzt, kann das Integral fast mühelos auf Grund der allgemeinen Formel

$$\boxed{\iint_{T_0} \zeta_1^p\, \zeta_2^q\, \zeta_3^r\, d\zeta_1 d\zeta_2 = \frac{p!\,q!\,r!}{(p+q+r+2)!}} \qquad (2.107)$$

berechnet werden. (2.107) ist eine Folge von (2.52). So ist etwa für den quadratischen Ansatz in Dreiecken

$$b_1^{(e)} = b_2^{(e)} = b_3^{(e)} = J \iint_{T_0} \zeta_1(2\,\zeta_1 - 1)d\zeta_1 d\zeta_2 = J\left[2\,\frac{2!}{4!} - \frac{1}{3!} \right] = 0,$$

$$b_4^{(e)} = b_5^{(e)} = b_6^{(e)} = J \iint_{T_0} 4\,\zeta_1\zeta_2 d\zeta_1 d\zeta_2 = J\,4\,\frac{1!\,1!}{4!} = \frac{J}{6}.$$

Für die Massenelementmatrix M_e

$$M_e = \iint_{T_i} N(x,y)\,N^T(x,y)\,dxdy = J \iint_{T_0} N(\zeta_1, \zeta_2, \zeta_3)N^T(\zeta_1, \zeta_2, \zeta_3)d\zeta_1 d\zeta_2$$

ist das allgemeine Element definiert durch

$$m_{jk}^{(e)} = J \iint_{T_0} N_j(\zeta_1, \zeta_2, \zeta_3)N_k(\zeta_1, \zeta_2, \zeta_3)d\zeta_1 d\zeta_2.$$

Auch hier ergeben sich die Elemente, zwar mit etwas mehr Aufwand, formal auf ganz direkte Art.

Im Fall von kubischen Ansätzen mit partiellen Ableitungen als Knotenvariablen werden üblicherweise Formfunktionen verwendet bezüglich der partiellen Ableitungen nach den g l o b a l e n   k a r t e s i s c h e n Koordinaten x und y. Die Formfunktionen (2.103) sind deshalb nicht unmittelbar anwendbar, da sich hier die Ableitungen auf die lokalen Koordinaten ξ und η beziehen. Diesem Umstand muß dadurch Rechnung getragen werden, daß geeignete Linearkombinationen der Formfunktionen (2.103) gebildet werden, nämlich die drei Paare von Formfunktionen

$$\begin{aligned} \overline{N}_k &= x_{21}\, N_k + x_{31}\, N_{k+1} \\ \overline{N}_{k+1} &= y_{21}\, N_k + y_{31}\, N_{k+1} \end{aligned} \qquad (k = 2,\,5,\,8). \qquad (2.108)$$

Nach der Kettenregel der Differentiation folgt dann

$$\frac{\partial \overline{N}_k}{\partial x} = x_{21}\left(\frac{\partial N_k}{\partial \xi}\,\frac{\partial \xi}{\partial x} + \frac{\partial N_k}{\partial \eta}\,\frac{\partial \eta}{\partial x} \right) + x_{31}\left(\frac{\partial N_{k+1}}{\partial \xi}\,\frac{\partial \xi}{\partial x} + \frac{\partial N_{k+1}}{\partial \eta}\,\frac{\partial \eta}{\partial x} \right)$$

$$= \frac{1}{J}\left(x_{21}y_{31}\,\frac{\partial N_k}{\partial \xi} - x_{21}y_{21}\,\frac{\partial N_k}{\partial \eta} + x_{31}y_{31}\,\frac{\partial N_{k+1}}{\partial \xi} - x_{31}y_{21}\,\frac{\partial N_{k+1}}{\partial \eta} \right).$$

Mit den analog gebauten Ableitungen $\partial \overline{N}_k / \partial y$, $\partial \overline{N}_{k+1}/\partial x$ und $\partial \overline{N}_{k+1}/\partial y$ verifiziert man leicht auf Grund der Interpolationseigenschaften der Formfunktionen (2.103), daß die neuen Funktionen (2.108) in den Knotenpunkten die gewünschten Eigenschaften besitzen.

Man stellt fest, daß mit von der Geometrie des Dreiecks abhängigen Formfunktionen gearbeitet werden muß, falls die Elementmatrizen direkt in Abhängigkeit der global gültigen Knotenvariablen

$$u_1,\ u_{x1},\ u_{y1},\ u_2,\ u_{x2},\ u_{y2},\ u_3,\ u_{x3},\ u_{y3},\ u_4$$

berechnet werden sollen. Die Geometrie des Dreiecks geht damit bereits in die zu verwendenden Ansätze der Formfunktionen ein, und die Berechnung der Massenelementmatrix muß demzufolge für jedes Dreieckelement von neuem geschehen.

Die Situation verhält sich analog im Fall der Steifigkeitselementmatrix $\mathbf{S}_e$. Sie ist definiert durch

$$\iint\limits_{T_i} (u_x^2 + u_y^2)\,dx\,dy = \mathbf{u}_e^T \left\{ \iint\limits_{T_i} [\mathbf{N}_x \mathbf{N}_x^T + \mathbf{N}_y \mathbf{N}_y^T]\,dx\,dy \right\} \mathbf{u}_e = \mathbf{u}_e^T\, \mathbf{S}_e\, \mathbf{u}_e.$$

Das allgemeine Element von $\mathbf{S}_e$ ist also gegeben durch

$$s_{jk}^{(e)} = \iint\limits_{T_i} \left[\frac{\partial N_j}{\partial x}\,\frac{\partial N_k}{\partial x} + \frac{\partial N_j}{\partial y}\,\frac{\partial N_k}{\partial y} \right]\, dx\,dy.$$

Um auch hier die natürlichen Koordinaten verwenden zu können, ist einmal nach der Kettenregel zu beachten, daß die Beziehungen

$$\frac{\partial u}{\partial x} = \frac{\partial u}{\partial \zeta_1}\,\frac{\partial \zeta_1}{\partial x} + \frac{\partial u}{\partial \zeta_2}\,\frac{\partial \zeta_2}{\partial x} + \frac{\partial u}{\partial \zeta_3}\,\frac{\partial \zeta_3}{\partial x} = \frac{y_{23}\,\dfrac{\partial u}{\partial \zeta_1} + y_{31}\,\dfrac{\partial u}{\partial \zeta_2} + y_{12}\,\dfrac{\partial u}{\partial \zeta_3}}{J}$$

$$\frac{\partial u}{\partial y} = \frac{\partial u}{\partial \zeta_1}\,\frac{\partial \zeta_1}{\partial y} + \frac{\partial u}{\partial \zeta_2}\,\frac{\partial \zeta_2}{\partial y} + \frac{\partial u}{\partial \zeta_3}\,\frac{\partial \zeta_3}{\partial y} = \frac{x_{32}\,\dfrac{\partial u}{\partial \zeta_1} + x_{13}\,\dfrac{\partial u}{\partial \zeta_2} + x_{21}\,\dfrac{\partial u}{\partial \zeta_3}}{J}$$

gelten, worin (2.98) berücksichtigt worden ist und wiederum die Abkürzungen $x_{ij} = x_i - x_j$, $y_{ij} = y_i - y_j$ verwendet wurden. Die Transformation des Integrals auf die natürlichen Koordinaten konfrontiert uns mit der Aufgabe, Integrale zu berechnen, deren Integranden sich zwar überschaubar aus einfachen Ausdrücken aufbauen, in denen die partiellen Ableitungen der Formfunktionen auftreten, die aber im ganzen von der Geometrie des Dreiecks in eher undurchsichtiger Weise abhängig sind. Selbst die Integralformel (2.107) wird uns kaum verlocken, die Elemente der Steifigkeitsmatrix S_e in geschlossener Form darzustellen. Der Ausweg besteht darin, die Matrix vermittels numerischer Integration auszuwerten (vgl. Abschn.2.4.3).

Dieser Zugang zu den Elementmatrizen wird in vielen Computerprogrammen auch so realisiert, indem als besonderer Vorteil die große Flexibilität angeführt wird, indem nur Unterprogramme auszuwechseln sind, welche die Formfunktionen und die benötigten partiellen Ableitungen definieren. Die tatsächliche Berechnung der Elementmatrizen erfordert dabei einerseits die numerische Auswertung der Formfunktionen und ihrer Ableitungen an den Integrationspunkten, und anderseits die Bildung der geometrieabhängigen Zwischengrößen und Aufsummation der als dyadisches Produkt gebildeten Matrizen.

Der so erforderliche Rechenaufwand ist aber größer im Vergleich zum Aufwand, wie er nach der in Abschn.2.2 dargelegten Methode der Grundmatrizen benötigt wird. Die Effizienz jener Methode erklärt sich teilweise dadurch, daß dort die Geometrie des Dreieckelementes sauber vom verwendeten Typus des Ansatzes getrennt werden konnte. Vom praktischen Standpunkt hat deshalb jenes Vorgehen gewisse Vorteile.

Der Methode der Grundmatrizen könnte der Nachteil angelastet werden, daß sie die Speicherung der vier Matrizen erfordert, was bei höhergradigen Ansätzen einen großen Speicherbedarf beansprucht. Es darf aber nicht übersehen werden, daß diese Grundmatrizen ganzzahlig mit relativ kleinen Werten mit Hilfe von kurzen Computerwörtern speicherbar sind, so daß der Speicherbedarf doch nicht allzu groß ist. Die Methode der Formfunktionen erfordert anderseits Rechenprogramme, welche die Funktionen definieren, so daß der so benötigte Speicherbedarf mit demjenigen der Grundmatrizen vergleichbar wird.

2.3.4 Direkte Bestimmung von Formfunktionen

Die natürlichen Dreieckskoordinaten eignen sich zur Konstruktion von Formfunktionen vorzüglich, indem sich die erforderlichen Interpolationseigenschaften durch entsprechende Überlegungen leicht realisieren lassen. Dazu muß man sich nur vergegenwärtigen, daß ja $\zeta_i = 0$ ist auf der dem Punkt P_i gegenüberliegenden Dreiecksseite, und daß $\zeta_i = \text{const}$ ist auf einer zu dieser Seite parallelen Geraden (vgl. Fig.2.26). Falls eine Formfunktion beispielsweise auf einer Dreiecksseite verschwinden muß, so enthält die Darstellung der Funktion notwendigerweise die betreffende natürliche Koordinate als Faktor.

Sollen etwa die Formfunktionen für den quadratischen Ansatz gefunden werden, so betrachten wir zunächst die Funktion N_1. Sie soll in P_1 gleich Eins sein und in allen andern Punkten verschwinden. Insbesondere muß sie auf $P_2 P_3$ gleich Null sein, was den Faktor

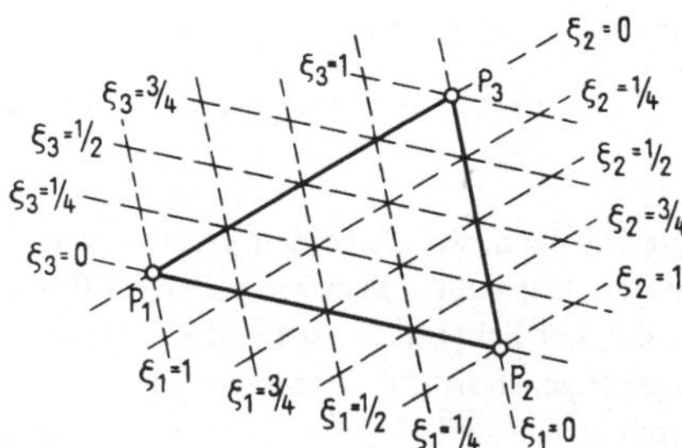

Fig. 2.26
Netz der natürlichen Koordinaten

ζ_1 ergibt. Da sie ferner in den Punkten P_4 und P_5 den Wert 0 annehmen muß, die auf der Koordinatenlinie $\zeta_1 = \dfrac{1}{2}$ liegen, wird dies mit einem Faktor $\left(\zeta_1 - \dfrac{1}{2}\right)$ erreicht. Das Produkt $\zeta_1\left(\zeta_1 - \dfrac{1}{2}\right)$ verschwindet in den Knotenpunkten P_2 bis P_6, nimmt in P_1 mit $\zeta_1 = 1$ aber den Wert $\dfrac{1}{2}$ an. Die richtige Formfunktion lautet also

$$N_1 = \zeta_1(2\,\zeta_1 - 1).$$

Die Funktionen N_2 und N_3 müssen sich aus Symmetriegründen durch zyklische Vertauschung der Indizes ergeben. Die Formfunktion N_4 muß auf den Seiten P_2P_3 und P_1P_3 verschwinden, sich also bis auf einen konstanten Faktor als $\zeta_1\zeta_2$ darstellen lassen. Der Faktor ist 4 und deshalb

$$N_4 = 4\,\zeta_1\zeta_2.$$

Die intuitive Herleitung von Formfunktionen erweist sich in manchen Fällen als äußerst nützlich und ist oft dem Vorgehen von Abschn. 2.2 sogar überlegen. Dies soll im folgenden an einem Beispiel dargelegt werden.

Im Abschn. 2.2.8 wurde für ein Dreieckelement der kubische Ansatz mit einem vollständigen Polynom dritten Grades behandelt. Die zehn Parameter erfordern zur eindeutigen Festlegung zehn Knotenvariable. Neben den je drei Knotenvariablen in den Eckpunkten mußte der Wert der Funktion im Schwerpunkt des Dreiecks als zehnte Knotenvariable hinzugenommen werden. Das resultierende Element besitzt für die Rechenpraxis den möglichen Nachteil, in den vier Knotenpunkten eine unterschiedliche Anzahl von Knotenvariablen aufzuweisen, was in einem Computerprogramm eventuell eine Sonderbehandlung erfordert. Aus diesem Grund ist ein Dreieckelement mit einem um einen Freiheitsgrad reduzierten Ansatz erwünscht, bei dem der Schwerpunkt als Knoten entfällt.

So hat A d i n i [2] vorgeschlagen, zur Verminderung der Parameter den Term $\xi\eta$ wegzulassen. Dieser reduzierte Ansatz führt zu Formfunktionen und Elementmatrizen, welche als Folge des fehlenden Terms $\xi\eta$ nicht drehinvariant sind. Das will heißen, daß beispielsweise die Steifigkeitselementmatrix wesentlich davon abhängt, bei welchem Eckpunkt die Numerierung begonnen wird. Schon aus diesem mathematischen Grund ist der Ansatz unbrauchbar.

Um die Symmetriebedingung im Ansatz zu erfüllen, hat T o c h e r [122] die Funktion

$$u(\xi, \eta) = \alpha_1 + \alpha_2\xi + \alpha_3\eta + \alpha_4\xi^2 + \alpha_5\xi\eta + \alpha_6\eta^2 + \alpha_7\xi^3 + \alpha_8(\xi^2\eta + \xi\eta^2) + \alpha_9\eta^3$$

$$(2.109)$$

vorgeschlagen, wo die beiden Terme $\xi^2\eta$ und $\xi\eta^2$ mit dem gleichen Gewicht kombiniert werden. Formuliert man wie üblich im Einheitsdreieck die Interpolationsbedingungen für die drei Eckpunkte, ist die Koeffizientenmatrix singulär, was die Bestimmung der zugehörigen Formfunktionen verunmöglicht. Die Singularität der Matrix ist aber nur durch die spezielle Lage und Form des Dreiecks bedingt.

Im folgenden werden in jeder Hinsicht brauchbare Formfunktionen für das Dreieck hergeleitet. Ausgehend von den Formfunktionen (2.103) für den vollständigen kubischen Ansatz stellt man fest, daß die dort auftretenden Produkte $\zeta_1\zeta_2\zeta_3$ den Zweck erfüllen, im Schwerpunkt den Wert Null zu erzielen, während dieser Beitrag auf allen Randkanten identisch verschwindet. Werden diese Anteile in den Formfunktionen N_1 bis N_9 von (2.103) weggelassen, sind die Interpolationseigenschaften in den Eckpunkten nach wie vor erfüllt. Auf diese Weise resultieren die Formfunktionen für das Einheitsdreieck

$$N_1^*(\xi, \eta) = \zeta_1^2(3 - 2\,\zeta_1) \quad , \quad N_2^*(\xi, \eta) = \zeta_1^2\zeta_2 \quad , \qquad N_3^*(\xi, \eta) = \zeta_1^2\zeta_3$$

$$N_4^*(\xi, \eta) = \zeta_2^2(3 - 2\,\zeta_2) \quad , \quad N_5^*(\xi, \eta) = \zeta_2^2(\zeta_2 - 1) \quad , \quad N_6^*(\xi, \eta) = \zeta_2^2\zeta_3$$

$$N_7^*(\xi, \eta) = \zeta_3^2(3 - 2\,\zeta_3) \quad , \quad N_8^*(\xi, \eta) = \zeta_2\zeta_3^2 \quad , \qquad N_9^*(\xi, \eta) = \zeta_3^2(\zeta_3 - 1)$$

Die so konstruierten Formfunktionen $N_k^*(\xi, \eta)$ sind aber noch nicht brauchbar, obwohl sie die Interpolationseigenschaften erfüllen. Schreibt man an den drei Eckpunkten die Werte $u_i = 1$ und verschwindende partielle Ableitungen vor, entsteht im Einheitsdreieck die Funktion

$$u(\xi, \eta) = N_1^* + N_4^* + N_7^* = 3(\zeta_1^2 + \zeta_2^2 + \zeta_3^2) - 2(\zeta_1^3 + \zeta_2^3 + \zeta_3^3)$$

$$= 1 - 6\,\zeta_1\zeta_2\zeta_3 = 1 - 6\,\xi\eta + 6\,\xi^2\eta + 6\,\xi\eta^2.$$

Die Linearkombination liefert nicht die konstante Funktion $u(\xi, \eta) = 1$, sondern eine um $-6\,\zeta_1\zeta_2\zeta_3$ davon abweichende Funktion. Eine naheliegende Kompensation besteht darin, zu N_1^*, N_4^* und N_7^* gleichmäßig $2\,\zeta_1\zeta_2\zeta_3$ zu addieren.

Aber auch zu den übrigen Formfunktionen können Vielfache von $\zeta_1\zeta_2\zeta_3$ hinzuaddiert werden. Wird zu $N_k^*(\xi, \eta)$ der Anteil $\alpha_k\zeta_1\zeta_2\zeta_3$ hinzugefügt, so muß einmal verlangt werden, daß sich eine allgemeine lineare Funktion $u(\xi, \eta) = a\zeta_1 + b\zeta_2 + c\zeta_3$ bei entsprechender Vorgabe der Knotenvariablen darstellen lassen muß. Die Werte a, b und c stellen dabei die Werte der Funktion in den drei Eckpunkten dar. Für die partiellen Ableitungen ergeben sich die vom Eckpunkt unabhängigen Werte $u_\xi = b - a$ und $u_\eta = c - a$. Aus der Forderung, daß

$$a[N_1^* + 2\,\zeta_1\zeta_2\zeta_3] + b[N_4^* + 2\,\zeta_1\zeta_2\zeta_3] + c[N_7^* + 2\,\zeta_1\zeta_2\zeta_3]$$

$$+ (b - a)[N_2^* + N_5^* + N_8^* + (\alpha_2 + \alpha_5 + \alpha_8)\zeta_1\zeta_2\zeta_3]$$

$$+ (c - a)[N_3^* + N_6^* + N_9^* + (\alpha_3 + \alpha_6 + \alpha_9)\zeta_1\zeta_2\zeta_3] = a\zeta_1 + b\zeta_2 + c\zeta_3$$

ist, folgen nach elementarer Rechnung die Bedingungen

$$\alpha_2 + \alpha_5 + \alpha_8 = 0 \quad , \quad \alpha_3 + \alpha_6 + \alpha_9 = 0 \ .$$

Damit im speziellen der Integralbeitrag $\iint\limits_{T_i} u(x, y)\,dxdy$ für ein allgemeines Dreieckelement T_i die erwähnte Drehinvarianz aufweist, müssen unter Berücksichtigung der Symmetrie im Vektor $\hat{s}_1$, definiert für das Einheitsdreieck T_0

$$\hat{s}_1^T \hat{u}_e = \iint\limits_{T_0} u(\xi, \eta)\,d\xi d\eta = \iint N^T(\xi, \eta)\,d\xi d\eta \cdot \hat{u}_e$$

die 2., 3., 6. und 8. Komponente gleich sein, die 5. und 9. Komponente übereinstimmen und gleich dem (-2)-fachen der 2. Komponente sein. Dies ergibt sich aus (2.81). Aus dieser Forderung folgen die weiteren Bedingungen

$$\alpha_2 = \alpha_3 = \alpha_6 = \alpha_8 \quad \text{und} \quad \alpha_5 = \alpha_9 \ ,$$

so daß sich die Bedingungen im ganzen reduzieren auf

$$\alpha_5 = -2\,\alpha_2.$$

Daraus ist ersichtlich, daß eine einparametrige Schar von Formfunktionen existiert, welche die bisher betrachteten Forderungen erfüllt. Der Scharparameter α_2 wird eindeutig festgelegt, falls im Zusammenhang mit Plattenproblemen gefordert wird, daß auch ein konstanter Krümmungszustand möglich sein soll. Z i e n k i e w i c z et al. [16] haben gezeigt, daß $\alpha_2 = 0.5$ sein muß. Somit lauten die nach ihm benannten Formfunktionen.

$$
\begin{aligned}
N_1(\xi, \eta) &= 1 - 3\,\xi^2 - 4\,\xi\eta - 3\,\eta^2 + 2\,\xi^3 + 4\,\xi^2\eta + 4\,\xi\eta^2 + 2\,\eta^3 = \zeta_1^2(3 - 2\,\zeta_1) + 2\,\zeta_1\zeta_2\zeta_3 \\
N_2(\xi, \eta) &= \xi - 2\,\xi^2 - \tfrac{3}{2}\,\xi\eta + \xi^3 + \tfrac{3}{2}\,\xi^2\eta + \tfrac{1}{2}\,\xi\eta^2 = \zeta_1^2\zeta_2 + \tfrac{1}{2}\,\zeta_1\zeta_2\zeta_3 \\
N_3(\xi, \eta) &= \eta - \tfrac{3}{2}\,\xi\eta - 2\,\eta^2 + \tfrac{1}{2}\,\xi^2\eta + \tfrac{3}{2}\,\xi\eta^2 + \eta^3 = \zeta_1^2\zeta_3 + \tfrac{1}{2}\,\zeta_1\zeta_2\zeta_3 \\[4pt]
N_4(\xi, \eta) &= 3\,\xi^2 + 2\,\xi\eta - 2\,\xi^3 - 2\,\xi^2\eta - 2\,\xi\eta^2 = \zeta_2^2(3 - 2\,\zeta_2) + 2\,\zeta_1\zeta_2\zeta_3 \\
N_5(\xi, \eta) &= -\,\xi^2 - \xi\eta + \xi^3 + \xi^2\eta + \xi\eta^2 = \zeta_2^2(\zeta_2 - 1) - \zeta_1\zeta_2\zeta_3 \\
N_6(\xi, \eta) &= \tfrac{1}{2}\,\xi\eta + \tfrac{1}{2}\,\xi^2\eta - \tfrac{1}{2}\,\xi\eta^2 = \zeta_2^2\zeta_3 + \tfrac{1}{2}\,\zeta_1\zeta_2\zeta_3 \\[4pt]
N_7(\xi, \eta) &= 2\,\xi\eta + 3\,\eta^2 - 2\,\xi^2\eta - 2\,\xi\eta^2 - 2\,\eta^3 = \zeta_3^2(3 - 2\,\zeta_3) + 2\,\zeta_1\zeta_2\zeta_3 \\
N_8(\xi, \eta) &= \tfrac{1}{2}\,\xi\eta - \tfrac{1}{2}\,\xi^2\eta + \tfrac{1}{2}\,\xi\eta^2 = \zeta_2\zeta_3^2 + \tfrac{1}{2}\,\zeta_1\zeta_2\zeta_3 \\
N_9(\xi, \eta) &= -\,\xi\eta - \eta^2 + \xi^2\eta + \xi\eta^2 + \eta^3 = \zeta_3^2(\zeta_3 - 1) - \zeta_1\zeta_2\zeta_3
\end{aligned}
$$

$$(2.110)$$

In den Formfunktionen (2.110) treten alle Potenzen des vollständigen kubischen Ansatzes auf. Da zudem die Potenzen $\xi^2\eta$ und $\xi\eta^2$ mit unterschiedlichen Koeffizienten auftreten, entsprechen die Formfunktionen von Zienkiewicz nicht dem Ansatz (2.109). In Fig.2.27 sind zur Illustration die Funktionen $N_1(\xi,\eta)$ und $N_2(\xi,\eta)$ als typische Repräsentanten dargestellt.

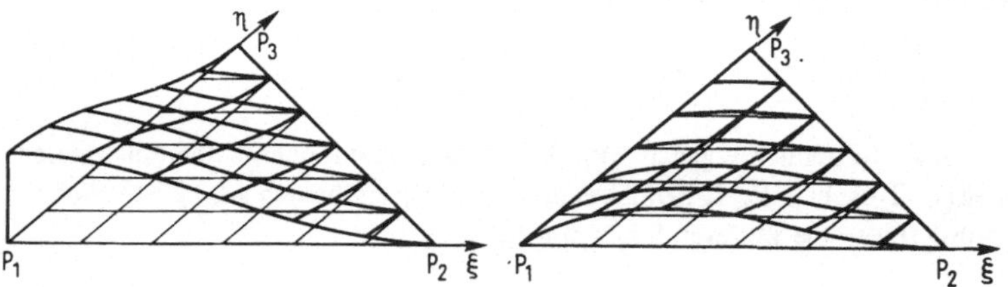

Fig. 2.27 Formfunktionen N_1 (ξ,η) und N_2 (ξ,η) nach Zienkiewicz

2.4 Krummlinige Elemente

Obwohl die recht flexible Einteilung eines gegebenen zweidimensionalen Gebietes G in geradlinige Dreiecke und Parallelogramme bereits eine recht gute Approximation erlaubt, kann es in manchen Anwendungen doch wünschbar sein, den Rand mit Hilfe von krummlinigen Elementen besser anzunähern. Dieser Wunsch ist insbesondere berechtigt im Fall von höhergradigen Ansatzfunktionen, welche zur Erzielung derselben Genauigkeit eine Einteilung in größere Elemente zulassen, so daß dann zur hinreichend guten und annehmbaren Approximation eines krummlinig berandeten Gebietes eine zumindest lokal unnötig feine Einteilung erforderlich wäre.

Im folgenden werden die grundlegende Idee und das zweckmäßige Vorgehen im Fall von krummlinigen Dreiecken und Vierecken ausführlich behandelt. Dabei beschränken wir uns auf den für die Rechenpraxis wichtigsten Fall von sogenannten i s o p a r a m e - t r i s c h e n Elementen, bei denen die Abbildung des krummlinigen Dreiecks T_i, bzw. des krummlinigen Vierecks Q_i auf das Einheitsdreieck T_0, bzw. Einheitsquadrat Q_0 vermittels einer gleichgearteten Transformation erfolgt, die dem Ansatz für die gesuchte Funktion entspricht. Daraus ergeben sich einige rechentechnische Vereinfachungen.

2.4.1 Krummlinige Dreieckelemente

Wir betrachten zu Beginn das krummlinige Dreieck T_i der Fig.2.28 mit den drei Eckpunkten P_1, P_2, P_3 und den auf den Seiten angeordneten Punkten P_4, P_5, P_6, numeriert entsprechend den geradlinigen Dreiecken. Die Koordinaten der sechs Punkte $P_i(x_i, y_i)$ seien gegeben. Ein solches allgemeines krummliniges Dreieck läßt sich vermöge einer sowohl für x als auch für y quadratischen Transformation auf das Einheitsdreieck abbilden.

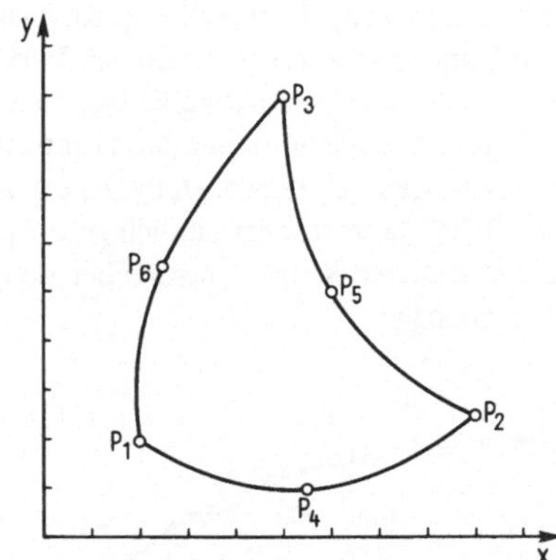

Fig. 2.28
Krummliniges Dreieck T_i

Die Koeffizienten des Ansatzes

$$x = \gamma_1 + \gamma_2 \xi + \gamma_3 \eta + \gamma_4 \xi^2 + \gamma_5 \xi\eta + \gamma_6 \eta^2$$
$$y = \delta_1 + \delta_2 \xi + \delta_3 \eta + \delta_4 \xi^2 + \delta_5 \xi\eta + \delta_6 \eta^2$$

(2.111)

bestimmen sich aus der Forderung, daß die sechs Knotenpunkte in die entsprechenden Punkte des Einheitsdreiecks abgebildet werden. Für die x-Koordinaten ergeben sich daraus die Bedingungsgleichungen

$$
\begin{aligned}
x_1 &= \gamma_1 \\
x_2 &= \gamma_1 + \gamma_2 + \gamma_4 \\
x_3 &= \gamma_1 + \gamma_3 + \gamma_6 \\
x_4 &= \gamma_1 + 0.5\,\gamma_2 + 0.25\,\gamma_4 \\
x_5 &= \gamma_1 + 0.5\,\gamma_2 + 0.5\,\gamma_3 + 0.25\,\gamma_4 + 0.25\,\gamma_5 + 0.25\,\gamma_6 \\
x_6 &= \gamma_1 + 0.5\,\gamma_3 + 0.25\,\gamma_6
\end{aligned}
$$

(2.112)

Für die y-Koordinaten erhält man ein vollkommen analoges System. Das Gleichungssystem (2.112) besitzt die gleiche Koeffizientenmatrix wie (2.64). Die Koeffizienten γ_i und δ_i von (2.111) lassen sich folglich aus den x- und y-Koordinaten der sechs Knotenpunkte vermittels derselben Matrix A (2.65) berechnen. Mit den Koordinatenvektoren

$$x = (x_1, x_2, x_3, x_4, x_5, x_6)^T \quad \text{und} \quad y = (y_1, y_2, y_3, y_4, y_5, y_6)^T$$

sowie den Koeffizientenvektoren

$$\gamma = (\gamma_1, \gamma_2, \gamma_3, \gamma_4, \gamma_5, \gamma_6)^T \quad \text{und} \quad \delta = (\delta_1, \delta_2, \delta_3, \delta_4, \delta_5, \delta_6)^T$$

gelten somit

$$\gamma = Ax \quad \text{und} \quad \delta = Ay.$$

(2.113)

Die Abbildung eines krummlinig berandeten Dreiecks T_i auf das Einheitsdreieck ist durch die Lage der sechs Punkte festgelegt. Die auf den Seiten gelegenen Punkte P_4, P_5

und P_6 sind weitgehend beliebig. Sie beeinflussen selbstverständlich die Abbildung in dem Sinn, daß sie insbesondere den Verlauf der krummen Randstücke entscheidend mitbestimmen. Zur Veranschaulichung dieses Sachverhaltes ist in Fig. 2.29 die Approximation einer Viertelellipse mit den Halbachsen 2 und 1 für variablen Punkt P_5 auf dem Ellipsenbogen dargestellt. Durch eine geschickte Wahl dieses Punktes mit $x_5 = 1.732$, $y_5 = 0.500$ kann eine erstaunlich gute Approximation erzielt werden. Die ausgezogen eingezeichneten Kurven entsprechen den krummen Rändern für den gestrichelten Ellipsenbogen.

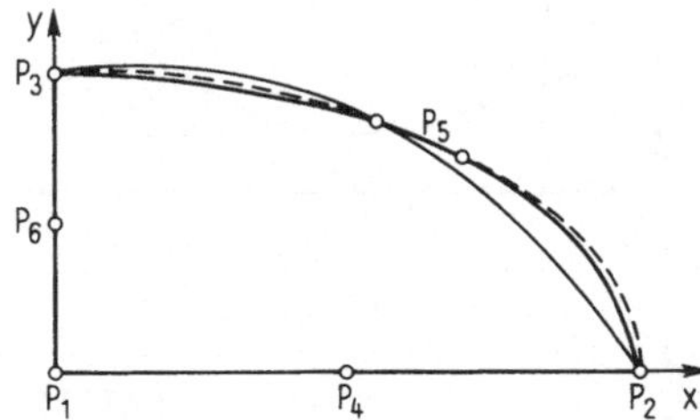

Fig. 2.29
Approximation einer Viertelellipse durch krummliniges Dreieck, Variation des Punktes P_5

Eine zentrale Frage bei jeder Transformation eines Gebietsintegrals vermittels einer Variablensubstitution betrifft die Regularität oder Eineindeutigkeit der Abbildung. Notwendig und hinreichend für die Eineindeutigkeit ist das Nichtverschwinden der Jacobi-Determinante der Transformation für alle Punkte des Integrationsbereiches. Da zudem die Orientierung bewahrt werden soll, muß einschränkend die Jacobi-Determinante im ganzen Bereich streng positiv sein. Die Jacobi-Determinante für die quadratische Transformation (2.111) ist

$$ J = \left| \frac{\partial(x, y)}{\partial(\xi, \eta)} \right| = \begin{vmatrix} x_\xi & y_\xi \\ x_\eta & y_\eta \end{vmatrix} = \begin{vmatrix} \gamma_2 + 2\,\gamma_4\xi + \gamma_5\eta & \delta_2 + 2\,\delta_4\xi + \delta_5\eta \\ \gamma_3 + \gamma_5\xi + 2\,\gamma_6\eta & \delta_3 + \delta_5\xi + 2\,\delta_6\eta \end{vmatrix} \quad (2.114) $$

eine quadratische Funktion in ξ und η, die für alle Punkte des Einheitsdreiecks einen positiven Wert besitzen soll. Diese Bedingung läßt sich rein geometrisch durch Aussagen über die gegenseitige Lage der Punkte ersetzen, die jedoch nicht allzu viel besagen. In der Praxis überzeugt man sich von der Eineindeutigkeit dadurch, daß man zu gegebenen Punkten eines krummlinigen Elementes den Computer die Transformation rechnen und das Bild eines Netzes der (ξ, η)-Ebene auf einem Plotter oder Bildschirm darstellen läßt, wie dies in Fig. 2.30 für einige Beispiele illustriert ist. Die geforderte Eineindeutigkeit ist in der Regel erfüllt, falls die krummlinigen Elemente mit einigem gesunden Menschenverstand festgelegt werden.

Das beschriebene Vorgehen zur Abbildung eines krummlinigen Dreiecks auf das Einheitsdreieck läßt sich sinngemäß übertragen auf Dreieckelemente mit kubischem Ansatz. Falls hierbei das kubische Dreieckelement mit partiellen Ableitungen als Knotenvariablen zur Anwendung gelangen soll, bietet die problemgerechte Vorgabe der partiellen Ableitungen in den Knotenpunkten zur Erzielung der gewünschten Form des krummlinigen Dreiecks eventuell einige Schwierigkeiten. Hier kann der Computer im oben beschriebenen Sinn helfen.

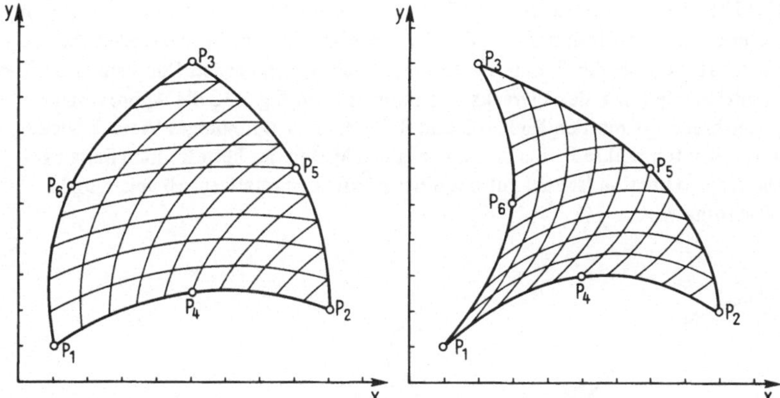

Fig. 2.30 Quadratische isoparametrische Dreieckelemente mit Bildnetzen

2.4.2 Krummlinige Viereckelemente

Neben krummlinigen Dreiecken können krummlinig berandete Vierecke auch zweckmäßig und problemgerecht sein. Dabei sollen nur krummlinige Vierecke betrachtet
werden, welche dem quadratischen Ansatz der Serendipity-Klasse entsprechen. Die
Transformation des Einheitsquadrates auf das krummlinige Viereck (Fig. 2.31) wird
beschrieben durch die Variablensubstitutionen

$$x = \gamma_1 + \gamma_2\xi + \gamma_3\eta + \gamma_4\xi^2 + \gamma_5\xi\eta + \gamma_6\eta^2 + \gamma_7\xi^2\eta + \gamma_8\xi\eta^2 \ ,$$
$$y = \delta_1 + \delta_2\xi + \delta_3\eta + \delta_4\xi^2 + \delta_5\xi\eta + \delta_6\eta^2 + \delta_7\xi^2\eta + \delta_8\xi\eta^2 \ , \qquad (2.115)$$

welche dem Ansatz (2.70) entsprechen. Aus der Forderung, daß die acht Knotenpunkte
P_1 bis P_8 die entsprechenden Bildpunkte von $\overline{P}_1$ bis $\overline{P}_8$ der Fig. 2.12 sind, ergeben sich
die Koeffizientenvektoren γ und δ aus den Koordinatenvektoren x und y nach den Rela-

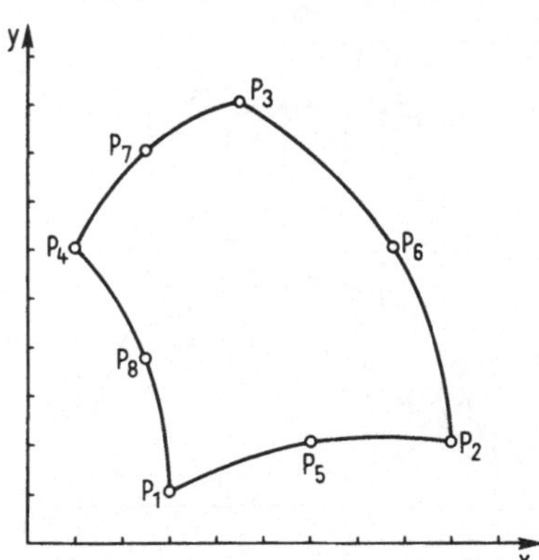

Fig. 2.31
Krummliniges Viereck der Serendipity-Klasse

tionen (2.113), aber mit der Matrix **A** (2.71). Durch Vorgabe der acht Knotenpunkte ist die Abbildung und damit insbesondere die Form des Randes eindeutig definiert. Selbstverständlich hat die Lage der Punkte P_5 bis P_8 auf dem vorgegebenen Rand einen Einfluß auf die resultierende Form des Vierecks. Als Beispiel ist in Fig. 2.32 die Approximation eines Viertelskreisrings mit den Radien 2 und 3 durch ein krummliniges Viereck wiedergegeben. Die Knotenpunkte P_5 bis P_8 sind je in den Mitten der betreffenden Seiten gewählt. Die Approximation ist sehr gut mit einer maximalen relativen Abweichung in radialer Richtung von ca. 1%.

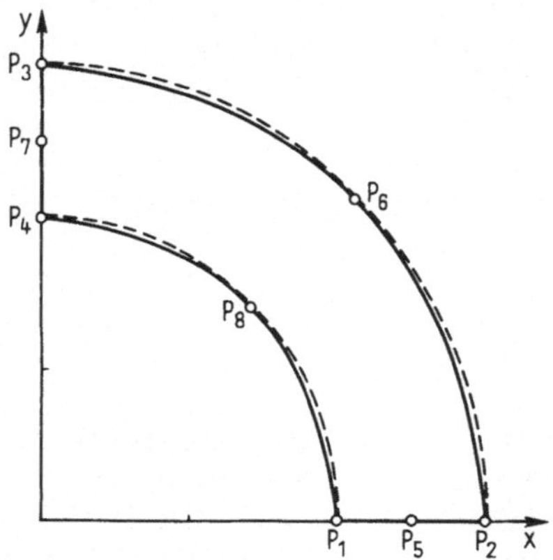

Fig. 2.32
Approximation eines Viertelskreisringes
durch krummliniges Viereck

Die Jacobi-Determinante J der Transformation wird in diesem Fall ein unvollständiges Polynom vierten Grades in ξ und η. Sie muß im ganzen Einheitsquadrat positiv sein, damit die Eineindeutigkeit der Abbildung und die Erhaltung der Orientierung garantiert sind. Im Zweifelsfall überzeugt man sich davon durch Erstellen des Bildes eines quadratischen Netzes, wie dies zur Illustration von weiteren krummlinigen Vierecken in der Fig. 2.33 geschehen ist.

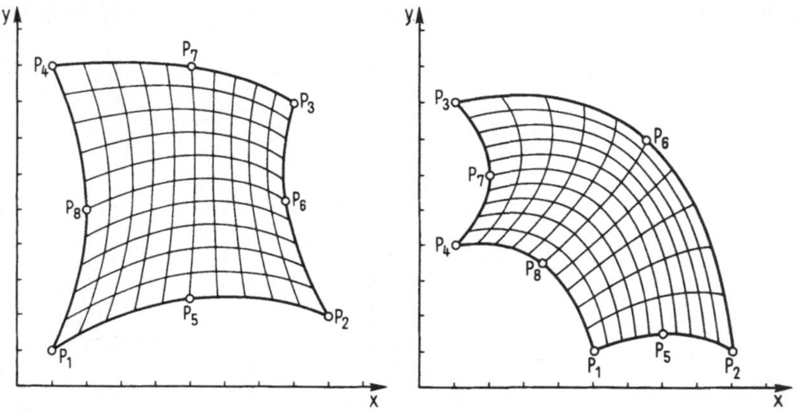

Fig. 2.33 Quadratische isoparametrische Viereckelemente der Serendipity-Klasse mit Bildnetzen

2.4.3 Berechnung der Elementmatrizen

Grundsätzlich könnte die Berechnung der Elementmatrizen mit Hilfe der Polynomansätze für die Transformation wie für die Ansatzfunktion erfolgen. Bei diesem Vorgehen resultiert ein zwar gangbarer aber wenig systematischer Algorithmus. Es ist jetzt bedeutend zweckmäßiger, die Formfunktionen zu verwenden, indem so für krummlinige isoparametrische Dreiecke und Vierecke ein allgemein gültiger, einheitlich darstellbarer und durchführbarer Rechenprozeß entsteht. Erst die erforderliche numerische Integration ist vom Grundgebiet wieder abhängig.

Nach (2.90) gilt für die Funktion $u(\xi, \eta)$ die Darstellung

$$u(\xi, \eta) = u_e^T \, N(\xi, \eta)$$

mit dem Vektor $N(\xi, \eta)$ der Formfunktionen, entsprechend des gewählten Ansatzes. Im Fall von isoparametrischen krummlinigen Elementen ist die Variablensubstitution (z. B. (2.111)) mit denselben Formfunktionen darstellbar als

$$x = x^T \, N(\xi, \eta) \quad , \quad y = y^T \, N(\xi, \eta) \quad , \tag{2.116}$$

worin x und y die Koordinatenvektoren der Knotenpunkte sind. Die Jacobi-Determinante erhält damit die allgemeine Darstellung

$$J = \left| \frac{\partial(x, y)}{\partial(\xi, \eta)} \right| = \begin{vmatrix} x_\xi & y_\xi \\ x_\eta & y_\eta \end{vmatrix} = \begin{vmatrix} x^T N_\xi & y^T N_\xi \\ x^T N_\eta & y^T N_\eta \end{vmatrix} \quad . \tag{2.117}$$

Ihre Elemente sind jetzt vom Ort abhängige Größen, welche vermittels der partiellen Ableitungen der Formfunktionsvektoren berechenbar sind.

Zur Berechnung der Steifigkeitselementmatrix S_e für ein krummliniges Element G_i (T_i oder Q_i) wird das Integral vermöge der Substitution (2.116) auf das Einheitsgebiet G_0 (T_0 oder Q_0) transformiert.

$$\iint\limits_{G_i} (u_x^2 + u_y^2)\,dxdy = \iint\limits_{G_0} [(u_\xi \xi_x + u_\eta \eta_x)^2 + (u_\xi \xi_y + u_\eta \eta_y)^2]\,Jd\xi d\eta$$

$$= \iint\limits_{G_0} [(u_e^T N_\xi \xi_x + u_e^T N_\eta \eta_x)^2 + (u_e^T N_\xi \xi_y + u_e^T N_\eta \eta_y)^2]\,Jd\xi d\eta \tag{2.118}$$

Der Integrand von (2.118) ist die Summe zweier Quadrate von skalaren Größen, die ihrerseits das skalare Produkt zweier Vektoren sind. Um darin den Vektor der Knotenvariablen als von ξ und η unabhängige Größe aus dem Integral herauszuziehen, schreibt man das Quadrat des Skalarproduktes als

$$(u_e^T h)^2 = (u_e^T h)(h^T u_e) = u_e^T (h\,h^T)u_e \quad . \tag{2.119}$$

In (2.119) wurde von der Assoziativität des Matrizenproduktes Gebrauch gemacht, es steht h abkürzend für $N_\xi \xi_x + N_\eta \eta_x$, bzw. für $N_\xi \xi_y + N_\eta \eta_y$, und $h\,h^T$ stellt als (Matrizen-)-

Produkt eines Kolonnenvektors mit einem Zeilenvektor eine quadratische, symmetrische Matrix dar, das gelegentlich als dyadisches Produkt bezeichnet wird. Mit (2.119) erhält (2.118) die Darstellung

$$\mathbf{u}_e^T \left\} \iint\limits_{G_0} [(\mathbf{N}_\xi \xi_x + \mathbf{N}_\eta \eta_x)(\mathbf{N}_\xi \xi_x + \mathbf{N}_\eta \eta_x)^T + (\mathbf{N}_\xi \xi_y + \mathbf{N}_\eta \eta_y)(\mathbf{N}_\xi \xi_y + \mathbf{N}_\eta \eta_y)^T] J d\xi d\eta \right\{ \mathbf{u}_e \ .$$

(2.120)

Die geschweifte Klammer stellt direkt die Steifigkeitselementmatrix $\mathbf{S}_e$ dar.

In der Integraldarstellung (2.120) treten die partiellen Ableitungen $\xi_x, \xi_y, \eta_x, \eta_y$ auf, die jetzt im Gegensatz zum Abschn.2.1.1 vom Ort abhängen. Diese Werte sind die Elemente der J a c o b i - M a t r i x

$$\frac{\partial(\xi, \eta)}{\partial(x, y)} = \begin{bmatrix} \xi_x & \eta_x \\ \xi_y & \eta_y \end{bmatrix} ,$$

(2.121)

welche bekanntlich gleich der Inversen der Jacobi-Matrix

$$\frac{\partial(x, y)}{\partial(\xi, \eta)} = \begin{bmatrix} x_\xi & y_\xi \\ x_\eta & y_\eta \end{bmatrix}$$

(2.122)

ist. Damit gilt

$$\xi_x = \frac{y_\eta}{J} , \ \xi_y = -\frac{x_\eta}{J} , \ \eta_x = -\frac{y_\xi}{J} , \ \eta_y = \frac{x_\xi}{J} \ .$$

(2.123)

Aus (2.123) erkennt man die Tatsache, daß diese Ableitungen gebrochen rationale Funktionen in ξ und η sind. Obwohl im Integranden ein Faktor J auftritt, bleibt der Integrand im Schlußeffekt eine gebrochen rationale Funktion. Eine geschlossene analytische Integration ist unmöglich. Die Berechnung muß näherungsweise mit Hilfe einer numerischen Integrationsformel erfolgen.

Für die Massenelementmatrix $\mathbf{M}_e$ und für das in u lineare Integral erhält man analog

$$\iint\limits_{G_i} u^2 dx dy = \iint\limits_{G_0} u^2(\xi, \eta) J d\xi d\eta = \iint\limits_{G_0} [\mathbf{u}_e^T \mathbf{N}(\xi, \eta)]^2 J d\xi d\eta$$
$$= \mathbf{u}_e^T \left\} \iint\limits_{G_0} \mathbf{N}(\xi, \eta) \mathbf{N}^T(\xi, \eta) J d\xi d\eta \right\{ \mathbf{u}_e = \mathbf{u}_e^T \mathbf{M}_e \mathbf{u}_e \ ,$$

(2.124)

$$\iint\limits_{G_i} u \, dx dy = \iint\limits_{G_0} u(\xi, \eta) J d\xi d\eta = \mathbf{u}_e^T \iint\limits_{G_0} \mathbf{N}(\xi, \eta) J d\xi d\eta = \mathbf{u}_e^T \mathbf{b}_e \ .$$

(2.125)

Auch diese Integrale werden mit Hilfe einer zweidimensionalen Integrationsformel der allgemeinen Form

$$\iint\limits_{G_0} \psi(\xi, \eta) d\xi d\eta = \sum_{i=1}^{m} \psi(\xi_i, \eta_i) w_i$$

(2.126)

berechnet, wobei die ξ_i und η_i die I n t e g r a t i o n s s t ü t z p u n k t e und die w_i die zugehörigen I n t e g r a t i o n s g e w i c h t e darstellen. In [1, 54, 110] sind solche

Formeln zu finden. In Tab. 2.2 sind die Stützstellen und Integrationsgewichte für eine beliebte und häufig benützte Formel für das Einheitsdreieck T_0 zusammengestellt, welche die exakten Integralwerte für Polynome bis zum Grad fünf liefert. Die Integrationsstützpunkte R_i liegen auf den drei Mittellinien, der erste im Schwerpunkt des Dreiecks T_0 (vgl. Fig. 2.34).

Tab. 2.2 Integrationsstützstellen und Gewichte für Einheitsdreieck

i	ξ_i	η_i	w_i
1	$1/3 = 0.333\,333\,333$	$0.333\,333\,333$	0.1125
2	$(6+\sqrt{15})/21 = 0.470\,142\,064$	$0.470\,142\,064$	
3	$(9-2\sqrt{15})/21 = 0.059\,715\,872$	$0.470\,142\,064$	$(155+\sqrt{15})/2400$
4	$(6+\sqrt{15})/21 = 0.470\,142\,064$	$0.059\,715\,872$	$= 0.066\,197\,0764$
5	$(6-\sqrt{15})/21 = 0.101\,286\,507$	$0.101\,286\,507$	$(155-\sqrt{15})/2400$
6	$(9+2\sqrt{15})/21 = 0.797\,426\,985$	$0.101\,286\,507$	$= 0.062\,969\,5903$
7	$(6-\sqrt{15})/21 = 0.101\,286\,507$	$0.797\,426\,985$	

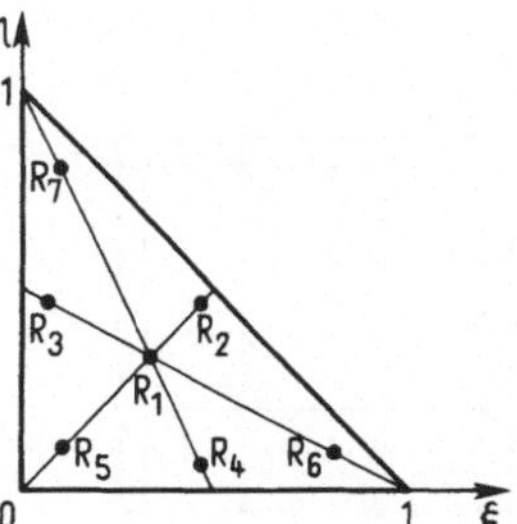

Fig. 2.34
Integrationsstützpunkte im Einheitsdreieck T_0

Für das Einheitsquadrat wird die numerische Integration in gewissem Sinn einfacher, da eine zweifache G a u ß s c h e I n t e g r a t i o n s f o r m e l je der Ordnung m herangezogen werden kann von folgender Form [69, 96, 109]

$$\iint\limits_{Q_0} \psi(\xi,\eta)\,d\xi d\eta = \int\limits_0^1\!\!\int\limits_0^1 \psi(\xi,\eta)\,d\xi d\eta = \sum_{i=1}^{m}\sum_{j=1}^{m} w_i w_j \psi(\sigma_i,\sigma_j)\ . \qquad (2.127)$$

In (2.127) bedeuten die σ_i die Integrationsstützstellen und die w_i die zugehörigen Integrationsgewichte der eindimensionalen Gaußschen Integrationsformeln. Eine Gaußsche Integrationsformel der Ordnung m liefert die exakten Integralwerte für Polynome bis zum Grad $(2\,m-1)$. In den Tab. 2.3 und 2.4 sind die Integrationsstützstellen und die zugehörigen Gewichte für die Integrationsformeln der Ordnung 3 und 4 zusammengestellt.

Tab. 2.3 Stützstellen und Gewichte der Gaußschen
Integrationsformel der Ordnung 3

i	σ_i	w_i
1	0.112 701 6654	5/18 = 0.277 777 7778
2	0.5	8/18 = 0.444 444 4444
3	0.887 298 3346	5/18 = 0.277 777 7778

Tab. 2.4 Stützstellen und Gewichte der Gaußschen
Integrationsformel der Ordnung 4

i	σ_i	w_i
1	0.069 431 8442	0.173 927 4226
2	0.330 009 4782	0.326 072 5774
3	0.669 990 5218	0.326 072 5774
4	0.930 568 1558	0.173 927 4226

Die symmetrische Verteilung der Integrationsstützpunkte im Einheitsquadrat Q_0 ist im
Fall der Gaußschen Integrationsformel der Ordnung m = 4 in Fig. 2.35 dargestellt.

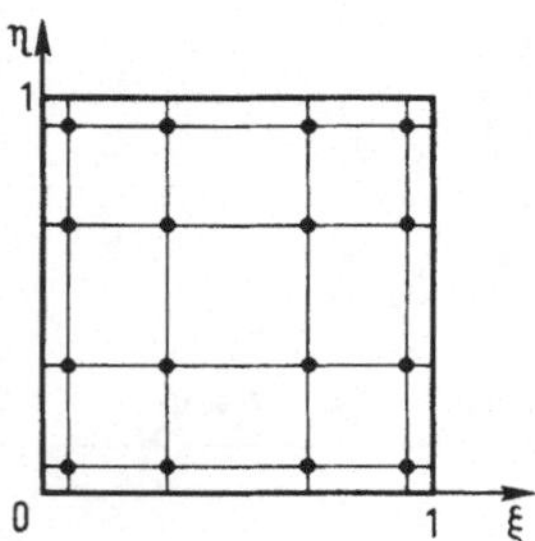

Fig. 2.35
Integrationsstützpunkte im Einheitsquadrat Q_0, Gaußsche
Formel der Ordnung 4

Stützstellen und Gewichte für Formeln höherer Ordnung sind in [1, 31, 69, 109] zu
finden. Die Stützstellen und Gewichte sind dort üblicherweise für das Intervall [−1, 1]
tabelliert, da die Stützstellen die Nullstellen von Legendre-Polynomen sind. Bei Umrechnung auf das Intervall [0, 1] sind die Gewichte zu halbieren.

Zusammenfassend erfolgt die gleichzeitige Berechnung der Steifigkeitselementmatrix
S_e, der Massenelementmatrix M_e und des Vektors b_e für ein krummliniges isoparametrisches Element in folgenden Schritten. Für die Integrationsstützpunkte ξ_i, η_i der Integrationsformel führe man sukzessive aus:

1. Man berechne die Vektoren $N(\xi_i, \eta_i)$, $N_\xi(\xi_i, \eta_i)$, $N_\eta(\xi_i, \eta_i)$.

2. Mit den Koordinatenvektoren x und y des Elementes berechne man die vier Elemente
x_ξ, x_η, y_ξ, y_η als Skalarprodukte gemäß (2.117) und die Jacobi-Determinante $J(\xi_i, \eta_i)$.

3. Zur Rationalisierung der Berechnung der Steifigkeitselementmatrix S_e berechne man unter Substitution von (2.123) in (2.120) die beiden Hilfsvektoren

$$h_1 = (y_\eta N_\xi - y_\xi N_\eta)/\sqrt{J}, \quad h_2 = (-x_\eta N_\xi + x_\xi N_\eta)/\sqrt{J} \ . \tag{2.128}$$

4. Die numerische Integration erfolgt jetzt durch Akkumulation der Beiträge $w_i(h_1 h_1^T + h_2 h_2^T)$ zu S_e, $w_i J N N^T$ zu M_e und $w_i J N$ zu b_e. Aus Symmetriegründen sind in S_e und M_e nur die Elemente in und unterhalb der Diagonale wirklich zu berechnen. Der verblüffend einfache Algorithmus zur Berechnung der Elementmatrizen für ein krummliniges Element erklärt die Beliebtheit und die Verbreitung dieser Berechnungsart auch für geradlinige Elemente. Die Vorgehensweise kann sehr flexibel gehandhabt werden, indem es im wesentlichen genügt, in einem Rechenprogramm das Unterprogramm auszutauschen, welches die Formfunktionen mit ihren partiellen Ableitungen liefert.

Falls übrigens partielle Ableitungen als Knotenvariable auftreten, sind zu (2.108) analoge Modifikationen erforderlich.

2.4.4 Randintegrale für krumme Randstücke

Die beiden Randintegrale für ein krummliniges Randstück C_j als Berandung eines krummlinigen Elementes lassen sich weitgehend analog behandeln. Dazu sind noch einige vorbereitende Überlegungen erforderlich, welche den Funktionsverlauf auf der krummen Berandung eines Elementes betreffen. Im Einheitsdreieck oder Einheitsquadrat gilt für die Funktion $u(\xi, \eta)$ ein solcher Ansatz, der sich auf dem Rand auf eine quadratische oder kubische Funktion der Bogenlänge reduziert. Der Funktionsverlauf wird durch eine entsprechende Anzahl von Knotenvariablen auf der betreffenden Seite eindeutig festgelegt. Im Fall von isoparametrischen Elementen wird eine Seite des Einheitsgebietes so auf die krummlinige Seite des Elementes abgebildet, daß die x- und die y-Koordinaten je durch eine Polynomfunktion desselben Grades in Abhängigkeit des Parameters gegeben sind. Gleichzeitig werden die Funktionswerte in den zugehörigen Bildpunkt übertragen oder verpflanzt. Daraus folgt, daß die Funktion auch auf dem krummen Rand die Stetigkeitseigenschaften beim Übergang ins Nachbarelement beibehält, die krummlinigen Elemente k o n f o r m sind. Weiter wird auch klar, daß sich die Abbildung der Randseite auf das Einheitsintervall durch je eine quadratische (oder kubische) Transformation der Koordinaten darstellen läßt. Die Behandlung der Randintegrale fällt somit in den Rahmen von e i n d i m e n s i o n a l e n i s o p a r a m e - t r i s c h e n E l e m e n t e n. Die Beiträge der beiden Randintegrale lassen sich am bequemsten mit eindimensionalen Formfunktionen berechnen.

Es seien u_R der Vektor der Knotenvariablen auf dem Randstück, welche den Verlauf der Funktion auf dem Rand eindeutig festlegen, weiter x und y die Koordinatenvektoren der Knotenpunkte auf dem krummlinigen Randstück und $N(\sigma)$ der Vektor der einschlägigen eindimensionalen Formfunktionen für die Einheitsstrecke. Im konkreten Fall eines isoparametrischen quadratischen Elementes wird das Kurvenstück C_j durch die drei Punkte P_A, P_M, P_B (Fig. 2.36) festgelegt, so daß $u_R = (u_A, u_M, u_B)^T$, $x = (x_A, x_M, x_B)^T$, $y = (y_A, y_M, y_B)^T$ sind, und die Formfunktionen durch (2.17) gegeben sind.

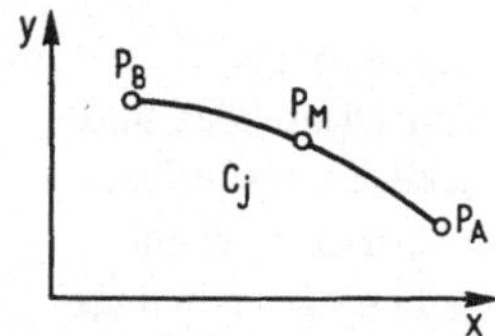

Fig. 2.36 Krummliniges Randstück C_j

Damit stellt sich der Ansatz für $u(\sigma)$ auf der Einheitsstrecke allgemein dar als

$$u(\sigma) = u_R^T N(\sigma) \; , \qquad (2.129)$$

und die Koordinatentransformationen lauten

$$x = x_R^T N(\sigma), \qquad y = y_R^T N(\sigma). \qquad (2.130)$$

Für die beiden Randintegrale erhält man damit

$$\int\limits_{C_j} u^2 \, ds = \int\limits_0^1 u^2(\sigma) \sqrt{\left(\frac{dx}{d\sigma}\right)^2 + \left(\frac{dy}{d\sigma}\right)^2} \, d\sigma$$

$$= \int\limits_0^1 [u_R^T N(\sigma)]^2 \sqrt{(x_R^T N'(\sigma))^2 + (y_R^T N'(\sigma))^2} \, d\sigma \qquad (2.131)$$

$$= u_R^T \left\{ \int\limits_0^1 N(\sigma) N^T(\sigma) \sqrt{(x_R^T N'(\sigma))^2 + (y_R^T N'(\sigma))^2} \, d\sigma \right\} u_R = u_R^T M_R u_R \; ,$$

$$\int\limits_{C_j} u \, ds = u_R^T \left\{ \int\limits_0^1 N(\sigma) \sqrt{(x_R^T N'(\sigma))^2 + (y_R^T N'(\sigma))^2} \, d\sigma \right\} = u_R^T b_R \; . \qquad (2.132)$$

Die zahlenmäßige Berechnung von M_R und b_R erfolgt vermittels einer Gaußschen Integrationsformel nach dem in Abschn. 2.4.3 beschriebenen Vorgehen. Benötigt werden dazu die Formfunktionen und ihre Ableitungen an den Integrationsstützstellen σ_i nach Tab. 2.3 oder 2.4.

Werden kubische Ansätze mit partiellen Ableitungen als Knotenvariable verwendet, sind analoge Maßnahmen zu ergreifen, wie sie im Abschn. 2.2.8 beschrieben worden sind.

2.4.5 Einige spezielle Elemente

Die Diskretisierung eines gegebenen Grundgebietes G in geradlinige Dreiecke und Parallelogramme mag häufig einschränkend sein, und es sind allgemeinere geradlinige Viereckelemente wünschbar. Ein geradliniges Viereck mit den vier Eckpunkten $P_i(x_i, y_i)$ (vgl. Fig. 2.37) läßt sich vermittels einer für x und y bilinearen Transformation auf das

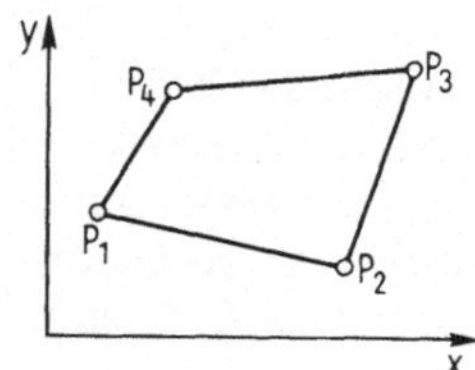

Fig. 2.37
Allgemeines Viereck

Einheitsquadrat abbilden. Diese Variablensubstitution formuliert sich mit den Formfunktionen (2.104) und den Koordinatenvektoren $x = (x_1, x_2, x_3, x_4)$, $y = (y_1, y_2, y_3, y_4)$ als

$$x = x^T N(\xi, \eta) \quad , \quad y = y^T N(\xi, \eta) \ . \qquad (2.133)$$

Die zugehörige Jacobi-Determinante J ist selbst eine bilineare Funktion in ξ und η, und die weiter benötigten Werte der partiellen Ableitungen $\xi_x, \xi_y, \eta_x, \eta_y$ sind gebrochen rationale Funktionen in ξ und η. Diese Tatsache erfordert die Berechnung der Elementmatrizen nach einer numerischen Integrationsformel, ganz unabhängig davon, was für ein Ansatz für die Funktion u gewählt wird.

Mit einem bilinearen Ansatz im Einheitsquadrat resultiert damit ein isoparametrisches Element, das zur Klasse der krummlinigen Elemente zu zählen ist, obwohl die Ränder des Elementes geradlinig sind.

Für einen quadratischen Ansatz, etwa der Serendipity-Klasse, entsteht ein s u b p a r a -m e t r i s c h e s E l e m e n t , indem die Geometrie durch eine Polynomabbildung kleineren Grades beschrieben wird im Vergleich zum Grad des Polynoms für die gesuchte Funktion. Dieses subparametrische Element ist natürlich ein Spezialfall des isoparametrischen Elements aus Abschn.2.4.2, falls dort die Knotenpunkte P_5 bis P_8 als jeweilige Mittelpunkte der Seiten festgelegt werden. Die allgemeine Transformation (2.115) reduziert sich auf die bilineare Transformation (2.133). Die Behandlung als isoparametrisches Element würde ein ineffizientes Vorgehen darstellen.

In gewissen Problemen kann es zweckmäßig sein, anstelle von kartesischen Koordinaten ein krummliniges Koordinatensystem zu verwenden. Im Spezialfall der Polarkoordinaten in der Ebene sind die einfachsten durch Koordinatenlinien begrenzten Elemente die Kreisringsegmente und Kreissektoren (Fig.2.38).

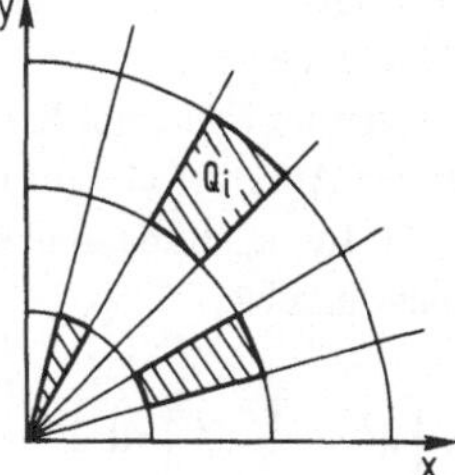

Fig. 2.38
Elemente im Fall von Polarkoordinaten

Die Grundgleichungen der Aufgabe sind in Polarkoordinaten zu formulieren. Mit $x = r \cos \varphi$, $y = r \sin \varphi$, der zugehörigen Jacobi-Determinante

$$J = \left| \frac{\partial(x, y)}{\partial(r, \varphi)} \right| = \left| \begin{matrix} \cos \varphi & \sin \varphi \\ -r \sin \varphi & r \cos \varphi \end{matrix} \right| = r,$$

$$u_x = u_r r_x + u_\varphi \varphi_x, \quad u_y = u_r r_y + u_\varphi \varphi_y$$

mit den Werten

$$r_x = \cos \varphi, \quad \varphi_x = -\frac{1}{r} \sin \varphi, \quad r_y = \sin \varphi, \quad \varphi_y = \frac{1}{r} \cos \varphi$$

ergibt sich für die Integrale

$$\iint_G (u_x^2 + u_y^2)\,dxdy = \iint_G \left[u_r^2 + \frac{1}{r^2} u_\varphi^2 \right] rdrd\varphi \tag{2.134}$$

$$\iint_G u^2\,dxdy = \iint_G u^2 rdrd\varphi, \qquad \iint_G udxdy = \iint_G urdrd\varphi \tag{2.135}$$

Für ein viereckiges Element, welches durch die Radien $r_1 < r_2$ und die Polarwinkel $\varphi_1 < \varphi_2$ begrenzt wird, führen die Variablensubstitutionen

$$r = r_1 + (r_2 - r_1)\xi, \qquad \varphi = \varphi_1 + (\varphi_2 - \varphi_1)\eta \tag{2.136}$$

die Integration über das Gebiet Q_i zurück auf diejenige über das Einheitsquadrat. Für (2.134) erhält man

$$\iint_{Q_i} \left[u_r^2 + \frac{1}{r^2} u_\varphi^2 \right] rdrd\varphi$$

$$= \frac{\varphi_2 - \varphi_1}{r_2 - r_1} \int_0^1\!\!\int_0^1 [r_1 + (r_2 - r_1)\xi]u_\xi^2 d\xi d\eta + \frac{r_2 - r_1}{\varphi_2 - \varphi_1} \int_0^1\!\!\int_0^1 \frac{1}{r_1 + (r_2 - r_1)\xi} u_\eta^2 d\xi d\eta. \tag{2.137}$$

Das erste Integral könnte nach der Methode der Grundmatrizen behandelt werden, doch enthält das zweite Integral einen gebrochen rationalen Integranden, so daß seine Berechnung numerische Integration erfordert. Konsequenterweise werden alle Integrale (2.134), (2.135) gleich behandelt, als ob es sich um krummlinige Elemente handeln würde.

Die Polarkoordinaten besitzen im Nullpunkt eine Singularität, welche ihren Niederschlag in der Präsenz des Nenners von (2.134) findet. Die Singularität des Integranden läßt sich im Fall eines Kreissektors durch eine geeignete Modifikation des zu verwendenden Ansatzes elegant beheben. Aus (2.137) ergibt sich durch einen Grenzübergang $r_1 \rightarrow 0$ für das Integral über einen Kreissektor vom Radius r_2 und begrenzt durch die Polarwinkel $\varphi_1 < \varphi_2$

$$\iint_{Q_i} \left[u_r^2 + \frac{1}{r^2} u_\varphi^2 \right] rdrd\varphi = (\varphi_2 - \varphi_1) \int_0^1\!\!\int_0^1 \xi u_\xi^2 d\xi d\eta + \frac{1}{\varphi_2 - \varphi_1} \int_0^1\!\!\int_0^1 \frac{1}{\xi} u_\eta^2 d\xi d\eta \; . \tag{2.138}$$

Obwohl das Kreissektorelement dreieckförmige Gestalt aufweist, erfolgt die Integration in den (ξ,η)-Variablen über das Einheitsquadrat Q_0. Beim Grenzübergang $r_1 \rightarrow 0$ verschmelzen Knotenpunkte, so daß die Anzahl der Knotenvariablen sinkt. Dementsprechend muß auch ein geeignet reduzierter Ansatz für die Funktion $u(\xi, \eta)$ verwendet werden, der nun so angesetzt werden kann, daß der störende Nenner ξ im zweiten Integral von (2.138) wieder wegfällt. Dazu ist nur dafür zu sorgen, daß die partielle Ableitung u_η die Variable ξ als Faktor erhält.

Soll für ein Kreisringsegment ein bilinearer Ansatz verwendet werden, erfüllt für ein Kreissektorelement der modifizierte Ansatz

$$u(\xi, \eta) = \alpha_1 + \alpha_2 \xi + \alpha_3 \xi\eta \qquad (2.139)$$

mit fehlendem linearen Term in η die gestellte Anforderung und zudem die Stetigkeitsbedingung beim Übergang zu Nachbarelementen, indem die Funktion auf jeder Seite linear ist.

Die beiden Integrale in (2.138) werden elementar und singularitätenfrei berechenbar, nämlich

$$\int\limits_0^1\!\!\int\limits_0^1 \xi u_\xi^2 d\xi d\eta = \int\limits_0^1\!\!\int\limits_0^1 [\alpha_2^2 \xi + 2\,\alpha_2\alpha_3\xi\eta + \alpha_3^2\xi\eta^2]d\xi d\eta = \frac{1}{6}(3\,\alpha_2^2 + 3\,\alpha_2\alpha_3 + \alpha_3^2),$$

$$\int\limits_0^1\!\!\int\limits_0^1 \frac{1}{\xi} u_\eta^2 d\xi d\eta = \int\limits_0^1\!\!\int\limits_0^1 \alpha_3^2\xi d\xi d\eta = \frac{1}{2}\,\alpha_3^2.$$

Die Interpolationsbedingungen und die dazugehörige Matrix $\mathbf{A}$ lauten

$$
\begin{aligned}
u_1 &= \alpha_1 \\
u_2 &= \alpha_1 + \alpha_2 \\
u_3 &= \alpha_1 + \alpha_2 + \alpha_3
\end{aligned}
\quad, \quad
\mathbf{A} =
\begin{bmatrix}
1 & 0 & 0 \\
-1 & 1 & 0 \\
0 & -1 & 1
\end{bmatrix}. \qquad (2.140)
$$

Die Werte u_1, u_2, u_3 sind die Knotenvariablen in den drei Ecken des Kreissektors (Fig.2.39). Die Herleitung der beiden Grundelementmatrizen für (2.138) wie auch für (2.135) ist auf der Hand liegend.

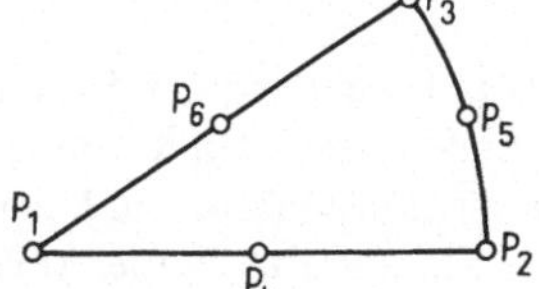

Fig. 2.39
Knotenpunkte im Kreissektorelement

Zum quadratischen Ansatz der Serendipity-Klasse im Kreisringsegment ist im Kreissektor passend

$$u(\xi, \eta) = \alpha_1 + \alpha_2 \xi + \alpha_3 \xi^2 + \alpha_4 \xi\eta + \alpha_5 \xi^2\eta + \alpha_6 \xi\eta^2. \qquad (2.141)$$

Hier fehlt im Vergleich zu (2.70) sowohl der lineare als auch der rein quadratische Term in η. Auf jeder Seite verhält sich $u(\xi, \eta)$ quadratisch in der verbleibenden Variablen. Das resultierende Element ist konform. Zur Vollständigkeit sei noch die Matrix $\mathbf{A}$ angegeben, die sich aus der Interpolationsbedingung ergibt.

$$A = \begin{bmatrix} 1 & 0 & 0 & 0 & 0 & 0 \\ -3 & -1 & 0 & 4 & 0 & 0 \\ 2 & 2 & 0 & -4 & 0 & 0 \\ 0 & -1 & -3 & -4 & 4 & 4 \\ 0 & -2 & 2 & 4 & 0 & -4 \\ 0 & 2 & 2 & 0 & -4 & 0 \end{bmatrix} \qquad (2.142)$$

Mit ihr lassen sich gegebenenfalls die Formfunktionen bestimmen.

2.5 Ebene elastomechanische Elemente

Entsprechend der Feststellung in Abschn. 1.2.2 lassen sich die elastomechanischen Probleme des ebenen Spannungszustandes und des ebenen Verzerrungszustandes vollkommen parallel behandeln, indem der einzige Unterschied in der Matrix **D** liegt, vermittels welcher sich die Spannungen durch die Verzerrungen ausdrücken. Im folgenden wird der Fall des e b e n e n S p a n n u n g s z u s t a n d e s, wie er bei S c h e i b e n realisiert wird, ausführlich behandelt. Die Übertragung der Berechnungsart auf Aufgaben des ebenen Verzerrungszustandes ist trivial.

Der Verschiebungszustand einer Scheibe aus i s o t r o p e m M a t e r i a l und konstanter Scheibendicke h unter einer allgemeinen Belastung in der Scheibenebene minimiert das Gesamtpotential

$$\Pi = h\left[\frac{1}{2} \iint_G \boldsymbol{\sigma}^T \boldsymbol{\varepsilon}\, dxdy - \iint_G \mathbf{p}^T \mathbf{f}\, dxdy - \int_C \mathbf{q}^T \mathbf{f}\, ds \right] - \sum_{i=1}^m \mathbf{F}_i \mathbf{f}_i. \qquad (2.143)$$

Darin bedeuten $\boldsymbol{\sigma}$ den Spannungsvektor, $\boldsymbol{\varepsilon}$ den Verzerrungsvektor, $\mathbf{p}$ den Vektor der räumlich verteilten Kräfte, $\mathbf{q}$ den Vektor der Randkräfte, $\mathbf{f}$ den Verschiebungsvektor, $\mathbf{F}_i$ die Einzelkräfte und $\mathbf{f}_i$ die Vektoren der Einzelverschiebungen in den Angriffspunkten der Einzelkräfte. Ferner ist G das von der Scheibe in der (x,y)-Ebene bedeckte Gebiet und C sein Rand.

Wir betrachten im folgenden nur wieder die Teilaufgabe, unter Berücksichtigung der Grundbeziehungen der linearen Elastizitätstheorie die Integralbeiträge

$$h \iint_{G_i} \boldsymbol{\varepsilon}^T \mathbf{D}_{ESZ}\, \boldsymbol{\varepsilon}\, dxdy, \qquad h \iint_{G_i} \mathbf{p}^T \mathbf{f}\, dxdy, \qquad h \int_{C_j} \mathbf{q}^T \mathbf{f}\, ds \qquad (2.144)$$

für ein Element G_i und ein Randelement C_j bereitzustellen. Zur Vorbereitung multiplizieren wir die in den Verzerrungen ϵ_x, ϵ_y und γ_{xy} quadratische Form des ersten Integranden aus und ersetzen weiter die Verzerrungen durch die partiellen Ableitungen der Verschiebungen nach (1.52).

$$\boldsymbol{\varepsilon}^T \mathbf{D}_{ESZ}\, \boldsymbol{\varepsilon} = (\epsilon_x, \epsilon_y, \gamma_{xy})\, \frac{E}{1-\nu^2}\begin{bmatrix} 1 & \nu & 0 \\ \nu & 1 & 0 \\ 0 & 0 & \frac{1}{2}(1-\nu) \end{bmatrix}\begin{bmatrix} \epsilon_x \\ \epsilon_y \\ \gamma_{xy} \end{bmatrix}$$

$$= \frac{E}{1-\nu^2}\left[\epsilon_x^2 + 2\,\nu\epsilon_x\epsilon_y + \epsilon_y^2 + \frac{1}{2}(1-\nu)\gamma_{xy}^2\right] \tag{2.145}$$

$$= \frac{E}{1-\nu^2}\left[\left(\frac{\partial u}{\partial x}\right)^2 + 2\,\nu\left(\frac{\partial u}{\partial x}\right)\left(\frac{\partial v}{\partial y}\right) + \left(\frac{\partial v}{\partial y}\right)^2 + \frac{1}{2}(1-\nu)\left(\frac{\partial u}{\partial y} + \frac{\partial v}{\partial x}\right)^2\right]$$

Damit ist der Integrand durch die Verschiebungsfunktionen u(x, y) und v(x, y) ausgedrückt. Die weitere Behandlung des Integrals ist davon abhängig, ob das Gebiet G_i ein geradliniges Dreieck, bzw. Parallelogramm oder ein krummliniges Element ist.

2.5.1 Geradlinige Scheibenelemente

Die Integration über ein geradliniges Dreieck oder Parallelogramm wird vermittels der Variablensubstitution (2.47) auf die Integration im Einheitsdreieck oder Einheitsquadrat zurückgeführt. Dabei sind die partiellen Ableitungen von u und v nach x und y genauso wie in Abschn. 2.2.1 zu ersetzen. Zur Vereinfachung der Schreibweise bedeute u_x wieder die partielle Ableitung von u nach x. Für den Integranden erhalten wir nach dieser Substitution

$$\boldsymbol{\varepsilon}^T \mathbf{D}\boldsymbol{\varepsilon} = \frac{E}{1-\nu^2}\left[(u_\xi\xi_x + u_\eta\eta_x)^2 + 2\,\nu(u_\xi\xi_x + u_\eta\eta_x)(v_\xi\xi_y + v_\eta\eta_y)\right.$$

$$\left. + (v_\xi\xi_y + v_\eta\eta_y)^2 + \frac{1}{2}(1-\nu)(u_\xi\xi_y + u_\eta\eta_y + v_\xi\xi_x + v_\eta\eta_x)^2\right]$$

$$= \frac{E}{1-\nu^2}\left[\left\{\xi_x^2 + \frac{1}{2}(1-\nu)\xi_y^2\right\}u_\xi^2 + 2\left\{\xi_x\eta_x + \frac{1}{2}(1-\nu)\xi_y\eta_y\right\}u_\xi u_\eta \right.$$

$$+ \left\{\eta_x^2 + \frac{1}{2}(1-\nu)\eta_y^2\right\}u_\eta^2 + \left\{\xi_y^2 + \frac{1}{2}(1-\nu)\xi_x^2\right\}v_\xi^2$$

$$+ 2\left\{\xi_y\eta_y + \frac{1}{2}(1-\nu)\xi_x\eta_x\right\}v_\xi v_\eta + \left\{\eta_y^2 + \frac{1}{2}(1-\nu)\eta_x^2\right\}v_\eta^2$$

$$+ 2\left\{\frac{1}{2}(1+\nu)\xi_x\xi_y\right\}u_\xi v_\xi + 2\left\{\nu\xi_x\eta_y + \frac{1}{2}(1-\nu)\xi_y\eta_x\right\}u_\xi v_\eta$$

$$\left. + 2\left\{\nu\xi_y\eta_x + \frac{1}{2}(1-\nu)\xi_x\eta_y\right\}u_\eta v_\xi + 2\left\{\frac{1}{2}(1+\nu)\eta_x\eta_y\right\}u_\eta v_\eta\right]$$

Der solcherart entstandene Ausdruck für den Integranden erscheint auf den ersten Blick alles andere als einfach. Doch ist zu beachten, daß die Ausdrücke in sämtlichen geschweiften Klammern infolge der Linearität der Variablensubstitution konstant sind und allein die Geometrie des Dreiecks T_i, bzw. des Parallelogramms Q_i beeinhalten. Das Ergebnis dieser Transformation kann wie folgt zusammengefaßt werden, wobei die Werte der partiellen Ableitungen ξ_x etc. aus Abschn. 2.2.1 in den neu definierten Konstanten verwendet worden sind.

$$h \iint\limits_{T_i} \boldsymbol{\varepsilon}^T \mathbf{D}_{ESZ} \boldsymbol{\varepsilon} \, dxdy$$

$$= \frac{Eh}{1-\nu^2} \iint\limits_{T_0} [a_1 u_\xi^2 + 2\,b_1 u_\xi u_\eta + c_1 u_\eta^2 + a_2 v_\xi^2 + 2\,b_2 v_\xi v_\eta + c_2 v_\eta^2$$

$$+ 2\,a_3 u_\xi v_\xi + 2\,b_3 u_\xi v_\eta + 2\,c_3 u_\eta v_\xi + 2\,d_3 u_\eta v_\eta]\,d\xi d\eta \qquad (2.146)$$

$$\text{mit}\quad J = (x_2 - x_1)(y_3 - y_1) - (x_3 - x_1)(y_2 - y_1),\ \mu = \frac{1}{2}(1-\nu)$$

$$a_1 = [\mu(x_3 - x_1)^2 + (y_3 - y_1)^2]/J$$
$$b_1 = -[\mu(x_2 - x_1)(x_3 - x_1) + (y_2 - y_1)(y_3 - y_1)]/J \qquad (2.147)$$
$$c_1 = [\mu(x_2 - x_1)^2 + (y_2 - y_1)^2]/J$$

$$a_2 = [(x_3 - x_1)^2 + \mu(y_3 - y_1)^2]/J$$
$$b_2 = -[(x_2 - x_1)(x_3 - x_1) + \mu(y_2 - y_1)(y_3 - y_1)]/J \qquad (2.148)$$
$$c_2 = [(x_2 - x_1)^2 + \mu(y_2 - y_1)^2]/J$$

$$a_3 = -\frac{1}{2}(1+\nu)(x_3 - x_1)(y_3 - y_1)/J$$
$$b_3 = [\nu(x_2 - x_1)(y_3 - y_1) + \mu(x_3 - x_1)(y_2 - y_1)]/J \qquad (2.149)$$
$$c_3 = [\nu(x_3 - x_1)(y_2 - y_1) + \mu(x_2 - x_1)(y_3 - y_1)]/J$$
$$d_3 = -\frac{1}{2}(1+\nu)(x_2 - x_1)(y_2 - y_1)/J$$

Das Ergebnis wurde für ein allgemeines Dreieck T_i formuliert, es behält aber seine Gültigkeit für ein Parallelogramm Q_i, falls unter (x_3, y_3) das Koordinatenpaar des üblicherweise mit P_4 bezeichneten Eckpunktes verstanden wird (Fig. 2.11).

Auf Grund der Darstellung (2.146) des Integrals setzt sich der Beitrag eines Elementes aus zehn Anteilen zusammen. Die beiden Verschiebungsfunktionen $u(\xi, \eta)$ und $v(\xi, \eta)$ sind voneinander unabhängig, doch wird man für sie zweckmäßigerweise Ansätze desselben Typus verwenden. Deshalb besteht für die ersten drei und die folgenden drei Anteile (2.146) eine formale Übereinstimmung mit Integralen, die in (2.48) im Zusammenhang mit der Dirichletschen Randwertaufgabe aufgetreten und behandelt worden sind. Diese Verwandtschaft der Probleme wird jetzt ausgenützt.

Die beiden Verschiebungsfunktionen $u(\xi, \eta)$ und $v(\xi, \eta)$ werden je durch voneinander unabhängige Knotenvariable, zusammengefaßt in den Vektoren $\widetilde{u}_e$ und $\widetilde{v}_e$, definiert. Fassen wir diese beiden Vektoren vorläufig in einem Vektor $\hat{u}_e$ von Knotenvariablen des Elementes gemäß

$$\hat{\mathbf{u}}_e = \begin{bmatrix} \widetilde{\mathbf{u}}_e \\ \widetilde{\mathbf{v}}_e \end{bmatrix} \tag{2.150}$$

zusammen, liefert das Integral eine quadratische Form in $\hat{\mathbf{u}}_e$, deren zugehörige Steifig-keitselementmatrix $\hat{\mathbf{S}}_e$ in vier Untermatrizen aufgeteilt werden kann.

$$h \iint\limits_{T_i} \boldsymbol{\varepsilon}^T \mathbf{D} \boldsymbol{\varepsilon}\, dxdy = \hat{\mathbf{u}}_e^T \hat{\mathbf{S}}_e \hat{\mathbf{u}}_e = (\widetilde{\mathbf{u}}_e^T, \widetilde{\mathbf{v}}_e^T) \begin{bmatrix} \hat{\mathbf{S}}_{11} & \hat{\mathbf{S}}_{12} \\ \hat{\mathbf{S}}_{21} & \hat{\mathbf{S}}_{22} \end{bmatrix} \begin{bmatrix} \widetilde{\mathbf{u}}_e \\ \widetilde{\mathbf{v}}_e \end{bmatrix} \tag{2.151}$$

Dabei gelten offensichtlich die Beziehungen

$$\frac{Eh}{1 - \nu^2} \iint\limits_{T_0} [a_1 u_\xi^2 + 2 b_1 u_\xi u_\eta + c_1 u_\eta^2]\,d\xi d\eta = \widetilde{\mathbf{u}}_e^T \hat{\mathbf{S}}_{11} \widetilde{\mathbf{u}}_e,$$

$$\frac{Eh}{1 - \nu^2} \iint\limits_{T_0} [a_2 v_\xi^2 + 2 b_2 v_\xi v_\eta + c_2 v_\eta^2]\,d\xi d\eta = \widetilde{\mathbf{v}}_e \hat{\mathbf{S}}_{22} \widetilde{\mathbf{v}}_e \ .$$

Die beiden Untermatrizen $\hat{\mathbf{S}}_{11}$ und $\hat{\mathbf{S}}_{22}$ sind gegeben durch

$$\hat{\mathbf{S}}_{ii} = \frac{Eh}{1 - \nu^2} (a_i \mathbf{S}_1 + b_i \mathbf{S}_2 + c_i \mathbf{S}_3) \ , \quad (i = 1, 2) \tag{2.152}$$

mit den Grundelementmatrizen $\mathbf{S}_1$, $\mathbf{S}_2$ und $\mathbf{S}_3$ aus Abschn. 2.2, welche allein vom Typus des Elementes und des Ansatzes abhängen. Desgleichen gilt nach (2.146) und (2.151)

$$\frac{2\,Eh}{1 - \nu^2} \iint\limits_{T_0} [a_3 u_\xi v_\xi + b_3 u_\xi v_\eta + c_3 u_\eta v_\xi + d_3 u_\eta v_\eta]\,d\xi d\eta = \widetilde{\mathbf{u}}_e^T \hat{\mathbf{S}}_{12} \widetilde{\mathbf{v}}_e + \widetilde{\mathbf{v}}_e^T \hat{\mathbf{S}}_{21} \mathbf{u}_e \ .$$

$$\tag{2.153}$$

Die vier letzten Integralbeiträge in (2.146) liefern die Matrizen $\hat{\mathbf{S}}_{12}$ und $\hat{\mathbf{S}}_{21}$. Diese beiden Matrizen sind selbst nicht symmetrisch, doch sind sie transponiert zueinander, also $\hat{\mathbf{S}}_{21}^T = \hat{\mathbf{S}}_{12}$. Das erste und letzte Integral in (2.153) liefern Bilinearformen in den Knotenvariablen von $\widetilde{\mathbf{u}}_e$ und $\widetilde{\mathbf{v}}_e$ mit Matrizen, die mit $\mathbf{S}_1$, respektive mit $\mathbf{S}_3$ übereinstimmen. In der Tat ist ja auf Grund der Darstellungen von $u(\xi, \eta)$ und $v(\xi, \eta)$ vermittels der Formfunktionen

$$\iint\limits_{T_0} u_\xi v_\xi\,d\xi d\eta = \iint\limits_{T_0} \widetilde{\mathbf{u}}_e^T \mathbf{N}_\xi(\xi, \eta)\, \mathbf{N}_\xi^T(\xi, \eta) \widetilde{\mathbf{v}}_e\,d\xi d\eta$$

$$= \widetilde{\mathbf{u}}_e^T \left\{ \iint\limits_{T_0} \mathbf{N}_\xi \mathbf{N}_\xi^T\,d\xi d\eta \right\} \widetilde{\mathbf{v}}_e = \widetilde{\mathbf{u}}_e^T \mathbf{S}_1 \widetilde{\mathbf{v}}_e$$

und analog

$$\iint\limits_{T_0} u_\eta v_\eta\,d\xi d\eta = \widetilde{\mathbf{u}}_e^T \left\{ \iint\limits_{T_0} \mathbf{N}_\eta \mathbf{N}_\eta^T\,d\xi d\eta \right\} \widetilde{\mathbf{v}}_e = \widetilde{\mathbf{u}}_e^T \mathbf{S}_3 \widetilde{\mathbf{v}}_e \ .$$

Das zweite und dritte Integral in (2.153) ergeben Bilinearformen mit je unsymmetrischen Matrizen, die jedoch zueinander transponiert sind.

$$\iint\limits_{T_0} u_\xi v_\eta\,d\xi\,d\eta = \widetilde{\mathbf{u}}_e^T \left\{ \iint\limits_{T_0} \mathbf{N}_\xi \mathbf{N}_\eta^T\,d\xi d\eta \right\} \widetilde{\mathbf{v}}_e = \widetilde{\mathbf{u}}_e^T \mathbf{S}_2^* \widetilde{\mathbf{v}}_e \tag{2.154}$$

$$\iint\limits_{T_0} u_\eta v_\xi\,d\xi d\eta = \widetilde{\mathbf{u}}_e^T \left\{ \iint\limits_{T_0} \mathbf{N}_\eta \mathbf{N}_\xi^T\,d\xi d\eta \right\} \widetilde{\mathbf{v}}_e = \widetilde{\mathbf{u}}_e^T \mathbf{S}_2^{*T} \widetilde{\mathbf{v}}_e \tag{2.155}$$

Dabei wurde berücksichtigt, daß $(N_\eta N_\xi^T)^T = N_\xi N_\eta^T$ gilt. Die unsymmetrische Grundmatrix wurde mit S_2^* bezeichnet, da sie in engem Zusammenhang mit S_2 steht. Es gilt
nämlich

$$\iint\limits_{T_0} (u_\xi v_\eta + u_\eta v_\xi)\,d\xi d\eta = \widetilde{u}_e^T (S_2^* + S_2^{*T})\widetilde{v}_e = \widetilde{u}_e^T\, S_2\, \widetilde{v}_e \ ,$$

falls die Definition von S_2 gemäß (2.92) beachtet wird.

Die Untermatrizen der Steifigkeitselementmatrix $\hat{S}_e$ lassen sich somit für ein beliebiges
geradliniges Dreieck- oder Parallelogrammelement durch Linearkombination von nur
drei Grundmatrizen aufbauen und damit sehr effizient berechnen. In einem Computerprogramm werden zur Ökonomisierung des Speicherplatzes die Matrizen S_1, S_2^* und
S_3 als feste Daten vorgegeben, da aus S_2^* die Matrix S_2 erhalten werden kann. Aus
Symmetriegründen gilt schließlich $\hat{S}_{21} = \hat{S}_{12}^T$, und so läßt sich die Berechnung der Steifigkeitselementmatrix $\hat{S}_e$ wie folgt zusammenfassen:

$$
\begin{aligned}
\hat{S}_{ii} &= \frac{Eh}{1 - \nu^2}\, [a_i\, S_1 + b_i(S_2^* + S_2^{*T}) + c_i\, S_3] \ , \quad (i = 1, 2) \\[2mm]
\hat{S}_{12} &= \frac{Eh}{1 - \nu^2}\, [a_3\, S_1 + b_3\, S_2^* + c_3\, S_2^{*T} + d_3\, S_3]
\end{aligned}
\tag{2.156}
$$

Für die Rechenpraxis ist noch der Vorteil hervorzuheben, daß die Ordnung der drei benötigten Grundmatrizen nur halb so groß ist wie diejenige von $\hat{S}_e$, und daß sie als ganzzahlige Datenmatrizen mit gemeinsamen Nennern in das Rechenprogramm eingehen
können. In Ergänzung zu den früher angegebenen Grundmatrizen S_1 und S_3 sind in
Tab. 2.5 die Matrizen S_2^* für einige Elemente und Ansätze zusammengestellt, die für das

Tab. 2.5 Grundmatrizen S_2^* für einige Scheibenelemente

a) Lineares Dreieckelement

$$S_2^* = \frac{1}{2}\begin{bmatrix} 1 & 0 & -1 \\ -1 & 0 & 1 \\ 0 & 0 & 0 \end{bmatrix}$$

b) Bilineares Parallelogrammelement

$$S_2^* = \frac{1}{4}\begin{bmatrix} 1 & 1 & -1 & -1 \\ -1 & -1 & 1 & 1 \\ -1 & -1 & 1 & 1 \\ 1 & 1 & -1 & -1 \end{bmatrix}$$

c) Quadratisches Dreieckelement

$$S_2^* = \frac{1}{6}\begin{bmatrix} 3 & 0 & 1 & 0 & 0 & -4 \\ 1 & 0 & -1 & -4 & 4 & 0 \\ 0 & 0 & 0 & 0 & 0 & 0 \\ -4 & 0 & 0 & 4 & -4 & 4 \\ 0 & 0 & 4 & -4 & 4 & -4 \\ 0 & 0 & -4 & 4 & -4 & 4 \end{bmatrix}$$

d) Quadratisches Parallelogrammelement, Serendipity-Klasse

$$S_2^* = \frac{1}{36}\begin{bmatrix} 17 & -3 & 7 & 3 & 4 & -4 & -4 & -20 \\ 3 & -17 & -3 & -7 & -4 & 20 & 4 & 4 \\ 7 & 3 & 17 & -3 & -4 & -20 & 4 & -4 \\ -3 & -7 & 3 & -17 & 4 & 4 & -4 & 20 \\ -20 & 20 & -4 & 4 & 0 & -16 & 0 & 16 \\ -4 & -4 & 4 & 4 & -16 & 0 & 16 & 0 \\ -4 & 4 & -20 & 20 & 0 & 16 & 0 & -16 \\ 4 & 4 & -4 & -4 & 16 & 0 & -16 & 0 \end{bmatrix}$$

Dirichlet-Problem ausführlich behandelt worden sind, damit der ganze Satz von Grund-matrizen für die Anwendung auf ebene Spannungsprobleme und insbesondere auf Scheibenprobleme verfügbar ist.

Die Bereitstellung der Steifigkeitselementmatrix $\hat{S}_e$ entsprechend dem Beitrag des Integrals

$$h \iint\limits_{G_i} \boldsymbol{\sigma}^T \boldsymbol{\varepsilon}\, dxdy = \hat{u}_e^T\, \hat{S}_e\, \hat{u}_e$$

für ein Scheibenelement G_i mit der Scheibendicke h erfolgt zusammenfassend in folgenden Teiloperationen: Aus den Eckenkoordinaten und der Poissonzahl ν berechne man die zehn Koeffizienten a_1 bis d_3 nach den Formeln (2.147) bis (2.149) und multipliziere sie gleichzeitig mit dem gemeinsamen Faktor $Eh/(1-\nu^2)$. Mit diesen Koeffizienten werden die Form und Lage des Elementes sowie seine elastischen Eigenschaften (E, ν) berück-sichtigt. Sodann bilde man die Matrix $\hat{S}_e$ durch Linearkombination der drei Grundmatri-zen S_1, S_2^* und S_3. Bei dieser Operation wird die Art des verwendeten Ansatzes für die Verschiebungsfunktionen berücksichtigt.

Die weiteren Beiträge zum Gesamtpotential (2.143) sind einfacher zu behandeln unter der Annahme, daß die räumliche Kräfteverteilung $\mathbf{p}$ konstant oder zumindest für jedes Ele-ment als konstant betrachtet werden kann, und dasselbe für die Randkräfte $\mathbf{q}$ zutrifft, welche im folgenden mindestens für das betreffende Randstück als konstant angenommen seien. Der Kraftvektor $\mathbf{p}$ wird in seine beiden (konstanten) Komponenten p_1 und p_2 in x- und y-Richtung zerlegt, und der Verschiebungsvektor $\mathbf{f}$ in die Komponenten u und v. Damit wird das Integral

$$h \iint\limits_{G_i} \mathbf{p}^T \mathbf{f}\, dxdy = h \iint\limits_{G_i} (p_1 u + p_2 v)dxdy = hp_1 \iint\limits_{G_i} u\, dxdy + hp_2 \iint\limits_{G_i} v\, dxdy \ .$$

Nach Abschn. 2.2 ergeben die beiden Integrale je in den Knotenvariablen lineare Aus-drücke und können geschrieben werden als

$$\iint\limits_{G_i} u\, dxdy = \mathbf{b}_e^T\, \widetilde{\mathbf{u}}_e \ , \quad \iint\limits_{G_i} v\, dxdy = \mathbf{b}_e^T\, \widetilde{\mathbf{v}}_e \ ,$$

worin sich der Vektor $\mathbf{b}_e = J\mathbf{s}_1$ mit Hilfe des allein vom Ansatz abhängigen Grundvektors $\mathbf{s}_1$ ausdrückt. Mit dem Vektor $\hat{u}_e$ nach (2.150) ergibt sich somit

$$h \iint\limits_{G_i} \mathbf{p}^T \mathbf{f}\, dxdy = \hat{b}_e^T\, \hat{u}_e \quad \text{mit } \hat{b}_e = \begin{bmatrix} hp_1 \mathbf{b}_e \\ hp_2 \mathbf{b}_e \end{bmatrix} \ . \tag{2.157}$$

Mit $\mathbf{q} = (q_1, q_2)^T$ erhalten wir für das Randintegral analog

$$h \int\limits_{C_j} \mathbf{q}^T \mathbf{f}\, ds = h \int\limits_{C_j} (q_1 u + q_2 v)ds = hq_1 \int\limits_{C_j} uds + hq_2 \int\limits_{C_j} vds$$

$$= hq_1\, \mathbf{b}_R^T\, \widetilde{\mathbf{u}}_R + hq_2\, \mathbf{b}_R^T\, \widetilde{\mathbf{v}}_R = \hat{b}_R^T\, \hat{u}_R \tag{2.158}$$

$$\text{mit} \quad \hat{b}_R = \begin{bmatrix} hq_1 \mathbf{b}_R \\ hq_2 \mathbf{b}_R \end{bmatrix} \ , \quad \hat{u}_R = \begin{bmatrix} \widetilde{\mathbf{u}}_R \\ \widetilde{\mathbf{v}}_R \end{bmatrix} \ .$$

Der Vektor $\mathbf{b_R}$ kann dem Abschn.2.1 über eindimensionale Elemente für die entsprechenden Ansätze entnommen werden.

Falls Einzelkräfte auftreten, so ist dafür zu sorgen, daß die Angriffspunkte gleichzeitig Knotenpunkte von Elementen sind. Nach Zerlegung von $\mathbf{F_i}$ in die Komponenten in x- und y-Richtung liefert $\sum\limits_{i=1}^{m} \mathbf{F}_i^T \mathbf{f}_i$ unmittelbar einen in den Verschiebungen der Knotenpunkte linearen Ausdruck.

Der bisherigen Betrachtung zur Herleitung und Begründung der effizienten Berechnung der Steifigkeitselementmatrix und der linearen Anteile zum Gesamtpotential wurde der Übersichtlichkeit halber der Elementvektor $\hat{\mathbf{u}}_e$ der Knotenvariablen zugrunde gelegt. Es ist aber üblich, die Knotenvariablen pro Knotenpunkt zusammenzufassen, also einen Elementvektor

$$\mathbf{u}_e = (u_1, v_1, u_2, v_2, \ldots, u_n, v_n)^T \tag{2.159}$$

zu verwenden. Der Vektor $\mathbf{u}_e$ geht aus $\hat{\mathbf{u}}_e$ durch eine simple Permutation hervor. Die entsprechende Steifigkeitselementmatrix $\mathbf{S}_e$ entsteht aus $\hat{\mathbf{S}}_e$ durch eine gleichzeitige entsprechende Zeilen- und Kolonnenpermutation. Es ist aber nicht nötig, zuerst $\hat{\mathbf{S}}_e$ zu berechnen, um anschließend die Permutationen auszuführen, vielmehr kann $\mathbf{S}_e$ direkt durch eine einfache Indextransformation erhalten werden. Dasselbe gilt auch für die Vektoren $\hat{\mathbf{b}}_e$ und $\hat{\mathbf{b}}_R$.

Für Eigenschwingungsprobleme wird die Massenelementmatrix $\mathbf{M}_e$ entsprechend dem Integral

$$\iint\limits_{G_i} \mathbf{f}^T \mathbf{f}\, dxdy = \iint\limits_{G_i} (u^2 + v^2)\, dxdy = \mathbf{u}_e^T \mathbf{M}_e\, \mathbf{u}_e \tag{2.160}$$

benötigt. Die beiden Integrale bezüglich u^2 und v^2 liefern formal identische Beiträge, so daß bei Verwendung des Elementvektors $\hat{\mathbf{u}}_e$ die zugehörige Massenelementmatrix $\hat{\mathbf{M}}_e$ eine diagonale Blockmatrix ist mit übereinstimmenden Untermatrizen $\hat{\mathbf{M}}_{11}$ und $\hat{\mathbf{M}}_{22}$. Diese Matrizen sind aber im Zusammenhang mit dem Dirichletproblem hergeleitet und dort zahlenmäßig angegeben worden. Die Matrix $\mathbf{M}_e$ ergibt sich durch die oben beschriebenen Zeilen- und Kolonnenpermutationen.

Kommen kubische Ansätze für $u(\xi, \eta)$ und $v(\xi, \eta)$ mit partiellen Ableitungen als Knotenvariablen zur Anwendung, so sind die oben beschriebenen Elementmatrizen noch einer entsprechenden Kongruenztransformation wie (2.80) zu unterwerfen. Sie ist für die u- und v-Komponenten getrennt auszuführen

$$\begin{aligned}
u_\xi^{(i)} &= x_{21} u_x^{(i)} + y_{21} u_y^{(i)} \;, & v_\xi^{(i)} &= x_{21} v_x^{(i)} + y_{21} v_y^{(i)} \;, \\
u_\eta^{(i)} &= x_{31} u_x^{(i)} + y_{31} u_y^{(i)} \;, & v_\eta^{(i)} &= x_{31} v_x^{(i)} + y_{31} v_y^{(i)} \;,
\end{aligned} \tag{2.161}$$

so daß die Matrix $\mathbf{C}$ von (2.79) entsprechend größer wird und für ein Dreieckelement drei vierreihige Untermatrizen $\mathbf{C}_{ii}$ längs der Diagonalen enthält neben zweireihigen

Einheitsmatrizen, die zu den Verschiebungspaaren (u_i, v_i) gehören. Selbstverständlich sind auch die Vektoren $\mathbf{b_e}$ und $\mathbf{b_R}$ in diesem Fall noch zu modifizieren.

2.5.2 Krummlinige Scheibenelemente

Die Berechnung der Steifigkeitselementmatrix und der Elementvektoren für das Gebiets- und das Randintegral erfordern im Fall von krummlinigen Elementen eine numerische Integration. Die Durchführung mit Hilfe der F o r m f u n k t i o n e n ergibt wiederum einen sehr einfachen Algorithmus. Dabei können die Überlegungen von Abschn.2.4.3 übernommen werden, und die Formeln brauchen nur der neuen Situation angepaßt zu werden. Wir beschränken uns auch hier auf den wichtigsten Fall von i s o p a r a m e - t r i s c h e n Elementen.

Für die Verschiebungsfunktionen $u(\xi, \eta)$ und $v(\xi, \eta)$ gelten mit den oben eingeführten Elementvektoren $\widetilde{\mathbf{u}}_e$ und $\widetilde{\mathbf{v}}_e$ sowie für die Variablensubstitution der isoparametrischen Abbildung die Darstellungen

$$u(\xi, \eta) = \widetilde{\mathbf{u}}_e^T \mathbf{N}(\xi, \eta) \quad , \qquad v(\xi, \eta) = \widetilde{\mathbf{v}}_e^T \mathbf{N}(\xi, \eta) \tag{2.162}$$

$$x = \mathbf{x}^T \mathbf{N}(\xi, \eta) \quad , \qquad\qquad y = \mathbf{y}^T \mathbf{N}(\xi, \eta) \tag{2.163}$$

Ausgehend von der Darstellung (2.145) für den Integranden $\boldsymbol{\varepsilon}^T \mathbf{D}_{ESZ}\, \boldsymbol{\varepsilon}$ erhält man nach Substitution der Ansätze (2.162)

$$\boldsymbol{\varepsilon}^T \mathbf{D}_{ESZ}\boldsymbol{\varepsilon} = \frac{E}{1 - \nu^2}\, [\widetilde{\mathbf{u}}_e^T(\mathbf{N}_\xi \xi_x + \mathbf{N}_\eta \eta_x)(\xi_x \mathbf{N}_\xi^T + \eta_x \mathbf{N}_\eta^T)\widetilde{\mathbf{u}}_e$$

$$+ 2\,\nu \widetilde{\mathbf{u}}_e^T(\mathbf{N}_\xi \xi_x + \mathbf{N}_\eta \eta_x)(\xi_y \mathbf{N}_\xi^T + \eta_y \mathbf{N}_\eta^T)\widetilde{\mathbf{v}}_e$$

$$+ \widetilde{\mathbf{v}}_e^T(\mathbf{N}_\xi \xi_x + \mathbf{N}_\eta \eta_y)(\xi_y \mathbf{N}_\xi^T + \eta_y \mathbf{N}_\eta^T)\widetilde{\mathbf{v}}_e$$

$$+ \frac{1}{2}(1 - \nu)\,\{\widetilde{\mathbf{u}}_e^T(\mathbf{N}_\xi \xi_y + \mathbf{N}_\eta \eta_y) + \widetilde{\mathbf{v}}_e^T(\mathbf{N}_\xi \xi_x + \mathbf{N}_\eta \eta_x)\}^2\,]$$

$$= \frac{E}{1 - \nu^2}\, [\widetilde{\mathbf{u}}_e^T\{(\xi_x \mathbf{N}_\xi + \eta_x \mathbf{N}_\eta)(\xi_x \mathbf{N}_\xi + \eta_x \mathbf{N}_\eta)^T$$

$$+ \frac{1}{2}(1 - \nu)(\xi_y \mathbf{N}_\xi + \eta_y \mathbf{N}_\eta)(\xi_y \mathbf{N}_\xi + \eta_y \mathbf{N}_\eta)^T\}\widetilde{\mathbf{u}}_e$$

$$+ \widetilde{\mathbf{v}}_e^T\{(\xi_y \mathbf{N}_\xi + \eta_y \mathbf{N}_\eta)(\xi_y \mathbf{N}_\xi + \eta_y \mathbf{N}_\eta)^T$$

$$+ \frac{1}{2}(1 - \nu)(\xi_x \mathbf{N}_\xi + \eta_x \mathbf{N}_\eta)(\xi_x \mathbf{N}_\xi + \eta_x \mathbf{N}_\eta)^T\}\widetilde{\mathbf{v}}_e$$

$$+ 2\,\widetilde{\mathbf{u}}_e^T\{\nu(\xi_x \mathbf{N}_\xi + \eta_x \mathbf{N}_\eta)(\xi_y \mathbf{N}_\xi + \eta_y \mathbf{N}_\eta)^T$$

$$+ \frac{1}{2}(1 - \nu)(\xi_y \mathbf{N}_\xi + \eta_y \mathbf{N}_\eta)(\xi_x \mathbf{N}_\xi + \eta_x \mathbf{N}_\eta)^T\}\widetilde{\mathbf{v}}_e]$$

Mit den zu (2.128) identisch gebauten Hilfsvektoren

$$\mathbf{h}_1 = (\xi_x \mathbf{N}_\xi + \eta_x \mathbf{N}_\eta)\,\sqrt{J} = (y_\eta \mathbf{N}_\xi - y_\xi \mathbf{N}_\eta)/\sqrt{J} \tag{2.164}$$
$$\mathbf{h}_2 = (\xi_y \mathbf{N}_\xi + \eta_y \mathbf{N}_\eta)\,\sqrt{J} = (-x_\eta \mathbf{N}_\xi + x_\xi \mathbf{N}_\eta)/\sqrt{J}$$

vereinfacht sich das Integral über das Einheitsgebiet G_0 zu

$$h \iint_{G_0} \boldsymbol{\varepsilon}^T \mathbf{D}\, \boldsymbol{\varepsilon}\ J d\xi d\eta$$

$$= \frac{Eh}{1-\nu^2}\left[\widetilde{\mathbf{u}}_e^T \left\{ \iint_{G_0}\left(\mathbf{h}_1\mathbf{h}_1^T + \frac{1}{2}(1-\nu)\mathbf{h}_2\mathbf{h}_2^T\right)d\xi d\eta \right\} \widetilde{\mathbf{u}}_e \right.$$

$$+ \widetilde{\mathbf{v}}_e^T \left\{ \iint_{G_0}\left(\frac{1}{2}(1-\nu)\mathbf{h}_1\mathbf{h}_1^T + \mathbf{h}_2\mathbf{h}_2^T\right)d\xi d\eta \right\} \widetilde{\mathbf{v}}_e$$

$$\left. + 2\,\widetilde{\mathbf{u}}_e^T \left\{ \iint_{G_0}\left(\nu\mathbf{h}_1\mathbf{h}_2^T + \frac{1}{2}(1-\nu)\mathbf{h}_2\mathbf{h}_1^T\right)d\xi d\eta \right\} \widetilde{\mathbf{v}}_e \right]\ . \tag{2.165}$$

Nach (2.165) stehen im wesentlichen die drei Untermatrizen $\hat{\mathbf{S}}_{11}$, $\hat{\mathbf{S}}_{22}$ und $\hat{\mathbf{S}}_{12}$ in den drei geschweiften Klammern. Jeder der Integranden stellt eine quadratische Matrix dar. Die effektive Durchführung der numerischen Integration erfolgt vollkommen analog zur algorithmischen Beschreibung in Abschn. 2.4.3.

Die Berechnung der verbleibenden Gebiets- und Randintegrale erfolgt entsprechend dem Vorgehen, wie es in den Abschn. 2.4.3 und 2.4.4 beschrieben worden ist.

Im Fall von kubischen Ansätzen mit partiellen Ableitungen als Knotenvariablen sind für die Formfunktionen die zu (2.108) analogen, von der Geometrie abhängigen Modifikationen zu beachten.

2.5.3 Berechnung der Spannungen in Scheibenelementen

Bei Problemen des ebenen Spannungszustandes, also insbesondere bei Scheiben, interessieren vor allen Dingen die unter einer gegebenen Belastung resultierenden Spannungen. Obwohl die Bestimmung der Spannungen aus einem Zustand der Deformation eigentlich nicht viel mit der Bereitstellung der Elementmatrizen zu tun hat, soll dieses für die Praxis wichtige Teilproblem an dieser Stelle behandelt werden, um auch dazu einen einfachen und effizienten Prozeß anzugeben. In [17, 32, 53] werden dazu umständliche und insbesondere speicherplatzmäßig aufwendige Methoden dargestellt und offenbar in Computerprogrammen auch so angewendet.

Nach den Grundgleichungen (1.56) für den ebenen Spannungszustand gelten ganz allgemein

$$\sigma_x = \frac{E}{1 - \nu^2}\left[\epsilon_x + \nu\epsilon_y\right] \ , \quad \sigma_y = \frac{E}{1 - \nu^2}\left[\nu\epsilon_x + \epsilon_y\right] \ , \quad \tau_{xy} = \frac{E}{2(1 + \nu)}\,\gamma_{xy}$$

$$(2.166)$$

Die Verzerrungen sind weiter ebenfalls allgemein gegeben durch (1.52), und auf Grund der Transformation des Elementes auf das Einheitsgebiet G_0 gelten damit im Fall von geradlinigen Elementen (Dreiecken und Parallelogrammen)

$$\begin{aligned}
\epsilon_x &= [y_{31}u_\xi - y_{21}u_\eta]/J \\
\epsilon_y &= [-x_{31}v_\xi + x_{21}v_\eta]/J \\
\gamma_{xy} &= [-x_{31}u_\xi + x_{21}u_\eta + y_{31}v_\xi - y_{21}v_\eta]/J
\end{aligned}$$

$$(2.167)$$

Vermöge der Formelsätze (2.166) und (2.167) ist die zahlenmäßige Berechnung der drei Spannungen σ_x, σ_y und τ_{xy} in einem bestimmten Punkt eines Elementes zurückgeführt auf die Bestimmung der partiellen Ableitungen u_ξ, u_η, v_ξ und v_η im entsprechenden Bildpunkt des Einheitsgebietes. Diese Zahlwerte lassen sich aber aus den Knotenvariablen des Elementes an bestimmten Punkten vermittels der einschlägigen Formfunktionen sehr einfach berechnen. Zu erwähnen ist noch, daß für (2.167) nur die Koordinatenpaare (x_i, y_i) der Eckpunkte des Elementes erforderlich sind oder sogar nur die vier Koordinatendifferenzen.

Die partiellen Ableitungen u_ξ, u_η, v_ξ, v_η sind für lineare und quadratische sowie teilweise auch bei kubischen Ansätzen der Verschiebungsfunktionen i. a. unstetig beim Übergang von einem Element ins benachbarte. Für lineare und quadratische Ansätze sind die partiellen Ableitungen in den Eckknotenpunkten für die dort zusammenstoßenden Elemente untereinander verschieden, so daß es gar nicht sinnvoll sein kann, die Spannungen in diesen Unstetigkeitsstellen zu bestimmen. Es ist deshalb üblich, die Spannungen nur im S c h w e r p u n k t des Elementes zu berechnen, die dann als M i t t e l w e r t e für das Element angesehen werden. Im folgenden werden die partiellen Ableitungen im Schwerpunkt Z des Dreiecks T_0 und des Quadrates Q_0 in Abhängigkeit der Knotenvariablen angegeben, wie sie sich aus den Formfunktionen nach einer trivialen Rechnung ergeben. Entsprechend des verwendeten Ansatzes und des Grundgebietes erscheinen erwartungsgemäß Differentiationsformeln. Die Formeln sind für u und v identisch, so daß nur die Differentiationsregeln für u wiedergegeben werden.

a) Linearer Ansatz im Dreieck

$$u_\xi(Z) = u_2 - u_1 \ , \quad u_\eta(Z) = u_3 - u_1 \tag{2.168}$$

b) Quadratischer Ansatz im Dreieck

$$u_\xi(Z) = \frac{1}{3}\left[(u_2 - u_1) + 4(u_5 - u_6)\right]$$

$$(2.169)$$

$$u_\eta(Z) = \frac{1}{3}\left[(u_3 - u_1) + 4(u_5 - u_4)\right]$$

c) Bilinearer Ansatz im Quadrat

$$u_\xi(Z) = \frac{1}{2} \left[(u_2 - u_1) + (u_3 - u_4) \right]$$

$$u_\eta(Z) = \frac{1}{2} \left[(u_4 - u_1) + (u_3 - u_2) \right]$$

(2.170)

d) Quadratischer Ansatz der Serendipity-Klasse im Quadrat

$$u_\xi(Z) = u_6 - u_8, \qquad u_\eta(Z) = u_7 - u_5 \qquad (2.171)$$

Die auffällig einfachen Formeln (2.171) entsprechen dem zentralen Differenzenquotienten und stellen für eine in ξ und η quadratische Funktion $u(\xi, \eta)$ die exakten Ableitungen dar. Die Differentiationsformeln (2.169) erlauben eine Interpretation als gewogenes Mittel von zwei zentralen Differenzenquotienten im Punkt P_4 und dem Mittelpunkt zwischen P_6 und P_5. Die Gewichte berücksichtigen die Abstände dieser beiden Punkte zum Schwerpunkt.

Für kubische Ansätze mit partiellen Ableitungen als Knotenvariable liefern letztere direkt die notwendige Information zur Berechnung der Spannungen. Da in diesem Fall die Stetigkeit der ersten partiellen Ableitungen wenigstens in den Eckpunkten der Elemente gewährleistet ist und oft auch größere Elemente verwendet werden können, ist es hier sinnvoll, Spannungen in weiteren (inneren) Punkten des Elementes zu berechnen, um einen besseren Überblick über den Spannungsverlauf zu erhalten. Die zweckmäßige Berechnung erfolgt mit Hilfe der einschlägigen Formfunktionen.

2.5.4 Ebener Verzerrungszustand

Um die Steifigkeitselementmatrix für ein Problem des ebenen Verzerrungszustandes im Fall eines geradlinigen Elementes zu berechnen, ist (2.145) zu ersetzen durch

$$\boldsymbol{\varepsilon}^T \mathbf{D}_{EVZ} \boldsymbol{\varepsilon} = (\epsilon_x, \epsilon_y, \gamma_{xy}) \frac{E}{(1+\nu)(1-2\nu)} \begin{bmatrix} 1-\nu & \nu & 0 \\ \nu & 1-\nu & 0 \\ 0 & 0 & \frac{1}{2}(1-2\nu) \end{bmatrix} \begin{bmatrix} \epsilon_x \\ \epsilon_y \\ \gamma_{xy} \end{bmatrix}$$

$$= \frac{E}{(1+\nu)(1-2\nu)} \left[(1-\nu)\epsilon_x^2 + 2\nu\epsilon_x\epsilon_y + (1-\nu)\epsilon_y^2 + \frac{1}{2}(1-2\nu)\gamma_{xy}^2 \right]$$

$$= \frac{E}{(1+\nu)(1-2\nu)} \left[(1-\nu)u_x^2 + 2\nu u_x v_y + (1-\nu)v_y^2 + \frac{1}{2}(1-2\nu)(u_y + v_x)^2 \right]$$

Nach einer zu Abschn. 2.5.1 analogen Rechnung ergibt sich

$$\iint\limits_{T_i} \boldsymbol{\varepsilon}^T \mathbf{D}_{EVZ} \boldsymbol{\varepsilon}\, dxdy$$

$$= \frac{E}{(1+\nu)(1-2\nu)} \iint\limits_{T_0} [a_1 u_\xi^2 + 2\, b_1 u_\xi u_\eta + c_1 u_\eta^2 + a_2 v_\xi^2 + 2\, b_2 v_\xi v_\eta + c_2 v_\eta^2$$

$$+ 2\, a_3 u_\xi v_\xi + 2\, b_3 u_\xi v_\eta + 2\, c_3 u_\eta v_\xi + 2\, d_3 u_\eta v_\eta]d\xi d\eta$$

$$\text{mit}\quad J = (x_2 - x_1)(y_3 - y_1) - (x_3 - x_1)(y_2 - y_1)\,,\quad \mu = \frac{1}{2}(1 - 2\nu)$$

$$a_1 = [\mu(x_3 - x_1)^2 + (1 - \nu)(y_3 - y_1)^2]/J$$

$$b_1 = -[\mu(x_2 - x_1)(x_3 - x_1) + (1 - \nu)(y_2 - y_1)(y_3 - y_1)]/J$$

$$c_1 = [\mu(x_2 - x_1)^2 + (1 - \nu)(y_2 - y_1)^2]/J$$

$$a_2 = [(1 - \nu)(x_3 - x_1)^2 + \mu(y_3 - y_1)^2]/J$$

$$b_2 = -[(1 - \nu)(x_2 - x_1)(x_3 - x_1) + \mu(y_2 - y_1)(y_3 - y_1)]/J$$

$$c_2 = [(1 - \nu)(x_2 - x_1)^2 + \mu(y_2 - y_1)^2]/J$$

$$a_3 = -\frac{1}{2}(x_3 - x_1)(y_3 - y_1)/J$$

$$b_3 = [\nu(x_2 - x_1)(y_3 - y_1) + \mu(x_3 - x_1)(y_2 - y_1)]/J$$

$$c_3 = [\nu(x_3 - x_1)(y_2 - y_1) + \mu(x_2 - x_1)(y_3 - y_1)]/J$$

$$d_3 = -\frac{1}{2}(x_2 - x_1)(y_2 - y_1)/J$$

2.6 Plattenelemente

Aufgaben der Plattenbiegung und der Plattenschwingung sind auf Grund elastomechanischer Überlegungen und auch aus mathematischen Gründen anspruchsvoller in ihrer Behandlung, da die Durchbiegung $w(x, y)$ nicht nur stetig, sondern auch noch stetig differenzierbar sein muß. Mathematisch liegt dies darin begründet, daß im Integral für die Deformationsenergie zweite partielle Ableitungen auftreten. Damit das Variationsprinzip überhaupt anwendbar ist, sind nur mindestens einmal stetig differenzierbare Funktionen $w(x, y)$ zulässig. Dies bedeutet nun, daß die Ansatzfunktionen für $w(x, y)$ in den Elementen die Eigenschaft besitzen müssen, die Stetigkeit der Normalableitung längs den Seiten beim Übergang von einem Element ins benachbarte zu gewährleisten. Die Forderung, k o n f o r m e Elemente zu konstruieren, ist nur mit sehr großem Aufwand und entsprechend umständlich zu erfüllen. Deshalb besteht aus rein praktischen Überlegungen der Wunsch, die Stetigkeitsanforderungen soweit zu lockern, daß mit den so resultierenden n i c h t k o n f o r m e n Elementen dennoch brauchbare Ergebnisse erzielt werden. Obwohl man bei Verwendung von nichtkonformen Elementen mathematisch und mechanisch eine Kriminalität begeht, so rechtfertigen die erzielten Resultate das Vorgehen vollkommen. Um die Anwendbarkeit nichtkonformer Plattenelemente mathematisch zu begründen, sind allgemeinere Variationsprinzipien vorgeschlagen worden, welche das Extremalprinzip der gesamten potentiellen Energie ersetzen [22, 39, 82, 85, 87].

2.6.1 Konforme Elemente

Beginnen wir mit einem konformen R e c h t e c k e l e m e n t, da seine Beschreibung und die Verifikation der Stetigkeit der Normalableitung relativ einfach sind. Im Einheitsquadrat Q_0 gelte für die Durchbiegung $w(\xi, \eta)$ ein bikubischer Ansatz

$$w(\xi, \eta) = \alpha_1 + \alpha_2\xi + \alpha_3\eta + \alpha_4\xi^2 + \alpha_5\xi\eta + \alpha_6\eta^2 + \alpha_7\xi^3 + \alpha_8\xi^2\eta + \alpha_9\xi\eta^2$$
$$+ \alpha_{10}\eta^3 + \alpha_{11}\xi^3\eta + \alpha_{12}\xi^2\eta^2 + \alpha_{13}\xi\eta^3 + \alpha_{14}\xi^3\eta^2 + \alpha_{15}\xi^2\eta^3 + \alpha_{16}\xi^3\eta^3$$

$$(2.172)$$

als unvollständiges aber die Symmetriebedingung erfüllendes Polynom sechsten Grades mit insgesamt 16 Parametern. Auf jeder Seite des Einheitsquadrates ($\xi = 0$ oder 1, $\eta = 0$ oder 1) reduziert sich die Funktion auf ein vollständiges kubisches Polynom in der verbleibenden Variablen. Die Normalableitung auf jeder Seite ist, abgesehen vom Vorzeichen, entweder gleich der partiellen Ableitung nach ξ oder η bei festem η, bzw. ξ. Nun sind

$$w_\xi = \alpha_2 + 2\,\alpha_4\xi + \alpha_5\eta + 3\,\alpha_7\xi^2 + 2\,\alpha_8\xi\eta + \alpha_9\eta^2 + 3\,\alpha_{11}\xi^2\eta$$
$$+ 2\,\alpha_{12}\xi\eta^2 + \alpha_{13}\eta^3 + 3\,\alpha_{14}\xi^2\eta^2 + 2\,\alpha_{15}\xi\eta^3 + 3\,\alpha_{16}\xi^2\eta^3$$
$$w_\eta = \alpha_3 + \alpha_5\xi + 2\,\alpha_6\eta + \alpha_8\xi^2 + 2\,\alpha_9\xi\eta + 3\,\alpha_{10}\eta^2 + \alpha_{11}\xi^3$$
$$+ 2\,\alpha_{12}\xi^2\eta + 3\,\alpha_{13}\xi\eta^2 + 2\,\alpha_{14}\xi^3\eta + 3\,\alpha_{15}\xi^2\eta^2 + 3\,\alpha_{16}\xi^3\eta^2$$

für festes ξ, bzw. η auch vollständige Polynome dritten Grades in der verbleibenden Variablen. Die kubischen Funktionen der Durchbiegung und der Normalableitungen sind aber nach dem in Abschn.2.1.3 behandelten kubischen Ansatz durch zwei Werte und zwei Ableitungen in den Endpunkten der Seiten eindeutig festgelegt. Mit den je vier Knotenvariablen

$$w, \quad w_\xi, \quad w_\eta, \quad w_{\xi\eta} \tag{2.173}$$

in den vier Eckknotenpunkten kann das Gewünschte erreicht werden. Für die Durchbiegung ist dies offensichtlich und für die Normalableitung auf der Seite P_2P_3 mit $\xi = 1$ ist beispielsweise w_ξ durch die vier Werte $w_\xi^{(2)}, w_{\xi\eta}^{(2)}, w_\xi^{(3)}, w_{\xi\eta}^{(3)}$ in den Knotenpunkten P_2 und P_3 eindeutig festgelegt. Daraus folgt aber die Konformität des Elementes für Plattenbiegung.

Die 16 Koeffizienten α'_1 bis α_{16} im Ansatz (2.172) sind vermittels der Interpolationsbedingung mit den 16 Knotenvariablen des Elementvektors

$$w_e = (w_1, w_\xi^{(1)}, w_\eta^{(1)}, w_{\xi\eta}^{(1)}, w_2, w_\xi^{(2)}, \ldots, w_4, w_\xi^{(4)}, w_\eta^{(4)}, w_{\xi\eta}^{(4)})^T \qquad (2.174)$$

in Beziehung zu bringen. Die Inversion der 16 Linearformen führt zu einer Matrix A der Ordnung 16, die ganzzahlig ist. Sie kann zur Herleitung der Grundmatrizen verwendet werden, und aus ihr könnten auch die einschlägigen Formfunktionen abgeleitet werden. Die Formfunktionen ergeben sich in diesem Fall aber fast zwangsläufig als Produkte von Formfunktionen (2.27) des eindimensionalen Falls. Es gelten nämlich

$$
\begin{aligned}
N_1(\xi, \eta) &= (1 - \xi)^2(1 + 2\,\xi)(1 - \eta)^2(1 + 2\,\eta) \\
N_2(\xi, \eta) &= \xi(1 - \xi)^2(1 - \eta)^2(1 + 2\,\eta) \\
N_3(\xi, \eta) &= (1 - \xi)^2(1 + 2\,\xi)\eta(1 - \eta)^2 \\
N_4(\xi, \eta) &= \xi(1 - \xi)^2\eta(1 - \eta)^2 \\
N_5(\xi, \eta) &= \xi^2(3 - 2\,\xi)(1 - \eta)^2(1 + 2\,\eta) \\
N_6(\xi, \eta) &= -\xi^2(1 - \xi)(1 - \eta)^2(1 + 2\,\eta) \\
N_7(\xi, \eta) &= \xi^2(3 - 2\,\xi)\eta(1 - \eta)^2 \\
N_8(\xi, \eta) &= -\xi^2(1 - \xi)\eta(1 - \eta)^2
\end{aligned}
\qquad (2.175)
$$

etc.

Der Übergang vom Einheitsquadrat zu einem Rechteckelement, dessen Seiten parallel zur x- und y-Achse liegen, bietet keine besonderen Probleme, da die partiellen Ableitungen und insbesondere die gemischte zweite Ableitung nur durch konstante Faktoren zu transformieren sind, die von den Längen des Elementes bestimmt werden. Anders verhält es sich bei einer Abbildung auf ein allgemeines Parallelogramm, indem dann die gemischte zweite Ableitung eine Linearkombination von allen drei partiellen zweiten Ableitungen wird. Da aber $w_{\xi\xi}$ und $w_{\eta\eta}$ keine Knotenvariablen sind, erfordert die Behandlung der neuen Situation einige trickreiche und aufwendige Maßnahmen. Aus diesem Grund ist der bikubische Ansatz (2.172) praktisch auf ein rechteckiges Plattenelement beschränkt.

Mit einem rein polynomialen Ansatz für die Durchbiegung gelangt man auf einfachste Weise zu einem konformen Dreieckelement nur mit einem vollständigen Polynom fünften Grades mit 21 Parametern, das wir in den Variablen x und y ansetzen.

$$w(x, y) = c_1 + c_2 x + c_3 y + c_4 x^2 + \ldots + c_{20} xy^4 + c_{21} y^5 \qquad (2.176)$$

Zur eindeutigen Festlegung der Funktion werden 21 Knotenvariable benötigt. In den drei Eckpunkten sollen je die sechs Werte

$$w, \quad w_x, \quad w_y, \quad w_{xx}, \quad w_{xy}, \quad w_{yy} \qquad (2.177)$$

als Knotenvariable eingeführt werden. Als restliche drei Knotenvariable kommen noch die Ableitungen $\partial w/\partial n$ in Normalenrichtung in den Seitenmittelpunkten hinzu (Fig. 2.40).

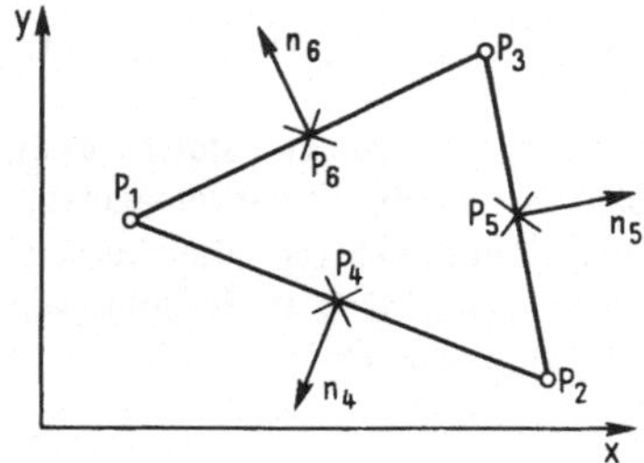

Fig. 2.40
Konformes Plattendreieckelement, Ansatz fünften
Grades

Zum Nachweis der Konformität ist erstens festzustellen, daß die Funktion $w(x, y)$
(2.176) auf jeder Dreiecksseite ein vollständiges Polynom fünften Grades der Bogenlänge
s ist. Dieses Polynom ist durch die Werte der Funktion, der ersten und zweiten Ableitung
in Richtung der Seite in den beiden Endpunkten eindeutig festgelegt als Lösung einer
entsprechenden Hermiteschen Interpolationsaufgabe. Zweitens ist die Ableitung in der
Normalenrichtung als Linearkombination von w_x und w_y längs jeder Dreiecksseite ein
Polynom vierten Grades der Bogenlänge. Dieses ist eindeutig bestimmt durch die Werte
$\partial w/\partial n$ und $\partial^2 w/\partial n\partial s$ in den Endpunkten und dem Wert $\partial w/\partial n$ im Mittelpunkt. Die
Stetigkeit und einmal stetige Differenzierbarkeit der Durchbiegung von einem Element
ins nächste ist damit sichergestellt.

Dieses konforme Plattendreieckelement ist in der Rechenpraxis nicht sehr beliebt, da
die Knotenpunkte eine unterschiedliche Zahl von Knotenvariablen aufweisen. Bei Be-
folgung einer bestimmten Philosophie der Datenvorbereitung wirkt sich diese Tatsache
als Nachteil aus. Aus diesem Grund wurde nach einer Möglichkeit gesucht, die uner-
wünschten Normalableitungen in den Mittelpunkten zu eliminieren. Zu diesem Zweck
wird der Verlauf der Normalableitung vermittels der Werte von $\partial w/\partial n$, $\partial^2 w/\partial n\partial s$ in
den Endpunkten als kubische (und damit für die beiden anstoßenden Elemente ein-
deutige!) Funktion auf der Dreiecksseite eingeschränkt und der daraus resultierende
Wert der Normalableitung berechnet. Er wird damit durch Knotenvariable in den Eckpunkten dargestellt und kann somit wieder eliminiert werden. Das Element mit 21 Knotenvariablen wird so auf ein konformes Element mit 18 Knotenvariablen reduziert,
welches für die Praxis zweckmäßiger ist. Für weitere Details sei auf [4, 7, 18, 53, 58, 61]
verwiesen.

Von verschiedenen Autoren [16, 24, 25, 89] wurden mit großem Erfindungsgeist und
großer Anstrengung konforme Dreieckelemente für Plattenbiegung mit weniger Knotenvariablen entwickelt. Eine Klasse dieser Elemente geht von einem Dreieck aus, in welchem in den Eckpunkten die drei Knotenvariablen w, w_x und w_y betrachtet werden.
In (2.110) sind für das Einheitsdreieck die zugehörigen Formfunktionen zusammengestellt. Auf den Dreiecksseiten variiert die Funktion kubisch, und ist durch die Funktions-

werte und die Richtungsableitungen in den Endpunkten eindeutig festgelegt. Die Normalableitung ist eine quadratische Funktion der Bogenlänge und durch die beiden entsprechenden Werte in den Endpunkten nicht eindeutig definiert. Sie ist beim Übergang von Element zu Element nicht stetig. Um die Stetigkeit der Normalableitung zu erreichen, werden zusätzliche, sogenannte s i n g u l ä r e   F o r m f u n k t i o n e n betrachtet, welche gebrochen rationale Ausdrücke in den Dreieckskoordinaten sind und die besondere Eigenschaft haben, daß ihr Wert auf allen drei Seiten verschwindet, der Wert der Normalableitung auf zwei Seiten ebenfalls verschwindet, aber auf der dritten Seite parabolisch verläuft. Ein Beispiel einer singulären Formfunktion in natürlichen Dreieckskoordinaten ist

$$N_1^{(s)} = \frac{(1 + \zeta_1)\zeta_1 \zeta_2^2 \zeta_3^2}{(\zeta_1 + \zeta_2)(\zeta_1 + \zeta_3)} \ .$$

Im Mittelpunkt der Seite $\zeta_1 = 0$ nimmt die Normalableitung den größten Wert an.

Addiert man drei solche singulären Formfunktionen mit beliebigen Koeffizienten zum nichtkonformen kubischen Ansatz hinzu, so werden die Werte der Funktion w und ihrer beiden ersten partiellen Ableitungen in den Eckpunkten nicht verändert. Die Koeffizienten lassen sich aber so bestimmen, daß in den Mittelpunkten der Dreiecksseiten die Normalableitungen $\partial w/\partial n$ vorgegeben werden können. Führt man diese Normalableitungen als weitere Knotenvariable hinzu, entsteht ein konformes Plattendreieckelement mit 12 Knotenvariablen, da jetzt die quadratisch variierende Normalableitung auf jeder Seite eindeutig bestimmt und damit stetig wird beim Übergang von Element zu Element.

Auch in diesem Fall stört die ungleiche Zahl der Knotenvariablen in den Knotenpunkten. Unter der Einschränkung, daß die Normalableitungen längs den Seiten linear variieren, lassen sich die Knotenvariablen in den Seitenmittelpunkten eliminieren, so daß schließlich ein konformes Plattendreieckelement mit 9 Knotenvariablen resultiert.

Diese unvollständige Übersicht über konforme Plattenelemente möge die Schwierigkeiten und die daraus resultierende Komplexität aufzeigen.

2.6.2 Nichtkonforme Elemente

In Dreieck- und Viereckelementen mit je kubischen Ansätzen für die Durchbiegung, welche durch die Werte der Durchbiegung und der beiden ersten partiellen Ableitungen in den Eckknotenpunkten festgelegt werden, haben wir bereits Elemente kennengelernt, welche zwar die Stetigkeit der Durchbiegung garantieren, aber nicht diejenige der Normalableitung. Somit scheinen die nichtkonformen Plattenelemente von Fig.2.41 zur Verfügung zu stehen. Das erste Dreieckelement (Fig.2.41 a) mit dem vollständigen kubischen Ansatz (2.75) erweist sich als unbrauchbar, da die Formfunktion, zugehörig zum Schwerpunkt die Bedingung der sog. polynomialen Invarianz zerstört, welche bei Verfeinerung der Triangulation die Konvergenz der Näherungen gegen die richtige Lösung garantiert [130].

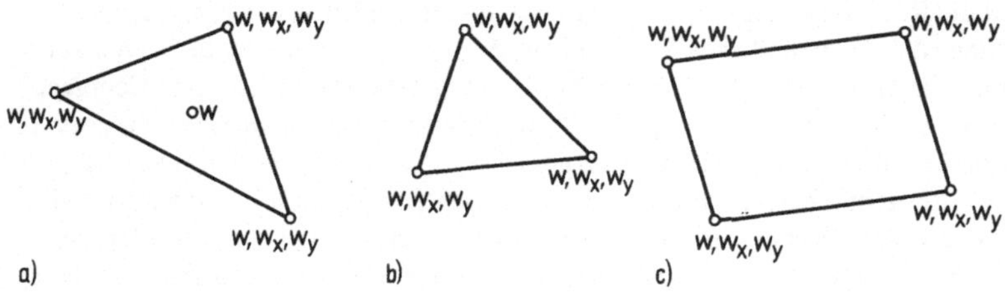

Fig. 2.41 Nichtkonforme Dreieck- und Parallelogrammelemente für Plattenbiegung

Beim zweiten Dreieckelement von Fig. 2.41 b liegen zur Definition der Verschiebungs-funktion die Formfunktionen (2.110) von Z i e n k i e w i c z zugrunde. Mit sehr sub-tilen Betrachtungen ist in [139] gezeigt, daß die Konvergenz der Näherungen gegen die richtige Lösung nur dann garantiert ist, falls alle Dreiecksseiten der Triangulation parallel zu nur drei Richtungen sind. Wird diese Bedingung verletzt, enthalten die resultierenden Näherungen größere Abweichungen.

Beim Rechteck- oder allgemeinen Parallelogrammelement von A d i n i [2] werden ebenfalls die Werte w, w_x und w_y in den vier Eckpunkten als Knotenvariable gewählt, und es kommt ein kubischer Ansatz der Serendipity-Klasse (2.73) zur Anwendung, der in Abschn. 2.2.8 nur angedeutet worden ist, für den die ersten drei Formfunktionen in (2.106) formuliert sind.

Ein verblüffend einfaches nichtkonformes Dreieckelement erhält man auf Grund eines vollständigen quadratischen Ansatzes mit sechs freien Parametern. Als Knotenvariable kommen hier die Funktionswerte w_1, w_2, w_3 in den drei Eckpunkten und dazu die Werte der Normalableitung $(\partial w/\partial n)_4$, $(\partial w/\partial n)_5$, $(\partial w/\partial n)_6$ in den 3 Seitenmitten in Frage (Fig. 2.42).

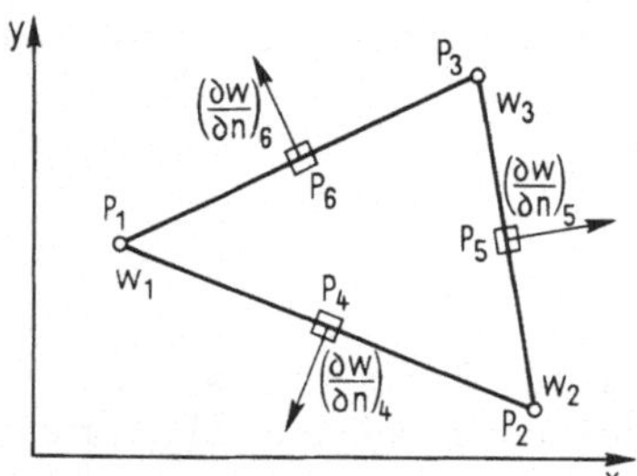

Fig. 2.42
Nichtkonformes Dreieckelement, quadratischer Ansatz

Waren bei den kubischen Elementen der Fig. 2.41 die Stetigkeit der Durchbiegung längs den ganzen Rändern der Elemente und die Stetigkeit der ersten partiellen Ableitungen wenigstens in den Eckpunkten gewährleistet, so sind jetzt beim Dreieckelement mit quadratischem Ansatz die Stetigkeitsbedingungen noch bedeutend weiter gelockert worden: Die Stetigkeit der Durchbiegung ist nur in den Eckknoten und die Stetigkeit der Normalableitung nur in den Seitenmitten gefordert. Um mit diesem einfachen Ele-ment genügend aussagekräftige Ergebnisse zu erzielen, ist eine feine Einteilung erforderlich.

2.6.3 Zur Berechnung der Elementbeiträge

Auf Grund der Darstellung der gesamten potentiellen Energie bei Plattenbiegung (1.68) sind für ein Element T_i oder Q_i die beiden Integrale bereitzustellen

$$I_1 = \iint\limits_{G_i} [w_{xx}^2 + 2\nu w_{xx}w_{yy} + w_{yy}^2 + 2(1-\nu)w_{xy}^2]\,dxdy \; , \tag{2.178}$$

$$I_2 = \iint\limits_{G_i} p\, w\, dxdy \; . \tag{2.179}$$

Bei Schwingungsuntersuchungen kommt noch das Integral

$$I_3 = \iint\limits_{G_i} w^2 \, dxdy \tag{2.180}$$

hinzu.

Wir betrachten zunächst das einfachste nichtkonforme Dreieckelement der Fig. 2.42 mit dem quadratischen Verschiebungsansatz in den globalen (x,y)-Koordinaten

$$w(x, y) = \alpha_1 + \alpha_2 x + \alpha_3 y + \alpha_4 x^2 + \alpha_5 xy + \alpha_6 y^2 \; . \tag{2.181}$$

Die Koeffizienten α_1 bis α_6 sind durch die Knotenvariablen auszudrücken, welche im Knotenelementvektor

$$\mathbf{w_e} = \left(w_1, w_2, w_3, \left(\frac{\partial w}{\partial n}\right)_4, \left(\frac{\partial w}{\partial n}\right)_5, \left(\frac{\partial w}{\partial n}\right)_6\right)^T \tag{2.182}$$

zusammengefaßt seien. In jedem der Seitenmittelpunkte ist die Normalenrichtung festzulegen, die nicht unbedingt mit der Richtung der äußeren Normalen übereinzustimmen hat. Diese Bemerkung ist im Hinblick auf das Gesamtproblem zu verstehen, da für die zwei zusammenstoßenden Elemente dieselbe Normalenrichtung gültig sein muß, so daß sie für das eine Element nach außen und für das andere nach innen gerichtet ist. Es sei $c_i = \cos\varphi_i$ und $s_i = \sin\varphi_i$, wo φ_i der Winkel zwischen der positiven x-Achse und der Richtung der Normalen n im Punkt P_i $(i = 4, 5, 6)$ bedeute. Dann gilt für die Richtungsableitungen

$$\left(\frac{\partial w}{\partial n}\right)_i = c_i \left(\frac{\partial w}{\partial x}\right)_i + s_i \left(\frac{\partial w}{\partial y}\right)_i \; , \quad (i = 4, 5, 6) \; . \tag{2.183}$$

Damit lautet die Interpolationsbedingung $\mathbf{w_e} = \mathbf{C}\boldsymbol{\alpha}$ mit der Matrix

$$\mathbf{C} = \begin{bmatrix} 1 & x_1 & y_1 & x_1^2 & x_1 y_1 & y_1^2 \\ 1 & x_2 & y_2 & x_2^2 & x_2 y_2 & y_2^2 \\ 1 & x_3 & y_3 & x_3^2 & x_3 y_3 & y_3^2 \\ 0 & c_4 & s_4 & 2\,c_4 x_4 & s_4 x_4 + c_4 y_4 & 2\,s_4 y_4 \\ 0 & c_5 & s_5 & 2\,c_5 x_5 & s_5 x_5 + c_5 y_5 & 2\,s_5 y_5 \\ 0 & c_6 & s_6 & 2\,c_6 x_6 & s_6 x_6 + c_6 y_6 & 2\,s_6 y_6 \end{bmatrix} \; . \tag{2.184}$$

Die Inverse dieser Matrix $\mathbf{C}^{-1} = \mathbf{A}$ liefert den gesuchten Zusammenhang zwischen dem Koeffizientenvektor $\boldsymbol{\alpha}$ und dem Knotenelementvektor $\mathbf{w_e}$ mit der jetzt von der Geometrie des Dreiecks abhängigen Matrix $\mathbf{A}$

$$\boldsymbol{\alpha} = \mathbf{A}\, \mathbf{w}_e \ . \tag{2.185}$$

Für das Integral (2.178) erhalten wir nach Substitution der zweiten partiellen Ableitungen von (2.181)

$$\iint_{T_i} [4\,\alpha_4^2 + 8\,\nu\alpha_4\alpha_6 + 4\,\alpha_6^2 + 2(1-\nu)\alpha_5^2]\,dxdy = A_e[4\,\alpha_4^2 + 8\,\nu\alpha_4\alpha_6 + 4\,\alpha_6^2 + 2(1-\nu)\alpha_5^2]$$

eine quadratische Form in den Koeffizienten α_i, wobei A_e die Fläche des Dreieckelementes bedeutet. Das Integral liefert somit in diesem Spezialfall eine, abgesehen vom Faktor A_e, von der Geometrie unabhängige Matrix S_1

$$S_1 = A_e \cdot \begin{bmatrix} 0 & 0 & 0 & 0 & 0 & 0 \\ 0 & 0 & 0 & 0 & 0 & 0 \\ 0 & 0 & 0 & 0 & 0 & 0 \\ 0 & 0 & 0 & 4 & 0 & 4\nu \\ 0 & 0 & 0 & 0 & 2(1-\nu) & 0 \\ 0 & 0 & 0 & 4\nu & 0 & 4 \end{bmatrix}, \tag{2.186}$$

welche einzig die Poissonzahl ν als Materialkonstante enthält. Das Integral I_1 stellt sich mit (2.186) dar als

$$I_1 = \boldsymbol{\alpha}^T S_1 \,\boldsymbol{\alpha} = \mathbf{w}_e^T \mathbf{A}^T S_1 \mathbf{A}\, \mathbf{w}_e = \mathbf{w}_e^T S_e\, \mathbf{w}_e \ . \tag{2.187}$$

Die gesuchte Steifigkeitselementmatrix S_e ergibt sich also, indem die (im wesentlichen konstante) Matrix S_1 der Kongruenztransformation mit der von der Geometrie abhängigen Matrix $\mathbf{A}$ unterworfen wird. Die Bereitstellung der Matrix S_e erfordert also die Inversion einer sechsreihigen Matrix und anschließend zwei Matrizenmultiplikationen, die jedoch unter Beachtung der vielen Nullelemente in S_1 sehr effizient durchführbar sind.

Zur Berechnung des Elementvektors zu I_2 und der Massenelementmatrix M_e zu I_3 geht man analog vor, wobei es hier zweckmäßig erscheint, die Integrale in Abhängigkeit der Koeffizienten α_1 bis α_6 durch numerische Integration zu berechnen, um dann noch die notwendigen Transformationen mit $\mathbf{A}$ vorzunehmen.

Der dargestellte Prozeß kann grundsätzlich auch im Fall von höhergradigen Durchbiegungsansätzen durchgeführt werden, und die einzelnen Schritte lassen sich zudem mit Hilfe von Matrizen formal sehr schön beschreiben. Nun ist aber zu bedenken, daß für einen kubischen Ansatz für jedes Element eine zehn- oder zwölfreihige Matrix zu invertieren ist, die zu S_1 analoge Matrix bereits durch numerische Integration zu gewinnen ist und schließlich die Kongruenztransformation noch zwei Matrizenmultiplikationen erfordert, der Rechenaufwand also rund $3n_e^3$ beträgt, wo n_e die Zahl der Knotenvariablen des Elementes bedeutet. Die Verwendung von Formfunktionen und von natürlichen Dreieckskoordinaten vereinfacht die Situation etwas, doch wird der Rechenaufwand in die Berechnung der geometrieabhängigen Formfunktionen und in Matrizenmultiplikationen verschoben.

Ein durchsichtiger und zudem sehr effizienter Algorithmus zur Berechnung der Elementbeiträge ergibt sich, zumindest für die kubischen, nichtkonformen Plattenelemente, auf
der Basis der Grundmatrizen nach Abschn.2.2.

Die Berechnung des Integrals I_1 (2.178) für ein geradliniges Dreieckelement T_i oder
Parallelogrammelement Q_i wird wiederum auf die Integration bezüglich des Einheitsgebietes T_0, bzw. Q_0 vermittels der linearen Substitution (2.47) zurückgeführt. Dazu
sind insbesondere die zweiten partiellen Ableitungen in (2.178) nach den einschlägigen
Regeln zu ersetzen. Für die ersten Ableitungen gelten zunächst

$$w_x = w_\xi \xi_x + w_\eta \eta_x \quad , \quad w_y = w_\xi \xi_y + w_\eta \eta_y \quad . \tag{2.188}$$

In (2.188) sind $\xi_x, \eta_x, \xi_y, \eta_y$ für ein gegebenes, geradliniges Element konstant. Dies ist
bei der Bildung der zweiten partiellen Ableitungen zu berücksichtigen und man erhält
weiter

$$\begin{aligned}
w_{xx} &= w_{\xi\xi}\xi_x^2 + 2\,w_{\xi\eta}\xi_x\eta_x + w_{\eta\eta}\eta_x^2 \ , \\
w_{xy} &= w_{\xi\xi}\xi_x\xi_y + w_{\xi\eta}(\xi_x\eta_y + \xi_y\eta_x) + w_{\eta\eta}\eta_x\eta_y \ , \\
w_{yy} &= w_{\xi\xi}\xi_y^2 + 2\,w_{\xi\eta}\xi_y\eta_y + w_{\eta\eta}\eta_y^2 \ .
\end{aligned} \tag{2.189}$$

Diese Ausdrücke (2.189) sind im Integral (2.178) einzusetzen und $dxdy = Jd\xi d\eta$ zu
setzen. Eine elementare Rechnung verbunden mit einiger algebraischen Manipulation
liefert das Resultat

$$\begin{aligned}
I_1 &= \iint\limits_{G_i} [w_{xx}^2 + 2\,\nu w_{xx}w_{yy} + w_{yy}^2 + 2(1-\nu)w_{xy}^2]\,dxdy \\
&= \iint\limits_{G_0} [a_1 w_{\xi\xi}^2 + a_2 w_{\xi\xi}w_{\xi\eta} + a_3 w_{\xi\xi}w_{\eta\eta} + a_4 w_{\xi\eta}^2 + a_5 w_{\xi\eta}w_{\eta\eta} + a_6 w_{\eta\eta}^2]\,d\xi d\eta
\end{aligned}$$

$$\tag{2.190}$$

mit
$$\begin{aligned}
a_1 &= (\xi_x^2 + \xi_y^2)^2\,J \\
a_2 &= 4(\xi_x\eta_x + \xi_y\eta_y)(\xi_x^2 + \xi_y^2)J \\
a_3 &= 2[(\xi_x\eta_x + \xi_y\eta_y)^2 + \nu(\xi_x\eta_y - \xi_y\eta_x)^2]J \\
a_4 &= [4(\xi_x\eta_x + \xi_y\eta_y)^2 + 2(1-\nu)(\xi_x\eta_y - \xi_y\eta_x)^2]J \\
a_5 &= 4(\xi_x\eta_x + \xi_y\eta_y)(\eta_x^2 + \eta_y^2)J \\
a_6 &= (\eta_x^2 + \eta_y^2)^2\,J
\end{aligned}$$

Mit den Werten für ξ_x etc. nach Abschn.2.2.1 und mit den Abkürzungen $x_{ij} = x_i - x_j$,
$y_{ij} = y_i - y_j$ erhalten die Koeffizienten a_1 bis a_6 die Darstellung

$$\begin{aligned}
a_1 &= (x_{31}^2 + y_{31}^2)^2/J^3 \\
a_2 &= -4(x_{21}x_{31} + y_{21}y_{31})(x_{31}^2 + y_{31}^2)/J^3 \\
a_3 &= 2[(x_{21}x_{31} + y_{21}y_{31})^2 + \nu J^2]/J^3 \\
a_4 &= [4(x_{21}x_{31} + y_{21}y_{31})^2 + 2(1-\nu)J^2]/J^3 \\
a_5 &= -4(x_{21}x_{31} + y_{21}y_{31})(x_{21}^2 + y_{21}^2)/J^3 \\
a_6 &= (x_{21}^2 + y_{21}^2)^2/J^3
\end{aligned}$$

$$\tag{2.191}$$

Es ist interessant festzustellen, daß sich die Koeffizienten aus nur drei verschiedenen Klammerausdrücken aufbauen, und daß die Poissonzahl ν nur in zwei Koeffizienten auftritt. Ihre Berechnung ist wenig aufwendig.

Für ein Rechteck mit den zur x- und y-Achse parallelen Seiten der Längen a und b haben die Koeffizienten mit $x_{21} = a$, $x_{31} = 0$, $y_{21} = 0$, $y_{31} = b$, $J = ab$ die Werte

$$a_1 = b/a^3, \quad a_2 = 0, \quad a_3 = 2\,\nu/(ab), \quad a_4 = 2(1 - \nu)/(ab), \quad a_5 = 0, \quad a_6 = a/b^3 \ .$$

In diesem Spezialfall erhält man erwartungsgemäß im wesentlichen wieder den ursprünglichen Integranden zurück.

Die Elementsteifigkeitsmatrix $\hat{S}_e$ entsprechend zu I_1 ist nach (2.190) darstellbar als Linearkombination von sechs Grundmatrizen S_1 bis S_6 gemäß

$$\iint\limits_{G_0} w_{\xi\xi}^2\,d\xi d\eta = \hat{u}_e^T S_1\,\hat{u}_e \ , \qquad \iint\limits_{G_0} w_{\xi\xi}w_{\xi\eta}\,d\xi d\eta = \hat{u}_e^T S_2\,\hat{u}_e \ ,$$

$$\iint\limits_{G_0} w_{\xi\xi}w_{\eta\eta}\,d\xi d\eta = \hat{u}_e^T S_3\,\hat{u}_e \ , \qquad \iint\limits_{G_0} w_{\xi\eta}^2\,d\xi d\eta = \hat{u}_e^T S_4\,\hat{u}_e \ , \qquad (2.192)$$

$$\iint\limits_{G_0} w_{\xi\eta}w_{\eta\eta}\,d\xi d\eta = \hat{u}_e^T S_5\,\hat{u}_e \ , \qquad \iint\limits_{G_0} w_{\eta\eta}^2\,d\xi d\eta = \hat{u}_e^T S_6\,\hat{u}_e \ ,$$

$$\hat{S}_e = \sum_{i=1}^{6} a_i\,S_i \ . \qquad (2.193)$$

Wie in Abschn. 2.2.8 bedeutet $u_e = (w_1, p_1, q_1, w_2, p_2, q_2, \ldots)^T$ den Vektor der Knotenvariablen, wo die partiellen Ableitungen $p_i = w_\xi(P_i)$, $q_i = w_\eta(P_i)$ nach ξ und η zu verstehen sind. Die gesuchte Elementmatrix S_e ergibt sich gemäß (2.80) nach den dort im Detail wiedergegebenen Transformationsformeln. Die Integrale I_2 und I_3 lassen sich wie dort behandeln.

Zur praktischen Durchführung genügt es also, die Grundmatrizen S_1 bis S_6 (2.192) für die Ansätze einmal zu berechnen. Es sind dies alles Matrizen mit rationalen Elementen, die sich als ganzzahlige Matrizen mit gemeinsamen Nennern im Programm einbauen lassen. Ihre Berechnung ist trivial, ob sie nach der Methode von Abschn. 2.2 oder mit Hilfe der Formfunktionen erfolgt.

Die effektive Berechnung von $\hat{S}_e$ erfordert bei Berücksichtigung der Symmetrie rund $3n_e^2$ Multiplikationen, und die Transformation in S_e nochmals etwa gleichviele Operationen. Der Gesamtaufwand ist deshalb nur rund $6n_e^2$ im Vergleich zu etwa $3n_e^3$ nach der ersten Methode.

2.7 Ausblick auf dreidimensionale Elemente

Die in den vorangehenden Abschnitten sehr ausführlich dargestellten Betrachtungen und Methoden lassen sich sinngemäß auf dreidimensionale Elemente übertragen. Der Grundbereich des räumlichen Feldproblems, bzw. des räumlichen Elastizitätsproblems wird in räumliche Elemente unterteilt. Die Ansätze der Feldfunktion bzw. der drei Ver-

schiebungsfunktionen müssen so beschaffen sein, daß die Funktionen auf den Grenz-
flächen der Elemente beim Übergang ins Nachbarelement stetig sind. Ist diese Bedingung
erfüllt, heißen die Elemente konform. Ohne auf die offensichtliche Verallgemeinerung
auf dreidimensionale Elemente allzu sehr im Detail einzugehen, sollen im folgenden nur
einige der wichtigsten räumlichen Elemente vorgestellt werden. Wenn dabei vom Ansatz
für die Funktion gesprochen wird, ist dabei primär an die Feldfunktion $u(x, y, z)$ gedacht. Für ein räumliches Elastizitätsproblem gelten für die beiden andern Verschiebungsfunktionen $v(x, y, z)$ und $w(x, y, z)$ gleichgebaute Ansätze. Die Zahl der Knotenvariablen
verdreifacht sich dementsprechend.

2.7.1 Tetraederelemente

Das räumliche Analogon zum zweidimensionalen Dreieck stellt das Tetraederelement mit
vier Eckpunkten dar. Die Eckpunkte seien nach Fig.2.43 derart mit P_1 bis P_4 bezeichnet,
daß die drei Richtungen $P_1 P_2$, $P_1 P_3$, $P_1 P_4$ ein rechtshändiges System bilden. Sind die

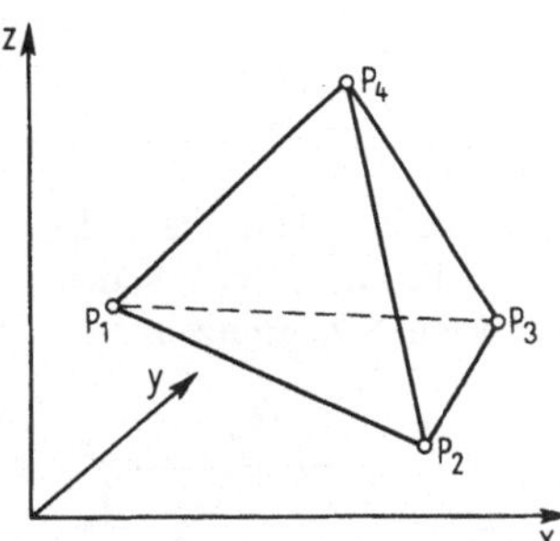

Fig. 2.43 Tetraederelement

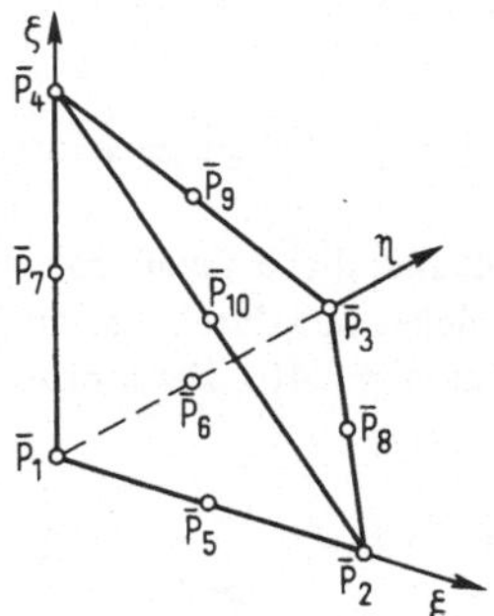

Fig. 2.44 Einheitstetraeder

Koordinaten der Eckpunkte $P_i(x_i, y_i, z_i)$, läßt sich das allgemeine Tetraeder auf das Einheitstetraeder der Fig.2.44 vermittels der linearen Transformation

$$x = x_1 + (x_2 - x_1)\xi + (x_3 - x_1)\eta + (x_4 - x_1)\zeta$$
$$y = y_1 + (y_2 - y_1)\xi + (y_3 - y_1)\eta + (y_4 - y_1)\zeta \qquad (2.194)$$
$$z = z_1 + (z_2 - z_1)\xi + (z_3 - z_1)\eta + (z_4 - z_1)\zeta$$

abbilden. Die Jacobi-Determinante von (2.194) ist gleich dem sechsfachen des Volumens
des Tetraeders. Die verwendeten Ansätze können damit wieder im Einheitstetraeder
untersucht werden.

Ein vollständiger linearer Ansatz

$$u(\xi, \eta, \zeta) = \alpha_1 + \alpha_2 \xi + \alpha_3 \eta + \alpha_4 \zeta \qquad (2.195)$$

ist durch die Werte von u in den vier Knotenpunkten eindeutig bestimmt und erfüllt die
Bedingungen der Vollständigkeit, Symmetrie und Konformität. Die Elementmatrizen

lassen sich in vollkommener Analogie zum zweidimensionalen Fall aus Grundmatrizen aufbauen. Dies gilt auch für räumliche Spannungsprobleme.

Ein vollständiger quadratischer Ansatz

$$u(\xi, \eta, \zeta) = \alpha_1 + \alpha_2\xi + \alpha_3\eta + \alpha_4\zeta + \alpha_5\xi^2 + \alpha_6\xi\eta + \alpha_7\xi\zeta + \alpha_8\eta^2 + \alpha_9\eta\zeta + \alpha_{10}\zeta^2$$

$$(2.196)$$

erfordert zehn Knotenpunkte. Neben den Eckknotenpunkten sind noch die sechs Kantenmittelpunkte hinzuzunehmen (Fig.2.44). Der Ansatz erfüllt wiederum alle Anforderungen.

Der Grad des Ansatzes läßt sich weiter erhöhen, doch steigt die Anzahl der Knotenvariablen rasch an. Für einen vollständigen kubischen Ansatz besitzt das Tetraederelement bereits 20 Knotenvariable. Sehr zweckmäßige Knotenvariable sind in diesem Fall u, u_x, u_y, u_z in den vier Eckpunkten und der Wert u in den Schwerpunkten der Seitenflächen. Allerdings ist die Zahl der Knotenvariablen verschieden in den Knotenpunkten, weshalb man eher einen unvollständigen kubischen Ansatz mit 16 Freiheitsgraden vorzieht, welcher mit den vier Knotenvariablen in den Eckpunkten auskommt [6].

2.7.2 Parallelepipedelemente

Die räumliche Verallgemeinerung des Parallelogramms ist das Parallelepiped (Fig.2.45), welches sich durch eine zu (2.194) analoge Abbildung auf den Einheitswürfel abbilden läßt (Fig.2.46). Die Indizes 3 und 4 sind dort lediglich durch 4 und 5 zu ersetzen.

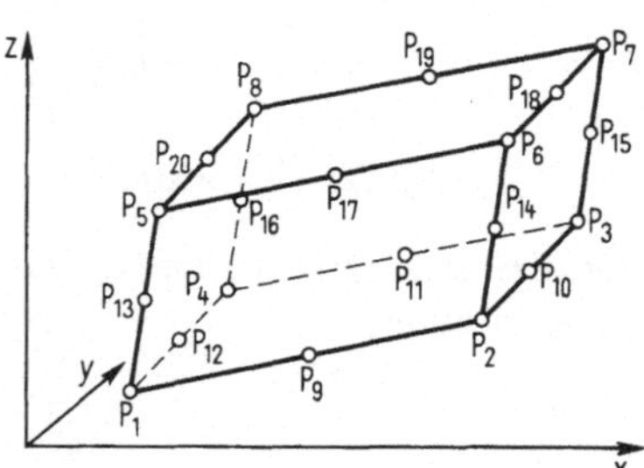

Fig. 2.45 Parallelepiped

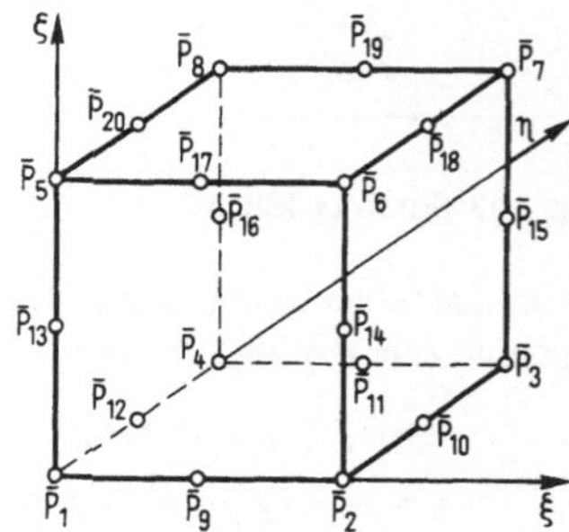

Fig. 2.46 Einheitswürfel

Am einfachsten ist der t r i l i n e a r e Ansatz

$$u(\xi, \eta, \zeta) = \alpha_1 + \alpha_2\xi + \alpha_3\eta + \alpha_4\zeta + \alpha_5\xi\eta + \alpha_6\xi\zeta + \alpha_7\eta\zeta + \alpha_8\xi\eta\zeta \ , \qquad (2.197)$$

dessen acht Parameter durch die Werte der Funktion u in den acht Eckpunkten eindeutig bestimmt ist. Auf jeder Seitenfläche reduziert sich der Ansatz auf eine bilineare Funktion der beiden Koordinaten und ist durch die vier Werte in den Eckpunkten eindeutig festgelegt, woraus folgt, daß das Element konform ist.

Ein quadratischer Ansatz der Serendipity-Klasse

$$u(\xi, \eta, \zeta) = \alpha_1 + \alpha_2\xi + \alpha_3\eta + \alpha_4\zeta + \alpha_5\xi^2 + \alpha_6\xi\eta + \alpha_7\xi\zeta + \alpha_8\eta^2 + \alpha_9\eta\zeta + \alpha_{10}\zeta^2$$
$$+ \alpha_{11}\xi^2\eta + \alpha_{12}\xi^2\zeta + \alpha_{13}\xi\eta^2 + \alpha_{14}\xi\eta\zeta + \alpha_{15}\xi\zeta^2 + \alpha_{16}\eta^2\zeta + \alpha_{17}\eta\zeta^2$$
$$+ \alpha_{18}\xi^2\eta\zeta + \alpha_{19}\xi\eta^2\zeta + \alpha_{20}\xi\eta\zeta^2 \tag{2.198}$$

mit zugehörigen Knotenpunkten nur in den Ecken und Kantenmittelpunkten besitzt bereits 20 Freiheitsgrade mit Elementmatrizen entsprechend hoher Ordnung. Die entsprechenden Knotenpunkte sind ebenfalls in den Fig.2.45 und 2.46 eingezeichnet.

Das nächsthöhere Element der Serendipity-Klasse mit einem kubischen Ansatz läßt sich mit 32 Knotenvariablen realisieren. Zweckmäßig sind hier die Werte von u, u_x, u_y, u_z in den acht Eckpunkten.

Neben den Elementen der Serendipity-Familie sind auch dreidimensionale Elemente der Lagrange-Klasse denkbar. Doch sind sie infolge der Knotenpunkte auf den Seitenflächen und im Innern des Parallelepipeds aus praktischen Gründen nicht zu empfehlen.

2.7.3 Prismenelemente

Die Diskretisierung eines komplizierteren räumlichen Grundgebietes wird gelegentlich vereinfacht, falls man neben Parallelepipeden noch prismatische Elemente verwendet, welche mit den vorerwähnten Elementen kombinierbar sind. Damit sind insbesondere Prismen mit Dreiecksquerschnitt gemeint, die als Füllelemente gebraucht werden können. Ein allgemeines schiefes dreieckiges Prisma der Fig.2.47 läßt sich auf ein Normalprisma der Fig.2.48 vermittels einer linearen Transformation (2.194) abbilden.

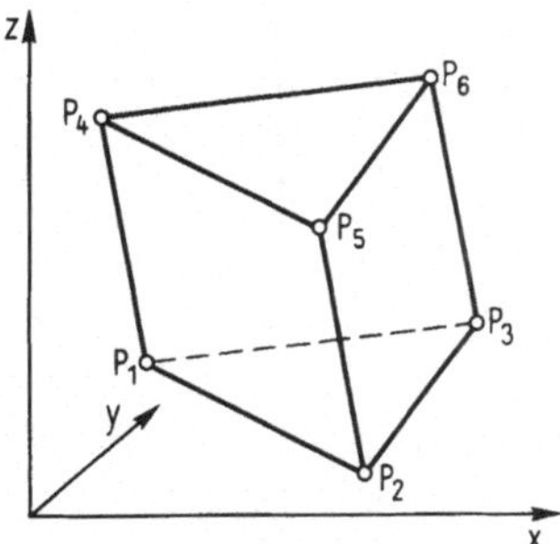

Fig. 2.47 Allgemeines dreieckiges Prisma

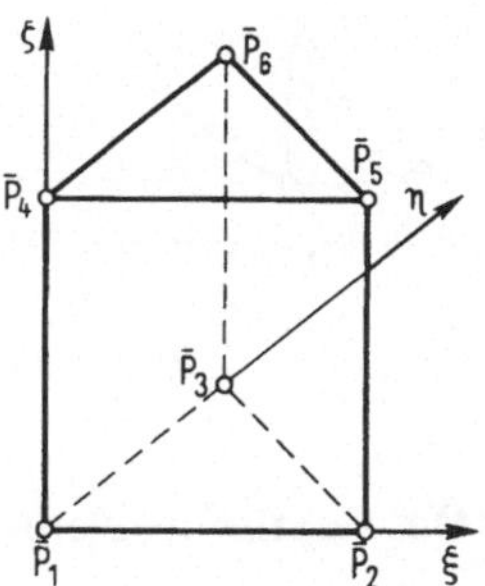

Fig. 2.48 Einheitsprisma

Der einfachste Ansatz, welcher mit den linearen Parallelepipeden und den linearen Tetraedern Stetigkeit gewährleistet, ist

$$u(\xi, \eta, \zeta) = \alpha_1 + \alpha_2\xi + \alpha_3\eta + \alpha_4\zeta + \alpha_5\xi\zeta + \alpha_6\eta\zeta \ . \tag{2.199}$$

In der Tat reduziert sich der Ansatz (2.199) auf jeder Rechteckseite auf eine bilineare

Funktion und auf jeder Dreieckseite auf eine lineare Funktion, die durch die Funktionswerte in den Ecken eindeutig festgelegt sind.

Ergänzt man das Prisma durch die neun Kantenmittelpunkte zu einem Element mit 15 Knotenpunkten, ist ein gleichsam mit den Parallelepiped- und Tetraederelementen mit quadratischen Ansätzen kombinierbarer konformer Ansatz gegeben durch

$$u(\xi, \eta, \zeta) = \alpha_1 + \alpha_2 \xi + \alpha_3 \eta + \alpha_4 \zeta + \alpha_5 \xi^2 + \alpha_6 \xi\eta + \alpha_7 \xi\zeta + \alpha_8 \eta^2 + \alpha_9 \eta\zeta$$
$$+ \alpha_{10} \zeta^2 + \alpha_{11} \xi^2\zeta + \alpha_{12} \xi\eta\zeta + \alpha_{13} \xi\zeta^2 + \alpha_{14} \eta^2\zeta + \alpha_{15} \eta\zeta^2 \quad (2.200)$$

Man überzeugt sich leicht davon, daß sich (2.200) auf jeder Rechteckseite auf eine Funktion vom Typus (2.70) reduziert, während sie auf jeder Dreieckseite vollständig quadratisch ist.

2.7.4 Isoparametrische Elemente

Die Verwendung von isoparametrischen räumlichen Elementen macht die Erfassung von allgemeinen Grundgebieten möglich. Wie bei zweidimensionalen isoparametrischen Elementen empfiehlt es sich auch hier, mit den entsprechenden Formfunktionen zu arbeiten. Die zahlenmäßige Berechnung der Elementmatrizen muß mit Hilfe einer numerischen Integrationsformel erfolgen. Die praktische Durchführung folgt sinngemäß dem in Abschn.2.4.3 dargestellten Vorgehen. Drei Beispiele von isoparametrischen Elementen mögen das Prinzip illustrieren (Fig.2.49).

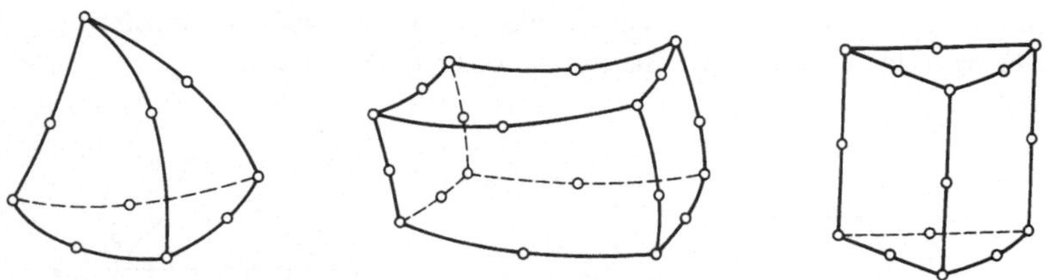

Fig. 2.49 Isoparametrisches Tetraeder-, Quader- und Prismenelement

3 Das Gesamtproblem

Nachdem im vorangehenden Kapitel die Integralbeiträge einzelner Elemente bereitgestellt worden sind, wenden wir uns jetzt der Aufgabe zu, aus den Elementmatrizen und den Elementvektoren zu gegebenen konkreten Problemstellungen die zugehörigen Gleichungssysteme bzw. Matrizen der Eigenwertaufgaben aufzubauen. Neben diesem weitgehend organisatorischen Problem der zweckmäßigen Datenvorbereitung zur Kompilation der Gesamtmatrizen werden die damit verknüpften Fragen der Berücksichtigung

der Randbedingungen und der optimalen Numerierung der Knotenvariablen im Hinblick
auf die Lösung der Gleichungssysteme und der Eigenwertaufgaben behandelt. In diesen
Zusammenhang gehört auch der Prozeß der K o n d e n s a t i o n, mit welchem unter
anderem die Zahl der Knotenvariablen reduziert werden kann.

3.1 Aufbau der algebraischen Gleichungen

3.1.1 Allgemeine Vorbereitungen

Um eine konkrete Problemstellung wirklich zu lösen, muß einmal grundsätzlich ent-
schieden werden, was für Elemente verwendet werden sollen. Dem Anwender stehen ja
in der Regel verschiedene E l e m e n t t y p e n hinsichtlich des Grades der Ansatzfunktion und der zugehörigen Elementknotenvariablen zur Verfügung. Dieser Entscheid
beeinflußt in einem gewissen Grad die D i s k r e t i s a t i o n des Grundgebietes, denn
es liegt auf der Hand, daß ein Ansatz niedrigen Grades eine feinere Einteilung verlangt
als ein höhergradiger Ansatz, um in beiden Fällen eine gleich gute approximierende Lösung des Problems zu erzielen. Selbstverständlich richtet sich die Feinheit der Diskretisation in Elemente nach der gewünschten Genauigkeit der zu berechnenden Lösung,
und sie muß zudem bestimmten Problemcharakteristiken geeignet Rechnung tragen. So
erfordern beispielsweise einspringende Ecken in ihrer Umgebung eine feinere Elementeinteilung ebenso wie Teilgebiete mit großen Spannungsänderungen bei elastomechanischen Problemen.

Nach erfolgter problemgerechter Elementeinteilung werden sämtliche K n o t e n -
p u n k t e, respektive die K n o t e n v a r i a b l e n geeignet d u r c h n u m e r i e r t.
Die Frage nach der geeignetsten Durchnumerierung wird sich im Rahmen der Diskussion
der entstehenden Matrizen beantworten lassen. Weiter sollen vorläufig die zu erfüllenden Randbedingungen außer acht gelassen werden. Ihre zweckmäßige Berücksichtigung
wird in Abschn. 3.1.3 diskutiert werden.

Falls zu jedem Knotenpunkt gleich viele Knotenvariable gehören, so genügt es die Knotenpunkte durchzunumerieren, da sich daraus unter der üblichen Annahme, daß die
Knotenvariablen pro Punkt fortlaufende Nummern erhalten, die Nummern der Variablen
einfach ableiten lassen. Dies ist besonders für kubische Elemente mit partiellen Ableitungen als Knotenvariablen wie auch für Elemente zu elastomechanischen Problemen
von Bedeutung, da im letzten Fall zu jedem Knotenpunkt ohnehin mehr als eine Knotenvariable gehört. Für die Problemvorbereitung resultiert so eine wesentliche Vereinfachung, welche erklärt, warum Elemente mit gleicher Anzahl von Knotenvariablen pro
Knotenpunkt in der Rechenpraxis bevorzugt werden.

Zur Berechnung der Elementmatrizen werden die K o o r d i n a t e n der E c k -
p u n k t e im Fall von geradlinigen Dreieck- und Parallelogrammelementen benötigt.
Für krummlinige isoparametrische Elemente sind noch die Koordinaten von Zwischen-
punkten oder eventuell die Angabe von partiellen Ableitungen erforderlich. Diese Daten
sind entsprechend der gewählten Numerierung bereitzustellen.

Schließlich sind für sämtliche Elemente die sie c h a r a k t e r i s i e r e n d e n D a t e n zusammenzustellen. Die erforderlichen Daten sind weitgehend vom Problem abhängig. Sie umfassen auf jeden Fall die Nummern der am Element beteiligten Knotenvariablen, eventuell vereinfachend nur die Nummern der Knotenpunkte und weiter die von Element zu Element variierenden Problemgrößen wie kontinuierliche Belastungen oder Koeffizienten. Wenn hier allgemein von Elementen gesprochen wurde, sind bei zweidimensionalen Problemen Randelemente eingeschlossen.

Beispiel 3.1 Die notwendige Datenvorbereitung soll an einem recht einfachen Problem ausführlich beschrieben werden. Für das Grundgebiet G der Fig.3.1 soll der Integralausdruck

$$I = \iint_G \left[\frac{1}{2}\,(u_x^2 + u_y^2) - 2\,u \right] dxdy \tag{3.1}$$

extremal gemacht werden unter Randbedingungen, die wir vorderhand nicht berücksichtigen. Zur Lösung sollen quadratische Ansätze in Dreieckelementen verwendet werden. Die Elementeinteilung und die Numerierung der Knotenpunkte, welche hier iden-

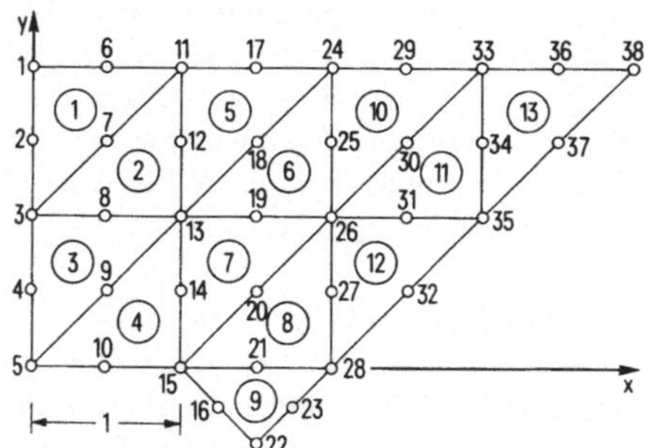

Fig. 3.1
Grundgebiet zur Illustration

Tab. 3.1 Daten zu Beispiel 3.1

| Eckenkoordinaten | | | | Knotennummern pro Element | | | | | |
k	x_k	y_k	Element	P_1	P_2	P_3	P_4	P_5	P_6
1	0	2	1	1	3	11	2	7	6
3	0	1	2	3	13	11	8	12	7
5	0	0	3	5	13	3	9	8	4
11	1	2	4	5	15	13	10	14	9
13	1	1	5	11	13	24	12	18	17
15	1	0	6	13	26	24	19	25	18
22	1,5	−0,5	7	15	26	13	20	19	14
24	2	2	8	15	28	26	21	27	20
26	2	1	9	15	22	28	16	23	21
28	2	0	10	26	33	24	30	29	25
33	3	2	11	26	35	33	31	34	30
35	3	1	12	28	35	26	32	31	27
38	4	2	13	35	38	33	37	36	34

tisch ist mit derjenigen der Knotenvariablen, sind in Fig.3.1 ebenfalls angegeben. Die Elemente wurden ebenfalls durchnumeriert, um darauf Bezug nehmen zu können. Da nur geradlinige Dreieckelemente auftreten, werden nur die Koordinaten der 13 Eckpunkte benötigt. Bei der Bereitstellung der Knotennummern pro Element ist die Reihenfolge der R e f e r e n z n u m e r i e r u n g von Fig.2.10 streng zu beachten. Beginnend mit einem beliebigen Eckpunkt folgen die beiden weiteren Eckpunkte im Gegenuhrzeigersinn und anschließend die drei Nummern der Seitenmittelpunkte in entsprechender Reihenfolge. Da $\rho = 0$ und $f = -2$ für alle Elemente gilt, sind in Tab. 3.1 nur die übrigen Daten zusammengefaßt.

3.1.2 Kompilation der Gesamtmatrizen

Die Beiträge der einzelnen Elemente in Form von quadratischen Formen und Linearformen in den zugehörigen Knotenvariablen sind je zu den gesamten quadratischen Formen und Linearformen aufzusummieren. Nach den Ausführungen von Abschn. 1.5 sind nur die Gesamtmatrizen und der Gesamtvektor der Linearform zu berechnen, die sich aus den Elementmatrizen und Elementvektoren unter Berücksichtigung der aktuellen Nummern der am Element beteiligten Knotenvariablen durch Superposition berechnen lassen. Ganz allgemein beschreibt sich dieser Kompilationsprozeß wie folgt: Steht in der Liste der Nummern der Knotenvariablen an der Position j die Nummer ℓ und an der Position k die Nummer m, so ist beispielsweise der Wert des Elementes $s_{jk}^{(e)}$ der Elementsteifigkeitsmatrix S_e zum Element $s_{\ell m}$ der Gesamtsteifigkeitsmatrix S zu addieren. Ferner ist die Komponente $b_j^{(e)}$ des Elementvektors b_e zur Komponente b_ℓ des Gesamtvektors b zu addieren. Aus Symmetriegründen ist nur die untere Hälfte der Gesamtsteifigkeitsmatrix aufzubauen, d. h. die Addition eines Elementes der Elementmatrix zur Gesamtmatrix erfolgt nur im Fall $m \leqslant \ell$.
Der Kompilationsprozeß ist in Fig.3.2 im Fall des Beispiels 3.1 veranschaulicht. Um das Prinzip zu erklären, ist die vereinfachende Annahme getroffen worden, daß die Elementsteifigkeitsmatrix S_e voll besetzt sei. Für rechtwinklige Dreieckelemente sind tatsächlich einige Werte in S_e gleich Null. Der Elementvektor b_e enthält hingegen für beliebige Dreieckelemente nur die drei letzten von Null verschiedenen Komponenten. Dies ist in Fig. 3.2 hingegen berücksichtigt. Um die Übersichtlichkeit zu wahren, sind als Ausschnitt nur die verschieden markierten Beiträge der ersten vier Elemente gemäß Tab.3.1 schematisch dargestellt.

An diesem Ausschnitt der Gesamtsteifigkeitsmatrix S erkennt man bereits, daß S nur schwach mit von Null verschiedenen Elementen besetzt ist. Da die weiteren Elemente nur Knotenvariablen enthalten, deren Nummern größer als 10 sind, bleiben die 10 ersten Zeilen und Kolonnen durch den nachfolgenden Kompilationsprozeß unverändert. Aus dieser Bemerkung folgt weiter, daß die Gesamtmatrix eine B a n d s t r u k t u r aufweist. Unter der B a n d b r e i t e einer Bandmatrix S verstehen wir im folgenden die kleinste Zahl m, so daß

$$s_{ik} = 0 \quad \text{für alle i, k mit } |i - k| > m \tag{3.2}$$

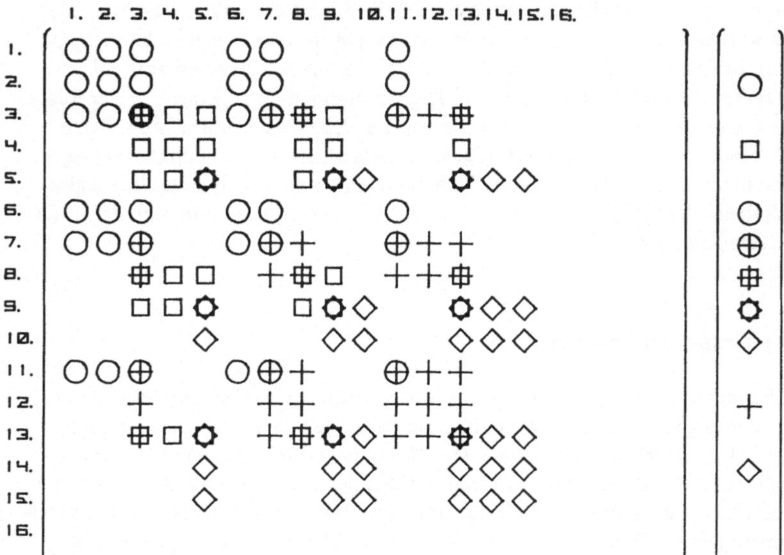

Fig. 3.2 Aufbau der Steifigkeitsmatrix und des Gesamtvektors
o 1. Element; + 2. Element; □ 3. Element; ◇ 4. Element

gilt. Die Bandbreite ist somit gleich der Anzahl der Nebendiagonalen oberhalb, resp. unterhalb der Hauptdiagonalen, welche von Null verschiedene Matrixelemente enthalten. Sie ist gegeben durch das Maximum der maximalen Indexdifferenzen der Knotenvariablen pro Element. Die Bandbreite der Gesamtsteifigkeitsmatrix S für das Beispiel 3.1 ist gemäß Tab.3.1 m = 13. Die Bandbreite hängt ganz offensichtlich von der Numerierung der Knotenvariablen ab.

Die Bandstruktur von S in Verbindung mit der Symmetrie gestattet eine ökonomische Speicherung als rechteckigen Bereich, in welchem die Hauptdiagonale und die m wesentlichen Nebendiagonalen entweder oberhalb oder unterhalb der Hauptdiagonalen gespeichert werden. Im Hinblick auf die praktische Auflösung der Gleichungssysteme ist es am zweckmäßigsten, die u n t e r e H ä l f t e von S zu speichern, wobei die Diagonalelemente von S als letzte, d. h. (m+1)-te Kolonne erscheinen, wie dies in Fig.3.3 für den Fall einer symmetrischen Bandmatrix der Ordnung n = 8 mit der Bandbreite m = 3 dargestellt ist. Für die zu speichernden Elemente ist die Indexsubstitution

$$S_{ik} \rightarrow S_{i,\,k-i+m+1} \qquad (k \leq i) \qquad (3.3)$$

0	0	0	S_{14}
0	0	S_{23}	S_{24}
0	S_{32}	S_{33}	S_{34}
S_{41}	S_{42}	S_{43}	S_{44}
S_{51}	S_{52}	S_{53}	S_{54}
S_{61}	S_{62}	S_{63}	S_{64}
S_{71}	S_{72}	S_{73}	S_{74}
S_{81}	S_{82}	S_{83}	S_{84}

Fig. 3.3 Speicherung der wesentlichen Elemente einer symmetrischen Bandmatrix S

erforderlich. Die bei dieser Speicherungsart nicht definierten Elemente im linken oberen Dreiecksbereich werden zweckmäßigerweise gleich Null gesetzt.

3.1.3 Die Berücksichtigung der Randbedingungen

Die Gesamtmatrizen und der Gesamtvektor wurden in Abschn. 3.1.2 unter der ausdrücklichen Annahme aufgebaut, daß die Randbedingungen noch unberücksichtigt bleiben. Die so entstehende Gesamtsteifigkeitsmatrix S ist aber auf jeden Fall singulär, so daß das zugehörige Gleichungssystem zu statischen Problemen keine eindeutige Lösung besitzt. Beim Fehlen von irgendwelchen geometrischen oder kinematischen Randbedingungen ist bei Dirichletschen Randwertaufgaben der Vektor u der Knotenvariablen, welcher der konstanten Lösung $u(x, y) = $ const. entspricht, Lösung der homogenen Gleichungen $Su = 0$, und bei elastomechanischen Problemen für Balken, Scheiben und Platten sind die anschaulichen Verschiebungen der Körper als starre Systeme ebenfalls Lösung der homogenen Gleichungen. Bei elastomechanischen Problemen bezeichnet man diese Situation als s t a t i s c h u n b e s t i m m t e Lagerung. Erst die korrekte und vollständige Berücksichtigung der problemgerechten Randbedingungen macht die linearen Gleichungssysteme eindeutig lösbar. Statisch unbestimmte Systeme werden dadurch in statisch bestimmte Systeme überführt. Für ein statisch bestimmtes System liefert jede nicht identisch verschwindende Verschiebung einen positiven Wert der Deformationsenergie, welche durch die quadratische Form $\frac{1}{2} u^T S u$ mit der Gesamtsteifigkeitsmatrix S gegeben wird. Nach Berücksichtigung der Randbedingungen wird damit die Matrix des linearen Gleichungssystems nicht nur regulär sondern sogar p o s i t i v d e f i n i t.

Die effektive Berücksichtigung der einschlägigen Randbedingungen kann auf zwei verschiedene Arten erfolgen. Wir beginnen damit, den üblicherweise angewandten Weg zu beschreiben, um anschließend auf eine Alternative hinzuweisen.

Für eine statische Aufgabenstellung seien die Gesamtsteifigkeitsmatrix S und der Gesamtvektor b nach der in Abschn. 3.1.2 beschriebenen Methode ohne Rücksicht auf Randbedingungen kompiliert worden. Die Ordnung n der Matrix S und die Dimension des Vektors b ist gleich der Totalzahl der Knotenvariablen zugehörig zur vorgenommenen Diskretisation, und das Gleichungssystem als notwendige Bedingung für das Stationärwerden des Funktionals lautet

$$Su + b = 0 \qquad\qquad (3.4)$$

Bei Dirichletschen Randwertaufgaben oder elastomechanischen Problemen sind für einige der Knotenvariablen ganz bestimmte Werte vorgegeben. Diese vorgegebenen Zahlwerte können in (3.4) durch entsprechende Modifikationen berücksichtigt werden, wobei darauf zu achten ist, daß die Symmetrie nicht zerstört wird.

Eine h o m o g e n e R a n d b e d i n g u n g erfordert die einfachsten Maßnahmen. Ist für die j-te Knotenvariable der Wert Null vorgeschrieben, genügt es, in S die j-te Zeile und Kolonne durch Nullelemente zu ersetzen, das j-te Diagonalelement anschließend gleich Eins zu setzen und weiter die j-te Komponente in **b** durch eine Null zu ersetzen. Dadurch erhält die j-te Knotenvariable in der Lösung des modifizierten Gleichungssystems offensichtlich den geforderten Wert Null.

Die Berücksichtigung einer i n h o m o g e n e n R a n d b e d i n g u n g benötigt eine weitere Umformung. Ist für die k-te Knotenvariable der von Null verschiedene Wert φ_k vorgeschrieben, ist zu beachten, daß die Knotenvariable in allen Gleichungen einen Beitrag zum Konstantenvektor **b** liefert, welcher das φ_k-fache des k-ten Spaltenvektors s_k von **S** beträgt. Folglich ist zuerst zu **b** das φ_k-fache von s_k zu addieren, um erst dann die oben beschriebenen Modifikationen in **S** vorzunehmen und in **b** noch die k-te Komponente durch $-\varphi_k$ zu ersetzen.

Bei der algorithmischen Durchführung der Modifikationen ist die Bandstruktur der Matrix **S** zu beachten, weshalb im Fall einer inhomogenen Randbedingung in **b** höchstens 2 m + 1 Komponenten betroffen werden. Ist der wesentliche Teil der Matrix **S** nach Fig. 3.3 gespeichert, stehen die Elemente der k-ten Spalte von **S** in der von $s_{k,m+1}$ schräg nach links unten verlaufenden Diagonalen und aus Symmetriegründen in der k-ten Zeile zur Verfügung. Das Nullsetzen der k-ten Zeile und Kolonne betrifft genau diese Elemente.

Das beschriebene Vorgehen hat den bestechenden Vorteil, daß die Gesamtsteifigkeitsmatrix **S** und der Vektor **b** ganz unabhängig von irgendwelchen Randbedingungen aufgebaut werden können, um erst dann die gegebenen Werte von bestimmten Knotenvariablen zu berücksichtigen. Die erforderlichen nachträglichen Modifikationen sind äußerst einfach in einem Rechenprogramm zu realisieren. Als kleiner Nachteil der Methode wird in Kauf genommen, daß die Ordnung des zu lösenden Gleichungssystems nicht reduziert wird und das System eine Reihe von trivialen Gleichungen enthält. Die Auflösung erfordert deshalb einen etwas größeren Rechenaufwand im Vergleich zu einem System für die allein unbekannten Knotenvariablen. Der Mehraufwand ist aber durchaus vertretbar, da die Anzahl der durch Randbedingungen vorgegebenen Knotenvariablen recht klein ist. Für die Rechenpraxis sind aber weitere Vorteile dieser Methode ausschlaggebend. Soll etwa eine Reihe von Problemen für dasselbe Grundgebiet, aber unter verschiedenen Randbedingungen gelöst werden, kann dies unter Benützung derselben Numerierung der Knotenvariablen sehr zweckmäßig erfolgen, indem nur die Daten der Randbedingungen für die einzelnen Probleme neu vorzubereiten sind. Oder sollen etwa bei Scheibenproblemen aus den Werten der Knotenvariablen die Spannungen berechnet werden, so sind die gesuchten und die durch Randbedingungen gegebenen Knotenvariablen im Lösungsvektor vollständig zusammengestellt und sind für die weitere Rechnung verfügbar.

Die Behandlung der stets homogenen R a n d b e d i n g u n g e n bei Schwingungsaufgaben in der Gesamtsteifigkeitsmatrix **S** und der Gesamtmassenmatrix **M** erfolgt sinnvollerweise nach einem andern Schema. Jede Knotenvariable, die auf Grund der Randbedingungen den Wert Null annehmen muß, ist aus der Eigenwertaufgabe zu eliminieren. Dies erfolgt dadurch, daß die betreffenden Zeilen und Kolonnen in den Matrizen **S** und **M** gestrichen werden, wodurch sich nun auch die Ordnung reduziert. Die tatsächliche

Streichung einer einzigen Zeile und einer Kolonne ist mit einem Zusammenschieben der Matrix verbunden. In Fig.3.4 ist die Streichung einer Zeile und der zugehörigen Kolonne im wesentlichen unteren Teil eines Ausschnittes einer Bandmatrix der Bandbreite m = 4 dargestellt. Die eingerahmten Elemente seien zu streichen. Die Elemente im Dreiecksbereich sind nach oben zu schieben, und am frei werdenden rechten Rand sind m Nullelemente einzusetzen. Die Matrixelemente rechts der zu streichenden Kolonne verschieben sich im Band schräg nach links oben um eine Position. In der Anordnung der Matrixelemente nach Fig.3.3 bedeutet dies eine Umspeicherung der Elemente im Bereich A um eine Position schräg nach rechts oben, im Bereich B um eine Position nach oben und das Einsetzen von m Nullen am linken Rand des verschobenen Bereiches A (vgl. Fig.3.5).

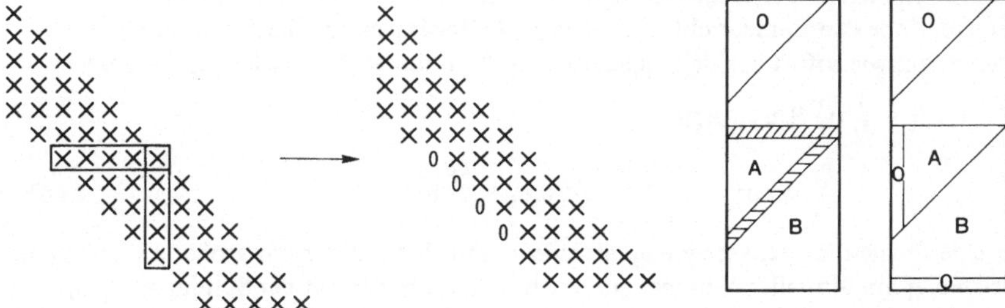

Fig. 3.4 Streichen einer Zeile und einer Kolonne in der normalen Anordnung der Matrix, untere Hälfte des Bandes

Fig. 3.5 Zur Umspeicherung in der speziellen Anordnung der unteren Hälfte

Sind auf Grund der Randbedingungen mehrere Zeilen und Kolonnen zu streichen, wird der Prozeß schrittweise vorgenommen. Zweckmäßigerweise werden die Knotenvariablen in a b n e h m e n d e r Indexreihenfolge eliminiert, weil dann die zu streichenden Zeilen und Kolonnen noch an der ursprünglichen Stelle stehen.

Im Prinzip läßt sich der Prozeß der Komprimierung der Matrizen umgehen, indem man nur die Zeilen und Kolonnen der durch die Randbedingungen vorgeschriebenen Knotenvariablen Null setzt und anschließend den betreffenden Diagonalelementen beispielsweise den Wert Eins zuordnet. Bei p Randbedingungen wird auf diese Weise der p-fache Eigenwert Eins künstlich erzeugt, welcher mit der Problemstellung gar nichts zu tun hat. Durch andere Festsetzung der Werte der Diagonalelemente besteht eine Freiheit in der Wahl des zusätzlichen Eigenwertes, der aber so gewählt werden soll, daß er nicht mit den gewünschten Eigenwerten in irgend einer Weise interferiert oder das Verfahren zur Bestimmung der gewünschten Eigenwerte ungünstig beeinflußt (vgl. dazu Kapitel 5). Als Nachteil dieser Behandlung der Randbedingungen wird die Ordnung des zu lösenden Eigenwertproblems nicht reduziert. Der dadurch bedingte Mehraufwand fällt aber bei Eigenwertaufgaben stärker ins Gewicht als bei Gleichungssystemen.

Abschließend soll noch auf eine andere Möglichkeit verwiesen werden, den Randbedingungen so Rechnung zu tragen, daß durch den Kompilationsprozeß unmittelbar das lineare Gleichungssystem, bzw. die beiden Matrizen S und M für die eigentlichen unbekannten Knotenvariablen resultieren. Dazu braucht man nur den n unbekannten Knotenvariablen die fortlaufenden Nummern 1 bis n zu geben und den durch Randbedingungen gegebenen Knotenvariablen die Nummern n + 1 und folgende. Die Numerierung kennzeichnet damit a priori die gesuchten und bekannten Knotenvariablen.

Für Dirichletsche Randwertaufgaben oder statische Probleme der Elastomechanik sind neben den Eckenkoordinaten auch die Werte der bekannten Knotenvariablen vor Beginn des Kompilationsprozesses vorzugeben. In Modifikation des in Abschn.3.1.2 beschriebenen Prozesses liefert eine Elementsteifigkeitsmatrix S_e nur mit jenen Matrixelementen einen additiven Beitrag zur Matrix S, falls das Paar der zugehörigen aktuellen Knotenvariablen Indizes nicht größer als n hat. Ist hingegen eine der beiden Nummern größer als n, so ist das Produkt des Matrixelementes mit dem entsprechenden Randwert der Knotenvariablen zu derjenigen Komponente von b zu addieren, welche dem andern kleineren Indexwert entspricht. Für jedes solche Indexpaar hat die Addition nur einmal zu erfolgen, wie sofort aus dem quadratischen Funktional für ein Element hervorgeht.

$$I_e = \frac{1}{2}\, u_e^T\, S_e u_e + b_e^T u_e$$

$$= \frac{1}{2} \sum_{i=1}^{n_e} s_{ii}^{(e)} u_i^2 + \sum_{i=1}^{n_e} \sum_{j=i+1}^{n_e} s_{ij}^{(e)} u_i u_j + \sum_{i=1}^{n_e} b_i^{(e)} u_i \tag{3.5}$$

Für eine Elementknotenvariable u_i mit einem aktuellen Index nicht größer als n und eine Variable u_j mit aktueller Nummer größer als n liefert in der Tat der Summand $s_{ij}^{(e)} u_i u_j$ bei fest gegebenem Wert für u_j einen in u_i linearen Term, der wie $b_i^{(e)}$ einen Beitrag zu b ergibt. Sind schließlich beide aktuellen Indizes größer als n, ergibt das betreffende Matrixelement multipliziert mit den beiden zugehörigen Randwerten einen Beitrag zur Konstanten c in (1.119), welche im Gleichungssystem (1.120) gar nicht mehr erscheint. Folglich kann dieser Beitrag unberücksichtigt bleiben. Für die Addition des Elementvektors b_e in den Vektor b ist selbstverständlich eine analoge Fallunterscheidung notwendig.

Die Berücksichtigung der homogenen Randbedingungen bei Schwingungsaufgaben gestaltet sich besonders einfach, indem von S_e und M_e nur jene Matrixelemente additive Beiträge zu S und M liefern, falls beide Indizes der zugehörigen aktuellen Knotenvariablen nicht größer als n sind.

Mathematisch ist die zweite Methode der Kompilation befriedigender, weil der Umweg über zu große Matrizen vermieden wird und auf direktem Weg die zu lösenden Gleichungssysteme ohne triviale Gleichungen und die Eigenwertaufgaben erzeugt werden. Für elliptische Randwertaufgaben wie auch für gewisse Schwingungsaufgaben hat diese Methode zumindest ihre Berechtigung. Aus praktischen Gründen weist sie aber für elastomechanische Aufgaben eine Reihe von Nachteilen auf, welche vor allem die Datenvorbereitung und dann auch das zugehörige Computerprogramm komplizierter gestalten. Die Knotenvariablen, welche Indizes größer als n erhalten, stören die durchgehende und systematische Numerierung. Besonders augenfällig ist dies bei kubischen Dreieck- und Parallelogrammelementen mit partiellen Ableitungen als Knotenvariablen. Zu jedem Eckpunkt gehören im Fall von ebenen Spannungsproblemen sechs Knotenvariable. Jede durch Randbedingungen vorgeschriebene Variable erfordert eine Sonderbehandlung der Numerierung in den zugehörigen Elementen und verunmöglicht eine die Problemvorbereitung wesentlich vereinfachende Durchnumerierung der Eckknotenpunkte.

3.1.4 Grundsätzlicher Aufbau eines Computerprogramms

Ohne auf programmiertechnische Details einzugehen, ist in Fig.3.6 das Blockdiagramm eines Computerprogramms wiedergegeben, welches die wesentlichen Schritte zur Kompilation der algebraischen Gleichungen in sehr allgemeiner Form beschreibt. Welche

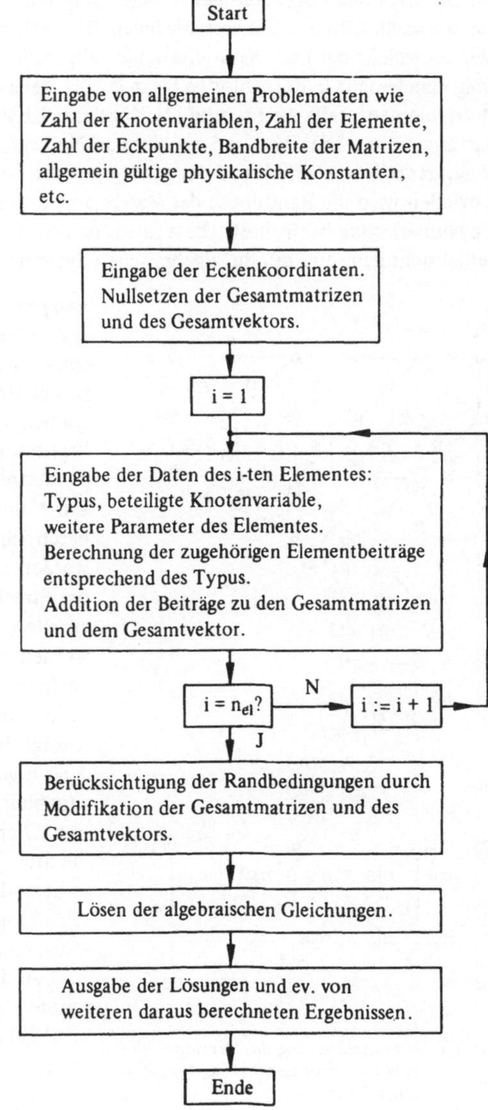

Fig. 3.6
Blockdiagramm eines Computerprogramms

Daten im konkreten Fall tatsächlich von einem Datenträger eingelesen werden, ist problemabhängig.

3.1.5 Zur Struktur der Matrizen

Die resultierenden Matrizen der Gleichungssysteme und Eigenwertprobleme sind stets nur schwach mit von Null verschiedenen Matrixelementen besetzt. Die i-te Zeile einer Matrix, welche der i-ten Knotenvariablen zugeordnet werden kann, enthält außer dem Diagonalelement in der Kolonne j (j ≠ i) höchstens dann ein von Null verschiedenes Matrixelement, falls die i-te und j-te Knotenvariable wenigstens einem Element gemeinsam angehören. Die P o s i t i o n der von Null verschiedenen Außendiagonalelemente hängt deshalb wesentlich von der gewählten Numerierung der Knotenvariablen ab. Im speziellen wird die Bandbreite der Matrix oder allgemeiner die Struktur der Matrix durch die Numerierung beeinflußt. Diese Struktur wird ihrerseits in den Lösungsverfahren zu berücksichtigen sein, um die algebraischen Systeme möglichst effizient zu lösen.

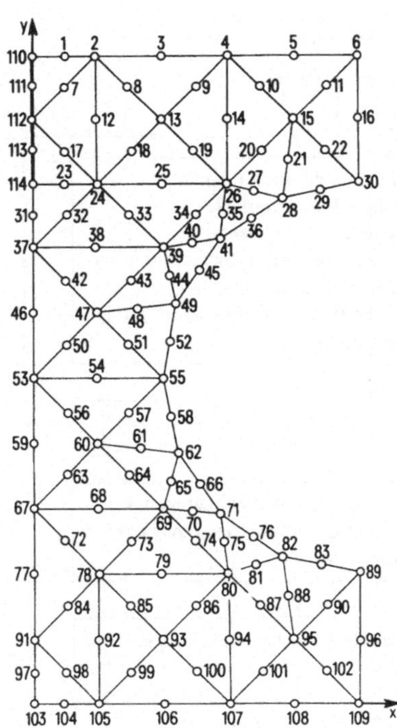

Fig. 3.7 Elementeinteilung des Grundgebietes des Wärmeleitungsproblems. Quadratischer Ansatz

Beispiel 3.2 Wir betrachten die Aufgabe, die stationäre Temperaturverteilung aus Beispiel 1.1 zu berechnen. Das Problem soll mit geradlinigen Dreieckelementen mit quadratischem Ansatz behandelt werden. Die Diskretisation ist in Fig.3.7 dargestellt. Die Totalzahl der Knotenpunkte beträgt 114. Zur Numerierung soll die in Abschn.3.1.3 beschriebene zweite Methode angewendet werden, so daß die fünf Knotenpunkte auf der Strecke AB die Nummern 110 bis 114 erhalten. Die unbekannten Knotenvariablen werden im wesentlichen zeilenweise von oben nach unten durchnumeriert. Die daraus resultierende effektive Besetzung der Gesamtsteifigkeitsmatrix S der Ordnung $n = 109$ zeigt Fig.3.8. Die Numerierung der Knotenvariablen gemäß Fig.3.7 läßt eine Bandbreite $m = 27$ erwarten unter der Annahme, daß die Steifigkeitselementmatrizen S_e voll besetzt sind. Da aber in rechtwinklig gleichschenkligen Dreieckelementen mehrere verschwindende Matrixelemente vorhanden sind, so daß im besonderen die Variablen mit den Indexpaaren (78, 105) und (80, 107) nicht gekoppelt sind, ist die effektive Bandbreite nur $m_{eff} = 15$. Zudem stellt man an Fig.3.8 fest, daß die effektive Bandbreite

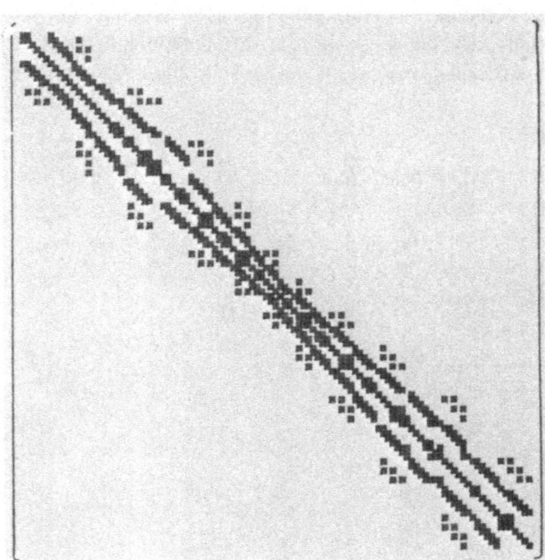

Fig. 3.8
Effektive Besetzung der Gesamtsteifigkeitsmatrix S, quadratische Elemente

durch sehr wenige Matrixelemente bestimmt wird und daß die Bandmatrix selbst noch viele Nullelemente enthält.

Dieselbe Aufgabe soll auch mit Hilfe von kubischen Dreieckelementen gelöst werden unter Verwendung derselben Triangulierung. Ferner gelangt das kubische Dreieckelement nach Zienkiewicz mit neun Knotenvariablen zur Anwendung. Zu jedem Knotenpunkt gehören die drei Knotenvariablen u, u_x, u_y. Deshalb soll in diesem Fall die Kompilation der Gesamtsteifigkeitsmatrix S nach der ersten in Abschn.3.1.3 beschriebenen Methode erfolgen, und es genügt, die Knotenpunkte von 1 bis 35, auch etwa zeilenweise durchzunumerieren (Fig.3.9). Ist k die Nummer eines Knotenpunktes, so sind die effektiven Indizes der drei Knotenvariablen gegeben durch $3k-2, 3k-1, 3k$. Für diesen Ansatz ergeben sich insgesamt 105 Knotenvariable.

Zur Erfüllung der Randbedingung $u = 0$ längs der Strecke 1, 5, 8 haben in den Knotenpunkten 1, 5 und 8 neben den Funktionswerten auch die partiellen Ableitungen u_y zu verschwinden. Mit $u_y = 0$ im Punkt 8 wird aber der Lösungsfunktion auf dem Kantenstück vom Punkt 8 zum Punkt 13 ein unsachgemäßer Zwang auferlegt. Um diese Schwierigkeit zu beheben, wären die partiellen Ableitungen u_y im Punkt 8 für die beiden dort zusammenstoßenden Elemente zu unterscheiden. Das erfordert spezielle Maßnahmen, wovon hier abgesehen werden soll.

Im Gesamtvektor der Knotenvariablen sind für die sechs Komponenten mit den Indizes 1, 3, 13, 15, 22 und 24 die Werte Null vorzuschreiben. Die entsprechenden Modifikationen in der Matrix S der Ordnung $n = 105$ sind in Fig.3.10 erkennbar.

Entsprechend der maximalen Differenz 8 der Knotennummern in den Elementen ist die Bandbreite von S gleich 26. Im Vergleich zu Fig.3.8 ist die Bandmatrix stärker besetzt als Folge des höhergradigen Ansatzes. Wie dort wird die Bandbreite nur in sehr wenigen Zeilen wirklich ausgeschöpft. Tatsächlich läßt sich die Bandbreite vermittels einer besseren Numerierung verringern, wie im folgenden Abschnitt gezeigt werden wird.

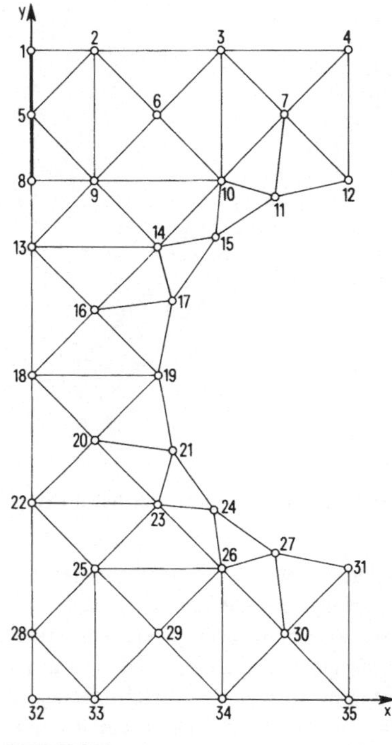

Fig. 3.9
Kubische Dreieckelemente, Wärmeleitungsproblem

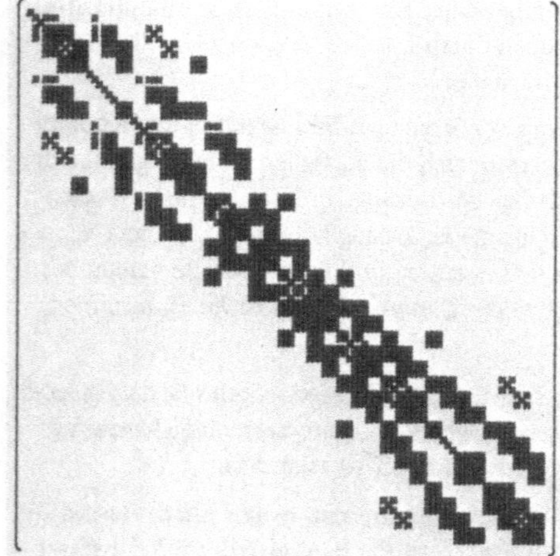

Fig. 3.10
Effektive Besetzung der Matrix S für kubische Dreieckelemente

Beispiel 3.3 Das in Beispiel 1.1 formulierte Problem sei nun so beschaffen, daß entweder auf Grund von unsymmetrischen Randbedingungen oder unsymmetrisch verteilten Wärmequellen die elliptische Randwertaufgabe für das ganze Gebiet G zu lösen sei. Zur Lösung sollen wie im Beispiel 3.2 die kubischen Dreieckelemente mit neun Knotenvariablen verwendet werden. Da jeder Knotenpunkt drei Knotenvariable aufweist und die Steifigkeitselementmatrizen voll besetzt sind, genügt es, nur die Verknüpfungen der Knotenpunkte durch die Elemente zu betrachten. Auf Grund der so konstruierten Besetzung einer Matrix ist für die tatsächliche Aufgabe jedes Matrixelement durch eine dreireihige Matrix zu ersetzen. An der grundsätzlichen Struktur ändert sich aber nichts. Die Triangulierung sei symmetrisch zu Fig.3.9 fortgesetzt (vgl. Fig.3.11). Bei zeilenweiser Durchnumerierung würde eine Bandmatrix mit relativ großer Bandbreite resultieren. Statt dessen sollen die Knoten je radial im Gegenuhrzeigersinn numeriert werden, wie dies in Fig.3.11 erfolgte.

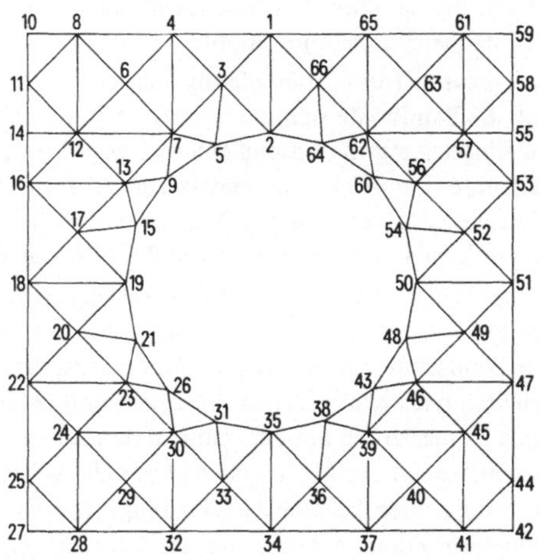

Fig. 3.11 Triangulierung des vollständigen Grundgebietes

Die resultierende Gesamtmatrix **S** weist im wesentlichen eine Bandstruktur auf. Da aber die Knotenpunkte 1 und 2 mit den Knotenpunkten 64 bis 66 durch eine Dreiecksseite verbunden sind, existieren in der rechten oberen und linken unteren Ecke noch einige von Null verschiedene Matrixelemente. Die prinzipielle Struktur ist in Fig.3.12 dargestellt. Die maximale Differenz von im übrigen miteinander verbundenen Knoten beträgt 6, so daß die Bandbreite m = 6 (bzw. m = 20) beträgt. Ähnlich aufgebaute Matrizen treten in der Praxis bei entsprechender Numerierung recht häufig auf.

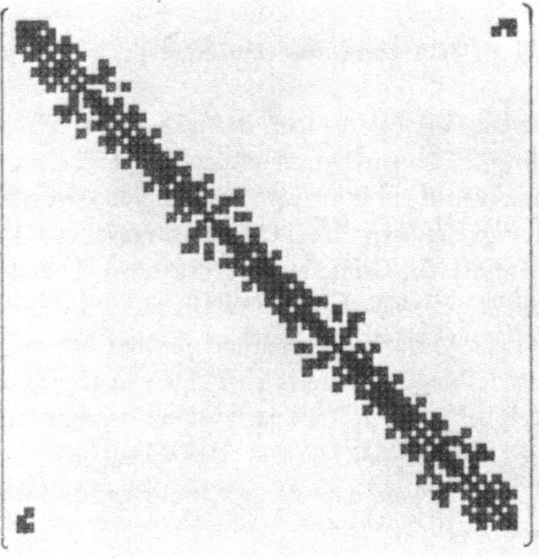

Fig. 3.12 Prinzipielle Struktur von **S** für das Ringgebiet

3.2 Optimale Numerierung der Knotenvariablen

Die Diskussion in Abschn.3.1.5 hat gezeigt, daß die Numerierung der Knotenpunkte
einen entscheidenden Einfluß auf die Struktur der resultierenden Matrizen hat. Für gewisse Methoden zur Lösung der Gleichungssysteme und der Eigenwertaufgaben ist
primär die Bandbreite entscheidend, indem sie sowohl den Speicherbedarf wie auch
den Rechenaufwand bestimmt.

Aus diesem Grund ist es wichtig, eine möglichst optimale Numerierung zu finden, so
daß die Bandbreite minimiert wird. In Verfeinerung des Begriffs der Bandbreite spielt
im Hinblick auf die Lösung eines schwachbesetzten linearen Gleichungssystems das sogenannte P r o f i l einer Matrix eine zentrale Rolle, oder aber das Maß, nach welchem
die anfänglich vorhandenen Nullelemente innerhalb des für den Auflösungsprozeß
wesentlichen Bereichs mit von Null verschiedenen Werten aufgefüllt werden.

So sind verschiedene Algorithmen entwickelt worden, welche zu einer gegebenen Ver-
knüpfung der Knotenvariablen auf Grund der verwendeten Elemente zur Minimierung
der Bandbreite eine geeignete Numerierung der Variablen bestimmen. Alle Algorithmen
arbeiten nach heuristischen Prinzipien und liefern deshalb nicht mit Sicherheit die optimale Numerierung mit der minimal möglichen Bandbreite der zugehörigen Matrizen. Die
Arbeitsweisen der Algorithmen geben Hinweise, wie man etwa bei der manuellen Vorbereitung einer Aufgabe zweckmäßig vorzugehen hat. Die Optimierungsalgorithmen sind
jedoch im Zusammenhang mit der automatischen Datenvorbereitung durch den Computer von eminenter Bedeutung, indem etwa nach interaktiver Festlegung der Elementeinteilung mit einem Bildschirmgerät noch die zugehörige geeignete Numerierung gefunden werden muß.

3.2.1 Der Algorithmus von Rosen

Um die Bandbreite einer Steifigkeitsmatrix S zu einer gegebenen Diskretisierung in bestimmte Elemente zu minimieren, hat R o s e n [93] einen recht einfachen und auf
ganz plausiblen Prinzipien beruhenden Algorithmus vorgeschlagen. Die Besetzung der
Steifigkeitsmatrix S sei für eine vorgegebene Ausgangsnumerierung der Knotenvariablen
bekannt. Auf Grund des in Abschn.3.1.2 beschriebenen Kompilationsprozesses entspricht offensichtlich die Vertauschung zweier Indizes von Knotenvariablen einer gleichzeitigen Vertauschung der entsprechenden Zeilen und Kolonnen in S. Auf Grund dieser
Feststellung soll durch eine Folge von geeigneten Indexvertauschungen die Bandbreite
nach bestimmten Kriterien systematisch zu verkleinern versucht werden.

Um einen Grundschritt im Algorithmus von Rosen zu beschreiben, betrachten wir zunächst den Fall, daß die Bandbreite genau durch ein Paar von Außendiagonalelementen
$s_{ik} = s_{ki}$ $(i < k)$ mit $k - i = m$ bestimmt werde. Das Indexpaar (i, k) ist für die Bandbreite
bestimmend. Jetzt geht es darum, entweder zu i oder zu k einen Indexkandidaten zu
finden, so daß die Vertauschung zu einer kleineren Bandbreite führt. Beginnen wir mit
dem kleineren Index i: Eine Vertauschung von i mit einem noch kleineren Index j erhöht

die Bandbreite sicherlich, indem der Zahlwert $s_{ik} \neq 0$ nachher in der j-ten Zeile und
k-ten Kolonne erscheint, so daß dann $k - j > m$ wird. Als erfolgversprechende Kandidaten kommen somit nur Indizes $j > i$ in Betracht. Unter diesen werden diejenigen mit
$j > i + m$ im allgemeinen die Bandbreite ebenfalls erhöhen, diejenigen mit $j > i + 2\,m$
tun dies auf jeden Fall. Zum größeren Index k kommen aus denselben Gründen nur
kleinere Indizes j für einen erfolgversprechenden Austausch in Betracht.

Wird die Bandbreite von mehreren Paaren von Außendiagonalelementen bestimmt,
kann sie gewiß nicht durch eine einzige Indexvertauschung verkleinert werden. Im
besten Fall kann durch eine solche Operation die Anzahl der die Bandbreite bestimmenden Indexpaare vermindert werden. Deshalb wird im Normalfall versucht, wenigstens die Bandbreite bezüglich ein sie bestimmendes Indexpaar durch einen Austausch
zu verkleinern. Eine Folge von solchen erfolgreichen Vertauschungen reduziert schließlich die Bandbreite von **S**.

In gewissen Situationen ist für ein Indexpaar (i, k) unmittelbar keine erfolgreiche Vertauschung möglich. Vielmehr sind vorbereitende Vertauschungsschritte erforderlich,
bis wieder eine Reduktion der Bandbreite gelingt. Deshalb werden in dieser Ausnahmesituation auch Vertauschungen zugelassen, welche die Bandbreite wenigstens nicht vergrößern. Um aber (unendliche) Zyklen zu vermeiden, muß noch dafür gesorgt werden,
daß Indexpaare höchstens einmal vertauscht werden.

Der Ablauf des Algorithmus von Rosen ist als Blockdiagramm in Fig.3.13 festgehalten.
Dabei ist angenommen, daß die Struktur der Matrix **S** in geeigneter Form bereits vorbe-
reitet sei. Dies ist beispielsweise in Form einer 0-1-Matrix möglich, wobei aus Symmetriegründen nur die untere Hälfte der Matrix darzustellen ist. Eine vom Speicheraufwand
ökonomischere Darstellung besteht in einer Liste der Indexpaare entsprechend den
von Null verschiedenen Elementen von **S**. Zur Vereinfachung des Diagramms wurden
die beiden Fälle, ob der kleinere oder der größere Index zu vertauschen ist, zusammengefaßt.

Der praktische Einsatz des Algorithmus von Rosen auf größere Probleme zeigt, daß er
sehr aufwendig ist, sobald mit einer ungünstigen Startnumerierung begonnen wird,
welche eine relativ große Bandbreite zur Folge hat. Dann sind sehr zahlreiche Vertauschungen mit den damit verbundenen subtilen und entsprechend aufwendigen Entscheidungen erforderlich. Der Algorithmus arbeitet hingegen sehr zufriedenstellend und mit
vertretbarem Aufwand, falls die Startnumerierung bereits so günstig ist, daß die Bandbreite fast optimal ist, so daß er gewissermaßen nur noch Feinarbeit leisten muß. In
Kombination mit einem Prozeß, welcher rasch und ohne allzu großen Aufwand eine
günstige Numerierung der Knotenvariablen liefert, leistet der Algorithmus von Rosen
sehr gute Dienste.

Schließlich können Beispiele und Startnumerierungen so gefunden werden, daß der
Algorithmus von Rosen keine Verminderung der Bandbreite erzielen kann, obwohl
Numerierungen mit wesentlich kleinerer Bandbreite existieren [30]. Dies ist beispiels-
weise der Fall für ein längliches Rechteck, eingeteilt in gleichschenklig rechtwinklige
Dreiecke bei zeilenweiser Durchnumerierung der Knotenpunkte. Der Prozeß bleibt in
einem lokalen Minimum für die Bandbreite stehen.

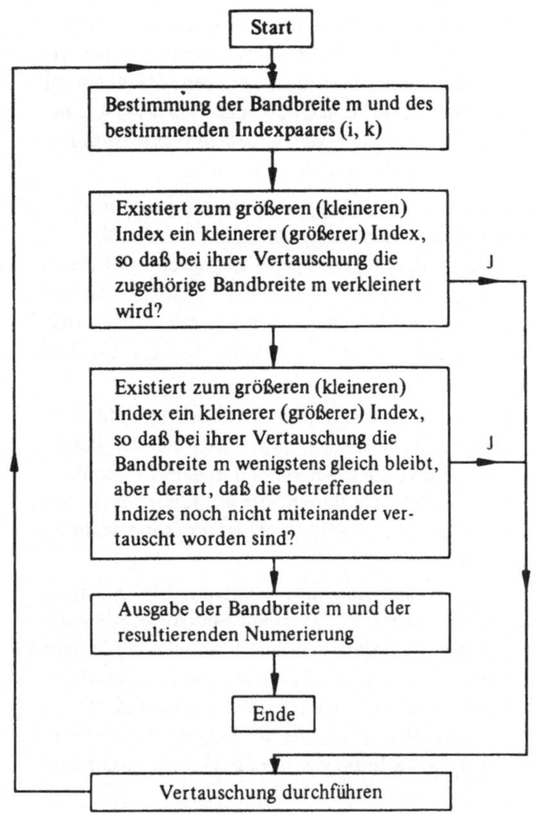

Fig. 3.13 Blockdiagramm zum Algorithmus von Rosen

Beispiel 3.4 Ausgehend von der Numerierung der Knotenpunkte von Fig.3.9 von Beispiel 3.2 für kubische Dreieckelemente nach Zienkiewicz soll mit dem Algorithmus von Rosen die Bandbreite minimiert werden. Da einerseits zu jedem Knotenpunkt drei Knotenvariable gehören mit aufeinanderfolgenden Nummern und anderseits die Elementsteifigkeitsmatrizen voll besetzt sind, genügt es mit der Numerierung der Knotenpunkte zu arbeiten. Die im Algorithmus von Rosen durchgeführten aufeinanderfolgenden Vertauschungen sind in Tab.3.2 zusammengestellt, wobei die tatsächlich vertauschten Knotennummern angegeben sind. Die resultierende Numerierung ist in Fig.3.14 wiedergegeben. Die maximale Differenz von Knotennummern pro Element beträgt 6, so daß die Bandbreite von S auf $m = 20$ reduziert werden konnte. Sie wird von acht Knotenpaaren bestimmt. Die dafür verantwortlichen Kanten sind in Fig.3.14 hervorgehoben. Die Bandbreite wird auch bei dieser Numerierung nur schlecht ausgeschöpft.

Tab. 3.2 Algorithmus von Rosen

Schritt	Bandbreite	Indexpaar	Austausch von
1	8	(4, 12)	12 mit 8
2	8	(25, 33)	33 mit 30
3	8	(26, 34)	34 mit 31
4	7	(5, 12)	12 mit 11
5	7	(2, 9)	9 mit 8
6	7	(3, 10)	10 mit 9
7	7	(26, 33)	33 mit 32
8	7	(27, 34)	34 mit 33
9	6	(5, 11)	5 mit 6
10	6	(2, 8)	—

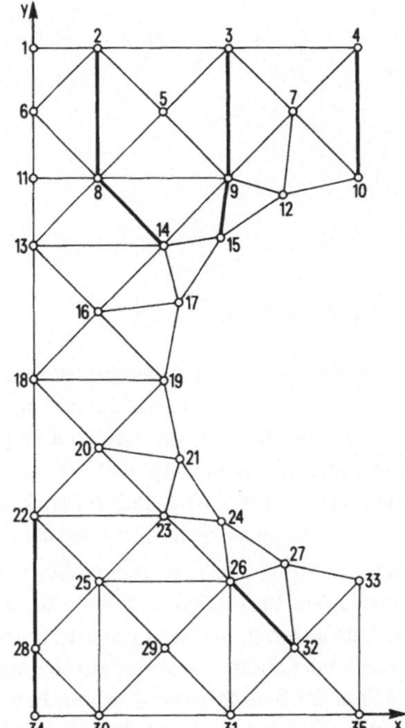

Fig. 3.14
Numerierung der Knotenpunkte nach dem Algorithmus von Rosen

3.2.2 Der Algorithmus von Cuthill-McKee

Der von C u t h i l l und M c K e e vorgeschlagene Algorithmus [29, 30] basiert auf einigen graphentheoretischen Überlegungen. Als Vorbereitung werden deshalb diejenigen Begriffe und Tatsachen aus der Graphentheorie zusammengestellt, soweit sie für das Verständnis des Algorithmus erforderlich sind.

Es sei $X = \{x_1, x_2, \ldots, x_n\}$ die Menge von n K n o t e n, die wir im folgenden von 1
bis n durchnumerieren werden. Ein ungeordnetes Paar (x_i, x_j) von zwei verschiedenen
Knoten heißt eine (ungerichtete) K a n t e zwischen dem Knoten x_i und dem Knoten
x_j. Ein G r a p h G besteht aus der Menge X und einer Teilmenge aller möglichen Kanten.
Falls die Kante (x_i, x_j) zu G gehört, dann gehört auch (x_j, x_i) zu G, aber ein Graph G
enthält definitionsgemäß keine sogenannten S c h l e i f e n. Ein Graph G besitzt eine
anschaulich geometrische Darstellung wie etwa in Fig.3.15 im Fall von fünf Knoten und
sechs Kanten. Formal läßt er sich durch eine symmetrische V e r k n ü p f u n g s -
m a t r i x V beschreiben mit Elementen

$$v_{ij} = \begin{cases} 1, & \text{falls } (x_i, x_j) \in G \\ 0, & \text{falls } (x_i, x_j) \notin G \end{cases} \tag{3.6}$$

Zum Graphen der Fig.3.15 gehört so die Matrix (3.7) der Ordnung n = 5.

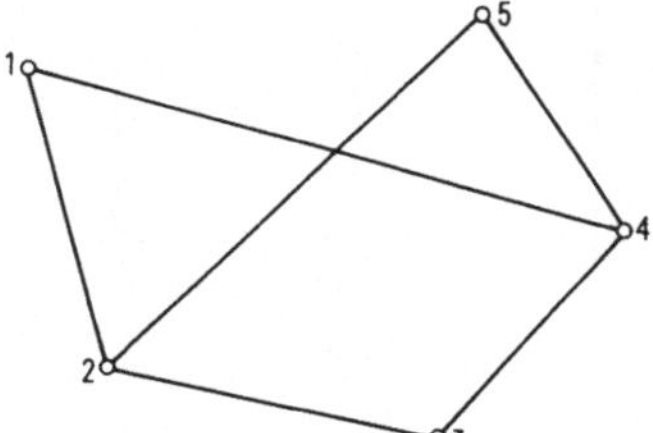

$$V = \begin{bmatrix} 0 & 1 & 0 & 1 & 0 \\ 1 & 0 & 1 & 0 & 1 \\ 0 & 1 & 0 & 1 & 0 \\ 1 & 0 & 1 & 0 & 1 \\ 0 & 1 & 0 & 1 & 0 \end{bmatrix} \tag{3.7}$$

Fig. 3.15 Graph G

Umgekehrt kann einer beliebigen symmetrischen Matrix A ein Graph G(A) zugeordnet
werden, indem jedem Matrixelement $a_{ij} \neq 0$ eine Kante (x_i, x_j) entspricht. Dabei müssen
die Diagonalelemente von A außer acht gelassen werden, da ja G(A) keine Schleifen enthalten darf. Aus dem Graphen G(A) geht somit nicht hervor, ob die Diagonalelemente
gleich oder ungleich Null sind. Im Hinblick auf die Anwendung auf Steifigkeitsmatrizen
ist dies bedeutungslos, da ihre Diagonalelemente ohnehin streng positiv sind.

Zwei Knoten x_i und x_j eines Graphen G heißen b e n a c h b a r t, falls sie durch eine
Kante direkt verbunden sind. Zwei Knoten x_i und x_j heißen v e r b u n d e n, falls ein
Kantenzug von x_i nach x_j existiert. Unter dem G r a d eines Knotens versteht man die
Anzahl der Kanten, die vom betreffenden Knoten ausgehen und ist damit auch gleich
der Zahl der benachbarten Knoten. In einem Graphen G(A) einer beliebigen symmetrischen Matrix A ist somit der Grad des Knotens x_i gleich der Anzahl der von Null
verschiedenen Außendiagonalelemente von A in der i-ten Zeile.

Schließlich ist ein U n t e r g r a p h eine Teilmenge eines Graphen, die selbst ein Graph
ist. Unter einem B a u m versteht man einen Graphen, der einen Knoten mehr als Kanten aufweist und keine isolierten Knoten besitzt, d. h. in welchem jeder Knoten mit
jedem andern Knoten verbunden ist.

Mit diesen wenigen Begriffen aus der Graphentheorie wenden wir uns dem eigentlichen
Algorithmus von Cuthill-McKee zu. Wir gehen davon aus, daß der Graph G(S) der Steifig-

keitsmatrix S zu einer gegebenen Diskretisierung und zu einer Ausgangsnumerierung der Knotenvariablen, die jetzt gleichzeitig die Rolle der Knoten in $G(S)$ spielen, bekannt sei. Wir werden noch sehen, wie der Graph $G(S)$ auf Grund der einzelnen Elemente aufgebaut wird.

1. S c h r i t t : Man suche in $G(S)$ einen Knoten mit minimalem Grad. Dieser Knoten sei der sogenannte Startknoten, und er bekomme die Nummer 1.

2. S c h r i t t : Zum Startknoten x_1 bestimme man alle benachbarten Knoten. Diese Knoten sollen mit zunehmendem Grad fortlaufend numeriert werden. Bei benachbarten Knoten mit gleichem Grad besteht selbstverständlich eine Willkür in der Reihenfolge der Numerierung. Die in diesem Schritt numerierten Knoten haben alle die D i s t a n z 1 vom Startknoten x_1. Sie bilden die erste S t u f e .

3. S c h r i t t : Zu den Knoten der ersten Stufe mit aufsteigenden (neuen) Nummern bestimme man sukzessive ihre benachbarten und noch nicht neu numerierten Knoten und numeriere sie je mit zunehmendem Grad. Die in diesem Schritt numerierten Knoten besitzen die Distanz 2 vom Startknoten und bilden die zweite Stufe im Numerierungsprozeß.

In den nachfolgenden allgemeinen Schritten verfährt man vollkommen analog zum dritten Schritt, bis alle Knoten des Graphen, d. h. alle Knotenvariablen durchnumeriert sind.

Die heuristische Begründung des beschriebenen Vorgehens besteht einfach darin, daß im Graphen $G(S)$ benachbarte Knoten möglichst bald im Numerierungsprozeß berücksichtigt werden müssen, andernfalls große Indexdifferenzen auftreten entsprechend einer großen Bandbreite von S. Die Festsetzung, die Knoten innerhalb einer Stufe fortlaufend unter Berücksichtigung ihres zunehmenden Grades zu numerieren, beruht auf der einleuchtenden Strategie, daß Knoten mit vielen Nachbarn möglichst hohe Nummern erhalten sollen, um die im nächstfolgenden Schritt auftretenden Indexdifferenzen klein zu halten.

Daß der Algorithmus mit einem Startknoten von minimalem Grad begonnen werden soll, entspricht weitgehend einer Erfahrungstatsache. Im allgemeinen existieren in einem Graphen $G(S)$ mehrere Knoten mit minimalem Grad. Aus diesem Grund ist der Prozeß mit allen Knoten mit minimalem Grad zu wiederholen, um unter diesen Startknoten denjenigen zu finden, der die kleinste Bandbreite liefert. Die resultierende Bandbreite ist in der Tat von der Wahl des Startknotens abhängig (s. Beispiel 3.4). Ferner existieren Fälle von Graphen, für welche der Algorithmus von Cuthill-McKee auf Grund ihres speziellen Aufbaus nicht die minimale Bandbreite zu liefern vermag, falls nur Startknoten minimalen Grades berücksichtigt werden. Deshalb ist es angezeigt, auch Startknoten mit größerem Grad zuzulassen [30].

Da in der Numerierung der Knoten innerhalb einer Stufe eine gewisse Willkür bestehen kann, braucht der Algorithmus von Cuthill-McKee nicht die optimale Numerierung mit der möglichen minimalen Bandbreite von S zu liefern. Die resultierenden (fast optimalen) Ergebnisse bilden aber vorzügliche Startnumerierungen für den Algorithmus von Rosen, der im allgemeinen die Bandbreite noch etwas zu verringern vermag (vgl. Beispiel 3.8).

Um die Güte der erzielten Bandbreite beurteilen zu können, sind Schranken wünschenswert. Eine u n t e r e S c h r a n k e für die Bandbreite kann sofort a priori aus dem Maximum der Grade aller Knoten von G(S) gewonnen werden. Es sei D der maximale Grad. Zur zugehörigen Knotenvariablen existieren somit in der betreffenden Zeile von S D von Null verschiedene Außendiagonalelemente. Ist D gerade, so können diese Elemente bestenfalls je zur Hälfte links und rechts des Diagonalelementes ohne dazwischenliegende Nullelemente angeordnet sein, so daß die Bandbreite mindestens gleich D/2 sein muß. Ist D eine ungerade Zahl, so muß die Bandbreite mindestens gleich (D+1)/2 sein. Zusammenfassend gilt

$$m \geqslant \left[\frac{1}{2} (D + 1) \right] \text{ mit } [x] = \text{ganzer Teil von } x \ . \tag{3.8}$$

Eine o b e r e S c h r a n k e für die Bandbreite läßt sich a posteriori aus dem Algorithmus von Cuthill-McKee gewinnen und zwar auf Grund der Anzahl der Knoten in den einzelnen Stufen. Betrachten wir zwei aufeinanderfolgende Stufen k und k + 1 mit N_k und N_{k+1} Knoten. Falls im schlimmsten Fall der kleinstindizierte Knoten im Niveau k mit dem größtindizierten Knoten im Niveau k + 1 benachbart ist, resultiert eine Indexdifferenz von $N_k + N_{k+1} - 1$. Das Maximum dieser möglichen Indexdifferenzen über alle Stufen ist eine sichere obere Schranke. Bei insgesamt ν Stufen und mit der Festsetzung $N_0 = 1$ für den Startknoten gilt

$$m \leqslant \max_{k=1,\ldots,\nu} (N_{k-1} + N_k - 1). \tag{3.9}$$

Ein Startknoten, für den die maximale Anzahl Knoten pro Stufe minimal ist, liefert nach (3.9) eine kleine obere Schranke für die Bandbreite und stellt einen aussichtsreichen Kandidaten für den Algorithmus dar.

Beispiel 3.4 An einem übersichtlichen Graphen soll die prinzipielle Funktionsweise des Algorithmus von Cuthill-McKee dargelegt werden. Gegeben sei der Graph von Fig.3.16,

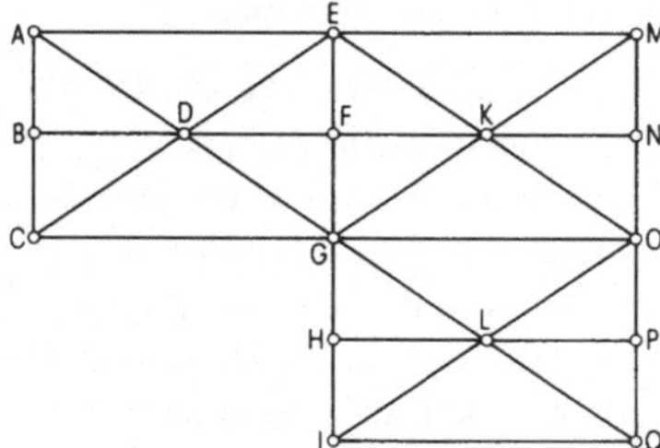

Fig. 3.16
Graph G (S)

in welchem die 16 Knoten mit Buchstaben gekennzeichnet sind, um im anschließenden Numerierungsprozeß eine klare Situation zu schaffen. Als Startknoten mit minimalem Grad 3 kommen A, B, C, H, I, M, N, P und Q in Betracht. Wir wollen aber den Prozeß nur für die beiden Startknoten A und C betrachten. Die resultierenden Numerierungen sind in Fig.3.17 für A und in Fig.3.18 für C zusammen mit den zugehörigen Stufen dargestellt. Die Tab.3.3 enthält alle Information über die Entscheidungen für den Startknoten A. In diesem Fall ist die Numerierung zwangsläufig. Im Fall des Startknotens C besteht zweimal eine Willkür, indem die Nachbarn von G = 4, das sind K und L, den

gleichen Grad 6 aufweisen und im nächsten Schritt die Nachbarn N und P von 9 je den
Grad 3 haben.

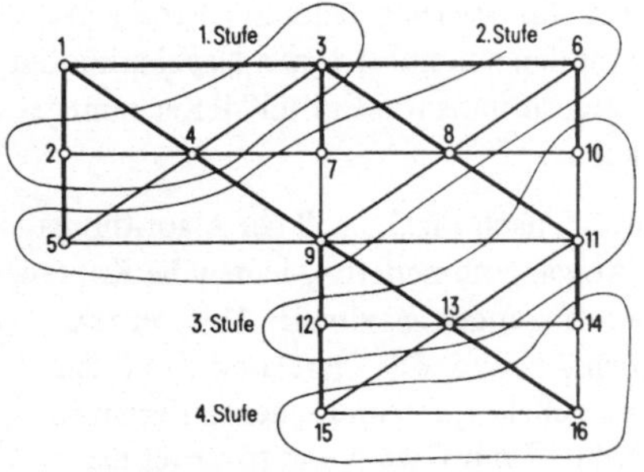

Fig. 3.17 Numerierung und Stufen für den Startknoten A

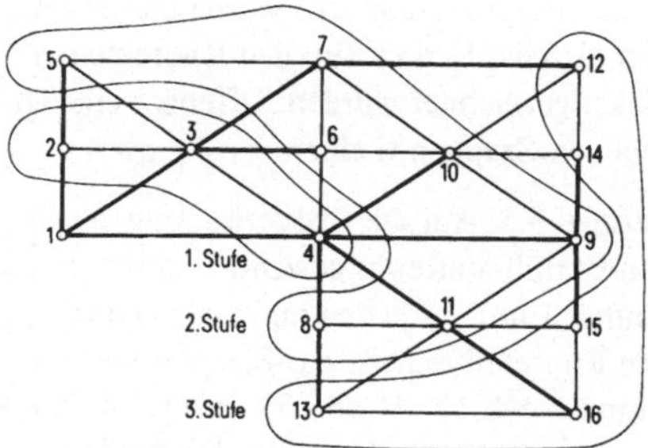

Fig. 3.18 Numerierung und Stufen für den Startknoten C

Tab. 3.3 Zum Ablauf des Algorithmus von Cuthill-McKee für den Startknoten A

Schritt	Knoten	Noch nicht numerierte Nachbarknoten	Grad	Nummer	N_k
1	1	B	3	2	3
		D	6	4	
		E	5	3	
2	2	C	3	5	5
	3	F	4	7	
		K	6	8	
		M	3	6	
	4	G	7	9	
3	5	–			4
	6	N	3	10	
	7	–			
	8	O	5	11	
	9	H	3	12	
		L	6	13	
4	10	–			3
	11	P	3	14	
	12	I	3	15	
	13	Q	3	16	

Da der maximale Grad der Knoten für G gleich 7 ist, liefert (3.8) als untere Schranke
für die Bandbreite den Wert 4 für beide Fälle. Für A als Startknoten liefert (3.9) als
obere Schranke 8, während sie tatsächlich m = 5 beträgt, bestimmt durch die beiden
Kanten (3, 8) und (4, 9) in Fig.3.17. Mit C als Startknoten ergibt (3.9) als obere Schranke
für die Bandbreite 11 und ist effektiv m = 7, bestimmt durch die einzige Kante (4, 11)
in Fig.3.18. Die beiden Startknoten mit minimalem Grad liefern in der Tat Numerierungen mit deutlich verschiedenen Bandbreiten. Im zweiten Fall entstehen weniger Stufen

mit entsprechend mehr Knoten pro Stufe. Dies ist der Grund für die resultierende größere Bandbreite.

In den Fig.:3.17 und 3.18 wurde die Geschichte der Numerierung dadurch hervorgehoben, daß die Kanten von den Knoten einer Stufe zu den neu numerierten Nachbarknoten dicker gezeichnet wurden. Offenbar erzeugt der Algorithmus von Cuthill-McKee zum gegebenen Graphen G einen g e s p a n n t e n B a u m.

Beispiel 3.5 Auf die Diskretisierung des Beispiels 3.2 nach Fig.3.9 soll der Algorithmus von Cuthill-McKee angewandt werden. Für jene Ausgangsnumerierung haben die Knotenpunkte 1 und 32 je den minimalen Grad 2, die resultierenden maximalen Differenzen von Knotennummern pro Element betragen jedoch 7 bzw. 8. Die Startpunkte mit den Nummern 4, 12, 31 und 35 vom Grad 3 liefern maximale Knotennummerndifferenzen von 6. Interessant ist weiter, daß für den Startpunkt 27 mit Grad 4 und sogar für die Startpunkte 2 und 7 je mit dem Grad 5 dieselbe Bandbreite resultiert. Das Beispiel möge illustrieren, daß es in der Regel notwendig sein kann, auch Startpunkte mit höherem Grad im Numerierungsprozeß als Kandidaten zu betrachten.

Für den Startknoten 4 gemäß Fig.3.9 ist die resultierende Numerierung mit einer Bandbreite m = 20 für die zugehörige Matrix **S** in Fig.3.19 festgehalten. Die einzelnen Stufen sind ebenfalls eingetragen und die die Bandbreite bestimmenden Kanten hervorgehoben.

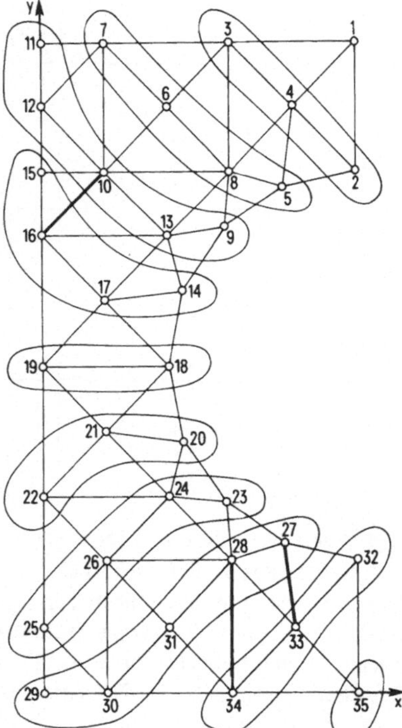

Fig. 3.19
Eine Numerierung nach dem Algorithmus von Cuthill-McKee mit den zugehörigen Stufen

Im Vergleich zur Numerierung nach dem Algorithmus von Rosen wird die Bandbreite jetzt nur von drei Knotenpaaren bestimmt. Die Strukturen der Steifigkeitsmatrizen S fallen dementsprechend auch verschieden aus.

Der maximale Grad eines Knotens beträgt 7 und auf Grund der in Fig.3.19 angegebenen Stufen ergeben (3.8) und (3.9) die Schranken $4 \leqslant m^* \leqslant 9$ für die minimale Indexdifferenz.

3.2.3 Varianten des Algorithmus von Cuthill-McKee

In neuerer Zeit wurden insbesondere zwei Verfeinerungen zum Algorithmus von Cuthill-McKee vorgeschlagen, welche durch Feststellungen an praktischen Beispielen motiviert worden sind.

Die erste Variante betrifft das sogenannte P r o f i l einer Matrix S. Wie bereits bemerkt worden ist, wird die Bandbreite einer Matrix im allgemeinen nur durch relativ wenige Außendiagonalelemente bestimmt. In Verfeinerung des Begriffs der Bandbreite einer symmetrischen Matrix S der Ordnung n bezeichne $f_i(S)$ den Kolonnenindex des ersten von Null verschiedenen Elementes s_{ij} der i-ten Zeile, d. h.

$$f_i(S) = \min \{j \mid s_{ij} \neq 0, j \leqslant i\} . \tag{3.10}$$

Weiter sei

$$m_i(S) = i - f_i(S), \qquad i = 1, 2, \ldots, n \tag{3.11}$$

die (linksseitige) Bandbreite der i-ten Zeile. Für die in (3.2) erklärte Bandbreite m der Matrix S gilt offenbar

$$m = \max_{1 \leqslant i \leqslant n} m_i(S) . \tag{3.12}$$

Soll ein lineares Gleichungssystem mit der Systemmatrix S aufgelöst werden, wird im Abschn.4.3 gezeigt werden, daß während des Auflösungsprozesses (Verfahren von C h o l e s k y) nur diejenigen Matrixelemente eine Rolle spielen, deren Indexpaare (i, j) der H ü l l e oder E n v e l o p p e von S angehören, definiert durch

$$\text{Env}(S) = \{(i, j) \mid f_i(S) \leqslant j \leqslant i, 1 \leqslant i \leqslant n\} . \tag{3.13}$$

Die Hülle von S umfaßt somit jene Indexpaare (i, j) von Elementen s_{ij}, welche innerhalb der zeilenabhängigen Bandbreiten liegen. Die Anzahl der Indexpaare, welche der Hülle angehören, nennt man das P r o f i l p der Matrix S. Sein Wert ist gegeben durch

$$p = \mid \text{Env}(S) \mid = n + \sum_{i=1}^{n} m_i(S) . \tag{3.14}$$

Das Profil p ist gleich der Anzahl der Elemente von S, welche im Verlauf des Choleskyschen Algorithmus effektiv benötigt werden. Deshalb ist das Profil einer Matrix S maßgebend für den Speicherbedarf bei Verwendung einer entsprechenden Anordnung der Matrixelemente. Aus diesem Grund wird oft die Minimierung des Profils anzustreben sein und nicht die Minimierung der Bandbreite.

Beispiel 3.6 Zur Illustration der verschiedenen Begriffe betrachten wir eine symmetrische Matrix S nach Fig.3.20, deren von Null verschiedene Elemente durch ein Kreuz markiert sind. In Tab.3.4 sind die zugehörigen Werte $f_i(S)$ und $m_i(S)$ und der Wert des Profils p zusammengestellt. Die Hülle der Matrix S ist in Fig.3.20 veranschaulicht, indem die Elemente, deren Indexpaare dazu gehören, eingerahmt sind.

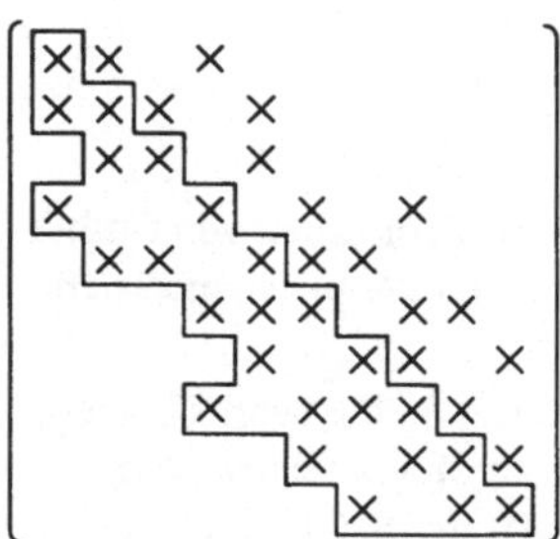

Fig. 3.20 Hülle einer Matrix

Tab.3.4 Daten zu Fig.3.20

i	$f_i(S)$	$m_i(S)$
1	1	0
2	1	1
3	2	1
4	1	3
5	2	3
6	4	2
7	5	2
8	4	4
9	6	3
10	7	3

$$m = 4$$

$$p = 10 + \sum_{i=1}^{10} m_i(S) = 32$$

Beispiel 3.7 Für das ringförmige Grundgebiet von Beispiel 3.3 und die Triangulierung nach Fig.3.11 soll untersucht werden, ob jene Numerierung oder aber eine Numerierung der Knotenpunkte nach dem Cuthill-McKee Algorithmus ein kleineres Profil erzeugt. Für die vier Startpunkte mit den Nummern 29 vom Grad 4, bzw. 22, 32 und 37 je vom Grad 5 liefert der Cuthill-McKee Algorithmus Numerierungen mit je einer maximalen Indexdifferenz von 9, d. h. die zugehörigen Gesamtsteifigkeitsmatrizen erhalten die Bandbreite m = 29. Die Bandbreite wird jedoch in allen Fällen höchstens von drei Außendiagonalelementen unterhalb der Diagonale tatsächlich ausgeschöpft. Die resultierenden Werte des Profils für die fünf verschiedenen Numerierungen sind in Tab.3.5 wiedergegeben, wobei einerseits angenommen worden ist, daß die Elementmatrizen voll besetzt sind und andererseits keine Randbedingungen berücksichtigt wurden.

Tab.3.5 Werte des Profils für Beispiel 3.3

Numerierung	Fig.3.11	Nach Cuthill-McKee mit Startpunkt			
		29	22	32	37
Profil p =	4104	4279	4428	4419	4347

Die Numerierung nach Fig.3.11 ergibt das kleinste Profil, wobei der Unterschied gegenüber dem besten Wert der Profile für die Numerierungen nach dem Cuthill-McKee Algorithmus allerdings nicht wesentlich ist. Jedenfalls soll das Beispiel auf die Tatsache hinweisen, daß eine Struktur der Matrix S nach Fig. 3.12 im Hinblick auf die Auflösung des linearen Gleichungssystems ökonomischer sein kann bezüglich des Speicherbedarfs im Vergleich zu einer Struktur, wie sie aus dem McKee-Algorithmus resultiert. Wird schließlich nur die Bandstruktur ausgenützt, so sind bei Speicherung nach Fig. 3.3 bei $n = 198$ Knotenvariablen $N = 30 \times 198 = 5940$ Speicherplätze erforderlich.

Der Algorithmus von Cuthill-McKee liefert eine Numerierung der Knotenvariablen, welche primär die Bandbreite minimiert. Da aber auf Grund des Vorgehens gleichzeitig auch die einzelnen Zeilenbandbreiten klein gehalten werden, minimiert er ebenfalls das Profil. Studiert man die resultierenden Strukturen der Matrizen S etwas eingehender, so entdeckt man, daß das Profil der Matrizen S sehr oft wesentlich verkleinert werden kann, falls die Knotenvariablen exakt in der u m g e k e h r t e n R e i h e n f o l g e durchnumeriert werden, wie sie beim oben beschriebenen Prozeß geliefert wird. Erfolgt nach ausgeführtem Cuthill-McKee Algorithmus (kurz CM-Algorithmus) noch eine Umkehrung der Numerierung vermöge der Substitution

$$k \rightarrow n - k + 1, \qquad\qquad\qquad (3.15)$$

so spricht man vom u m g e k e h r t e n C u t h i l l - M c K e e A l g o r i t h m u s (reverse Cuthill-McKee, abgekürzt RCM) [42].

Die Substitution (3.15) der Knotennummern entspricht einer Spiegelung der Matrix S an der Nebendiagonalen, d. h. an der Diagonalen von links unten nach rechts oben. Die Bandbreite m bleibt bei dieser Operation selbstverständlich unverändert, indem die maximale Indexdifferenz der miteinander gekoppelten Knotenvariablen dieselbe bleibt. Hingegen entstehen neue Werte $m_i(S)$, die in der Tat ein kleineres Profil p liefern können. In einer vergleichenden Studie [71] wird gezeigt, daß das Profil der Matrix S_{RCM} entsprechend der RCM-Numerierung stets höchstens so groß ist wie das Profil von S_{CM}. Der Speicherbedarf unter Ausnützung des Profils wird sicher nicht vergrößert. Für eine Reihe von Testbeispielen mit quadratischem Grundgebiet und regelmäßigen Einteilungen in Dreieckelemente wird weiter untersucht, für welche Ansätze eine wesentliche Reduktion sowohl des Speicheraufwandes als auch des Rechenaufwandes bei zunehmender Verfeinerung der Einteilung erzielt werden kann. Die experimentellen Ergebnisse zeigen, daß für quadratische und vollständige kubische Ansätze in Dreieckelementen die RCM-Numerierungen im Vergleich zu den CM-Numerierungen in der Tat drastische Reduktionen des Profils und der Rechenoperationen zur Lösung der zugehörigen linearen Gleichungssysteme bewirken. Dies trifft jedoch nicht zu für den linearen Ansatz sowie die Dreieckelemente nach Zienkiewicz, weil in diesen beiden Fällen die Profile der Matrizen S_{CM} und S_{RCM} in der Regel übereinstimmen.

Beispiel 3.8 Um die wesentliche Reduktion des Profils und damit des Speicherbedarfs bei Verwendung der Numerierung nach dem RCM-Algorithmus zu illustrieren, betrachten wir das Grundgebiet des Autolängsschnittes (vgl. Beispiel 1.5 und Fig. 1.5).
Für die Triangulierung nach Fig. 3.21 und mit quadratischen Ansätzen in den Dreiecken resultieren 185 Knotenpunkte. Obwohl zahlreiche rechtwinklige gleichschenklige Dreiecke auftreten, für welche die Steifigkeitselementmatrix nicht voll besetzt ist, sollen die Elementmatrizen dennoch als voll besetzt behandelt werden.

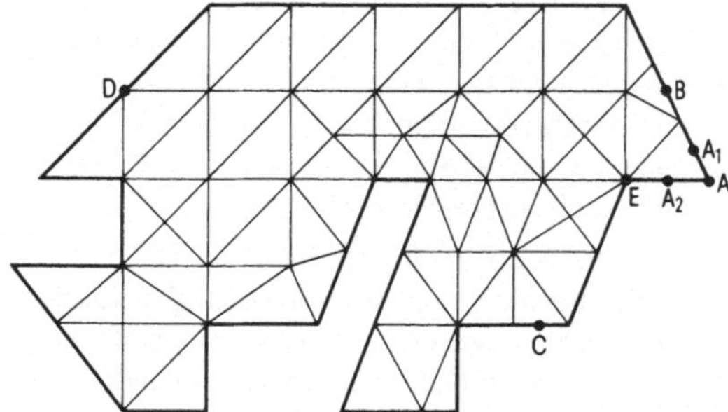

Fig. 3.21 Elementeinteilung für Autolängsschnitt. Startpunkte für CM- und RCM-Algorithmus

Fig. 3.22 Graph eines Dreieckelementes, quadratischer
Ansatz

Für den Cuthill-McKee Algorithmus ist der Graph der zugehörigen Diskretisation in Verbindung mit dem verwendeten Ansatz maßgebend. Für quadratische Ansätze ist unter
der getroffenen Annahme jede Knotenvariable mit jeder andern desselben Elementes
verknüpft. Deshalb ist der Graph eines Dreieckelementes mit quadratischem Ansatz
durch Fig.3.22 gegeben. Kanten, die sich in Fig.3.22 schneiden, bedeuten dabei keine
Verbindung. Jeder Knoten des Graphen hat den Grad 5. Für die Anwendung des CM-
Algorithmus auf die Elementeinteilung des Autolängsschnittes ist zu beachten, daß die
Netzeinteilung von Fig.3.21 nicht identisch ist mit dem einschlägigen Graphen.

Infolge der recht allgemeinen Form des Grundgebietes und der unterschiedlich feinen
Einteilung in Dreiecke ist eine optimale Numerierung der Knotenvariablen nicht offensichtlich. Der CM-Algorithmus stellt hier ein brauchbares Hilfsmittel dar.

In Tab.3.6 sind die Werte für die Bandbreite und das Profil zusammengestellt, wie sie
nach dem CM- und dem RCM-Algorithmus für die speziellen Startpunkte A, B, C, D
und E in Fig.3.21 resultieren. Die ausgewählten Startpunkte liefern Bandbreiten zwischen 31 und 35. Es ist offensichtlich, daß die Startpunkte A_1 und A_2 die gleichen
Ergebnisse wie A erzeugen.

Tab.3.6 Bandbreiten und Profil für den Autolängsschnitt

Startpunkt	Grad	CM		RCM	CM + Rosen		RCM + Rosen	
		m =	p =	p =	m =	p =	m =	p =
A	5	31	3767	2241	29	3754	26	2628
B	5	35	4022	2334	31	3950	29	2841
C	5	35	4455	2536	33	4434	32	2792
D	11	35	4255	2519	33	4257	26	3170
E	20	32	3915	2322	29	3884	26	2572

Interessant an der Zusammenstellung ist die Tatsache, daß der Startpunkt E mit dem sehr
hohen Grad 20 die zweitkleinste Bandbreite 32 liefert.

Auf die erhaltenen Numerierungen wurde noch je der Algorithmus von Rosen angewendet, um zu untersuchen, wie stark die Bandbreiten weiter verkleinert werden können,
da ja der CM-Algorithmus im allgemeinen nicht die minimale Bandbreite erzeugt. In der
Tat vermag der Algorithmus von Rosen die Bandbreite in allen Fällen zu reduzieren, wobei auffällt, daß für die RCM-Numerierungen eine stärkere Reduktion möglich ist. Auch
wenn in einigen Fällen das Profil unwesentlich abnimmt, so erfolgt die Verkleinerung
der Bandbreite in der Regel doch stark auf Kosten des Profils.

Bei alleiniger Berücksichtigung der Bandstruktur sind zur Speicherung der Matrizen S
und M für das Eigenwertproblem im günstigsten Fall bei einer Bandbreite $m = 26$ je
$N = n(m + 1) = 185 \cdot 27 = 4995$ Speicherplätze erforderlich. Im Vergleich dazu ist das
Profil im besten Fall nicht einmal halb so groß.

Um die offenkundige Überlegenheit der RCM-Numerierung über die CM-Numerierung
zu illustrieren, ist in Fig. 3.23 die potentielle Struktur der Gesamtsteifigkeitsmatrix S
zugehörig zur CM-Numerierung für den Startpunkt A der Fig. 3.21 dargestellt. Die Struktur der Matrix S, zugehörig zur RCM-Numerierung, ergibt sich durch Drehen der Fig. 3.23
um $180°$.

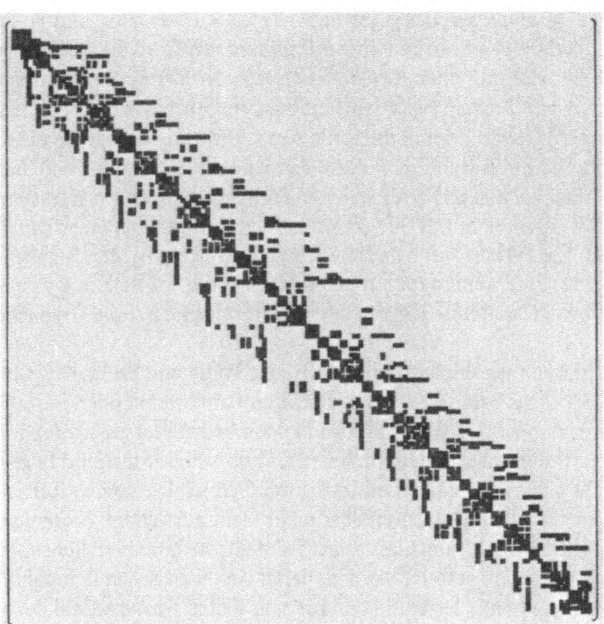

Fig. 3.23 Struktur für die CM-Numerierung

Eine zweite Verbesserung des Algorithmus von Cuthill-McKee beruht auf der Feststellung,
daß die Bandbreite im allgemeinen dann am kleinsten ausfällt, falls die Anzahl der Stufen
am größten ist und damit automatisch die mittlere Anzahl Knoten pro Stufe am kleinsten
ist. So haben G i b b s , P o o l e und S t o c k m e y e r [48] vorgeschlagen, für zwei

Startpunkte, welche auf einem D u r c h m e s s e r des Graphen liegen, deren kürzester
Verbindungsweg im Graphen am längsten ist, je die zugehörigen Stufenstrukturen nach
dem Cuthill-McKee Algorithmus zu bestimmen. Die beiden so erzeugten Stufenstrukturen
besitzen tatsächlich die größte Tiefe, und der Startpunkt der einen ist in der letzten Stufe
der andern enthalten. Die beiden Strukturen werden sodann zu einer neuen Stufenstruktur kombiniert, wobei die Durchschnitte entsprechender Stufen einen ersten Kern der
neuen Stufen bilden, die anschließend nach einem bestimmten Auswahlverfahren mit
den noch nicht einbezogenen Knoten so ergänzt werden, daß nach Möglichkeit die Anzahl der Knoten pro Stufe minimiert wird. Zum Schluß werden die Knoten innerhalb
der neu gewonnenen Stufenstruktur in Anlehnung an den CM-Algorithmus durchnumeriert, wobei gewisse Modifikationen notwendig sind, da jetzt eine Stufe Knoten enthalten kann, welche nicht zu einem Knoten der vorangehenden Stufe benachbart sind. Die
Erzeugung der neuen Stufenstruktur entspricht ja nicht mehr der Konstruktion eines
gespannten Baumes innerhalb des gegebenen Graphen.

Der erste Schritt des Algorithmus besteht in der Bestimmung von zwei Endpunkten
eines Durchmessers des gegebenen Graphen. Dies erfolgt mit Hilfe des CM-Algorithmus,
indem für einen Startknoten v mit minimalem Grad die zugehörige Stufenstruktur bestimmt wird. Mit allen Knoten, welche in der letzten Stufe enthalten sind, wiederhole
man diesen Prozeß. Falls dabei eine tiefere Stufenstruktur gefunden wird, übernimmt
der betreffende Knoten die Rolle von v, für den jetzt bereits die Stufenstruktur bekannt
ist. Andernfalls wählt man unter den Knoten der letzten Stufe denjenigen u aus, für
welchen die maximale Anzahl von Knoten pro Stufe am kleinsten ist. Die Knoten u
und v liegen nicht mit Sicherheit auf den Endpunkten eines Durchmessers, vielmehr
wird ihre Distanz nur näherungsweise maximal sein. Man begnügt sich mit zwei Start-
punkten, die wenigstens auf einem P s e u d o d u r c h m e s s e r liegen. Für die Details
der beiden weiteren Schritte des Algorithmus sei auf die Originalarbeit [48] verwiesen.

Auch wenn der Algorithmus von Gibbs, Poole und Stockmeyer im Vergleich zum RCM-
Algorithmus keine wesentlich kleineren Bandbreiten oder Werte für das Profil zu liefern
vermag, so ist sein Rechenaufwand doch bedeutend geringer. Dies liegt daran, daß zur
Ermittlung eines Pseudodurchmessers nur wenige Startpunkte getestet werden müssen,
wofür je eine CM-Numerierung erforderlich ist. Die beiden weiteren Schritte des neuen
Algorithmus sind demgegenüber nicht mehr aufwendig. Hierbei wird allerdings der neue
Algorithmus mit dem klassischen RCM-Algorithmus verglichen, bei welchem alle Knoten
als Startpunkte getestet werden, deren Grade zwischen dem minimalen Grad und einer
oberen Schranke liegen. In den meisten Fällen wird die Zahl der so in Frage kommenden
Startpunkte im Verhältnis zur Totalzahl von Knoten recht groß sein, was den großen
Rechenaufwand bewirkt.

Der Rechenaufwand des klassischen Cuthill-McKee Algorithmus kann aber in vielen An-
wendungsbeispielen auch so drastisch gesenkt werden, indem man mit einiger Überlegung
oder Erfahrung die erfolgversprechenden Startknoten angeben kann und nur für diese die
zugehörigen Numerierungen, Bandbreiten und Profile bestimmt.

3.3 Elimination von inneren Freiheitsgraden, Kondensation

Im Dreieckelement mit vollständigem kubischem Ansatz (2.75) mußte neben den Knotenvariablen in den Eckpunkten noch der Funktionswert im Schwerpunkt als zehnte Knotenvariable hinzugenommen werden, um den zehn Freiheitsgraden des Ansatzes gerecht zu werden. Der Schwerpunkt stellt einen sogenannten i n n e r e n K n o t e n p u n k t des Elementes dar im Gegensatz zu den ä u ß e r e n K n o t e n p u n k t e n, welche allgemein auf dem Rand des Elementes liegen. Die Knotenvariablen von inneren Punkten sind vermöge der Integralbeiträge des betreffenden Elementes nur mit seinen äußeren Knotenvariablen verknüpft. Sie werden aber auch bei der Addition der Teilbeiträge aller Elemente nur mit den äußeren Knotenvariablen des Elementes selbst verbunden bleiben. Dies ist eine Folge der Tatsache, daß die zu den inneren Knotenvariablen gehörigen Formfunktionen nur innerhalb des Elementes von Null verschieden sind. Auf Grund der Extremalprinzipien lassen sich aber die Werte der inneren Knotenvariablen durch die Werte der äußeren Knotenvariablen darstellen und damit eliminieren. Um dies einzusehen, soll angenommen werden, daß die äußeren Knotenvariablen eines Elementes bereits bekannt seien. Dann stellen sich die inneren Knotenvariablen derart ein, daß sie die gesamte potentielle Energie des Elementes minimieren, oder allgemeiner das Variationsintegral stationär machen. Vermöge der so formulierten Bedingungsgleichungen können die inneren Knotenvariablen in der Tat eliminiert werden. Nach ihrer Elimination bleibt ein reduziertes System in den äußeren Knotenvariablen übrig, das als Bedingungsgleichungen eines Variationsintegrals in den äußeren Variablen allein interpretiert werden kann. Die resultierende Matrix und den Konstantenvektor bezeichnet man als die k o n d e n s i e r t e S t e i f i g k e i t s e l e m e n t m a t r i x, bzw. den zugehörigen k o n d e n s i e r t e n E l e m e n t v e k t o r.

Der Prozeß der Kondensation verfolgt den primären Zweck, einerseits unerwünschte innere Knotenvariable zu eliminieren und anderseits die Gesamtzahl der Unbekannten zu verringern. Die Idee bildet weiter die Grundlage zur Konstruktion von flexibleren Elementen durch das Zusammensetzen von einfachen Elementen und anschließender Elimination von inneren Hilfsknotenpunkten. Die konsequente Weiterführung dieser Idee führt schließlich zum Vorgehen der S u b s t r u k t u r i e r u n g, bei welcher größere und komplex aufgebaute Strukturen wie etwa Brücken, Schiffe, Flugzeuge, Raumfahrtkonstruktionen usf. in Teile zerlegt werden, welche dann selbst in die zweckmäßigen Elemente eingeteilt werden. In jeder dieser Substrukturen lassen sich sämtliche inneren Knoten eliminieren, so daß nach ausgeführter Kondensation die Einzelteile vermittels ihrer Randknoten wieder zusammengesetzt werden können. Bei der Anwendung der Substrukturierung erzielt man eine beträchtliche Reduktion der Unbekannten, welche die Behandlung gewisser Probleme überhaupt erst möglich macht.

3.3.1 Statische Kondensation

Für Potentialprobleme, Probleme der ebenen Elastomechanik oder der Plattenbiegung kann der Gesamtbeitrag eines Elementes zum Variationsintegral allgemein in der Form

$$I_e = \frac{1}{2}\, u_e^T\, S_e\, u_e + b_e^T\, u_e \tag{3.16}$$

geschrieben werden mit der Elementsteifigkeitsmatrix S_e, dem Elementvektor b_e und dem Vektor u_e der Knotenvariablen. Die notwendige Bedingung für das Stationärwerden von I_e führt auf das lineare Gleichungssystem

$$S_e u_e + b_e = 0\,. \tag{3.17}$$

Die Knotenvariablen zu äußeren Knotenpunkten seien im Vektor u_a und die Variablen zu den inneren Knotenpunkten in u_i zusammengefaßt, so daß bei entsprechender Anordnung in u_e die Darstellung

$$u_e = \begin{bmatrix} u_a \\ u_i \end{bmatrix} \tag{3.18}$$

gilt. Das Gleichungssystem (3.17) werde entsprechend aufgeteilt, indem sowohl die Matrix S_e wie auch der Vektor b_e partitioniert werden.

$$\begin{bmatrix} S_{aa} & S_{ai} \\ S_{ia} & S_{ii} \end{bmatrix} \begin{bmatrix} u_a \\ u_i \end{bmatrix} + \begin{bmatrix} b_a \\ b_i \end{bmatrix} = 0 \tag{3.19}$$

Aus (3.19) folgen die Beziehungen

$$S_{aa}\, u_a + S_{ai}\, u_i + b_a = 0\,, \tag{3.20}$$

$$S_{ia}\, u_a + S_{ii}\, u_i + b_i = 0\,. \tag{3.21}$$

Die Untermatrix S_{ii} ist regulär, ja sogar positiv definit. In der Tat stellt $\frac{1}{2}\, u_e^T S_e u_e$ eine Energie dar, und S_e ist eine semidefinite symmetrische Matrix. Werden im Ausdruck der Energie die äußeren Knotenvariablen gleich Null gesetzt, so ist der verbleibende Energieausdruck $\frac{1}{2}\, u_i^T S_{ii} u_i$ für nicht identisch verschwindende Vektoren u_i stets positiv. Deshalb kann (3.21) formal nach u_i aufgelöst und der erhaltene Ausdruck in (3.20) eingesetzt werden.

$$u_i = -S_{ii}^{-1}\, S_{ia}\, u_a - S_{ii}^{-1}\, b_i \tag{3.22}$$

$$(S_{aa} - S_{ai}S_{ii}^{-1}\, S_{ia})u_a + (b_a - S_{ai}S_{ii}^{-1}\, b_i) = 0 \tag{3.23}$$

Das System (3.23) stellt das reduzierte Gleichungssystem dar für die äußeren Knotenvariablen und stellt die Extremalbedingung dar für das reduzierte Integral in den äußeren Knotenvariablen

$$I_e^* = \frac{1}{2}\, u_a^T\, S_e^*u_a + b_e^{*T}\, u_a \tag{3.24}$$

mit der k o n d e n s i e r t e n   S t e i f i g k e i t s e l e m e n t m a t r i x

$$S_e^* = S_{aa} - S_{ai}\, S_{ii}^{-1}\, S_{ia} \tag{3.25}$$

und dem k o n d e n s i e r t e n E l e m e n t v e k t o r

$$b_e^* = b_a - S_{ai}\, S_{ii}^{-1}\, b_i\,. \tag{3.26}$$

Man bezeichnet den Übergang von S_e und b_e zu S_e^* und b_e^* als s t a t i s c h e K o n -
d e n s a t i o n, weil der Reduktion, d. h. der Elimination der inneren Knotenvariablen
die Extremalbedingung des statischen Gleichgewichts zugrunde gelegt ist.

Die geschlossenen Darstellungen (3.25) und (3.26) für die kondensierten Größen sollten
allerdings niemanden dazu verleiten, den Prozeß der Kondensation auch tatsächlich auf
diese Art zu vollziehen. Am zweckmäßigsten und effizientesten erfolgt die Kondensation
schrittweise, indem die inneren Knotenvariablen sukzessive eliminiert werden. Deshalb
betrachten wir den Spezialfall, daß nur eine einzige innere Knotenvariable zu eliminieren
sei. Das Element habe insgesamt m Freiheitsgrade, und die zu eliminierende Knotenvariable sei die letzte Komponente des Vektors u_e. Die partitionierten Gleichungen (3.20)
und (3.21) lauten ausgeschrieben

$$\sum_{k=1}^{m-1} s_{jk}u_k + s_{jm}u_m + b_j = 0, \qquad (j = 1, 2, \ldots, m-1),$$

$$\sum_{k=1}^{m-1} s_{mk}u_k + s_{mm}u_m + b_m = 0.$$

Aus der letzten Gleichung folgt

$$u_m = -\sum_{k=1}^{m-1} \frac{s_{mk}}{s_{mm}} u_k - \frac{b_m}{s_{mm}},$$

und nach Substitution in die $(m-1)$ ersten Gleichungen

$$\sum_{k=1}^{m-1} \left(s_{jk} - \frac{s_{jm}s_{mk}}{s_{mm}} \right) u_k + \left(b_j - \frac{s_{jm}}{s_{mm}} b_m \right) = 0, \qquad (j = 1, 2, \ldots, m-1).$$

Danach ergeben sich die Elemente der kondensierten Matrix S^* und des Vektors b^* nach
den bekannten Formeln eines G a u ß s c h e n E l i m i n a t i o n s s c h r i t t e s
[107] mit dem Pivot s_{mm} zu

$$s_{jk}^* = s_{jk} - s_{jm}\,\frac{s_{mk}}{s_{mm}}, \qquad b_j^* = b_j - s_{jm}\,\frac{b_m}{s_{mm}} \tag{3.27}$$

$$(j, k = 1, 2, \ldots, m-1), (j = 1, 2, \ldots, m-1).$$

Da die Symmetrie bei einem solchen Eliminationsschritt erhalten bleibt, benötigt der

Kondensationsschritt nur rund $\frac{1}{2}\,m^2$ multiplikative Operationen.

Die sukzessive Elimination von inneren Knotenvariablen ist tatsächlich nach der beschriebenen Art durchführbar, da die Untermatrix S_{ii} positiv definit ist und deshalb in
jedem Gauß-Eliminationsschritt in der Diagonale ein von Null verschiedenes, sogar posi-
tives Pivotelement zur Verfügung steht.

Bei dieser Betrachtungsart kann der Kondensationsprozeß auf der Ebene eines Elementes
auch als vorgezogene Eliminationsschritte zur Lösung des Gesamtgleichungssystems interpretiert werden. Aus diesem Grund ist die Kondensation auch in jenen Fällen anwendbar,
wo kein Extremalprinzip im Hintergrund steht.

3.3.2 Konstruktion von zusammengesetzten Elementen

Die Elimination von inneren Knotenvariablen vermittels des Kondensationsprozesses
besitzt eine wichtige Anwendung in der Bildung von Elementen, welche sich im Innern
mosaikartig aus einfachen Elementen zusammensetzen. Auf diese Weise ist es möglich,
im Innern des Elementes eine feinere Diskretisation zu verwenden, wodurch eine bessere
Approximation der gesuchten Funktion ermöglicht wird, ohne dabei die Gesamtzahl
der Unbekannten zu vergrößern. Zudem ist es mit diesem Prozeß auf einfache Weise
möglich, allgemeine viereckige Elemente zu bilden, ohne dieselben als subparametrische
oder isoparametrische Elemente zu behandeln. Ein allgemeines konvexes Viereck läßt
sich entweder aus zwei oder sogar vier Dreiecken zusammensetzen, wie dies in Fig.3.24
unter der Annahme eines quadratischen Ansatzes veranschaulicht ist. Im Fall a) ist ein
innerer, im Fall b) sind fünf innere Knotenpunkte zu eliminieren. In beiden Fällen entsteht nach ausgeführter Kondensation ein Viereckelement mit acht Knotenpunkten auf
dem Rand. Die Viereckelemente sind mit entsprechenden Dreieck- und Parallelogrammelementen kombinierbar, da die Funktion auf dem Rand je einen eindeutigen quadratischen Verlauf aufweist.

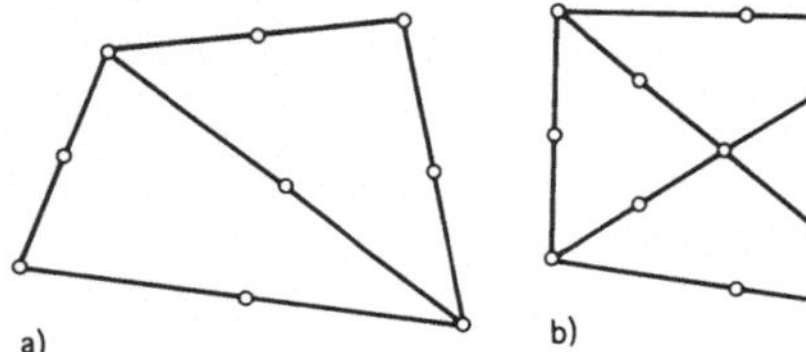

Fig. 3.24
Zusammengesetzte Viereckelemente

Beispiel 3.9 Das Prinzip der Konstruktion sei an einem Beispiel illustriert, welches so
ausgewählt ist, daß die Zahlwerte überblickbar einfach ausfallen. Für den Integralausdruck

$$I = \frac{1}{2} \iint\limits_{G} (u_x^2 + u_y^2)\,dxdy + \iint\limits_{G} u\,dxdy \tag{3.28}$$

soll für das Quadrat der Seitenlänge 1 (Fig.3.25) die kondensierte Steifigkeitslement-
matrix $\mathbf{S}_e^*$ und der Vektor $\mathbf{b}_e^*$ aufgestellt werden unter der Annahme, daß in den 4 Teil-
dreiecken ein linearer Ansatz angewendet werde. Der Rechnung legen wir die Referenz-
numerierung der Fig.3.25 zugrunde. Benötigt werden die Steifigkeitselementmatrix für
ein rechtwinklig gleichschenkliges Dreieck und der zugehörige Elementvektor. Die Zahlwerte sind $J = \frac{1}{2}$, $a = 1$, $b = 0$, $c = 1$, so daß nach (2.58) und (2.61) gelten

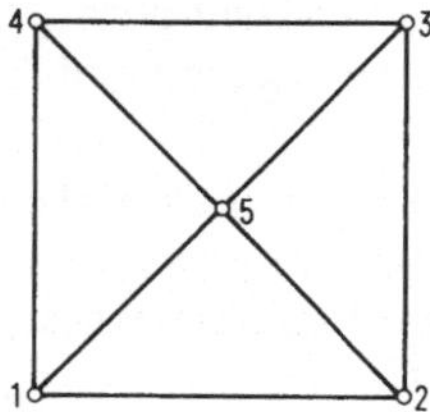

Fig. 3.25
Zusammengesetztes Quadrat

$$\mathbf{S}_e^\Delta = \frac{1}{2} \begin{bmatrix} 2 & -1 & -1 \\ -1 & 1 & 0 \\ -1 & 0 & 1 \end{bmatrix} , \qquad \mathbf{b}_e^\Delta = \frac{1}{12} \begin{bmatrix} 1 \\ 1 \\ 1 \end{bmatrix} .$$

Durch Addition der vier Matrizen und Vektoren folgen

$$\mathbf{S}_e^\square = \frac{1}{2} \left[\begin{array}{cccc:c} 2 & 0 & 0 & 0 & -2 \\ 0 & 2 & 0 & 0 & -2 \\ 0 & 0 & 2 & 0 & -2 \\ 0 & 0 & 0 & 2 & -2 \\ \hdashline -2 & -2 & -2 & -2 & 8 \end{array} \right] , \qquad \mathbf{b}_e^\square = \frac{1}{6} \begin{bmatrix} 1 \\ 1 \\ 1 \\ 1 \\ \hdashline 2 \end{bmatrix} , \qquad \mathbf{u}_e^\square = \begin{bmatrix} u_1 \\ u_2 \\ u_3 \\ u_4 \\ \hdashline u_5 \end{bmatrix} .$$

Der Kondensationsschritt nach den Formeln (3.27) ergibt

$$\mathbf{S}_e^* = \frac{1}{4} \begin{bmatrix} 3 & -1 & -1 & -1 \\ -1 & 3 & -1 & -1 \\ -1 & -1 & 3 & -1 \\ -1 & -1 & -1 & 3 \end{bmatrix} , \qquad \mathbf{b}_e^* = \frac{1}{4} \begin{bmatrix} 1 \\ 1 \\ 1 \\ 1 \end{bmatrix} , \qquad \mathbf{u}_e^* = \begin{bmatrix} u_1 \\ u_2 \\ u_3 \\ u_4 \end{bmatrix} . \qquad (3.29)$$

Die kondensierte Matrix $\mathbf{S}_e^*$ (3.29) ist nicht identisch mit der Steifigkeitselementmatrix $\mathbf{S}_e$ des Quadrates mit bilinearem Ansatz nach (2.69), nämlich

$$\mathbf{S}_e = \frac{1}{6} \begin{bmatrix} 4 & -1 & -2 & -1 \\ -1 & 4 & -1 & -2 \\ -2 & -1 & 4 & -1 \\ -1 & -2 & -1 & 4 \end{bmatrix} , \qquad \mathbf{b}_e = \frac{1}{4} \begin{bmatrix} 1 \\ 1 \\ 1 \\ 1 \end{bmatrix} , \qquad (3.30)$$

hingegen herrscht Übereinstimmung für die Vektoren $\mathbf{b}_e^*$ und $\mathbf{b}_e$. Die Verschiedenartigkeit der Steifigkeitselementmatrizen bei gleichem Element und gleichen Knotenvariablen ist bedingt durch die verschieden gearteten Ansätze im Innern des Quadrates.

3.3.3 Kondensation bei Eigenwertaufgaben

Der Kondensationsprozeß besitzt eine weitere wichtige Anwendung bei Eigenwertaufgaben, da hier die Reduktion der Zahl der Freiheitsgrade durch Elimination von Knotenvariablen von eminenter Bedeutung sein kann, um die Eigenwertaufgabe überhaupt mit vertretbarem Aufwand lösen zu können. Es sind hier zwei Vorgehensarten zu unterscheiden, die im Endeffekt dasselbe Ziel anstreben und analoge Kondensationsschritte anwenden, jedoch entweder auf der Basis der Elemente arbeiten oder aber erst nach vollendeter Kompilation der Gesamtmatrizen. Wir betrachten deshalb allgemein die Elimination von Knotenvariablen in einem Eigenwertproblem, wobei wir wie in Abschn 3.3.2 die zu eliminierenden Knotenvariablen in u_i und die verbleibenden Variablen in u_a zusammenfassen. Die Eigenwertaufgabe

$$S\,u = \lambda\,M\,u \tag{3.31}$$

schreibt sich in partitionierter Form

$$\begin{bmatrix} S_{aa} & S_{ai} \\ S_{ia} & S_{ii} \end{bmatrix} \begin{bmatrix} u_a \\ u_i \end{bmatrix} = \lambda \begin{bmatrix} M_{aa} & M_{ai} \\ M_{ia} & M_{ii} \end{bmatrix} \begin{bmatrix} u_a \\ u_i \end{bmatrix}, \tag{3.32}$$

oder ausgeschrieben

$$S_{aa}\,u_a + S_{ai}\,u_i = \lambda(M_{aa}\,u_a + M_{ai}\,u_i)\,, \tag{3.33}$$

$$S_{ia}\,u_a + S_{ii}\,u_i = \lambda(M_{ia}\,u_a + M_{ii}\,u_i)\,. \tag{3.34}$$

Aus (3.34) folgt die Beziehung

$$(S_{ii} - \lambda M_{ii})\,u_i = -(S_{ia} - \lambda M_{ia})\,u_a\,. \tag{3.35}$$

Unter der Annahme, daß die symmetrische Matrix $S_{ii} - \lambda M_{ii}$, wo λ ja einen unbekannten Parameter, nämlich einen gesuchten Eigenwert darstellt, regulär sei, folgt aus (3.35)

$$u_i = -(S_{ii} - \lambda M_{ii})^{-1}(S_{ia} - \lambda M_{ia})\,u_a\,. \tag{3.36}$$

Die Gleichung (3.36) stellt die vom zu bestimmenden Eigenwert λ abhängige exakte Beziehung her zwischen den zu eliminierenden Variablen u_i und den verbleibenden Variablen u_a. Da aber λ nicht bekannt ist, wird sein Wert in (3.36) kurzerhand gleich Null gesetzt, so daß man im Sinn einer s t a t i s c h e n K o n d e n s a t i o n in Analogie zu (3.22) jetzt näherungsweise setzt

$$u_i \doteq -S_{ii}^{-1}\,S_{ia}\,u_a = T_{ia}\,u_a\,. \tag{3.37}$$

Im nächsten Schritt geht es nun darum, die Eigenwertaufgabe (3.31) vermittels der Relation (3.37) zu reduzieren. Zu diesem Zweck wird der Vektor u vermittels der in (3.37) definierten Matrix durch u_a allein dargestellt. Es gilt

$$u = \begin{bmatrix} u_a \\ u_i \end{bmatrix} = \begin{bmatrix} I \\ T_{ia} \end{bmatrix} u_a = T\,u_a\,. \tag{3.38}$$

Darin bedeutet I die Einheitsmatrix, deren Ordnung gleich der Dimension des Vektors u_a ist, und T_{ia} stellt eine im allgemeinen rechteckige Matrix dar. Die Substitution von (3.38) in (3.31) liefert

$$S\,T\,u_a = \lambda\,M\,T\,u_a\,. \tag{3.39}$$

In dieser Form stellen ST und MT rechteckige Matrizen dar, weshalb zur Gewinnung eines brauchbaren Eigenwertproblems mit quadratischen (und symmetrischen!) Matrizen die Gleichung (3.39) von links mit der transponierten Matrix T^T multipliziert wird. Dies führt zum s t a t i s c h k o n d e n s i e r t e n Eigenwertproblem

$$T^T\,S\,T\,u_a = \lambda\,T^T\,M\,T\,u_a \quad \text{oder} \quad \boxed{S^*u_a = \lambda M^*u_a} \tag{3.40}$$

Der Kondensationsprozeß ist formal durch die Matrizenoperationen vollständig beschrieben. Wir wollen uns aber die kondensierten Matrizen $\mathbf{S}^*$ und $\mathbf{M}^*$ genauer ansehen, um zu ihrer Berechnung einen praktikablen Algorithmus zu entwickeln.

$$\mathbf{S}^* = \begin{bmatrix} \mathbf{I} & \mathbf{T}_{ia}^T \end{bmatrix} \begin{bmatrix} \mathbf{S}_{aa} & \mathbf{S}_{ai} \\ \mathbf{S}_{ia} & \mathbf{S}_{ii} \end{bmatrix} \begin{bmatrix} \mathbf{I} \\ \mathbf{T}_{ia} \end{bmatrix} = \mathbf{S}_{aa} + \mathbf{T}_{ia}^T \mathbf{S}_{ia} + \mathbf{S}_{ai} \mathbf{T}_{ia} + \mathbf{T}_{ia}^T \mathbf{S}_{ii} \mathbf{T}_{ia}$$

$$= \mathbf{S}_{aa} - (\mathbf{S}_{ii}^{-1} \mathbf{S}_{ia})^T \mathbf{S}_{ia} - \mathbf{S}_{ai} \mathbf{S}_{ii}^{-1} \mathbf{S}_{ia} + (\mathbf{S}_{ii}^{-1} \mathbf{S}_{ia})^T \mathbf{S}_{ii} \mathbf{S}_{ii}^{-1} \mathbf{S}_{ia} \tag{3.41}$$

Wegen $\mathbf{S}_{ia}^T = \mathbf{S}_{ai}$ und ${\mathbf{S}_{ii}^{-1}}^T = \mathbf{S}_{ii}^{-1}$ folgt aus (3.41)

$$\boxed{\mathbf{S}^* = \mathbf{S}_{aa} - \mathbf{S}_{ai} \mathbf{S}_{ii}^{-1} \mathbf{S}_{ia}} \tag{3.42}$$

Dies entspricht der Formel (3.25) der statischen Kondensation, womit sich die oben eingeführte Bezeichnung rechtfertigt. Für die Matrix $\mathbf{M}^*$ ergibt sich analog zu (3.41) die kompliziertere Form, da keine Vereinfachungen möglich sind,

$$\boxed{\mathbf{M}^* = \mathbf{M}_{aa} - \mathbf{S}_{ai} \mathbf{S}_{ii}^{-1} \mathbf{M}_{ia} - \mathbf{M}_{ai} \mathbf{S}_{ii}^{-1} \mathbf{S}_{ia} + \mathbf{S}_{ai} \mathbf{S}_{ii}^{-1} \mathbf{M}_{ii} \mathbf{S}_{ii}^{-1} \mathbf{S}_{ia}} \tag{3.43}$$

Der tatsächliche Kondensationsprozeß erfolgt zweckmäßigerweise schrittweise durch sukzessive Elimination einer e i n z i g e n Knotenvariablen. Als Arbeitshypothese sei angenommen, die Ordnung der Matrizen $\mathbf{S}$ und $\mathbf{M}$ sei μ und der Index der zu eliminierenden Knotenvariablen sei dementsprechend auch gleich μ. Die Matrizen $\mathbf{S}_{ii}$ und $\mathbf{M}_{ii}$ haben in diesem Spezialfall die Ordnung Eins und sind Skalare. Ebenso ist $\mathbf{S}_{ii}^{-1}$ selbst ein Skalar, der mit den Matrizen vertauschbar ist. Die Matrizen $\mathbf{S}_{ai}$ und $\mathbf{M}_{ai}$ sind Kolonnenvektoren der Dimension $(\mu - 1)$ und $\mathbf{S}_{ia}$ und $\mathbf{M}_{ia}$ Zeilenvektoren derselben Dimension. Für die Elemente von $\mathbf{S}^*$ und $\mathbf{M}^*$ ergeben sich aus (3.42) und (3.43) die einfachen Darstellungen

$$s_{jk}^* = s_{jk} - \frac{s_{j\mu}\, s_{\mu k}}{s_{\mu\mu}} \tag{3.44}$$

$$m_{jk}^* = m_{jk} - \frac{s_{j\mu}\, m_{\mu k}}{s_{\mu\mu}} - \frac{m_{j\mu}\, s_{\mu k}}{s_{\mu\mu}} + \frac{s_{j\mu}\, s_{\mu k}\, m_{\mu\mu}}{s_{\mu\mu}^2} \tag{3.45}$$

$$(j, k = 1, 2, \ldots, \mu - 1)$$

Die Kondensationsformeln (3.44) und (3.45) sind am effizientesten durchführbar mit den Hilfsgrößen

$$\sigma_j = -\frac{s_{\mu j}}{s_{\mu\mu}}\,, \qquad (j = 1, 2, \ldots, \mu - 1), \tag{3.46}$$

so daß sie sich vereinfachen zu

$$s_{jk}^* = s_{jk} + s_{\mu j}\sigma_k\,,$$
$$m_{jk}^* = m_{jk} + \sigma_j m_{\mu k} + m_{\mu j}\sigma_k + \sigma_j \sigma_k m_{\mu\mu}\,, \tag{3.47}$$
$$(j, k = 1, 2, \ldots, \mu - 1)\,.$$

Aus Symmetriegründen sind nur die Elemente s_{jk}^* und m_{jk}^* in und unterhalb der Diagonale zu berechnen, was in (3.46) und (3.47) schon berücksichtigt ist.

Die Kondensation kann auf der Stufe der Elemente zur Elimination von inneren Knotenvariablen wie auch zur Konstruktion von zusammengesetzten Elementen verwendet werden. Sie wird aber häufiger auf der Stufe des Gesamtproblems angewendet, um erst nach vollständiger Kompilation der Matrizen $\mathbf{S}$ und $\mathbf{M}$ eine bestimmte Auswahl von sogenannten u n t e r g e o r d n e t e n K n o t e n v a r i a b l e n (in der englischsprachigen Literatur als „slave variables" bezeichnet) zu eliminieren, so daß ein kondensiertes Eigenwertproblem für die sogenannten M e i s t e r v a r i a b l e n (master variables) resultiert. Die richtige Auswahl der Meistervariablen ist ausschlaggebend für die Güte der aus dem kondensierten Eigenwertproblem resultierenden Eigenwerte.

Beispiel 3.10 Es soll das Problem der Torsionsschwingungen oder Längsschwingungen eines Stabes, bzw. der Transversalschwingungen einer Saite unter Verwendung von Elementen mit quadratischem Ansatz behandelt werden, wobei die Knotenvariable im Mittelpunkt eliminiert werden soll. Wenn die Knotenvariablen im Hinblick auf den Kondensationsprozeß umgeordnet werden gemäß

$$\widetilde{\mathbf{u}}_e = (u_1, u_3, u_2)^T \ ,$$

so lauten nach (2.15) für ein Element der Länge ℓ die entsprechenden Elementmatrizen

$$\widetilde{\mathbf{S}}_e = \frac{1}{3\ell} \left[\begin{array}{cc:c} 7 & 1 & -8 \\ 1 & 7 & -8 \\ \hdashline -8 & -8 & 16 \end{array}\right] \ , \quad \widetilde{\mathbf{M}}_e = \frac{\ell}{30} \left[\begin{array}{cc:c} 4 & -1 & 2 \\ -1 & 4 & 2 \\ \hdashline 2 & 2 & 16 \end{array}\right] \ . \tag{3.48}$$

Unter Verwendung des Formelsatzes (3.46) und (3.47) ergeben sich mit $\sigma_1 = 1/2$, $\sigma_2 = 1/2$ die statisch kondensierten Elementmatrizen

$$\mathbf{S}_e^* = \frac{1}{3\ell} \left[\begin{array}{cc} 3 & -3 \\ -3 & 3 \end{array}\right] = \frac{1}{\ell} \left[\begin{array}{cc} 1 & -1 \\ -1 & 1 \end{array}\right] \ , \quad \mathbf{M}_e^* = \frac{\ell}{30} \left[\begin{array}{cc} 10 & 5 \\ 5 & 10 \end{array}\right] = \frac{\ell}{6} \left[\begin{array}{cc} 2 & 1 \\ 1 & 2 \end{array}\right] \ .$$

Die erhaltenen kondensierten Elementmatrizen sind identisch mit (2.10) und (2.9) für den linearen Ansatz! Das Ergebnis läßt sich damit erklären, daß die innere Variable auf Grund einer s t a t i s c h e n Kondensation eliminiert worden ist, welche so festgelegt wird, daß die Deformationsenergie minimal wird. Dies ist genau dann der Fall, wenn u innerhalb des Elementes linear verläuft, so daß zwangsläufig die Elementmatrizen des linearen Ansatzes resultieren müssen.

Mit dieser Kondensation ist selbstverständlich eine sehr starke Verfälschung, genauer gesagt eine Vergrößerung der Eigenwerte verbunden. So sind für eine beidseitig eingespannte Saite der Länge Eins die exakten Eigenwerte $\lambda_k^{ex} = (k\pi)^2$. In Tab.3.7 sind die Näherungswerte λ_k für Elemente mit quadratischem Ansatz und die Näherungswerte λ_k^* nach dem Kondensationsprozeß für verschiedene Elementanzahlen $n_{e\ell}$ zusammengestellt. Die relativen Fehler nehmen mit zunehmendem Index k zu. Man beachte die Gesetzmäßigkeiten und die offensichtlich gültigen Fehlergesetze, nach denen die relativen Fehler abnehmen [108].

Tab.3.7 Eigenwerte der schwingenden Saite

$n_{e\ell}$	k	λ_k^{ex}	λ_k	rel. Fehler	λ_k^*	rel. Fehler
5	1	9.8696044	9.8716979	$2.12 \cdot 10^{-4}$	10.198390	$3.33 \cdot 10^{-2}$
	2	39.478418	39.604985	$3.21 \cdot 10^{-3}$	44.888128	$1.37 \cdot 10^{-1}$
	3	88.826440	90.149020	$1.49 \cdot 10^{-2}$	116.1174	$3.07 \cdot 10^{-1}$
10	1	9.8696044	9.8697372	$1.35 \cdot 10^{-5}$	9.9510430	$8.25 \cdot 10^{-3}$
	2	39.478418	39.486792	$2.12 \cdot 10^{-4}$	40.793560	$3.33 \cdot 10^{-2}$
	3	88.826440	88.919526	$1.05 \cdot 10^{-3}$	95.575492	$7.60 \cdot 10^{-2}$
20	1	9.8696044	9.8696127	$8.45 \cdot 10^{-7}$	9.8899146	$2.05 \cdot 10^{-3}$
	2	39.478418	39.478949	$1.35 \cdot 10^{-5}$	39.804172	$8.25 \cdot 10^{-3}$
	3	88.826440	88.832453	$6.77 \cdot 10^{-5}$	90.482100	$1.86 \cdot 10^{-2}$

Beispiel 3.11 Die Eigenfrequenzen der Biegeschwingungen eines homogenen Balkens der Länge Eins sollen einmal mit Elementen berechnet werden, welche durch Zusammensetzung zweier Elemente je der Länge ℓ und Elimination der beiden inneren Knotenvariablen w und w′ gewonnen werden. Nach (2.24) sind die Elementmatrizen des zusammengesetzten Elementes gegeben durch

$$
\mathbf{S}_e = \frac{2}{\ell^3}
\left[
\begin{array}{cccc|cc}
6 & 3\ell & 0 & 0 & -6 & 3\ell \\
3\ell & 2\ell^2 & 0 & 0 & -3\ell & \ell^2 \\
0 & 0 & 6 & -3\ell & -6 & -3\ell \\
0 & 0 & -3\ell & 2\ell^2 & 3\ell & \ell^2 \\
\hline
-6 & -3\ell & -6 & 3\ell & 12 & 0 \\
3\ell & \ell^2 & -3\ell & \ell^2 & 0 & 4\ell^2
\end{array}
\right] ,
$$

$$
\mathbf{M}_e = \frac{\ell}{420}
\left[
\begin{array}{cccc|cc}
156 & 22\ell & 0 & 0 & 54 & -13\ell \\
22\ell & 4\ell^2 & 0 & 0 & 13\ell & -3\ell^2 \\
0 & 0 & 156 & -22\ell & 54 & 13\ell \\
0 & 0 & -22\ell & 4\ell^2 & -13\ell & -3\ell^2 \\
\hline
54 & 13\ell & 54 & -13\ell & 312 & 0 \\
-13\ell & -3\ell^2 & 13\ell & -3\ell^2 & 0 & 8\ell^2
\end{array}
\right] ,
$$

wobei im Hinblick auf die Kondensation die Knotenvariablen in $\mathbf{u}_e = (w_1, w_1', w_3, w_3', w_2, w_2')^T$ gemäß Fig. 3.26 angeordnet sind.

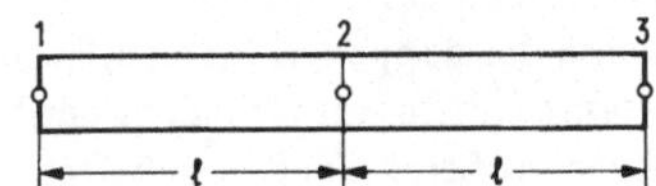

Fig. 3.26
Zusammengesetzte Balkenelemente

Es sind hier zwei Kondensationsschritte auszuführen. Der erste Eliminationsschritt für w_2' mit

$$\sigma_1 = -\frac{3}{4\ell}, \quad \sigma_2 = -\frac{1}{4}, \quad \sigma_3 = \frac{3}{4\ell}, \quad \sigma_4 = -\frac{1}{4}, \quad \sigma_5 = 0$$

liefert als Zwischenergebnis die Matrizen

$$S_e^* = \frac{1}{2\ell^3}\left[\begin{array}{cccc:c} 15 & 9\ell & 9 & -3\ell & -24 \\ 9\ell & 7\ell^2 & 3\ell & -\ell^2 & -12\ell \\ 9 & 3\ell & 15 & -9\ell & -24 \\ -3\ell & -\ell^2 & -9 & 7\ell^2 & 12\ell \\ \hdashline -24 & -12\ell & -24 & 12\ell & 48 \end{array}\right],$$

$$M_e^* = \frac{\ell}{1680}\left[\begin{array}{cccc:c} 720 & 116\ell & -96 & 28\ell & 216 \\ 116\ell & 24\ell^2 & -28\ell & 8\ell^2 & 52\ell \\ -96 & -28\ell & 720 & -116\ell & 216 \\ 28\ell & 8\ell^2 & -116\ell & 24\ell^2 & -52\ell \\ \hdashline 216 & 52\ell & 216 & -52\ell & 1248 \end{array}\right].$$

Der zweite Kondensationsschritt für w_2 liefert mit

$$\sigma_1 = \frac{1}{2}, \quad \sigma_2 = \frac{1}{4}\ell, \quad \sigma_3 = \frac{1}{2}, \quad \sigma_4 = -\frac{1}{4}\ell$$

$$S_e^{**} = \frac{1}{2\ell^3}\left[\begin{array}{cccc} 3 & 3\ell & -3 & 3\ell \\ 3\ell & 4\ell^2 & -3\ell & 2\ell^2 \\ -3 & -3\ell & 3 & -3\ell \\ 3\ell & 2\ell^2 & -3\ell & 4\ell^2 \end{array}\right] \quad \text{und}$$

$$M_e^{**} = \frac{\ell}{210}\left[\begin{array}{cccc} 156 & 44\ell & 54 & -26\ell \\ 44\ell & 16\ell^2 & 26\ell & -12\ell^2 \\ 54 & 26\ell & 156 & -44\ell \\ -26\ell & -12\ell^2 & -44\ell & 16\ell^2 \end{array}\right].$$

Beachtet man an dieser Stelle, daß $\ell = \frac{1}{2}\ell^*$ gleich der halben Länge des zusammenge-setzten Elementes ist, so verifiziert man sofort, daß die kondensierten Matrizen identisch sind mit den Matrizen für das Balkenelement der Länge ℓ^*. Die Kondensation hat in diesem Fall nur den Effekt, daß man tatsächlich mit einer Diskretisation in Balkenele-mente der doppelten Elementlänge arbeitet. Der Rechenaufwand für die beiden Konden-sationsschritte war also nicht der Mühe wert. Die Eigenwerte sind deshalb mit entspre-chend größeren Fehlern behaftet, wie aus Tab.3.8 ersichtlich ist.

Die Zahl der Unbekannten kann aber auch so auf die Hälfte reduziert werden, indem
die Auslenkungen als Meistervariable und die Ableitungen als die untergeordneten, zu
eliminierenden Knotenvariablen betrachtet werden. Zur Illustration betrachten wir
einen am linken Ende eingespannten Balken der Länge Eins, eingeteilt in drei Elemente
gleicher Länge $\ell = 1/3$ (Fig.3.27). Die Gesamtsteifigkeits- und Gesamtmassenmatrizen
lauten unter Berücksichtigung der beiden geometrischen Randbedingungen $w = w' = 0$
im Knotenpunkt der Einspannung bei einer Anordnung der Knotenvariablen gemäß

$$w = (w_1, w_2, w_3, w_1', w_2', w_3')^T \tag{3.49}$$

nach Einsetzen des Wertes $\ell = 1/3$

Fig. 3.27 Eingespannter Balken

$$S = 54 \left[\begin{array}{ccc|ccc}
12 & -6 & 0 & 0 & 1 & 0 \\
-6 & 12 & -6 & -1 & 0 & 1 \\
0 & -6 & 6 & 0 & -1 & -1 \\
\hline
0 & -1 & 0 & 4/9 & 1/9 & 0 \\
1 & 0 & -1 & 1/9 & 4/9 & 1/9 \\
0 & 1 & -1 & 0 & 1/9 & 2/9
\end{array}\right],$$

$$M = \frac{1}{1260} \left[\begin{array}{ccc|ccc}
312 & 54 & 0 & 0 & -13/3 & 0 \\
54 & 312 & 54 & 13/3 & 0 & -13/3 \\
0 & 54 & 156 & 0 & 13/3 & -22/3 \\
\hline
0 & 13/3 & 0 & 8/9 & -1/3 & 0 \\
-13/3 & 0 & 13/3 & -1/3 & 8/9 & -1/3 \\
0 & -13/3 & -22/3 & 0 & -1/3 & 4/9
\end{array}\right]$$

Die daraus resultierenden kondensierten Matrizen S^* und M^* der Ordnung drei sind
beide vollbesetzt. Dies trifft auch zu bei feinerer Balkenunterteilung. In Fig.3.28 ist die
identische Besetzung der beiden Matrizen S und M bei einer zu (3.49) analogen Anordnung der Knotenvariablen für neun Balkenelemente dargestellt. Die vier Untermatrizen
sind je tridiagonal. Nach Elimination der untergeordneten Knotenvariablen w_i' entstehen
zwei vollbesetzte Matrizen S^* und M^* der Ordnung neun.

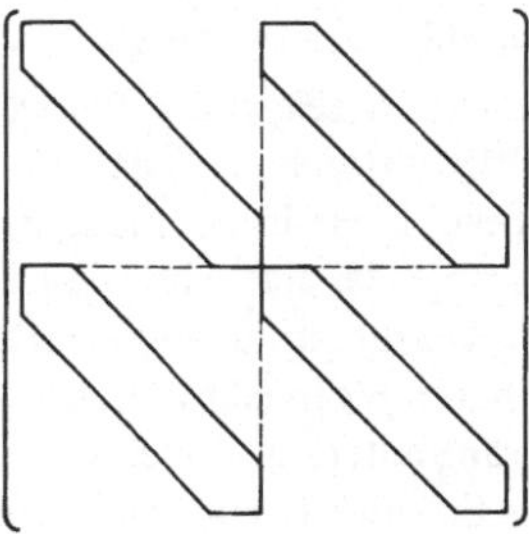

Fig. 3.28
Struktur der Matrizen vor Kondensation

Es ist in der Tat eine allgemeine Regel, daß die Kondensation die Bandstruktur der
Matrizen zerstört und vollbesetzte Matrizen liefert, oder zumindest so besetzte Matrizen,
daß sie als vollbesetzt zu behandeln sind. Unter diesem Aspekt muß eine wesentliche
Reduktion der Zahl der Unbekannten erfolgen, damit der Rechenaufwand zur Lösung
der verbleibenden allgemeinen Eigenwertaufgabe mit vollbesetzten Matrizen auch kleiner
wird im Vergleich zum Aufwand zur Behandlung des nichtkondensierten Eigenwertproblems zwar von höherer Ordnung, jedoch mit Bandmatrizen.

In Tab. 3.8 sind die drei kleinsten Kreisfrequenzen $\omega_k = \sqrt{\lambda_k}$ für einige Elementzahlen
$n_{e\ell}$ ohne Kondensation und die entsprechenden Werte ω_k^* der kondensierten Matrizenpaare S^* und M^* bei Elimination der Ableitungen je mit den relativen Fehlern zusammengestellt. Die exakten Werte der Kreisfrequenzen als Lösung der transzendenten
Gleichung

$$\cos z \cdot \text{Ch } z + 1 = 0, \ \omega = z^2$$

sind $\omega_1^{ex} = 3.516\,015\,269$, $\omega_2^{ex} = 22.034\,491\,56$, $\omega_3^{ex} = 61.697\,214$.

Tab. 3.8 Eigenwerte für Balkenschwingung, ohne und mit Kondensation

$n_{e\ell} =$	3	6	9	12	18
$\omega_1 =$	3.516 372 $(1.01 \cdot 10^{-4})$	3.516 038 $(6.55 \cdot 10^{-6})$	3.516 0198 $(1.30 \cdot 10^{-6})$	3.516 0167 $(4.13 \cdot 10^{-7})$	3.516 015 555 $(8.13 \cdot 10^{-8})$
$\omega_1^* =$	3.516 987 $(2.76 \cdot 10^{-4})$	3.516 059 $(1.24 \cdot 10^{-5})$	3.516 023 $(2.20 \cdot 10^{-6})$	3.516 0174 $(6.05 \cdot 10^{-7})$	3.516 015 645 $(1.07 \cdot 10^{-7})$
$\omega_2 =$	22.106 859 $(3.28 \cdot 10^{-3})$	22.039 932 $(2.47 \cdot 10^{-4})$	22.035 598 $(5.02 \cdot 10^{-5})$	22.034 845 $(1.61 \cdot 10^{-5})$	22.034 562 $(3.19 \cdot 10^{-6})$
$\omega_2^* =$	22.236 188 $(9.15 \cdot 10^{-3})$	22.044 814 $(4.68 \cdot 10^{-4})$	22.036 268 $(8.06 \cdot 10^{-5})$	22.035 008 $(2.34 \cdot 10^{-5})$	22.034 584 $(4.20 \cdot 10^{-6})$
$\omega_3 =$	62.465 982 $(1.25 \cdot 10^{-2})$	61.810 105 $(1.83 \cdot 10^{-3})$	61.720 942 $(3.85 \cdot 10^{-4})$	61.704 878 $(1.24 \cdot 10^{-4})$	61.698 750 $(2.49 \cdot 10^{-5})$
$\omega_3^* =$	62.668 511 $(1.57 \cdot 10^{-2})$	61.932 409 $(3.81 \cdot 10^{-3})$	61.736 965 $(6.44 \cdot 10^{-4})$	61.708 665 $(1.86 \cdot 10^{-4})$	61.699 248 $(3.30 \cdot 10^{-5})$

Die Kondensation bezüglich der Ableitungen vergrößert die Eigenfrequenzen praktisch
nicht im Vergleich zur Kondensation von Knotenpunkten, d. h. gleichzeitiger Elimination von Wert und Ableitung. Die Ableitungen sind deshalb echte untergeordnete
Variable, welche mit Recht eliminiert werden dürfen.

Anderseits zeigen die Zahlwerte der Kreisfrequenzen nach Kondensation die allgemein
gültige Tatsache auf, daß die höheren Eigenwerte eine relativ stärkere Vergrößerung erfahren. Diese Erscheinung kann damit erklärt werden, daß für die eliminierten Variablen
vermöge der statischen Kondensation mit $\lambda = 0$ Werte vorgeschrieben werden, die nicht
den Werten des uneingeschränkten Eigenwertproblems entsprechen. Insbesondere den
höheren Eigenvektoren, die ja die Eigenschwingungsformen darstellen, wird dadurch ein
Zwang auferlegt, welcher notwendigerweise eine immer stärkere relative Vergrößerung
der Eigenwerte nach sich zieht.

Eine grundsätzliche Verbesserung der Situation bringt die f r e q u e n z a b h ä n g i g e oder d y n a m i s c h e K o n d e n s a t i o n, indem in der Gleichung (3.36) für λ ein dem Problem angepaßter fester Wert eingesetzt wird. Die eliminierten Variablen erhalten dann nämlich ihre exakten Werte, falls für λ ein Eigenwert der nicht kondensierten Aufgabe eingesetzt wird. Setzt man wenigstens einen Näherungswert ein, so erfährt der betreffende Eigenwert unter der dynamischen Kondensation eine geringe Änderung. Sollen zumindest bestimmte der höheren Eigenwerte genauer bestimmt werden, so bietet sich das folgende Vorgehen an: Mit dem Näherungswert, der sich nach statischer Kondensation ergeben hat, wird die Rechnung mit einer frequenzabhängigen Kondensation wiederholt.

Zu diesem Zweck sind die oben entwickelten Formeln entsprechend zu verallgemeinern. Für die dynamische Kondensation ist anstelle der Matrix $\mathbf{T}_{ia}$ nach (3.37) die Matrix

$$\boxed{\overline{\mathbf{T}}_{ia} = -(\mathbf{S}_{ii} - \overline{\lambda}\,\mathbf{M}_{ii})^{-1}(\mathbf{S}_{ia} - \overline{\lambda}\,\mathbf{M}_{ia})} \tag{3.50}$$

mit einem vorgegebenen Wert $\overline{\lambda}$ zu verwenden. Der weitere Rechengang ist formal identisch, so daß sich vollkommen analog die kondensierten Matrizen ergeben

$$\boxed{\begin{aligned}
\mathbf{S}^* &= \mathbf{S}_{aa} + \overline{\mathbf{T}}_{ia}^{T}\mathbf{S}_{ia} + \mathbf{S}_{ai}\overline{\mathbf{T}}_{ia} + \overline{\mathbf{T}}_{ia}^{T}\mathbf{S}_{ii}\overline{\mathbf{T}}_{ia} \\
\mathbf{M}^* &= \mathbf{M}_{aa} + \overline{\mathbf{T}}_{ia}^{T}\mathbf{M}_{ia} + \mathbf{M}_{ai}\overline{\mathbf{T}}_{ia} + \overline{\mathbf{T}}_{ia}^{T}\mathbf{M}_{ii}\overline{\mathbf{T}}_{ia}
\end{aligned}}$$

$$\tag{3.51}$$
$$\tag{3.52}$$

Für die Elimination einer einzigen Knotenvariablen folgen daraus die leicht modifizierten Rechenregeln zur Berechnung der kondensierten Matrizen. Man bilde die Hilfsgrößen

$$\sigma_j = -\frac{s_{\mu j} - \overline{\lambda}m_{\mu j}}{s_{\mu\mu} - \overline{\lambda}m_{\mu\mu}}, \quad (j = 1, 2, \ldots, \mu - 1) \tag{3.53}$$

und damit die Elemente der kondensierten Matrizen

$$\left.\begin{aligned}
s_{jk}^{*} &= s_{jk} + \sigma_j s_{\mu k} + s_{\mu j}\sigma_k + \sigma_j\sigma_k s_{\mu\mu} \\
m_{jk}^{*} &= m_{jk} + \sigma_j m_{\mu k} + m_{\mu j}\sigma_k + \sigma_j\sigma_k m_{\mu\mu} \\
(j, k &= 1, 2, \ldots, \mu - 1)
\end{aligned}\right\} \tag{3.54}$$

Die Elemente der kondensierten Steifigkeitsmatrix berechnen sich jetzt nach derselben komplizierter aufgebauten Formel wie diejenigen der kondensierten Massenmatrix. Die Werte σ_j sind von $\overline{\lambda}$ abhängig, so daß die Vereinfachung im Fall der Steifigkeitsmatrix nicht mehr wie oben möglich ist. Es liegt auf der Hand, daß die dynamische Kondensation, angewendet zur Elimination von inneren Knotenvariablen, in den Beispielen 3.10 und 3.11 zu anderen kondensierten Matrizenpaaren führt.

Beispiel 3.12 Um die Wirkung der dynamischen Kondensation zu illustrieren, betrachten wir die Aufgabe, die Eigenwerte der schwingenden Membran von Beispiel 1.4 zu berechnen. Dazu sollen quadratische Ansätze der Lagrange-Klasse (2.72) in Rechteckelementen gemäß der Elementeinteilung nach Fig.3.29 verwendet werden. Die fünf kleinsten Eigenwerte des uneingeschränkten Problems mit n = 91 Knotenvariablen sind $\lambda_1 = 0.686211$, $\lambda_2 = 1.268091$, $\lambda_3 = 2.530602$, $\lambda_4 = 2.555006$, $\lambda_5 = 3.136886$.

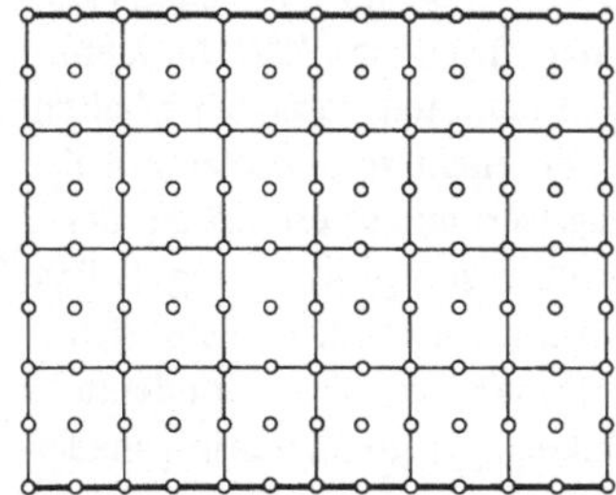

Fig. 3.29
Diskretisation der Membran

Sodann wurden die inneren Knotenpunkte der Elemente nach der dynamischen Kondensationsmethode eliminiert. Die Ordnung der kondensierten Matrizen $\mathbf{S}^*$ und $\mathbf{M}^*$ beträgt $n^* = 67$. Durch diese Kondensation bleibt die Bandstruktur der Gesamtmatrizen erhalten. In Fig.3.30 ist die Abhängigkeit der fünf kleinsten Eigenwerte von $\bar{\lambda}$ dargestellt. Ist $\bar{\lambda}$ gleich einem der Eigenwerte λ_k, so stimmt der betreffende Eigenwert λ_k^* mit λ_k exakt überein, während die übrigen Eigenwerte λ_j^* des kondensierten Eigenwertproblems teilweise wesentlich zu hoch ausfallen.

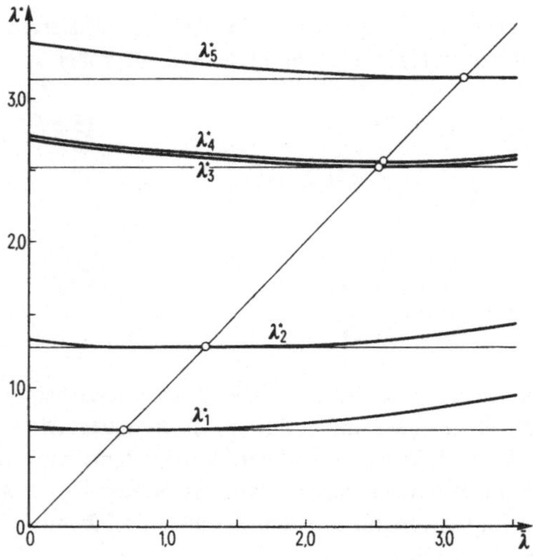

Fig. 3.30
Frequenzabhängige Kondensation. Elimination von inneren Elementknotenvariablen. Membranschwingung

Das Beispiel wurde absichtlich so gewählt, daß die Frequenzabhängigkeit der Eigenwerte des kondensierten Problems stark ausfällt. Die eliminierten inneren Knotenvariablen der Elemente stellen keine geeigneten untergeordneten Variablen dar. Bei problemgerechter Wahl der Meistervariablen werden die höheren Eigenwerte weit weniger beeinflußt (vgl. Beispiele in Kapitel 6).

4 Behandlung der linearen Gleichungssysteme

In diesem Kapitel befassen wir uns mit der Aufgabe, die anfallenden linearen Gleichungssysteme in sehr vielen Unbekannten unter Berücksichtigung ihrer speziellen Strukturen
möglichst effizient zu lösen. Für die praktische Behandlung der sehr großen Gleichungssysteme mit schwach besetzten Matrizen können verschiedene Gesichtspunkte für die
Wahl einer der nachfolgend beschriebenen Lösungsmethoden ausschlaggebend sein. So
können insbesondere die technischen Gegebenheiten der zur Verfügung stehenden
Rechenanlage wie Kapazität des Speichers mit schnellem Zugriff, Übertragungsgeschwin-
digkeit vom Zentralspeicher auf Hilfsspeichermedien (Plattenspeicher, Bandeinheiten)
sowie die Art und Flexibilität der Hilfsspeicher entscheidend sein.

Grundsätzlich wird zu unterscheiden sein zwischen direkten Lösungsmethoden, welche
auf der sukzessiven Elimination der Unbekannten wie Gauß-Algorithmus oder Cholesky-
Verfahren beruhen und den iterativen Prozessen, welche die gesuchte Lösung als Grenz-
wert einer Folge von Näherungen bestimmen. Die Eliminationsverfahren erfordern die
Speicherung der ganzen Systemmatrix und des Konstantenvektors oder zumindest der
wesentlichen Teile davon, damit sie im Verlauf des Prozesses direkten Zugriff zu den
benötigten Werten haben. Die Größe des Zentralspeichers setzt aber eine definitive
Schranke für die Ordnung der auf diese Art zu lösenden Gleichungssysteme, weshalb
hier Fragen der Speicherökonomie im Vordergrund stehen. Sobald aber infolge der
Größe des zu bearbeitenden Problems Hilfsspeicher verwendet werden müssen, so wird
die geeignete Lösungsmethode den Charakteristiken der Hilfsspeicher so genügend Rechnung zu tragen haben, daß der Zeitaufwand für Transferoperationen klein gehalten werden
kann. Gleichzeitig kann für die betreffenden Rechentechniken auch der Ursprung der
linearen Gleichungssysteme berücksichtigt werden. Bei entsprechender Problemvorbereitung läßt sich nämlich die sukzessive Kompilation der linearen Gleichungen mit der
gleichzeitigen Elimination verbinden, was zu der sogenannten F r o n t l ö s u n g s -
m e t h o d e führt.

Die Iterationsverfahren haben die Eigenschaft, daß sie die schwache Besetzung der
Koeffizientenmatrix voll ausnützen können und die Matrix unverändert lassen. Dies erlaubt eine bedeutend konzentriertere Speicherung der von Null verschiedenen Matrixelemente, so daß der dazu benötigte Speicherbedarf im Vergleich zu den Eliminations-
methoden bedeutend geringer ist. In gewissen Fällen ist eine permanente Speicherung
der Steifigkeitsmatrix nicht einmal erforderlich, indem die Iterationsschritte ganz auf
der Basis der Elementmatrizen durchführbar sind. Mit Hilfe dieser Technik gelingt es,
sehr umfangreiche lineare Gleichungssysteme mit einem Minimum an Speicherplatz zu
lösen. Die starke Reduktion des Speicherbedarfs geht dabei allerdings oft auf Kosten
des Rechenaufwandes, der bedeutend größer sein kann im Vergleich zu einer Eliminationsmethode. Für relativ kleine Rechenanlagen ohne Hilfsspeicher oder mit langsamen
Übertragungsgeschwindigkeiten zwischen Zentralspeicher und Hilfsspeicher können
aber die iterativen Lösungsverfahren doch eine echte und praktikable Alternative darstellen. So lassen sich auf diese Weise mit Hilfe von Kleincomputern Probleme von re-
spektabler Größenordnung bewältigen. Unter diesem Gesichtspunkt besitzen die itera-

tiven Verfahren zur Lösung von linearen Gleichungssystemen, wie sie in der Methode der finiten Elemente entstehen, doch eine praktische Bedeutung.

4.1 Klassische Eliminationsmethoden

Die behandelten Probleme führen auf Gleichungssysteme mit symmetrischen und positiv definiten Koeffizientenmatrizen. Symmetrische und positiv definite Matrizen haben die Eigenschaft, daß im besonderen ihre Hauptabschnittsdeterminanten aufsteigender Ordnung einen positiven Wert haben. Deshalb ist der G a u ß s c h e A l g o r i t h m u s mit Pivotelementen in der Hauptdiagonalen durchführbar, und die sukzessiv anfallenden reduzierten Systeme sind wiederum symmetrisch. Die positive Definitheit vereinfacht den Auflösungsprozeß wesentlich, weil einerseits keine Pivotsuche erforderlich ist und anderseits infolge der Erhaltung der Symmetrie mit den Elementen in und unterhalb der Diagonale gearbeitet werden kann.

Obwohl der Gaußsche Algorithmus zu den elementaren numerischen Verfahren gehört und als allgemein bekannt angenommen werden kann, soll der Formelsatz und das algorithmische Vorgehen zusammengefaßt werden, um damit die Grundlage zu bilden für die weiteren etwas spezielleren Techniken. Zu lösen sei das symmetrisch-definite Gleichungssystem

$$A\,x + b = 0\,, \quad A^T = A\,, \quad A \text{ positiv definit} \tag{4.1}$$

in n Unbekannten. Ausgeschrieben lautet (4.1) allgemein

$$\sum_{k=1}^{n} a_{ik}x_k + b_i = 0\,, \quad (i = 1, 2, \ldots, n)\,. \tag{4.2}$$

Im ersten repräsentativen Eliminationsschritt wird im System (4.2) die Unbekannte x_1 aus der zweiten bis n-ten Gleichung eliminiert, indem von der i-ten Gleichung das (a_{i1}/a_{11})-fache der ersten Gleichung subtrahiert wird. Die Koeffizienten des ersten reduzierten Gleichungssystems in den Unbekannten $x_2, x_3, \ldots, x_n$

$$\sum_{k=2}^{n} a_{ik}^{(1)}\,x_k + b_i^{(1)} = 0\,, \quad (i = 2, 3, \ldots, n) \tag{4.3}$$

sind gegeben durch

$$a_{ik}^{(1)} = a_{ik} - \frac{a_{i1}a_{1k}}{a_{11}}\,, \quad (i, k = 2, 3, \ldots, n)\,, \tag{4.4}$$

$$b_i^{(1)} = b_i - \frac{a_{i1}b_1}{a_{11}}\,, \quad (i = 2, 3, \ldots, n)\,. \tag{4.5}$$

Aus (4.4) ist offensichtlich, daß das reduzierte System (4.3) symmetrisch ist als Folge der Symmetrie von A. Zur Reduktion des Rechenaufwandes werden zweckmäßig die Faktoren

$$\ell_{i1} = \frac{a_{i1}}{a_{11}} , \qquad (i = 2, 3, \ldots, n) \tag{4.6}$$

definiert, mit deren Hilfe sich die Formeln (4.4) und (4.5) vereinfachen zu

$$a_{ik}^{(1)} = a_{ik} - \ell_{i1} a_{k1} , \qquad b_i^{(1)} = b_i - \ell_{i1} b_1 , \tag{4.7}$$

$$(i = 2, 3, \ldots, n; k = 2, 3, \ldots, i) .$$

In (4.7) wurde bereits berücksichtigt, daß nur mit der unteren Hälfte der Matrix A gearbeitet wird, indem a_{1k} durch a_{k1} ersetzt worden ist und der Kolonnenindex k nur bis zum Wert i läuft.

Die Faktoren ℓ_{i1} nach (4.6) besitzen eine weitere Bedeutung: Dividieren wir die erste Gleichung von (4.2) durch a_{11}, so lautet sie unter Berücksichtigung der Symmetrie von A

$$x_1 + \sum_{k=2}^{n} \ell_{k1} x_k + c_1 = 0 \quad \text{mit } c_1 = b_1/a_{11} . \tag{4.8}$$

Dies stellt die sogenannte erste E n d g l e i c h u n g dar, aus welcher sich die Unbekannte x_1 aus bekannten Werten für $x_2, x_3, \ldots, x_n$ berechnen läßt. Da diese Zahlwerte für diesen Zweck benötigt werden, speichert man sie zweckmäßigerweise an die Stelle der entsprechenden a_{i1}-Werte. Nach (4.7) darf dies aber erst nach erfolgter vollständiger Berechnung der Koeffizienten $a_{ik}^{(1)}$ geschehen. Desgleichen kann nachträglich auch c_1 aus (4.8) an den Platz von b_1 gespeichert werden.

Mit dem reduzierten System (4.3) verfährt man analog. Infolge der positiven Definitheit von A ist $a_{22}^{(1)} > 0$, so daß die Unbekannte x_2 aus den Gleichungen für $i = 3, 4, \ldots, n$ eliminiert werden kann. Man bildet die Faktoren

$$\ell_{i2} = \frac{a_{i2}^{(1)}}{a_{22}^{(1)}} , \qquad (i = 3, 4, \ldots, n) \tag{4.9}$$

und die Koeffizienten des zweiten reduzierten Systems

$$a_{ik}^{(2)} = a_{ik}^{(1)} - \ell_{i2} a_{k2}^{(1)}, \; b_i^{(2)} = b_i^{(1)} - \ell_{i2} b_2^{(1)} , \tag{4.10}$$

$$(i = 3, 4, \ldots, n; k = 3, 4, \ldots, i) .$$

Die zweite Endgleichung lautet

$$x_2 + \sum_{k=3}^{n} \ell_{k2} x_k + c_2 = 0 \quad \text{mit } c_2 = b_2^{(1)}/a_{22}^{(1)} . \tag{4.11}$$

Nach $(n - 1)$ Eliminationsschritten besteht das reduzierte System aus der einzigen Gleichung

$$a_{nn}^{(n-1)} x_n + b_n^{(n-1)} = 0$$

für die letzte Unbekannte x_n, welche nach Division durch $a_{nn}^{(n-1)}$ zur n-ten Endgleichung wird

$$x_n + c_n = 0 \quad \text{mit } c_n = b_n^{(n-1)}/a_{nn}^{(n-1)} . \tag{4.12}$$

Die gesuchten Unbekannten ergeben sich in der Reihenfolge $x_n, x_{n-1}, \ldots, x_2, x_1$ aus den entsprechenden Endgleichungen durch den Prozeß des R ü c k w ä r t s e i n -
s e t z e n s.

Der Gaußsche Eliminationsprozeß besitzt eine Interpretation als Zerlegung der gegebenen Matrix A in das Produkt einer Linksdreiecksmatrix L mit Diagonalelementen gleich Eins und einer Rechtsdreiecksmatrix R. Fassen wir die Faktoren ℓ_{ik} in einer Linksdreiecksmatrix L und die Koeffizienten der ersten Gleichung sowie die Koeffizienten je der ersten Gleichung der reduzierten Systeme zu einer Rechtsdreiecksmatrix R nach (4.13) zusammen, wo die Situation für $n = 4$ dargestellt ist, so zeigt eine elementare Rechnung, daß die Matrizengleichung (4.14) gilt.

$$
\begin{bmatrix}
1 & 0 & 0 & 0 \\
\ell_{21} & 1 & 0 & 0 \\
\ell_{31} & \ell_{32} & 1 & 0 \\
\ell_{41} & \ell_{42} & \ell_{43} & 1
\end{bmatrix}
\cdot
\begin{bmatrix}
a_{11} & a_{12} & a_{13} & a_{14} \\
0 & a_{22}^{(1)} & a_{23}^{(1)} & a_{24}^{(1)} \\
0 & 0 & a_{33}^{(2)} & a_{34}^{(2)} \\
0 & 0 & 0 & a_{44}^{(3)}
\end{bmatrix}
=
\begin{bmatrix}
a_{11} & a_{12} & a_{13} & a_{14} \\
a_{21} & a_{22} & a_{23} & a_{24} \\
a_{31} & a_{32} & a_{33} & a_{34} \\
a_{41} & a_{42} & a_{43} & a_{44}
\end{bmatrix}
\tag{4.13}
$$

$$
L \qquad\qquad \cdot \qquad\qquad R \qquad\qquad = \qquad\qquad A \tag{4.14}
$$

Auf Grund der Definition der Faktoren ℓ_{ik} läßt sich die Rechtsdreiecksmatrix R als das Produkt einer Diagonalmatrix D, deren Diagonalelemente gleich den positiven Pivotelementen $a_{11}, a_{22}^{(1)}, \ldots, a_{nn}^{(n-1)}$ sind und der zu L transponierten Matrix darstellen. In der Tat gilt im konkreten Fall $n = 4$

$$
R =
\begin{bmatrix}
a_{11} & a_{12} & a_{13} & a_{14} \\
0 & a_{22}^{(1)} & a_{23}^{(1)} & a_{24}^{(1)} \\
0 & 0 & a_{33}^{(2)} & a_{34}^{(2)} \\
0 & 0 & 0 & a_{44}^{(3)}
\end{bmatrix}
=
\begin{bmatrix}
a_{11} & 0 & 0 & 0 \\
0 & a_{22}^{(1)} & 0 & 0 \\
0 & 0 & a_{33}^{(2)} & 0 \\
0 & 0 & 0 & a_{44}^{(3)}
\end{bmatrix}
\cdot
\begin{bmatrix}
1 & \ell_{21} & \ell_{31} & \ell_{41} \\
0 & 1 & \ell_{32} & \ell_{42} \\
0 & 0 & 1 & \ell_{43} \\
0 & 0 & 0 & 1
\end{bmatrix}
= D L^T . \tag{4.15}
$$

Mit der aus (4.14) und (4.15) folgenden Produktdarstellung der symmetrischen und positiv definiten Matrix A

$$
\boxed{A = L D L^T} \qquad \text{G a u ß} \tag{4.16}
$$

wird das zu lösende Gleichungssystem (4.1)

$$
L D L^T x + b = 0 . \tag{4.17}
$$

Definieren wir weiter die Hilfsvektoren y und c durch

$$
y = -D L^T x, \quad D c = y , \tag{4.18}
$$

so ist (4.17) äquivalent zu den Relationen

$$
\boxed{\begin{aligned}
-L y \;\; + b &= 0 \\
-D c \;\; + y &= 0 \\
L^T x + c &= 0
\end{aligned}}
$$

$$
\tag{4.19}
$$
$$
\tag{4.20}
$$
$$
\tag{4.21}
$$

Die Gleichungen (4.19) und (4.20) fassen die Formeln zusammen zur Berechnung der Komponenten der Konstantenvektoren der reduzierten Systeme und damit des Konstantenvektors c der Endgleichungen (4.21). Die Rechenvorschrift (4.19) und (4.20) beinhaltet den Prozeß des V o r w ä r t s e i n s e t z e n s, da sich die Komponenten von c in aufsteigender Reihenfolge ergeben. Schließlich faßt (4.21) das Rückwärtseinsetzen zusammen.

Der Gaußsche Eliminationsalgorithmus besteht somit aus den drei getrennten Teilprozessen der Zerlegung von A nach (4.16), dem Vorwärtseinsetzen und dem Rückwärtseinsetzen. In der Regel wird die Faktorisierung (4.16) der Matrix A separat als Programm realisiert, da die Prozesse des Vorwärts- und Rückwärtseinsetzens die Matrizen L und D nicht verändern. Es besteht so die Möglichkeit, nacheinander mehrere Gleichungssysteme mit derselben Matrix A aber verschiedenen Konstantenvektoren b zu lösen. Davon wird in manchen Anwendungen Gebrauch gemacht.

Die algorithmische Durchführung des Gauß-Algorithmus für symmetrisch-definite Gleichungssysteme bei alleiniger Verwendung der unteren Hälfte der Matrix A hat den kleinen Schönheitsfehler, daß die Zahlwerte der Faktoren ℓ_{ik} erst dann an die Stelle der entsprechenden Matrixelemente gespeichert werden dürfen, wenn der betreffende Eliminationsschritt vollständig beendet worden ist. Dieser kleine Nachteil kann durch eine s y m m e t r i s c h e Z e r l e g u n g von A nach C h o l e s k y [20] beseitigt werden. Die Formeln (4.4) zur Berechnung der Koeffizienten $a_{ik}^{(1)}$ des ersten reduzierten Systems können durch Modifikation der Faktoren ℓ_{i1} in (4.6) zu

$$\ell_{i1} = \frac{a_{i1}}{\sqrt{a_{11}}} \, , \qquad (i = 2, 3, \ldots, n) \tag{4.22}$$

mit der Quadratwurzel aus dem positiven Pivotelement a_{11} anstelle von (4.7) in die symmetrische Form

$$a_{ik}^{(1)} = a_{ik} - \ell_{i1} \, \ell_{k1} \, , \qquad (i = 2, 3, \ldots, n; k = 2, 3, \ldots, i) \tag{4.23}$$

überführt werden. Da nun hier für den Reduktionsschritt neben den Matrixelementen a_{ik} mit $i \geqslant 2$ und $k \geqslant 2$ nur noch die neu definierten Faktoren (4.22) benötigt werden, können dieselben unmittelbar an die Stelle der entsprechenden Werte a_{i1} gesetzt werden.

Die erste Endgleichung (4.8) erfährt natürlich auch eine Modifikation, damit die neuen Werte (4.22) eine Bedeutung erhalten. Dazu ist die erste Gleichung von (4.2) durch $\sqrt{a_{11}}$ zu dividieren und wird, falls wir gleich die weiteren Hilfsgrößen

$$\ell_{11} = \sqrt{a_{11}} \, , \qquad c_1 = \frac{b_1}{\sqrt{a_{11}}} = \frac{b_1}{\ell_{11}} \tag{4.24}$$

definieren, zu

$$\ell_{11} \, x_1 + \sum_{k=2}^{n} \ell_{k1} \, x_k + c_1 = 0 \, . \tag{4.25}$$

Die Formel (4.5) zur Berechnung der Konstanten des ersten reduzierten Systems wird nach (4.22) und (4.24)

$$b_i^{(1)} = b_i - \ell_{i1} \, c_1 \, , \qquad (i = 2, 3, \ldots, n) \, . \tag{4.26}$$

Die Fortsetzung des Prozesses verläuft vollkommen analog. Der zweite Eliminationsschritt erfordert die Berechnung der Größen

$$\ell_{22} = \sqrt{a_{22}^{(1)}}\,, \qquad \ell_{i2} = \frac{a_{i2}^{(1)}}{\ell_{22}}\,, \qquad (i = 3, 4, \ldots, n)\,, \tag{4.27}$$

$$a_{ik}^{(2)} = a_{ik}^{(1)} - \ell_{i2}\,\ell_{k2}\,, \qquad (i = 3, 4, \ldots, n; k = 3, 4, \ldots, i)\,, \tag{4.28}$$

$$c_2 = \frac{b_2^{(1)}}{\ell_{22}}\,, \tag{4.29}$$

$$b_i^{(2)} = b_i^{(1)} - \ell_{i2}\,c_2\,, \qquad (i = 3, 4, \ldots, n)\,. \tag{4.30}$$

Die Formeln (4.27) und (4.28) stellen in offensichtlicher Verallgemeinerungsfähigkeit den symmetrischen Zerlegungsalgorithmus nach Cholesky dar, während (4.29) und (4.30) den Prozeß des Vorwärtseinsetzens definieren.

Die nach der Cholesky-Zerlegung resultierende Linksdreiecksmatrix $\mathbf{L}$ besitzt für $n = 4$ die Gestalt

$$\mathbf{L} = \begin{bmatrix} \ell_{11} & 0 & 0 & 0 \\ \ell_{21} & \ell_{22} & 0 & 0 \\ \ell_{31} & \ell_{32} & \ell_{33} & 0 \\ \ell_{41} & \ell_{42} & \ell_{43} & \ell_{44} \end{bmatrix}.$$

Ihre Diagonalelemente sind gleich den Quadratwurzeln der Diagonalelemente der Diagonalmatrix $\mathbf{D}$ in (4.15). Die Linksdreiecksmatrix $\mathbf{L}_{\text{Chol}}$ der Cholesky-Zerlegung entsteht aus der Linksdreiecksmatrix $\mathbf{L}_{\text{Gauß}}$ der Gauß-Zerlegung durch Multiplikation mit der Diagonalmatrix $\mathbf{D}^{1/2}$

$$\mathbf{L}_{\text{Chol}} = \mathbf{L}_{\text{Gauß}}\,\mathbf{D}^{1/2}. \tag{4.31}$$

Anstelle von (4.16) gilt somit für eine symmetrische und positiv definite Matrix $\mathbf{A}$ die symmetrische Produktdarstellung

$$\boxed{\mathbf{A} = \mathbf{L}\,\mathbf{L}^{\mathrm{T}}} \qquad \mathrm{C\,h\,o\,l\,e\,s\,k\,y} \tag{4.32}$$

Mit (4.32) wird das zu lösende Gleichungssystem (4.1)

$$\mathbf{L}\,\mathbf{L}^{\mathrm{T}}\,\mathbf{x} + \mathbf{b} = \mathbf{0},$$

welches mit dem einzigen Hilfsvektor $\mathbf{c} = -\mathbf{L}^{\mathrm{T}}\mathbf{x}$ äquivalent ist zu den beiden Systemen

$$\boxed{\begin{aligned} -\mathbf{L}\,\mathbf{c} + \mathbf{b} &= \mathbf{0} \\ \mathbf{L}^{\mathrm{T}}\mathbf{x} + \mathbf{c} &= \mathbf{0} \end{aligned}} \tag{4.33} \tag{4.34}$$

Der Hilfsvektor $\mathbf{c}$ ergibt sich aus (4.33) durch den Prozeß des Vorwärtseinsetzens, während sich anschließend der Lösungsvektor $\mathbf{x}$ aus (4.34) durch Rückwärtseinsetzen berechnen läßt.

Die Methode von Cholesky erfordert im Vergleich zum Gauß-Algorithmus zusätzlich die Berechnung von n Quadratwurzeln, welche einzig dadurch bedingt sind, daß die

Zerlegung der Matrix A unter Wahrung der Symmetrie durchgeführt wird. Dieser unwesentliche Mehraufwand wirkt sich einerseits in einer Vereinfachung des Computerprogramms aus, da die Zerlegung der Matrix A in die Linksdreiecksmatrix L auf dem Platz von A erfolgen kann, und anderseits zeichnet sich die Methode von Cholesky durch eine bemerkenswerte numerische Stabilität aus [123]. Aus diesen beiden Gründen wird im folgenden stets die Variante von Cholesky verwendet.

Die drei Prozesse der Zerlegung (4.32), des Vorwärtseinsetzens (4.33) und des Rückwärtseinsetzens (4.34) seien in Formeln zusammengefaßt. In der Formulierung wird angenommen, daß mit der unteren Hälfte der Matrizen A und L gearbeitet werde, wobei die übliche Indizierung Verwendung findet und die Anweisungen teilweise im dynamischen Sinn zu verstehen sind.

Zerlegung:

$$
\boxed{
\begin{aligned}
&\text{für } p = 1, 2, \ldots, n: \\
&\quad \ell_{pp} = \sqrt{a_{pp}} \\
&\quad \text{für } i = p + 1, p + 2, \ldots, n: \\
&\qquad \ell_{ip} = a_{ip}/\ell_{pp} \\
&\qquad \text{für } k = p + 1, p + 2, \ldots, i: \\
&\qquad\quad a_{ik} = a_{ik} - \ell_{ip}\,\ell_{kp}
\end{aligned}
}
\qquad (4.32')
$$

Vorwärtseinsetzen:

$$
\boxed{
\begin{aligned}
&\text{für } k = 1, 2, \ldots, n: \\
&\quad s = b_k \\
&\quad \text{für } i = 1, 2, \ldots, k - 1: \\
&\qquad s = s - \ell_{ki}\,c_i \\
&\quad c_k = s/\ell_{kk}
\end{aligned}
}
\qquad (4.33')
$$

Rückwärtseinsetzen:

$$
\boxed{
\begin{aligned}
&\text{für } k = n, n - 1, \ldots, 1: \\
&\quad s = c_k \\
&\quad \text{für } i = k + 1, k + 2, \ldots, n: \\
&\qquad s = s + \ell_{ik}\,x_i \\
&\quad x_k = -s/\ell_{kk}
\end{aligned}
}
\qquad (4.34')
$$

In den formelsprachähnlichen Formulierungen der Prozesse wurde stillschweigend angenommen, daß leere Schleifen übersprungen werden. Schließlich können auf Grund der oben gemachten Bemerkung die Elemente ℓ_{ik} mit den entsprechenden Matrixelementen a_{ik} identifiziert werden, so daß nach Ausführung der Zerlegung die Matrix A die Elemente von L enthält. Eine analoge Identifikation ist einerseits für c und b und anderseits auch für c und x möglich, so daß der Lösungsvektor an der Stelle von b erscheint.

4.2 Rechentechniken für Bandmatrizen

Bei entsprechender Numerierung der Knotenvariablen besitzen die zu lösenden Gleichungssysteme in der Regel Bandstruktur. Diese spezielle Struktur der Koeffizientenmatrix reduziert den Speicher- und insbesondere den Rechenaufwand zur Lösung eines linearen Systems ganz wesentlich, indem das Verfahren von Cholesky die Bandstruktur bewahrt. Besitzt die Matrix $\mathbf{A}$ die Bandbreite m, so gilt, daß die Linksdreiecksmatrix $\mathbf{L}$ der Cholesky-Zerlegung $\mathbf{A} = \mathbf{L}\mathbf{L}^{\mathsf{T}}$ ebenfalls die Bandbreite m besitzt, indem für die wesentlichen Elemente unterhalb der Diagonalen gilt

$$\ell_{ik} = 0 \quad \text{für alle } i > k + m \ . \tag{4.35}$$

Es genügt zu zeigen, daß im ersten Eliminationsschritt die Matrix $\mathbf{L}$ in der ersten Kolonne nur von Null verschiedene Elemente erhält, welche innerhalb der m Nebendiagonalen liegen, und daß die Matrix des reduzierten Gleichungssystems (4.3) wiederum die Bandbreite m besitzt. Dann gilt die Aussage a fortiori für die nachfolgenden Eliminationsschritte. In der Tat folgt nach (4.22) sofort, daß

$$\ell_{i1} = \frac{a_{i1}}{\sqrt{a_{11}}} = 0 \quad \text{für } i > m + 1 \tag{4.36}$$

gilt als Folge der Bandstruktur von $\mathbf{A}$ mit $a_{i1} = 0$ für $i - 1 > m$. Nach (4.23) überträgt sich die Bandgestalt von $\mathbf{A}$ auf die Matrix $\mathbf{A}_1$ mit derselben Bandbreite m, da für ein reduziertes Element der unteren Hälfte

$$a_{ik}^{(1)} = a_{ik} - \ell_{i1} \, \ell_{k1} \ , \quad i \geqslant k \geqslant 2 \tag{4.37}$$

mit $i > k + m$ sowohl das Matrixelement a_{ik} verschwindet als auch wegen (4.36) $\ell_{i1} = 0$ ist, da $i > k + m \geqslant m + 2$ gilt. Daraus folgt die Behauptung

$$a_{ik}^{(1)} = 0 \quad \text{für alle } |i - k| > m \ . \tag{4.38}$$

Infolge von (4.35) und (4.38) spielt sich die Zerlegung einer positiv definiten Bandmatrix $\mathbf{A}$ vollständig innerhalb der unteren Hälfte des Bandes ab, und die Matrix $\mathbf{L}$ nimmt genau den Platz von $\mathbf{A}$ ein. Zudem geht aus (4.36) und (4.37) weiter hervor, daß ein einzelner Reduktionsschritt nur die Elemente des Bandes in einem dreieckigen Bereich erfaßt, welche in den nachfolgenden m Zeilen liegen. In Fig.4.1 ist sowohl der

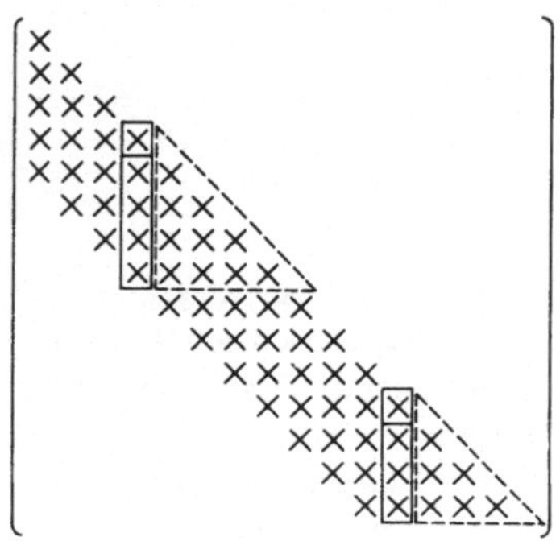

Fig. 4.1
Zur Reduktion einer symmetrischen Bandmatrix

typische p-te Reduktionsschritt für eine Bandmatrix der Bandbreite m = 4 dargestellt als auch ein später Reduktionsschritt, welcher die Elemente in einem entsprechend kleineren Dreiecksbereich verändert.

Der Rechenaufwand für einen allgemeinen Zerlegungsschritt nach Cholesky setzt sich demzufolge zusammen aus einer Quadratwurzel für $\ell_{pp} = \sqrt{a_{pp}^{(p-1)}}$, m Divisionen für die Werte $\ell_{ip} = a_{ip}^{(p-1)}/\ell_{pp}$ und noch $\frac{1}{2}\,m(m+1)$ Multiplikationen für die Berechnung der Elemente $a_{ik}^{(p)} = a_{ik}^{(p-1)} - \ell_{ip}\ell_{kp}$. Für eine Matrix der Ordnung n resultiert daher ein Rechenaufwand von n Quadratwurzeln und höchstens $\frac{1}{2}\,nm(m+3)$ multiplikativen Operationen. Der wesentliche Rechenbedarf für eine Cholesky-Zerlegung wird damit direkt proportional zur Ordnung n und zum Quadrat der Bandbreite m. Zur Minimierung dieses Rechenaufwandes ist deshalb die Bandbreite m möglichst klein zu halten. Dies erklärt nun die Bedeutung der Algorithmen von C u t h i l l - M c K e e und R o s e n zur Bestimmung einer optimalen Numerierung zur Minimierung der Bandbreite der zugehörigen Gesamtsteifigkeitsmatrix. Kann beispielsweise durch die Numerierungsalgorithmen die Bandbreite um 25% verkleinert werden, erzielt man damit fast eine Halbierung des Rechenaufwandes, falls nur die Bandstruktur berücksichtigt wird.

Die Prozesse des Vorwärts- und Rückwärtseinsetzens erfahren für Bandmatrizen natürlich auch eine Vereinfachung, indem in (4.33') und (4.34') die Summationen der Produkte nur über (höchstens) m Indexwerte erfolgt. Der Rechenaufwand für beide Prozesse zusammen beträgt folglich höchstens $2n(m+1)$ wesentliche Operationen, ist also direkt proportional zur Ordnung n und zur Bandbreite m.

Die tatsächliche und algorithmische Durchführung der Cholesky-Zerlegung einer symmetrischen, positiv definiten Bandmatrix erfolgt zweckmäßigerweise in der Speicheranordnung nach Fig.3.3. Die im typischen p-ten Eliminationsschritt sowie im $(n-3)$-ten Schritt zu behandelnden Elemente sind in Fig.4.2 in Übereinstimmung zu Fig.4.1 gekennzeichnet. Die Realisierung der Zerlegung und des Vorwärts- und Rückwärtseinsetzens als Computerprogramm ist auf der Hand liegend und mit Hilfe der Fig.4.2 einfach.

Die Rechentechnik wurde unter der stillschweigenden Annahme beschrieben, daß die Matrix A innerhalb des Bandes voll besetzt ist. In vielen Fällen trifft dies aber nicht zu, da sowohl die zeilenabhängigen Bandbreiten $m_i(A)$ nach (3.11) stark variieren und auch innerhalb dieser individuellen Zeilenbandbreiten verschwindende Matrixelemente vorhanden sind. Im Verlauf der Elimination erhalten zwar bestimmte Nullelemente innerhalb des Bandes Werte ungleich Null, d. h. die schwach besetzte Bandmatrix wird (teilweise) aufgefüllt, doch können verschwindende Matrixelemente in L durch einen einfachen Test berücksichtigt werden. Im allgemeinen p-ten Reduktionsschritt sollen etwa die Elemente $a_{ik}^{(p)}$ der i-ten Zeile nur dann berechnet werden, falls das Element $\ell_{ip} \neq 0$ ist.

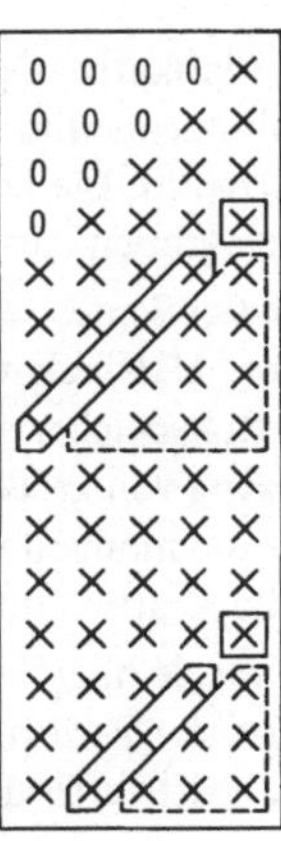

Fig. 4.2
Zur Cholesky-
Zerlegung einer
Bandmatrix

Nach der algorithmischen Formulierung (4.32′) erfordert dies eine simple Modifikation, die jedoch oft eine wesentliche Reduktion der Rechenzeit bewirkt.

Auch die Prozesse des Vorwärts- und Rückwärtseinsetzens lassen sich effizienter durchführen, was insbesondere dann ins Gewicht fällt, falls das Gleichungssystem für mehrere Konstantenvektoren zu lösen ist. Für das Vorwärtseinsetzen sind die zeilenabhängigen Bandbreiten $m_i(L)$ der Linksdreiecksmatrix L maßgebend, falls man davon absehen will, eventuelle Nullelemente innerhalb der individuellen Bandbreiten zu berücksichtigen. Der i-te Schritt des Vorwärtseinsetzens benötigt mit dieser Information nur $m_i(L) + 1$ multiplikative Operationen.

Für eine analoge Behandlung des Rückwärtseinsetzens sind die rechtsseitigen Bandbreiten der transponierten Matrix L^T zuständig. Dies sind aber gleichzeitig die individuellen Kolonnenbandbreiten der Matrix L. Um diese Werte zu definieren, bedeute $g_k(L)$ den Zeilenindex des letzten von Null verschiedenen Elementes ℓ_{ik} der k-ten Kolonne von L, d. h.

$$g_k(L) = \max \{i \mid \ell_{ik} \neq 0, i \geqslant k\} \, . \tag{4.39}$$

Dann ist die Kolonnenbandbreite der k-ten Kolonne

$$\mu_k(L) = g_k(L) - k \, . \tag{4.40}$$

Im k-ten Schritt des Rückwärtseinsetzens ist folglich die Summe der Produkte nur über die $\mu_k(L)$ Indexwerte zu bilden. Mit dieser Modifikation beträgt der Rechenaufwand für das Vorwärts- und Rückwärtseinsetzen noch

$$Z_{V+R} = 2\,n + \sum_{i=1}^{n} m_i(L) + \sum_{k=1}^{n} \mu_k(L)$$

multiplikative Operationen. Da im Regelfall die Bandbreite m von den Zeilen- und Kolonnenbandbreiten nur selten ausgeschöpft wird, ist Z_{V+R} um einiges kleiner als $2n(m+1)$. Die benötigte Information über die Zeilen- und Kolonnenbandbreiten kann ohne großen Aufwand im Verlauf der Zerlegung gewonnen werden.

Die Größe des verfügbaren Zentralspeichers setzt eine Grenze für die Anzahl der speicherbaren Matrixelemente. Für das Produkt aus Ordnung n und Bandbreite m der mit dem Zentralspeicher allein lösbaren Gleichungssysteme ist damit eine Limite gesetzt. Zur Lösung von größeren Systemen sind Hilfsspeicher nötig, und der Zentralspeicher wird nur die momentan wirklich benötigten Zahlwerte zur Ausführung einer bestimmten Teiloperation enthalten.

Es wurde oben bereits festgestellt, daß für einen einzelnen Eliminationsschritt der Cholesky-Zerlegung nur die Elemente in (m + 1) aufeinanderfolgenden Zeilen der unteren Hälfte erforderlich sind, d. h. die Elemente in einem Dreiecksbereich mit

$\dfrac{1}{2}(m + 1)(m + 2)$ Plätzen (vgl. Fig.4.2). Für das folgende sei angenommen, daß im Zentralspeicher mindestens dieser Speicherplatz vorhanden sei und daß die Matrix A in Blöcken zu je einer Zeile von (m + 1) Werten in der Anordnung von Fig.3.3, bzw. Fig.4.2 im Hilfsspeicher abrufbar sei.

Die Cholesky-Zerlegung wird nun so initialisiert, daß die ersten (m + 1) Zeilen in den Zentralspeicher geholt werden. Zur Speicherökonomie sollen die wesentlichen Elemente der einzelnen Zeilen aufeinanderfolgend in einem eindimensionalen Feld gemäß Fig. 4.3 angeordnet werden. Der besseren Übersicht halber ist die übliche Indizierung der Matrixelemente verwendet und der Fall m = 4 dargestellt. Das Element a_{ik} ist zu Beginn die j-te Komponente des Feldes mit $j = i(i - 1)/2 + k$.

$$\boxed{a_{11} \mid a_{21} \quad a_{22} \mid a_{31} \quad a_{32} \quad a_{33} \mid a_{41} \quad a_{42} \quad a_{43} \quad a_{44} \mid a_{51} \quad a_{52} \quad a_{53} \quad a_{54} \quad a_{55}}$$

Fig. 4.3 Speicherung der Elemente im Zentralspeicher

Aus den vorliegenden Zahlwerten werden die Werte $\ell_{11}, \ell_{21}, \ldots, \ell_{m1}$ nach (4.32′) berechnet und zweckmäßigerweise in einem eindimensionalen Feld abgespeichert, um so einerseits die Übertragung der Zahlwerte als Block auf einen Hilfsspeicher vorzubereiten und um anderseits die betreffenden Plätze im Arbeitsbereich für den nachfolgenden Eliminationsschritt frei zu machen. Anstatt nämlich die Elemente an ihrem Platz zu reduzieren und anschließend eine Umspeicherung vorzunehmen, kann die Umspeicherung mit der Reduktion der Elemente kombiniert werden. Der erste Reduktionsschritt mit der damit verbundenen gleichzeitigen Datenumspeicherung ist in Fig. 4.4 als repräsentativen Fall dargestellt. In die frei werdenden (m + 1) letzten Plätze des Arbeitsbereichs können jetzt die Elemente der nachfolgenden Zeile vom Hilfsspeicher gesetzt werden, wodurch die Voraussetzungen für den nächsten Eliminationsschritt gegeben sind. Diese Plätze sind mit Nullen zu füllen, sobald einmal alle Zeilen von **A** gelesen worden sind.

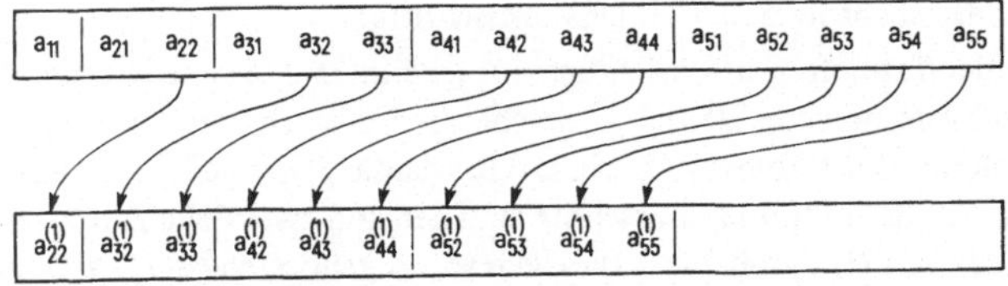

Fig. 4.4 Reduktion und gleichzeitige Datenumspeicherung

Mit der Berechnung der ℓ_{ip} im allgemeinen p-ten Schritt wird gleichzeitig der Index $g_p(\mathbf{L})$ des letzten von Null verschiedenen Matrixelementes bestimmt und derselbe mit den (m + 1) Werten ℓ_{ip} auf einen Hilfsspeicher übertragen. Diese Blöcke werden unmittelbar zur effizienten Ausführung des Rückwärtseinsetzens in umgekehrter Reihenfolge benötigt. Der Prozeß des Vorwärtseinsetzens kann ebenfalls mit diesen Blöcken durchgeführt werden, wobei er so umorganisiert werden muß, daß im p-ten Schritt zuerst der endgültige Wert c_p entsteht und dann von den Werten b_i die Produkte $\ell_{ip}c_p$ ($i = p + 1$, $\ldots, g_p$) subtrahiert werden. Der Speicherbedarf für die beiden Prozesse beträgt nur rund n + m, falls die Vektoren **b**, **c** und **x** identifiziert werden und im Zentralspeicher sind.

Der Zerlegungsalgorithmus für sehr große Bandgleichungssysteme wurde der Durchsichtigkeit halber auf der Basis des Transfers einer einzigen Zeile von **A**, bzw. einer Kolonne der Matrix **L** beschrieben. Abhängig von der Bandbreite m und der Größe des Zentral-speichers sind beliebige Varianten denkbar, bei denen mehrere Zeilen und Kolonnen zwischen Pufferspeichern und Hilfsspeichern transferiert werden. Bei geschickter Organisation und entsprechenden technischen Möglichkeiten lassen sich die Transferoperationen und arithmetischen Operationen entkoppeln und laufen damit weitgehend parallel ab. Wartezeiten der Zentraleinheit auf ausgeführte Übertragungen lassen sich so auf ein Minimum reduzieren.

4.3 Hüllenorientierte Rechentechnik

Im Abschn.3.2.3 wurde der Begriff der H ü l l e oder E n v e l o p p e einer symmetrischen Matrix als Verfeinerung des Begriffs der Bandstruktur eingeführt. Das Beispiel 3.8 zeigt deutlich, daß das Profil einer Matrix bei geeigneter Numerierung nach dem umgekehrten Cuthill-McKee Algorithmus wesentlich kleiner ist als der entsprechende Zahlwert bei Berücksichtigung der Bandstruktur allein.

Zur numerischen Auflösung eines linearen Gleichungssystems nach dem Gauß-Algorithmus, bzw. nach der Methode von Cholesky genügt es, mit den Elementen der Matrix **A** zu arbeiten, welche der Hülle von **A** angehören. Zu diesem Zweck soll gezeigt werden, daß durch den Eliminations- oder Zerlegungsprozeß höchstens diejenigen Elemente verändert werden, welche der Hülle angehören. Das bedeutet aber, daß sich das sogenannte A u f f ü l l e n der Matrix (englisch: F i l l - i n) auf die Hülle beschränkt und nicht nur auf das Band der Matrix. Um dies zu verifizieren ist nur zu zeigen, daß der erste Reduktionsschritt einzig die Elemente der Hülle betrifft. Die Aussage gilt dann a fortiori für die nachfolgenden Eliminationsschritte.

In der Tat liefern offensichtlich nur jene Elemente a_{i1} der ersten Kolonne von **A** von Null verschiedene Werte ℓ_{i1}, welche zur Hülle gehören. Die Berechnung der ersten Kolonne der Cholesky-Matrix **L** führt damit sicher nicht zur Hülle heraus. Nun wenden wir uns dem Eliminationsschritt zu. Hier sind zwei Fälle zu unterscheiden. Falls das Indexpaar (i, 1) mit $i \geqslant 2$ zur Hülle von **A** gehört, so ist $a_{i1} \neq 0$ und damit auch $\ell_{i1} \neq 0$. Für die betreffende i-te Zeile ist $f_i(\mathbf{A}) = 1$, und somit gilt für alle Indexpaare (i, k) $\in$ Env(**A**) mit $2 \leqslant k \leqslant i$. Genau die entsprechenden Matrixelemente werden aber von der Elimination mit ℓ_{i1} erfaßt. Es sei aber gleich festgehalten, daß nur jene Elemente a_{ik} auch tatsächlich verändert werden, falls $\ell_{k1} \neq 0$ ist. Falls also $a_{ik} = 0$ ist, erfolgt nur dann ein Auffüllen mit $a_{ik}^{(1)} \neq 0$, wenn $\ell_{k1} \neq 0$. Für die Hülle der reduzierten Matrix $\mathbf{A}_1$ gilt also für die i-te Zeile in diesem Fall $f_i(\mathbf{A}_1) = 2 > f_i(\mathbf{A}) = 1$. Gehört aber das Indexpaar (i, 1) mit $i \geqslant 2$ nicht zur Hülle von **A**, so bedeutet dies $f_i(\mathbf{A}) > 1$, $a_{i1} = 0$ und damit auch $\ell_{i1} = 0$. Daraus folgt, daß die ganze i-te Zeile von **A** unverändert bleibt, und es gilt damit $f_i(\mathbf{A}_1) = f_i(\mathbf{A})$. Die Kombination der beiden Aussagen über die Zeilenbandbreiten bedeutet aber, daß die Hülle von $\mathbf{A}_1$ in der Hülle von **A** enthalten ist:

$$\text{Env}(\mathbf{A}_1) \subset \text{Env}(\mathbf{A}) \tag{4.41}$$

Überdies folgt aus der Betrachtung, daß die Hülle von **L** mit derjenigen von **A** übereinstimmt:

$$Env(L) = Env(A) \qquad\qquad (4.42)$$

Auf Grund der Aussagen (4.41) und (4.42) werden für die praktische Durchführung der Cholesky-Zerlegung effektiv nur die Elemente von **A** benötigt, deren Indexpaare der Hülle von **A** angehören, und die Elemente der Linksdreiecksmatrix **L** können an deren Stelle gespeichert werden. Der Speicherbedarf entspricht dem Profil der Matrix **A**. Nach einer Idee von J e n n i n g s [66] werden die wesentlichen Matrixelemente, Zeile um Zeile, je beginnend mit dem ersten von Null verschiedenen Element bis und mit dem Diagonalelement, fortlaufend in einem eindimensionalen Feld gespeichert. Als zusätzliche Information für den Zugriff zu den Matrixelementen wird noch ein Vektor **z** mit n Zeigern benötigt, welche die Position der Diagonalelemente innerhalb des eindimensionalen Feldes festhalten. Die Differenz des i-ten und (i−1)-ten Zeigers ist somit gleich der Anzahl der Elemente der i-ten Zeile, also gleich $m_i(A) + 1$. In Fig.4.5 ist die Speicherung der Matrixelemente nach dem Schema von Jennings dargestellt für eine Matrix **A** der Ordnung n = 6 mit einem Profil p = 16.

Man beachte, daß auch für die Nullelemente von **A**, welche zur Hülle gehören, ein Speicherplatz reserviert ist, da damit zu rechnen ist, daß ein Auffüllen stattfindet. Im Fall der Matrix **A** der Fig.4.5 ist der Fill-in sogar vollständig, indem die Matrix **L** innerhalb der Hülle voll besetzt ist.

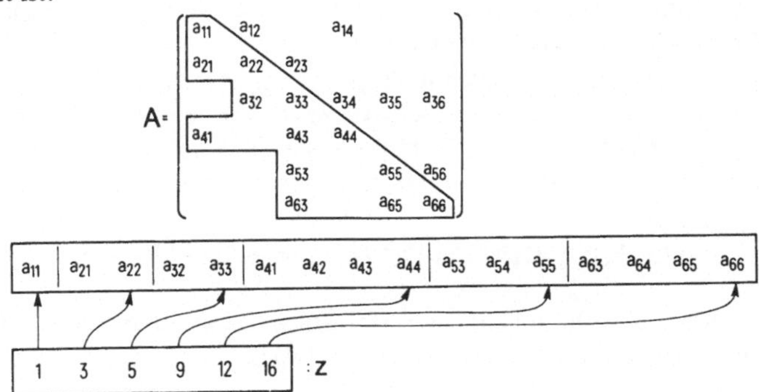

Fig. 4.5 Kompakte Speicheranordnung der Matrixelemente nach Jennings

Die tatsächliche Realisierung der Zerlegung einer Matrix **A** unter Verwendung der kompakten Speicherung gemäß Fig. 4.5 erfordert einige zusätzliche Überlegungen. Sie kann zudem auf verschiedene Arten durchgeführt werden. Wir beginnen mit der Analyse der Zerlegung, wie sie in (4.32′) algorithmisch beschrieben ist, wobei die Matrix **L** kolonnenweise entsteht. Diese Form wird die Grundlage für einen Algorithmus in Abschn. 5.3.4 bilden. Die Berechnung von $\ell_{pp} = \sqrt{a_{pp}}$ ist problemlos, da die Position von a_{pp} und damit ℓ_{pp} durch den Zeigervektor **z** definiert ist. Vorgängig zur Berechnung des Wertes $\ell_{ip} = a_{ip}/\ell_{pp}$ muß geprüft werden, ob das Indexpaar (i, p) der Hülle von **A** angehört. Dieser Test erfolgt mit Hilfe des Zeigervektors, denn es gilt

$$(i, p) \in Env(A) \Longleftrightarrow i - p < z_i - z_{i-1}. \qquad\qquad (4.43)$$

Falls $(i, p) \in Env(A)$, sind die Positionen von a_{ip} und ℓ_{ip} gegeben durch $z_i - i + p$. Mit der jetzt durchführbaren Berechnung von ℓ_{ip} steht gleichzeitig fest, daß die weiteren Elemente a_{ik} der i-ten Zeile von A der Hülle angehören, d. h. daß die innerste Schleifenanweisung in (4.32') zur Reduktion der Elemente auszuführen ist. Jedoch ist vor der Ausführung der Reduktion des Elementes a_{ik} für jeden Index k erneut zu prüfen, ob das Element ℓ_{kp} überhaupt definiert ist, d. h. ob (k, p) zur Hülle gehört. Um den Test (4.43) an dieser Stelle zu vermeiden, ist es denkbar, die anfallende Information über die Zugehörigkeit des Indexpaares (k, p) zur Hülle für jedes p bereits beim ersten Test in einem zusätzlichen Vektor der Länge n aufzubewahren.

Falls die Matrix A eine Bandstruktur aufweist, sollte mindestens ihre Bandbreite m (3.2) zur Rationalisierung des Prozesses berücksichtigt werden, um zu viele unnötige Tests zu vermeiden. Die Zerlegung von A und ebenso die nachfolgenden Prozesse des Vorwärts- und Rückwärtseinsetzens lassen sich noch stärker ökonomisieren mit den Zahlwerten $g_k(L)$ nach (4.39). Wegen (4.42) ist aber $g_k(L)$ höchstens gleich dem größten Index i, für den das Indexpaar (i, k) der Hülle von A angehört. Bei bekannten Werten $f_i(A)$, welche gemäß (3.13) die Hülle beschreiben, definieren wir die leicht berechenbaren Werte $g_k(A)$ durch

$$g_k(A) = \max \{i | (i, k) \in \mathrm{Env}(A)\} = \max \{i | i \geqslant k, f_i \leqslant k\} .$$

Für praktische Zwecke wird man anstelle der Zahlwerte $g_k(L)$ die a priori verfügbaren oberen Schranken $g_k(A)$ verwenden.

Die zu den $g_k(A)$ gehörenden Werte $\mu_k(A) = g_k(A) - k$, welche die individuellen Kolonnenbandbreiten der Hülle von A darstellen, liefern eine obere Schranke für den Rechenaufwand an multiplikativen Operationen für eine Cholesky-Zerlegung im Fall der hüllenorientierten Rechentechnik. Im k-ten Eliminationsschritt sind ja höchstens

$$\mu_k(A) + \frac{1}{2} \mu_k(A)[\mu_k(A) + 1] = \frac{1}{2} \mu_k(A)[\mu_k(A) + 3]$$

Divisionen und Multiplikationen erforderlich. Durch Summation über k ergibt sich damit als obere Schranke für den Rechenaufwand

$$Z_{\mathrm{Ch}} \leqslant \frac{1}{2} \sum_{k=1}^{n-1} \mu_k(A)[\mu_k(A) + 3].$$

Wird die Cholesky-Zerlegung der Matrix A unter Verwendung der kompakten Speicherung nach Jennings in der eben diskutierten Form durchgeführt, so stellt man fest, daß praktisch jede wesentliche Rechenoperation mit einem Test verbunden ist, mit welchem geprüft werden muß, ob ein bestimmtes Indexpaar der Hülle angehört. Diese Feststellung trifft auch für das Rückwärtseinsetzen gemäß (4.34') zu. Es ist klar, daß diese Tests in Verbindung mit den Indexberechnungen die tatsächliche Rechenzeit mitbestimmen.

Die Anzahl der wirklich erforderlichen Tests kann aber stark reduziert werden, falls die Prozesse der Zerlegung und des Rückwärtseinsetzens gegenüber (3.32'), bzw. (3.34') umgeordnet werden. Die effizientere Methode basiert darauf, die Elemente von L zeilenweise zu berechnen und die Reduktion der nachfolgenden Elemente derselben Zeile mit dem zuletzt berechneten Element ℓ_{ij} sofort vorzunehmen. Diese Reihenfolge der Operationen hat zur Folge, daß nur vor der Ausführung der Reduktion ein Test notwendig ist. Wenn wir die übliche Indizierung der Matrixelemente und die Werte $f_i = f_i(A)$ nach (3.10) verwenden, so kann der Prozeß der Zerlegung wie folgt formuliert werden, wobei einige Anweisungen im dynamischen Sinn zu verstehen sind.

$$
\begin{aligned}
&\ell_{11} = \sqrt{a_{11}} \\
&\text{für } i = 2, 3, \ldots, n: \\
&\quad \text{für } j = f_i, f_i + 1, \ldots, i - 1: \\
&\qquad \ell_{ij} = a_{ij}/\ell_{jj} \\
&\qquad \text{für } k = j + 1, j + 2, \ldots, i: \\
&\qquad\quad \text{falls } (k, j) \in \text{Env}(A): \\
&\qquad\qquad a_{ik} = a_{ik} - \ell_{ij}\ell_{kj} \\
&\quad \ell_{ii} = \sqrt{a_{ii}}
\end{aligned}
\tag{4.44}
$$

In [136] wird eine Realisierung der Zerlegung präsentiert, in welcher eine andere Reihenfolge der Operationen zur sukzessiven Berechnung der Elemente ℓ_{ij} angewandt wird.

Da im Prozeß des Vorwärtseinsetzens die Elemente der Matrix L zeilenweise benötigt werden, d. h. genau in der Reihenfolge der kompakten Speicherung nach Fig. 4.5, kann der Algorithmus (4.33') im wesentlichen übernommen werden. Einzig die Schleifenanweisung für den Index i ist der hüllenorientierten Speicherung anzupassen.

Im Prozeß des Rückwärtseinsetzens ist wiederum die Reihenfolge der Operationen zu ändern, um die Hüllenstruktur von L optimal und sogar ohne jeden Test auszunützen. So soll nach Berechnung der Unbekannten x_i sofort das x_i-fache der i-ten Kolonne von L^T, bzw. der i-ten Zeile von L, unter Ausnahme des Diagonalelementes zum Hilfsvektor c addiert werden. Die in (4.34') auftretende Summation in s wird im Vektor c laufend vorgenommen. Das Rückwärtseinsetzen lautet damit wie folgt.

$$
\begin{aligned}
&\text{für } i = n, n - 1, \ldots, 2: \\
&\quad x_i = - c_i/\ell_{ii} \\
&\quad \text{für } j = f_i, f_i + 1, \ldots, i - 1: \\
&\qquad c_j = c_j + x_i\ell_{ij} \\
&x_1 = - c_1/\ell_{11}
\end{aligned}
\tag{4.45}
$$

In den Formulierungen (4.44) und (4.45) der beiden Prozesse wurde stillschweigend angenommen, daß leere Schleifen übersprungen werden. Der Fall i = 1 wurde in beiden Prozessen im Hinblick auf die computermäßige Realisierung mit Hilfe des Zeigervektors z gesondert behandelt.

Damit die beschriebene hüllenorientierte Rechentechnik in Verbindung mit der kompakten Speicherung der Matrix A überhaupt anwendbar ist, muß die Systemmatrix auch in dieser Form aufgebaut werden. Bevor mit der Kompilation der Gesamtsteifigkeitsmatrix begonnen werden kann, muß ihr Speicherplan im eindimensionalen Feld nach Fig.4.5 bekannt sein. Für die aktuell zu verwendende Numerierung der Knotenvariablen zusammen mit den durch die einzelnen Elemente definierten Verknüpfungen der Knotenvariablen lassen sich die n Werte $f_i(A)$ sehr einfach zum voraus bestimmen. Beispielsweise können sie im Anschluß an den Algorithmus von Cuthill-McKee gewonnen werden, da in jenem Programm ohnehin die Information über den Graphen $G(A)$ vorhanden ist, oder man bestimmt die Werte $f_i(A)$ mit Hilfe eines Rechenprogramms aus den Nummern der Knotenvariablen, die zu den einzelnen Elementen gehören. Mit diesen Zahlwerten bauen sich die Zeigerwerte z_i rekursiv wie folgt auf:

$$z_1 = 1, z_i = z_{i-1} + i - f_i(A) + 1 \,, \qquad (i = 2, 3, \ldots, n) \qquad (4.46)$$

Am prinzipiellen Aufbau des Computerprogramms nach Fig 3.6 ändert sich nichts. An die Stelle der Bandbreite tritt jetzt der Vektor der Zeigerwerte. Es versteht sich im übrigen von selbst, daß die Berücksichtigung der Randbedingungen dem Speicherplan anzupassen ist.

4.4 Die Frontlösungsmethode

Eine besondere Rechentechnik zur Lösung von sehr großen linearen Gleichungssystemen in der Anwendung der Methode der finiten Elemente unter Zuhilfenahme von externen Speichern besteht darin, den Kompilationsprozeß zur Aufstellung der Gleichungen gleichzeitig mit der Cholesky-Zerlegung und dem Vorwärtseinsetzen auszuführen. Die Idee wurde von I r o n s [62] sowie von M e l o s h und B a m f o r d [75] vorgeschlagen und beruht auf der bereits im Abschn.4.2 formulierten Feststellung, daß für eine Bandmatrix mit der Bandbreite m für jeden Eliminationsschritt nur (m + 1) aufeinanderfolgende Zeilen der Matrix im Zentralspeicher zur Verfügung sein müssen. Diese Tatsache wird in der F r o n t l ö s u n g s m e t h o d e auf solche Weise ausgenützt, daß die Gleichungen zielstrebig in streng aufsteigender Reihenfolge zusammen mit dem zugehörigen aktiven Teil der m nachfolgenden Gleichungen aufgebaut werden. Sobald alle Elemente, welche die Knotenvariable mit dem kleinsten momentanen Index enthalten, im Kompilationsprozeß verarbeitet sind, wird die betreffende Gleichung durch die nachfolgenden Kompilationsschritte nicht mehr verändert. Jetzt kann der Eliminationsschritt für diese Gleichung ausgeführt werden, und die anfallenden Werte ℓ_{ip} und c_p der p-ten Endgleichung können auf das externe Speichermedium transferiert werden. Eliminationsschritte und Kompilationsoperationen werden in geeignetem Wechsel miteinander durchgeführt, bis die Zerlegung und das Vorwärtseinsetzen beendet sind. Die gesuchten Unbekannten des Gleichungssystems erhält man schließlich aus den Endgleichungen durch Rückwärtseinsetzen.

Die praktische Durchführung der bestechend einfachen Idee bedarf noch einiger Präzisierungen und klärenden Erläuterungen. Eine erste Überlegung betrifft die Vertauschbarkeit der Kompilation und der Elimination. Wir betrachten den repräsentativen Fall der ersten Gleichung. Es seien alle Beiträge derjenigen Elemente in der Gesamtmatrix und im Konstantenvektor verarbeitet, welche die erste Knotenvariable enthalten. Die erste

Gleichung ist damit endgültig. Sie enthält bei einer Bandbreite m höchstens die (m + 1) ersten Unbekannten, und die Koeffizienten der ersten Endgleichung sind nach (4.24) und (4.22) gegeben. Die aktuellen Matrixelemente a_{ik}^* und Konstanten b_i^* der nachfolgenden m Gleichungen, welche durch den Reduktionsschritt (4.23) betroffen werden, sind aber in diesem Moment im allgemeinen noch nicht endgültig, vielmehr werden sie durch die weiteren Kompilationsschritte zusätzliche a d d i t i v e Beiträge erhalten. Infolge der Kommutativität der Addition darf aber die Reduktion (4.23) an den noch nicht endgültigen Matrixelementen a_{ik}^* und den konstanten Termen b_i^* vorgenommen werden, indem die spätere Addition von weiteren Beiträgen zu den richtigen reduzierten Elementen $a_{ik}^{(1)}$ und $b_i^{(1)}$ führen. Aus numerischen Gründen können infolge der Nichtkommutativität der Computerarithmetik allerdings leicht verschiedene Zahlwerte resultieren.

Ein zweiter Punkt betrifft die Reihenfolge, in welcher die Daten der einzelnen Elemente in den Rechenprozeß einzugehen haben. Damit die Kompilation und fortlaufende Elimination in der beschriebenen Weise durchführbar sind, sind die Elementdaten so zu ordnen, daß die kleinsten Nummern der pro Element beteiligten Knotenvariablen eine im schwachen Sinn monoton zunehmende Folge bilden. Damit wird gewährleistet, daß die p-te Gleichung, d. h. die p-te Kolonne in der Gesamtsteifigkeitsmatrix genau dann endgültig geworden ist, wenn der kleinste Index q der am folgenden Element beteiligten Knotenvariablen größer als p ist. Ist der Index $q > p + 1$, so bedeutet dies, daß im ganzen $q - p$ Gleichungen endgültig geworden sind, also $q - p$ aufeinanderfolgende Eliminationsschritte durchführbar sind.

Eine dritte Frage betrifft den effektiv benötigten Speicherbedarf im Zentralspeicher. Dazu muß von der Annahme ausgegangen werden, daß die Bandbreite m der dem Problem zugrundeliegenden Gesamtmatrix **A** als maximale Differenz der Indizes der pro Element beteiligten Knotenvariablen bekannt sei. Dann wird genau der Platz für die wesentlichen Elemente von (m + 1) aufeinanderfolgenden Gleichungen benötigt, d. h. bei Einschluß der zugehörigen (m + 1) Konstanten beträgt dieser Bedarf

$$\frac{1}{2}(m + 1)(m + 2) + (m + 1) = \frac{1}{2}(m + 1)(m + 4) \, .$$

In der Tat liefert jeder Teilschritt der Kompilation, d. h. die Addition einer Steifigkeitselementmatrix zur Gesamtmatrix, bzw. eines Elementvektors zum gesamten Konstantenvektor unter den getroffenen Voraussetzungen der Reihenfolge der zu verarbeitenden Elemente sowie der Bandbreite einmal sicher die Kolonne, bzw. Komponente mit der momentan kleinsten Nummer der Knotenvariablen und dazu einige weitere unter den höchstens m darauffolgenden Kolonnen, bzw. Komponenten. Dieser sogenannte a k t i v e T e i l der Koeffizientenmatrix wird zweckmäßigerweise in einem eindimensionalen Feld gemäß Fig.4.3 gespeichert. Der aktive Teil des Konstantenvektors wird in einem zusätzlichen eindimensionalen Feld verarbeitet. Ein Reduktionsschritt erfolgt nach dem in Abschn.4.2 und Fig.4.4 beschriebenen Vorgehen. Dazu werden für die Elemente der Endgleichung weitere (m + 2) Speicherplätze benötigt. Nach jedem erfolgten Eliminationsschritt ist dafür zu sorgen, daß die letzten (m + 1) Speicherplätze im Arbeitsspeicher der Matrix **A** sowie die letzte Komponente des Konstantenvektors mit Null-

werten besetzt werden, damit die folgenden Additionen von Elementbeiträgen in diese
Stellen richtig behandelt werden. Neben dem bereits erwähnten Speicherbedarf wird im
wesentlichen noch der Platz für die größte auftretende Elementmatrix und den Elementvektor, sowie die notwendigen Angaben der Eckenkoordinaten, letztere eventuell nur
für den aktuellen Teil der Elemente, benötigt. Bei größeren Aufgaben mit großer Bandbreite m ist der zuletzt genannte Speicherbedarf von untergeordneter Bedeutung, so
daß zusammengefaßt die Cholesky-Zerlegung und das Vorwärtseinsetzen nach der Front-
eliminationsmethode mit einem wesentlichen Speicheraufwand der Größenordnung

$$\frac{1}{2}\,m(m + 7)$$

durchführbar ist.

Der vierte und letzte Punkt betrifft die sachgemäße Berücksichtigung der Randbedingungen im Ablauf der Frontlösungsmethode. Da der Aufbau des zu lösenden Gleichungssystems parallel zur Elimination einhergeht, müssen die Randbedingungen bereits im
Kompilationsprozeß berücksichtigt werden. Andernfalls wäre die Cholesky-Zerlegung
infolge der Singularität der Gesamtsteifigkeitsmatrix bei Abwesenheit irgendwelcher
Randbedingungen gar nicht möglich.

Wir wollen annehmen, daß die Gesamtheit der Knotenvariablen von 1 bis n durchnumeriert seien, wie dies im Abschn.3.1.1 beschrieben worden ist. Vor Beginn des Prozesses
sind die Indizes und die zugehörigen Werte der durch Randbedingungen gegebenen
Knotenvariablen zu definieren. Während des Kompilationsprozesses ist nun die als zweite
Variante in Abschn.3.2.3 dargelegte Vorgehensweise zu realisieren. Eine Addition eines
Matrixelementes in den aktiven Teil der Gesamtmatrix darf nur dann stattfinden, falls
beide Indizes unbekannten Knotenvariablen entsprechen. Ist eine der beiden Knotenvariablen durch einen Randwert vorgegeben, ergibt das betreffende Element der Steifigkeitselementmatrix multipliziert mit dem Randwert einen additiven Beitrag zur Komponente des Konstantenvektors entsprechend dem Index der andern Knotenvariablen. Sind
beide Knotenvariable gegeben, geschieht nichts. Für die Addition des Elementvektors
zum Konstantenvektor ist eine analoge Fallunterscheidung erforderlich.

Damit wird erreicht, daß die Elemente der Gesamtmatrix, welche in einer Zeile und
Kolonne liegen, die zu einer durch eine Randbedingung vorgegebenen Knotenvariablen
gehört, den Wert Null unverändert beibehalten. Dies gilt offensichtlich für die Kompilation, aber auch für jeden Eliminationsschritt. Sobald die betreffende Gleichung im obigen
Sinn endgültig geworden ist, besteht der Reduktionsschritt einzig darin, $\ell_{pp} = 1$, $\ell_{ip} = 0$
für $i = p + 1, p + 2, \ldots, p + m$ und c_p gleich dem negativen Randwert zu setzen und die
Elemente im Arbeitsbereich nach Fig.4.4 umzuspeichern, um unnötige Multiplikationen
mit Null zu vermeiden.

Die Frontlösungsmethode ist ein effizientes Verfahren zur Lösung sehr großer symme-
trisch-definiter Gleichungssysteme von Bandstruktur, da nur der aktive Teil des Systems
aufgebaut und darauf gleich so weit als möglich der Eliminationsprozeß angewendet
wird. Der Transfer der Koeffizienten der Endgleichungen auf den externen Speicher
kann im Wechsel mit den Kompilations-/ Eliminationsschritten erfolgen und Wartezeiten
sind auf ein Minimum beschränkt. Der Ablauf der Frontlösungsmethode ist in groben

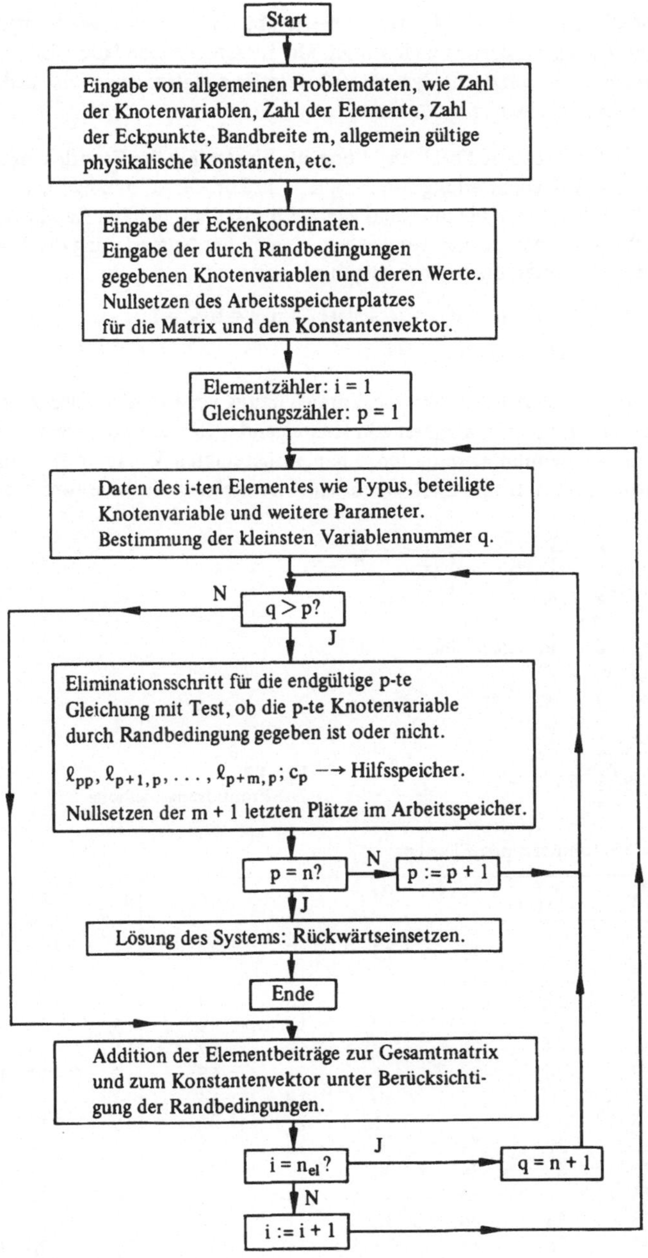

Fig. 4.6 Blockdiagramm zur Frontlösungsmethode

Zügen im Blockdiagramm der Fig.4.6 zusammengefaßt. Dabei wird angenommen, daß nur ein einziges Gleichungssystem zu lösen sei. Mit entsprechenden Modifikationen ist es durchaus möglich, verschiedene Systeme mit derselben Matrix, aber verschiedenen Konstantenvektoren nacheinander zu lösen.

Beispiel 4.1 Als überblickbare Problemstellung zur Illustration der Frontlösungsmethode betrachten wir die Aufgabenstellung von Beispiel 3.1. Zur Vervollständigung der Aufgabe seien die Funktionswerte am oberen Rand gleich Eins und am unteren Rand gleich Null als Dirichletsche Randbedingungen vorgegeben. Gemäß der Numerierung der Knotenpunkte nach Fig.4.7 lauten die Randbedingungen also

$$u_1 = u_6 = u_{11} = u_{17} = u_{24} = u_{29} = u_{33} = u_{36} = u_{38} = 1 \,,$$

$$u_5 = u_{10} = u_{15} = u_{16} = u_{22} = 0 \,.$$

$$(4.47)$$

Die Numerierung der Elemente erfüllt die Voraussetzung der Frontlösungsmethode, daß die kleinsten Indexwerte q der Elemente in aufsteigender Reihenfolge geordnet sind. In Tab.4.1 sind die Knotennummern der pro Element beteiligten Variablen zusammen mit den Indexwerten q zusammengestellt. Die letzte Kolonne zeigt die Indexwerte p an, für

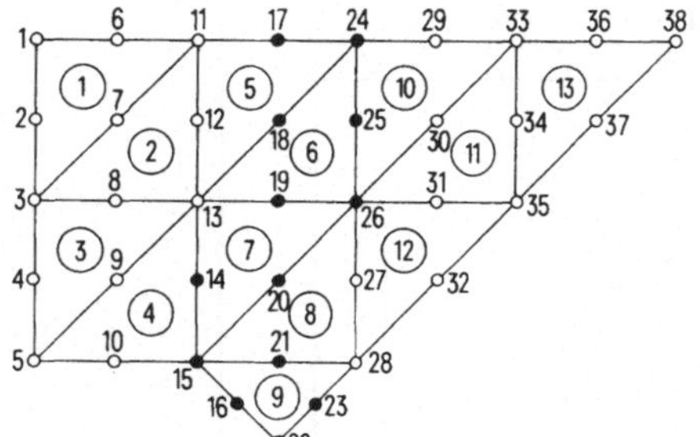

Fig. 4.7
Zur Frontlösungsmethode

Tab.4.1 Knotennummern pro Element

Element	P_1	P_2	P_3	P_4	P_5	P_6	q	p
1	1	3	11	2	7	6	1	–
2	3	13	11	8	12	7	3	1−2
3	5	13	3	9	8	4	3	–
4	5	15	13	10	14	9	5	3−4
5	11	13	24	12	18	17	11	5−10
6	13	26	24	1	25	18	13	11−12
7	15	26	13	20	19	14	13	–
8	15	28	26	21	27	20	15	13−14
9	15	22	28	16	23	21	15	–
10	26	33	24	30	29	25	24	15−23
11	26	35	33	31	34	30	26	24−25
12	28	35	26	32	31	27	26	–
13	35	38	33	37	36	34	33	26−32
–	–	–	–	–	–	–	39	33−38

welche die Elimination durchführbar ist, bevor das betreffende Element in den Kompilationsprozeß eingeht. An Fig.4.7 können mit Hilfe der Tab.4.1 die abwechselnden Kompilations- und Eliminationsschritte übersichtlich nachvollzogen werden. Nach erfolgter Kompilation des letzten Elementes wird q = 39 gesetzt, und die verbleibenden endgültigen Gleichungen 33—38 können sukzessive eliminiert werden.

Greifen wir die Situation nach erfolgter Addition des Beitrages von Element 7 heraus. In Fig.4.8 ist der aktive untere Teil der Gesamtmatrix in der normalen Anordnung wiedergegeben, wobei die potentiell von Null verschiedenen Elemente mit einem Kreuz markiert sind. Zur besseren Orientierung sind die Indexwerte der Knotenvariablen und Gleichungen oben und am linken Rand angegeben. Man beachte, daß in diesem Stadium die Diagonalelemente der Gesamtmatrix mit den Indexwerte 16, 21, 22 und 23 noch den Wert Null besitzen, wie auch die zugehörigen Zeilen, da die betreffenden Knotenpunkte erst in den Elementen 8 und 9 auftreten. Da überdies die Bandbreite der Gesamtmatrix m = 13 beträgt, wird der gesamte Arbeitsbereich für 14 aufeinanderfolgende Zeilen in der momentanen Situation auch benötigt.

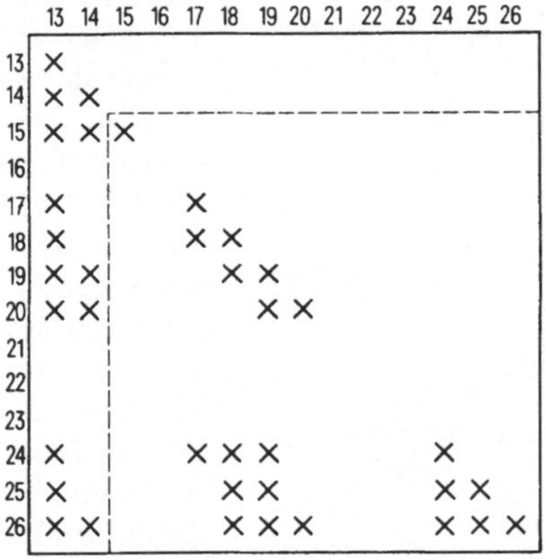

Fig. 4.8
Aktiver Teil der Gesamtmatrix

In Fig.4.8 ist vereinfachend nicht berücksichtigt, daß im speziellen die Variablen u_{15} und u_{24} durch Randwerte vorgegeben sind. Deshalb dürften in den zugehörigen Zeilen und Kolonnen keine von Null verschiedenen Elemente vorhanden sein.

Bevor der Beitrag von Element 8 im aktiven Teil der Systemmatrix verarbeitet werden kann, sind die Gleichungen 13 und 14 zu eliminieren. Die unbekannte Knotenvariable u_{13} ist bei diesem Eliminationsschritt im Prinzip mit allen Variablen u_{14} bis u_{26} verknüpft. Die Menge dieser Knotenvariablen bildet die sogenannte m o m e n t a n e F r o n t im Eliminationsprozeß. Die zugehörigen Knotenpunkte sind in Fig.4.8 durch ausgefüllte Kreise hervorgehoben.

Sobald auch u_{14} eliminiert ist, stehen die Elemente im eingerahmten Teilbereich nach ihrer Reduktion um zwei Plätze nach links oben verschoben. Unten erscheinen zwei leere, mit Nullwerten aufgefüllte Zeilen, welche damit für die Aufnahme der Beiträge des Elementes 8 bezüglich der Knotenvariablen 27 und 28 bereit sind.

4.5 Blockeliminationsmethoden

Die Größe eines zu lösenden linearen Gleichungssystems im Verhältnis zur Kapazität
des Zentralspeichers oder aber die Struktur des Systems selbst können die Anwendung
von sogenannten Blockeliminationsmethoden erfordern oder geradezu nahelegen. Die
Koeffizientenmatrix wird in Untermatrizen, und der Lösungs- und der Konstantenvektor
werden in entsprechende Teilvektoren aufgeteilt. Die Größe der Untermatrizen ist dabei
so festzulegen, daß der Zentralspeicher so viele Untermatrizen zu fassen vermag, wie für
die Ausführung eines Teilschritts der Cholesky-Zerlegung notwendig sind. Die schwache
Besetzung der Untermatrizen erlaubt in gewissen Fällen eine besonders effiziente Durchführung, falls die Zerlegung auf eine spezielle Art realisiert wird.

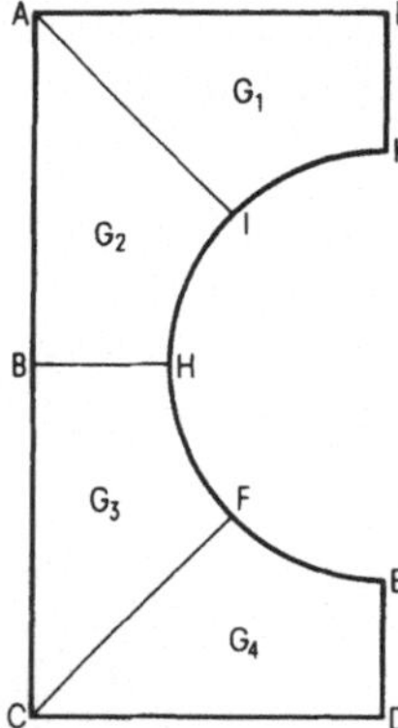

Fig. 4.9 Einteilung in
        Teilgebiete

Beispiel 4.2 Eine konkrete Situation, in welcher sich bei entsprechender Problemvorbereitung auf natürliche Weise eine
Blockstruktur der Koeffizientenmatrix ergibt, soll als Grundlage für bestimmte nachfolgende Betrachtungen dienen. Dazu
betrachten wir die Aufgabe von Beispiel 1.2, die stationäre
Temperaturverteilung zu bestimmen. Das Grundgebiet G
werde im Sinn einer Substrukturierung durch drei Schnitte
in vier kongruente Teilgebiete G_1, G_2, G_3 und G_4 nach
Fig. 4.9 eingeteilt.

Um an diesem Beispiel eine ganz bestimmte Rechentechnik
motivieren zu können, sollen die Knotenvariablen in einer
nicht naheliegenden Weise durchnumeriert werden, die sich
aber später rechtfertigen wird. Die Knotenvariablen der
einzelnen Teilgebiete, die weder auf den Schnitten noch auf
den Randstücken DE und KL liegen, werden je fortlaufend
numeriert. Anschließend erhalten die Knotenvariablen auf
den beiden Randstücken und den Schnitten die weiteren
Nummern gemäß Tab. 4.2.

Tab. 4.2 Knotennumerierung der Gebietseinteilung

Teilgebiet	Knotennummern	Schnitt	Knotennummern
G_1	1 bis p	KL	s + 1 bis t
G_2	p + 1 bis q	AI	t + 1 bis u
G_3	q + 1 bis r	BH	u + 1 bis v
G_4	r + 1 bis s	CF	v + 1 bis w
		DE	w + 1 bis n

Für das folgende soll noch die zusätzliche Annahme getroffen werden, daß die Elementeinteilungen der Teilgebiete die Eigenschaft aufweisen, daß Knotenpunkte auf verschiedenen Schnitten keinem Element gemeinsam angehören. Im Fall einer genügend feinen
Einteilung trifft diese Voraussetzung sicher zu. Unter dieser Annahme besitzt die Ge-

samtsteifigkeitsmatrix ganz unabhängig von der Art der Ansatzfunktionen die Struktur nach Fig.4.10. Die Untermatrizen längs der Diagonale sind quadratisch und besitzen bei geeigneter Numerierung innerhalb der Teilgebiete oft Bandgestalt, sie können gelegentlich aber auch voll besetzt sein. Die im allgemeinen rechteckigen Untermatrizen außerhalb der Diagonale sind in der Regel schwach besetzt, da die zugehörigen Knotenvariablen der Schnitte nur mit den in den Teilgebieten nächstgelegenen Knotenvariablen verknüpft sind.

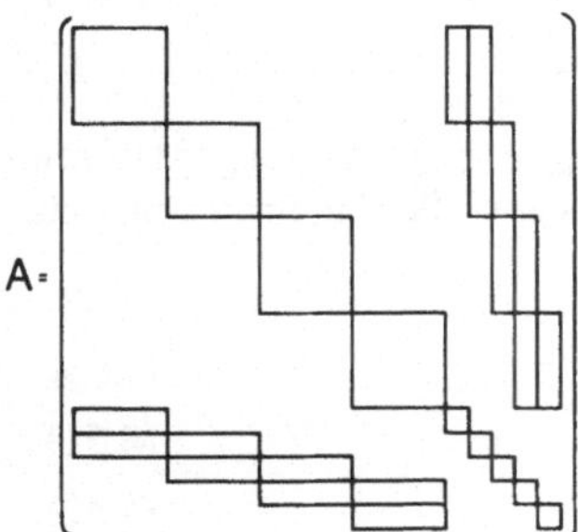

Fig. 4.10 Grundsätzliche Blockstruktur der System-
matrix

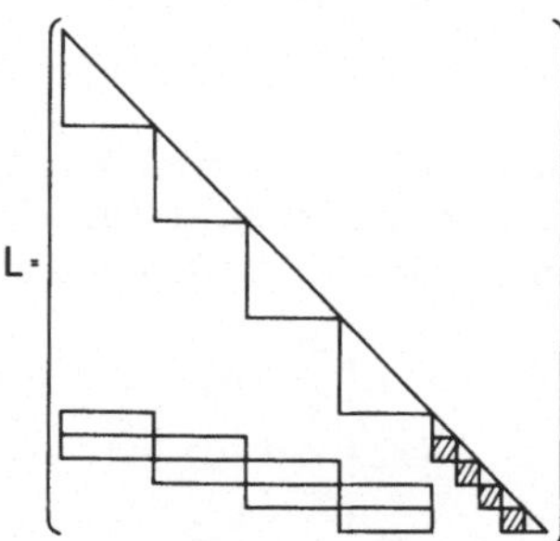

Fig. 4.11 Blockstruktur der
Cholesky-Matrix L

Falls die einzelnen in Fig.4.10 auftretenden Untermatrizen momentan als vollbesetzt betrachtet werden, so besitzt die Cholesky-Matrix L der Zerlegung $A = L\,L^T$ im wesentlichen die gleiche Blockstruktur. Auf Grund der Überlegungen über das Auffüllen der Matrix innerhalb der Hülle von A im Verlauf der Zerlegung erfolgt höchstens ein Fill-in in Untermatrizen, welche rechts von den vorhandenen von Null verschiedenen außendiagonalen Untermatrizen liegen. Betrachtet man die Struktur aber etwas genauer, stellt man sogar fest, daß sich das Auffüllen in L auf sehr wenige Untermatrizen beschränkt, die in Fig.4.11 schraffiert sind.

Anmerkung Die Gesamtsteifigkeitsmatrix erhält übrigens eine tridiagonale Blockstruktur, falls die Knotenvariablen in naheliegender Weise so durchnumeriert werden, daß in einem Randstück, z. B. KL, begonnen wird und dann abwechslungsweise die Knoten im anschließenden Teilgebiet und auf dem andern Schnitt fortlaufend numeriert werden.

Um die wesentlichen Tatsachen und das prinzipielle Vorgehen der Blockeliminationsmethode in ihrer üblichen Form darzulegen, betrachten wir die einfache, aber dennoch genügend repräsentative Situation, daß die Matrix A in neun Untermatrizen partitioniert und der Lösungs- und Konstantenvektor entsprechend aufgeteilt seien. Das zu lösende Gleichungssystem laute demzufolge

$$\begin{bmatrix} A_{11} & A_{12} & A_{13} \\ A_{21} & A_{22} & A_{23} \\ A_{31} & A_{32} & A_{33} \end{bmatrix} \begin{bmatrix} x_1 \\ x_2 \\ x_3 \end{bmatrix} + \begin{bmatrix} b_1 \\ b_2 \\ b_3 \end{bmatrix} = O\ . \tag{4.48}$$

Die Matrizen A_{ii} sind quadratisch, symmetrisch und selbst positiv definit. Sie können im allgemeinen von unterschiedlicher Ordnung sein. Deshalb sind die Matrizen A_{ik} ($i \neq k$) im allgemeinen rechteckig, und symmetrisch gelegene Untermatrizen sind transponiert zueinander, d. h. es gilt $A_{ik} = A_{ki}^T$. Bei entsprechender Partitionierung besitzt die Cholesky-Matrix L die Form

$$L = \begin{bmatrix} L_{11} & O & O \\ L_{21} & L_{22} & O \\ L_{31} & L_{32} & L_{33} \end{bmatrix}, \qquad L^T = \begin{bmatrix} L_{11}^T & L_{21}^T & L_{31}^T \\ O & L_{22}^T & L_{32}^T \\ O & O & L_{33}^T \end{bmatrix}, \tag{4.49}$$

worin die L_{ii} Linksdreiecksmatrizen darstellen, und die L_{ik} ($i \neq k$) rechteckige Matrizen bedeuten. Aus der Matrizengleichung $A = L\,L^T$ ergeben sich für die Untermatrizen nach (4.49) und (4.48) die Beziehungen

$$L_{11}\,L_{11}^T = A_{11}\,, \qquad L_{21}\,L_{11}^T = A_{21}\,, \qquad L_{31}\,L_{11}^T = A_{31}\,, \tag{4.50}$$

$$L_{21}\,L_{21}^T + L_{22}\,L_{22}^T = A_{22}\,, \tag{4.51}$$

$$L_{31}\,L_{21}^T + L_{32}\,L_{22}^T = A_{32}\,, \tag{4.52}$$

$$L_{31}\,L_{31}^T + L_{32}\,L_{32}^T + L_{33}\,L_{33}^T = A_{33}. \tag{4.53}$$

Nach der ersten Matrizengleichung von (4.50) ist offensichtlich die Linksdreiecksmatrix L_{11} die Cholesky-Matrix der Untermatrix A_{11} und kann auf bekannte Weise berechnet werden. Die beiden außendiagonalen Blockmatrizen L_{21} und L_{31} der ersten Kolonne von L sind nach (4.50) formal gegeben durch

$$L_{21} = A_{21}\,L_{11}^{-T}\,, \qquad L_{31} = A_{31}\,L_{11}^{-T}\,, \tag{4.54}$$

worin L_{11}^{-T} in der üblichen vereinfachenden Schreibweise die Transponierte der Inversen von L_{11} bedeutet. Die Matrix L_{21} darf aber nicht als Produkt von A_{21} mit L_{11}^{-T} berechnet werden, was einerseits die Inversion von L_{11} und anderseits die aufwendige Matrizenmultiplikation erfordern würde. Denn bei Inversion von L_{11} geht die meistens vorhandene schwache Besetzung, beispielsweise Bandstruktur, bekanntlich verloren. Mit bedeutend geringerem Rechenaufwand ergeben sich die Matrizen L_{21} und L_{31} durch direktes Auflösen der beiden Matrizengleichungen von (4.50), welche nach Transponieren lauten

$$L_{11}\,L_{21}^T = A_{21}^T\,, \qquad L_{11}\,L_{31}^T = A_{31}^T\,. \tag{4.55}$$

Für die Kolonnen von L_{21}^T und L_{31}^T, d. h. für die entsprechenden Zeilen von L_{21} und L_{31}, stellt (4.55) ein System von Gleichungen mit der Linksdreiecksmatrix L_{11} dar. Die Zeilen von L_{21} und L_{31} werden somit sukzessive durch mehrfaches Vorwärtseinsetzen geliefert. Dabei läßt sich insbesondere die Hülle von L_{11} zur Reduktion des Rechenaufwandes ausnützen.

Nach (4.51) ist mit L_{21} die reduzierte Untermatrix $A_{22}^{(1)}$ aus A_{22} durch Subtraktion des Matrizenproduktes $L_{21}\,L_{21}^T$ zu bilden, um anschließend die Cholesky-Zerlegung auf $A_{22}^{(1)}$ anzuwenden. Algorithmisch werden die beiden Schritte zusammengefaßt in

$$A_{22} - L_{21}\,L_{21}^T = A_{22}^{(1)} = L_{22}\,L_{22}^T\,. \tag{4.56}$$

In Analogie dazu interpretiert sich (4.52), indem die Untermatrix A_{32} mit L_{31} und L_{21} reduziert wird, worauf sich L_{32} analog wie L_{21} durch mehrfaches Vorwärtseinsetzen berechnen läßt:

$$A_{32} - L_{31} L_{21}^T = A_{32}^{(1)} = L_{32} L_{22}^T \tag{4.57}$$

Schließlich ist nach (4.53) die Matrix A_{33} zweimal zu reduzieren, um dann $A_{33}^{(2)}$ nach Cholesky in L_{33} zu zerlegen. Konkret werden die folgenden Schritte auszuführen sein:

$$A_{33} - L_{31} L_{31}^T = A_{33}^{(1)}, \qquad A_{33}^{(1)} - L_{32} L_{32}^T = A_{33}^{(2)} = L_{33} L_{33}^T \tag{4.58}$$

Vergleicht man die blockweise Cholesky-Zerlegung mit derjenigen auf der Basis der Matrixelemente nach Abschn.4.2, entsprechen sich folgende Operationen: Das Ziehen der Quadratwurzel aus einem reduzierten Diagonalelement ist zu ersetzen durch eine Cholesky-Zerlegung einer reduzierten Blockmatrix in der Diagonale. Der Division eines Außendiagonalelementes durch ein Diagonalelement entspricht der Prozeß des Vorwärtseinsetzens, angewendet auf die Zeilen einer reduzierten außendiagonalen Blockmatrix. Schließlich ist die Reduktion der verbleibenden Elemente verallgemeinert zur Subtraktion eines Matrizenproduktes von der betreffenden Untermatrix.

Im Verlauf der tatsächlichen Durchführung der blockweisen Zerlegung werden auf den ersten Blick pro Schritt im Maximum drei Untermatrizen gleichzeitig im Zentralspeicher benötigt. Den größten Speicherbedarf erfordert der Reduktionsschritt einer außendiagonalen Blockmatrix nach (4.57) mit drei Blöcken. Falls aber die Blockmatrizen zeilenweise vom externen Speicher abrufbar sind, kann der Speicheraufwand auf rund zwei Matrizen verringert werden, indem etwa nur A_{32} und L_{31} als ganze Matrizen im Zentralspeicher gehalten werden. Mit einer einzelnen Z e i l e von L_{21} läßt sich die entsprechende K o l o n n e von $A_{32}^{(1)}$ berechnen. Eine zeilenweise Speicherung der Außendiagonalmatrizen L_{ik} bietet sich ohnehin an, da sich ja nach (4.55) und (4.57) die Zeilen der betreffenden Matrizen sukzessive ergeben.

Die Reduktion einer in der Diagonale liegenden Blockmatrix erfordert nur die Matrix selbst und eine außendiagonale Blockmatrix von L. Dabei werden die Untermatrizen in der Diagonale aus Symmetriegründen nur als untere Dreiecksmatrix in einem eindimensionalen Feld gespeichert. Auch wenn diese Matrizen in der ursprünglichen Matrix A schwach besetzt sind und beispielsweise Bandstruktur aufweisen, ist im allgemeinen Fall mit einem Auffüllen zu rechnen, so daß die reduzierte Matrix oft stärker besetzt sein wird. Um aber die Prozesse des Vorwärtseinsetzens für die Berechnung der außendiagonalen Blockmatrizen L_{jk} effizient zu gestalten, sollten im Verlauf der Cholesky-Zerlegung die Zahlwerte $f_i(L_{kk})$ ermittelt werden, welche die Hülle definieren.

Der Auffüllprozeß erfolgt noch in vermehrtem Maß in den außendiagonalen Blockmatrizen, da einmal jeder Reduktionsschritt ein Auffüllen in den Matrizen A_{ik} bewirkt, aber dann ganz besonders die Berechnung der Matrizen L_{ik} vermittels des Vorwärtseinsetzens, so daß letztere oft voll besetzt werden, falls nicht besondere Strukturen vorliegen. Auf der andern Seite ist zu berücksichtigen, daß möglicherweise Untermatrizen A_{ik}, welche innerhalb der b l o c k w e i s e n H ü l l e von A liegen und gleich Null sind, nicht unbedingt aufgefüllt werden, so daß dann auch die L_{ik} Nullmatrizen werden.

In Fig.4.12 ist der Ablauf der blockweisen Cholesky-Zerlegung in den wesentlichen

Schritten als Blockdiagramm dargestellt. Dabei wird nicht auf Detailprobleme eingegangen, welche etwa die notwendige Information über Ordnungen der Untermatrizen und deren Auffinden auf dem externen Speicher betreffen. Es sollen jedoch nur die

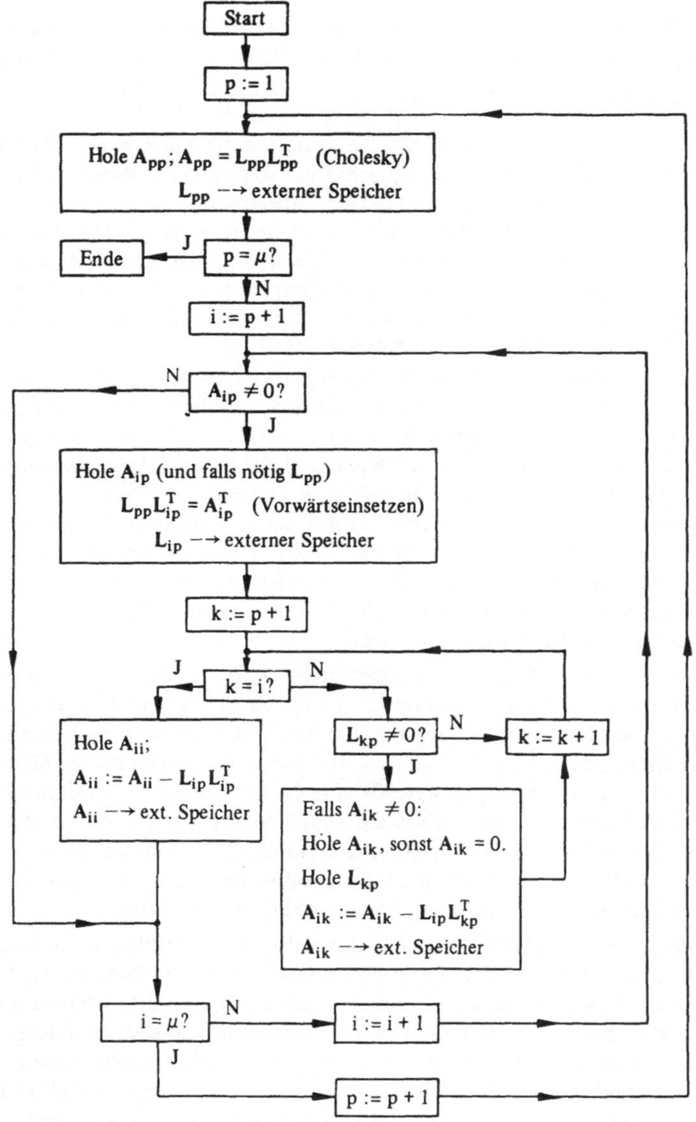

Fig. 4.12 Blockweise Cholesky-Zerlegung bei Verwendung von externem Speicher

wirklich nötigen Matrizenoperationen ausgeführt werden, indem angenommen ist, daß die Information vorliegt, welche außendiagonalen Untermatrizen in A und L von Null verschieden sind. Die Matrix A sei in μ^2 Untermatrizen partitioniert.

Die Prozesse des Vorwärts- und Rückwärtseinsetzens werden auch auf Grund der Blockeinteilung vorgenommen. Mit dem Hilfsvektor $c = -L^T x$, entsprechend unterteilt, lautet der Satz von Gleichungen für die konkrete Partitionierung (4.49)

$$
\begin{aligned}
-L_{11}\, c_1 & & & + b_1 = 0 \\
-L_{21}\, c_1 - L_{22}\, c_2 & & & + b_2 = 0 \\
-L_{31}\, c_1 - L_{32}\, c_2 & - L_{33}\, c_3 & & + b_3 = 0
\end{aligned}
\tag{4.59}
$$

Daraus berechnet sich c_1 vermittels Vorwärtseinsetzens mit L_{11}. Von b_2 ist das Produkt $L_{21}\, c_1$ zu subtrahieren und auf den resultierenden Vektor das Vorwärtseinsetzen vermittels L_{22} anzuwenden, um c_2 zu erhalten. Der Teilvektor c_3 ergibt sich analog aus der dritten Gleichung von (4.59). Die Untermatrizen von L gehen zeilenweise in die Rechnung ein.

Die Gleichungen für das Rückwärtseinsetzen lauten im konkreten Fall

$$
\begin{aligned}
L_{11}^T\, x_1 + L_{21}^T\, x_2 + L_{31}^T\, x_3 + c_1 &= 0 \\
L_{22}^T\, x_2 + L_{32}^T\, x_3 + c_2 &= 0 \\
L_{33}^T\, x_3 + c_3 &= 0
\end{aligned}
\tag{4.60}
$$

Daraus berechnet sich x_3 aus c_3 vermittels Rückwärtseinsetzens mit L_{33}. Zu c_2 ist das Produkt $L_{32}^T\, x_3$ zu addieren und auf den resultierenden Vektor das Rückwärtseinsetzen vermittels L_{22} anzuwenden, um x_2 zu erhalten. Der Teilvektor x_1 ergibt sich schließlich aus der ersten Gleichung von (4.60).

Bei der bisherigen Darstellung der Blockeliminationsmethode wurde von einer recht allgemeinen Situation ausgegangen. Eine möglicherweise vorhandene spezielle Blockstruktur der Matrix A fand keine Beachtung, und überdies konnte die schwache Besetzung insbesondere der außendiagonalen Blockmatrizen kaum berücksichtigt werden. Um die nachfolgenden Überlegungen und die spezielle Rechentechnik zu motivieren, betrachten wir die Blockstruktur der Matrix A nach Fig.4.10. Die partitionierte Matrix A besitzt danach folgende Struktur, wobei nur die von Null verschiedenen Untermatrizen aufgeführt sind.

$$
A = \begin{bmatrix}
A_{11} & & & & A_{15} A_{16} & & & \\
& A_{22} & & & & A_{26} A_{27} & & \\
& & A_{33} & & & & A_{37} A_{38} & \\
& & & A_{44} & & & & A_{48} A_{49} \\
A_{51} & & & & A_{55} & & & \\
A_{61} A_{62} & & & & & A_{66} & & \\
& A_{72} A_{73} & & & & & A_{77} & \\
& & A_{83} A_{84} & & & & & A_{88} \\
& & & A_{94} & & & & & A_{99}
\end{bmatrix}
\tag{4.61}
$$

Die außendiagonalen Blockmatrizen sind, wie in Beispiel 4.2 bereits festgestellt worden ist, schwach besetzt. Ferner entdeckt man, daß im Falle dieser ganz speziellen Struktur diese Untermatrizen im Verlauf der b l o c k w e i s e n Cholesky-Zerlegung durch die Reduktionsschritte nicht verändert werden. Für die Matrizen A_{51}, A_{61}, A_{72}, A_{83} und A_{94} ist dies auf Grund der blockweisen Hülle offensichtlich. Für die Matrizen $A_{i+4,i}$ (i = 2, 3, 4) folgt die Aussage aus der Tatsache, daß in der Cholesky-Matrix nach Fig. 4.11 mit $L_{i+4,i-1} \neq O$, welche eine Änderung bewirken könnte, die entsprechende Matrix $L_{i,i-1} = O$ ist. Die zugehörigen Untermatrizen der Linksdreiecksmatrix L entstehen somit aus den u r s p r ü n g l i c h e n Untermatrizen von A vermittels des Vorwärtseinsetzens mit entsprechenden Untermatrizen L_{ii} in Analogie zu (4.55).

In dieser Situation kann eine von G e o r g e [44, 46] vorgeschlagene in gewissem Sinn u n s y m m e t r i s c h e V a r i a n t e ·der Cholesky-Zerlegung sowohl hinsichtlich Speicher- als auch Rechenaufwand bedeutend effizienter sein. Das Vorgehen soll anhand der konkreten Matrix (4.61) dargelegt werden. Die Matrix L_{51}, welche aus der Gleichung

$$L_{11} L_{51}^T = A_{51}^T \qquad (4.62)$$

bestimmt wird, ist im Vergleich zu A_{51} bedeutend stärker besetzt, indem ein starkes Auffüllen stattfindet. Mit dieser stärker besetzten Matrix L_{51} ist die reduzierte Matrix

$$A_{55}^{(1)} = A_{55} - L_{51} L_{51}^T \qquad (4.63)$$

zu berechnen. Die Berechnung des Produktes $L_{51} L_{51}^T$ ist infolge der starken Besetzung relativ aufwendig. Auf Grund dieser Feststellung schlägt G e o r g e vor, die explizite Berechnung von L_{51} und ihre Abspeicherung ganz zu vermeiden. An ihrer Stelle soll mit der u r s p r ü n g l i c h e n außendiagonalen Untermatrix A_{51} gearbeitet werden. Entsprechend zu (4.54) läßt sich das Produkt $L_{51} L_{51}^T$ formal darstellen als

$$L_{51} L_{51}^T = A_{51} L_{11}^{-T} L_{11}^{-1} A_{51}^T = A_{51}(L_{11}^{-T}(L_{11}^{-1} A_{51}^T)) \ . \qquad (4.64)$$

Der innerste Klammerausdruck von (4.64) stellt natürlich die weitgehend vollbesetzte Matrix L_{51}^T dar, welche nach (4.62) mit dem Prozeß des Vorwärtseinsetzens berechnet wird. Der Rechenaufwand bleibt bis zu dieser Stelle unverändert. Sind aber L_{11} und insbesondere A_{51} schwach besetzt, so kann der Prozeß des Rückwärtseinsetzens zur Berechnung der Matrix

$$L_{11}^{-T}(L_{11}^{-1} A_{51}^T) = Y \quad \text{aus} \quad L_{11}^T \ Y = (L_{11}^{-1} A_{51}^T) \qquad (4.65)$$

zusammen mit der Multiplikation $A_{51} Y$ tatsächlich weniger aufwendig sein, als die Produktbildung $L_{51} L_{51}^T$, falls die schwache Besetzung von L_{11} (Hülle oder Bandstruktur) und von A_{51} auch vollständig ausgenützt wird.

Das in Betracht stehende Produkt kann nach (4.64) sogar kolonnenweise berechnet werden. Dabei ist es möglich, einerseits die Symmetrie des Produktes zu berücksichtigen, und anderseits kann die berechnete Kolonne sofort von A_{55} subtrahiert werden, worauf die betreffenden Zahlwerte nicht mehr benötigt werden. In der Tat wird die k-te Kolonne von $L_{11}^{-1} A_{51}^T$ nach (4.62) aus der betreffenden Kolonne von A_{51}^T berechnet. Die zugehörige Kolonne von Y bestimmt sich nach (4.65), worauf dieser Kolonnenvektor mit A_{51}

zu multiplizieren ist. Entsprechend der zu berechnenden unteren Hälfte von $A_{55}^{(1)}$ sind
bei der letzten Operation nur die k-te und folgenden Komponenten zu bestimmen.
Neben der Matrix L_{11} und den von Null verschiedenen Elementen von A_{51} wird nur
noch ein Hilfsvektor im Zentralspeicher benötigt.

Was hier für das Matrizenpaar A_{51} und A_{55} ausführlich dargestellt worden ist, gilt auch
für die übrigen Paare. Die Untermatrizen A_{66} bis A_{99} werden in zwei aufeinanderfolgenden Schritten reduziert, was aber sinngemäß ausführbar ist.

Bei der vorliegenden Partitionierung der Matrix A gemäß (4.61) entsteht im Rahmen der
beschriebenen Rechentechnik eine Schwierigkeit, indem die Cholesky-Matrix nach
Fig.4.11 ein Auffüllen erleidet, indem die Matrizen L_{65}, L_{76}, L_{87} und L_{98} ungleich
Null werden, während die entsprechenden Untermatrizen in A verschwinden. So entsteht
im ersten Blockeliminationsschritt

$$A_{65}^{(1)} = -L_{61} \, L_{51}^T \, , \qquad (4.66)$$

aus der dann im fünften Schritt L_{65} resultiert, die in diesem Stadium zu einer weiteren
Reduktion von $A_{66}^{(2)}$ benötigt wird. Im Prinzip läßt sich diese Reduktion ebenfalls auf
implizite Weise durchführen ohne L_{65} explizit zu berechnen und als Ganzes abzuspeichern. Man erhält für

$$L_{65} \, L_{65}^T = A_{65}^{(1)} L_{55}^{-T} \, L_{55}^{-1} \, A_{65}^{(1)^T} = L_{61} \, L_{51}^T \, L_{55}^{-T} \, L_{55}^{-1} \, L_{51} \, L_{61}^T$$
$$= A_{61} \, L_{11}^{-T} \, L_{11}^{-1} \, A_{51}^T \, L_{55}^{-T} \, L_{55}^{-1} \, A_{51} \, L_{11}^{-T} \, L_{11}^{-1} \, A_{61}^T$$

einen in den ursprünglichen außendiagonalen Matrizen von A und Cholesky-Matrizen in
der Diagonale so komplizierten Ausdruck, der kaum praktischen Wert besitzt. Die Schwierigkeit kann vermittels einer andern Partitionierung behoben werden. Man faßt die Untermatrizen A_{55} und A_{66} zu einer Untermatrix und die drei weiteren zu einer zusammen.
Mit dieser neuen Partitionierung geht (4.61) über in

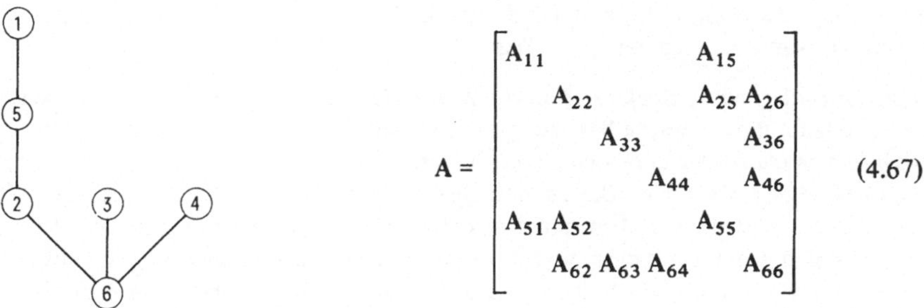

$$A = \begin{bmatrix} A_{11} & & & & A_{15} & \\ & A_{22} & & & A_{25} & A_{26} \\ & & A_{33} & & & A_{36} \\ & & & A_{44} & & A_{46} \\ A_{51} & A_{52} & & & A_{55} & \\ & A_{62} & A_{63} & A_{64} & & A_{66} \end{bmatrix} \qquad (4.67)$$

Fig. 4.13 Graph G(A)
           der Matrix A (4.67)

mit gegenüber (4.61) teilweise anderen Bedeutungen der Untermatrizen. Der Auffüll-
prozeß erfolgt in (4.67) innerhalb der Matrizen A_{55} und A_{66}, wobei ihre diagonale
Blockstruktur verloren geht. Mit der Blockstruktur von A nach (4.67) ist die Cholesky-
Zerlegung in der Tat auf die unsymmetrische Art durchführbar, wobei die außendiago-

nalen Blockmatrizen A_{ik} (i $>$ k) unverändert verwendet werden können und nur die Cholesky-Zerlegungen der in der Diagonale stehenden (reduzierten) Untermatrizen effektiv ausgeführt werden.

Diese Tatsache hängt damit zusammen, daß der Graph der Blockmatrix A nach (4.67) ein B a u m ist, wie er in Fig.4.13 dargestellt ist. Der Knoten mit der Nummer 6 ist die W u r z e l des Baumes. Vertauscht man in diesem Baum die Nummern 2 und 5, entsteht ein sogenannter m o n o t o n g e o r d n e t e r B a u m, in welchem jeder Knoten vor seinem Vater numeriert ist. Jeder Baum wird bei geeigneter Numerierung zu einem monoton geordneten Baum, wobei selbstverständlich seine Wurzel die höchste Nummer erhält. Für Matrizen und insbesondere für Blockmatrizen, deren Graph ein monoton geordneter Baum ist, kann nämlich gezeigt werden, daß in der Cholesky-Zerlegung einmal kein Auffüllen erfolgt [83] und daß zudem die außendiagonalen Elemente, bzw. Untermatrizen während der Reduktion keine Änderung erfahren [46]. Der unsymmetrische Zerlegungs-Algorithmus von George ist damit auf Blockmatrizen beschränkt, deren zugehöriger Graph ein monoton geordneter Baum ist. Eine dieser Bedingung genügende Partitionierung kann häufig mit etwas Geschick gefunden werden. George formuliert in [46] auch einen Algorithmus, der sie zu einer gegebenen Diskretisation in finite Elemente mit der zugehörigen Numerierung der Knotenvariablen konstruiert.

Nach ausgeführter Cholesky-Zerlegung können die Prozesse des Vorwärts- und Rückwärtseinsetzens ebenfalls auf Grund der Dreiecksmatrizen L_{ii} und den ursprünglichen außendiagonalen Untermatrizen A_{ik} durchgeführt werden. Im Verlauf des Vorwärtseinsetzens sind gewisse Teilvektoren mit einer außendiagonalen Matrix L_{ik} zu multiplizieren. In unserem konkreten Fall der Matrix A (4.67) ist etwa c_1 mit $L_{51} = A_{51} L_{11}^{-T}$ zu multiplizieren. Diese Operation ist aber äquivalent damit, auf c_1 zuerst das Rückwärtseinsetzen mit L_{11}^{T} anzuwenden, um anschließend den erhaltenen Vektor mit A_{51} zu multiplizieren. Das Rückwärtseinsetzen erfordert etwa die Bildung von $L_{64}^{T} x_6 = L_{44}^{-1} A_{64}^{T} x_6 = L_{44}^{-1} (A_{64}^{T} x_6)$, was durch Multiplikation von x_6 mit A_{64}^{T} und anschließendem Vorwärtseinsetzen mit L_{44} erfolgt.

Da die außendiagonalen Blockmatrizen von A unverändert im Rechenprozeß verwendet werden, erlaubt ihre schwache Besetzung eine konzentrierte Speicherung der von Null verschiedenen Matrixelemente, deren Position innerhalb der Blöcke durch entsprechende Zeiger festgelegt werden muß. Diese ganzzahligen Zeigerwerte bezeichnet man als Überhang (overhead), da sie zusätzlich zu den eigentlichen Zahlwerten der Matrixelemente notwendig sind. Unter der Annahme, daß alle Werte sowohl der anfallenden Cholesky-Matrizen L_{ii} wie auch der von Null verschiedenen Außendiagonalelemente im Zentralspeicher aufgenommen werden können, wird in [46] vorgeschlagen, alle Matrizen L_{ii} in einem einfach indizierten Feld sukzessive anzuordnen, wobei für die einzelnen Blöcke die Anordnung nach Jennings (s. Abschn.4.3, Fig.4.5) angewendet wird. Ein zweiter Zeigervektor μ hat noch je den Beginn der einzelnen Blöcke festzulegen. Weiter werden sämtliche von Null verschiedenen Elemente außerhalb der in der Diagonale liegenden Blöcke zeilenweise in einem zweiten eindimensionalen Feld angeordnet. In einem ersten Zeigervektor α werden die Kolonnen festgehalten und mit einem zweiten Zeigervektor β

die Positionen im ersten Zeigervektor, wo die einzelnen Zeilen beginnen. Die Fig.4.14 illustriert den Sachverhalt.

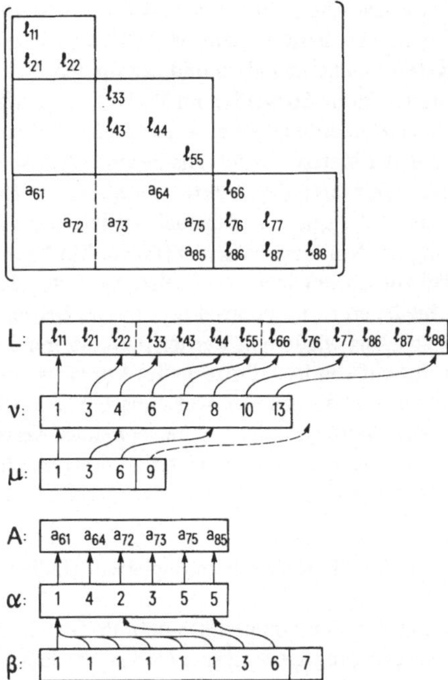

Fig. 4.14
Konzentrierte Speicherung der Matrixelemente
für die unsymmetrische Cholesky-Zerlegung

Im Beispiel 4.2 wurde das Grundgebiet G durch Schnitte in Teilgebiete eingeteilt und so die Blockstruktur motiviert. Die Substrukturierung vermittels weiterer Schnitte in den einzelnen Teilgebieten kann selbstverständlich weitergeführt werden und führt zu den in neuerer Zeit durchgeführten Untersuchungen der f o r t g e s e t z t e n   Z e r - s c h n e i d u n g   (n e s t e d   d i s s e c t i o n) von G e o r g e [43, 45, 46]. Für eine Reihe von Testbeispielen, denen Grundgebiete mit Symmetrien und eine regelmäßige Einteilung in Elemente zugrunde liegen, konnte gezeigt werden, daß bei geeigneter Anwendung der fortgesetzten Zerschneidung und unter Beachtung der entstehenden Blockstrukturen der Rechenaufwand an multiplikativen Operationen zur Lösung der linearen Gleichungssysteme wesentlich verkleinert werden kann. Die Reduktion von arithmetischen Operationen schien zunächst nur durch ein bedeutend komplizierteres Programm in Verbindung mit einer aufwendigen Index- und Speichermanipulation möglich zu sein, so daß die totale Rechenzeit anfänglich praktisch gleich groß war wie für eine übliche Methode. Nachdem die Methode mehr zur geeigneten Problemvorbereitung empfohlen worden war, um externe Speicher optimal einzusetzen [46, S. 90], konnte später P e - t e r s durch eine sehr subtile und geschickte Analyse des Prozesses eine einfache und effiziente Realisierung der Methode der fortgesetzten Zerschneidung präsentieren [143].

4.6 Iterative Methoden

In diesem Abschnitt werden zwei iterative Verfahren dargestellt, welche die gemeinsame
Eigenschaft besitzen, daß sie die Koeffizientenmatrix **A** des zu lösenden Gleichungssystems nicht verändern und daß die schwache Besetzung der Matrix voll ausgenützt
werden kann. So werden im Verlauf der Verfahren nur die von Null verschiedenen
Matrixelemente benötigt werden, was eine konzentrierte, speicherplatzsparende Anordnung der Matrix erlaubt. Als Besonderheit sei noch hervorgehoben, daß bei den iterativen Verfahren die Struktur der Matrix **A** (Bandstruktur oder Hüllenstruktur) überhaupt
keine Rolle spielt, so daß auch die Probleme der Bestimmung einer optimalen Numerierung der Knotenvariablen entfallen. Ein Nachteil der iterativen Methoden besteht darin,
daß zur Lösung mehrerer Gleichungssysteme mit gleicher Koeffizientenmatrix aber verschiedenen Konstantenvektoren, etwa bei verschiedenen Lastfällen, der Lösungsprozeß
vollständig wiederholt werden muß, während bei den direkten Methoden nur die relativ
wenig aufwendigen Prozesse des Vorwärts- und Rückwärtseinsetzens erforderlich sind.
Im besten Fall kann bei benachbarten Lastfällen die Lösung des einen Systems als Aus-
gangsnäherung für das andere verwendet werden, oder aber es können gewisse Parameter,
welche der Beschleunigung der Konvergenz dienen und im Verlauf der Lösung des ersten
Systems gewonnen wurden, übernommen werden.

4.6.1 Die Methode der konjugierten Gradienten

Das zu lösende symmetrisch-definite Gleichungssystem (4.1) stellt ja die notwendige
Bedingung für das Stationärwerden, genauer für die Minimierung des quadratischen
Funktionals dar. Die Lösung des Gleichungssystems ist daher äquivalent zur Aufgabe,
direkt das Minimum des Funktionals

$$F(\mathbf{x}) = \frac{1}{2}\,\mathbf{x}^T\,\mathbf{A}\,\mathbf{x} + \mathbf{b}^T\,\mathbf{x} \tag{4.68}$$

zu bestimmen. Im Verfahren der konjugierten Gradienten von H e s t e n e s - S t i e f e l
[56] wird das Minimum von $F(\mathbf{x})$ iterativ bestimmt, indem in jedem Teilschritt von der
Richtung des Gradienten der zu minimierenden Funktion Gebrauch gemacht wird, der
ja gegeben ist durch

$$\text{grad } F(\mathbf{x}) = \mathbf{A}\,\mathbf{x} + \mathbf{b} = \mathbf{r} \tag{4.69}$$

und gleich dem R e s i d u e n v e k t o r **r** zum Vektor **x** ist. Der Gradient der Funktion
$F(\mathbf{x})$ weist im Punkt **x** in die Richtung der lokal stärksten Zunahme der zu minimierenden Funktion $F(\mathbf{x})$. Es ist deshalb sehr naheliegend, die Richtung des negativen Gradienten zur Festlegung der R e l a x a t i o n s r i c h t u n g zu verwenden, in welcher das
Minimum von $F(\mathbf{x})$ in einem Relaxationsschritt zu suchen ist. Ohne auf Details einzugehen, sollen im folgenden nur die wesentlichen Punkte des Verfahrens skizziert werden,
welche zum Algorithmus führen. Für die detaillierte Herleitung mit den zugehörigen
Beweisen sei auf [98] verwiesen, von wo auch die Schreibweise übernommen ist.

Es bedeute $v^{(0)}$ einen gewählten Startvektor. Um $F(v^{(1)}) < F(v^{(0)})$ zu erreichen, wird im ersten Schritt des Verfahrens die Relaxationsrichtung $p^{(1)}$ durch den negativen Residuenvektor $r^{(0)} = A\,v^{(0)} + b$ festgelegt.

$$p^{(1)} = -r^{(0)} = -\operatorname{grad} F(v^{(0)}) = -(Av^{(0)} + b) \tag{4.70}$$

Ausgehend von $v^{(0)}$ sucht man in Richtung $p^{(1)}$ das Minimum der Funktion $F(v)$. Mit dem Parameter q_1 und dem Ansatz

$$v^{(1)} = v^{(0)} + q_1 p^{(1)} \tag{4.71}$$

führt dies auf die Forderung

$$F(v^{(1)}) = \frac{1}{2}\,(v^{(0)} + q_1 p^{(1)})^T\,A(v^{(0)} + q_1 p^{(1)}) + b^T(v^{(0)} + q_1 p^{(1)})$$

$$= \frac{1}{2}\,q_1^2\,p^{(1)^T}\,A\,p^{(1)} + q_1 p^{(1)^T} r^{(0)} + F(v^{(0)}) = \text{Min}!$$

Differentiation nach q_1 und Nullsetzen des resultierenden Ausdrucks als notwendige Bedingungen für ein Minimum der Funktion in bezug auf den Parameter q_1 liefert

$$q_1 = -\frac{p^{(1)^T} r^{(0)}}{p^{(1)^T} Ap^{(1)}} = \frac{r^{(0)^T} r^{(0)}}{p^{(1)^T} Ap^{(1)}} . \tag{4.72}$$

Im zweiten und allgemeinen k-ten Relaxationsschritt wird als Relaxationsrichtung $p^{(k)}$ eine Linearkombination von $-r^{(k-1)} = -\operatorname{grad} F(v^{(k-1)}) = -(Av^{(k-1)} + b)$ und der vorhergehenden Relaxationsrichtung $p^{(k-1)}$ so bestimmt, daß die beiden Richtungen $p^{(k-1)}$ und $p^{(k)}$ konjugiert sind in Bezug auf die Ellipsoide $F(v) = \text{const}$. Diese Wahl der neuen Relaxationsrichtung kann damit geometrisch begründet werden, daß das Minimum von $F(v)$ jetzt nicht in der Richtung des negativen Gradienten allein, sondern in der von dieser Richtung und der vorangehenden Relaxationsrichtung aufgespannten zweidimensionalen Ebene durch den Punkt $v^{(k-1)}$ bestimmt werden soll. Diese Ebene schneidet aber das Ellipsoid $F(v) = F(v^{(k-1)})$ in einer Ellipse, an welche $p^{(k-1)}$ im Punkt $v^{(k-1)}$ Tangente ist. Das Minimum von $F(v)$ in der erwähnten Ebene wird im Mittelpunkt der Schnittellipse angenommen, und die Richtungen der Tangente im Berührungspunkt $v^{(k-1)}$ und vom Berührungspunkt zum Mittelpunkt sind bekanntlich konjugiert zueinander bezüglich der Ellipse und damit auch zum Ellipsoid.

Für die k-te Relaxationsrichtung lautet der Ansatz

$$p^{(k)} = -r^{(k-1)} + e_{k-1}\, p^{(k-1)} , \quad (k \geqslant 2) . \tag{4.73}$$

Der Koeffizient e_{k-1} bestimmt sich aus der Bedingung der Konjugiertheit von $p^{(k)}$ und $p^{(k-1)}$, nämlich

$$p^{(k)^T}\,A\,p^{(k-1)} = 0$$

zu $\qquad e_{k-1} = \dfrac{r^{(k-1)^T} Ap^{(k-1)}}{p^{(k-1)^T} Ap^{(k-1)}} , \quad (k \geqslant 2) .$ $\qquad\qquad\qquad$ (4.74)

Mit der nach (4.73) und (4.74) bestimmten Richtung $p^{(k)}$ ergibt sich der neue Näherungsvektor

$$v^{(k)} = v^{(k-1)} + q_k\, p^{(k)}\,, \qquad (k \geqslant 2) \tag{4.75}$$

mit dem analog zu (4.72) ermittelten Wert

$$q_k = -\frac{p^{(k)^T} r^{(k-1)}}{p^{(k)^T} A p^{(k)}}\,, \qquad (k \geqslant 2)\,. \tag{4.76}$$

Unter Berücksichtigung der Tatsache, daß der Residuenvektor $r^{(k)} = A v^{(k)} + b$ $(k \geqslant 2)$ orthogonal zur Ebene steht, aufgespannt durch $r^{(k-1)}$ und $p^{(k)}$, lassen sich die Formeln für e_{k-1} (4.74) und für q_k (4.76) umformen in

$$e_{k-1} = \frac{r^{(k-1)^T} r^{(k-1)}}{r^{(k-2)^T} r^{(k-2)}}\,, \qquad q_k = \frac{r^{(k-1)^T} r^{(k-1)}}{p^{(k)^T} A p^{(k)}}\,, \qquad (k \geqslant 2)\,, \tag{4.77}$$

wobei die Darstellung für q_k wegen (4.72) auch für $k = 1$ gilt. Infolge der positiven Definitheit von A sind die Zahlwerte e_{k-1} und q_k als Quotienten von positiven Ausdrücken gegeben. Solange $r^{(k-1)} \neq 0$ ist, d. h. $v^{(k-1)}$ nicht die Lösung des Gleichungssystems darstellt, sind e_{k-1} und q_k positiv.

Das Verfahren der konjugierten Gradienten ist im folgenden Algorithmus zusammengefaßt.

$$
\boxed{
\begin{aligned}
&\text{S t a r t :}\ \ \text{Wahl von } v^{(0)}\,; \\
&\qquad\quad r^{(0)} = A\, v^{(0)} + b\,; \quad p^{(1)} = -r^{(0)} \\[4pt]
&\text{A l l g e m e i n e r\ \ R e l a x a t i o n s s c h r i t t}\ (k = 1, 2, \ldots): \\
&e_{k-1} = r^{(k-1)^T} r^{(k-1)} / r^{(k-2)^T} r^{(k-2)} \left.\right\} \ \ \text{falls } k \geqslant 2 \\
&p^{(k)}\ \ = -r^{(k-1)} + e_{k-1}\, p^{(k-1)} \\
&q_k\ \ = r^{(k-1)^T} r^{(k-1)} / p^{(k)^T} (A\, p^{(k)}) \\
&v^{(k)}\ \ = v^{(k-1)} + q_k\, p^{(k)} \\
&r^{(k)}\ \ = r^{(k-1)} + q_k (A\, p^{(k)})
\end{aligned}
}
\tag{4.78}
$$

In der letzten Gleichung von (4.78) wurde berücksichtigt, daß zur Verminderung des Rechenaufwandes der Residuenvektor $r^{(k)}$ zur Näherung $v^{(k)}$ rekursiv berechenbar ist auf Grund der Beziehung

$$r^{(k)} = A v^{(k)} + b = A(v^{(k-1)} + q_k\, p^{(k)}) + b = r^{(k-1)} + q_k (A\, p^{(k)})\,.$$

Ein allgemeiner Relaxationsschritt erfordert die Multiplikation der Matrix A mit dem Vektor $p^{(k)}$. Hierbei kann die schwache Besetzung von A voll ausgenützt werden. Da in typischen größeren Problemen die Anzahl der von Null verschiedenen Matrixelemente direkt proportional zur Ordnung n von A ist, beträgt der Rechenaufwand zur Bildung von $z = A\, p^{(k)}$ nur γn Multiplikationen, wobei γ den Mittelwert der pro Zeile von Null verschiedenen Matrixelemente von A bedeutet. Hinzu kommt noch der Aufwand zur

Berechnung von zwei Skalarprodukten und an drei Stellen die Multiplikation eines Vektors der Dimension n mit einem Skalar. Total beträgt der Rechenaufwand pro Relaxationsschritt

$$Z_{cg} = (\gamma + 5)n \tag{4.79}$$

Multiplikationen. Für eine schwach besetzte Matrix A ist γ sehr klein im Vergleich zu n, so daß Z_{cg} nach (4.79) proportional zur Ordnung n wird.

Die Methode der konjugierten Gradienten besitzt die theoretische Eigenschaft, daß die Relaxationsrichtungen ein System von paarweise konjugierten Richtungen bilden und daß die Residuenvektoren paarweise orthogonal sind. Die letzte Aussage hat zur Folge, daß die Methode theoretisch die Lösung nach höchstens n Relaxationsschritten liefert, da ein System von paarweise orthogonalen Vektoren im n-dimensionalen Vektorraum höchstens n von Null verschiedene Vektoren enthalten kann. Die paarweise Orthogonalität der Residuenvektoren ist jedoch aus numerischen Gründen nicht exakt erfüllt, und zwar um so schlechter, je größer die Konditionszahl der Matrix A ist [10]. Grundsätzlich stört die Abweichung von der Theorie nicht, indem der iterative Prozeß einfach über die n Schritte hinaus fortgesetzt wird, wobei ja der Wert des quadratischen Funktionals (4.68) in jedem Relaxationsschritt verkleinert wird. Der Prozeß wird üblicherweise abgebrochen, sobald die euklidische Norm des Residuenvektors kleiner als eine geeignet vorgegebene Toleranz geworden ist. Es ist dabei einzig zu beachten, daß die Längenquadrate der Residuenvektoren keine monoton abnehmende Folge bilden (vgl. dazu [33, 98] oder Abschn.6.1.3.1).

An dieser Stelle sei aber darauf hingewiesen, daß zur Lösung der großen linearen Gleichungssysteme, wie sie in der Methode der finiten Elemente anfallen, bei bestimmten Problemklassen und für bestimmte Elementtypen oft weit weniger als n Relaxationsschritte erforderlich sind, um die Unbekannten mit einer für die praktischen Anforderungen genügenden Genauigkeit zu berechnen (vgl. Kapitel 6).

Die Durchführung der Methode der konjugierten Gradienten benötigt den Speicherplatz für die vier Vektoren $v^{(k)}$, $r^{(k)}$, $p^{(k)}$ und $z = Ap^{(k)}$, während die Zahlwerte e_{k-1} und q_k nur momentane Bedeutung besitzen. Hinzu kommt noch der Speicherbedarf für die γn von Null verschiedenen Matrixelemente, so daß sich der Speicherbedarf auf $(\gamma + 4)n$ Plätze beläuft. Dazu kommt allerdings noch ein Überhang von γn Indexwerten, welche zur Festlegung der Positionen der Matrixelemente erforderlich sind (vgl. dazu Abschn.4.6.3).

Die Methode der konjugierten Gradienten wurde an den Anfang der iterativen Verfahren gestellt, weil der Algorithmus nach Wahl des Startvektors $v^{(0)}$ vollkommen zwangsläufig abläuft und keine weiteren Parameter benötigt, welche entweder die Konvergenz überhaupt garantieren oder aber beschleunigen. In dieser Hinsicht ist das Verfahren problemlos.

4.6.2 Die Methode der Überrelaxation

Da die Koeffizientenmatrix des linearen Gleichungssystems positiv definit ist, sind notwendigerweise alle ihre Diagonalelemente a_{ii} positiv. Deshalb kann die i-te Gleichung

$$\sum_{j=1}^{n} a_{ij}x_j + b_i = 0$$

nach der Unbekannten x_i aufgelöst werden. Im Fall $n = 3$ erhalten wir so

$$\begin{aligned}
x_1 &= -\{ \qquad\qquad a_{12}x_2 + a_{13}x_3 + b_1 \}/a_{11} \\
x_2 &= -\{a_{21}x_1 \qquad\qquad + a_{23}x_3 + b_2\}/a_{22} \\
x_3 &= -\{a_{31}x_1 + a_{32}x_2 \qquad\qquad + b_3\}/a_{33}
\end{aligned} \tag{4.80}$$

Auf Grund von (4.80) lassen sich verschiedene iterative Verfahren zur Lösung von linearen Gleichungssystemen definieren. Um dies zu tun, bedeute $v^{(k)}$ den Näherungsvektor im allgemeinen k-ten Iterationsschritt und $v^{(k+1)}$ die Näherung nach dem (k+1)-ten Schritt.

Das E i n z e l s c h r i t t v e r f a h r e n oder G a u ß - S e i d e l s c h e Verfahren entsteht aus (4.80), indem die i-te Komponente von $v^{(k+1)}$ sukzessive aus der i-ten Gleichung berechnet wird, wobei die bereits bekannten Werte von $v^{(k+1)}$ verwendet werden.

$$\begin{aligned}
v_1^{(k+1)} &= -\{ \qquad\qquad a_{12}v_2^{(k)} + a_{13}v_3^{(k)} + b_1 \}/a_{11} \\
v_2^{(k+1)} &= -\{a_{21}v_1^{(k+1)} \qquad\qquad + a_{23}v_3^{(k)} + b_2 \}/a_{22} \\
v_3^{(k+1)} &= -\{a_{31}v_1^{(k+1)} + a_{32}v_2^{(k+1)} \qquad\qquad + b_3 \}/a_{33}
\end{aligned} \tag{4.81}$$

In Verallgemeinerung der Rechenvorschrift (4.81) wird in der M e t h o d e d e r Ü b e r - r e l a x a t i o n (successive overrelaxation SOR) die Korrektur der i-ten Komponente $\Delta v_i^{(k)} = v_i^{(k+1)} - v_i^{(k)}$ mit einem konstanten R e l a x a t i o n s f a k t o r $\omega > 0$ multipliziert und diese so modifizierte Änderung zu $v_i^{(k)}$ addiert. Die neue Rechenvorschrift kann demnach wie folgt formuliert werden:

$$\begin{aligned}
v_1^{(k+1)} &= -\omega\{ \qquad\qquad a_{12}v_2^{(k)} + a_{13}v_3^{(k)} + b_1 \}/a_{11} + (1-\omega)v_1^{(k)} \\
v_2^{(k+1)} &= -\omega\{a_{21}v_1^{(k+1)} \qquad\qquad + a_{23}v_3^{(k)} + b_2 \}/a_{22} + (1-\omega)v_2^{(k)} \\
v_3^{(k+1)} &= -\omega\{a_{31}v_1^{(k+1)} + a_{32}v_2^{(k+1)} \qquad\qquad + b_3 \}/a_{33} + (1-\omega)v_3^{(k)}
\end{aligned} \tag{4.82}$$

Für $\omega = 1$ reduziert sich (4.82) offensichtlich auf (4.81).

Zur praktischen Durchführung des Verfahrens der Überrelaxation werden zweckmäßig die Formeln (4.82) angewendet. Zur geringfügigen Vereinfachung der Rechnung können dazu noch die außendiagonalen Matrixelemente der i-ten Zeile und die i-te Komponente des Konstantenvektors in einem vorbereitenden Schritt durch das i-te Diagonalelement dividiert werden, um mit den neuen Größen zu arbeiten. Jedenfalls werden nur die von Null verschiedenen Matrixelemente der schwach besetzten Matrix $\mathbf{A}$ benötigt, und die schwache Besetzung kann voll und ganz ausgenützt werden. Der Rechenaufwand pro Schritt der Überrelaxationsmethode beträgt

$$Z_{SOR} = \gamma n \, ,$$

wo γ wiederum die mittlere Anzahl der von Null verschiedenen Matrixelemente pro Zeile bedeutet.

Um das Konvergenzverhalten der iterierten Vektorfolge beschreiben zu können, wird die gegebene Matrix $\mathbf{A}$ des Gleichungssystems als Summe einer Diagonalmatrix $\mathbf{D}$, gebildet aus den positiven Diagonalelementen von $\mathbf{A}$, einer unteren Dreiecksmatrix $\mathbf{E}$ und einer oberen Rechtsdreiecksmatrix $\mathbf{F} = \mathbf{E}^T$ gemäß

$$\mathbf{A} = \mathbf{E} + \mathbf{D} + \mathbf{F}, \quad \mathbf{F} = \mathbf{E}^T \tag{4.83}$$

geschrieben. Mit (4.83) lautet (4.82) in Matrixschreibweise

$$\mathbf{v}^{(k+1)} = -\omega \, \mathbf{D}^{-1} \{ \mathbf{E}\mathbf{v}^{(k+1)} + \mathbf{F}\mathbf{v}^{(k)} + \mathbf{b} \} + (1 - \omega)\mathbf{v}^{(k)} \, ,$$

oder nach Multiplikation mit $\dfrac{1}{\omega}\,\mathbf{D}$ und geordnet

$$(\mathbf{E} + \omega^{-1}\mathbf{D})\mathbf{v}^{(k+1)} = -[\mathbf{F} + (1 - \omega^{-1})\mathbf{D}]\mathbf{v}^{(k)} - \mathbf{b} \, . \tag{4.84}$$

Die Matrix $(\mathbf{E} + \omega^{-1}\mathbf{D})$ stellt eine Linksdreiecksmatrix dar mit positiven Diagonalelementen. Sie ist deshalb regulär, so daß (4.84) nach $\mathbf{v}^{(k+1)}$ aufgelöst werden kann.

$$\mathbf{v}^{(k+1)} = -(\mathbf{E} + \omega^{-1}\mathbf{D})^{-1}[\mathbf{F} + (1 - \omega^{-1})\mathbf{D}]\mathbf{v}^{(k)} - (\mathbf{E} + \omega^{-1}\mathbf{D})^{-1}\mathbf{b} \tag{4.85}$$

Die in (4.85) auftretende Matrix

$$\mathbf{M}_{SOR}(\omega) = -(\mathbf{E} + \omega^{-1}\mathbf{D})^{-1}[\mathbf{F} + (1 - \omega^{-1})\mathbf{D}] \tag{4.86}$$

stellt die I t e r a t i o n s m a t r i x der Überrelaxationsmethode dar, indem einmal in jedem Iterationsschritt der Vektor $\mathbf{v}^{(k)}$ formal mit $\mathbf{M}_{SOR}(\omega)$ zu multiplizieren ist, und indem sich auch die Folge der F e h l e r v e k t o r e n

$$\mathbf{f}^{(k)} = \mathbf{x} - \mathbf{v}^{(k)} \, , \quad k = 0, 1, 2, \ldots \tag{4.87}$$

als Differenz aus der Lösung $\mathbf{x}$ des Gleichungssystems und des Näherungsvektors $\mathbf{v}^{(k)}$ durch sukzessive Multiplikation mit der Iterationsmatrix ergibt. In der Tat erfüllt der Lösungsvektor $\mathbf{x}$ von $\mathbf{A}\mathbf{x} + \mathbf{b} = \mathbf{0}$ als Fixpunkt der Iteration die Gleichung (4.84)

$$(\mathbf{E} + \omega^{-1}\mathbf{D})\,\mathbf{x} = -[\mathbf{F} + (1 - \omega^{-1})\mathbf{D}]\,\mathbf{x} - \mathbf{b} \, . \tag{4.88}$$

Subtraktion der Gleichung (4.84) von (4.88) liefert mit (4.87) die Beziehung

$$\mathbf{f}^{(k+1)} = \mathbf{M}_{SOR}(\omega)\,\mathbf{f}^{(k)} \, , \quad k = 0, 1, 2, \ldots \, . \tag{4.89}$$

Für die Konvergenz des Iterationsverfahrens ist notwendig und hinreichend, daß sämtliche Eigenwerte der Iterationsmatrix betragsmäßig kleiner Eins sind. Im Konvergenzfall bestimmt der betragsgrößte Eigenwert μ_1 der Iterationsmatrix $\mathbf{M}_{SOR}(\omega)$ die asymptotische Abnahme des Fehlervektors, indem für hinreichend großes k die Normen der Fehlervektoren wie eine geometrische Folge mit dem Quotienten $|\mu_1|$ gegen Null konvergieren. Der S p e k t r a l r a d i u s

$$\rho(\mathbf{M}_{SOR}(\omega)) = \max_j \, |\mu_j| = |\mu_1| \tag{4.90}$$

als Betrag des dominanten Eigenwertes von $\mathbf{M}_{SOR}(\omega)$ bestimmt den K o n v e r g e n z - q u o t i e n t e n des Iterationsverfahrens. Je kleiner der Spektralradius einer Iterationsmatrix ist, desto besser ist das Konvergenzverhalten.

Für ein symmetrisch-definites Gleichungssystem kann gezeigt werden, daß für alle Werte $\omega \in (0, 2)$ die Vektorfolge $\mathbf{v}^{(k)}$ der Methode der Überrelaxation gegen die Lösung $\mathbf{x}$ konvergiert. In [98] wird dies auf Grund der im schwachen Sinn monoton abnehmenden Wertefolge der quadratischen Funktion $F(\mathbf{v}^{(k)})$ (4.68) nachgewiesen. Mit einer vollkommen anderen Beweistechnik wird etwa in [125] gezeigt, daß der Spektralradius $\rho(\mathbf{M}_{SOR}(\omega)) < 1$ ist für alle $\omega \in (0, 2)$ und $\mathbf{A}$ positiv definit. In beiden Fällen wird nur die Konvergenz der Vektorfolge $\mathbf{v}^{(k)}$ an sich nachgewiesen, doch kann keine Aussage darüber gemacht werden, wie der Relaxationsfaktor ω optimal gewählt werden soll, damit der Spektralradius $\rho(\mathbf{M}_{SOR}(\omega))$ der Iterationsmatrix minimal ist und damit bestmögliche Konvergenz erzielt wird. Man ist hier teilweise auf Versuche und die praktische Erfahrung bei der Lösung von ähnlichen Problemen angewiesen. Eine zielbewußte Lösung und problemgerechte Wahl eines fast optimalen Überrelaxationsfaktors ω_b beruht auf der Anwendung der Theorie zur Bestimmung des optimalen Relaxationsfaktors ω_{opt} im Fall von sogenannten 2 - z y k l i s c h e n Matrizen $\mathbf{A}$ [113, 125], bzw. von Matrizen $\mathbf{A}$, welche d i a g o n a l b l o c k w e i s e t r i d i a g o n a l sind oder die „Property A" besitzen [98]. Für solche Gleichungssysteme ist der optimale Überrelaxationsfaktor ω_{opt} gegeben durch

$$\omega_{opt} = \frac{2}{1 + \sqrt{1 - \lambda_1^2}} \ . \tag{4.91}$$

Darin bedeutet λ_1 den größten Eigenwert der Matrix $\mathbf{B} = -\mathbf{D}^{-1}(\mathbf{E} + \mathbf{F})$, falls für $\mathbf{A}$ die Zerlegung (4.83) gilt. Die Eigenwerte λ_j der Matrix $\mathbf{B}$ sind reell, da $\mathbf{B}$ ähnlich ist vermöge der Diagonalmatrix $\mathbf{D}^{1/2}$, deren Diagonalelemente die Quadratwurzeln aus den Diagonalelementen von $\mathbf{A}$ sind, zu der symmetrischen Matrix $-\mathbf{D}^{-1/2}(\mathbf{E} + \mathbf{F})\mathbf{D}^{-1/2}$. Zwischen den Eigenwerten μ_j der Iterationsmatrix $\mathbf{M}_{SOR}(\omega)$ und den λ_j existiert die eineindeutige von ω abhängige Zuordnung

$$\frac{(\mu_j + \omega - 1)^2}{\mu_j} = \omega^2 \lambda_j^2 \ . \tag{4.92}$$

Im Spezialfall des Gauß-Seidelschen Verfahrens mit $\omega = 1$ reduziert sich die Relation (4 92) auf

$$\mu_j = \lambda_j^2 \ . \tag{4.93}$$

Die von Null verschiedenen Eigenwerte μ_j sind die Quadrate der Eigenwertpaare $\pm\lambda_j$. Obwohl die Matrizen $\mathbf{A}$, wie sie in der Methode der finiten Elemente auftreten, die Voraussetzung der Theorie der optimalen Wahl von ω_{opt} in der Regel nicht erfüllen, wird die Beziehung (4.91) dennoch benützt, um wenigstens eine vernünftige Schätzung für einen fast optimalen Wert ω_b zu gewinnen. Dazu ist aber die Kenntnis des Spektralradius $\rho(\mathbf{B}) = |\lambda_1|$ erforderlich. Dieser Zahlwert kann praktisch aus dem Verlauf einer probeweisen Startrechnung mit $\omega = 1$ aus der Abnahme der Differenz aufeinanderfolgender Näherungen bestimmt werden. Nach (4.85) und (4.86) gelten

$$\mathbf{d}^{(k+1)} = \mathbf{v}^{(k+1)} - \mathbf{v}^{(k)} \quad = [\mathbf{M}_{SOR}(\omega) - \mathbf{I}]\mathbf{v}^{(k)} \quad - (\mathbf{E} + \omega^{-1}\mathbf{D})^{-1}\mathbf{b} \ ,$$

$$\mathbf{d}^{(k)} \quad = \mathbf{v}^{(k)} - \mathbf{v}^{(k-1)} \quad = [\mathbf{M}_{SOR}(\omega) - \mathbf{I}]\mathbf{v}^{(k-1)} - (\mathbf{E} + \omega^{-1}\mathbf{D})^{-1}\mathbf{b} \ .$$

Durch Subtraktion der beiden Beziehungen folgt weiter

$$\mathbf{d}^{(k+1)} - \mathbf{d}^{(k)} = [\mathbf{M}_{SOR}(\omega) - \mathbf{I}](\mathbf{v}^{(k)} - \mathbf{v}^{(k-1)}) = [\mathbf{M}_{SOR}(\omega) - \mathbf{I}]\mathbf{d}^{(k)} \ ,$$

und damit nach erneuter Addition von $\mathbf{d}^{(k)}$

$$\mathbf{d}^{(k+1)} = \mathbf{M}_{SOR}(\omega)\, \mathbf{d}^{(k)} \ .$$

Die Differenzvektoren von aufeinanderfolgenden iterierten Vektoren erfüllen selbst die Beziehung (4.89), so daß für hinreichend großes k gilt

$$\frac{\|\mathbf{d}^{(k+1)}\|}{\|\mathbf{d}^{(k)}\|} \approx |\mu_1| = \lambda_1^2 \ . \tag{4.94}$$

Als Vektornorm kann die Maximumnorm oder die euklidische Norm verwendet werden. Sobald der Quotient der Normen in (4.94) gegen einen konstanten Wert konvergiert, kann mit dem Wert λ_1^2 aus (4.91) ω_b berechnet und mit diesem Wert die eigentliche Überrelaxation gestartet werden.

Anstatt die Startrechnung mit $\omega = 1$ zu beginnen, ist es durchaus angezeigt, mit einem Versuchswert ω im Intervall $1 < \omega \leqslant \omega_b$ die Überrelaxation zu starten. Mit dem nach (4.94) bestimmten Zahlwert für $|\mu_1|$ ist λ_1^2 nach (4.92) zu ermitteln. Mit einem solchen Wert von ω erzielt man bereits in der Startphase eine bessere Konvergenz. Wird $\omega > \omega_b$ versuchsweise verwendet, zeigt der Quotient (4.94) mit wachsendem Index k in der Regel oszillierendes Verhalten, da der dominante Eigenwert von $\mathbf{M}_{SOR}(\omega)$ meistens komplex ist. Dies liefert zumindest die Information, ω zu verkleinern. In [5] sind die Ergebnisse von sehr positiv verlaufenen numerischen Experimenten zur praktischen Bestimmung von ω_b enthalten. Man vergleiche dazu auch Kapitel 6.

4.6.3 Zur Speicher- und Rechentechnik

Die iterativen Lösungsmethoden erfordern pro Iterationsschritt entweder die Multiplikation der Matrix $\mathbf{A}$ mit einem Vektor oder aber die Berechnung einer bestimmten Komponente von $\mathbf{A}v$. In beiden Fällen werden nur die von Null verschiedenen Matrixelemente der einzelnen Zeilen benötigt, welche fortlaufend in einem eindimensionalen Feld abgespeichert werden. Um die Position der von Null verschiedenen Matrixelemente innerhalb der betreffenden Zeile zu definieren, ist ein ebenso langes erstes Feld mit den zugehörigen Kolonnenindizes notwendig. Ein zweites Feld mit $(n + 1)$ Zeigern legt den Beginn der einzelnen Zeilen fest. In der Anordnung der Matrixelemente kann es sehr zweckmäßig sein, das Diagonalelement einer jeden Zeile an den Beginn der Zahlwerte pro Zeile zu stellen, damit bei Bedarf auf diese Elemente über die Zeiger ein direkter Zugriff ohne Suchprozeß besteht. Die Speicheranordnung ist in Fig.4.15 mit den beiden Indexvektoren dargestellt.

Die Speicherung von $\mathbf{A}$ nach Fig. 4.15 weist die Redundanz auf, daß die gleichen Zahlwerte von symmetrisch gelegenen Außendiagonalelementen zweimal auftreten. Diese Speicherungsart ist sicher dann angezeigt, falls sukzessive einzelne Komponenten von $\mathbf{A}v$ zu berechnen sind wie in der Methode der Überrelaxation. Wenn aber nur der ganze Vektor $\mathbf{A}v$ wie in der Methode der konjugierten Gradienten zu berechnen ist, sind nur die von Null verschiedenen Matrixelemente in und unterhalb der Diagonalen abzuspeichern. Mit jedem Außendiagonalelement der unteren Hälfte sind je zwei entsprechende Multiplikationen auszuführen. In diesem Fall erzielt man eine wesentliche Reduktion des Speicherbedarfs.

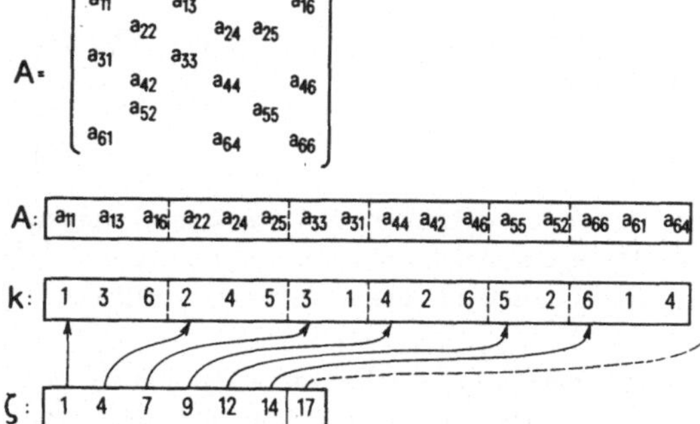

Fig. 4.15
Zeilenweise Speicherung einer
schwach besetzten Matrix

Die Kompilation der Gesamtmatrix **A** aus den Elementmatrizen direkt in der Anordnung
nach Fig.4.15 erfordert die Kenntnis der Grade der beteiligten Knotenvariablen im Sinn
der Graphentheorie. Auf Grund der an den einzelnen Elementen beteiligten Knotennummern kann diese Information ohne weiteres durch ein Rechenprogramm vor Beginn der
Kompilation beschafft werden. Sie liefert den Zeigervektor ζ mit den Komponenten

$$\zeta_1 = 1\,,\qquad \zeta_{i+1} = \zeta_i + g_i + 1\,,\qquad (i = 1, 2, \ldots, n)\,,$$

worin g_i den Grad der i-ten Knotenvariablen darstellt. Der Vektor **k** der Kolonnenindizes
wird zusammen mit **A** aufgebaut. Er ergibt sich an sich auch als Nebenprodukt bei der
Gradbestimmung. Die Berücksichtigung von Randbedingungen erfolgt nach beendeter
Kompilation entsprechend modifiziert zum Vorgehen nach Abschn.3.1.3.

Falls in einem konkreten Problem eine regelmäßige Einteilung in gleiche Elemente und
noch eine entsprechende regelmäßige Numerierung der Knotenvariablen verwendet wird,
so entsteht eine Matrix **A**, in welcher sich gewisse Zeilen ebenso regelmäßig wiederholen.
In solchen Fällen läßt sich die Matrix **A** noch konzentrierter nach dem sog. O p e r a t o r -
p r i n z i p darstellen und speichern. Um dies zu verwirklichen, sind im Indexvektor **k**
der Fig.4.15 anstelle der Kolonnenindizes die Differenzen $k - i$ der Indizes der Elemente
$a_{ik} \neq 0$ zu verwenden. Die Differenzen legen die relative Position der Matrixelemente
zum Diagonalelement fest. In der anvisierten Situation werden sich in den Feldern **A** und
k bei gleicher Anordnung der Matrixelemente, etwa in aufsteigender Folge der Indexdifferenzen für die Außendiagonalelemente, gewisse Teile wiederholen. Es genügt aber, nur
je ein Exemplar dieser für verschiedene Zeilen identischen Wertesequenzen zu speichern.
Eine solche Wertesequenz kann als O p e r a t o r aufgefaßt werden, da die Zahlwerte
zusammen mit den Indexwerten vollständig die Rechenoperation definieren, nach welcher
die zugehörige Komponente des Produktes **Av** zu berechnen ist. Solche Operatoren sind
bei Differenzenmethoden üblich [26, 95]. Auf diese Weise gelingt es, die Matrix **A** mit
weniger Speicheraufwand zu definieren, indem nur die untereinander verschiedenen
Operatoren in Analogie zur Fig. 4.15 gespeichert werden. Ein erstes eindimensionales
Feld enthält die eigentlichen Zahlwerte, ein zweites die zugehörigen Indexdifferenzen,
ein drittes die Zeiger, welche den Beginn der einzelnen Operatoren festlegen und ein
viertes hält für jede Zeile fest, welcher Operator zuständig ist.

Beispiel 4.3 Um das Operatorprinzip zu illustrieren, betrachten wir das einfache Beispiel eines homogenen belasteten Stabes der Länge L mit konstantem Querschnitt. Der Stab sei am linken Ende eingespannt, am rechten Ende frei, und er sei in fünf Elemente gleicher Länge ℓ = L/5 eingeteilt. Die Knotenvariablen seien gemäß Fig.4.16 numeriert, wobei je die erste Nummer die Auslenkung und die zweite die Ableitung betrifft. Nach Berücksichtigung der Randbedingungen für den linken Rand lautet die Gesamtsteifigkeitsmatrix der Ordnung n = 12

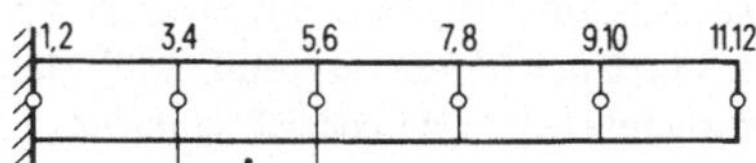

Fig. 4.16 Elementeinteilung des Stabes

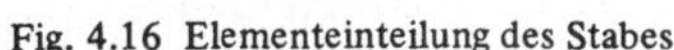

$$
A = \begin{bmatrix}
1 \\
& 1 \\
& & 12 & 0 & -6 & 3\ell \\
& & 0 & 4\ell^2 & -3\ell & \ell^2 \\
& & -6 & -3\ell & 12 & 0 & -6 & 3\ell \\
& & 3\ell & \ell^2 & 0 & 4\ell^2 & -3\ell & \ell^2 \\
& & & & -6 & -3\ell & 12 & 0 & -6 & 3\ell \\
& & & & 3\ell & \ell^2 & 0 & 4\ell^2 & -3\ell & \ell^2 \\
& & & & & & -6 & -3\ell & 12 & 0 & -6 & 3\ell \\
& & & & & & 3\ell & \ell^2 & 0 & 4\ell^2 & -3\ell & \ell^2 \\
& & & & & & & & -6 & -3\ell & 6 & -3\ell \\
& & & & & & & & 3\ell & \ell^2 & -3\ell & 2\ell^2
\end{bmatrix}
$$

$$(4.95)$$

Die ersten beiden sowie je drei Paare von Zeilen wiederholen sich im Sinn des Operatorprinzips. Zur Definition von **A** sind deshalb nur sieben verschiedene Operatoren nötig. Ihre Speicheranordnung mit den zugehörigen Indexvektoren ist in Fig.4.17 dargestellt. τ enthält die Information, welcher Operatortyp für die i-te Zeile gilt.

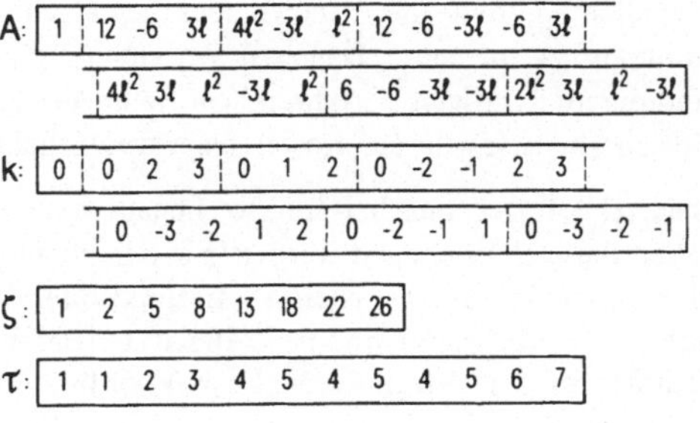

Fig. 4.17
Speicherung von **A** nach dem Operatorprinzip

Es versteht sich von selbst, daß bei Verfeinerung der Diskretisation in mehr gleiche Elemente gleich viele Operatoren nötig sind, der Speicheraufwand zur Definition von **A** einzig durch τ vergrößert wird.

Eine weitere drastische Reduktion des Speicherbedarfs zur praktischen Durchführung der Methode der konjugierten Gradienten kann dadurch erzielt werden, daß die Koeffizientenmatrix **A** vollständig eliminiert und die Multiplikation **Ap** auf der Basis der Elementmatrizen durchgeführt wird. Da ja die Gesamtmatrix **A** durch Addition der Elementmatrizen entsteht, kann das Produkt **Ap** offenbar auch durch Superposition der Beiträge der einzelnen Elemente zum Produkt berechnet werden. Bei diesem Vorgehen bedarf die problemgerechte Berücksichtigung der Randbedingungen einer kurzen Betrachtung.

Der Konstantenvektor des zu lösenden Gleichungssystems werde zunächst aus den betreffenden Elementbeiträgen ohne Beachtung von Randbedingungen gebildet. Falls nur homogene Randbedingungen auftreten, können die betreffenden Komponenten im Konstantenvektor einfach gleich Null gesetzt werden. Im Fall von inhomogenen Randbedingungen ist der Konstantenvektor gemäß Abschn.3.1.3 zu modifizieren. Die erforderliche Addition von Vielfachen von Kolonnen der unveränderten Gesamtmatrix $\mathbf{A}_0$ zum Konstantenvektor muß auch auf der Basis der Elementmatrizen erfolgen, indem das Produkt $\mathbf{A}_0 \mathbf{b}_0$ gebildet wird, wo $\mathbf{b}_0$ den Vektor bedeutet, der in den entsprechenden Komponenten die Randwerte enthält und sonst gleich Null ist. Der Vektor $\mathbf{A}_0 \mathbf{b}_0$ ist zum Konstantenvektor zu addieren, und anschließend sind die negativ genommenen Randwerte in die entsprechenden Komponenten einzusetzen.

In den einzelnen Iterationsschritten sind die im Abschn.3.1.3 beschriebenen Modifikationen an der Gesamtmatrix $\mathbf{A}_0$ nach erfolgter Multiplikation von $\mathbf{A}_0$ mit einem Vektor entsprechend auszuführen. Dabei sind zwei Fälle im Algorithmus (4.78) zu unterscheiden. Der Startvektor $\mathbf{v}^{(0)}$ wird zweckmäßig so gewählt, daß er die Randbedingungen erfüllt. Werden nun im Vektor $\mathbf{A}_0 \mathbf{v}^{(0)}$ die Randwerte erneut eingesetzt, erreicht man damit, daß die entsprechenden Komponenten von $\mathbf{r}^{(0)}$ und damit auch von $\mathbf{p}^{(1)}$ verschwinden. Das hat zur Folge, daß der Vektor $\mathbf{v}^{(1)}$ die Randbedingungen wieder erfüllt. Damit diese Eigenschaft in den weiteren Iterationsschritten erhalten bleibt, sind im Vektor $\mathbf{A}_0 \mathbf{p}^{(k)}$ die durch homogene und inhomogene Randbedingungen vorgeschriebenen Komponenten gleich Null zu setzen. Damit verschwinden die betreffenden Komponenten in $\mathbf{r}^{(k)}$ und in $\mathbf{p}^{(k)}$, so daß die iterierten Vektoren $\mathbf{v}^{(k)}$ die Randbedingungen erfüllen.

Die iterativen Verfahren sind auf die beschriebene Art mit einem recht kleinen Speicherbedarf durchführbar. In der Tat sind als Grundlage nur die benötigten Knotenpunktskoordinaten, sowie die Angaben über die einzelnen Elemente wie die beteiligten Knotennummern zu speichern. Daneben wird noch der Platz für mindestens eine Elementmatrix und die im iterativen Verfahren benötigten Vektoren gebraucht. Die Reduktion des Speicherbedarfs geht auf Kosten einer wesentlich höheren Rechenzeit.

Beispiel 4.4 Der Speicher- und Rechenaufwand soll an einem relativ kleinen aber typischen Beispiel untersucht werden. Ein Scheibenproblem wird mit Hilfe von Dreieckelementen mit quadratischen Ansatzfunktionen behandelt. Die Diskretisation führe auf $n_{e\varrho} = 46$ Elemente und $n = 226$ Knotenvariable. Der Speicherbedarf setzt sich zusammen aus $2n$ Plätzen für die Eckenkoordinaten, $6\,n_{e\varrho}$ Plätzen für die Nummern der

Knoten, 144 Werten der Elementsteifigkeitsmatrix S_e und $4n$ Plätzen für die vier Vektoren im Verfahren der konjugierten Gradienten. Für die Berücksichtigung der Randbedingungen sind noch zwei relativ kleine Vektoren mit den Index- und Randwerten der Knotenvariablen nötig. Der wesentliche Speicherbedarf beträgt somit ungefähr

$$S_{cg} = 6(n + n_{e\varrho}) + 144 = 1776 . \tag{4.96}$$

Unter der Annahme, daß alle Elementmatrizen in jedem Iterationsschritt neu berechnet werden, setzt sich der Aufwand an multiplikativen Operationen für einen einzigen Schritt der Methode der konjugierten Gradienten zusammen aus der Aufstellung der $n_{e\varrho}$ Steifigkeitselementmatrizen S_e (nach (2.156) je 404 Multiplikationen), der Multiplikation von S_e mit den zugehörigen Komponenten eines Vektors (je 144 Multiplikationen) und den $5n$ Operationen des Relaxationsschrittes. Zusammengefaßt sind dies

$$Z_{cg}^* = (404 + 144)\,n_{e\varrho} + 5\,n = 26\,338 \tag{4.97}$$

Operationen. Der erste Anteil von Z_{cg}^* ist im Vergleich zu γn in (4.79) bedeutend größer. Insbesondere fällt die stets neue Berechnung der Elementmatrizen mit $404\,n_{e\varrho}$ Operationen stark ins Gewicht. Bei regelmäßiger Einteilung in Dreieckelemente und entsprechend angepaßter Numerierung werden nur einige wenige verschiedene Steifigkeitselementmatrizen benötigt, die zu Beginn einmal zu berechnen und abzuspeichern sind. Mit diesem kleinen Mehraufwand an Speicherplatz kann der Rechenaufwand stark reduziert werden auf

$$Z_{cg}^{**} = 144\,n_{e\varrho} + 5\,n = 7754 . \tag{4.98}$$

Diese Zahl an Rechenoperationen ist gegenüber (4.79) nur noch um einen geringen Faktor größer.

4.7 Zur Konditionsverbesserung

Die Konditionszahl der Systemmatrix A ist für die direkten Lösungsverfahren bei gegebener Stellenzahl des verwendeten Computers maßgebend für die Genauigkeit der berechneten Lösung, da sie den Verlust an sicheren Stellen, immer bezogen auf die absolut größte Lösungskomponente, bestimmt [37, 98]. Für die iterativen Verfahren ist die Konditionszahl entscheidend für das Konvergenzverhalten, indem eine große Konditionszahl eine schlechte Konvergenz zur Folge hat. Aus beiden Gründen sollte die Konditionszahl durch geeignete Maßnahmen verkleinert werden. Dazu bietet sich die S k a l i e - r u n g der Matrix als einfache Maßnahme an oder aber auch die Idee der allgemeineren V o r k o n d i t i o n i e r u n g , angewandt auf die iterativen Lösungsmethoden.

4.7.1 Skalierung der Koeffizientenmatrix

Um die Symmetrie der Matrix A zu erhalten, kommen nur gleichzeitige Zeilen- und Kolonnenskalierungen in Betracht. Werden die i-te Zeile und Kolonne mit dem Zahlwert $d_i > 0$ skaliert, d. h. multipliziert, so erzielt man damit eine kleine Konditionszahl, falls die Zeilen und Kolonnen der skalierten Matrix ä q u i l i b r i e r t sind [15, 120]. Dies bedeutet, daß die euklidischen Normen von sämtlichen Zeilen und aus Symmetriegründen von allen Kolonnen die gleiche Länge Eins besitzen, d. h.

$$d_i \left[\sum_{j=1}^{n} (a_{ij}d_j)^2 \right]^{1/2} = 1 , \quad (i = 1, 2, \dots, n) .$$ (4.99)

Die Bestimmung der optimalen Skalierfaktoren d_i aus den nichtlinearen Gleichungen (4.99) stellt eine aufwendige Aufgabe dar. Für praktische Zwecke begnügt man sich mit einer einfach zu realisierenden Wahl der Skalierfaktoren gemäß

$$d_i = \frac{1}{\sqrt{a_{ii}}} , \quad (i = 1, 2, \dots, n) .$$ (4.100)

Die mit (4.100) skalierte Matrix $\hat{A}$ besitzt Diagonalelemente $\hat{a}_{ii} = 1$, und aus der positiven Definitheit von A und $\hat{A}$ folgt notwendigerweise [98], daß für die Außendiagonalelemente gilt

$$\hat{a}_{ij}^2 < 1 , \quad i \neq j .$$ (4.101)

Enthält die i-te Zeile γ_i von Null verschiedene Matrixelemente, so liegen die Zeilen- und Kolonnennormen der skalierten Matrix $\hat{A}$ zwischen

$$1 \leqslant \left[\sum_{j=1}^{n} \hat{a}_{ij}^2 \right]^{1/2} \leqslant \sqrt{\gamma_i} , \quad (i = 1, 2, \dots, n) .$$ (4.102)

Für große und schwach besetzte Matrizen wird mit den Skalierfaktoren (4.100) in der Regel eine gute und brauchbare Konditionsverbesserung erzielt, welche natürlich nicht optimal zu sein braucht. Falls die Zeilennormen nach (4.102) noch stark variieren, kann allenfalls weiter skaliert werden.

Das Größerwerden der Konditionszahl der Matrix A bei Verfeinerung der Elementeinteilung und Erhöhung der Anzahl Knotenvariablen liegt für festen Elementtypus in der Natur der Sache, da die Matrix A die Diskretisierung eines unbeschränkten kontinuierlichen Operators darstellt. Die Größe der Konditionszahl der nicht skalierten Matrix A kann aber sehr verschiedene Ursachen haben. Zu erwähnen sind Dreieckelemente mit sehr stumpfen Winkeln, große Unterschiede von physikalischen Größen von Element zu Element, oder aber nur schon das Auftreten von dimensionsbehafteten Größen in den Steifigkeitselementmatrizen. Treten neben Auslenkungen auch erste und eventuell auch höhere Ableitungen als Knotenvariable auf, so sind die Diagonalelemente mit verschiedenen Potenzen einer die Größe des Elementes charakterisierenden Länge behaftet. Diese Länge kann entweder sehr klein oder auch sehr groß sein und kann damit starke Größenunterschiede in den Diagonalelementen bewirken. Damit ist unweigerlich eine große Konditionszahl die Folge, da der kleinste (größte) Eigenwert einer symmetrischen Matrix höchstens (mindestens) so groß wie das kleinste (größte) Diagonalelement und die Konditionszahl mindestens gleich dem Quotienten aus dem größten zum kleinsten Diagonalelement einer positiv definiten Matrix ist. Ein typisches Beispiel zu dieser Situation liefert die Gesamtsteifigkeitsmatrix (4.95) eines Balkens. Eine brauchbare Skalierung erreicht man hier mit der Substitution $w_i' = \ell \widetilde{w}_i'$, was äquivalent ist zu einer Skalierung der Matrix A (4.95) mit den Faktoren

$$d_1 = d_2 = 1 , \qquad d_{2i-1} = 1 , \qquad d_{2i} = \frac{1}{\ell} , \qquad (i = 2, 3, \ldots) . \tag{4.103}$$

Damit verschwinden in allen Matrizenelementen die längenbehafteten Faktoren ℓ und ℓ^2, und die Konditionszahl wird im allgemeinen verbessert. In Tab. 4.3 sind für verschiedene Elementzahlen $n_{e\ell}$ die Konditionszahlen $\kappa(A)$ der Matrix A (4.95), $\kappa(\widetilde{A})$ der nach (4.103) skalierten Matrix $\widetilde{A}$ und $\kappa(\hat{A})$ der skalierten Matrix $\hat{A}$ mit Diagonalelementen gleich Eins zusammengestellt. Die Zahlwerte der Konditionszahlen nehmen mit zunehmender Elementzahl $n_{e\ell}$ sehr rasch zu und zwar mit der vierten Potenz der Ordnung. Dies zeigt die problembedingte schlechte Kondition der Gesamtsteifigkeitsmatrizen bei Balkenproblemen auf. Aus diesem Grund eignen sich die iterativen Methoden in diesen Fällen nicht.

Tab. 4.3 Konditionszahlen für Balkenproblem

$n_{e\ell} =$	$n =$	$\kappa(A)$	$\kappa(\widetilde{A})$	$\kappa(\hat{A})$
2	6	$4{,}20 \cdot 10^2$	$1{,}84 \cdot 10^2$	$1{,}37 \cdot 10^2$
4	10	$6{,}90 \cdot 10^3$	$1{,}75 \cdot 10^3$	$1{,}54 \cdot 10^3$
8	18	$1{,}05 \cdot 10^5$	$2{,}09 \cdot 10^4$	$2{,}22 \cdot 10^4$
12	26	$5{,}18 \cdot 10^5$	$9{,}62 \cdot 10^4$	$1{,}10 \cdot 10^5$
16	34	$1{,}61 \cdot 10^6$	$2{,}90 \cdot 10^5$	$3{,}45 \cdot 10^5$
20	42	$3{,}89 \cdot 10^6$	$6{,}90 \cdot 10^5$	$8{,}40 \cdot 10^5$
24	50	$8{,}00 \cdot 10^6$	$1{,}40 \cdot 10^6$	$1{,}74 \cdot 10^6$
32	66	$2{,}50 \cdot 10^7$	$4{,}34 \cdot 10^6$	$5{,}48 \cdot 10^6$

Die Skalierung von A in $\widetilde{A}$ verkleinert die Konditionszahl etwa um den Faktor 5. Im Vergleich dazu besitzt die Matrix $\hat{A}$ für die größeren Elementzahlen interessanterweise wieder eine etwas größere Konditionszahl.

Die Skalierung der Koeffizientenmatrix A vermittels einer Diagonalmatrix D_S in $\hat{A} = D_S A D_S$ hat auf die Konvergenz der Überrelaxationsmethode keinen Einfluß, da die Spektralradien der Iterationsmatrizen identisch sind. In der Tat ist mit der Zerlegung (4.83) für $\hat{A}$

$$\hat{A} = \hat{E} + \hat{D} + \hat{F} = D_S(E + D + F)D_S \tag{4.104}$$

mit $\quad \hat{E} = D_S E D_S , \qquad \hat{D} = D_S D D_S , \qquad \hat{F} = D_S F D_S \tag{4.105}$

die zu $\hat{A}$ gehörige Iterationsmatrix $M_{SOR}(\omega)$ nach (4.86)

$$\hat{M}_{SOR}(\omega) = -(\hat{E} + \omega^{-1}\hat{D})^{-1}[\hat{F} + (1 - \omega^{-1})\hat{D}]$$

$$= -(D_S E D_S + \omega^{-1} D_S D D_S)^{-1}[D_S F D_S + (1 - \omega^{-1})D_S D D_S] \tag{4.106}$$

$$= -D_S^{-1}(E + \omega^{-1}D)^{-1}[F + (1 - \omega^{-1})D]D_S = D_S^{-1} M_{SOR}(\omega) D_S .$$

Die Iterationsmatrizen sind ähnlich, so daß die Spektralradien übereinstimmen.

Eine geeignete Skalierung der Matrix A mit damit verbundener Verkleinerung der Konditionszahl reduziert hingegen die Anzahl der erforderlichen Iterationsschritte der Methode der konjugierten Gradienten in gewissen Fällen recht stark (vgl. Beispiele in Kapitel 6) .

4.7.2 Vorkonditionierung

Im vorangehenden Abschnitt erfolgte die Konditionsverbesserung vermittels Skalierung mit einer Diagonalmatrix. In Verallgemeinerung dazu kann eine Reduktion der Konditionszahl von A mit einer nichtdiagonalen Matrix vorgenommen werden, mit welcher die Matrix A kongruent transformiert wird.

Es sei C eine symmetrische und positiv definite Matrix, welche sich als Produkt einer regulären Matrix H mit ihrer Transponierten darstellt gemäß

$$C = HH^T. \tag{4.107}$$

In (4.107) könnte H beispielsweise die Linksdreiecksmatrix der Cholesky-Zerlegung von C sein. Das zu lösende lineare Gleichungssystem $Ax + b = O$ wird in die dazu äquivalente Form

$$H^{-1}AH^{-T}H^Tx + H^{-1}b = O \tag{4.108}$$

gebracht. Mit den neuen Größen

$$\widetilde{A} = H^{-1}AH^{-T}, \quad \widetilde{x} = H^Tx, \quad \widetilde{b} = H^{-1}b \tag{4.109}$$

lautet das System

$$\widetilde{A}\widetilde{x} + \widetilde{b} = O. \tag{4.110}$$

Die Matrix C, bzw. die Matrix H soll so beschaffen sein, daß die Konditionszahl $\kappa(\widetilde{A})$ (bedeutend) kleiner als $\kappa(A)$ ist. Einen Hinweis über eine problemgerechte Wahl von C liefert die Feststellung, daß die symmetrische Matrix $\widetilde{A}$ ähnlich ist zu

$$H^{-T}\widetilde{A}H^T = H^{-T}H^{-1}AH^{-T}H^T = C^{-1}A. \tag{4.111}$$

Mit der (optimalen!) Wahl $C = A$ wäre die Matrix $\widetilde{A}$ ähnlich zur Einheitsmatrix I und folglich die Konditionszahl $\kappa(\widetilde{A}) = 1$. Aus praktischen Gründen wird diese Wahl nicht sinnvoll sein, doch ersieht man daraus, daß C eine Approximation der Matrix A sein muß, um das Ziel einer Konditionsverbesserung zu erreichen. Auf die Wahl von C wird später eingegangen.

Zur Lösung des konditionierten Systems (4.110) soll die Methode der konjugierten Gradienten angewendet werden. Nach (4.78) lautet der Algorithmus nach Wahl eines Startvektors $\widetilde{v}^{(0)}$

$$\widetilde{r}^{(0)} = \widetilde{A}\widetilde{v}^{(0)} + \widetilde{b}, \quad \widetilde{p}^{(1)} = -\widetilde{r}^{(0)}. \tag{4.112}$$

Für k = 1, 2, . . . :

$$\tilde{e}_{k-1} = \tilde{r}^{(k-1)T}\tilde{r}^{(k-1)}/\tilde{r}^{(k-2)T}\tilde{r}^{(k-2)} \quad \right\} \quad \text{falls } k \geqslant 2 \tag{4.113}$$

$$\tilde{p}^{(k)} = -\tilde{r}^{(k-1)} + \tilde{e}_{k-1}\,\tilde{p}^{(k-1)} \tag{4.114}$$

$$\tilde{q}_k = \tilde{r}^{(k-1)T}\tilde{r}^{(k-1)}/\tilde{p}^{(k)T}(\tilde{A}\tilde{p}^{(k)}) \tag{4.115}$$

$$\tilde{v}^{(k)} = \tilde{v}^{(k-1)} + \tilde{q}_k\,\tilde{p}^{(k)} \tag{4.116}$$

$$\tilde{r}^{(k)} = \tilde{r}^{(k-1)} + \tilde{q}_k(\tilde{A}\,\tilde{p}^{(k)}) \tag{4.117}$$

Der Rechenprozeß soll aber nicht auf der Basis der tatsächlich transformierten Matrix $\tilde{A}$ durchgeführt werden, da diese Matrix im allgemeinen voll besetzt ist. Die Vorkonditionierung soll deshalb auf implizite Weise durchgeführt werden unter Benützung des ursprünglich gegebenen Gleichungssystems $Ax + b = O$. Zu diesem Zweck formulieren wir die Rechenschritte (4.112) bis (4.117) so um, daß wieder die Größen des gegebenen Systems erscheinen. Wegen (4.108) und (4.109) bestehen die offensichtlichen Zusammenhänge:

$$\tilde{r}^{(k)} = H^{-1}r^{(k)}, \qquad \tilde{v}^{(k)} = H^T v^{(k)}. \tag{4.118}$$

Ferner definieren wir die Hilfsvektoren $s^{(k)}$ vermöge der Beziehung

$$\tilde{p}^{(k)} = H^{-1}s^{(k)}. \tag{4.119}$$

Damit soll deutlich hervorgehoben werden, daß die Relaxationsrichtungen $\tilde{p}^{(k)}$ im vorkonditionierten Algorithmus für $k > 1$ in keiner Relation zu den Vektoren $p^{(k)}$ des Verfahrens der konjugierten Richtungen für das gegebene Gleichungssystem stehen.

Aus (4.116) ergibt sich nach Substitution gemäß (4.118) und (4.119)

$$H^T v^{(k)} = H^T v^{(k-1)} + \tilde{q}_k H^{-1}s^{(k)}$$

und nach Multiplikation mit H^{-T} von links

$$v^{(k)} = v^{(k-1)} + \tilde{q}_k(C^{-1}s^{(k)}).$$

Analog wird aus (4.117)

$$H^{-1}r^{(k)} = H^{-1}r^{(k-1)} + \tilde{q}_k H^{-1}AH^{-T}H^{-1}s^{(k)}$$

nach Multiplikation mit H von links

$$r^{(k)} = r^{(k-1)} + \tilde{q}_k A(C^{-1}s^{(k)}). \tag{4.120}$$

Aus (4.114) resultiert nach Substitution und anschließender Multiplikation mit H^{-T} von links

$$C^{-1}s^{(k)} = -C^{-1}r^{(k-1)} + \tilde{e}_{k-1}(C^{-1}s^{(k-1)}). \tag{4.121}$$

Mit (4.121) ist eine Rekursionsformel für die Vektoren

$$g^{(k)} = C^{-1}s^{(k)} \tag{4.122}$$

entstanden, falls wir gleichzeitig die weiteren Vektoren

$$\rho^{(k)} = C^{-1}r^{(k)} \tag{4.123}$$

einführen. Mit den so definierten Vektoren $g^{(k)}$ und $\rho^{(k)}$ werden schließlich die in (4.113) und (4.115) auftretenden Skalarprodukte

$$\widetilde{r}^{(k)T}\widetilde{r}^{(k)} = r^{(k)T}H^{-T}H^{-1}r^{(k)} = r^{(k)T}C^{-1}r^{(k)} = r^{(k)T}\rho^{(k)}\,, \tag{4.124}$$

$$\widetilde{p}^{(k)T}\widetilde{A}\widetilde{p}^{(k)} = s^{(k)T}H^{-T}H^{-1}AH^{-T}H^{-1}s^{(k)} = s^{(k)T}C^{-1}AC^{-1}s^{(k)}$$

$$= (C^{-1}s^{(k)})^T A (C^{-1}s^{(k)}) = g^{(k)T}Ag^{(k)}\,. \tag{4.125}$$

In der Herleitung von (4.125) wurde die Symmetrie von C und damit von C^{-1} benutzt. Wenn wir die Rechenvorschriften der implizit durchgeführten Vorkonditionierung der Methode der konjugierten Gradienten mit den Formeln (4.78) vergleichen, erkennen wir, daß die Relaxationsrichtungen $p^{(k)}$ durch die Vektoren $g^{(k)}$ ersetzt worden sind. Ferner ist neben dem Residuenvektor $r^{(k)}$ zusätzlich der Vektor $\rho^{(k)}$ mitzuführen. Beim Start des Verfahrens sind die Vektoren $r^{(0)}$ gemäß (4.78), $\rho^{(0)}$ auf Grund von (4.123) und $g^{(1)}$ unter Benützung von (4.122), (4.119), (4.112), (4.118) und (4.123) gemäß

$$g^{(1)} = C^{-1}s^{(1)} = H^{-T}H^{-1}s^{(1)} = H^{-T}\widetilde{p}^{(1)} = -H^{-T}\widetilde{r}^{(0)} = -H^{-T}H^{-1}r^{(0)}$$

$$= -C^{-1}r^{(0)} = -\rho^{(0)}$$

bereitzustellen. Zusammenfassend lautet damit der v o r k o n d i t i o n i e r t e A l -
g o r i t h m u s d e r k o n j u g i e r t e n G r a d i e n t e n wie folgt:

$$
\boxed{
\begin{aligned}
&\textsf{S t a r t :}\ \text{Wahl von } C = HH^T, v^{(0)};\\[4pt]
&r^{(0)} = Av^{(0)} + b;\ C\rho^{(0)} = r^{(0)};\ g^{(1)} = -\rho^{(0)}.\\[6pt]
&\textsf{A l l g e m e i n e r R e l a x a t i o n s s c h r i t t }\ (k = 1, 2, \ldots):\\[4pt]
&\widetilde{e}_{k-1} = r^{(k-1)T}\rho^{(k-1)}/r^{(k-2)T}\rho^{(k-2)} \left.\vphantom{\begin{matrix}a\\b\end{matrix}}\right\}\ \text{falls } k \geq 2\\
&g^{(k)} = -\rho^{(k-1)} + \widetilde{e}_{k-1}g^{(k-1)}\\
&\widetilde{q}_k = r^{(k-1)T}\rho^{(k-1)}/[g^{(k)T}(Ag^{(k)})]\\
&v^{(k)} = v^{(k-1)} + \widetilde{q}_k g^{(k)}\\
&r^{(k)} = r^{(k-1)} + \widetilde{q}_k(Ag^{(k)})\\
&C\rho^{(k)} = r^{(k)}
\end{aligned}
}
\tag{4.126}
$$

Im Vergleich zum normalen Verfahren der konjugierten Gradienten (4.78) erfordert der vorkonditionierte Algorithmus in jedem Relaxationsschritt die Auflösung des linearen Gleichungssystems $C\rho^{(k)} = r^{(k)}$ nach $\rho^{(k)}$. Damit dieser zusätzliche Schritt nicht zu aufwendig ist, ergeben sich weitere Richtlinien zur Wahl von C bzw. der Matrix H. So kommen für H nur schwach besetzte Linksdreiecksmatrizen in Betracht, so daß eine effiziente Durchführung der Prozesse des Vorwärts- und Rückwärtseinsetzens möglich ist. Für die konkrete Wahl von H sind verschiedene Varianten vorgeschlagen worden, die sich bei der Lösung von großen Gleichungssystemen aus bestimmten Anwendungsbereichen auch gut bewährt haben. Im folgenden wollen wir nur zwei wichtige Spezialfälle betrachten, welche die gemeinsame Eigenschaft besitzen, daß die Matrix H dieselbe

Struktur wie die untere Hälfte der Matrix **A** aufweist. Für die computermäßige Realisierung ergeben sich daraus entscheidende Vorteile. Zudem setzen wir für beide Fälle voraus, daß die Matrix **A** bereits gemäß (4.100) so skaliert worden ist, daß ihre Diagonalelemente $a_{ii} = 1$ sind.

Die erste Wahl der Konditionierungsmatrix **H** geht zurück auf E v a n s [132, 133] und wurde von A x e l s s o n [8, 9, 10] weiter untersucht. Die skalierte Matrix **A** ist als Summe einer unteren Dreiecksmatrix **E**, der Einheitsmatrix **I** und einer oberen Dreiecksmatrix **F** darstellbar als

$$\mathbf{A} = \mathbf{E} + \mathbf{I} + \mathbf{F}. \tag{4.127}$$

Dann sei

$$\mathbf{H} = \mathbf{I} + \omega\mathbf{E}, \quad \text{also } \mathbf{C} = \mathbf{H}\mathbf{H}^T = (\mathbf{I} + \omega\mathbf{E})(\mathbf{I} + \omega\mathbf{F}) \tag{4.128}$$

mit einem noch geeignet zu wählenden Parameter ω. Die so definierte Matrix **H** ist offensichtlich regulär, besitzt die gleiche Besetzungsstruktur wie die untere Hälfte von **A** und erfordert keinen zusätzlichen Speicherplatz. Die Auflösung des Systems $\mathbf{C}\rho = \mathbf{r}$ erfolgt in den zwei Schritten

$$(\mathbf{I} + \omega\mathbf{E})\mathbf{y} = \mathbf{r}, \quad (\mathbf{I} + \omega\mathbf{F})\,\rho = \mathbf{y}. \tag{4.129}$$

Unter Ausnützung der schwachen Besetzung der Matrix **H**, bei Beachtung der Einselemente in den Diagonalen der Systeme (4.129) und bei geschickter Multiplikation mit ω beträgt der Rechenaufwand zur Lösung von (4.129) nur $(\gamma + 1)n$ Multiplikationen. Der Rechenaufwand für einen Iterationsschritt der vorkonditionierten Methode der konjugierten Gradienten erhöht sich gegenüber (4.79) auf etwa

$$Z_{VCG} = (6 + 2\gamma)n \tag{4.130}$$

Multiplikationen, d. h. er verdoppelt sich etwa im Vergleich zum normalen Prozeß (4.78). Bei optimaler Wahl von ω wird die Konditionszahl von $\tilde{\mathbf{A}}$ (4.109) im Fall von Testbeispielen größenordnungsmäßig gleich der Quadratwurzel aus derjenigen von **A** [10], womit sich der Mehraufwand pro Relaxationsschritt rechtfertigt.

Die Konditionierungsmatrix **C** gemäß (4.128) stellt für $\omega \neq 0$ tatsächlich eine gewisse Approximation der skalierten Matrix **A** (4.127) dar, denn es gilt

$$\mathbf{C} = \mathbf{I} + \omega\mathbf{E} + \omega\mathbf{F} + \omega^2\mathbf{E}\mathbf{F} = \omega[\mathbf{A} + (\omega^{-1} - 1)\mathbf{I} + \omega\mathbf{E}\mathbf{F}]. \tag{4.131}$$

Für $\omega = 0$ reduziert sich **H** auf **I**, so daß in diesem Fall die vorkonditionierte cg-Methode der normalen cg-Methode entspricht, angewandt auf das System mit skalierter Matrix.

Den vorkonditionierten Algorithmus (4.126) mit der Matrix **H** gemäß (4.128) bezeichnen wir mit SSORCG, da er bestimmte Analogien mit der sogenannten symmetrischen Überrelaxation (SSOR) [8, 98] aufweist. Im besonderen besitzt die Anzahl der erforderlichen Iterationsschritte in Abhängigkeit von ω in der Gegend des optimalen Wertes ein flaches Minimum. Diese Tatsache erleichtert die Wahl eines zumindest günstigen Wertes des Parameters ω, da die Konvergenzgüte nicht sehr empfindlich reagiert. Man vergleiche dazu die Beispiele in Kapitel 6.

Eine andere Methode zur Gewinnung einer geeigneten Vorkonditionierungsmatrix **H** mit den oben genannten Eigenschaften besteht in einer sogenannten p a r t i e l l e n C h o l e s k y - Z e r l e g u n g der Systemmatrix **A**. Darunter versteht man eine approximative Cholesky-Zerlegung, bei der jedes Auffüllen (Fill-in) unterdrückt wird, um auf diese Art die Besetzungsstruktur der unteren Hälfte von **A** auf **H** zu übertragen. Das Prinzip ist in Fig. 4.18 für den ersten repräsentativen Schritt im Fall einer Matrix der Ordnung 8 veranschaulicht. Ausgehend von der Struktur der gegebenen Matrix in Fig. 4.18a, wo X Matrixelemente ungleich Null bedeuten, stellt Fig. 4.18b die Situation nach dem ersten Schritt der vollständigen Cholesky-Zerlegung dar, wobei * die Werte sind, welche durch das Fill-in entstehen. Diese letztgenannten Werte werden aber für die folgenden Schritte nicht weiter berücksichtigt, so daß nach dem ersten Schritt der partiellen Cholesky-Zerlegung die Besetzungsstruktur nach Fig. 4.18c entsteht.

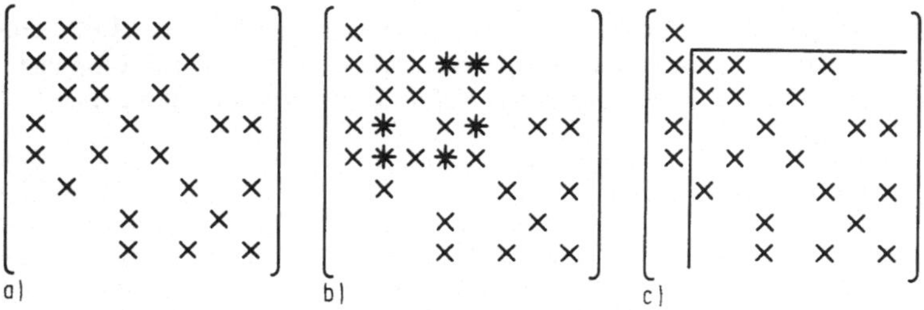

Fig. 4.18 Prinzip der partiellen Cholesky-Zerlegung

Die partielle Cholesky-Zerlegung braucht in dieser Form für beliebige symmetrisch-definite Matrizen **A** nicht zu existieren, da im Verlauf der Zerlegung ein Radikand negativ werden kann [137, 138, 141]. Sie ist stets durchführbar für sogenannte M-Matrizen, wie sie beispielsweise bei Differenzenapproximationen und gelegentlich auch in der Methode der finiten Elemente auftreten [141]. Um im allgemeinen Fall dennoch eine brauchbare Vorkonditionierungsmatrix **H** auf Grund einer partiellen Cholesky-Zerlegung zu erhalten, übernehmen wir einen Vorschlag von M a n t e u f f e l [140]. Danach sollen die Außendiagonalelemente der skaliert vorausgesetzten Matrix **A** in der Form (4.127) mit einem gemeinsamen Faktor reduziert und die partielle Cholesky-Zerlegung der Matrix

$$\widetilde{\mathbf{A}} = \mathbf{I} + \frac{1}{1 + \alpha}\,(\mathbf{E} + \mathbf{F}) \tag{4.132}$$

mit einem möglichst kleinen $\alpha \geqslant 0$ gebildet werden. Mit zunehmendem α werden ja die Außendiagonalelemente von **A** betragsmäßig immer stärker verkleinert. Die aus $\widetilde{\mathbf{A}}$ hervorgehende Matrix **H** wird dann eine Matrix $\mathbf{C} = \mathbf{H}\mathbf{H}^{\mathrm{T}}$ liefern, die eine zunehmend schlechtere Approximation von **A** darstellt, wodurch der Konditionierungseffekt natürlich verringert wird. Numerische Experimente bestätigen diese einleuchtende Tatsache [145]. Damit aber die resultierende Vorkonditionierungsmatrix **H** selbst nicht zu schlecht konditioniert ist, müssen zu kleine Diagonalelemente h_{ii} vermieden werden. Deshalb soll eine partielle Cholesky-Zerlegung von $\tilde{A}$ (4.132) nur dann akzeptiert werden, falls etwa die Bedingung $h_{ii} \geqslant 10^{-3}$ $(i = 1, 2, \ldots, n)$ erfüllt ist. Die problemgerechte Wahl von α erfolgt beispielsweise so, daß für eine Folge von zunehmenden Werten α die partielle Cholesky-Zerlegung bis zum Gelingen ausgeführt wird. Eine mögliche Folge besteht etwa in den Werten $\alpha_0 = 0$, $\alpha_1 = 0.01$, $\alpha_k = 2\alpha_{k-1}$, $k > 2$. Um die Zahl der recht aufwendigen und mißglückten Versuchszerlegungen klein zu halten, empfiehlt es sich, beim Vorliegen von Erfahrungswerten bei ähnlichen Problemen mit entsprechenden Startwerten α_0 zu beginnen.

Die praktische Durchführung der vorkonditionierten Methode der konjugierten Gradienten mit einer durch eine partielle Cholesky-Zerlegung gewonnenen Matrix H erfordert einen zwar nur einmaligen, aber nicht zu unterschätzenden Rechenaufwand zur Berechnung von H. Dieser setzt sich zusammen aus $\frac{1}{2}(\gamma - 1)n$ Multiplikationen zur Verkleinerung der Außendiagonalelemente der unteren Hälfte von A, aus größenordnungsmäßig etwa $\frac{1}{8}\gamma^2 n$ Tests auf Fill-in und einem Bruchteil davon an Multiplikationen für die Reduktion, falls kein Fill-in stattfindet. Der Rechenaufwand kann somit abgeschätzt werden durch

$$Z_{\mathrm{PACH}} \leqslant \left[\frac{1}{8}\gamma^2 + \frac{1}{2}(\gamma - 1)\right]n \,. \tag{4.133}$$

Zudem erfordert die Matrix H einen zusätzlichen Speicher von $N_H = \frac{1}{2}(\gamma + 1)n$ Plätzen, d. h. genau soviel wie für die Speicherung der von Null verschiedenen Matrixelemente der unteren Hälfte von A benötigt wird. Da die Besetzungsstrukturen identisch sind, sind die Indexinformationen für A auch für H verwendbar. Damit die partielle Cholesky-Zerlegung effizient durchführbar ist, sollte die Matrix A in kompakter zeilenweiser Form gemäß Fig. 4.19 gespeichert werden. Die von Null verschiedenen Matrixelemente in jeder Zeile sollten zudem in strikter Reihenfolge mit aufsteigenden Kolonnenindizes angeordnet werden. Die partielle Zerlegung kann dann im Prinzip nach dem Algorithmus (4.44) erfolgen, wobei selbstverständlich einige kleinere Modifikationen nötig sind [146].

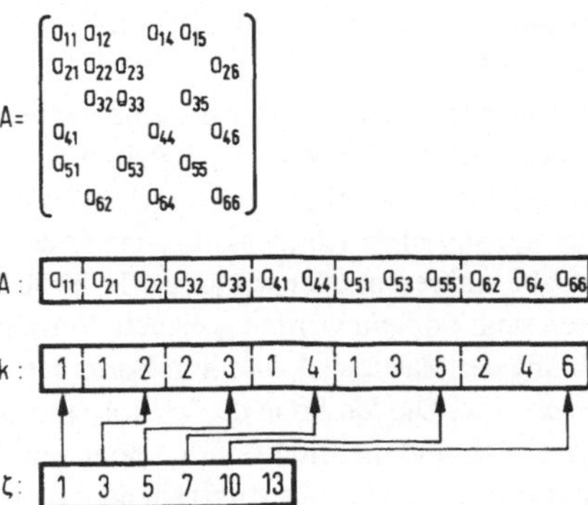

Fig. 4.19
Zeilenweise kompakte Speicherung der
unteren Hälfte einer Matrix

Die Berechnung von ρ aus dem linearen Gleichungssystem $C\rho = HH^T\rho = r$ erfordert auch in diesem Fall $(\gamma + 1)n$ wesentliche Rechenoperationen, weil die Diagonalelemente von H im allgemeinen von Eins verschieden sind. Der Rechenaufwand pro Iterationsschritt ist wieder gegeben durch (4.130).

In bestimmten Anwendungen liefert eine m o d i f i z i e r t e   p a r t i e l l e   C h o l e s k y - Z e r l e g u n g eine Vorkonditionierungsmatrix H, welche die Konvergenzgüte weiter erhöht. Anstatt den möglichen Fill-in eines jeden Reduktionsschrittes zu unterdrücken, werden die betreffenden Werte zu den Diagonalelementen derselben Zeile addiert. Die resultierende Matrix H ist dann die Cholesky-Zerlegung einer Matrix C, welche die gleichen Zeilensummeneigenschaften wie A hat [134, 145].

Die Vorkonditionierungsmethoden zeigen in den verschiedenen Anwendungsgebieten recht unterschiedliche Erfolge. Auf jeden Fall reduzieren sie die Zahl der Iterationsschritte sehr beträchtlich. Experimente scheinen darauf hinzudeuten, daß die Vorkonditionierung auf der Basis einer partiellen Cholesky-Zerlegung (PACHCG) im Fall von Gleichungen aus Ingenieuranwendungen (Fachwerke, Rahmenwerke, Scheibenprobleme, Plattenprobleme) am effizientesten ist. Man vergleiche dazu [145] und die Beispiele in Kapitel 6. Es sind sogar Fälle von sehr großen Gleichungssystemen bekannt, bei denen die vorkonditionierte Methode der konjugierten Gradienten den direkten Verfahren sowohl in bezug auf Speicheraufwand als auch totaler Rechenzeit eindeutig überlegen ist.

5 Behandlung der Eigenwertaufgaben

Schwingungsaufgaben, welche nach der Methode der finiten Elemente diskretisiert werden, führen stets auf die algebraische Aufgabe, ein allgemeines Eigenwertproblem $Ax = \lambda Bx$ zu lösen, wo A und B symmetrische Matrizen bedeuten und B überdies positiv definit ist. In der Regel werden nur eine beschränkte Zahl der meistens kleinsten Eigenwerte mit den zugehörigen Eigenvektoren gesucht, da in den praktischen Aufgabenstellungen nur die Eigenfrequenzen des Systems in einem bestimmten vorgegebenen Intervall von Interesse sind. Zudem weisen die höheren Eigenwerte als Folge der Diskretisation einen so großen relativen Fehler auf, daß sie auch aus diesem Grund bedeutungslos sind.

Im folgenden werden Lösungsmethoden beschrieben, welche der speziellen Aufgabenstellung und der Struktur der Matrizen A und B Rechnung tragen. Zuerst wird der Fall von voll besetzten Matrizen betrachtet, wie sie etwa nach der Anwendung der statischen oder dynamischen Kondensationsmethode zur Reduktion der Ordnung der Eigenwertaufgabe auftreten, oder wie sie als Teilprobleme in den nachfolgenden Methoden zu lösen sind. Sodann werden geeignete Verfahren dargestellt, welche der schwachen Besetzung der Matrizen A und B in Form der Hüllenstruktur oder der Bandstruktur angepaßt sind. Die Methode der Vektoriteration liefert grundsätzlich die kleinsten Eigenwerte, während die Bisektionsmethode gezielt ganz bestimmte Eigenwerte innerhalb eines Intervalls oder mit vorgegebenem Index ermitteln kann. Eine vierte Klasse von

Verfahren nützt die schwache Besetzung der Matrizen vollständig aus und arbeitet mit den unveränderten gegebenen Matrizen, so daß bei diesen Methoden allein die von Null verschiedenen Matrixelemente maßgebend sind, jedoch die Probleme nach optimaler Struktur wie minimaler Bandbreite oder Profil entfallen. Diese letzte Klasse von Verfahren zeichnet sich dadurch aus, daß der Speicherbedarf am kleinsten ist, daß aber anderseits der Rechenaufwand oft größer ist im Vergleich zu den andern Methoden. Es ist schwierig, eine allgemein gültige Richtlinie aufzustellen, wann welche Methode die gewünschten Eigenwerte und Eigenvektoren mit dem geringsten Rechenaufwand liefert. Die richtige Wahl des Verfahrens hängt von verschiedenen Faktoren ab. Für Probleme mit hauptsächlich eindimensionaler Ausdehnung, für welche die Matrizen eine sehr kleine Bandbreite mit praktisch vollbesetztem Band aufweisen, ist die Bisektion sehr effizient, indem die notwendigen Iterationsschritte weitgehend a priori abgeschätzt werden können. Sobald die Bandbreite etwas größer im Vergleich zur Ordnung ist, wird die Methode der simultanen Vektoriteration überlegen, falls die kleinsten Eigenwerte verlangt sind, indem hier die Hülle der Matrix $\mathbf{A}$ und die schwache Besetzung von $\mathbf{B}$ ausgenützt werden können. Ist die Bandbreite m oder das Profil der Matrix $\mathbf{A}$ relativ groß zur Ordnung n, d. h. ist m vergleichbar mit $\sqrt{n}$ oder gar größer bei dreidimensionalen Aufgaben, so wird die Methode der Koordinatenüberrelaxation der Vektoriteration überlegen oder mindestens konkurrenzfähig hinsichtlich des Rechenaufwandes. Die Konvergenzgüte der Koordinatenüberrelaxation hängt allerdings stark vom Problemtyp und von den verwendeten Elementen ab.

5.1 Die Eigenwertaufgabe mit vollbesetzten Matrizen

Die symmetrischen Matrizen $\mathbf{A}$ und $\mathbf{B}$ der Ordnung n, mit positiv definiter Matrix $\mathbf{B}$ der allgemeinen Eigenwertaufgabe

$$\mathbf{A}\,x = \lambda\,\mathbf{B}\,x \tag{5.1}$$

seien in diesem Abschnitt voll besetzt. Gesucht werden die $p \leqslant n$ kleinsten Eigenwerte $\lambda_1 \leqslant \lambda_2 \leqslant \ldots \leqslant \lambda_p$ von (5.1) mit den zugehörigen Eigenvektoren $x_1, x_2, \ldots, x_p$. Den äußerst seltenen Fall, daß alle n Eigenwerte mit den zugehörigen Eigenvektoren zu bestimmen sind, kann man nach dem gleichen Verfahren behandeln. Die Lösung der Aufgabe besteht aus mehreren Teilschritten.

5.1.1 Reduktion auf ein spezielles symmetrisches Eigenwertproblem

Als erster Vorbereitungsschritt wird das allgemeine Eigenwertproblem (5.1) auf eine gewöhnliche Eigenwertaufgabe mit einer symmetrischen Matrix zurückgeführt. Infolge der vorausgesetzten positiven Definitheit der Matrix $\mathbf{B}$ existiert ihre Cholesky-Zerlegung gemäß Abschnitt 4.1

$$\mathbf{B} = \mathbf{L}\,\mathbf{L}^{\mathrm{T}} \ . \tag{5.2}$$

Die Zerlegung (5.2) von $\mathbf{B}$ wird in (5.1) eingesetzt, die Gleichung von links mit $\mathbf{L}^{-1}$ multipliziert und schließlich noch die Identität $\mathbf{I} = \mathbf{L}^{-T}\,\mathbf{L}^{T}$ eingefügt.

$$(\mathbf{L}^{-1}\,\mathbf{A}\,\mathbf{L}^{-T})(\mathbf{L}^{T}\,\mathbf{x}) = \lambda(\mathbf{L}^{-1}\,\mathbf{L})(\mathbf{L}^{T}\,\mathbf{x}) \tag{5.3}$$

Mit den Substitutionen

$$\mathbf{C} = \mathbf{L}^{-1}\,\mathbf{A}\,\mathbf{L}^{-T}\,, \qquad \mathbf{y} = \mathbf{L}^{T}\,\mathbf{x} \tag{5.4}$$

wird (5.3) in der Tat ein spezielles Eigenwertproblem

$$\mathbf{C}\,\mathbf{y} = \lambda\,\mathbf{y} \tag{5.5}$$

mit der symmetrischen Matrix $\mathbf{C}$, deren Eigenvektoren $\mathbf{y}_j$ vermöge (5.4) mit den Eigenvektoren $\mathbf{x}_j$ von (5.1) zusammenhängen. Die Symmetrie von $\mathbf{C}$ bestätigt man unter Benützung der Symmetrie von $\mathbf{A}$ durch

$$\mathbf{C}^{T} = (\mathbf{L}^{-1}\,\mathbf{A}\,\mathbf{L}^{-T})^{T} = \mathbf{L}^{-1}\,\mathbf{A}^{T}\,\mathbf{L}^{-T} = \mathbf{L}^{-1}\,\mathbf{A}\,\mathbf{L}^{-T} = \mathbf{C}\ . \tag{5.6}$$

Die Eigenvektoren $\mathbf{y}_j$ einer symmetrischen Matrix $\mathbf{C}$ bilden bei entsprechender Normierung ein Orthonormalsystem, indem gilt

$$\mathbf{y}_j^{T}\,\mathbf{y}_k = \delta_{jk}\ , \qquad (j, k = 1, 2, \ldots, n)\ . \tag{5.7}$$

Wegen der Relation (5.4) bilden die Eigenvektoren $\mathbf{x}_j$ der allgemeinen Eigenwertaufgabe (5.1) ein System von orthonormierten Vektoren im verallgemeinerten Sinn bezüglich der positiv definiten Matrix $\mathbf{B}$. Sie erfüllen die Beziehungen

$$\mathbf{y}_j^{T}\,\mathbf{y}_k = \mathbf{x}_j^{T}\,\mathbf{L}\,\mathbf{L}^{T}\,\mathbf{x}_k = \mathbf{x}_j^{T}\,\mathbf{B}\,\mathbf{x}_k = \delta_{jk}\ , \qquad (j, k = 1, 2, \ldots, n)\ . \tag{5.8}$$

Mit dieser Normierung der Eigenvektoren $\mathbf{x}_j$ folgt aus der Eigenwertbeziehung $\mathbf{A}\,\mathbf{x}_k = \lambda_k\,\mathbf{B}\,\mathbf{x}_k$ nach Multiplikation mit $\mathbf{x}_j^{T}$ von links unter Benützung von (5.8) überdies

$$\mathbf{x}_j^{T}\,\mathbf{A}\,\mathbf{x}_k = \lambda_k\,\delta_{jk}\ , \qquad (j, k = 1, 2, \ldots, n)\ . \tag{5.9}$$

Das bedeutet, daß die Eigenvektoren zu verschieden indizierten Eigenwerten — die Eigenwerte dürfen dabei gleich sein — sowohl bezüglich $\mathbf{B}$ als auch bezüglich $\mathbf{A}$ im verallgemeinerten Sinn orthogonal sind. Diese Tatsache wird in bestimmten Verfahren zu berücksichtigen sein.

Die tatsächliche Reduktion von (5.1) in (5.5) erfordert nach erfolgter Cholesky-Zerlegung von $\mathbf{B}$ die Berechnung der Matrix $\mathbf{C}$ nach (5.4). Dazu ist die Inversion der Linksdreiecksmatrix $\mathbf{L}$ und die beiden Matrizenmultiplikationen gar nicht nötig. Vielmehr läßt sich die Matrix $\mathbf{C}$ am effizientesten und mit kleinstem Speicherbedarf wie folgt berechnen. Die Hilfsmatrix $\mathbf{H} = \mathbf{A}\,\mathbf{L}^{-T}$ wird aus $\mathbf{H}\,\mathbf{L}^{T} = \mathbf{A}$ kolonnenweise bestimmt. Für $n = 4$ lautet diese Matrizengleichung

$$\begin{bmatrix} h_{11} & h_{12} & h_{13} & h_{14} \\ h_{21} & h_{22} & h_{23} & h_{24} \\ h_{31} & h_{32} & h_{33} & h_{34} \\ h_{41} & h_{42} & h_{43} & h_{44} \end{bmatrix} \begin{bmatrix} \ell_{11} & \ell_{21} & \ell_{31} & \ell_{41} \\ & \ell_{22} & \ell_{32} & \ell_{42} \\ & & \ell_{33} & \ell_{43} \\ & & & \ell_{44} \end{bmatrix} = \begin{bmatrix} a_{11} & a_{12} & a_{13} & a_{14} \\ a_{21} & a_{22} & a_{23} & a_{24} \\ a_{31} & a_{32} & a_{33} & a_{34} \\ a_{41} & a_{42} & a_{43} & a_{44} \end{bmatrix}\ . \tag{5.10}$$

In (5.10) wurde in der Matrix A angedeutet, daß aus Symmetriegründen nur die übliche untere Hälfte von A gespeichert und damit als Zahlwerte vorhanden sind. Obwohl die Matrix H nicht symmetrisch ist, genügt es, wie im zweiten Teilschritt der Reduktion ersichtlich sein wird, nur die Elemente in und unterhalb der Diagonale wirklich zu berechnen. Für diese Elemente erhält man den dem Vorwärtseinsetzen entsprechenden Formelsatz

$$h_{ik} = \left\{ \frac{a_{ik} - \sum_{j=1}^{k-1} h_{ij}\ell_{kj}}{\ell_{kk}} \right\}$$
$$(k = 1, 2, \ldots, n;\ i = k, k+1, \ldots, n).$$
\hfill (5.11)

Für $k = 1$ ist selbstverständlich die Summe leer.

Die resultierende Matrix $C = L^{-1} H$ ist symmetrisch, weshalb nur die eine Hälfte aus der Matrizengleichung $L\,C = H$ berechnet werden muß. Für $n = 4$ lautet die Bestimmungsgleichung

$$\begin{bmatrix} \ell_{11} & & & \\ \ell_{21} & \ell_{22} & & \\ \ell_{31} & \ell_{32} & \ell_{33} & \\ \ell_{41} & \ell_{42} & \ell_{43} & \ell_{44} \end{bmatrix} \begin{bmatrix} c_{11} & c_{12} & c_{13} & c_{14} \\ c_{21} & c_{22} & c_{23} & c_{24} \\ c_{31} & c_{32} & c_{33} & c_{34} \\ c_{41} & c_{42} & c_{43} & c_{44} \end{bmatrix} = \begin{bmatrix} h_{11} & h_{12} & h_{13} & h_{14} \\ h_{21} & h_{22} & h_{23} & h_{24} \\ h_{31} & h_{32} & h_{33} & h_{34} \\ h_{41} & h_{42} & h_{43} & h_{44} \end{bmatrix} \qquad . (5.12)$$

In (5.12) ist mit der Treppenlinie in H angedeutet, daß nur die Elemente in und unterhalb der Diagonale bekannt sind. Diese genügen aber vollkommen, um die wesentlichen Elemente von C in und unterhalb der Diagonale zeilenweise sukzessive zu berechnen, wobei im Prozeß des Vorwärtseinsetzens zu berücksichtigen ist, daß die Elemente von C oberhalb der Diagonale nicht verfügbar sind und durch die dazu symmetrischen Elemente zu ersetzen sind.

$$c_{ik} = \left\{ \frac{h_{ik} - \sum_{j=1}^{k-1} \ell_{ij}\,c_{kj} - \sum_{j=k}^{i-1} \ell_{ij}\,c_{jk}}{\ell_{ii}} \right\}$$
$$(i = 1, 2, \ldots, n;\ k = 1, 2, \ldots i)$$
\hfill (5.13)

Für bestimmte Indexkombinationen sind in (5.13) entsprechende Summen leer.

Was den Speicherbedarf anbetrifft, kann die Cholesky-Matrix L nach Abschn. 4.1 am Platz von B aufgebaut und gespeichert werden. Die Hilfsmatrix H kann nach (5.11) genau so an die Stelle von A gespeichert werden, da das Element a_{ik} nur zur Berechnung des betreffenden Elementes h_{ik} mit den gleichen Indizes gebraucht wird. Dieselbe Bemerkung gilt für (5.13), so daß die Matrix C, genauer gesagt ihre untere Hälfte, am Platz von H und damit von A aufgebaut werden kann. Der ganze Reduktionsalgorithmus benötigt überhaupt keinen zusätzlichen Speicherplatz, falls die erwähnten Matrizen je miteinander identifiziert werden. Für die Matrizen A und B, bzw. für die resultierenden Matrizen C und L beträgt der totale Speicherbedarf $n^2 + n$ Plätze. Hierbei ist je eine zeilenweise Anordnung der Matrixelemente in einem eindimensionalen Feld angenommen.

Der Rechenaufwand für die vollständige Reduktion der allgemeinen Eigenwertaufgabe auf die spezielle, bestehend aus der Cholesky-Zerlegung von B und der Berechnung von C nach (5.11) und (5.13) beläuft sich größenordnungsmäßig auf

$$Z_{Red} = \frac{2}{3} n^3 + 0(n^2). \tag{5.14}$$

5.1.2 Das zyklische Jacobi-Verfahren

Das weitgehend problemloseste und numerisch sicherste, dafür aber aufwendigste Verfahren zur Bestimmung der Eigenwerte und Eigenvektoren einer symmetrischen Matrix C ist das z y k l i s c h e J a c o b i - V e r f a h r e n . Auf Grund des Hauptachsentheorems wird die Matrix C durch eine Folge von Ähnlichkeitstransformationen mit einfachen orthogonalen Transformationsmatrizen der Form

$$U = \begin{bmatrix} 1 & & & & & & & \\ & \ddots & & & & & & \\ & & 1 & & & & & \\ & & & \cos\varphi & & \sin\varphi & & \\ & & & & 1 & & & \\ & & & & & \ddots & & \\ & & & & & & 1 & \\ & & & -\sin\varphi & & \cos\varphi & & \\ & & & & & & 1 & \\ & & & & & & & \ddots \\ & & & & & & & & 1 \end{bmatrix} \begin{array}{l} \\ \\ \\ \leftarrow p \\ \\ \\ \\ \leftarrow q \\ \\ \end{array}$$

$$\begin{aligned} u_{ii} &= 1 \qquad\qquad i \neq p, q \\ u_{pp} &= \cos\varphi \, , \qquad u_{pq} = \sin\varphi \\ u_{qp} &= -\sin\varphi \, , \qquad u_{qq} = \cos\varphi \\ u_{ij} &= 0 \quad \text{sonst} \\ U^{-1} &= U^T \end{aligned} \tag{5.15}$$

sukzessive auf Diagonalform transformiert. Das Indexpaar (p, q) mit $1 \leqslant p < q \leqslant n$ heißt das Rotationsindexpaar und φ ist der Drehwinkel der als Drehung in der (p,q)-Ebene interpretierbaren Transformation vermittels U. Die orthogonalen Ähnlichkeitstransformationen mit U wurden von J a c o b i im Jahr 1846 [64] zur Diagonalisierung von Matrizen vorgeschlagen.

Eine einzelne Ähnlichkeitstransformation einer Matrix C mit U (5.15) in $C'' = U^{-1} C U = U^T C U$ verändert nur die Elemente von C in den p-ten und q-ten Zeilen und Kolonnen. So sind die Elemente von $C' = U^T C$ gegeben durch

$$\left. \begin{aligned} c'_{pj} &= c_{pj} \cos\varphi - c_{qj} \sin\varphi \\ c'_{qj} &= c_{pj} \sin\varphi + c_{qj} \cos\varphi \\ c'_{ij} &= c_{ij} \quad \text{für } i \neq p, q \end{aligned} \right\} \quad (j = 1, 2, \ldots, n) \ . \tag{5.16}$$

Die Elemente von $\mathbf{C}'' = \mathbf{C}'\mathbf{U}$ ergeben sich zu

$$\left.\begin{aligned}
c''_{ip} &= c'_{ip} \cos \varphi - c'_{iq} \sin \varphi \\
c''_{iq} &= c'_{ip} \sin \varphi + c'_{iq} \cos \varphi \\
c''_{ij} &= c'_{ij} \quad \text{für } j \neq p, q
\end{aligned}\right\} \quad (i = 1, 2, \dots, n) \; . \tag{5.17}$$

An den Kreuzungsstellen der p-ten und q-ten Zeilen und Kolonnen werden die Elemente sowohl nach (5.16) als auch nach (5.17) transformiert. Nach Substitution sind die betreffenden Elemente definiert durch

$$\left.\begin{aligned}
c''_{pp} &= c_{pp} \cos^2\varphi - 2\,c_{pq} \cos \varphi \sin \varphi + c_{qq} \sin^2\varphi \\
c''_{qq} &= c_{pp} \sin^2\varphi + 2\,c_{pq} \cos \varphi \sin \varphi + c_{qq} \cos^2\varphi \\
c''_{pq} &= c''_{qp} = (c_{pp} - c_{qq})\cos \varphi \sin \varphi + c_{pq}(\cos^2\varphi - \sin^2\varphi)
\end{aligned}\right\} \tag{5.18}$$

Das Ziel einer einzelnen Jacobi-Transformation besteht darin, das Paar von Außendiagonalelementen c''_{pq} und c''_{qp} zum Rotationsindexpaar (p, q) zu Null zu machen.
Nach (5.18) führt diese Forderung auf die Bestimmungsgleichung für den Drehwinkel φ

$$(c_{pp} - c_{qq}) \cos\varphi \sin \varphi + c_{pq}(\cos^2\varphi - \sin^2\varphi) = 0 \; . \tag{5.19}$$

Die Transformation hat natürlich nur Sinn, falls $c_{pq} = c_{qp} \neq 0$ ist. Unter dieser Voraussetzung folgt aus (5.19) unter Verwendung von trigonometrischen Identitäten mit endlichem Wert des Quotienten

$$\cot(2\,\varphi) = \frac{c_{qq} - c_{pp}}{2\,c_{qp}} = \theta \; . \tag{5.20}$$

Für $t = \tan \varphi = \sin\varphi/\cos\varphi$ und auf Grund der Identitäten $\cot(2\,\varphi) = (1 - \tan^2\varphi)/(2\tan\varphi)$ und $\cos^2\varphi + \sin^2\varphi = 1$ ist t Lösung der quadratischen Gleichung $t^2 + 2\,\theta\,t - 1 = 0$, wobei die absolut kleinere der beiden möglichen Lösungen gemäß

$$t = \tan\varphi = \left\{\begin{aligned}
&\frac{1}{\theta + \text{sgn}(\theta)\sqrt{\theta^2 + 1}} && \text{für } \theta \neq 0 \\
&1 && \text{für } \theta = 0
\end{aligned}\right. \tag{5.21}$$

gewählt wird. Damit wird erreicht, daß einerseits im Nenner von (5.21) keine numerische Auslöschung stattfindet und daß anderseits $|\tan\varphi| \leqslant 1$ wird, so daß der Drehwinkel φ auf das Intervall $-\pi/4 < \varphi \leqslant \pi/4$ beschränkt wird. Aus dem Wert für $\tan\varphi$ ergeben sich die benötigten Werte

$$\cos\varphi = \frac{1}{\sqrt{1 + t^2}} \; , \qquad \sin\varphi = t \cdot \cos\varphi \; . \tag{5.22}$$

Damit kann die Transformation der Matrix $\mathbf{C}$ in $\mathbf{C}''$ nach den Formeln (5.16) und (5.17) durchgeführt werden. Zur Verbesserung der numerischen Eigenschaften werden für die Umrechnung der beiden Diagonalelemente c_{pp} und c_{qq} die Darstellungen (5.18) unter

Ausnützung des nach (5.19) bestimmten Drehwinkels umgeformt in die bedeutend einfacheren Formen

$$c''_{pp} = c_{pp} - 2\, c_{pq}\, \cos\varphi\, \sin\varphi + (c_{qq} - c_{pp})\sin^2\varphi$$

$$= c_{pp} - c_{pq}\left\{ 2\cos\varphi\,\sin\varphi - \frac{\cos^2\varphi - \sin^2\varphi}{\cos\varphi\,\sin\varphi}\,\sin^2\varphi \right\} = c_{pp} - c_{pq}\,\tan\varphi \;.$$

Es folgen so die Darstellungen

$$c''_{pp} = c_{pp} - c_{pq}\,\tan\varphi \;, \qquad c''_{qq} = c_{qq} + c_{pq}\,\tan\varphi \;. \tag{5.23}$$

Im speziellen zyklischen Jacobi-Verfahren werden die Rotationsindexpaare pro Zyklus in der folgenden Reihenfolge durchlaufen:

$$(1, 2), (1, 3), \ldots, (1, n), (2, 3), (2, 4), \ldots, (2, n), (3, 4), \ldots, (n - 1, n) \;. \tag{5.24}$$

Das bedeutet, daß die Außendiagonalelemente der untern Hälfte kolonnenweise pro Zyklus genau einmal zu Null rotiert werden.

In [55] ist gezeigt, daß die Matrizen $\mathbf{C}_k = \mathbf{U}_k^T\,\mathbf{C}_{k-1}\,\mathbf{U}_k$ mit $\mathbf{C}_0 = \mathbf{C}$, gebildet nach dem speziellen zyklischen Jacobi-Verfahren mit der Indexreihenfolge (5.24) und mit den Drehwinkeln φ_k nach (5.21) gegen eine Diagonalmatrix konvergieren, indem die Werte $S(\mathbf{C}_k)$ der Summe der Quadrate der Außendiagonalelemente von $\mathbf{C}_k$ eine monotone, nicht zunehmende Nullfolge bilden. Infolge der Ähnlichkeit der Matrizen $\mathbf{C}_k$ stellen die Diagonalelemente der Grenzmatrix die Eigenwerte von $\mathbf{C}$ dar. Mit feineren Hilfsmitteln kann sogar bewiesen werden, daß die Wertefolge $S(\mathbf{C}_k)$ von einem bestimmten Moment an sogar q u a d r a t i s c h gegen Null konvergiert, indem $S(\mathbf{C}_{k+N})$ nach einem vollständigen Zyklus von $N = n(n - 1)/2$ Rotationen im wesentlichen gleich dem Quadrat von $S(\mathbf{C}_k)$ ist [55, 95, 97, 121].

Die Summe der Quadrate der Außendiagonalelemente $S(\mathbf{C}_k)$ liefert gleichzeitig eine generelle absolute Fehlerschranke, mit welcher die Diagonalelemente von $\mathbf{C}_k$, das seien der Größe nach geordnet $d_1^{(k)} \leqslant d_2^{(k)} \leqslant \ldots \leqslant d_n^{(k)}$, die Eigenwerte $\lambda_1 \leqslant \lambda_2 \leqslant \ldots \leqslant \lambda_n$ approximieren, indem gleichzeitig gilt [55]

$$|\,d_j^{(k)} - \lambda_j\,| \leqslant \sqrt{S(\mathbf{C}_k)} \;, \qquad (j = 1, 2, \ldots, n) \;. \tag{5.25}$$

Die Eigenvektoren der Matrix $\mathbf{C} = \mathbf{C}_0$ können parallel zu den Eigenwerten berechnet werden. Für hinreichend großes k ist ja

$$\mathbf{C}_k = \mathbf{U}_k^T\,\mathbf{U}_{k-1}^T \ldots \mathbf{U}_1^T\,\mathbf{C}_0\,\mathbf{U}_1 \ldots \mathbf{U}_{k-1}\,\mathbf{U}_k = \mathbf{V}^T\,\mathbf{C}\,\mathbf{V} \tag{5.26}$$

mit $\mathbf{V} = \mathbf{U}_1\,\mathbf{U}_2 \ldots \mathbf{U}_{k-1}\,\mathbf{U}_k$. Ist $S(\mathbf{C}_k)$ genügend klein, stellt $\mathbf{C}_k$ praktisch eine Diagonalmatrix $\mathbf{D}$ dar, so daß approximativ gilt

$$\mathbf{V}^T\,\mathbf{C}\,\mathbf{V} \cong \mathbf{D} \quad \text{oder} \quad \mathbf{C}\,\mathbf{V} \cong \mathbf{V}\,\mathbf{D} \;. \tag{5.27}$$

Die Matrix $\mathbf{V}$ ist als Produkt von orthogonalen Matrizen selbst orthogonal und enthält gemäß (5.27) in der j-ten Kolonne eine Näherung für den normierten Eigenvektor zur

Eigenwertnäherung $c_{jj}^{(k)}$. Die in V stehenden Näherungen der Eigenvektoren bilden innerhalb der numerischen Genauigkeit auf alle Fälle ein System von paarweise orthogonalen und normierten Vektoren. Dies trifft auf Grund der Konstruktion auch im Fall von mehrfachen Eigenwerten zu.

Die Matrix V berechnet sich rekursiv durch Aufmultiplikation der Transformationsmatrizen U_k gemäß

$$V_0 = I \ ; \quad V_k = V_{k-1}\,U_k \ , \quad (k = 1, 2, \ldots) \ . \tag{5.28}$$

Da die Matrizenfolge C_k durch geeignete Maßnahmen am Platz der gegebenen Matrix C gespeichert werden kann, für die Matrizen V_k Speicherplatz für eine volle $(n \times n)$-Matrix nötig ist, weil sie nicht symmetrisch sind, wird Speicherplatz für rund $3\,n^2/2$ Werte benötigt.

Die Anzahl der Rechenoperationen für eine einzelne Jacobi-Transformation setzt sich zusammen aus der Zahl der Operationen der Ähnlichkeitstransformation für C_k und derjenigen der rekursiven Berechnung von V_k. Bei Berücksichtigung der Symmetrie von C_k sind je rund $4\,n$ Multiplikationen nötig, insgesamt also $8\,n$. Pro Zyklus von $N = n(n-1)/2$ Transformationen macht dies etwa $4\,n^3$ Operationen. Die Praxis zeigt, daß in der Regel 6 bis 8 Zyklen genügen, um die Eigenwerte mit hinreichender Genauigkeit zu bestimmen, so daß der totale Rechenaufwand größenordnungsmäßig etwa

$$Z_{Jacobi} \approx 30\,n^3 \tag{5.29}$$

Multiplikationen beträgt.

Die Jacobi-Methode liefert simultan sämtliche n Eigenwerte und die zugehörigen Eigenvektoren von C. Das Verfahren kann deshalb der etwas speziellen Aufgabenstellung nicht Rechnung tragen, falls nur ein bestimmter Teil gewünscht ist.

5.1.3 Die Methode von Householder

Um die gewünschten Eigenwerte und anschließend die zugehörigen Eigenvektoren einer symmetrischen Matrix C gezielt und effizient berechnen zu können, wird C durch eine geeignete Folge von endlich vielen orthogonalen Ähnlichkeitstransformationen in eine t r i d i a g o n a l e Matrix übergeführt. Dazu existieren zwei grundlegend verschiedene Verfahren, welche das Gewünschte leisten. Die Methode von G i v e n s [49, 98] verwendet Jacobische Transformationsmatrizen, ist im Aufbau sehr durchsichtig und einfach und benötigt $(n-1)(n-2)/2$ einzelne Schritte, in denen je ein Außendiagonalelement in Null transformiert wird. Der Rechenaufwand der Methode von H o u s e - h o l d e r [60, 119] ist aber nur halb so groß, weshalb nur dieser etwas komplizierter aufgebaute Algorithmus im folgenden dargestellt wird.

Der Ähnlichkeitstransformation liegen orthogonale Matrizen U der Gestalt

$$U = I - 2\,w w^T, \quad w^T w = 1 \tag{5.30}$$

zugrunde, wo w einen normierten n-dimensionalen reellen Kolonnenvektor bedeutet, so daß $\mathbf{w}\mathbf{w}^T$ eine $(n \times n)$-Matrix darstellt. Die in (5.30) definierte Matrix $\mathbf{U}$ ist offensichtlich symmetrisch und wegen

$$\mathbf{U}^T\mathbf{U} = \mathbf{U}\mathbf{U} = (\mathbf{I} - 2\,\mathbf{w}\mathbf{w}^T)(\mathbf{I} - 2\,\mathbf{w}\mathbf{w}^T)$$

$$= \mathbf{I} - 4\,\mathbf{w}\mathbf{w}^T + 4\,\mathbf{w}\mathbf{w}^T\mathbf{w}\mathbf{w}^T = \mathbf{I}$$

orthogonal.

Im ersten Transformationsschritt sollen die Matrixelemente $c_{31}, c_{41}, \ldots, c_{n1}$ und natürlich die dazu symmetrisch gelegenen Elemente der ersten Zeile zum Verschwinden gebracht werden. Dazu wird eine Matrix $\mathbf{U}$ (5.30) mit einem Vektor $\mathbf{w} = (0, w_2, w_3, \ldots, w_n)^T$ gebildet, dessen erste Komponente verschwindet. Damit stehen wegen der Normierungsbedingung (5.30) genau $(n - 2)$ zu bestimmende Parameter zur Verfügung, um die erste Kolonne und aus Symmetriegründen die erste Zeile auf die gewünschte Form zu bringen. Die Elemente u_{ik} der Matrix $\mathbf{U}$ sind definitionsgemäß

$$u_{ik} = \delta_{ik} - 2\,w_i w_k \; , \qquad (i, k = 1, 2, \ldots, n) \; , \tag{5.31}$$

und damit sind die Elemente der Produktmatrix $\mathbf{C}' = \mathbf{U}^T\mathbf{C} = \mathbf{U}\mathbf{C}$

$$c'_{ij} = \sum_{k=1}^{n} u_{ik} c_{kj} = \sum_{k=1}^{n} (\delta_{ik} - 2\,w_i w_k) c_{kj}$$

$$= c_{ij} - 2\,w_i \sum_{k=1}^{n} w_k c_{kj} \; . \tag{5.32}$$

Speziell gilt für die Elemente der ersten Zeile $(i = 1)$ wegen $w_1 = 0$ $\;c'_{1j} = c_{1j}$ $(j = 1, 2, \ldots, n)$. Für die Elemente der Matrix $\mathbf{C}'' = \mathbf{C}'\mathbf{U} = \mathbf{U}^T\mathbf{C}\mathbf{U}$ erhält man

$$c''_{ij} = \sum_{k=1}^{n} c'_{ik} u_{kj} = \sum_{k=1}^{n} c'_{ik}(\delta_{kj} - 2\,w_k w_j)$$

$$= c'_{ij} - 2\,w_j \sum_{k=1}^{n} c'_{ik} w_k \; . \tag{5.33}$$

Wegen $w_1 = 0$ sind die Elemente der ersten Kolonne von $\mathbf{C}''$ gegeben durch

$$c''_{i1} = c'_{i1} = c_{i1} - 2\,w_i \sum_{k=2}^{n} w_k c_{k1} \; , \qquad (i = 1, 2, \ldots, n) \; . \tag{5.34}$$

Mit der Hilfsgröße

$$h = \sum_{k=2}^{n} w_k c_{k1} \tag{5.35}$$

wird der Formelsatz (5.34)

$$c''_{i1} = c_{i1} - 2\,h w_i \; , \qquad (i = 1, 2, \ldots, n) \; . \tag{5.36}$$

Eine orthogonale Transformation eines Vektors läßt seine euklidische Norm invariant.
Deshalb sind die Normen der Kolonnenvektoren von C' gleich den entsprechenden
Kolonnennormen von C. Da weiter nach (5.34) $c''_{i1} = c'_{i1}$ und im speziellen nach (5.36)
$c''_{11} = c_{11}$ gilt, besteht zwischen den Quadratsummen der Matrixelemente der ersten
Spalten von C und C'' die Beziehung

$$s^2 = \sum_{i=2}^{n} c_{i1}^2 = \sum_{i=2}^{n} c''^2_{i1} = c''^2_{21} = (c_{21} - 2\,hw_2)^2 \ , \tag{5.37}$$

wobei gleichzeitig die Forderung $c''_{i1} = 0$ für $i = 3, 4, \ldots, n$ einbezogen worden ist.
(5.37) stellt eine erste nichtlineare Gleichung zwischen den bekannten Größen s und
c_{21} und den unbekannten Werten h und w_2 dar. Sie lautet gleichwertig

$$c_{21} - 2\,hw_2 = \pm s \ . \tag{5.38}$$

Das Postulat $c''_{i1} = 0$ für $i = 3, 4, \ldots, n$ liefert die weiteren Bestimmungsgleichungen

$$c_{i1} - 2\,hw_i = 0 \ , \qquad (i = 3, 4, \ldots, n) \ . \tag{5.39}$$

Multiplikation von (5.38) mit w_2, von (5.39) mit dem betreffenden w_i und anschließende Addition der erhaltenen Gleichungen ergibt wegen $w^T w = 1$ und (5.35)

$$h = \pm s w_2 \ . \tag{5.40}$$

Substitution von (5.40) in (5.38) ergibt die quadratische Gleichung für w_2

$$c_{21} \pm 2\,sw_2^2 = \pm s,$$

$$\text{d. h.} \qquad w_2 = \sqrt{\frac{1}{2}\left(1 \mp \frac{c_{21}}{s}\right)} \ . \tag{5.41}$$

Über das Vorzeichen kann so verfügt werden, daß Stellenauslöschung vermieden werden
kann. Mit diesem Wert w_2 liefert (5.40) die Größe h und (5.39) die restlichen Komponenten w_i des Vektors w. In (5.40) und (5.41) gilt entsprechend das obere oder untere
Vorzeichen.

Mit den so bestimmten Komponenten w_i des Vektors w verläuft die Transformation
$C'' = U^T C U$ am zweckmäßigsten und effizientesten wie folgt. Nach (5.32) werden die
n Hilfsgrößen

$$p_j = \sum_{k=1}^{n} w_k c_{kj} = \sum_{k=2}^{n} w_k c_{kj} \ , \qquad (j = 1, 2, \ldots, n) \tag{5.42}$$

eingeführt. Wegen (5.35) ist p_1 gleich dem bekannten Wert h. Die Elemente c'_{ij} von
$C' = U^T C$ erhalten damit die Darstellung

$$c'_{ij} = c_{ij} - 2\,w_i p_j \ , \qquad (i, j = 1, 2, \ldots, n) \ . \tag{5.43}$$

Nach (5.33) sind dann die Elemente von $C'' = U^T C U$ gegeben durch

$$c''_{ij} = c_{ij} - 2\,w_i p_j - 2\,w_j \sum_{k=1}^{n} (c_{ik} - 2\,w_i p_k)\,w_k$$

$$= c_{ij} - 2\,w_i p_j - 2\,w_j \sum_{k=2}^{n} w_k c_{ik} + 4\,w_i w_j \sum_{k=2}^{n} p_k w_k \tag{5.44}$$

$$= c_{ij} - 2\,w_i p_j - 2\,w_j p_i + 4\,g w_i w_j$$

mit der weiteren Hilfsgröße

$$g = \sum_{k=2}^{n} p_k w_k \ . \tag{5.45}$$

Schließlich bringen die letzten Größen

$$q_i = 2(p_i - g w_i) \ , \qquad (i = 2, 3, \ldots, n) \tag{5.46}$$

den rechentechnischen Vorteil, daß sich die Elemente der transformierten Matrix $\mathbf{C}''$ einfach berechnen lassen gemäß

$$c''_{ij} = c_{ij} - w_i q_j - q_i w_j \ , \qquad (i, j = 2, 3, \ldots, n; j \leqslant i) \ . \tag{5.47}$$

Diese Formeln sind zu ergänzen durch

$$c''_{11} = c_{11} \ , \qquad c''_{21} = s \ , \qquad c''_{i1} = 0 \ , \qquad (i = 3, 4, \ldots, n) \ . \tag{5.48}$$

Im zweiten Transformationsschritt wird das Verfahren mit einem Vektor $\mathbf{w}$, dessen ersten beiden Komponenten gleich Null sind, analog durchgeführt. Die zugehörige Matrix $\mathbf{U}$ läßt die erste Kolonne und Zeile unverändert und bringt die zweite Spalte und Zeile auf die gewünschte Gestalt. Nach $(n - 2)$ Schritten ist $\mathbf{C}$ auf tridiagonale Gestalt $\mathbf{J}$ transformiert.

Im allgemeinen k-ten Schritt setzt sich der Rechenaufwand $Z_H^{(k)}$ zusammen aus den Operationen zur Berechnung von s^2 nach (5.37), w_{k+1}, h und w_i für $i > k + 1$ mit $2(n - k) + 1$ Multiplikationen, der $(n - k)$ Werte p_j nach (5.42) mit $(n - k)^2$ wesentlichen Operationen, von g mit $(n - k)$ Multiplikationen, der $(n - k)$ Werte q_i nach (5.46) mit $(n - k)$ Operationen und schließlich der neuen Matrixelemente, wozu nach (5.47) wegen der Symmetrie von $\mathbf{C}''$ $(n - k)(n - k + 1)$ Multiplikationen erforderlich sind. Es ist somit

$$Z_H^{(k)} \cong 2(n - k)^2 + 5(n - k) \ . \tag{5.49}$$

Summation von (5.49) über k von 1 bis $n - 2$ ergibt einen wesentlichen Rechenaufwand von

$$Z_{\text{Housh}} = \frac{2}{3}\,n^3 + 0(n^2) \tag{5.50}$$

multiplikativen Operationen.

Durch die orthogonale Ähnlichkeitstransformation $\mathbf{V}^T \mathbf{C}\,\mathbf{V} = \mathbf{J}$ der Matrix $\mathbf{C}$ in die tridiagonale Matrix $\mathbf{J}$ bleiben die Eigenwerte unverändert, doch die Eigenvektoren unterliegen der Transformation mit V. Aus der Eigenwertbeziehung $Cy = \lambda y$ folgt

$$V^T CVV^T y = \lambda V^T y \quad \text{oder} \quad Jz = \lambda z \tag{5.51}$$

mit
$$z = V^T y \quad \text{oder} \quad y = Vz \;. \tag{5.52}$$

Die Matrix V ist hierbei das Produkt der $(n-2)$ Housholder-Transformationsmatrizen U_k gemäß

$$V = U_{n-2} U_{n-3} \cdots U_2 U_1 \;. \tag{5.53}$$

Um bei bekannten Eigenvektoren z_j der Matrix J die Rücktransformation in die Eigenvektoren y_j von C durchzuführen, ist es nicht nötig, die bis auf die erste Zeile und Kolonne vollbesetzte Matrix V während der Householder-Transformation aufzubauen. Vielmehr kann die Rücktransformation schrittweise auf der Basis der Vektoren $w_1, w_2, \ldots, w_{n-2}$ erfolgen, welche die Matrizen U_k definieren. Nach Definition (5.30) einer Matrix U erfordert die Multiplikation von U mit einem Vektor z wegen

$$Uz = (I - 2\,ww^T)z = z - 2\,w(w^T z) \tag{5.54}$$

die Bildung des Skalarproduktes $w^T z$ und die Subtraktion des $2(w^T z)$-fachen des Vektors w von z. Hierbei kann in der sukzessiven Multiplikation von z mit $U_1, U_2, \ldots, U_{n-2}$ die zunehmende Zahl der verschwindenden Komponenten in w_k berücksichtigt werden. Die so ausgeführte Rücktransformation benötigt etwa $n(n-1)$ Multiplikationen pro Vektor z, also genau so viele wie die Berechnung von Vz. Gespart wird aber der Aufwand zur Bestimmung von V, und der Speicherbedarf zur Aufbewahrung der Vektoren w_k beträgt nur $n(n-1)/2$ Plätze, also nur halb so viel wie für V.

5.1.4 Die Eigenwertberechnung für tridiagonale Matrizen

Das charakteristische Polynom der symmetrischen und tridiagonalen Matrix J, deren Diagonalelemente mit α_i und deren Nebendiagonalelemente mit β_i bezeichnet werden, ist definiert durch

$$P(\lambda) = |\lambda I - J| = \begin{vmatrix} \lambda - \alpha_1 & -\beta_1 \\ -\beta_1 & \lambda - \alpha_2 & -\beta_2 \\ & -\beta_2 & \lambda - \alpha_3 & -\beta_3 \\ & & & \cdots\cdots\cdots \\ & & & & -\beta_{n-2} & \lambda - \alpha_{n-1} & -\beta_{n-1} \\ & & & & & -\beta_{n-1} & \lambda - \alpha_n \end{vmatrix} . \tag{5.55}$$

Bezeichnet man mit $f_k(\lambda)$ das charakteristische Polynom zur k-reihigen Hauptabschnittsdeterminanten, gebildet aus den ersten k Zeilen und Kolonnen von (5.55), so erfüllen sie nach dem Entwicklungssatz für Determinanten mit

$$f_0(\lambda) = 1 \;, \qquad f_1(\lambda) = \lambda - \alpha_1 \tag{5.56}$$

die dreigliedrige Rekursionsformel

$$f_k(\lambda) = (\lambda - \alpha_k) f_{k-1}(\lambda) - \beta_{k-1}^2 f_{k-2}(\lambda) \ , \qquad (k = 2, 3, \ldots, n) \ . \qquad (5.57)$$

Offensichtlich ist $f_n(\lambda) = P(\lambda)$. Für die Folge von $n + 1$ Rekursionspolynomen $f_0(\lambda)$, $f_1(\lambda), \ldots, f_n(\lambda)$ ist die Tatsache wesentlich, daß sie unter der Voraussetzung, daß alle Nebendiagonalelemente $\beta_i \neq 0$ sind, eine S t u r m s c h e   K e t t e bilden, wie dies ausführlich in [98] gezeigt ist. Dies folgt unmittelbar aus der Eigenschaft, daß die Nullstellen von $f_k(\lambda)$ für $k = 1, 2, \ldots, n$ als Eigenwerte einer symmetrischen Matrix reell sind und daß die Nullstellen von $f_k(\lambda)$ diejenigen von $f_{k+1}(\lambda)$ trennen. Deshalb können zwei aufeinanderfolgende Polynome der Folge (5.57) keine gemeinsamen Nullstellen besitzen, so daß auch die Eigenwerte einer symmetrischen und tridiagonalen Matrix J mit $\beta_i \neq 0$ für $i = 1, 2, \ldots, n - 1$ einfach sind. Es ist aber durchaus möglich, daß Eigenwerte einer nicht zerfallenden tridiagonalen Matrix J innerhalb der verwendeten Rechengenauigkeit übereinstimmen können, so daß scheinbar ein mehrfacher Eigenwert vorliegt.

Die Eigenschaft der Rekursionspolynome $f_k(\lambda)$, eine Sturmsche Kette zu bilden, stellt die Grundlage dar, die gewünschten Eigenwerte von J nach der Methode der fortgesetzten Intervallhalbierung (Bisektion) zu bestimmen. Denn die Anzahl m derjenigen Nullstellen von $P(\lambda) = f_n(\lambda)$, welche kleiner als ein Wert μ sind, ist gleich der Zahl der V o r - z e i c h e n f o l g e n $VF(\mu)$ in der Folge der Werte der Rekursionspolynome $f_0(\mu)$, $f_1(\mu), \ldots, f_n(\mu)$. Diese Aussage erlaubt uns, vermittels eines einfachen und recht wenig aufwendigen Rechenverfahrens, bestimmte Eigenwerte mit beliebiger Genauigkeit zu lokalisieren.

Die Eigenwerte von J seien in aufsteigender Reihenfolge numeriert $\lambda_1 < \lambda_2 < \ldots < \lambda_n$, wobei angenommen sei, daß die Matrix J nicht zerfällt. Andernfalls zerfällt auch die Aufgabe der Eigenwertberechnung in die Teilprobleme, die Eigenwerte der Teilmatrizen zu berechnen. Um den j-ten Eigenwert λ_j mit vorgegebenem Index j zu bestimmen, muß notwendigerweise von einem Intervall $[a, b]$ ausgegangen werden, welches den gesuchten Eigenwert enthält. Falls gar nichts bekannt ist über die Lage des Eigenwertes λ_j, liefert jede Matrixnorm, beispielsweise die Zeilenmaximumnorm eine sichere obere Schranke für die Beträge der Eigenwerte, so daß das Intervall $[a, b]$ mit

$$b = \max_i \{ |\alpha_1| + |\beta_1|, |\alpha_n| + |\beta_{n-1}|, |\beta_{i-1}| + |\alpha_i| + |\beta_i| \} \ ,$$
$$a = -b \qquad\qquad\qquad\qquad\qquad\qquad\qquad\qquad\qquad (5.58)$$

alle Eigenwerte von J enthält. Oft können aber für die konkrete Problemstellung a priori engere Intervallgrenzen angegeben werden, z. B. $a = 0$ für eine positiv definite Matrix J, oder es stehen von Problemen ähnlicher Art gute Schätzungen für die obere Schranke zur Verfügung.

Jedenfalls gilt $VF(a) < j$ und $VF(b) \geq j$. Für den Intervallmittelpunkt $\mu = (a + b)/2$ wird die Zahl $VF(\mu)$ der Vorzeichenfolgen bestimmt. Ist $VF(\mu) < j$, stellt μ eine neue untere Schranke a für λ_j dar, andernfalls ist μ eine neue obere Schranke b. Das Intervall, in welchem λ_j enthalten ist, wird folglich in jedem Schritt halbiert. Die halbe Länge des momentanen Intervalls stellt stets eine absolute Fehlerschranke für den Mittelpunkt als Näherungswert für λ_j dar. Bei einem gegebenen Anfangsintervall $[a, b]$ ist deshalb die

Anzahl t der Bisektionsschritte zum voraus bestimmbar, um λ_j mit einer vorgegebenen absoluten Genauigkeit ϵ zu berechnen, nämlich

$$t \geqslant \log_2 \left(\frac{b - a}{\epsilon} \right) - 1 \ . \tag{5.59}$$

Sind etwa die p kleinsten Eigenwerte $\lambda_1 < \lambda_2 < \ldots < \lambda_p$ von $\mathbf{J}$ zu berechnen, so wird mit einem Intervall [a, b] gestartet, das alle p Eigenwerte enthält. Jeder Bisektionsschritt liefert eine Information über die Lage der gesuchten Eigenwerte und damit laufend bessere untere und obere Schranken. Diese Information ist in der Rechenpraxis zu verwerten, indem der Rechenaufwand wesentlich reduziert werden kann, da nach Berechnung des oder der ersten Eigenwerte bereits bedeutend kleinere Intervalle bekannt sind, welche die noch zu bestimmenden Eigenwerte enthalten.

Für die numerische Bestimmung der Anzahl der Vorzeichenfolgen $\mathrm{VF}(\mu)$ für einen gegebenen Wert μ stehen die Rekursionsformeln (5.56) und (5.57) zur Verfügung. W i l k i n - s o n [122] hat gezeigt, daß die Berechnung von $\mathrm{VF}(\mu)$ numerisch stabil ist. Der Rechenaufwand pro Bisektionsschritt beträgt rund 2 n Multiplikationen unter der Annahme, daß die Quadrate der Nebendiagonalelemente zum voraus berechnet werden.

Die Bestimmung des Zahlenwertes $\mathrm{VF}(\mu)$ kann nach einer Idee von B a r t h [12] noch effizienter und auf numerisch ebenso stabile Art als Anzahl der positiven Quotienten der Werte aufeinanderfolgender Rekursionspolynome berechnet werden. Er definiert zu gegebenem Wert μ die Quotienten

$$q_k = \frac{f_k(\mu)}{f_{k-1}(\mu)} \ , \qquad (k = 1, 2, \ldots, n) \ . \tag{5.60}$$

Nach Division der Rekursionsformel (5.57) durch $f_{k-1}(\mu) \neq 0$ folgt daraus mit (5.60) und (5.56) die neue Rekursion

$$q_1 = \mu - \alpha_1 \ ;$$

$$q_k = (\mu - \alpha_k) - \frac{\beta_{k-1}^2}{q_{k-1}}, \qquad (k = 2, 3, \ldots, n) \ . \tag{5.61}$$

Auf den ersten Blick läßt die notwendige Division die Rekursionsformel problematisch erscheinen, da nicht auszuschließen ist, daß $q_{k-1} = 0$ werden kann, z. B. $q_1 = 0$ für $\mu = \alpha_1$. Sobald ein Wert q_k verschwindet, bedeutet dies, daß das Rekursionspolynom $f_k(\mu) = 0$ ist. In diesem Fall ist es in der Sturmschen Kette gleichgültig, welches Vorzeichen dem Wert zugeordnet wird, weil $f_{k-1}(\mu)$ und $f_{k+1}(\mu)$ wegen (5.57) entgegengesetzte Vorzeichen besitzen, in der Folge $f_{k-1}(\mu)$, $f_k(\mu)$, $f_{k+1}(\mu)$ somit genau ein Zeichenwechsel vorhanden ist. Somit ist es zulässig, ein verschwindendes q_k durch den kleinen Wert $\epsilon = \delta \ \| \mathbf{J} \|$ zu ersetzen, wo $\| \mathbf{J} \|$ die Norm von $\mathbf{J}$ darstellt und δ die kleinste positive Zahl des verwendeten Rechenautomaten bedeutet, so daß in der Computerarithmetik $1 + \delta \neq 1$ gilt. Wird q_k durch ϵ ersetzt, sobald $| q_k | < \epsilon$ ist, so wird dadurch die Zählung der positiven q_k nicht verfälscht.

Ein erster Vorteil des numerisch stabilen Algorithmus (5.61) gegenüber (5.57) ist der kleinere Rechenaufwand von nur (n − 1) wesentlichen Operationen pro Bisektionsschritt.

Ein zweiter Vorteil liegt darin, daß die Werte der Rekursionspolynome $f_k(\mu)$ für größere Ordnung n sehr groß oder sehr klein werden können und damit die Gefahr von Überfluß oder Unterfluß besteht. Für die Quotienten q_k ist diese Schwierigkeit eliminiert.

5.1.5 Berechnung der Eigenvektoren von tridiagonalen Matrizen

Die gewünschten Eigenwerte der tridiagonalen Matrix J seien nach der Bisektionsmethode mit hinreichender Genauigkeit bestimmt worden. Im Fall von eng benachbarten Eigenwerten seien die Eigenwerte nach der Bisektionsmethode mindestens so lokalisiert, daß in jedem der Intervalle genau ein Eigenwert liegt.

Es sei $\overline{\lambda}$ die Näherung zum Eigenwert λ_j. Der zugehörige Eigenvektor z_j von $Jz_j = \lambda_j z_j$ wird nach der g e b r o c h e n i n v e r s e n V e k t o r i t e r a t i o n nach W i e - l a n d t [118] berechnet. Beginnend mit einem weitgehend beliebigen normierten Vektor $\xi^{(0)}$ wird die Folge der iterierten Vektoren $\xi^{(k)}$ gebildet nach

$$(J - \overline{\lambda}I)\xi^{(k)} = \xi^{(k-1)} , \qquad (k = 1, 2, \ldots) . \tag{5.62}$$

Unter den getroffenen Voraussetzungen gilt

$$|\overline{\lambda} - \lambda_j| < |\overline{\lambda} - \lambda_i| \quad \text{für alle } i \neq j . \tag{5.63}$$

Die Eigenvektoren z_i der symmetrischen Matrix J bilden ein orthonormiertes System im n-dimensionalen Vektorraum. Deshalb besitzen die iterierten Vektoren $\xi^{(k)}$ die eindeutigen Darstellungen

$$\xi^{(0)} = \sum_{i=1}^{n} c_i^{(0)} z_i , \qquad \xi^{(k)} = \sum_{i=1}^{n} c_i^{(k)} z_i . \tag{5.64}$$

Die Entwicklungskoeffizienten $c_i^{(k)}$ für aufeinanderfolgende iterierte Vektoren erfüllen wegen (5.62) die Relationen

$$c_i^{(k)} = \frac{c_i^{(k-1)}}{(\lambda_i - \overline{\lambda})} , \qquad (i = 1, 2, \ldots, n) ,$$

so daß gilt

$$\xi^{(k)} = \sum_{i=1}^{n} c_i^{(0)} \frac{1}{(\lambda_i - \overline{\lambda})^k} z_i = \frac{1}{(\lambda_j - \overline{\lambda})^k} \left[c_j^{(0)} z_j + \sum_{\substack{i=1 \\ i \neq j}}^{n} c_i^{(0)} \left(\frac{\lambda_j - \overline{\lambda}}{\lambda_i - \overline{\lambda}} \right)^k z_i \right] . \tag{5.65}$$

Falls $c_j^{(0)} \neq 0$, d. h. falls $\xi^{(0)}$ eine Komponente nach dem Eigenvektor z_j besitzt, konvergiert $\xi^{(k)}$ mit zunehmendem k wegen (5.63) gegen ein Vielfaches des Eigenvektors z_j. Um eine rasche Konvergenz zu erzielen, muß $q_{max} = \max_{i \neq j} |(\lambda_j - \overline{\lambda})/(\lambda_i - \overline{\lambda})|$ klein sein.

Dies erreicht man dadurch, daß die Eigenwerte λ_j mit hoher Genauigkeit bestimmt werden. Bei guter Trennung der Eigenwerte wird q_{max} sehr klein ausfallen, so daß ausgesprochen wenige Iterationsschritte nötig sind, um z_j aus $\xi^{(k)}$ mit hoher Genauigkeit zu erhalten.

Nach (5.65) wachsen die iterierten Vektoren $\zeta^{(k)}$ sehr rasch an. Es ist deshalb nach jedem Iterationsschritt eine Normierung von $^{(k)}$ erforderlich, um Überfluß zu vermeiden.

Das nach (5.62) in jedem Iterationsschritt zu lösende tridiagonale Gleichungssystem ist zwar symmetrisch, doch ist seine Konditionszahl sehr groß. Das Gleichungssystem ist vermittels einer unsymmetrischen Eliminationsmethode mit partieller kolonnenweiser Pivotsuche dennoch numerisch sicher auflösbar [122]. Die unsymmetrische Zerlegung von $J - \bar{\lambda} I$ dient auch dazu, einen Startvektor $\zeta^{(0)}$ so zu bestimmen, daß er, abhängig von der Näherung $\bar{\lambda} \approx \lambda_j$, eine Komponente nach z_j enthält. Nach W i l k i n s o n [122] gewinnt man $\zeta^{(0)}$ aus einem halben Iterationsschritt durch den Prozeß des Rückwärtseinsetzens, angewendet auf den Vektor mit allen Komponenten gleich Eins.

Eine gewisse numerische Problematik stellt sich ein bei sehr benachbarten oder gar innerhalb der verwendeten Stellenzahl übereinstimmenden Eigenwerten. Damit die gebrochene inverse Vektoriteration verschiedene Vektoren liefert, sind die Näherungswerte der zusammenfallenden Eigenwerte um die kleinen Werte $\delta \parallel J \parallel$ zu stören. Die resultierenden Näherungen der Eigenvektoren sind noch dem Orthogonalisierungsprozeß zu unterziehen, um der Theorie gerechtwerdende Eigenvektoren zu erhalten.

5.1.6 Vergleich des Rechenaufwandes

Sollen $p \leqslant n$ Eigenwerte mit den zugehörigen Eigenvektoren einer symmetrischen Matrix C bestimmt werden, so beläuft sich der Rechenaufwand für die Bisektionsmethode auf etwa $t \cdot p \cdot n$ Multiplikationen. Die mittlere Anzahl benötigter Bisektionsschritte pro Eigenwert liegt realistisch zwischen 20 und 30, falls $\epsilon = 10^{-10}(b - a)$ gesetzt wird. Damit wird mit $t = 30$

$$Z_{Bis} \cong 30 \, pn \ . \tag{5.66}$$

Die gebrochen inverse Vektoriteration erfordert für jeden Eigenwert die unsymmetrische Zerlegung von $J - \lambda I$ mit rund $3n$ Multiplikationen und im Normalfall zwei Iterationsschritte mit je $5n$ Multiplikationen für das Vorwärts- und Rückwärtseinsetzen und die Normierung. Bei zwei Iterationen nach einem halben Schritt zu $3n$ Multiplikationen beträgt der Rechenaufwand für die p Eigenvektoren von J unter Einschluß einer Normierung in der euklidischen Norm

$$Z_{IV} \cong 18 \, pn \ . \tag{5.67}$$

Die Rücktransformation der Eigenvektoren von J in diejenigen von C auf Grund der Householder Transformation benötigt $Z_{Rück} = pn(n - 1)$ Multiplikationen. Zusammengefaßt beträgt der Aufwand einschließlich der Transformation von C auf J nach Householder etwa

$$Z_{HBIV} \cong \frac{2}{3} \, n^3 + pn^2 + 50 \, pn \ . \tag{5.68}$$

Mit $p = n$ ergibt sich als wesentlichen Aufwand $Z \cong \frac{5}{3} \, n^3 + 0(n^2)$. Im Vergleich zum

Aufwand (5.29) nach der Jacobi-Methode geht daraus die deutliche Überlegenheit der Householder-Methode in Verbindung mit der Bisektion und der gebrochen inversen Vektoriteration hervor, ganz besonders dann, falls nicht alle n Eigenwerte und Eigenvektoren verlangt werden. Auf der anderen Seite erfordert diese effizientere Methode einen komplizierteren Programmaufbau. Fertige Rechenprogramme findet man etwa in [106, 124].

5.2 Vektoriteration

In diesem Abschnitt wird eine erste Methode beschrieben, die kleinsten p Eigenwerte $0 < \lambda_1 \leq \lambda_2 \leq \ldots \leq \lambda_p$ mit den zugehörigen Eigenvektoren $x_1, x_2, \ldots, x_p$ der allgemeinen Eigenwertaufgabe $Ax = \lambda Bx$ zu bestimmen, unter der Annahme, daß die symmetrischen und positiv definiten Matrizen A und B von hoher Ordnung n und schwach besetzt seien, daß die Variablen aber so numeriert worden seien, daß A und B eine minimale Bandbreite oder besser minimales Profil aufweisen. Die Methode der Vektoriteration kann insbesondere die Hüllenstruktur von A am effizientesten ausnützen. Die in Abschn.5.1 behandelten Methoden zur expliziten Reduktion der allgemeinen Eigenwertaufgabe auf ein spezielles Eigenwertproblem kommen nicht in Frage, da dabei die schwache Besetzung und ganz besonders die Hüllenstruktur völlig verloren geht.

5.2.1 Die einfache Vektoriteration

Zur gleichzeitigen Bestimmung des kleinsten Eigenwertes λ_1 und des zugehörigen Eigenvektors x_1 wird die Folge der iterierten Vektoren $x^{(k)}$ auf Grund der vorläufigen Iterationsvorschrift

$$Ax^{(k)} = Bx^{(k-1)} \ , \qquad (k = 1, 2, \ldots) \tag{5.69}$$

gebildet, wobei mit einem weitgehend beliebigen Startvektor $x^{(0)}$ begonnen wird. Der Startvektor $x^{(0)}$ soll eine nichtverschwindende Komponente nach dem Eigenvektor x_1 besitzen, so daß in der Entwicklung von $x^{(0)}$ nach dem vollständigen System von B-orthonormierten Eigenvektoren $x_1, x_2, \ldots, x_n$

$$x^{(0)} = \sum_{i=1}^{n} c_i^{(0)} x_i \tag{5.70}$$

der Koeffizient $c_i^{(0)} \neq 0$ ist. Der k-te iterierte Vektor $x^{(k)}$ kann analog dargestellt werden als

$$x^{(k)} = \sum_{i=1}^{n} c_i^{(k)} x_i \ , \qquad (k = 0, 1, 2, \ldots) \ . \tag{5.71}$$

Nach Substitution von (5.71) in (5.69) ergibt sich unter Verwendung der Beziehung $Ax_i = \lambda_i Bx_i$ $(i = 1, 2, \ldots, n)$

$$Ax^{(k)} = \sum_{i=1}^{n} c_i^{(k)} Ax_i = \sum_{i=1}^{n} \lambda_i c_i^{(k)} Bx_i = Bx^{(k-1)} = \sum_{i=1}^{n} c_i^{(k-1)} Bx_i \ .$$

Unter Ausnützung der B-Orthogonalität (5.8) der Eigenvektoren x_i und damit der linearen Unabhängigkeit der Vektoren Bx_i folgen daraus die Relationen zwischen den Entwicklungskoeffizienten

$$c_i^{(k)} = \frac{1}{\lambda_i} c_i^{(k-1)} \ , \qquad (i = 1, 2, \ldots, n; k = 1, 2, \ldots) \ . \tag{5.72}$$

Hierbei wurde die Voraussetzung verwendet, daß auch die Matrix A positiv definit ist, so daß die Eigenwerte λ_i positiv sind und vor allem nicht verschwinden. Wegen (5.72) besitzt der k-te iterierte Vektor die Darstellung

$$x^{(k)} = \sum_{i=1}^{n} \left(\frac{1}{\lambda_i} \right)^k c_i^{(0)} x_i = \left(\frac{1}{\lambda_1} \right)^k \left[c_1^{(0)} x_1 + \sum_{i=2}^{n} \left(\frac{\lambda_1}{\lambda_i} \right)^k c_i^{(0)} x_i \right] \ . \tag{5.73}$$

Unter der vereinfachenden Annahme, der kleinste Eigenwert λ_1 sei einfach, so daß $\lambda_i > \lambda_1$ für $i \geq 2$ gilt, konvergieren die Quotienten $(\lambda_1/\lambda_i)^k$ mit wachsendem Index k gegen Null, so daß wegen $c_1^{(0)} \neq 0$ die Vektoren $x^{(k)}$ gegen die Richtung des Eigenvektors x_1 konvergieren. Der größte Quotient (λ_1/λ_2) unter den Quotienten (λ_1/λ_i) bestimmt für hinreichend großes k die Konvergenz, mit welcher der Anteil der Summe in (5.73) gegenüber dem festen Teil $c_1^{(0)} x_1$ gegen Null abnimmt. Ein kleiner Quotient (λ_1/λ_2) gewährleistet eine rasche Konvergenz, während ein Wert des Quotienten nahe bei Eins im Fall von benachbarten Eigenwerten eine entsprechend langsame Konvergenz der Vektorfolge $x^{(k)}$ gegen die Richtung von x_1 zur Folge hat. Ist λ_1 ein mehrfacher Eigenwert, konvergiert $x^{(k)}$ gegen die Richtung eines Eigenvektors entsprechend der Komponenten von $x^{(0)}$ bezüglich des Eigenraums von λ_1.

Die Entwicklung (5.73) für $x^{(k)}$ zeigt, daß die Vektoren entweder groß oder aber klein werden, je nachdem ob $\lambda_1 < 1$ oder $\lambda_1 > 1$ ist. Um Überfluß oder Unterfluß zu vermeiden, sind die iterierten Vektoren zu normieren. Es ist angezeigt, die Normierung im verallgemeinerten Sinn bezüglich B vorzunehmen. Dann konvergiert $x^{(k)}$ tatsächlich gegen den B-normierten Eigenvektor x_1.

Ein einzelner Iterationsschritt nach (5.69) erfordert einmal die Multiplikation des Vektors $x^{(k-1)}$ mit der Matrix B. Dabei kann die schwache Besetzung von B voll ausgenützt werden, falls B nach dem Operatorprinzip (vgl. Abschn 4.6.3) gespeichert ist. Dann ist ein Gleichungssystem mit der für jeden Schritt gleichen Matrix A aufzulösen. Da A als positiv definit vorausgesetzt worden ist, erfolgt dies nach einmaliger Cholesky-Zerlegung $A = LL^T$ durch die Prozesse des Vorwärts- und Rückwärtseinsetzens. Um den Rechenprozeß sowohl hinsichtlich Speicher- als auch Rechenaufwand am effizientesten zu gestalten, empfiehlt sich die hüllenorientierte Speicherung nach J e n n i n g s (vgl. Abschn.4.3). Es ist somit angezeigt, für die Matrizen A und B verschiedene Speicherungsarten zu verwenden.

Der Eigenwert λ_1 bestimmt sich näherungsweise etwa aus den Quotienten der absolut größten Komponenten von zwei aufeinanderfolgenden iterierten Vektoren $x^{(k)}$ und $x^{(k-1)}$ ohne Normierung. Bedeutend genauere Näherungswerte liefern die R a y - l e i g h s c h e n Q u o t i e n t e n der iterierten Vektoren. Der Rayleighsche Quotient zum Eigenwertproblem $Ax = \lambda Bx$ für einen Vektor $x \neq O$ ist definiert als

$$R[x] = \frac{x^T A x}{x^T B x}, \qquad x \neq 0 . \tag{5.74}$$

Die Berechnung dieses Quotienten für einen iterierten Vektor $x^{(k)}$ ist gar nicht so aufwendig, wie dies auf den ersten Blick erscheinen mag. Seine Berechnung muß nur im richtigen Zeitpunkt auf Grund entsprechend vorbereiteter Daten erfolgen. Die Normierung des Vektors $x^{(k)}$ erfordert ja ohnehin die Berechnung von $x^{(k)^T} B x^{(k)}$, und der Vektor $A x^{(k)}$ steht als $B x^{(k-1)}$ im allgemeinen Iterationsschritt vor Bestimmung von $x^{(k)}$ zur Verfügung. Jener Vektor darf durch das Vorwärts- und Rückwärtseinsetzen nicht zerstört werden, damit er zur Bildung von $x^{(k)^T}(A x^{(k)})$ noch zur Verfügung steht. Der Algorithmus der einfachen Vektoriteration ist in (5.75) zusammengefaßt.

$$
\boxed{
\begin{aligned}
&\textbf{S t a r t :} \ \text{Wahl von } x^{(0)} \neq O; \ Z = x^{(0)^T} A x^{(0)} \ \text{(Zähler)} \\[4pt]
&\qquad A = L L^T \ \text{(Cholesky-Zerlegung)} \\[6pt]
&\textbf{A l l g e m e i n e r I t e r a t i o n s s c h r i t t} \ (k = 1, 2, \ldots): \\[4pt]
&h = B x^{(k-1)} \ , \quad N = x^{(k-1)^T} h \qquad\qquad\quad \text{(Nenner)} \\[4pt]
&\hat{x}^{(k-1)} = x^{(k-1)}/\sqrt{N} \qquad\qquad\qquad\quad \text{(Normierung)} \\[4pt]
&b = h/\sqrt{N} \qquad\qquad\qquad\qquad\qquad (= A\, x^{(k)}) \\[4pt]
&R = Z/N \qquad\qquad\qquad\qquad\quad \text{(Rayleigh-Quotient)} \\[4pt]
&L y - b = O \qquad\qquad\qquad\qquad\quad \text{(Vorwärtseinsetzen)} \\[4pt]
&L^T x^{(k)} - y = O \qquad\qquad\qquad\quad \text{(Rückwärtseinsetzen)} \\[4pt]
&Z = x^{(k)^T} b \qquad\qquad\qquad\qquad\qquad\ \text{(Zähler)}
\end{aligned}
}
\tag{5.75}
$$

Die Iteration kann abgebrochen werden, sobald zwei aufeinanderfolgende normierte iterierte Vektoren $\hat{x}^{(k-1)}$ und $\hat{x}^{(k)}$ innerhalb der gewünschten Genauigkeit übereinstimmen. Ein anderes Abbruchkriterium ergibt sich aus den Rayleighschen Quotienten $R[x^{(k)}]$. Da der kleinste Eigenwert λ_1 gleich dem Minimum des Rayleighschen Quotienten (5.74) ist, stellen die Näherungen $R[x^{(k)}]$ stets obere Schranken für λ_1 dar. Überdies kann noch eine qualitative Aussage über die Genauigkeiten, mit denen $\hat{x}^{(k)}$ den Eigenvektor x_1 darstellt und $R[x^{(k)}]$ den Wert λ_1 approximiert, angegeben werden. Zu diesem Zweck werde angenommen, daß sich der Vektor $x^{(k)}$, abgesehen von einem unwesentlichen Normierungsfaktor, darstellt in der Form

$$x^{(k)} = x_1 + \epsilon d , \tag{5.76}$$

worin x_1 den normierten Eigenvektor zu λ_1 darstellt mit $x_1^T B x_1 = 1$, $x_1^T A x_1 = \lambda_1$, und d einen zu x_1 B-orthogonalen und normierten Vektor bedeutet mit $d^T B x_1 = 0$, $d^T B d = 1$. Der Parameter ϵ stellt eine kleine Größe dar, falls $x^{(k)}$ eine gute Näherung zu x_1 ist. Die Abweichung ϵd wird im wesentlichen durch die Summe in (5.73) gegeben und gehört dem Unterraum der Eigenvektoren $x_2, x_3, \ldots, x_n$ an. Deshalb gilt weiter $x_1^T A d = 0$. Für den Wert des Rayleighschen Quotienten ergibt sich folglich

$$R[x^{(k)}] = R[x_1 + \epsilon d] = \frac{(x_1 + \epsilon d)^T A (x_1 + \epsilon d)}{(x_1 + \epsilon d)^T B (x_1 + \epsilon d)}$$

$$= \frac{x_1^T A x_1 + 2\epsilon x_1^T A d + \epsilon^2 d^T A d}{x_1^T B x_1 + 2\epsilon x_1^T B d + \epsilon^2 d^T B d} = \frac{\lambda_1 + \epsilon^2 d^T A d}{1 + \epsilon^2} \approx \lambda_1 + 0(\epsilon^2) \ . \tag{5.77}$$

Der Rayleighsche Quotient $R[x^{(k)}]$ approximiert den Eigenwert λ_1 mit einem Fehler der Größenordnung ϵ^2, falls die Abweichung von $x^{(k)}$ gegenüber x_1 von der Größenordnung ϵ ist. Das bedeutet qualitativ, daß der Rayleighsche Quotient den Eigenwert etwa mit der doppelten Stellenzahl wiedergibt wie der Näherungsvektor den Eigenvektor annähert.

Sobald der Eigenvektor x_1 zum kleinsten Eigenwert bestimmt worden ist, läßt sich der Eigenvektor x_2 zum zweitkleinsten Eigenwert λ_2 dadurch iterativ berechnen, daß man dafür sorgt, daß die iterierten Vektoren $x^{(k)}$ stets im Unterraum liegen, aufgespannt durch $x_2, x_3, \ldots, x_n$. Dies erreicht man dadurch, daß der Startvektor $x^{(0)}$ B-orthogonal zu x_1 gewählt wird und daß der resultierende Vektor nach dem Rückwärtseinsetzen einer B-Orthogonalisierung zu x_1 unterworfen wird, was eine weitere Multiplikation mit der Matrix B erfordert.

Sind allgemeiner bereits die ersten $(\ell - 1)$ Eigenvektoren $x_1, x_2, \ldots, x_{\ell-1}$ zu den $(\ell - 1)$ kleinsten Eigenwerten $\lambda_1, \lambda_2, \ldots, \lambda_{\ell-1}$ berechnet, ist mit einem Vektor $x^{(0)}$ zu starten, welcher B-orthogonal zu $x_1, x_2, \ldots, x_{\ell-1}$ ist, und der nach (5.75) iterierte Vektor $\tilde{x}^{(k)}$ ist zur Sicherheit wieder der B-Orthogonalisierung bezüglich $x_1, x_2, \ldots, x_{\ell-1}$ zu unterziehen, indem gebildet wird

$$x^{(k)} = \tilde{x}^{(k)} - \sum_{i=1}^{\ell-1} [x_i^T (B\tilde{x}^{(k)})] x_i \ . \tag{5.78}$$

Zur Orthogonalisierung sind nach (5.78) nur eine Multiplikation von $\tilde{x}^{(k)}$ mit B und $(\ell - 1)$ Skalarprodukte und noch ebenso viele Multiplikationen eines Vektors mit einem Skalar notwendig. Der Grundalgorithmus (5.75) ist in naheliegender Art zu ergänzen.

Die sukzessive Berechnung der Eigenvektoren und der zugehörigen Eigenwerte in aufsteigender Reihenfolge weist beim Vorhandensein von benachbarten Eigenwerten den Nachteil auf, daß die Iterationsvektoren für die betreffenden Eigenwerte sehr langsam konvergieren, weil in Verallgemeinerung zu (5.73) die Konvergenzquotienten sehr nahe bei Eins liegen. Eine wesentliche Verbesserung bringt die simultane Vektoriteration.

5.2.2 Die simultane Vektoriteration

Es entspricht dem Prinzip des direkten Angriffs, die gesuchten p kleinsten Eigenwerte mit den zugehörigen Eigenvektoren dadurch zu bestimmen, daß gleichzeitig p Vektoren iteriert werden, welche entsprechend der B-Orthogonalität der gewünschten Eigenvektoren stets paarweise B-orthogonal und auch B-normiert sein sollen. Da bei diesem Vorgehen ein p-dimensionaler Unterraum iteriert wird, wird das Verfahren dementsprechend auch als U n t e r r a u m - I t e r a t i o n bezeichnet [13].

Die p Iterationsvektoren $x_1^{(k)}, x_2^{(k)}, \ldots, x_p^{(k)}$ werden als Kolonnenvektoren zu einer rechteckigen $(n \times p)$-Matrix $X^{(k)}$ zusammengefaßt. Wegen der geforderten paarweisen B-Orthonormiertheit der Spalten von $X^{(k)}$ muß gelten

$$X^{(k)^T} BX^{(k)} = I_p \ , \quad (k = 0, 1, 2, \ldots) \ , \tag{5.79}$$

wo I_p die Einheitsmatrix der Ordnung p darstellt. Im allgemeinen k-ten Iterationsschritt werden analog zu (5.69) Vektoren $z_i^{(k)}$ bestimmt, so daß gilt

$$Az_i^{(k)} = Bx_i^{(k-1)} \ , \quad (i = 1, 2, \ldots, p) \ . \tag{5.80}$$

Werden die Vektoren $z_i^{(k)}$ zu einer $(n \times p)$-Matrix $Z^{(k)}$ zusammengefaßt, lautet (5.80) kurz

$$AZ^{(k)} = BX^{(k-1)} \ . \tag{5.81}$$

Die Kolonnen der Matrix $Z^{(k)}$ werden i. allg. nicht mehr B-orthonormiert sein, weshalb mit Hilfe des Schmidtschen Orthogonalisierungsprozesses [98] die Eigenschaft wieder hergestellt wird. Der B-Orthonormierungsprozeß ist tatsächlich durchführbar, da die Matrix $Z^{(k)}$ auf Grund der positiven Definitheit von A und B wie $X^{(k-1)}$ den maximalen Rang p aufweist. Der allgemeine B-Orthonormierungsschritt $(\ell = 1, 2, \ldots, p)$ setzt sich zusammen aus

$$h = z_\ell^{(k)} - \sum_{i=1}^{\ell-1} (z_\ell^{(k)^T} Bx_i^{(k)}) \, x_i^{(k)} \tag{5.82}$$

$$x_\ell^{(k)} = \frac{h}{\sqrt{h^T Bh}} \tag{5.83}$$

Bei geeigneter Organisation erfordert die B-Orthonormierung insgesamt nur p-mal die Multiplikation eines Vektors mit der Matrix B als aufwendigste Operation neben den Skalarprodukten und den Multiplikationen von Vektoren mit Skalaren. Es ist nur zu beachten, daß die Vektoren $Bx_i^{(k)}$ bis auf die Normierungskonstanten als entsprechende Produkte Bh vorhanden sind.

Ein einzelner Iterationsschritt der simultanen Vektoriteration besteht somit in der Berechnung der p Vektoren $z_i^{(k)}$ nach (5.80), wozu insgesamt p Multiplikationen mit B und p-mal das Vorwärts- und Rückwärtseinsetzen ausgeführt werden müssen. Hinzu kommt die B-Orthonormierung nach (5.82) und (5.83) mit nochmals p Multiplikationen mit B.

Werden die Startvektoren $x_i^{(0)}$ so gewählt, daß die p Unterräume $V_j^{(0)} = \{x_1^{(0)}, \ldots, x_j^{(0)}\}$ $(j = 1, 2, \ldots, p)$, aufgespannt durch die ersten j Vektoren $x_i^{(0)}$, nicht B-orthogonal zum Eigenvektor x_j sind, und gilt zudem $\lambda_{p+1} > \lambda_p$, dann konvergieren die Kolonnen der Matrizen $X^{(k)}$ gegen die Eigenvektoren der p kleinsten Eigenwerte [98]. Das Konvergenzverhalten wird allein bestimmt durch den Quotienten $q = \lambda_p / \lambda_{p+1}$. Liegt der Quotient nahe bei Eins, konvergiert die p-te Kolonne in $X^{(k)}$ langsam gegen x_p. Da benachbarte Eigenwerte $\lambda_{\ell-1}$ und λ_ℓ mit $1 < \ell \leqslant p$ die Konvergenz nicht verlangsamen, wird die simultane Vektoriteration mit Vorteil mit ein bis zwei zusätzlichen Vektoren durchgeführt.

Die Iteration wird abgebrochen, sobald die Näherungsvektoren in der gewünschten Zahl innerhalb der vorgegebenen Genauigkeit konvergiert sind. Dies wird so festgestellt, daß jeder der Vektoren $x_i^{(k-1)}$ B-orthogonalisiert wird bezüglich des Unterraumes $V_p^{(k)}$. Die größte Norm der so resultierenden Restvektoren stellt ein Maß dafür dar, wie sich der p-dimensionale Unterraum unter der Iteration verändert.

Die Eigenwertnäherungen zu den Vektoren $x_i^{(k)}$ sind als Rayleighsche Quotienten zu berechnen. Da die Vektoren $x_i^{(k)}$ durch die B-Orthogonalisierung aus den Vektoren $z_i^{(k)}$ gewonnen werden, stehen die Produkte $Ax_i^{(k)}$ nicht direkt zur Verfügung wie im Fall der einfachen Vektoriteration. Da die Matrix A durch ihre Cholesky-Matrix L ersetzt wurde, steht A auch nicht mehr zur Verfügung. Nun ist aber

$$R[x_i^{(k)}] = x_i^{(k)^T} Ax_i^{(k)} = x_i^{(k)^T} LL^T x_i^{(k)} = (L^T x_i^{(k)})^T (L^T x_i^{(k)}) \ , \tag{5.84}$$

so daß statt dessen das Produkt $L^T x_i^{(k)}$ zu bilden ist. Anstelle des oben erwähnten Abbruchkriteriums können auch die Eigenwertnäherungen nach (5.84) berechnet und auf ihre Konvergenz getestet werden. Die p Multiplikationen mit B sind ersetzt worden durch p Multiplikationen mit L^T.

Bei ungünstiger Wahl der Startvektoren $x_i^{(0)}$ besteht der Nachteil, daß die B-Orthogonalisierung die Vektoren $z_i^{(k)}$ stets in der Reihenfolge aufsteigender Indizes i in den Prozeß einbezieht. Falls zufällig $x_1^{(0)}$ keine Komponente nach x_1 enthält, kann $x_1^{(k)}$ theoretisch gar nicht gegen den ersten Eigenvektor konvergieren. Ist die Komponente sehr klein, sind viele Iterationen nötig, bis $x_1^{(k)}$ den ersten Eigenvektor darstellt.

Anstelle der durch (5.82) und (5.83) definierten sehr speziellen Linearkombination mit einer Rechtsdreiecksmatrix zur Gewinnung der $x_i^{(k)}$ aus den $z_i^{(k)}$ muß eine allgemeinere treten, welche $x_i^{(k)}$ als Kombination von allen Vektoren $z_i^{(k)}$ bildet. Die gesuchte lineare Substitution lautet mit einer regulären (p×p)-Matrix C_k

$$X^{(k)} = Z^{(k)} C_k \ . \tag{5.85}$$

Die Bedingung (5.79) wird mit diesem allgemeinen Ansatz

$$C_k^T Z^{(k)^T} BZ^{(k)} C_k = I_p \ . \tag{5.86}$$

Die Matrix C_k muß also die Matrix

$$G_k = Z^{(k)^T} BZ^{(k)} \tag{5.87}$$

vermittels einer Kongruenztransformation auf die p-reihige Einheitsmatrix I_p transformieren. Eine besonders geeignete Matrix C_k liefert die Hauptachsentransformation der symmetrischen und positiv definiten (p×p)-Matrix G_k, d. h. es sind alle ihre Eigenvektoren und Eigenwerte zu bestimmen. Die Jacobi-Methode nach Abschn.5.1.2 oder effizienter die Folge der Methoden von Householder, Bisektion und inverser Vektoriteration nach Abschn.5.1.3 bis 5.1.5 lösen diese Teilaufgabe. So sei V_k die orthogonale Matrix der Eigenvektoren von G_k, und D_k sei die Diagonalmatrix, beide derart angeordnet, daß die Eigenwerte in D_k in a b s t e i g e n d e r Reihenfolge erscheinen. Es besteht somit die Relation

$$V_k^T G_k V_k = D_k \ . \tag{5.88}$$

Bilden wir die Matrix

$$C_k = V_k D_k^{-\frac{1}{2}} , \qquad\qquad (5.89)$$

so leistet sie das Gewünschte, indem die nach (5.85) berechnete Matrix $X^{(k)}$ wegen (5.89) und (5.88) in der Tat B-orthonormierte Kolonnen enthält, weil gilt

$$X^{(k)^T} B X^{(k)} = C_k^T Z^{(k)^T} B Z^{(k)} C_k = D_k^{-\frac{1}{2}} V_k^T G_k V_k D_k^{-\frac{1}{2}} = I_p .$$

Diese B-Orthogonalisierung besitzt den wünschbaren Effekt, daß die resultierenden Vektoren $x_i^{(k)}$ durch die allgemeine Linearkombination je die größtmögliche Komponente nach dem Eigenvektor x_i erhalten. Der Effekt läßt sich am besten anhand einer extremen Situation illustrieren. Die Startvektoren $x_1^{(0)}$, $x_2^{(0)}$ und $x_3^{(0)}$ seien derart gewählt, daß sie gleich den ersten drei Eigenvektoren, aber in falscher Reihenfolge seien.

$$x_1^{(0)} = x_2 , \qquad x_2^{(0)} = x_3 , \qquad x_3^{(0)} = x_1 .$$

Für die iterierten Vektoren $z_i^{(1)}$ ergeben sich nach (5.72)

$$z_1^{(1)} = \frac{1}{\lambda_2} x_2 , \quad z_2^{(1)} = \frac{1}{\lambda_3} x_3 , \quad z_3^{(1)} = \frac{1}{\lambda_1} x_3 .$$

Die zugehörige Matrix $G_1 = Z^{(1)^T} B Z^{(1)}$ wird wegen der B-Orthonormiertheit der x_i eine Diagonalmatrix

$$G_1 = \begin{bmatrix} \lambda_2^{-2} & & \\ & \lambda_3^{-2} & \\ & & \lambda_1^{-2} \end{bmatrix} .$$

Die Matrizen V_1, D_1 und C_1 sind folglich

$$V_1 = \begin{bmatrix} 0 & 1 & 0 \\ 0 & 0 & 1 \\ 1 & 0 & 0 \end{bmatrix} , \qquad D_1 = \begin{bmatrix} \lambda_1^{-2} & & \\ & \lambda_2^{-2} & \\ & & \lambda_3^{-2} \end{bmatrix} , \qquad C_1 = \begin{bmatrix} 0 & \lambda_2 & 0 \\ 0 & 0 & \lambda_3 \\ \lambda_1 & 0 & 0 \end{bmatrix} .$$

Die Matrix $X^{(1)}$ enthält in den drei Kolonnen die Vektoren x_1, x_2, x_3 in der richtigen Reihenfolge.

Die B-Orthogonalisierung von $Z^{(k)}$ über die Matrix G_k (5.87), das Eigenwertproblem für G_k (5.88), die Berechnung von C_k und schließlich von $X^{(k)}$ nach (5.85) ist recht aufwendig. Sie erfordert p Multiplikationen mit der Matrix B und $p(p+1)/2$ Skalarprodukte für G_k, die Eigenwert- und Eigenvektorberechnung für G_k, und dann als weiteren Aufwand die p Linearkombinationen für $X^{(k)}$ mit nochmals $p^2 n$ Multiplikationen.

In der Regel ist die Schmidtsche B-Orthogonalisierung weniger aufwendig. Erfahrungsgemäß rechtfertigt die erzielte Konvergenzverbesserung die Anwendung der aufwendigeren B-Orthogonalisierung nicht in jedem Schritt. Die Kombination der beiden Varianten ist sehr zweckmäßig, indem der kompliziertere Schritt nur nach je einer festen Anzahl von Iterationen Anwendung findet.

5.2.3 Andere Durchführung der Vektoriteration

Insbesondere die B-Orthogonalisierung der iterierten Vektoren erfordert die aufwendigen zusätzlichen Multiplikationen mit der Matrix $\mathbf{B}$. Es ist aber möglich, die Vektoriteration auf eine andere Art durchzuführen, indem die allgemeine Eigenwertaufgabe f o r m a l auf ein spezielles symmetrisches Eigenwertproblem nach Abschn.5.1.1 zurückgeführt wird, wobei aber die in (5.4) definierte Matrix $\mathbf{C}$ nicht explizit berechnet wird. Arbeitet man mit dem Eigenwertproblem für die symmetrische Matrix $\mathbf{C}$, so sind ihre Eigenvektoren in der üblichen euklidischen Metrik orthogonal.

Nach Abschn.5.1.1 wird die Cholesky-Zerlegung der Matrix $\mathbf{B}$ benötigt. Da auch die Cholesky-Matrix zu $\mathbf{A}$ erforderlich sein wird, müssen die beiden Matrizen unterschieden werden. Wir setzen demzufolge an

$$\mathbf{A} = \mathbf{L}_A \mathbf{L}_A^T \ , \qquad \mathbf{B} = \mathbf{L}_B \mathbf{L}_B^T \ . \tag{5.90}$$

Nach (5.4) lautet die Matrix $\mathbf{C}$ formal

$$\mathbf{C} = \mathbf{L}_B^{-1} \mathbf{A} \mathbf{L}_B^{-T} = \mathbf{L}_B^{-1} \mathbf{L}_A \mathbf{L}_A^T \mathbf{L}_B^{-T} \ , \tag{5.91}$$

und die Eigenvektoren $\mathbf{y}$ von $\mathbf{C}$ sind mit den Eigenvektoren $\mathbf{x}$ von $\mathbf{A}\mathbf{x} = \lambda\mathbf{B}\mathbf{x}$ verknüpft durch

$$\mathbf{y} = \mathbf{L}_B^T \mathbf{x} \ . \tag{5.92}$$

Zur Bestimmung der kleinsten Eigenwerte von $\mathbf{C}$ ist die i n v e r s e   e i n f a c h e oder s i m u l t a n e Vektoriteration anwendbar, wobei in beiden Fällen zu einem Vektor $\mathbf{y}^{(k-1)}$ ein iterierter Hilfsvektor $\mathbf{z}^{(k)}$ aus

$$\mathbf{C}\mathbf{z}^{(k)} = \mathbf{y}^{(k-1)} \tag{5.93}$$

zu bestimmen ist. Die Berechnung von $\mathbf{z}^{(k)}$ erfolgt in vier Teilschritten, die in (5.94) auf Grund von (5.91) zusammengefaßt sind.

$$\boxed{\begin{array}{ll} \mathbf{h}_1 = \mathbf{L}_B \mathbf{y}^{(k-1)} & \text{(Multiplikation mit } \mathbf{L}_B) \\[4pt] \mathbf{L}_A \mathbf{h}_2 - \mathbf{h}_1 = \mathbf{O} & \text{(Vorwärtseinsetzen mit } \mathbf{L}_A) \\[4pt] \mathbf{L}_A^T \mathbf{h}_3 - \mathbf{h}_2 = \mathbf{O} & \text{(Rückwärtseinsetzen mit } \mathbf{L}_A) \\[4pt] \mathbf{z}^{(k)} = \mathbf{L}_B^T \mathbf{h}_3 & \text{(Multiplikation mit } \mathbf{L}_B^T) \end{array}} \tag{5.94}$$

Die nach (5.75) durchzuführende Multiplikation mit $\mathbf{B}$ ist in (5.94) ersetzt durch zwei Multiplikationen mit $\mathbf{L}_B$, bzw. $\mathbf{L}_B^T$. Die Matrix $\mathbf{L}_B$ ist im allgemeinen stärker besetzt als die untere Hälfte von $\mathbf{B}$, so daß in diesem Teilschritt der Rechenaufwand größer ist. Es kann hier nur die Hüllenstruktur von $\mathbf{B}$ ausgenützt werden, doch ist der programmiertechnische Vorteil hervorzuheben, daß die Matrizen $\mathbf{A}$ und $\mathbf{B}$, die ja die gleiche Hüllenstruktur aufweisen, bei diesem Vorgehen vollkommen gleich behandelt werden, da von beiden die Cholesky-Zerlegung benötigt wird. Die Kompilation der beiden Gesamtmatrizen kann somit nach dem gleichen Schema erfolgen.

Der nach (5.94) bedingte Mehraufwand an Rechenoperationen wird beim Orthonormierungsschritt teilweise oder sogar ganz eingespart, da jetzt dort die Multiplikationen mit $\mathbf{B}$

entfallen, weil die iterierten Vektoren im normalen Sinn orthogonal sind. Ebenso vereinfacht sich die Matrix G_k (5.87) für einen allgemeinen Orthonormierungsschritt zu

$$G_k = Z^{(k)^T} Z^{(k)} \ , \tag{5.95}$$

zu deren Berechnung jetzt nur noch $p(p+1)/2$ Skalarprodukte nötig sind.

Nach erfolgter Konvergenz der Iterationsvektoren $y_i^{(k)}$ gegen die Eigenvektoren y_i von C sind sie nach (5.92) durch das Rückwärtseinsetzen mit L_B auf die eigentlich gesuchten Eigenvektoren x_i zurückzutransformieren. Die Eigenwerte λ_i ergeben sich als Rayleighsche Quotienten

$$\lambda_i = R[x_i] = \frac{x_i^T A x_i}{x_i^T B x_i} = \frac{x_i^T L_A L_A^T x_i}{x_i^T L_B L_B^T x_i} = \frac{(L_A^T x_i)^T (L_A^T x_i)}{y_i^T y_i} \tag{5.96}$$

wozu effektiv nur die Multiplikation mit L_A^T nötig ist, da ja die Vektoren y_i zur Verfügung stehen.

5.2.4 Indefinite Matrix A

In gewissen Schwingungsaufgaben erfüllt die Gesamtsteifigkeitsmatrix A die Bedingung der positiven Definitheit nicht, da das zugrundeliegende System etwa Verschiebungen des starren Körpers zuläßt, wie dies beispielsweise bei der Analyse der Eigenschwingungen eines frei schwebenden Satelliten zutrifft. Die getroffene Voraussetzung stellt aber keine Einschränkung dar, da die Eigenwertaufgabe mit im allgemeinen indefiniter Matrix A und positiv definiter Matrix B durch eine Spektralverschiebung stets auf eine modifizierte Eigenwertaufgabe mit positiv definitem Paar $\tilde{A}, B$ zurückgeführt werden kann. Wird nämlich in der gegebenen Eigenwertaufgabe $Ax = \lambda Bx$ mit einer positiven Zahl $c > 0$ auf beiden Seiten cBx addiert, so besitzt das modifizierte Eigenwertproblem

$$(A + cB)x = (\lambda + c)Bx \quad \text{oder} \quad \tilde{A}x = \tilde{\lambda}Bx \tag{5.97}$$

die Eigenwerte

$$\tilde{\lambda}_i = \lambda_i + c \ , \tag{5.98}$$

während die Eigenvektoren offensichtlich dieselben sind. Mit einem geeigneten $c > 0$ wird die Matrix $\tilde{A} = A + cB$ positiv definit. Im praktisch wichtigsten Fall einer positiv semidefiniten Matrix A wird theoretisch mit jedem $c > 0$ die Matrix $\tilde{A}$ positiv definit. Doch ist bei der Wahl von c auf zwei verschiedene numerische Tatsachen zu achten. Auf der einen Seite bestimmen bestimmte Quotienten von aufeinanderfolgenden Eigenwerten $\tilde{\lambda}_p / \tilde{\lambda}_{p+1} = (\lambda_p + c)/(\lambda_{p+1} + c)$ die Konvergenz der Vektoriteration. Dieser Quotient wird mit wachsendem Wert c vergrößert. Um die Konvergenz nicht zu stark zu verschlechtern, sollte ein möglichst kleines $c > 0$ gewählt werden. Auf der andern Seite ist die Matrix $\tilde{A} = A + cB$ für sehr kleines c fast singulär, und die Konditionszahl der Matrix $\tilde{A}$ ist groß. Dies führt zu numerischen Schwierigkeiten in der Cholesky-Zerlegung von $\tilde{A}$ und zu den bekannten großen Fehlerschranken für die resultierenden Lösungsvektoren von zugehörigen Gleichungssystemen. Um diese Schwierigkeiten zu vermeiden, ist ein großer Wert von c zu wählen. Man hat folglich eine Kompromißlösung zu finden mit einem Wert c, der beiden Gesichtspunkten gebührend Rechnung trägt. Ein problemgerechter Wert c liegt in der Gegend des kleinsten positiven Eigenwertes λ der gegebenen Eigenwertaufgabe. Darüber existieren häufig Anhaltspunkte bei konkreten Aufgabenstellungen.

5.3 Bisektionsmethode

Im folgenden wird ein Verfahren beschrieben, welches erlaubt, ganz bestimmte Eigenwerte mit den zugehörigen Eigenvektoren zu berechnen, sei es, daß die Indizes der gesuchten Eigenwerte vorgegeben sind oder sei es, daß die Eigenwerte in einem gegebenen Intervall gesucht sind. Für die beiden Matrizen $\mathbf{A}$ und $\mathbf{B}$ wird die Symmetrie und für $\mathbf{B}$ die positive Definitheit vorausgesetzt. Die Methode eignet sich nur dann, falls $\mathbf{A}$ und $\mathbf{B}$ Bandmatrizen oder in Verfeinerung Matrizen mit gleicher Hüllenstruktur sind. Sowohl die Bandstruktur als auch die Hüllenstruktur werden weitgehend ausgenützt, um den Speicherbedarf und den Rechenaufwand zu minimieren. Das angewandte Verfahren der fortgesetzten Intervallhalbierung zur Berechnung bestimmter Eigenwerte des allgemeinen Eigenwertproblems stellt eine Verallgemeinerung der Bisektionsmethode für tridiagonale Matrizen von Abschn. 5.1.4 dar und beruht auf der Tatsache, daß die Eigenwerte von $\mathbf{A} = \lambda \mathbf{B}\mathbf{x}$ analog lokalisiert werden können. Die Eigenvektoren bestimmen sich anschließend mit Hilfe der gebrochen inversen Vektoriteration.

Von P e t e r s und W i l k i n s o n [84] stammt ein später von G u p t a [51, 52] modifizierter Algorithmus für Bandmatrizen, der auf der Tatsache aufbaut, daß die Folge der führenden Hauptabschnittsdeterminanten der Matrix $\mathbf{A} - \mu\mathbf{B}$ eine Sturmsche Kette bilden, allerdings nur im schwachen Sinn, weil aufeinanderfolgende Determinanten für einen gegebenen Wert μ verschwinden können. Zur numerisch sicheren Berechnung der Hauptabschnittsdeterminanten werden Pivotierungen mit Zeilenvertauschungen angewendet, wodurch die Symmetrie und teilweise auch die Bandstruktur von $\mathbf{A} - \mu\mathbf{B}$ zerstört wird [74, 84]. Im folgenden wird eine andere und einfach zu begründende Methode zur Lokalisierung der Eigenwerte beschrieben. Sie hat den Vorteil, daß die Symmetrie erhalten bleibt. Ferner benötigt sie im Fall von Bandmatrizen weniger Speicher [102]. Als Weiterentwicklung dieses für Bandmatrizen konzipierten Algorithmus beschreiben wir sodann eine Variante, in welcher die Hüllenstruktur der Matrizen $\mathbf{A}$ und $\mathbf{B}$ optimal ausgenützt wird [149].

5.3.1 Die Reduktion einer quadratischen Form

Als Vorbereitung zur Begründung des Verfahrens wird die Reduktion einer quadratischen Form

$$Q = \sum_{i=1}^{n} \sum_{j=1}^{n} f_{ij}x_i x_j = \mathbf{x}^T \mathbf{F}\mathbf{x} = \sum_{i=1}^{r} \sigma_i \left(\sum_{j=1}^{n} c_{ji}x_j \right)^2 \tag{5.99}$$

in n Variablen, zugehörig zu einer symmetrischen $(n \times n)$-Matrix $\mathbf{F}$ vom Rang $r \leqslant n$, auf eine Summe von r Quadraten linear unabhängiger Linearformen $y_i = \sum_{j=1}^{n} c_{ji}x_j$ benötigt, wobei die Vorzeichen σ_i der Quadrate gleich ± 1 sein können. Die Zurückführung einer quadratischen Form auf eine **k a n o n i s c h e D a r s t e l l u n g** einer Summe von vorzeichenbehafteten Quadraten kann im wesentlichen nach dem Gaußschen Eliminationsprozeß mit Pivots in der Diagonalen, bzw. nach einer Cholesky-ähnlichen Zerlegung erfolgen. Im Verlauf der Reduktion sind drei verschiedene Situationen möglich, welche am ersten und gleichzeitig repräsentativen Schritt dargestellt werden sollen.

1. Es sei $f_{11} \neq 0$. Alle Summanden von Q, welche x_1 enthalten, werden zu einem vollständigen Quadrat ergänzt, nachdem das Vorzeichen $\sigma_1 = \mathrm{sgn}(f_{11})$ ausgeklammert worden ist.

$$
\begin{aligned}
Q &= f_{11}x_1^2 + 2 \sum_{j=2}^{n} f_{j1}x_j x_1 + \sum_{i=2}^{n} \sum_{j=2}^{n} f_{ij}x_i x_j \\
&= \sigma_1 \left[|f_{11}| x_1^2 + 2\sigma_1 \sum_{j=2}^{n} f_{j1}x_j x_1 \right] + \sum_{i=2}^{n} \sum_{j=2}^{n} f_{ij}x_i x_j \\
&= \sigma_1 \left[\sqrt{|f_{11}|}\, x_1 + \sum_{j=2}^{n} \frac{\sigma_1 f_{j1}}{\sqrt{|f_{11}|}} x_j \right]^2 + \sum_{i=2}^{n} \sum_{j=2}^{n} \left[f_{ij} - \frac{f_{i1}f_{j1}}{f_{11}} \right] x_i x_j \\
&= \sigma_1 y_1^2 + \sum_{i=2}^{n} \sum_{j=2}^{n} f_{ij}^{(1)} x_i x_j
\end{aligned}
\tag{5.100}
$$

Die Koeffizienten c_{j1} der ersten Linearform sind gegeben durch

$$
c_{11} = \sqrt{|f_{11}|}\,, \qquad c_{j1} = \frac{\sigma_1 f_{j1}}{c_{11}}\,, \qquad (j = 2, 3, \dots, n)\,,
\tag{5.101}
$$

und entstehen weitgehend analog zu den Elementen der ersten Kolonne der Cholesky-Matrix **L** einer positiv definiten Matrix. Die Elemente $f_{ij}^{(1)}$ der reduzierten quadratischen Form

$$
Q_1 = \sum_{i=2}^{n} \sum_{j=2}^{n} f_{ij}^{(1)} x_i x_j
\tag{5.102}
$$

in den $(n-1)$ Variablen $x_2, x_3, \dots, x_n$ entstehen nach (5.100) unter Verwendung der Koeffizienten c_{j1} (5.101) gemäß

$$
f_{ij}^{(1)} = f_{ij} - \sigma_1 c_{i1} c_{j1}\,, \qquad (i, j = 2, 3, \dots, n)\,.
\tag{5.103}
$$

Auch hier ist die Verwandtschaft mit der Cholesky-Zerlegung deutlich.

2. Es sei $f_{11} = 0$, und es existiere ein Index $q \geqslant 2$ mit $f_{q1} \neq 0$. Diese Situation wird auf die vorhergehende zurückgeführt mit der Variablensubstitution

$$
x_q = \pm \xi_1 + \xi_q\,, \qquad x_i = \xi_i \quad \text{für alle } i \neq q\,,
\tag{5.104}
$$

welche mit der regulären Matrix

$$
\mathbf{C}_h = \begin{bmatrix}
1 & & & & \\
 & 1 & & & \\
 & & 1 & & \\
\pm 1 & & 1 & & \\
 & & & & 1
\end{bmatrix} \;\leftarrow q
\tag{5.105}
$$

als $x = C_h\,\zeta$ geschrieben werden kann und die quadratische Form $Q = x^T\,F\,x$ transformiert in $Q = \zeta^T\,C_h^T\,F\,C_h\,\zeta = \zeta^T\,\widetilde{F}\,\zeta$ mit

$$\widetilde{F} = C_h^T\,F\,C_h \ . \tag{5.106}$$

(5.106) stellt eine Kongruenztransformation von F vermittels C_h dar und hat die Wirkung auf F, daß zuerst die q-te Zeile von F zur (von der) ersten Zeile addiert (subtrahiert) und anschließend die q-te Kolonne der veränderten Matrix zur (von der) ersten Kolonne addiert (subtrahiert) wird. Die im Moment allein interessierenden Elemente der ersten Kolonne von $\widetilde{F}$ ergeben sich somit zu

$$\widetilde{f}_{11} = f_{11} \pm 2\,f_{q1} + f_{qq} \ ; \qquad \widetilde{f}_{j1} = f_{j1} \pm f_{jq} \ , \qquad (j = 2, 3, \ldots, n) \ . \tag{5.107}$$

Damit die Hilfskongruenztransformation (5.106) mit Sicherheit ein von Null verschiedenes Element $\widetilde{f}_{11}$ erzeugt und dabei auch Auslöschung von führenden Stellen vermieden wird, verfügen wir an dieser Stelle über das Vorzeichen in (5.104). Das Vorzeichen sei positiv, falls $f_{q1}f_{qq} \geqslant 0$, andernfalls negativ. Da jetzt in $\widetilde{F}$ das Element $\widetilde{f}_{11} \neq 0$ ist, ist ein Reduktionsschritt nach 1) möglich.

3. Es sei $f_{j1} = 0$ für alle $j = 1, 2, \ldots, n$. Die quadratische Form enthält keine Terme mit x_1, es kann kein Quadrat gebildet werden und der Reduktionsschritt wird als ganzes übersprungen. In diesem Ausnahmefall definiert man in Verallgemeinerung zu (5.99) eine Linearform $y_1 = x_1$ und den Wert $\sigma_1 = 0$.

Mit dieser Ergänzung definieren die n linear unabhängigen Linearformen y_i eine reguläre Matrix C derart, daß mit $y = C^T x$ nach (5.99) gilt

$$Q = x^T F x = \sum_{i=1}^{n} \sigma_i y_i^2 = y^T D y = x^T C\,D C^T x \ , \tag{5.108}$$

worin D eine Diagonalmatrix bedeutet, deren Diagonalelemente $+1$, -1 oder 0 sind. Die Reduktion einer quadratischen Form auf ihre kanonische Form kann damit auch so formuliert werden: Zu jeder symmetrischen Matrix F existiert eine reguläre, aber nicht eindeutig bestimmte Matrix C, so daß F die kongruent transformierte Matrix einer Diagonalmatrix D mit Diagonalelementen $+1$, -1 und 0 ist. Nach (5.108) gilt also die Beziehung

$$F = CDC^T \ . \tag{5.109}$$

Obwohl die Matrix C der Kongruenztransformation (5.109) nicht eindeutig ist, gilt der T r ä g h e i t s s a t z   v o n   S y l v e s t e r für quadratische Formen [41], wonach die totale Anzahl r der Quadrate in der kanonischen Form unabhängig von C gleich dem Rang der Matrix F ist, und daß die Anzahl p der positiven Quadrate ($\sigma_i = +1$) und die Anzahl q der negativen Quadrate ($\sigma_i = -1$) invariante Größen der Matrix F bezüglich aller regulärer Kongruenztransformationen sind.

5.3.2 Lokalisierung der Eigenwerte

Der Trägheitssatz von Sylvester bildet den Schlüssel zur Lokalisierung der Eigenwerte der allgemeinen Eigenwertaufgabe und damit zur Bisektionsmethode.

Satz 5.1 *Die Anzahl der Eigenwerte λ_i von $\mathbf{Ax} = \lambda\mathbf{Bx}$, welche größer, kleiner oder gleich einem gegebenen reellen Wert μ sind, ist gleich der Anzahl der positiven, negativen resp. verschwindenden σ_j in irgend einer kanonischen Form der quadratischen Form zu $\mathbf{F} = \mathbf{A} - \mu\mathbf{B}$.*

B e w e i s Zum gegebenen Eigenwertproblem $\mathbf{Ax} = \lambda\mathbf{Bx}$ betrachten wir das um μ spektraltransformierte Problem

$$(\mathbf{A} - \mu\mathbf{B})\mathbf{x} = (\lambda - \mu)\mathbf{Bx} \quad \text{oder} \quad \mathbf{Fx} = \lambda'\mathbf{Bx} \tag{5.110}$$

mit den Eigenwerten $\lambda_i' = \lambda_i - \mu$ (i = 1, 2, . . . , n). Zur symmetrischen Matrix $\mathbf{B}$ existiert nach dem Hauptachsentheorem eine orthogonale Matrix $\mathbf{U}$, welche $\mathbf{B}$ auf Diagonalform $\mathbf{D}_1$ und gleichzeitig $\mathbf{F}$ in eine symmetrische Matrix $\mathbf{F}'$ transformiert.

$$\mathbf{U}^T\mathbf{BU} = \mathbf{D}_1 \ , \qquad \mathbf{U}^T\mathbf{FU} = \mathbf{F}' \tag{5.111}$$

Infolge der positiven Definitheit von $\mathbf{B}$ sind die Diagonalelemente von $\mathbf{D}_1$ als die Eigenwerte von $\mathbf{B}$ positiv, so daß die Matrix $\mathbf{D}_1^{1/2}$ im reellen Zahlbereich gebildet werden kann. Damit läßt sich (5.110) zumindest formal auf eine spezielle Eigenwertaufgabe zurückführen, nämlich

$$\mathbf{D}_1^{-1/2}\mathbf{U}^T\mathbf{FUD}_1^{-1/2}(\mathbf{D}_1^{1/2}\mathbf{U}^T\mathbf{x}) = \lambda'\mathbf{D}_1^{-1/2}\mathbf{U}^T\mathbf{BUD}_1^{-1/2}(\mathbf{D}_1^{1/2}\mathbf{U}^T\mathbf{x}) \ , \tag{5.112}$$

das mit der symmetrischen Matrix

$$\mathbf{F}'' = \mathbf{D}_1^{-1/2}\mathbf{U}^T\mathbf{FUD}_1^{-1/2} \quad \text{und} \quad \mathbf{D}_1^{1/2}\mathbf{U}^T\mathbf{x} = \mathbf{y} \tag{5.113}$$

kurz geschrieben werden kann als $\mathbf{F}''\mathbf{y} = \lambda'\mathbf{y}$. Zu $\mathbf{F}''$ existiert eine weitere orthogonale Matrix $\mathbf{V}$, so daß

$$\mathbf{V}^T\mathbf{F}''\mathbf{V} = \mathbf{D}_2 \tag{5.114}$$

eine Diagonalmatrix mit den Eigenwerten $\lambda_i' = \lambda_i - \mu$ als Diagonalelementen ist. Nach (5.114) und (5.113) ist $\mathbf{D}_2$ die kongruent transformierte Matrix von $\mathbf{F}$ vermöge der regulären Transformationsmatrix $\mathbf{UD}_1^{-1/2}\mathbf{V}$. Ferner ist die Diagonalmatrix $\mathbf{D}_2$ trivialerweise kongruent zu einer Diagonalmatrix $\mathbf{D}$ mit Diagonalelementen $+1$, -1 und 0, derart, daß die Vorzeichen der von Null verschiedenen Diagonalelemente unverändert bleiben. Damit ist eine Kongruenztransformation konstruiert worden, aus deren zugehörigen kanonischen Form die Vorzeichen der Eigenwerte λ_i' hervorgehen. Nach dem Trägheitssatz von Sylvester ist die Anzahl der positiven, negativen und verschwindenden Eigenwerte λ_i' gleich der Anzahl der positiven, negativen, resp. verschwindenden σ_i in irgendeiner kanonischen Form von $\mathbf{F} = \mathbf{A} - \mu\mathbf{B}$. Mit $\lambda_i = \lambda_i' + \mu$ ist damit die Aussage des Satzes bewiesen.

5.3.3 Der Reduktionsalgorithmus für Bandmatrizen

Um zu einem Wert μ zu bestimmen, wieviele Eigenwerte kleiner als μ sind, ist die zur Matrix $\mathbf{F} = \mathbf{A} - \mu\mathbf{B}$ gehörige quadratische Form in ihre kanonische Form zu transformieren, d. h. es ist im wesentlichen eine Cholesky-ähnliche Zerlegung, verbunden mit geeigneten Hilfskongruenztransformationen durchzuführen. Die Anzahl der negativen σ_i ist nach Satz 5.1 gleich der Zahl der Eigenwerte λ_i, die kleiner als μ sind.

Im folgenden wird der Reduktionsalgorithmus entwickelt unter der Voraussetzung, daß die Matrizen **A** und **B** und damit **F** die Bandbreite m aufweisen, wobei die Bandstruktur von **F** so weit als möglich ausgenützt werden soll. Da die Symmetrie erhalten bleibt, wird wie üblich mit der unteren Hälfte von **F** gearbeitet.

Wir beginnen mit der Beschreibung des ersten Reduktionsschrittes. Um die numerische Stabilität zu erhöhen, wird die Hilfskongruenztransformation (5.106) stets dann ausgeführt, falls f_{11} nicht das absolut größte Element der ersten Kolonne ist. Deshalb wird das absolut größte Element f_{q1} der ersten Kolonne ermittelt.

$$|f_{q1}| = \max_{1 \leqslant i \leqslant m+1} |f_{i1}| \tag{5.115}$$

Ist $f_{q1} = 0$ oder realistischer $|f_{q1}| \leqslant \delta \parallel F \parallel$, so liegt der Fall 3) vor. Darin bedeutet δ die kleinste positive Zahl im Rechenautomaten, für die $1 + \delta \neq 1$ gilt. $\parallel F \parallel$ ist eine Norm von **F**. Es gilt somit $\sigma_1 = 0$ und der Eliminationsschritt kann übersprungen werden.

Ist hingegen $|f_{q1}| > \delta \parallel F \parallel$ mit q = 1, kann mit f_{11} als Pivot der Reduktionsschritt nach (5.101) und (5.103) durchgeführt werden. Falls aber q > 1 ist, wird die Hilfskongruenztransformation (5.106) mit der dort definierten Vorzeichenfestsetzung angewendet. Damit wird erreicht, daß das Pivotelement $|\tilde{f}_{11}| > |f_{11}|$ wird, da in (5.107) $|f_{q1}| > |f_{11}|$ ist. Allerdings kann nicht garantiert werden, daß auch $|\tilde{f}_{11}| > |f_{i1}|$ für i = 2, 3, . . . , m + 1 gilt, da das Überwiegen von $\tilde{f}_{11}$ von den Elementen der q-ten Kolonne abhängig ist.

Durch eine solche Hilfskongruenztransformation wird die Bandstruktur der gegebenen Matrix **F** in der ersten Kolonne (und Zeile) teilweise zerstört. Im extremsten Fall mit q = m + 1 können in der ersten Kolonne unterhalb des Bandes m zusätzliche von Null verschiedene Elemente erscheinen, wie dies in Fig.5.1 schematisch dargestellt ist. Für eine innerhalb des Bandes schwach besetzte Matrix **F** brauchen selbstverständlich nicht alle zusätzlichen Elemente auch tatsächlich von Null verschieden zu sein. Die Hülle der Matrix **F** wird in der Regel vergrößert.

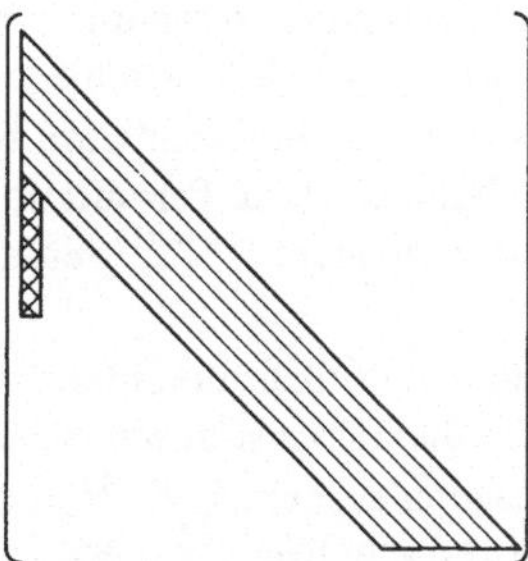

Fig. 5.1 Mögliche Struktur von F nach Hilfskongruenz-transformation, erster Schritt

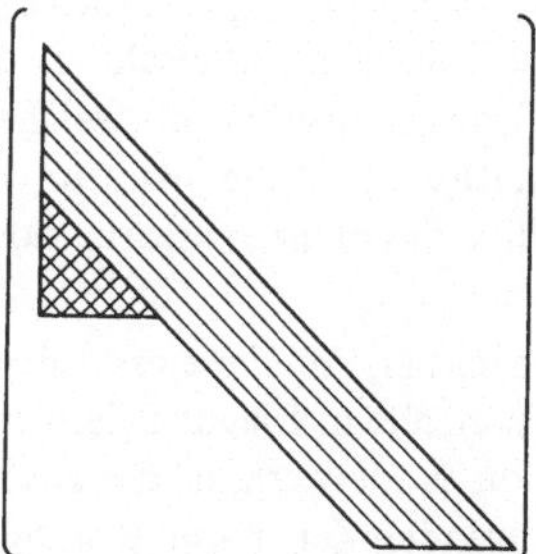

Fig. 5.2 Struktur der reduzierten Matrix nach dem ersten Schritt, ohne erste Kolonne

Hat eine Hilfskongruenztransformation stattgefunden, so erzeugt der Reduktionsschritt eine Matrix $\mathbf{F}_1 = (f_{ij}^{(1)})$ der Ordnung $(n-1)$, wobei in einem dreieckigen Bereich außerhalb des Bandes von Null verschiedene Matrixelemente entstehen können, wie dies in Fig.5.2 für die extremste Situation nach Fig.5.1 gezeigt ist. Sehr oft wird der hervorgehobene Bereich nicht voll besetzt sein, vielmehr kann hier die Hülle von $\tilde{\mathbf{F}}$ Berücksichtigung finden.

Würden zur Fortsetzung der Reduktion sämtliche $2\,m$ Elemente $f_{i2}^{(1)}$ ($i = 2, 3, \ldots,$ $2\,m + 1$) für die nächste Hilfskongruenztransformation zugelassen, könnten im schlimmsten Fall weitere m von Null verschiedene Elemente in der zweiten Kolonne unterhalb des Dreiecksbereichs entstehen. Der Eliminationsschritt würde in einem noch größeren Dreiecksbereich von Null verschiedene Elemente erzeugen, und die skizzierte Strategie würde die Matrix in wenigen Schritten auffüllen.

Um eine weitere Erweiterung des Bandes zu vermeiden, muß die Suche nach dem absolut größten Element $f_{q2}^{(1)}$ auf die $(m + 1)$ Kandidaten $f_{22}^{(1)}, f_{32}^{(1)}, \ldots, f_{m+2,2}^{(1)}$ im Sinn einer p a r t i e l l e n P i v o t i e r u n g eingeschränkt werden. Liefert diese partielle Suche ein Element $|f_{q2}^{(1)}| > \delta \, \| \mathbf{F} \|$ mit $q > 2$, erzeugt die betreffende Hilfskongruenztransformation eine zu Fig.5.1 analoge Situation mit maximal m von Null verschiedenen Elementen in der zweiten Kolonne unterhalb des ursprünglichen Bandes. Der einzige Unterschied zu Fig.5.1 besteht darin, daß außer diesen Elementen auch noch weitere von Null verschiedene Elemente außerhalb des Bandes im besonders schraffierten Bereich der Fig.5.2 existieren können. Der nachfolgende Reduktionsschritt liefert eine Matrix $\mathbf{F}_2$ mit einer vollkommen analogen Struktur wie $\mathbf{F}_1$, indem sich der dreieckige Bereich außerhalb des Bandes nur um eine Position nach rechts unten verschiebt.

Im Zusammenhang mit der partiellen Pivotierung ist ein Ausnahmefall zu behandeln. Nach ausgeführtem $(p-1)$-ten Reduktionsschritt kann die Situation eintreten, daß alle Elemente $f_{pp}^{(p-1)}, f_{p+1,p}^{(p-1)}, \ldots f_{p+m,p}^{(p-1)}$, die als Kandidaten für eine Hilfskongruenztransformation in Frage kommen, betragsmäßig kleiner als $\delta \, \| \mathbf{F} \|$ sind, daß aber unter den Elementen $f_{p+m+1,p}^{(p-1)}, \ldots, f_{p+2m-1,p}^{(p-1)}$ mindestens eines existiert, dessen Betrag diese Schranke übersteigt. Als erste Auswegmöglichkeit aus dieser Situation wird unter den m nachfolgenden Diagonalelementen $f_{p+1,p+1}^{(p-1)}, \ldots, f_{p+m,p+m}^{(p-1)}$ das absolut größte bestimmt. Es sei dies $f_{qq}^{(p-1)}$ mit $|f_{qq}^{(p-1)}| > \delta \, \| \mathbf{F} \|$. Dann werden die p-ten und q-ten Zeilen und Kolonnen vertauscht, so daß an der Stelle (p, p) ein von Null verschiedenes Diagonalelement entsteht, mit welchem der Reduktionsschritt durchführbar wird. Bei dieser Permutation bleibt die Struktur von Fig.5.2 erhalten. Nach erfolgter Permutation ist eine Hilfskongruenztransformation denkbar, um das Pivotelement $f_{pp}^{(p-1)}$ weiter zu vergrößern.

Es ist denkbar, daß diese erste Behandlung des Ausnahmefalls nicht durchführbar ist, wenn auch alle m Diagonalelemente verschwinden. Um diese höchst unwahrscheinliche Situation zu meistern, ist das absolut größte Außendiagonalelement $f_{rs}^{(p-1)}$ in den m nachfolgenden Zeilen und Kolonnen zu bestimmen. Für die Indizes gilt dabei $p + 1 \leqslant s < r \leqslant p + m$. Eine Hilfskongruenztransformation mit den Zeilen und Kolonnen s und r erzeugt an der Stelle (s, s) ein von Null verschiedenes Diagonalelement, wobei die momentane Struktur unverändert bleibt. In Fig.5.3 ist das Ergebnis eines solchen

Transformationsschrittes für die konkrete Situation s = p + 2, r = p + 6, m = 6 am wesentlichen Ausschnitt der Matrix dargestellt. Eine Permutation der s-ten und p-ten Zeilen und Kolonnen bringt das gewünschte von Null verschiedene Element an die Position (p, p).

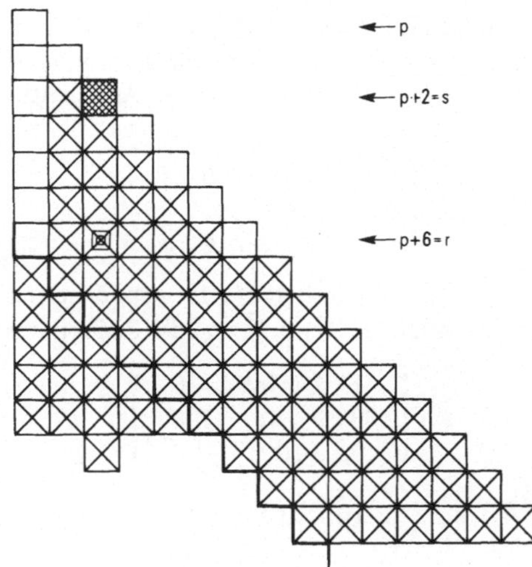

Fig. 5.3
Struktur nach einem Hilfstransformationsschritt im Ausnahmefall

In der Rechenpraxis konnte die Ausnahmesituation stets auf die erste Art gelöst werden, da bei nicht zu kleiner Bandbreite m recht zahlreiche Diagonalelemente zur Vertauschung zur Auswahl stehen. Selbstverständlich kann eine Startmatrix konstruiert werden, so daß beide Maßnahmen nicht zum Ziel führen. Diese höchst seltene Situation könnte durch eine Vergrößerung des Dreiecksbereichs behandelt werden.

Die tatsächliche Durchführung der Reduktion, bestehend aus Hilfskongruenztransformationen, Permutationen und Eliminationsschritten betrifft pro elementare Operation nur höchstens die Elemente in einem dreieckigen Bereich, der $(2\,m + 1)$ Zeilen und Kolonnen umfaßt. Als momentanen Arbeitsspeicher wird bei entsprechender Anordnung der Matrixelemente nur der Platz für diese $(m + 1)(2\,m + 1)$ Zahlwerte benötigt. Dies ist der gleiche Arbeitsspeicherbedarf wie im Fall der Algorithmen von P e t e r s und W i l k i n s o n [84], bzw. von G u p t a [51, 52].

Ein einzelner Reduktionsschritt erfordert unter der Annahme eines vollbesetzten Bandes und eines maximalen Dreiecksbereiches $m(2\,m + 3)$ Multiplikationen. Der Rechenaufwand für eine vollständige Reduktion beläuft sich somit auf höchstens etwa $2\,nm^2$ Multiplikationen. Die Berechnung der sukzessiven Hauptabschnittsdeterminanten nach der Methode von P e t e r s und W i l k i n s o n [84] ist etwas weniger aufwendig mit etwa $\frac{3}{2}\,nm^2$ Operationen. Sie enthält jedoch eine sehr große Zahl von Zeilenvertauschungen, die an der Matrix tatsächlich ausgeführt werden, so daß die Rechenzeit bei beiden Verfahren praktisch identisch ist.

Trotz der angewandten partiellen Pivotstrategie, welche zumindest für den momentanen Reduktionsschritt ein brauchbares Pivotelement liefert, arbeitet der Algorithmus zur Bestimmung der Anzahl der negativen σ_i recht stabil. Die Sicherheit, mit welcher die Eigenwerte lokalisiert werden, ist vergleichbar mit derjenigen des Algorithmus von P e - t e r s und W i l k i n s o n. Allerdings kann die Variablensubstitution (5.104) mit der zugehörigen Kongruenztransformation (5.105) und (5.106) in bestimmten Situationen numerisch unbefriedigend sein. Zur Illustration betrachten wir die dreireihige Matrix $\mathbf{F}$ (5.116), welche man als wesentlichen Ausschnitt aus einer größeren Matrix ansehen kann [149].

$$\mathbf{F} = \begin{bmatrix} 0 & 0{,}1 & 0{,}5 \\ 0{,}1 & 0 & 100 \\ 0{,}5 & 100 & 0 \end{bmatrix} \tag{5.116}$$

Mit $f_{31} = 0.5$ als betragsgrößtes Element der ersten Kolonne liefert die Hilfskongruenztransformation die Matrix $\widetilde{\mathbf{F}}$, und der Reduktionsschritt die reduzierte Matrix $\mathbf{F}_1$.

$$\widetilde{\mathbf{F}} = \begin{bmatrix} 1 & 100{,}1 & 0{,}5 \\ 100{,}1 & 0 & 100 \\ 0{,}5 & 100 & 0 \end{bmatrix},$$

$$\mathbf{F}_1 = \begin{bmatrix} -10020{,}01 & 49{,}95 \\ 49{,}95 & -0{,}25 \end{bmatrix} \tag{5.117}$$

Für den nächsten Reduktionsschritt steht ein sehr großes Pivotelement direkt zur Verfügung. Nach den Formeln (5.101) und (5.103) ergibt sich für das verbleibende reduzierte Matrixelement

$$f_{33}^{(2)} = -0{,}25 - (-1)(-0{,}499000999)^2 = -0{,}000998003.$$

Die in diesem Schritt auftretende Stellenauslöschung wird durch das große Pivotelement in $\mathbf{F}_1$ verursacht, welches im wesentlichen das Quadrat von f_{32} ist. Eine Verbesserung dieser Situation wird durch eine anders geartete Hilfskongruenztransformation erreicht, die im folgenden Abschnitt dargestellt wird.

5.3.4 Der Reduktionsalgorithmus für Matrizen mit Hüllenstruktur

Um der Hüllenstruktur der Matrizen $\mathbf{A}$ und $\mathbf{B}$, die in den Anwendungen häufig anzutreffen ist, Rechnung zu tragen, wird jetzt ein Reduktionsalgorithmus entwickelt, welcher die Cholesky-ähnliche Zerlegung unter Einschluß von Hilfskongruenztransformationen so durchführt, daß die Hülle von $\mathbf{F} = \mathbf{A} - \mu\mathbf{B}$ soweit als möglich ausgenützt wird. Falls wir im Verlauf einer Reduktion keine Hilfskongruenztransformationen benötigen, oder falls wir dieselben gar nicht in Betracht ziehen, so ist die Zerlegung auf Grund der Überlegungen von Abschn. 4.3 in der Hülle von $\mathbf{F}$ durchführbar. Eine Zerlegung ohne jede Pivotierung dürfte für eine im allgemeinen indefinite Matrix $\mathbf{F}$ numerisch recht zweifelhaft sein, obwohl sie meistens eine richtige Zählung der negativen σ_i liefert. Deshalb soll eine Pivotstrategie eingeschlossen werden, welche unter einer zwar stark eingeschränkten Zahl von Matrixelementen ein doch brauchbares Pivotelement erzeugt, und welche die Eigenschaft hat, daß die Hilfstransformationen und die Reduktionen in einer zum voraus bestimmten, leicht erweiterten Hülle durchführbar sind.

Die verwendete Pivotstrategie entstammt im wesentlichen einem Algorithmus von B u n c h und K a u f m a n [129] zur Bestimmung der Trägheit einer symmetrischen Matrix. Die Zerlegung von F erfolgt dort im Sinn des Gaußschen Algorithmus nach Abschn. 4.1 entweder mit einem Pivotelement in der Diagonalen oder aber blockweise mit einer zweireihigen Pivotmatrix, von der zwei Elemente in der Diagonale liegen. Im letzten Fall eines sogenannten (2×2)-Pivotschrittes werden gleichzeitig zwei Unbekannte eliminiert. Die beschriebene Wahl der Pivotmatrix garantiert die Symmetrie der reduzierten Matrix. Die Wahl der Art des Pivotschrittes und der Pivotelemente selbst erfolgt nach dem Kriterium, daß die Wachstumsrate der betragsgrößten Matrixelemente in der Folge von reduzierten Matrizen ein bestimmtes Maß nicht überschreitet. Der Algorithmus wird in diesem Sinn als stabil bezeichnet und nicht unter dem sonst üblichen Kriterium von W i l k i n s o n mit betragsmäßig durch Eins beschränkten Multiplikatoren [123].

Wir beginnen damit, die Idee der Zerlegung nach B u n c h und K a u f m a n für eine voll besetzte Matrix zu skizzieren, um dann die dazu äquivalente Variante mit Hilfskongruenztransformationen und einzelnen Reduktionsschritten darzulegen. Schließlich vollziehen wir die Spezialisierung auf den hüllenorientierten Algorithmus. Die Regeln für die Wahl des Pivotschrittes sind für den ersten und repräsentativen Eliminationsschritt mit dem Wert $\epsilon = \delta \, \|F\|$ und der Konstanten $\alpha = 0{,}6404$ [149]:

1. Es sei f_{q1} das absolut größte Außendiagonalelement der ersten Kolonne von F mit kleinstem Index q, und wir setzen

$$M_1 = \max_{2 \leqslant i \leqslant n} |f_{i1}| = |f_{q1}| \, . \tag{5.118}$$

Falls $M_1 \leqslant \epsilon$ und $|f_{11}| \leqslant \epsilon$, so liegt der Fall 3) von Abschn. 5.3.1 vor, und mit $\sigma_1 = 0$ ist der Eliminationsschritt zu überspringen.

2. Sind jedoch die Bedingungen

$$|f_{11}| \geqslant \alpha M_1 \quad \text{und} \quad |f_{11}| > \epsilon \tag{5.119}$$

erfüllt, wird f_{11} als Pivotelement für einen Reduktionsschritt verwendet. Das absolut größte Außendiagonalelement der ersten Kolonne übersteigt den Betrag des Pivotelementes höchstens um den Faktor 1,562, so daß im Gauß-Algorithmus Multiplikatoren größer Eins auftreten können.

3. Ist (5.119) nicht erfüllt, bestimme man das Maximum M_2 der Beträge der Außendiagonalelemente der q-ten Zeile

$$M_2 = \max_{\substack{1 \leqslant j \leqslant n \\ j \neq q}} |f_{qj}| \, . \tag{5.120}$$

Falls jetzt die Bedingungen

$$\alpha M_1^2 \leqslant |f_{11}| \, M_2 \quad \text{und} \quad |f_{11}| > \epsilon \tag{5.121}$$

erfüllt sind, soll ebenfalls f_{11} als Pivotelement für einen normalen Reduktionsschritt verwendet werden.

4. Andernfalls prüfe man, ob das q-te Diagonalelement f_{qq} die zu (5.119) analogen Bedingungen

$$|f_{qq}| \geqslant \alpha M_2 \quad \text{und} \quad |f_{qq}| > \epsilon \tag{5.122}$$

erfüllt. Trifft (5.122) zu, vertausche man die ersten und q-ten Zeilen und Kolonnen von F, womit die Voraussetzungen geschaffen sind, das (neue) Element f_{11} als Pivot für einen Reduktionsschritt zu verwenden.

5. Haben die vorangehenden Auswahlregeln zu keinem annehmbaren Matrixelement als Pivot geführt, so ist damit gleichzeitig sichergestellt, daß die Untermatrix der Ordnung zwei, gebildet aus den Elementen

$$\begin{bmatrix} f_{11} & f_{1q} \\ f_{q1} & f_{qq} \end{bmatrix} \tag{5.123}$$

regulär ist. Durch Kombination aller Bedingungen, die ja nicht erfüllt sind, kann gezeigt werden, daß die Determinante der Matrix (5.123) einen negativen Wert hat. Deshalb kann mit dieser Untermatrix im Sinn der Blockelimination ein (2×2)-Pivotschritt durchgeführt werden. Zur Systematisierung des Prozesses sollen stets zwei aufeinanderfolgende Variablen gleichzeitig eliminiert werden. Falls $q > 2$ ist, werden aus diesem Grund die zweiten und q-ten Zeilen und Kolonnen vorgängig zu diesem Schritt vertauscht, so daß jetzt die zweireihige, reguläre Untermatrix

$$G = \begin{bmatrix} f_{11} & f_{12} \\ f_{21} & f_{22} \end{bmatrix} \tag{5.124}$$

als Pivotmatrix zur Verfügung steht.

Wenn wir die Matrix F in der partitionierten Form

$$F = \begin{bmatrix} G & H^T \\ H & K \end{bmatrix} \tag{5.125}$$

ansetzen, erhalten wir in Analogie zu (3.25) aus K die reduzierte Matrix $K^{(2)}$ der Ordnung n-2

$$K^{(2)} = K - HG^{-1}H^T. \tag{5.126}$$

Der Reduktionsschritt (5.126) ist für voll besetzte Matrizen problemlos durchführbar. Im Hinblick auf unsere Zielsetzung, die Reduktion auf Matrizen mit Hüllenstruktur anzuwenden, wollen wir den (2×2)-Pivotschritt durch zwei einfacher zu programmierende, dazu äquivalente Reduktionsschritte ersetzen. Da aber weder f_{11} noch das (neue) Matrixelement f_{22} als Pivots brauchbar sind, muß zuerst eine geeignete Hilfskongruenztransformation auf die (neue) Matrix F (5.125) angewandt werden. Damit die Wachstumsrate des betragsgrößten Matrixelementes auch in der ersten reduzierten Zwischenmatrix beschränkt bleibt [149], ist die Matrix der Kongruenztransformation wie folgt anzusetzen:

$$
\mathbf{C_h} = \begin{bmatrix} s & 0 & 0 & 0 & \cdots & 0 \\ 1 & 1 & 0 & 0 & \cdots & 0 \\ \hline 0 & 0 & 1 & 0 & \cdots & 0 \\ 0 & 0 & 0 & 1 & \cdots & 0 \\ \vdots & \vdots & \vdots & \vdots & \cdots & \vdots \\ 0 & 0 & 0 & 0 & \cdots & 1 \end{bmatrix} = \begin{bmatrix} \mathbf{S} & \mathbf{O^T} \\ \mathbf{O} & \mathbf{I_{n-2}} \end{bmatrix} \text{ mit } s = \pm \frac{M_2}{M_1} \tag{5.127}
$$

Komponentenweise lautet die Variablensubstitution $x_1 = s\xi_1$, $x_2 = \xi_1 + \xi_2$, $x_i = \xi_i$, $i \geqslant 3$. Das Vorzeichen von s wird noch geeignet festgelegt werden. Mit $\mathbf{C_h}$ ergibt sich die kongruent transformierte Matrix

$$
\widetilde{\mathbf{F}} = \mathbf{C_h^T F C_h} = \begin{bmatrix} \mathbf{S^T} & \mathbf{O^T} \\ \mathbf{O} & \mathbf{I_{n-2}} \end{bmatrix} \begin{bmatrix} \mathbf{G} & \mathbf{H^T} \\ \mathbf{H} & \mathbf{K} \end{bmatrix} \begin{bmatrix} \mathbf{S} & \mathbf{O^T} \\ \mathbf{O} & \mathbf{I_{n-2}} \end{bmatrix}
$$
$$
= \begin{bmatrix} \mathbf{S^T G S} & \mathbf{S^T H^T} \\ \mathbf{H S} & \mathbf{K} \end{bmatrix}. \tag{5.128}
$$

Die Hilfskongruenztransformation mit $\mathbf{C_h}$ kann so interpretiert werden, daß zuerst die erste Zeile und Kolonne von $\mathbf{F}$ mit s multipliziert werden, worauf noch die zweite Zeile zur ersten und die zweite Kolonne zur ersten addiert werden. Da auf Grund der Definitionen (5.118) und (5.120) für M_1 und M_2 für $|s| \geqslant 1$ gilt, kann man auch von einer geeigneten Vorskalierung der ersten Zeile und Kolonne sprechen.

Es ist interessant festzustellen, daß die aus $\widetilde{\mathbf{F}}$ resultierende reduzierte Matrix $\widetilde{\mathbf{K}}^{(2)}$, vollkommen unabhängig von der regulären Matrix $\mathbf{S}$ in (5.127), mit $\mathbf{K}^{(2)}$ (5.126) übereinstimmt. In der Tat folgt aus (5.128)

$$
\widetilde{\mathbf{K}}^{(2)} = \mathbf{K} - (\mathbf{H S})(\mathbf{S^T G S})^{-1}(\mathbf{S^T H^T})
$$
$$
= \mathbf{K} - \mathbf{H S S^{-1} G^{-1} S^{-T} S^T H^T} = \mathbf{K} - \mathbf{H G^{-1} H^T} = \mathbf{K}^{(2)}.
$$

Damit ist aber die mathematische Äquivalenz eines (2×2)-Pivotschrittes mit einer geeigneten Hilfskongruenztransformation, gefolgt von zwei normalen Reduktionsschritten nachgewiesen, sofern die letzteren ausführbar sind.

Nach (5.128) ergibt sich für das transformierte Matrixelement

$$
\widetilde{f}_{11} = s^2 f_{11} + 2s f_{21} + f_{22}. \tag{5.129}
$$

Das Vorzeichen von s in (5.127) wird nun so festgelegt, daß

$$
(s^2 f_{11} + f_{22})(s f_{21}) \geqslant 0 \tag{5.130}
$$

gilt. Damit erreichen wir, daß wegen (5.118) und (5.120)

$$
|\widetilde{f}_{11}| = |s^2 f_{11} + f_{22} + 2s f_{21}| = |s^2 f_{11} + f_{22}| + 2|s| \cdot |f_{21}|
$$
$$
\geqslant 2 \frac{M_2}{M_1} M_1 = 2M_2 \geqslant 2M_1 > 2\epsilon
$$

ist. Ein Reduktionsschritt mit dem Pivot $\tilde{f}_{11}$ liefert eine Zwischenmatrix, in welcher das absolut größte Element höchstens dreimal größer ist als das absolut größte Element in $\mathbf{F}$, so daß die Wachstumsrate tatsächlich beschränkt bleibt [149]. Zudem steht mit dem reduzierten Element $f_{22}^{(1)}$ ein zweites Pivot ungleich Null zur Verfügung, weil die Determinante der zweireihigen Untermatrix negativ ist. Der zweite Reduktionsschritt ist ohne zusätzliche Maßnahmen ausführbar und führt zur Matrix $\mathbf{K}^{(2)}$, für welche die Stabilität auf Grund des Algorithmus von B u n c h und K a u f m a n feststeht. Die oben formulierte Regel 5 kann ersetzt werden durch

5′. Falls $q > 2$ ist, vertausche man die zweiten und q-ten Zeilen und Kolonnen. Dann führe man die Hilfskongruenztransformation (5.128) durch, wobei das Vorzeichen von s gemäß (5.130) festgelegt ist. Anschließend sind zwei Reduktionsschritte mit den Pivots $\tilde{f}_{11}$ und $f_{22}^{(1)}$ auszuführen.

Auf Grund der Regeln ist klar, daß die Reduktion von $\mathbf{F}$ durch eine Cholesky-ähnliche Zerlegung, verbunden mit eventuellen Zeilen- und Kolonnenpermutationen (Regeln 4 und 5′) und mit Hilfskongruenztransformationen (Regel 5′) durchführbar ist. Diese Form der Zerlegung wird für Matrizen mit Hüllenstruktur bedeutend einfacher zu realisieren sein als eventuelle (2×2)-Pivotschritte.

Bevor wir zum eigentlichen hüllenorientierten Algorithmus übergehen, wollen wir uns davon überzeugen, daß die Pivotstrategie im Fall der Matrix (5.116) den gewünschten Effekt hat. In jenem Beispiel ist $M_1 = 0{,}5 = f_{31}$, $q = 3$, $M_2 = 100$, und es ist erwartungsgemäß Regel 5′ anzuwenden. Die Zeilen- und Kolonnenvertauschungen und die nachfolgende Hilfskongruenztransformation mit $s = 200$ ergibt nacheinander die Matrizen

$$\begin{bmatrix} 0 & 0{,}5 & 0{,}1 \\ 0{,}5 & 0 & 100 \\ 0{,}1 & 100 & 0 \end{bmatrix} \quad \text{und} \quad \begin{bmatrix} 200 & 100 & 120 \\ 100 & 0 & 100 \\ 120 & 100 & 0 \end{bmatrix}.$$

Die beiden einzelnen Reduktionsschritte liefern

$$\mathbf{F}_1 = \begin{bmatrix} -50 & 40 \\ 40 & -72 \end{bmatrix}, \qquad \mathbf{F}_2 = \mathbf{K}^{(2)} = [-40].$$

Die Rechnung verläuft jetzt numerisch problemlos ohne große Zahlwerte.

Wenn wir den Reduktionsalgorithmus nach den formulierten Regeln in seiner vollen Allgemeinheit auf eine Matrix $\mathbf{F} = \mathbf{A} - \mu\mathbf{B}$ mit Hüllenstruktur anwenden, so geht diese Eigenschaft durch die notwendigen Zeilen- und Kolonnenpermutationen sowie durch die Kongruenztransformationen verloren. Um dennoch sowohl die Hüllenstruktur weitgehend auszunützen als auch von den Stabilitätseigenschaften des Zerlegungsalgorithmus möglichst zu profitieren, ist eine numerisch vertretbare Kompromißlösung zwischen keiner und voller Pivotierung zu treffen. Sie besteht darin, die genannten Kriterien 1 bis 5′ für die Bereitstellung eines, bzw. von zwei aufeinanderfolgenden Pivotelementen auf die dreireihige Untermatrix

$$\begin{bmatrix} f_{11} & f_{12} & f_{13} \\ f_{21} & f_{22} & f_{23} \\ f_{31} & f_{32} & f_{33} \end{bmatrix} \tag{5.131}$$

anzuwenden. Selbstverständlich kann bei dieser Strategie nicht mehr gezeigt werden, daß das Wachstum der Beträge der Elemente der reduzierten Matrizen beschränkt bleibt. Numerische Versuche rechtfertigen jedoch die partielle Pivotierung vollauf, da sie gezeigt haben, daß damit die Stabilitätseigenschaften des ursprünglichen Algorithmus von B u n c h und K a u f m a n doch im wesentlichen erhalten bleiben. In der Tat sind die im Cholesky-ähnlichen Zerlegungsalgorithmus auftretenden Multiplikatoren c_{ip}, $i > p$ in der Regel betragsmäßig nicht allzu groß, falls die Matrizen A und B geeignet skaliert werden, z. B. so daß $a_{ii} = 1$ und $\max_i b_{ii} = 1$ gilt.

Die allfällig nach den Regeln 4 und $5'$ auszuführenden Zeilen- und Kolonnenpermutationen sowie die Kongruenztransformationen produzieren trotz der eingeschränkten Pivotstrategie von Null verschiedene Matrixelemente außerhalb der Hülle von F. Wenn man aber die verschiedenen Operationen genauer analysiert, erkennt man rasch, daß es genügt, die Hülle von $F = A - \mu B$ um höchstens zwei Indexpaare in jeder Zeile nach links zu erweitern. Mit den aus (3.10) abgeleiteten Werten

$$\overline{f_i}(F) = \max \{f_i(A) - 2; 1\}, \qquad (i = 1, 2, \ldots, n) \tag{5.132}$$

definieren wir die e r w e i t e r t e H ü l l e von F als

$$\overline{\mathrm{Env}}(F) = \{(i, j) \mid \overline{f_i}(F) \leqslant j \leqslant i, 1 \leqslant i \leqslant n\} . \tag{5.133}$$

Für das Profil der erweiterten Hülle von F gilt wegen (5.132)

$$\overline{p} = |\overline{\mathrm{Env}}(F)| \leqslant |\mathrm{Env}(A)| + 2n = p + 2n. \tag{5.134}$$

In Fig. 5.4 ist für eine repräsentative Situation die Hülle einer Matrix A durch eine dünne Linie und die erweiterte Hülle von F durch eine dicke Linie illustriert. Anhand von Fig. 5.4 möge sich der Leser selbst davon überzeugen, daß vor allem die Permutationen und Kongruenztransformationen nicht aus der erweiterten Hülle von F herausführen, so daß dann die eigentlichen Reduktionsschritte ohnehin in $\overline{\mathrm{Env}}(F)$ verlaufen. Somit ist der Reduktionsalgorithmus mit der eingeschränkten (3×3)-Pivotierung vollständig in der nach (5.133) definierten erweiterten Hülle von F durchführbar [149]. Damit steht aber ein hinsichtlich Speicherbedarf und Rechenaufwand effizienter Algorithmus zur Reduktion einer Matrix F mit Hüllenstruktur zur Verfügung. An dieser Stelle sei darauf hinge-

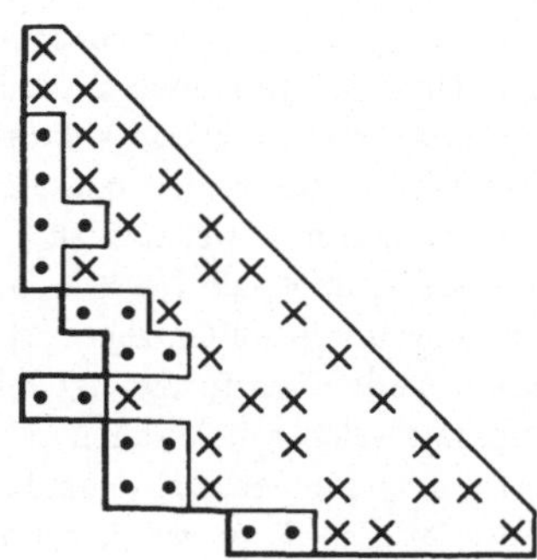

Fig. 5.4
Erweiterte Hülle für den Reduktionsalgorithmus

wiesen, daß die Reduktionsschritte der Cholesky-ähnlichen Zerlegung in der ersten Form von Abschn. 4.3 ausgeführt werden müssen, da sie abwechselnd mit eventuellen Permutationen und Kongruenztransformationen vollzogen werden müssen. Ein detailliertes Flußdiagramm für die (3 x 3)-Pivotstrategie sowie ein zugehöriges Rechenprogramm sind in [146] gegeben, wo auch Spezialfälle behandelt sind, die in der obenstehenden Beschreibung der wesentlichen Idee nicht ausdrücklich genannt worden sind.

A n m e r k u n g : Die (3 x 3)-Pivotstrategie kann selbstverständlich auch im Fall des Reduktionsalgorithmus für Bandmatrizen angewendet werden. Insbesondere verbessert die Hilfskongruenztransformation mit der Matrix C_h (5.127) die numerische Sicherheit. Ferner ist die Bandbreite für die Zerlegung von F gegenüber derjenigen von A und B nur um zwei zu vergrößern. Damit erzielt man auch in jenem Fall eine bedeutende Verringerung des Speicher- und Rechenbedarfs.

5.3.5 Die Berechnung der Eigenwerte und Eigenvektoren

Der Eigenvektor x_i zum Eigenwert λ_i von $Ax = \lambda Bx$ wird mit Hilfe der g e b r o c h e n   i n v e r s e n   V e k t o r i t e r a t i o n berechnet. Um den Eigenvektor und den Eigenwert gleichzeitig auf effiziente Weise zu bestimmen, folgen wir einer Idee von G u p t a [52]. Die fortgesetzte Intervallhalbierung zur Lokalisierung des gesuchten Eigenwertes λ_i wird gestoppt, sobald ein Intervall $[a_i, b_i]$ ermittelt worden ist, welches λ_i als einzigen Eigenwert enthält. Bezeichnen wir mit $\nu(\mu)$ die Anzahl der negativen σ_i, die sich in der Cholesky-ähnlichen Zerlegung von $F = A - \mu B$ ergeben. Die genannte Situation liegt genau dann vor, falls $\nu(a_i) = i - 1$ und $\nu(b_i) = i$ gelten. In diesem Fall ist λ_i der nächstgelegene Eigenwert zum Mittelpunkt $\lambda_M = (a_i + b_i)/2$ des Intervalls. Somit muß die Folge von Vektoren $x_i^{(k)}$, berechnet aus

$$(A - \lambda_M B)x_i^{(k)} = Bx_i^{(k-1)}, \qquad (k = 1, 2, \ldots) \tag{5.135}$$

theoretisch gegen die Richtung des Eigenvektors x_i zu λ_i konvergieren unter der Voraussetzung, daß der Startvektor $x_i^{(0)}$ eine Komponente nach dem Eigenvektor x_i enthält. Die Konvergenz kann jedoch beliebig langsam sein, falls λ_i zufällig sehr nahe an einem Intervallende liegt und gleichzeitig benachbart zu einem andern Eigenwert ist. Trennt beispielsweise die obere Intervallgrenze b_i die eng benachbarten Eigenwerte λ_i und λ_{i+1}, so ist der die Konvergenz bestimmende Quotient $q = (\lambda_i - \lambda_M)/(\lambda_{i+1} - \lambda_M)$ nahe bei Eins. Diese Situation muß aber ausgeschlossen werden. Deshalb wollen wir verlangen, daß die gebrochen inverse Vektoriteration mit einem festen Wert λ_M erst dann gestartet wird, falls ein Konvergenzquotient von höchstens 0,5 garantiert ist. Dies trifft sicher dann zu, falls mit zwei zusätzlichen Reduktionen festgestellt wird, daß λ_i sogar im Innern des Teilintervalls $[(a_i + \lambda_M)/2, (b_i + \lambda_M)/2]$ liegt. Die dazu nötigen und aufwendigen Zerlegungen sollten aber nach Möglichkeit vermieden werden. So ist zu beachten, daß im Verlauf der fortgesetzten Intervallhalbierung mit jedem Wert μ Information vorliegt, mit welcher die unteren und oberen Schranken der gesuchten Eigenwerte verbessert werden können. Falls nun die untere Schranke a_{i+1} für λ_{i+1} größer als die obere Schranke b_i für λ_i ist, ist die geforderte Konvergenzgüte bezüglich λ_{i+1} sichergestellt, falls der einfache Test $(b_i - \lambda_M)/(a_{i+1} - \lambda_M) \leqslant 0{,}5$ erfüllt ist. Ist im Zug der Berechnung mehrerer Eigenwerte λ_{i-1} bereits bekannt, garantiert das Erfülltsein der Ungleichung $(\lambda_M - a_i)/(\lambda_M - \lambda_{i-1}) \leqslant 0{,}5$ die gewünschte Konvergenzgüte bezüglich λ_{i-1}.

Die nach (5.135) iterierten Vektoren $x_i^{(k)}$ sind in geeigneter Weise zu normieren, um Zahlenbereichsüberschreitung im Rechner zu vermeiden. Die Normierung gemäß $x_i^{(k)T} B x_i^{(k)} = 1$ ist zweckmäßig, da jeder Iterationsschritt ohnehin die Multiplikation mit B erfordert, so daß die Normierung damit kombiniert werden kann. Unter dieser Normierungsbedingung für $x_i^{(k)}$ liefert der zugehörige Rayleighsche Quotient $R[x_i^{(k)}] = x_i^{(k)T} A x_i^{(k)}$ eine Näherung für den Eigenwert λ_i. Infolge des garantierten Konvergenzquotienten für die Iterationsvektoren ist ein Konvergenztest bezüglich des Rayleighschen Quotienten problemlos.

Nach Berechnung der rechten Seite von (5.135) ist jenes Gleichungssystem nach $x_i^{(k)}$ aufzulösen. Dazu kann der oben beschriebene Reduktionsalgorithmus für die Matrix $F = A - \lambda_M B$ benützt werden, sei es für Matrizen F in Bandform oder mit Hüllenstruktur. Denn er entspricht ja im wesentlichen einer Cholesky-Zerlegung, kombiniert mit Kongruenztransformationen und Permutationen. Um die Prozesse des Vorwärts- und Rückwärtseinsetzens auf die rechte Seite von (5.135) problemgerecht anwenden zu können, wird die Information über die erfolgten Zeilen-/Kolonnenvertauschungen und die ausgeführten Hilfskongruenztransformationen mit den dabei verwendeten Werten s nach (5.127) benötigt, sowie neben den Elementen der Linksdreiecksmatrix C mit Band- oder Hüllenstruktur auch noch die Vorzeichen σ_i.

Um die Maßnahmen in den Prozessen des Vorwärts- und Rückwärtseinsetzens zu beschreiben, legen wir die (3×3)-Pivotstrategie des vorhergehenden Abschnittes zugrunde. Falls vor Ausführung des p-ten Reduktionsschrittes eine Zeilen- und Kolonnenpermutation stattgefunden hat, so ist im Vorwärtseinsetzen dieselbe Vertauschung im (momentanen) Konstantenvektor zu vollziehen. Eine Kongruenztransformation ist entsprechend durch eine Multiplikation der p-ten Komponente des (momentanen) Konstantenvektors mit dem betreffenden Wert s und eine Addition der nachfolgenden Komponente zu berücksichtigen. Der eigentliche p-te Schritt des Vorwärtseinsetzens auf den Konstantenvektor erfolgt dann mit den Elementen der p-ten Kolonne der Linksdreiecksmatrix C. Die Vorzeichen σ_i sind erst nach vollendetem Vorwärtseinsetzen zu berücksichtigen. Im Rückwärtseinsetzen ist schrittweise mit den Elementen von C die übliche Substitution durchzuführen. Hat vor dem p-ten Reduktionsschritt eine Kongruenztransformation stattgefunden, ist ihr nach Berechnung der p-ten Komponente dadurch Rechnung zu tragen, daß die Variablensubstitutionen in der Reihenfolge $x_{p+1} := x_p + x_{p+1},\ x_p := s x_p$ vollzogen werden. Eine Permutation ist erst dann entsprechend auszuführen.

Ein guter Startvektor $x_i^{(0)}$ wird nach W i l k i n s o n [122] durch einen halben Iterationsschritt gewonnen, wobei das Rückwärtseinsetzen auf den Vektor $e = (1, 1, \ldots, 1)^T$ angewendet wird mit der von λ_M abhängigen Zerlegung von $F = A - \lambda_M B$.

Die Durchführung der gebrochen inversen Vektoriteration erfordert den Aufbau und die Speicherung der Linksdreiecksmatrix C der Zerlegung von F. Wenn wir für die folgende Gegenüberstellung die (3×3)-Pivotierung zugrunde legen, so sind für C im Fall von Bandmatrizen A und B mit der Bandbreite m bei Speicherung nach Fig. 3.3 $n(m + 3)$ Plätze und im Fall von Matrizen mit Hüllenstruktur $\bar{p}$ Plätze gemäß (5.134) vorzusehen. Für das Profil $\bar{p}$ der erweiterten Hülle gilt natürlich $\bar{p} \leqslant n(m + 3)$. In beiden Fällen sind für die Information über Kongruenztransformationen, Permutationen und Vorzeichen σ_i drei Vektoren der Länge n erforderlich. Der total notwendige Arbeitsspeicher beträgt somit höchstens $n(m + 6)$ Plätze. Der von P e t e r s und W i l k i n s o n vorgeschlagene Eliminationsalgorithmus ist mit etwa $n(3m + 3)$ Plätzen bedeutend speicheraufwendiger.

Neben diesem Arbeitsspeicher werden die Matrizen $\mathbf{A}$ und $\mathbf{B}$ sowohl zur wiederholten Bildung von $\mathbf{F} = \mathbf{A} - \mu\mathbf{B}$ zu gegebenem Wert μ als auch zur Berechnung des Rayleighschen Quotienten und von $\mathbf{B}x_i^{(k-1)}$ benötigt. Zur effizienten Ausführung dieser Operationen ist die zeilenweise kompakte Speicherung der unteren Hälften der schwach besetzten Matrizen nach Fig. 4.15 oder nach Fig. 4.19 zweckmäßig. Die beiden Indexvektoren $\mathbf{k}$ und ζ sind für beide Matrizen identisch. Selbstverständlich ist zur Definition von $\mathbf{A}$ und $\mathbf{B}$ auch das Operatorprinzip möglich.

Der Rechenaufwand eines einzelnen Schrittes der gebrochen inversen Vektoriteration setzt sich zusammen aus der Berechnung von $\mathbf{B}x_i^{(k-1)}$, der Normierung des Vektors, dem Vorwärts- und Rückwärtseinsetzen mit $\mathbf{C}$ und der Berechnung des Rayleighschen Quotienten. Besitzen $\mathbf{A}$ und $\mathbf{B}$ je γn von Null verschiedene Matrixelemente und Bandstruktur mit der Bandbreite m, beträgt der Rechenaufwand im Fall der (3×3)-Pivotierung größenordnungsmäßig

$$Z_{IV} \cong (2\gamma + 3)n + 2(m + 3)n = (2m + 2\gamma + 6)n \qquad (5.136)$$

multiplikative Operationen. Bei praktischen Anwendungen ist das Band der Matrizen $\mathbf{A}$ und $\mathbf{B}$ selbst schwach besetzt, so daß $\gamma < m$ gilt. Somit benötigt ein Iterationsschritt weniger als 4mn Multiplikationen. Im Vergleich zum Aufwand von etwa

$$\frac{1}{2}n(m + 2)(m + 5) \cong \frac{1}{2}n(m + 3)^2 \cong \frac{1}{2}nm^2$$

Operationen für eine Zerlegung, d. h. für einen Bisektionsschritt, ist es offensichtlich ökonomischer, den Eigenwert λ_i vermittels einer Reihe von Vektoriterationsschritten zu berechnen, anstatt zusätzliche Bisektionsschritte durchzuführen. Bei einer typischen Bandbreite m = 40 kosten 5 Iterationen gleich viel Rechenzeit wie ein Bisektionsschritt. Da ein Konvergenzquotient $q \leqslant 0{,}5$ garantiert ist, ist nach höchstens 20 Iterationsschritten der Eigenvektor auf 6 Stellen nach dem Komma richtig (größte Komponente gleich Eins). In der Regel sind aber bedeutend weniger Iterationen nötig. Alle Überlegungen gelten sinngemäß auch für Matrizen mit Hüllenstruktur.

Anstatt den Eigenwert λ_i mit Hilfe des zugehörigen Rayleighschen Quotienten zu berechnen, kann effizienter der Eigenwert $\lambda_i' = \lambda_i - \lambda_M$ mit $R'[x] = x^T(\mathbf{A} - \lambda_M\mathbf{B})x/x^T\mathbf{B}x$ berechnet werden, wobei die im Abschn. 5.2.1 beschriebene Technik angewandt werden kann, so daß die Multiplikation $\mathbf{A}x$ entfällt.

5.4 Methode der Koordinatenüberrelaxation

Die im folgenden beschriebene Methode erlaubt grundsätzlich die Bestimmung der kleinsten Eigenwerte mit den zugehörigen Eigenvektoren, wobei die schwache Besetzung der Matrizen A und B in dem Sinn voll ausgenützt werden kann, daß das Verfahren mit den unveränderten gegebenen Matrizen arbeitet. Der grundlegende Algorithmus ist eng verwandt mit den iterativen Methoden zur Lösung von linearen Gleichungssystemen und besitzt demzufolge analoge Charakteristiken. Von F a d d e j e w und F a d d e j e w a [35], N e s b e t [78], K a h a n [67], S h a v i t t et al. [104, 105], B e n d e r und S h a v i t t [19], F a l k [36], R u h e [94] und S c h w a r z [99, 100] wurden verschiedene Varianten vorgeschlagen und untersucht. Im folgenden wird nur die Methode der Koordinatenüberrelaxation in zwei Varianten dargestellt, da sie mit Sicherheit die kleinsten Eigenwerte mit den zugehörigen Eigenvektoren liefert.

5.4.1 Die einfache Koordinatenüberrelaxation

Der kleinste Eigenwert λ_1 von $Ax = \lambda Bx$ mit symmetrischen Matrizen A und B und positiv definiter Matrix B ist gleich dem Minimum des Rayleighschen Quotienten

$$\lambda_1 = \min_{x \neq O} R[x] = \min_{x \neq O} \frac{x^T A x}{x^T B x} . \tag{5.137}$$

Der Vektor x, für den das Minimum tatsächlich angenommen wird, ist ein Eigenvektor x_1 aus dem Eigenraum zu λ_1. Das Ziel der Methode besteht nun darin, ausgehend von einem Startvektor $x \neq O$, dessen zugehöriger Rayleighscher Quotient sicher die Ungleichung $R[x] \geq \lambda_1$ erfüllt, das Minimum von $R[x]$ iterativ zu bestimmen, indem der momentane Vektor x genau in einer einzigen Komponente geändert wird. Zur Verkleinerung des Wertes $R = R[x]$ soll demzufolge das Minimum $R[x']$ in der Schar von Vektoren

$$x' = \varphi x + \psi e_j \tag{5.138}$$

gesucht werden, wo e_j den j-ten Einheitsvektor bedeutet und φ und ψ zwei nicht gleichzeitig verschwindende Skalare sind. Es ist somit das Minimum des Ausdrucks zu finden

$$R[x'] = \frac{(\varphi x + \psi e_j)^T A (\varphi x + \psi e_j)}{(\varphi x + \psi e_j)^T B (\varphi x + \psi e_j)} = \frac{\alpha \varphi^2 + 2 f \varphi \psi + p \psi^2}{\beta \varphi^2 + 2 g \varphi \psi + q \psi^2} , \tag{5.139}$$

wo zur Abkürzung die folgenden Größen eingeführt worden sind

$$\alpha = x^T A x , \qquad \beta = x^T B x , \tag{5.140}$$

$$f = e_j^T A x = (A x)_j , \qquad g = e_j^T B x = (B x)_j , \tag{5.141}$$

$$p = e_j^T A e_j = a_{jj} , \qquad q = e_j^T B e_j = b_{jj} . \tag{5.142}$$

In (5.141) stellt f die j-te Komponente u_j des Vektors $u = Ax$, resp. g die j-te Komponente v_j des Vektors $v = Bx$ dar. Die Aufgabe, das Minimum des Ausdrucks (5.139) zu bestimmen, führt auf das kleine Eigenwertproblem

$$(\alpha - R'\beta)\varphi + (f - R'g)\psi = 0$$
$$(f - R'g)\varphi + (a_{jj} - R'b_{jj})\psi = 0 \ . \tag{5.143}$$

Das gesuchte Minimum $R[x']$ ist dabei gleich dem kleineren der beiden Eigenwerte R' von (5.143), während die beiden Skalare φ und ψ die Komponenten des zugehörigen Eigenvektors sind. Da ein Eigenvektor nur bis auf eine multiplikative Konstante bestimmt ist, kann eine der beiden Komponenten gleich Eins gesetzt werden, vorausgesetzt, daß dieselbe von Null verschieden ist. Im Normalfall setzen wir $\varphi = 1$.

Es liegt immer dann ein Ausnahmefall vor, falls

$$a_{jj} - R'b_{jj} = 0 \ , \quad \text{d. h. } R' = a_{jj}/b_{jj} \tag{5.144}$$

für den betreffenden Index j gilt. Nach (5.143) lautet die charakteristische Gleichung für R'

$$(\alpha - R'\beta)(a_{jj} - R'b_{jj}) = (f - R'g)^2 \ . \tag{5.145}$$

Falls also (5.144) gilt, folgt nach (5.145) zwangsläufig auch $f - R'g = 0$, so daß sich in diesem Fall die beiden homogenen Gleichungen für φ und ψ reduzieren auf

$$(\alpha - R'\beta)\varphi + 0 \cdot \psi = 0$$
$$0 \cdot \varphi + 0 \cdot \psi = 0 \ . \tag{5.146}$$

Für die weitere Diskussion sind zwei Fälle zu unterscheiden.

1. Ist $(\alpha - R'\beta) \neq 0$, kann (5.146) mit $\varphi = 0$ und $\psi = 1$ erfüllt werden, so daß nach (5.138) $x' = e_j$ zu setzen ist. Diese Situation kann sich entweder dadurch ergeben, daß der Wert R' rein zufällig die Gleichung (5.144) erfüllt, oder aber a_{jj}/b_{jj} ist gleich einem der Eigenwerte, im Sonderfall sogar gleich dem kleinsten Eigenwert, wobei dann e_j auch gleich dem Eigenvektor zu λ_1 ist.

2. Falls auch $(\alpha - R'\beta) = 0$ ist, sind die Werte φ und ψ vollkommen willkürlich. Da überdies $R' = \alpha/\beta = R$ ist, der Rayleighsche Quotient also gar keine Abnahme erfährt, soll der Vektor x unverändert bleiben.

Damit sind aber die wesentlichen Punkte eines einzelnen Schrittes der K o o r d i n a -
t e n r e l a x a t i o n nach F a d d e j e w und F a d d e j e w a [35] beschrieben. Um den Rayleighschen Quotienten systematisch zu verkleinern, werden die Einheitsvektoren e_j entsprechend den Koordinatenrichtungen in einem n-dimensionalen Vektorraum, in zyklischer Weise im Ansatz (5.138) verwendet. Die Folge von n solchen einzelnen Schritten heißt ein Z y k l u s.   Die zum neuen Vektor x' gehörenden Zahlwerte α' und β' lassen sich im Normalfall rekursiv berechnen. Für α' gilt

$$\alpha' = (x + \psi e_j)^T A(x + \psi e_j) = \alpha + 2 \psi f + \psi^2 a_{jj} \ .$$

Infolge der offenkundigen Analogie der Koordinatenrelaxation zum Einzelschrittverfahren wird wie dort die Korrektur ψ, wie sie sich im Normalfall aus (5.143) ergibt, mit

einem konstanten Relaxationsfaktor ω multipliziert, und der so erhaltene Wert zur
j-ten Komponente von **x** addiert. Zusammengefaßt ergibt sich so der einfache Algorithmus der K o o r d i n a t e n ü b e r r e l a x a t i o n (COR).

S t a r t: Wahl von ω und $\mathbf{x} \neq \mathbf{O}$.

$$\alpha = \mathbf{x}^T \mathbf{A} \mathbf{x} \ , \quad \beta = \mathbf{x}^T \mathbf{B} \mathbf{x} \ , \quad R = \alpha/\beta$$

A l l g e m e i n e r Z y k l u s $(k = 1, 2, \ldots)$:
Für $j = 1, 2, \ldots, n$:

$$f = u_j = \sum_{\ell=1}^{n} a_{j\ell} x_\ell \ , \qquad g = v_j = \sum_{\ell=1}^{n} b_{j\ell} x_\ell \tag{5.147}$$

Aus (5.125) bestimme man $R' \leqslant R$.

a) Ist $\lvert a_{jj} - R' b_{jj} \rvert > \epsilon$:	b) Ist $\lvert a_{jj} - R' b_{jj} \rvert \leqslant \epsilon$ und $\lvert \alpha - R'\beta \rvert > \epsilon$:	c) Ist $\lvert a_{jj} - R' b_{jj} \rvert \leqslant \epsilon$ und $\lvert \alpha - R'\beta \rvert \leqslant \epsilon$:
$\psi = -\omega \dfrac{f - R' g}{a_{jj} - R' b_{jj}}$		
$x_j := x_j + \psi$	$\mathbf{x} := \mathbf{e}_j$	$\mathbf{x}, \alpha, \beta, R$ bleiben unverändert
$\alpha := \alpha + 2\,\psi f + \psi^2 a_{jj}$	$\alpha := a_{jj}$	
$\beta := \beta + 2\,\psi g + \psi^2 b_{jj}$	$\beta := b_{jj}$	
$R := \alpha/\beta$	$R := \alpha/\beta$	

Die Formulierung des Algorithmus (5.147) ist im dynamischen Sinn zu verstehen, wie
dies in einem Computerprogramm ohnehin realisiert wird. Es stellt **x** den aktuellen
Vektor und R den zugehörigen Rayleighschen Quotienten dar. In jedem Zyklus sind
sukzessive die Komponenten von $\mathbf{u} = \mathbf{A}\mathbf{x}$ und $\mathbf{v} = \mathbf{B}\mathbf{x}$ zu berechnen, wobei sich der Vektor **x** laufend ändert. Bei der Berechnung von u_j und v_j kann die schwache Besetzung
der Matrizen **A** und **B** ausgenützt werden. Eine Speicherung der von Null verschiedenen
Matrixelemente nach Abschn.4.6.3 oder das Operatorprinzip sind zweckmäßig. Enthalten **A** und **B** je γn von Null verschiedene Matrixelemente, beträgt der Rechenaufwand
pro Zyklus demnach nur

$$Z_{COR} = (2\,\gamma + 27)\,n \tag{5.148}$$

multiplikative Operationen. Da $\gamma \ll n$ ist für eine schwach besetzte Matrix hoher Ordnung,
ist Z_{COR} im wesentlichen nur proportional zu n.
In (5.147) bedeutet ϵ eine geeignete kleine Toleranz, die auf Grund einer Norm der beiden Matrizen **A** und **B** und der computerabhängigen Zahl δ festgesetzt werden kann. Die
Zyklen des Algorithmus werden solange ausgeführt, bis der Rayleighsche Quotient über
einen vollen Zyklus stationär bleibt und gleichzeitig der maximale Wert der Beträge der
ψ kleiner als eine gegebene Schranke geworden sind. Falls **x** normiert wird, was nur nach
je mehreren Zyklen notwendig ist, stellt die maximale Änderung ψ bis zu einem gewissen
Grad ein Maß für die Genauigkeit dar, mit welcher **x** den Eigenvektor darstellt.

Die Fragen der Konvergenz und des Konvergenzverhaltens der Koordinatenüberrelaxation sind in [100] behandelt. Betrachtet wird die Folge von iterierten Vektoren $x^{(k)}$, wie sie sich nach vollen Zyklen ergeben. In der Umgebung eines Eigenraumes, zugehörig zu einem Eigenwert λ_i, welcher die Ungleichung

$$\lambda_i < Q = \min_{1 \leqslant j \leqslant n} \frac{a_{jj}}{b_{jj}} \tag{5.149}$$

erfüllt, läßt sich die Rechenvorschrift linearisieren. In erster Näherung genügen die iterierten Vektoren $x^{(k)}$ der linearen Beziehung

$$x^{(k)} \approx M_{COR}(\omega; \lambda_i) x^{(k-1)} , \qquad (k = 1, 2, \ldots) . \tag{5.150}$$

Die Iterationsmatrix $M_{COR}(\omega; \lambda_i)$ ist sowohl vom Relaxationsfaktor ω als auch vom Eigenwert λ_i abhängig. Sie entsteht aus der Matrix

$$C = A - \lambda_i B = E + D + F \tag{5.151}$$

formal vollkommen analog wie $M_{SOR}(\omega)$ gemäß (4.86). Es besteht allerdings der Unterschied, daß die Matrix C mit der Darstellung (5.151) als Summe einer unteren Dreiecksmatrix E, einer Diagonalmatrix D mit den positiven Diagonalelementen $c_{jj} = a_{jj} - \lambda_i b_{jj}$ und der oberen Dreiecksmatrix $F = E^T$ anstatt der Matrix A zugrunde liegt. Die Iterationsmatrix lautet

$$M_{COR}(\omega; \lambda_i) = (\omega E + D)^{-1}[(1 - \omega)D - \omega F] . \tag{5.152}$$

Die Matrix C ist zwar symmetrisch, für λ_1 noch positiv semidefinit aber für $\lambda_i > \lambda_1$ indefinit. Diese Tatsache erfordert einige feinere Überlegungen, um die für die Rechenpraxis wesentlichen Eigenschaften zu beweisen, welche hier ohne Beweis zusammengefaßt werden.

Die Iterationsmatrix $M_{COR}(\omega; \lambda_1)$ besitzt für den k l e i n s t e n Eigenwert λ_1 mit der Vielfachheit p_1 den Eigenwert $\mu_1 = 1$ mit derselben Vielfachheit p_1, und die p_1 Eigenvektoren von $Ax = \lambda Bx$ zu λ_1 sind gleichzeitig auch Eigenvektoren von $M_{COR}(\omega; \lambda_1)$ zum Eigenwert $\mu_1 = 1$. Das bedeutet, daß der Eigenraum zu λ_1 Fixpunkt der Iteration (5.150) ist. Die übrigen Eigenwerte μ_j der Iterationsmatrix (5.152) sind aber für alle $\omega \in (0, 2)$ betraglich kleiner als Eins. Daraus folgt aber, daß der Eigenraum von λ_1 ein a n z i e h e n d e r Fixpunkt der Iteration ist, so daß die Folge der Vektoren $x^{(k)}$ asymptotisch gegen die Richtung eines Eigenvektors zu λ_1 konvergieren. Die Konvergenz der Vektorfolge $x^{(k)}$ ist linear, der Konvergenzquotient q_v wird bestimmt durch den Betrag des s u b d o m i n a n t e n Eigenwertes μ_2 von $M_{COR}(\omega; \lambda_1)$.

Für die h ö h e r e n Eigenwerte λ_i mit $\lambda_1 < \lambda_i < Q$ kann gezeigt werden, daß der Spektralradius der Iterationsmatrix

$$\rho(M_{COR}(\omega; \lambda_i)) > 1 , \qquad \lambda_1 < \lambda_i < Q \tag{5.153}$$

ist, weshalb die betreffenden zu den λ_i gehörenden Eigenräume abstoßende Fixpunkte der Iteration (5.150) darstellen [50, 101]. Damit ist aber sichergestellt, daß die Folge der Iterationsvektoren nicht gegen die Richtung eines Eigenvektors zu einem der höheren

Eigenwerte λ_i konvergieren kann, die der leicht nachprüfbaren Ungleichung (5.149) genügen. Falls aber der kleinste Eigenwert benachbart ist zum zweitkleinsten, so zeigt die Rechenpraxis, daß die Folge der Vektoren $x^{(k)}$ gegen die Richtung eines Eigenvektors zu λ_2 zu konvergieren scheint, sich dann aber infolge einer äußerst schwachen Abstoßung des Eigenraumes sehr langsam davon entfernt, um schließlich mit einem Konvergenzquotienten in nächster Nähe von Eins gegen die Richtung des gewünschten Eigenvektors zu konvergieren. In dieser Situation ist eine sehr hohe Zahl von Iterationszyklen notwendig.

5.4.2 Die Berechnung der höheren Eigenwerte

Ist der Eigenvektor x_1 zum kleinsten Eigenwert λ_1, oder sind allgemeiner bereits $(\ell - 1)$ B-normierte Eigenvektoren $x_1, x_2, \ldots, x_{\ell-1}$ zu den kleinsten, eventuell auch mehrfachen, Eigenwerten $\lambda_1 \leqslant \lambda_2 \leqslant \ldots \leqslant \lambda_{\ell-1}$ berechnet, kann x_ℓ zu $\lambda_\ell \geqslant \lambda_{\ell-1}$ durch eine relativ einfache und recht wenig aufwendige Modifikation des Grundalgorithmus (5.147) bestimmt werden. Zu diesem Zweck betrachten wir die Eigenwertaufgabe

$$A_\ell x = \lambda B x \quad \text{mit } A_\ell = A + d \sum_{\nu=1}^{\ell-1} (B x_\nu)(B x_\nu)^T \ , \quad d > 0 \ , \tag{5.154}$$

worin die positive Konstante d geeignet zu wählen sein wird. Die Eigenwertaufgabe (5.154) besitzt nämlich die gleichen Eigenvektoren $x_1, x_2, \ldots, x_{\ell-1}, x_\ell, \ldots, x_n$ wie die gegebene Eigenwertaufgabe $Ax = \lambda Bx$, aber zu den Eigenwerten $\lambda_1 + d, \lambda_2 + d, \ldots, \lambda_{\ell-1} + d, \lambda_\ell, \ldots, \lambda_n$. Die ersten $(\ell - 1)$ Eigenwerte sind um den Wert d vergrößert worden, während die restlichen Eigenwerte unverändert bleiben. Falls $d > \lambda_\ell - \lambda_1$ festgesetzt wird, so ist λ_ℓ der kleinste Eigenwert von (5.154) und kann somit nach dem Algorithmus der Koordinatenüberrelaxation zusammen mit dem zugehörigen Eigenvektor x_ℓ bestimmt werden.

Um die gemachten Aussagen zu verifizieren, sei x_i ein Eigenvektor mit $1 \leqslant i \leqslant \ell - 1$. Dann gilt nach (5.8)

$$A_\ell x_i = A x_i + d \sum_{\nu=1}^{\ell-1} (B x_\nu)(B x_\nu)^T x_i = \lambda_i B x_i + d B x_i = (\lambda_i + d) B x_i \ . \tag{5.155}$$

Damit ist der erste Teil der Aussage über die Verschiebung der ersten $(\ell - 1)$ Eigenwerte um d gezeigt. Der zweite Teil für $i \geqslant \ell$ folgt unmittelbar nach (5.155) wegen $(B x_\nu)^T x_i = 0$, so daß der Term $d B x_i$ entfällt.

Die Matrix A_ℓ darf nicht explizit berechnet werden, da die Matrizen $(B x_\nu)(B x_\nu)^T$ voll besetzt sind. Vielmehr muß die Durchführung der Koordinatenüberrelaxation unter impliziter Verwendung der Darstellung von A_ℓ erfolgen. Im Algorithmus (5.147) erfahren die von A direkt abhängigen Größen α, f und a_{ii} eine Modifikation. Um diese notwendigen Zusätze effizient zu berücksichtigen, werden die $(\ell - 1)$ Hilfsvektoren

$$w_\nu = \sqrt{d}\, B x_\nu \ , \quad (\nu = 1, 2, \ldots, \ell - 1) \tag{5.156}$$

eingeführt. Das Produkt $\mathbf{Bx}_\nu$ ist ja zur Normierung ohnehin zu berechnen. Damit werden

$$\mathbf{A}_\ell = \mathbf{A} + \sum_{\nu=1}^{\ell-1} \mathbf{w}_\nu \mathbf{w}_\nu^T \quad \text{und} \quad a_{jj}^{(\ell)} = a_{jj} + \sum_{\nu=1}^{\ell-1} w_{j\nu}^2 \ , \tag{5.157}$$

wo $w_{j\nu}$ die j-te Komponente von $\mathbf{w}_\nu$ darstellt. Die in (5.157) definierten Diagonalelemente $a_{jj}^{(\ell)}$ von $\mathbf{A}_\ell$ werden in einem Hilfsvektor abgespeichert und nach jeder erfolgten Berechnung eines weiteren Eigenvektors ergänzt. Um auch den Wert von f als j-te Komponente von $\mathbf{A}_\ell \mathbf{x}$ unter Verwendung der ursprünglichen Matrix $\mathbf{A}$ effizient zu berechnen, sind die Skalarprodukte

$$c_\nu = \mathbf{w}_\nu^T \mathbf{x} \ , \qquad (\nu = 1, 2, \ldots, \ell - 1) \tag{5.158}$$

zum momentanen Vektor $\mathbf{x}$ zweckmäßig. Dann wird

$$(\mathbf{A}_\ell \mathbf{x})_j = \left(\mathbf{Ax} + \sum_{\nu=1}^{\ell-1} \mathbf{w}_\nu \mathbf{w}_\nu^T \mathbf{x} \right)_j = (\mathbf{Ax})_j + \left(\sum_{\nu=1}^{\ell-1} c_\nu \mathbf{w}_\nu \right)_j$$

$$= f + \sum_{\nu=1}^{\ell-1} c_\nu w_{j\nu} \qquad = f^{(\ell)} \ . \tag{5.159}$$

Die Skalarprodukte c_ν lassen sich bei Änderung der j-ten Komponente von $\mathbf{x}$ um ψ rekursiv berechnen gemäß

$$c_\nu := c_\nu + \psi \, w_{j\nu} \ , \qquad (\nu = 1, 2, \ldots, \ell - 1) \ . \tag{5.160}$$

Die Hilfswerte c_ν dienen auch dazu, den Startwert $\alpha = \mathbf{x}^T \mathbf{A}_\ell \mathbf{x}$ zu einem gegebenen Startvektor $\mathbf{x}$ zu berechnen nach

$$\alpha = \mathbf{x}^T \mathbf{A}_\ell \mathbf{x} = \mathbf{x}^T \left(\mathbf{A} + \sum_{\nu=1}^{\ell-1} \mathbf{w}_\nu \mathbf{w}_\nu^T \right) \mathbf{x} = \mathbf{x}^T \mathbf{A} \mathbf{x} + \sum_{\nu=1}^{\ell-1} c_\nu^2 \ . \tag{5.161}$$

Die rekursive Berechnung von α erfolgt nach derselben Formel, nur unter Verwendung von $f^{(\ell)}$ anstelle von f und von $a_{jj}^{(\ell)}$ anstelle von a_{jj}.

Der Rechenaufwand für einen einzelnen Relaxationsschritt erhöht sich bei $(\ell - 1)$ bereits berechneten Eigenwerten nur um die $2(\ell - 1)$ zusätzlichen Multiplikationen für $f^{(\ell)}$ nach (5.159) und die Rekursion der c_ν (5.160). Der Rechenaufwand pro Zyklus zur Berechnung des ℓ-ten Eigenwertes beträgt somit

$$Z_{\text{COR}}^{(\ell)} = [2(\gamma + \ell - 1) + 27]n \tag{5.162}$$

wesentliche Operationen.

Die sukzessive Berechnung der Eigenwerte und Eigenvektoren arbeitet zufriedenstellend, solange unter den gewünschten Eigenwerten keine benachbart sind. Der Wert d, um den die bereits bestimmten Eigenwerte verschoben werden, muß so gewählt werden, daß $\lambda_1 + d > \lambda_{p+1}$ ist, damit ein künstlich erzeugtes benachbartes Eigenwertpaar $(\lambda_p, \lambda_1 + d)$ vermieden wird. Eine zu große Wahl von d wirkt sich anderseits auch wieder konvergenzhemmend aus [99].

5.4.3 Die simultane Koordinatenüberrelaxation

In Analogie zur simultanen Vektoriteration kann auch im Fall der Koordinatenüberrelaxation gleichzeitig mit der gewünschten Anzahl von p Vektoren gearbeitet werden mit dem Ziel, die p Eigenvektoren zu den p kleinsten Eigenwerten zu finden. Auch hier ist dafür zu sorgen, daß die gleichzeitig iterierten Vektoren ein System von B-orthonormierten Vektoren bilden, um dadurch diese Eigenschaft der Eigenvektoren ständig zu erfüllen.

In einer ersten Variante [102] geht man von der Überlegung aus, daß es bei simultaner Iteration von p Vektoren wenig sinnvoll sein kann, nur eine einzige Komponente der Vektoren zu verändern, vielmehr sollten in Verallgemeinerung der Iterationsvorschrift in allen p Vektoren g aufeinanderfolgende Komponenten korrigiert werden. In einem typischen Schritt seien $\xi_1, \xi_2, \ldots, \xi_p$ die p linear unabhängigen und zu iterierenden Vektoren und $e_\mu, e_{\mu+1}, \ldots, e_{\mu+g-1}$ g aufeinanderfolgende Einheitsvektoren. In Verallgemeinerung von (5.138) sollen die iterierten Vektoren ξ_i' als Linearkombination der p Vektoren ξ_j und den g Einheitsvektoren im Sinn eines Ritzschen Ansatzes

$$\xi' = \sum_{j=1}^{p} c_j \xi_j + \sum_{j=1}^{g} c_{p+j} e_{u+j-1} \tag{5.163}$$

so bestimmt werden, daß der Rayleighsche Quotient $R[\xi']$ seine p kleinsten stationären Werte annimmt. Substitution von (5.163) in den Rayleighschen Quotienten liefert mit $c = (c_1, c_2, \ldots, c_{p+g})^T$ den Ausdruck

$$R[\xi'] = \frac{\xi'^T A \xi'}{\xi'^T B \xi'} = \frac{c^T \tilde{A} c}{c^T \tilde{B} c} = \frac{\sum_{i=1}^{p+g} \sum_{j=1}^{p+g} \alpha_{ij} c_i c_j}{\sum_{i=1}^{p+g} \sum_{j=1}^{p+g} \beta_{ij} c_i c_j} . \tag{5.164}$$

Fassen wir die p + g Vektoren $\xi_1, \xi_2, \ldots, \xi_p, e_\mu, \ldots, e_{\mu+g-1}$ kolonnenweise in der (n x (p + g))-Matrix Y zusammen, so ist die Bestimmung der p kleinsten stationären Werte von $R[\xi']$ äquivalent damit, im allgemeinen Hilfseigenwertproblem

$$\tilde{A} c = \Lambda \tilde{B} c \quad \text{mit } \tilde{A} = Y^T A Y, \ \tilde{B} = Y^T B Y \tag{5.165}$$

der Ordnung p + g die p kleinsten Eigenwerte $\Lambda_1 \leqslant \Lambda_2 \leqslant \ldots \leqslant \Lambda_p$ und die zugehörigen Eigenvektoren $c_1, c_2, \ldots, c_p$ zu bestimmen. Diese können mit den im Abschn. 5.1 beschriebenen Methoden ermittelt werden, so daß die Eigenvektoren $c_i = (c_1^{(i)}, c_2^{(i)}, \ldots c_{p+g}^{(i)})^T$ von (5.165) die $\tilde{B}$- und $\tilde{A}$-Orthogonalitätsrelationen

$$c_i^T \tilde{B} c_j = \delta_{ij}, \qquad c_i^T \tilde{A} c_j = \Lambda_i \delta_{ij}, \qquad (i, j = 1, 2, \ldots, p) \tag{5.166}$$

erfüllen. Mit dem Überrelaxationsfaktor ω sind die iterierten Vektoren

$$\xi_i' = \sum_{j=1}^{p} c_j^{(i)} \xi_j + \omega \sum_{j=1}^{g} c_{p+j}^{(i)} e_{\mu+j-1}, \qquad (i = 1, 2, \ldots, p) \tag{5.167}$$

für $\omega = 1$ kraft (5.166) B-orthonormiert.

Zur systematischen Durchführung der Idee werden die n Einheitsvektoren in ν geeignete Gruppen von disjunkten Mengen eingeteilt, um dann in einem Zyklus von ν Teilschritten sämtliche Komponenten einmal zu bearbeiten. Diese simultane Gruppenkoordinatenüberrelaxation (SGCOR) hat die Eigenschaften, daß der Satz von p Iterationsvektoren die B-Orthonormalität für $\omega = 1$ stets exakt und für $\omega \neq 1$ wenigstens näherungsweise erfüllt, daß benachbarte Eigenwerte innerhalb der p kleinsten die Konvergenz nicht beeinträchtigen und daß mit Sicherheit die p kleinsten Eigenwerte und die zugehörigen Eigenvektoren geliefert werden. Anderseits erfordert jeder Zyklus die Lösung von ν Eigenwertproblemen (5.165), was einen recht hohen Rechenaufwand zur Folge hat. Aus diesem Grund wollen wir dieses Verfahren nicht mehr weiter diskutieren.

Eine stark vereinfachte Variante der simultanen Koordinatenüberrelaxation besteht darin, die p gleichzeitig iterierten Vektoren vollkommen unabhängig voneinander entsprechend einem Zyklus der einfachen Koordinatenüberrelaxation zu behandeln [147]. Ohne geeignete Maßnahmen würden die p iterierten Vektoren gegen einen Eigenvektor $\mathbf{x}_1$ zum kleinsten Eigenwert λ_1 konvergieren. Um dies zu verhindern, sollen nach jedem Zyklus von n Einzelschritten die erhaltenen Iterierten einem sogenannten Ritz-Schritt unterworfen werden, welcher im p-dimensionalen Unterraum die besten Approximationen der p kleinsten Eigenwerte und Eigenvektoren liefert [142]. Mit dieser Maßnahme wird die Bedingung der B-Orthonormiertheit der iterierten Vektoren wieder erfüllt.

Zur ausführlichen Beschreibung der Rechenschritte bezeichnen wir mit $\mathbf{y}_1^{(\mu-1)}$, $\mathbf{y}_2^{(\mu-1)}$, $\ldots, \mathbf{y}_p^{(\mu-1)}$ die p iterierten Vektoren zu Beginn des μ-ten Schrittes und fassen sie kolonnenweise in der $(n \times p)$-Matrix $\mathbf{Y}^{(\mu-1)}$ zusammen. Nach einem Zyklus der Koordinatenüberrelaxation erhalten wir die Vektoren $\mathbf{y}_1'^{(\mu)}$, $\mathbf{y}_2'^{(\mu)}$, $\ldots, \mathbf{y}_p'^{(\mu)}$ als Kolonnen der Matrix $\mathbf{Y}'^{(\mu)}$. In den Linearkombinationen

$$y_\ell^{(\mu)} = \sum_{i=1}^{p} c_i^{(\ell)} y_i'^{(\mu)}, \qquad (\ell = 1, 2, \ldots, p) \tag{5.168}$$

bestimmen wir die Koeffizienten $c_i^{(\ell)}$ so, daß der Rayleighsche Quotient $R[y]$ seine p stationären Werte $R[y_\ell^{(\mu)}]$, in aufsteigender Reihenfolge angeordnet, annimmt. Dazu ist analog zu (5.164) das Eigenwertproblem

$$\widetilde{\mathbf{A}}'\mathbf{c} = \Lambda\widetilde{\mathbf{B}}'\mathbf{c} \quad \text{mit } \widetilde{\mathbf{A}}' = \mathbf{Y}'^{(\mu)\mathrm{T}}\mathbf{A}\mathbf{Y}'^{(\mu)}, \quad \widetilde{\mathbf{B}}' = \mathbf{Y}'^{(\mu)\mathrm{T}}\mathbf{B}\mathbf{Y}'^{(\mu)} \tag{5.169}$$

der Ordnung p zu lösen. Unter der Voraussetzung, daß die p Vektoren $\mathbf{y}_i'^{(\mu)}$ linear unabhängig sind, ist die Matrix $\widetilde{\mathbf{B}}'$ positiv definit. Das Eigenwertproblem (5.169) kann nach der klassischen Methode behandelt werden, wie sie im Abschn. 5.1 dargestellt ist. Mit der $(p \times p)$-Matrix $\mathbf{C}$ der Eigenvektoren $\mathbf{c}_\ell$ von (5.169), angeordnet nach monoton zunehmenden Eigenwerten $\Lambda_1 \leqslant \Lambda_2 \leqslant \ldots \leqslant \Lambda_p$ ist die Matrix $\mathbf{Y}^{(\mu)}$ der iterierten Vektoren gegeben durch

$$\mathbf{Y}^{(\mu)} = \mathbf{Y}'^{(\mu)}\mathbf{C}. \tag{5.170}$$

Sind die Eigenvektoren $\mathbf{c}_\ell$ in der üblichen Weise $\widetilde{\mathbf{B}}'$-normiert, so folgt für die zu $\mathbf{Y}^{(\mu)}$ gehörenden Matrizen

$$\widetilde{A} = Y^{(\mu)T} A Y^{(\mu)} = C^T \widetilde{A}' C = \mathrm{diag}(\Lambda_1, \Lambda_2, \ldots, \Lambda_p) , \tag{5.171}$$

$$\widetilde{B} = Y^{(\mu)T} B Y^{(\mu)} = C^T \widetilde{B}' C = I . \tag{5.172}$$

Diese Tatsachen werden für die praktische Durchführung wichtig sein, denn die relativ aufwendige Berechnung der Matrizen $\widetilde{A}'$ und $\widetilde{B}'$ nach (5.169) nach jedem Zyklus sollte vermieden werden. Mit (5.171) und (5.172) sind aber Startwerte für eine rekursive Nachführung der Matrizen $\widetilde{A}$ und $\widetilde{B}$ über einen Zyklus gegeben. Die entsprechenden Rechenregeln sollen für einen typischen j-ten Schritt der Koordinatenüberrelaxation hergeleitet werden. Um die Schreibweise zu entlasten, sollen vorübergehend y_ϱ die Vektoren vor und und y'_ϱ die Vektoren nach Ausführung des j-ten Teilschrittes bedeuten. Dasselbe gelte für die übrigen auftretenden Größen. In Verallgemeinerung von (5.141) werden die im folgenden benötigten 2p Werte

$$f_\varrho = (Ay_\varrho)_j, \qquad g_\varrho = (By_\varrho)_j, \qquad (\varrho = 1, 2, \ldots, p) \tag{5.173}$$

berechnet. Die Matrixelemente von $\widetilde{A}$ und $\widetilde{B}$ sind

$$\alpha_{k\varrho} = y_k^T A y_\varrho, \qquad \beta_{k\varrho} = y_k^T B y_\varrho, \qquad (k, \varrho = 1, 2, \ldots, p) . \tag{5.174}$$

Für den k-ten Vektor y_k berechnet sich die Korrektur ψ mit $\varphi = 1$ aus dem zu (5.143) analogen Eigenwertproblem

$$(\alpha_{kk} - \rho\beta_{kk})\varphi + (f_k - \rho g_k)\psi = 0$$
$$(f_k - \rho g_k)\varphi + (a_{jj} - \rho b_{jj})\psi = 0 \tag{5.175}$$

nach Berechnung des kleineren Eigenwertes ρ'. Mit dem überkorrigierten Wert $\gamma = \omega\psi$ werden

$$y'_k = y_k + \gamma e_j ,$$
$$\alpha'_{kk} = \alpha_{kk} + 2\gamma f_k + \gamma^2 a_{jj} , \tag{5.176}$$
$$\beta'_{kk} = \beta_{kk} + 2\gamma g_k + \gamma^2 b_{jj} ,$$

Der Übergang von y_k zu y'_k beeinflußt einerseits die Werte f_k und g_k gemäß

$$f'_k = f_k + \gamma a_{jj}, \qquad g'_k = g_k + \gamma b_{jj} . \tag{5.177}$$

Anderseits erfahren auch die Außendiagonalelemente der k-ten Zeilen und Kolonnen von $\widetilde{A}$ und $\widetilde{B}$ eine Änderung. Da ja die Vektoren y_ϱ mit $\varrho < k$ bereits in y'_ϱ geändert worden sind, ist eine Fallunterscheidung nötig. Für die Außendiagonalelemente der k-ten Zeile von $\widetilde{A}$ gilt deshalb

$$\alpha'_{k\varrho} = \begin{cases} y_k'^T A y'_\varrho = \alpha_{k\varrho} + \gamma f'_\varrho, & 1 \leqslant \varrho < k \\ y_k'^T A y_\varrho = \alpha_{k\varrho} + \gamma f_\varrho, & k < \varrho \leqslant p \end{cases} \tag{5.178}$$

Für die k-te Kolonne kann die Symmetrie ausgenützt werden, und für $\widetilde{B}$ gelten analoge Rekursionsformeln. Zur ersten Zeile von (5.178) ist hervorzuheben, daß $\alpha_{k\varrho}$ bereits einmal bei der Korrektur von y_ϱ in y'_ϱ geändert worden ist und somit als aktueller Wert zu betrachten ist.

Falls für die gesuchten Eigenvektoren gute Näherungen vorgegeben werden, arbeitet die skizzierte Methode recht zufriedenstellend und effizient. Andernfalls besteht eine Eigenschaft der Koordinatenüberrelaxation gerade darin, daß die Rayleighschen Quotienten zu den iterierten Vektoren mit höheren Indizes über einen Zyklus eine sehr starke Abnahme erfahren und in vielen Fällen sogar kleiner als der zweite Eigenwert λ_2 werden. Der Ritz-Schritt wirft die Vektoren wieder zurück, und das oszillierende Verhalten wiederholt sich, so daß keine Konvergenz eintritt. Überdies ist nach einem vollendeten Zyklus die lineare Unabhängigkeit der iterierten Vektoren $y_1'^{(\mu)}, \ldots, y_p'^{(\mu)}$ nicht mehr gewährleistet, so daß der von ihnen aufgespannte Unterraum eine Dimension kleiner p besitzt und die Matrix $\widetilde{B}'$ (5.169) singulär ist. Um diese Schwierigkeit zu eliminieren, wenden wir eine einfache Maßnahme an, mit der zumindest erreicht werden soll, daß die Rayleighschen Quotienten der iterierten Vektoren stets eine streng monoton zunehmende Wertefolge bilden. Das erreicht man so, daß die j-te Korrektur des Vektors y_k (k > 1) nicht ausgeführt wird, falls der Rayleighsche Quotient des in diesem Einzelschritt geänderten Vektors y_k' $R[y_k'] < R[y_{k-1}']$ würde. Dieser Test ist auf Grund des Eigenwertes ρ' aus dem Eigenwertproblem (5.175) leicht auszuführen, da ja die Werte der Rayleighschen Quotienten der iterierten Vektoren ebenfalls bekannt sind.

Die rekursive Nachführung der Matrixelemente $\alpha_{k\ell}$ und $\beta_{k\ell}$ nach den Formeln (5.176) und (5.178) unterliegt einer schwachen numerischen Instabilität, die besonders ausgeprägt ist, solange die maximalen Korrekturen γ groß sind. Aus diesem Grund müssen die Matrizen $\widetilde{A}'$ und $\widetilde{B}'$ für die aktuellen iterierten Vektoren gelegentlich gemäß (5.169) neu berechnet werden, wobei die Neuberechnung in zunehmenden Abständen erfolgen kann, beispielsweise in den Iterationsschritten für μ = 1, 2, 4, 8, 16, 32, 48, 64, ...

Der Algorithmus der simultanen Koordinatenüberrelaxation (SICOR) kann wie nebenstehend in (5.179) zusammengefaßt werden, wobei zur Entlastung der Formulierung der Iterationsindex μ weggelassen wird, und die Formeln teilweise im dynamischen Sinn von Wertzuweisungen zu verstehen sind.

Im Algorithmus (5.179) sind in den Einzelschritten der Koordinatenüberrelaxation die Sonderfälle der Berechnung der Korrekturen ψ nicht berücksichtigt. Sie sind selbstverständlich für den korrekten Ablauf einzubeziehen.

Da die Iterationsvektoren in SICOR in jedem Zyklus nach der Koordinatenüberrelaxation bestimmt werden und die Eigenräume zu den Eigenwerten λ_i mit $\lambda_1 < \lambda_i < Q$ wegen (5.135) abstoßende Fixpunkte darstellen, folgt daraus, daß die simultan iterierten Vektoren auch tatsächlich gegen die Eigenvektoren der p kleinsten Eigenwerte konvergieren, falls $\lambda_p < Q$ zutrifft. In diesem Fall wird kein Eigenwert ausgelassen. Ferner ist es eine Erfahrungstatsache, daß der Spektralradius der Iterationsmatrix für die abstoßenden Eigenräume mit zunehmendem ω rasch anwächst, so daß sich der Abstoßungseffekt vergrößert. Das hat zur Folge, daß die iterierten Vektoren $y_k^{(\mu)}$ mit höheren Indizes k bei zu großem ω die starke Tendenz aufweisen, sich von den zugehörigen Eigenräumen zu entfernen. Eine vorsichtige, nicht zu große Wahl des Überrelaxationsfaktors ω wirkt dem sonst zu beobachtenden Oszillieren der höheren Rayleighschen Quotienten entgegen.

S t a r t : Wahl von ω und von p linear unabhängigen Startvektoren
$(y_1, y_2, \ldots, y_p) =: Y$.

I t e r a t i o n s s c h r i t t e $(\mu = 1, 2, \ldots)$:

1. Falls $\mu = 1, 2, 4, 8, 16, 32, 48, 64, \ldots$:

$\widetilde{A} = Y^T A Y, \quad \widetilde{B} = Y^T B Y, \quad R_i = \alpha_{ii}/\beta_{ii}, \quad (i = 1, 2, \ldots, p)$

2. Ritz-Schritt:

$\widetilde{A}c = \Lambda \widetilde{B}c \Rightarrow C = (c_1, c_2, \ldots, c_p)$
$$\text{mit } \Lambda_1 \leqslant \Lambda_2 \leqslant \ldots \leqslant \Lambda_p$$

$Y := YC$

$\widetilde{A} := \mathrm{diag}(\Lambda_1, \Lambda_2, \ldots, \Lambda_p), \quad \widetilde{B} := I, R_i = \Lambda_i$

Test auf Konvergenz

3. COR-Zyklus für $j = 1, 2, \ldots n$:

$f_\varrho = (Ay_\varrho)_j, \quad g_\varrho = (By_\varrho)_j, \quad (\varrho = 1, 2, \ldots, p)$

für $k = 1, 2, \ldots, p$:

 Man berechne ρ' und ψ aus (5.175)

 Falls $k = 1 \vee (k > 1 \wedge \rho' \geqslant R_{k-1})$:

  $\gamma := \omega\psi$

  $(y_k)_j := (y_k)_j + \gamma$

  $\alpha_{kk} := \alpha_{kk} + 2\gamma f_k + \gamma^2 a_{jj}$

  $\beta_{kk} := \beta_{kk} + 2\gamma g_k + \gamma^2 b_{jj}$

  $R_k := a_{kk}/\beta_{kk}$

  $\alpha_{k\varrho} := \alpha_{\varrho k} := \alpha_{k\varrho} + \gamma f_\varrho$
  $\hphantom{\alpha_{k\varrho} := \alpha_{\varrho k} := \alpha_{k\varrho} + \gamma f_\varrho}\quad (\varrho = 1, 2, \ldots, p; \varrho \neq k)$
  $\beta_{k\varrho} := \beta_{\varrho k} := \beta_{k\varrho} + \gamma g_\varrho$

  $f_k := f_k + \gamma a_{jj}, \quad g_k := g_k + \gamma b_{jj}$

$$(5.179)$$

Falls unter den p kleinsten gewünschten Eigenwerten benachbarte vorkommen, wird
die Konvergenzeigenschaft der SICOR-Methode kaum beeinflußt. Ist hingegen der
$(p + 1)$-te Eigenwert λ_{p+1} zu λ_p benachbart, äußert sich diese Situation in einer langsamen Konvergenz von $y_p^{(\mu)}$ gegen x_p. Um dieser Situation gerecht zu werden, empfiehlt es sich, den Algorithmus mit einem bis zwei Vektoren mehr als gewünscht durchzuführen, die Konvergenz aber nur für die wirklich interessierenden Vektoren zu prüfen.
Der SICOR-Algorithmus verhält sich in diesem Punkt analog zur simultanen Vektoriteration.

Wird im Fall der simultanen Vektoriteration das Konvergenzverhalten allein durch den
Quotienten λ_p/λ_{P+1} bestimmt, so sind es im SICOR-Algorithmus Faktoren, die in der

Überrelaxation eine Rolle spielen, wie Art des Problems und verwendete Elementtypen. Die Erfahrung zeigt, daß der SICOR-Algorithmus eine hohe Effizienz aufweist zur Lösung von Eigenwertaufgaben Dirichletscher Art und der damit eng verwandten Scheibenproblemen, falls kubische Elemente mit partiellen Ableitungen als Knotenvariablen verwendet werden.

Das Konvergenzverhalten ist schlechter bei denselben Eigenwertaufgaben, falls Ansätze niedrigeren Grades zur Anwendung gelangen, oder bei der Lösung von Schwingungsaufgaben bei Platten. Eine ausgesprochen schlechte Konvergenz wird beobachtet bei der Behandlung von Eigenwertaufgaben, denen Strukturen mit Balkenelementen zugrunde liegen. In diesem Fall wird von der Anwendung der SICOR-Methode dringend abgeraten.

Der Speicheraufwand für die Durchführung des SICOR-Algorithmus ist sehr klein. Benötigt werden als Grundlage die von Null verschiedenen Matrixelemente von A und B, welche zeilenweise in kompakter Form in der Anordnung nach Fig. 4.15 zusammen mit den dazu erforderlichen Zeigern zu speichern sind. Da sukzessive die einzelnen Komponenten von Ay und By zu berechnen sind, müssen alle von Null verschiedenen Matrixelemente einer jeden Zeile gespeichert werden, um so eine effiziente Bereitstellung jener Werte zu ermöglichen. Neben diesem vom Problem fixierten Speicherplatz wird als Arbeitsspeicher nur der Platz benötigt für die drei Matrizen $\tilde{A}$, $\tilde{B}$ und C, die je von der Ordnung p sind und im Zusammenhang mit dem kleinen Eigenwertproblem des Ritz-Schrittes gebraucht werden, und selbstverständlich für die p Iterationsvektoren. Der zuletzt genannte Platz wird für die gewünschten Eigenvektoren ohnehin benötigt, so daß dies keinen zusätzlichen Speicherbedarf darstellt. Bei geeigneter Programmierung kann nämlich die Operation $Y := YC$ im Ritz-Schritt Zeile für Zeile am Ort von Y durchgeführt werden mit einem zu vernachlässigenden Arbeitsspeicher von p Plätzen. Unter diesem Gesichtspunkt schneidet der SICOR-Algorithmus eindeutig am besten ab.

6 Anwendungen mit Resultaten

An einer Reihe von praxisbezogenen Beispielen aus verschiedenen Anwendungsgebieten soll die Durchführung der Methode der finiten Elemente aufgezeigt werden. In einigen Fällen werden zu Vergleichszwecken Resultate für verschiedene Ansätze und Elementeinteilungen zusammengestellt. Dann soll aber auch die Wirkungsweise der numerischen Verfahren zur Lösung der linearen Gleichungssysteme und der Eigenwertprobleme dargelegt werden. Dem Charakter eines Lehrbuches entsprechend sind die Beispiele einerseits möglichst typisch und repräsentativ, anderseits aber überblickbar genug gewählt, so daß sie mit Hilfe von Computerprogrammen ohne weiteres nachvollzogen werden können. Die Resultate wurden zum größten Teil mit Rechenprogrammen erhalten, die in [146] angeboten werden, oder die daraus mit geringen Modifikationen gewonnen werden können. Die Berechnungen wurden auf der Rechenanlage der Universität Zürich, einer IBM 3033, ausgeführt. Allenfalls angegebene Rechenzeiten beziehen sich auf diese Anlage. Die Programme wurden mit dem FORTRAN V-Compiler mit der höchsten Optimierungsstufe 3 übersetzt.

6.1 Stationäre Probleme

6.1.1 Stationäre Temperaturverteilung

Die Aufgabe, die stationäre Temperaturverteilung des Beispiels 1.1 zu bestimmen, soll
für einen konkreten Fall für verschiedene Elementeinteilungen und Ansätze behandelt
werden. Fig. 6.1 hält das Grundgebiet mit den zugehörigen Abmessungen in Längenein-
heiten fest, für welches die Randwertaufgabe

$$\Delta u = -20 \qquad \text{in } G \tag{6.1}$$

$$u = 0 \qquad \text{auf } AB \tag{6.2}$$

$$\frac{\partial u}{\partial n} = 0 \qquad \text{auf } BD, DE, EF, LM, MA \tag{6.3}$$

$$\frac{\partial u}{\partial n} + 2\,u = 0 \quad \text{auf } FHIKL \tag{6.4}$$

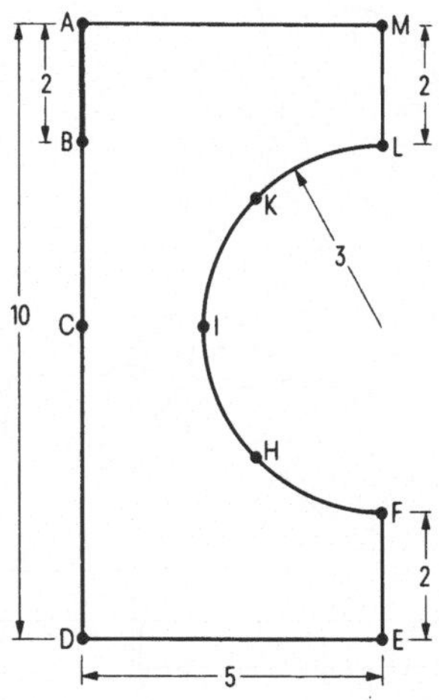

Fig. 6.1 Grundgebiet, Temperaturverteilung

zu lösen ist. Das Grundgebiet soll mit geradlinigen Elementen approximiert werden, wobei die Eckpunkte der Elemente auf dem Halbkreis äquidistant verteilt werden. Damit
wird die Fläche des approximierenden Gebietes größer als diejenige des gegebenen
Grundgebietes. Die Fig. 6.2, 6.3 und 6.4 zeigen die verwendeten Diskretisationen. Im
Fall a) der gröbsten Elementeinteilung werden nur Dreiecke verwendet, während in den
Fällen b) und c) das Gebiet soweit als möglich regelmäßig mit Quadraten überdeckt wird
und nur Dreieckelemente in der Nähe des krummlinigen Randes verwendet werden.

Für die drei Elementeinteilungen gelangen quadratische und kubische Ansätze zur
Anwendung. Als kubisches Dreieckelement wird dasjenige von Zienkiewicz (vgl.
Abschn. 2.3.4) verwendet, so daß für das Quadrat der unvollständige kubische Ansatz der Serendipity-Klasse mit 12 Knotenvariablen angepaßt ist, damit die beiden Elemente kombinierbar sind. In Analogie dazu wird der quadratische Ansatz der Serendipity-
Klasse in den Quadraten mit Elementmatrizen der Ordnung 8 verwendet. In Tab.6.1
sind die sechs verschiedenen Fälle zusammengestellt mit Angaben über die Elementzahl,
die Anzahl n der Knotenvariablen, die Bandbreite m bei Verwendung einer im wesentlichen zeilenweisen und damit nicht optimalen Durchnumerierung der Knotenpunkte,
den Speicherbedarf n(m + 1) für die Bandmatrix, das Profil p der Hülle und die Anzahl
N der potentiell von Null verschiedenen Matrixelemente der unteren Hälfte der Gesamt-

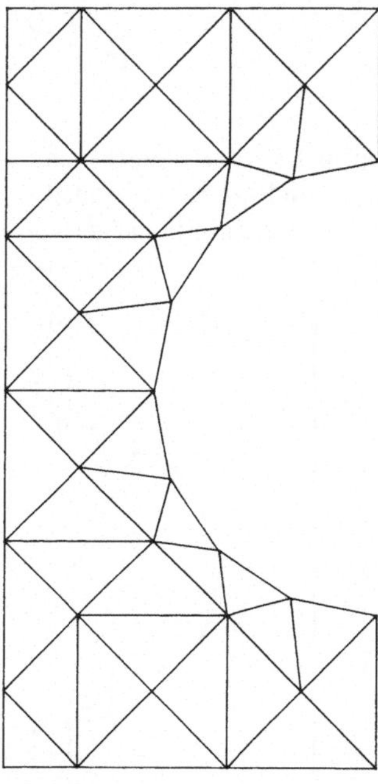

Fig. 6.2
Grobe Einteilung
in Dreiecke. Fall a)

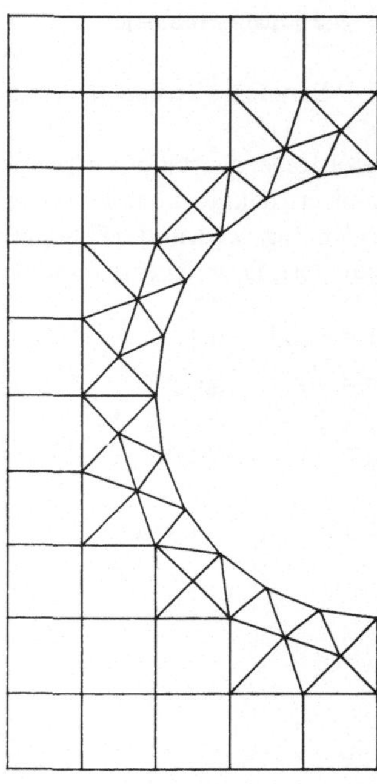

Fig. 6.3 Feinere Einteilung. Fall b)

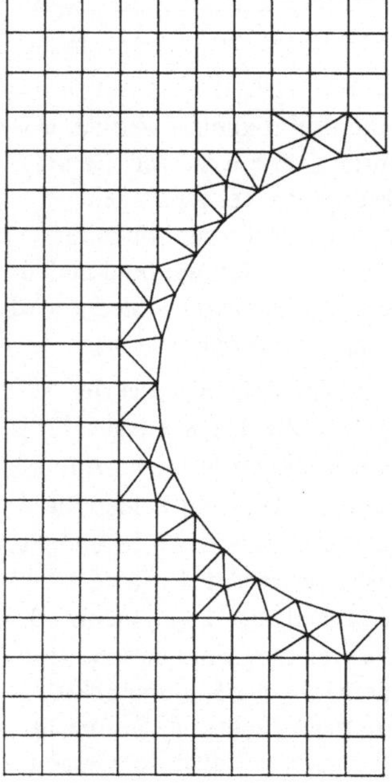

Fig. 6.4
Feinste Einteilung.
Fall c)

steifigkeitsmatrix S. Die Einsparung von Speicherplatz bei kompakter Speicherung der
wesentlichen Elemente der Matrix S gemäß Fig. 4.19, wie sie im Zusammenhang mit
der vorkonditionierten Methode der konjugierten Gradienten angebracht ist, ist im Vergleich zur Speicherung in Band- oder Hüllenform für die quadratischen Ansätze größer
als für die kubischen Ansätze. Darin kommt die relativ stärkere Besetzung der Matrix S
im Fall der kubischen Ansätze zum Ausdruck.

Tab. 6.1 Charakterisierung der Fälle, Temperaturverteilung

Fall	Einteilung, Ansatz	Elemente	n	m	n(m+1)	p	N
I	a) quadratisch	45	114	27	3 192	1 348	621
II	b) quadratisch	72	205	33	6 970	3 044	1 291
III	c) quadratisch	176	537	37	20 406	12 592	3 861
IV	a) kubisch	45	105	26	2 835	1 425	921
V	b) kubisch	72	201	29	6 030	3 750	2 076
VI	c) kubisch	176	543	41	22 806	16 188	6 450

Tab. 6.2 Temperaturen in ausgewählten Punkten

Fall	u_C	u_D	u_E	u_F	u_H	u_I	u_K	u_L	u_M
I	85,18	158,29	105,90	38,79	41,16	31,67	25,08	27,87	74,99
II	84,17	156,66	104,28	37,22	39,57	30,44	24,10	26,85	74,15
III	84,05	156,10	103,71	36,65	39,11	30,09	23,95	26,53	74,02
IV	83,88	158,02	106,20	38,67	41,64	31,69	24,85	27,56	74,80
V	83,15	156,45	104,19	37,18	39,80	30,21	23,83	26,66	73,64
VI	83,51	155,99	103,67	36,64	39,64	30,02	23,79	26,45	73,76

In Tab. 6.2 sind die Werte der resultierenden Temperaturen in den neun ausgewählten
Punkten C bis M nach Fig. 6.1 zusammengestellt, um die Konvergenz auf Grund der Verfeinerung der Diskretisation und des Ansatzes zu illustrieren. Die Temperaturwerte
zeigen fast durchwegs die Tendenz, bei Verfeinerung der Elementeinteilung abzuneh-
men.

Diese Tatsache kann teilweise damit begründet werden, daß die Fläche des approximierenden Grundgebietes abnimmt und damit auch die in G produzierte Wärmemenge.
Diese Erklärung wird tatsächlich bestätigt durch eine Rechnung, welcher eine Diskretisation des Grundgebietes mit teilweise krummlinigen Dreieckelementen zugrundeliegt.
Wird die Elementeinteilung nach Fig. 6.2 bis Fig. 6.4 derart abgeändert, daß längs des
Halbkreises krummlinige Dreieckelemente entstehen mit der Eigenschaft, daß die Mittelpunkte der krummlinigen Randstücke auch auf dem Halbkreis liegen, so resultiert eine
sehr gute Approximation des Grundgebietes. Die für diese Elementeinteilungen resultierenden Temperaturwerte in den ausgewählten Punkten sind in der Tat kleiner als die
entsprechenden Zahlwerte, die sich für die feinen Einteilungen ergeben (vgl. Tab. 6.3).

Tab. 6.3 Temperaturen in ausgewählten Punkten. Krummlinige Elemente, quadratischer Ansatz

Fall	u_C	u_D	u_E	u_F	u_H	u_I	u_K	u_L	u_M
I′	82,69	155,10	102,56	36,00	38,50	29,48	23,36	26,05	73,03
II′	83,05	155,23	102,78	35,90	38,28	29,40	23,28	25,98	73,27
III′	83,42	155,29	102,86	35,88	38,36	29,48	23,47	26,02	73,52

Die Methode der s t a t i s c h e n K o n d e n s a t i o n ist einmal dazu verwendet worden, im Sinn von Abschn.3.3.2 zusammengesetzte Elemente zu konstruieren. Indem jedes Dreieck in drei Teildreiecke eingeteilt wird, wobei der Schwerpunkt als neuer Eckpunkt gewählt wird (Fig.6.5), bzw. jedes Quadrat in vier Teildreiecke nach Fig.6.6 unterteilt wird, erzielt man damit eine feinere Einteilung in Elemente. Da die inneren Knotenvariablen vor der Kompilation zum Gesamtsystem eliminiert werden, resultiert ein

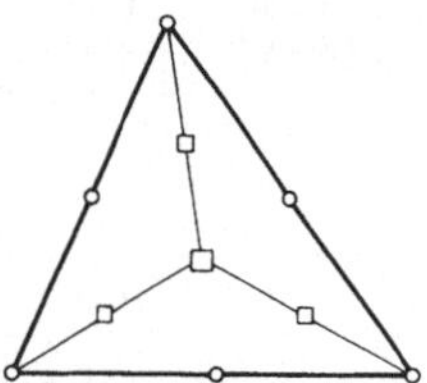

Fig. 6.5 Einteilung eines Dreiecks in Teildreiecke, quadratischer Ansatz. Vier innere Knotenpunkte

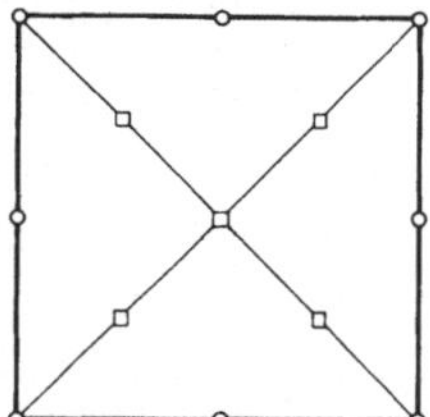

Fig. 6.6 Einteilung eines Quadrates in Teildreiecke, quadratischer Ansatz. Fünf innere Knotenpunkte

Gleichungssystem mit gleich vielen Unbekannten wie ohne Anwendung der statischen Kondensation. Die Kondensationsschritte können ja als Eliminationen von Unbekannten interpretiert werden, welche vor der Auflösung des schließlich resultierenden Gleichungssystems erfolgen. In Tab.6.4 sind die Anzahl der Dreiecke und Parallelogramme der Elementeinteilungen nach Fig.6.2 bis 6.4, die Totalzahl n der Knotenpunkte vermöge der Unterteilung, sowie die Zahl n* der Unbekannten nach Kondensation zusammengestellt.

Tab.6.4 Zur Kondensation mit quadratischen Ansätzen

Fall	Einteilung	Dreiecke	Quadrate	n	n*	n/n*
I″	a)	45	0	294	114	2,58
II″	b)	48	24	517	205	2,52
III″	c)	56	120	1361	537	2,53

Obwohl in allen drei Fällen die Zahl n rund das 2.5-fache von n* beträgt, unterscheiden sich die Temperaturwerte im allgemeinen recht wenig von den entsprechenden Werten ohne Kondensation. In Tab.6.5 sind wiederum die Temperaturen in den ausgewählten

Punkten zusammengestellt. Die große Übereinstimmung mit den entsprechenden Werten von Tab.6.2 erklärt sich dadurch, daß die diskreten Grundgebiete dieselben sind. Größere Unterschiede zeigen sich nur in Knotenpunkten in unmittelbarer Nähe des Punktes B von Fig.6.1, da dort lokal starke Temperaturänderungen auftreten.

Tab.6.5 Temperaturen in ausgewählten Punkten. Kondensation

Fall	u_C	u_D	u_E	u_F	u_H	u_I	u_K	u_L	u_M
I″	85,18	158,44	105,77	38,85	40,94	31,80	25,10	27,98	74,96
II″	84,32	156,68	104,33	37,23	39,58	30,51	24,18	26,90	74,28
III″	84,14	156,11	103,72	36,65	39,12	30,12	23,99	26,55	74,07

Schließlich soll zur Lösung der Aufgabe noch die M e t h o d e d e r S u b s t r u k t u - r i e r u n g in Verbindung mit der statischen Kondensation zur Anwendung gelangen. Zu diesem Zweck sei das Grundgebiet nach Fig. 6.7 in insgesamt zwölf Teilgebiete eingeteilt, so daß je vier zueinander kongruente Teilgebiete entstehen, welche durch indizierte römische Ziffern gekennzeichnet sind. Jede der drei grundlegenden Substrukturen wird in geeigneter Weise in Elemente eingeteilt, wie dies in Fig. 6.8 gezeigt ist. In den Substrukturen I und II werden soweit als möglich Quadrate verwendet und durch Dreiecke ergänzt, während zur möglichst guten Gebietsapproximation für die Substruktur III lauter geradlinige Dreiecke angezeigt sind. Zur Bearbeitung des Problems sollen quadratische Ansätze in den Dreieckelementen und quadratische Ansätze der Serendipity-Klasse in den Parallelogrammelementen zur Anwendung gelangen. Für die drei Substrukturen werden die je zugehörigen Steifigkeitsmatrizen und die Konstantenvektoren aufgebaut, sodann die

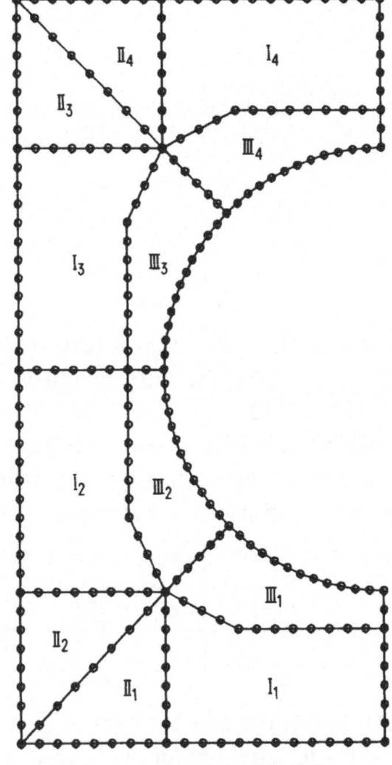

Fig. 6.7 Substrukturierung

Knotenvariablen von sämtlichen inneren Knotenpunkten vermöge der Kondensation eliminiert, so daß die kondensierten Steifigkeitsmatrizen und Konstantenvektoren resultieren. Diese werden zur Gesamtsteifigkeitsmatrix **S** und zum Gesamtkonstantenvektor **b** kompiliert, entsprechend den in Fig. 6.7 verbleibenden $n^* = 249$ Knotenpunkten. Jetzt werden die Randbedingungen berücksichtigt und das lineare Gleichungssystem gelöst. In Tab. 6.6 sind die die Substrukturen nach Fig. 6.8 beschreibenden Daten zusammen gestellt.

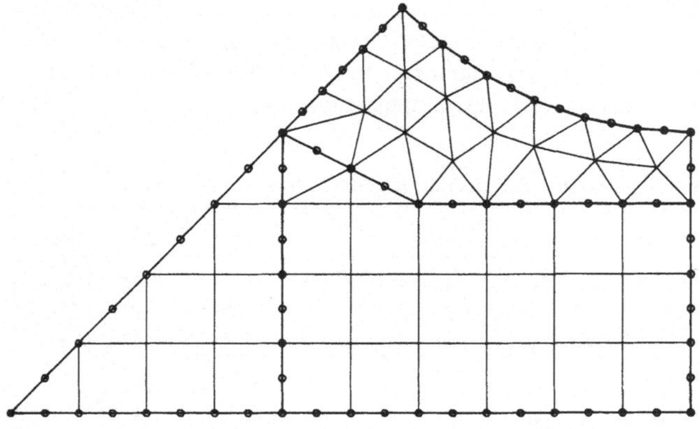

Fig. 6.8
Einteilung der
Substrukturen

Tab.6.6 Daten der Substrukturen

Substruktur Typus	Zahl der Quadrate	Zahl der Dreiecke	Knotenpunkte	innere Knotenpunkte	äußere Knotenpunkte
I	18	3	80	42	38
II	6	4	39	15	24
III	0	32	81	49	32

Die resultierende Temperaturverteilung in den 249 Knotenpunkten entspricht einer Diskretisierung der Aufgabe mit n = 673 Knotenpunkten, da durch die Kondensation effektiv 4(42 + 15 + 49) = 424 innere Knotenvariable eliminiert werden. Da mit der vorliegenden Elementeinteilung der Kreisbogen recht gut approximiert wird, sind die Temperaturwerte als die genauesten anzusehen. In Tab.6.7 sind die Werte in den ausgewählten Punkten zusammengestellt.

Tab. 6.7 Temperatur in ausgewählten Punkten. Substrukturierung

u_C	u_D	u_E	u_F	u_H	u_I	u_K	u_L	u_M
83,70	155,65	103,24	36,25	38,71	29,78	23,69	26,28	73,75

Die in den Fällen I bis VI nach Tab.6.1 anfallenden linearen Gleichungssysteme sind neben der direkten Methode von Cholesky auch mit Hilfe der iterativen Verfahren der konjugierten Gradienten und der Überrelaxation gelöst worden. Dabei haben sich recht unterschiedliche Zahlen von benötigten Iterationsschritten ergeben, welche in Tab.6.8 zusammengestellt sind.

Die Methode der konjugierten Gradienten wurde einmal direkt auf die anfallenden Gleichungssysteme und einmal nach deren Skalierung, d. h. alle Diagonalelemente gleich Eins, angewendet, um diesen Einfluß aufzuzeigen. Die Iteration wurde abgebrochen, sobald das Residuenquadrat kleiner als das 10^{-16}-fache des Residuenquadrates für die identisch verschwindende Startlösung ist. ·

Im Fall der Überrelaxation wurde die Iteration mit einem Wert $\omega_s < \omega_{opt}$ gestartet und aus den euklidischen Normen der Differenzvektoren $d^{(k)}$ aufeinanderfolgender Schritte nach (4.94) der Spektralradius μ_1 näherungsweise bestimmt, was n_{vor} Iterationen benötigte. Daraus berechnet sich nach (4.92) und (4.91) der geschätzte Wert ω_b, mit welchem die Iteration fortgesetzt wird. Einschließlich der Iterationsschritte des Vorlaufs werden total n_{it} Überrelaxationsschritte ausgeführt. Als Abbruchkriterium dient die Forderung

$$\max_i |\Delta v_i^{(k)}| \leqslant (1 - q) \cdot 10^{-6} \cdot \max_i |v_i^{(k)}|, \tag{6.5}$$

worin $\Delta v_i^{(k)}$ die Änderungen im k-ten Zyklus, $v_i^{(k)}$ die Komponenten des Näherungsvektors und q den Konvergenzquotienten bedeuten. Ferner wurde experimentell der optimale Relaxationsfaktor ω_{opt} näherungsweise ermittelt. Wird die Überrelaxation mit diesem Wert gestartet, werden selbstverständlich noch weniger Iterationsschritte benötigt.

Tab. 6.8 Zur iterativen Lösung der Gleichungssysteme. Wärmeleitung

Fall	n	cg-Methode Skalierung keine n_{it}	mit n_{it}	Überrelaxation ω_s	n_{vor}	μ_1	ω_b	n_{it}	ω_{opt}	n_{it}
I	114	61	54	1,50	50	0,9011	1,6975	83	1,695	50
II	205	84	80	1,70	80	0,8603	1,7478	93	1,740	71
III	537	161	151	1,70	80	0,9626	1,8524	188	1,845	142
IV	105	79	35	1,30	30	0,7318	1,4566	41	1,410	26
V	201	106	37	1,30	40	0,8382	1,5475	57	1,540	33
VI	543	180	62	1,30	70	0,9529	1,7257	118	1,735	56

Die Konvergenzgüte der iterativen Verfahren zur Lösung der linearen Gleichungssysteme im Fall der quadratischen Ansätze mit nur Funktionswerten als Knotenvariablen ist eindeutig schlechter im Vergleich zum Fall der kubischen Ansätze, bei denen in den Knotenpunkten neben den Funktionswerten auch die ersten partiellen Ableitungen als Knotenvariable auftreten. Bringt die Skalierung im Fall der quadratischen Ansätze keine nennenswerte Reduktion der Schritte, so ist die Konvergenzverbesserung im Fall der kubischen Ansätze doch beträchtlich. In allen Fällen ist die Anzahl der Iterationsschritte nur gleich einem Bruchteil der Ordnung n des zu lösenden Gleichungssystems, wobei dieser Bruchteil bei zunehmender Verfeinerung der Elementeinteilung sogar abnimmt. Die iterativen Methoden eignen sich deshalb recht gut.

Eine Skalierung der Gesamtsteifigkeitsmatrix vermittels einer Diagonalmatrix ändert am Konvergenzverhalten der Überrelaxationsmethode gar nichts, da die Iterationsmatrizen $M_{SOR}(\omega)$ nach (4.106) zueinander ähnlich sind und damit die gleichen Eigenwerte und denselben Spektralradius aufweisen.

Die vorkonditionierte Methode der konjugierten Gradienten SSORCG bringt im Vergleich zur Skalierung eine deutliche Konvergenzverbesserung, falls der Wert von ω für die Konditionierungsmatrix H (4.128) optimal gewählt wird. In Fig. 6.9 ist die Anzahl der erforderlichen Iterationsschritte in Abhängigkeit von ω für die Fälle I, II, IV und V dargestellt, wobei das Abbruchkriterium $\|r^{(k)}\|^2 \leqslant 10^{-16}\|r^{(0)}\|^2$ verwendet wird mit dem Nullvektor als Startnäherung. Die Ergebnisse zeigen, daß die Anzahl der Schritte in der Gegend des optimalen ω-Wertes nicht stark ändert. Es genügt deshalb, einen einigermaßen guten ω-Wert zu wählen. Ferner ist ein unterschiedliches Verhalten der SSORCG-Methode hinsichtlich der verwendeten Elementtypen festzustellen. Mit zunehmender Verfeinerung der Diskretisation wächst der optimale Wert für ω im Fall der quadratischen Ansätze viel stärker an als im Fall der kubischen Elemente.

Bei guter Wahl des Parameters ω reduziert sich die Zahl der Iterationsschritte im Vergleich zur Skalierung (entsprechend $\omega = 0$) in allen Fällen auf mehr als die Hälfte. Obwohl sich der Rechenaufwand bei Vorkonditionierung pro Schritt nahezu verdoppelt, resultiert eine Reduktion des Gesamtrechenaufwandes. An diesen Beispielen ist doch bemerkenswert, daß Gleichungssysteme mit etwa 200 Unbekannten vermittels 15 bis 25 vorkonditionierten cg-Schritten lösbar sind.

In Fig. 6.10 ist für den repräsentativen Fall V je das Quadrat der euklidischen Norm des Residuenvektors $r^{(k)}$ in Abhängigkeit der Schritte dargestellt, das im Verfahren der konjugierten Gradienten für die nichtskalierte und die skalierte Matrix sowie im vorkonditionierten SSORCG-Algorithmus resultiert. Da das Residuenquadrat im vorkonditionierten Algorithmus (4.126) nicht auftritt, wurde es zusätzlich berechnet.

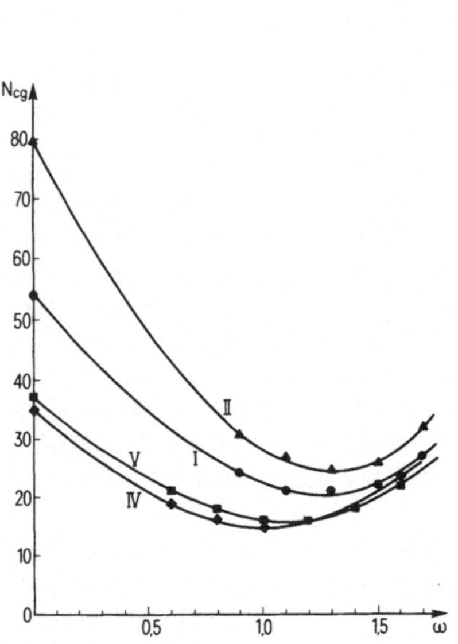

Fig. 6.9 Vorkonditionierter cg-Algorithmus.
Temperaturverteilung

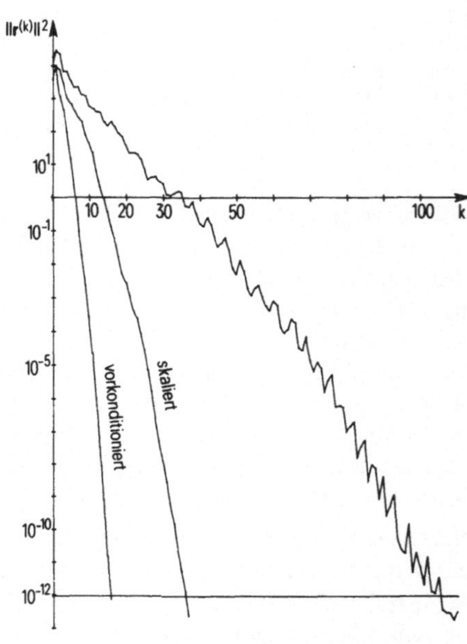

Fig. 6.10 Verlauf des Residuenquadrates im Verfahren der konjugierten Gradienten im Fall V der Temperaturverteilung

Schließlich ist ein Vergleich der Rechenzeiten zur Lösung der linearen Gleichungssysteme mit der direkten Cholesky-Methode bei hüllenorientierter Speicherung und mit den vorkonditionierten Verfahren der konjugierten Gradienten aufschlußreich. In Tab. 6.9 sind für die beiden Fälle III und VI der feinsten Elementeinteilung die totalen Rechenzeiten in Sekunden zusammengestellt. Ferner sind die optimalen Parameterwerte der vorkonditionierten cg-Methoden und die Iterationsschrittzahlen angegeben. Als zusätzliche Information sind die Rechenzeiten für den Kompilationsprozeß, für die allfällige partielle Cholesky-Zerlegung und für den eigentlichen Auflösungsprozeß angegeben. Die direkte Cholesky-Methode löst die Aufgabe erwartungsgemäß mit der kürzesten totalen Rechenzeit, erfordert aber andrerseits den größten Speicherplatz. Die Rechenzeiten im Fall der SSORCG-Methode sind nicht wesentlich höher, der Speicherbedarf ist jedoch bedeutend kleiner. Obwohl die Zahl der Iterationsschritte im PACHCG-Verfahren noch kleiner ist, rechtfertigt sich seine Anwendung auf Grund des höheren Speicherbedarfs doch nicht, da die Rechenzeit entweder nur wenig reduziert oder sogar erhöht wird. Die stärkere Besetzung der Matrix S im Fall der kubischen Ansätze kommt darin zum Ausdruck, daß bei zwar weniger Iterationsschritten die Rechenzeit für die Auflösung etwa gleich groß ist.

Tab. 6.9 Rechenzeiten, Temperaturverteilung

Fall	Methode	Rechenzeit total	Parameter	n_{it}	Rechenzeit		
					Kompilation	partielle Zerlegung	Auflösung
III	CHOLESKY	0,86	—	—	0,40	—	0,46
	SSORCG	1,47	$\omega = 1,55$	36	0,44	—	1,03
	PACHCG	1,38	$\alpha = 0$	25	0,44	0,16	0,78
VI	CHOLESKY	1,20	—	—	0,51	—	0,69
	SSORCG	1,57	$\omega = 1,25$	24	0,55	—	1,02
	PACHCG	1,88	$\alpha = 0$	17	0,55	0,52	0,81

6.1.2 Räumliche Fachwerke

Aus diesem Anwendungsbereich sollen eine ganz einfache Dachkonstruktion und eine etwas aufwendigere, räumliche Fachwerkkonstruktion präsentiert und behandelt werden.

6.1.2.1 Einfache Dachkonstruktion In Fig.6.11 sind der Seiten- und Grundriß einer Dachkonstruktion, bestehend aus 24 Stäben und 12 Knotenpunkten dargestellt. Das Beispiel stammt aus [86]. Die Abmessungen der Konstruktion, sowie die Numerierung der Knoten sind ebenfalls in Fig.6.11 eingetragen. Alle Stäbe seien als Rohre angenommen mit einem Querschnitt von A = 10 cm^2, bestehend aus Stahl mit einem Elastizitätsmodul E = 2 · 10^7 Ncm^{-2}. Die Knotenpunkte 2, 6, 7 und 11 weisen eine Parallelführung auf, während in den vier Eckpunkten 1, 3, 10 und 12 Kugellager vorhanden seien. Diese baustatisch problemgerechte Lagerung des Fachwerkes liefert für die insgesamt n = 36 unbekannten Verschiebungen der 12 Knotenpunkte 12 homogene Randbedingungen. Der Einfachheit halber soll in den Knotenpunkten 4, 5, 8 und 9 je eine vertikal nach unten wirkende Kraft K = 6000 N angreifen, verursacht etwa durch das Eigengewicht und zusätzliche Schneelasten des zu tragenden Daches.

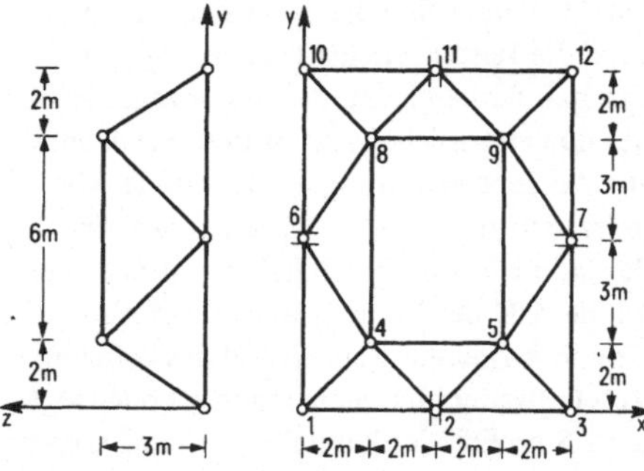

Fig. 6.11
Seiten- und Grundriß der Dachkonstruktion

Die vorliegende Aufgabe weist offensichtlich Symmetrien auf. Deshalb sind in Tab.6.10 nur die wesentlichen Verschiebungen von drei Knotenpunkten und in Tab.6.11 die relativen Längenänderungen und resultierenden Spannungen von sieben Stäben zusammengefaßt.

Tab. 6.10 Verschiebungen von Knotenpunkten

Punkt	u [cm]	v [cm]	w [cm]
1	$-8 \cdot 10^{-3}$	$-1 \cdot 10^{-2}$	0
2	0	$-6{,}105 \cdot 10^{-2}$	0
4	$4 \cdot 10^{-3}$	$6 \cdot 10^{-3}$	$-4{,}203 \cdot 10^{-2}$
6	$-6{,}805 \cdot 10^{-2}$	0	0

Tab. 6.11 Relative Längenänderungen und Spannungen
in Stäben

Stab	ϵ	$\sigma \, [\mathrm{Ncm}^{-2}]$
1, 2	$2 \cdot 10^{-5}$	400 (Zug)
1, 4	$-4{,}12 \cdot 10^{-5}$	-825 (Druck)
1, 6	$2 \cdot 10^{-5}$	400
2, 4	0	0
4, 5	$-2 \cdot 10^{-5}$	-400
4, 6	0	0
4, 8	$-2 \cdot 10^{-5}$	-400

6.1.2.2 Radarkuppel Zum Schutz von Radarstationen dienen kugelförmige Gebilde, deren tragendes Gerüst ein räumliches Fachwerk ist. Um das Prinzip zu erläutern, sei angenommen, daß die Knotenpunkte auf der Kugelfläche vom Radius R = 8 m liegen, und daß sie regelmäßig auf Parallelkreisen zur Grundfläche verteilt seien. Die Fig.6.12

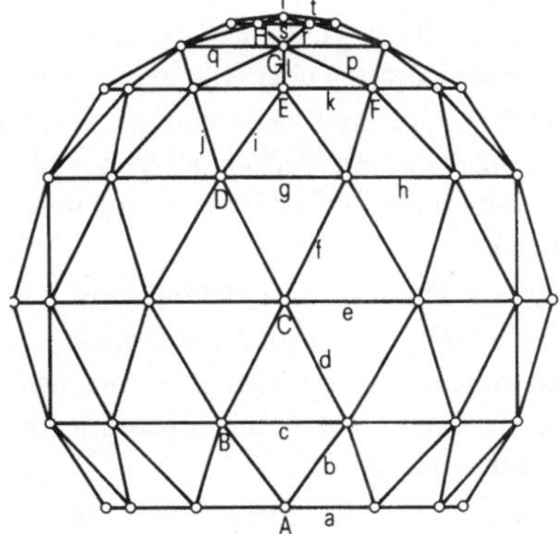

Fig. 6.12 Aufriß der Radarkuppel

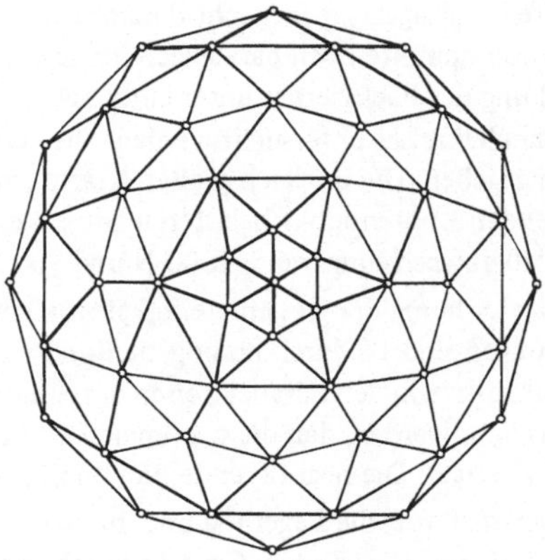

Fig. 6.13 Grundriß der Radarkuppel

zeigt den Aufriß und Fig.6.13 den Grundriß eines Fachwerkes einer Radarkuppel,
während in Tab.6.12 nähere Angaben über die Anordnung der Knotenpunkte auf den
verschiedenen Parallelkreisen zusammengestellt sind.

Tab. 6.12 Daten der Radarkuppel

Niveau	Höhe über Grund- kreis [m]	Radius des Parallel- kreises [m]	Knoten- punkte	Belastung [N]
1	0	5,292	12	–
2	2,5	7,194	12	–
3	6,0	8,000	12	–
4	9,5	7,194	12	–
5	12,0	5,292	12	900, 1500
6	13,2	3,487	6	3300
7	13,85	1,542	6	1200
8	14,0	–	1	1000

Das Fachwerk besitzt 73 Knotenpunkte und 204 Stabelemente. Alle Stäbe sollen vereinfachend denselben Querschnitt $A = 10\ \mathrm{cm}^2$ aufweisen, und der Elastizitätsmodul des
Materials sei $E = 2 \cdot 10^7\ \mathrm{Ncm}^{-2}$. Die Radarkuppel ist in den Knotenpunkten des Grund-

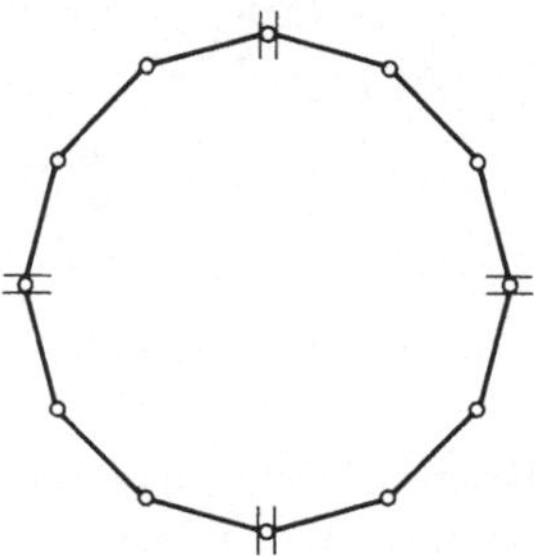

Fig. 6.14
Lagerung der Knotenpunkte des Grundkreises

kreises gelagert, wobei acht Punkte auf Kugellagern aufliegen und die restlichen vier
Knotenpunkte noch parallelgeführt seien (Fig.6.14). Es soll die (zusätzliche) Beanspruchung des Fachwerkes unter einer Schneedecke auf dem Kugelteil oberhalb des fünften
Parallelkreises untersucht werden. Die vertikal angreifenden Einzelkräfte sind in Tab.6.12
angegeben. Die ungleich großen Kräfte entsprechen ungefähr den Flächen der im betreffenden Knotenpunkt belasteten Dreiecke. In den Punkten des fünften Niveaus sind deshalb abwechslungsweise 1500 N und 900 N vorgesehen.

Die Ordnung der Gesamtsteifigkeitsmatrix S beträgt n = 219. Von den 219 Verschiebungen sind 16 durch homogene Randbedingungen festgelegt. Falls die Knotenpunkte
sukzessive in den Parallelkreisen durchnumeriert werden, kann bei geeignetem Vorgehen
erreicht werden, daß die maximale Differenz der Knotennummern für alle Stabelemente
13 beträgt. Die resultierende Bandbreite von S beträgt somit m = 41.

Die Struktur, die Lagerung und die Belastung des Fachwerkes weisen eine hohe Symmetrie auf. Aus diesem Grund sind die resultierenden Deformationen in den neun Punkten A bis I, im Aufriß der Fig.6.12 eingezeichnet und in der vorderen Hälfte der Kuppel
gelegen, repräsentativ für alle andern Knotenpunkte (Tab.6.13). Einzig im fünften Niveau
existieren zwei verschiedene repräsentative Knotenpunkte.

Tab. 6.13 Deformationen der Radarkuppel

Punkt	Niveau	u [cm]	v [cm]	w [cm]
A	1	0	0,0120	0
B	2	−0,0043	−0,0161	−0,0281
C	3	0	−0,0164	−0,0354
D	4	−0,0043	−0,0161	−0,0428
E	5	0	−0,0099	−0,0563
F	5	0,0031	−0,0054	−0,0589
G	6	0	0,0022	−0,0835
H	7	0,0005	0,0009	−0,0895
I	8	0	0	−0,0923

Aus dem gleichen Grund weisen die Spannungen in den Stabelementen die Symmetrien
auf. In Tab.6.14 sind die Spannungen in den Stäben a bis t (vgl. Fig.6.12) enthalten.

Tab. 6.14 Stabspannungen in der Radarkuppel

Stab	σ [Ncm^{-2}]	Stab	σ [Ncm^{-2}]	Stab	σ [Ncm^{-2}]
a	−452,5	g	463,0	p	−269,9
b	−249,3	h	466,1	q	−126,0
c	464,5	i	−245,7	r	−249,8
d	−207,0	j	−253,2	s	−139,4
e	410,1	k	303,8	t	−172,1
f	−207,0	ℓ	−465,7		

Das lineare Gleichungssystem der belasteten Radarkuppel wurde sowohl direkt nach
der Methode von Cholesky unter Ausnützung der Hüllenstruktur der Gesamtsteifigkeits-

matrix S als auch mit Hilfe der beiden vorkonditionierten Methoden der konjugierten Gradienten gelöst. Da die Radarkuppel eine dreidimensionale Konstruktion darstellt, ergibt sich ein aufschlußreicher Vergleich hinsichtlich Speicherbedarf und Rechenzeit. In Tab. 6.15 sind für die drei Lösungsmethoden der Speicherbedarf N_S für die Matrixelemente von S in der betreffenden Speicherung, d. h. hüllenorientiert oder kompakt, dazu der eventuell zusätzlich erforderliche Arbeitsspeicherplatz N_H für die Hilfsvektoren oder der partiellen Cholesky-Zerlegung H und der Speicherplatz für Indexinformationen N_I zusammengestellt. Weiter sind im Fall der vorkonditionierten Methoden der konjugierten Gradienten die optimalen Parameterwerte, die Zahl der erforderlichen Iterationsschritte und die gemessene totale Rechenzeit in Sekunden angegeben. Die Iteration wurde gestoppt, sobald das Residuenquadrat kleiner als das 10^{-16}-fache des Residuenquadrates für die verschwindende Startlösung geworden war. Die Rechenzeit schließt auch den Kompilationsprozeß ein.

Tab. 6.15 Speicherbedarf und Rechenzeiten, Radarkuppel

Methode	N_S	N_H	N_I	Parameter	n_{it}	Rechenzeit
CHOLESKY	7593	–	219	–	–	0,69
PACHCG	2274	3150	2493	$\alpha = 0$	25	0,77
SSORCG	2274	876	2493	$\omega = 1,05$	51	1,00

Die direkte Auflösung des linearen Gleichungssystems benötigt die kleinste Rechenzeit, die aber nicht wesentlich kleiner ist im Vergleich mit derjenigen der iterativen Behandlung. Die dreidimensionale Konstruktion findet ihren Niederschlag im großen Profil der Matrix S. Im Fall der vorkonditionierten Methode der konjugierten Gradienten PACHCG fällt der Speicherplatz für die Konditionierungsmatrix H ins Gewicht. Richtet man das Augenmerk allein auf die Zahl der Iterationsschritte, arbeitet PACHCG sehr effizient. Die SSORCG-Methode löst die Aufgabe mit dem geringsten Speicherbedarf bei nur leicht erhöhter Rechenzeit. Zur Vollständigkeit sei noch erwähnt, daß das normale Verfahren der konjugierten Gradienten (4.78) das Gleichungssystem mit 82 Iterationsschritten bei einer Rechenzeit von 0,9 Sekunden löst.

Die Gegenüberstellung der Rechenzeiten vermag in diesem relativ kleinen Anwendungsbeispiel keine eindeutige Präferenz aufzuzeigen. Sie zeigt aber, daß die iterativen Verfahren durchaus mit der direkten Methode konkurrenzfähig sein können.

6.1.3 Scheibenprobleme

Anhand einer einfachen Testscheibe soll dargelegt werden, in welcher Weise die resultierenden Auslenkungen vom Typus der Ansatzfunktionen und der Elementeinteilung abhängig sind. Ferner soll das Konvergenzverhalten der iterativen Lösungsverfahren zur Lösung der anfallenden linearen Gleichungssysteme studiert werden. Als praktisches Anwendungsbeispiel wird der Spannungszustand eines konkreten Gabelschlüssels unter vereinfachenden Annahmen bestimmt.

6.1.3.1 Testscheibe Wir betrachten eine Scheibe der Länge 40 cm, der Höhe 10 cm
und einer Dicke von 2 cm, welche an zwei Stellen gelagert und durch eine Einzellast
von 10 kN belastet ist (Fig. 6.15). Die elastischen Konstanten seien $E = 2 \cdot 10^4$ kN cm^{-2}
und $\nu = 0{,}3$. Durch die angedeutete Lagerung, welche nur eine Verschiebung in vertikaler Richtung verhindert, ist die Aufgabe statisch unbestimmt, da eine horizontale
Verschiebung der Scheibe als Ganzes möglich ist. Durch die zusätzliche Bedingung, daß
die Auslenkung u in mindestens einem Punkt verschwindet, wird die Problemstellung
statisch bestimmt.

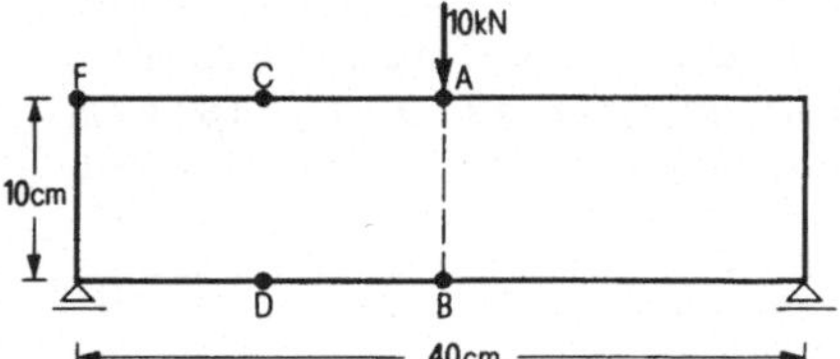

Fig. 6.15
Testscheibe

Infolge der Symmetrie der Aufgabe genügt es, die eine Hälfte der Scheibe zu betrachten,
indem längs des Schnittes AB entsprechende Randbedingungen formuliert werden. Diese
betreffen verschwindende Verschiebungen u in den Knotenpunkten. Im Fall von kubischen Ansatzfunktionen mit partiellen Ableitungen als Knotenvariablen sind überdies
aus Symmetriegründen die Werte von u_y und v_x gleich Null vorzuschreiben. Zudem ist
die angreifende Kraft zu halbieren.

Der Verschiebungszustand und die Spannungsverteilung werden für einige Elementeinteilungen und verschiedene Ansätze berechnet. Fig. 6.16 zeigt die vier Diskretisationen,
und in Tab. 6.16 sind die verwendeten Ansätze, die Zahl n der zugehörigen Knotenvari-

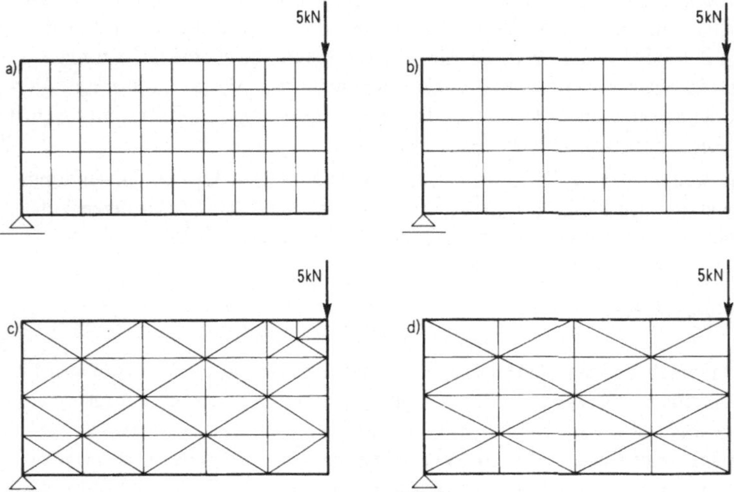

Fig. 6.16 Elementeinteilung der Testscheibe

ablen, die Bandbreiten m, der Speicherbedarf n(m + 1) für die Gesamtsteifigkeitsmatrix als Bandmatrix, dazu zum Vergleich das Profil p der Hülle und die Totalzahl N der potentiell von Null verschiedenen Matrixelemente der unteren Hälfte zusammengestellt. Die kompakte Speicherung der Matrixelemente bringt hauptsächlich im Fall der quadratischen Ansätze eine wesentliche Reduktion des Speicherbedarfs, selbst unter Berücksichtigung der zusätzlichen Indexinformation. In den übrigen Fällen sind die Bandmatrizen bzw. die Hüllen relativ stärker besetzt. Im Fall der vollständig kubischen Ansätze für Dreieckelemente werden die Knotenvariablen des Schwerpunktes durch den Prozeß der Kondensation bereits in den Elementmatrizen eliminiert. Dies beeinflußt selbstverständlich die charakterisierenden Größen.

Tab. 6.16 Charakterisierung der Fälle, Testscheibe

Fall	Einteilung und Ansatz	n	m	n(m + 1)	p	N
I	a) bilinear	132	15	2 112	1 858	992
II	b) quadratisch, Serendipity-Klasse	192	39	7 680	5 608	2 512
III	a) quadratisch, Serendipity-Klasse	362	39	14 480	11 123	4 942
IV	c) quadratisch	226	45	10 396	6 535	2 278
V	b) kubisch, Serendipity-Klasse	216	47	10 368	8 316	4 716
VI	d) vollständig kubisch, Kondensation	150	41	6 300	4 557	2 577
VII	a) kubisch, Serendipity-Klasse	396	47	19 008	16 326	9 126

In Tab.6.17 sind die resultierenden Verschiebungen der ausgewählten Punkte A, B, C, D und F nach Fig.6.15 für die sieben Fälle enthalten. Im Fall V sind die Werte u_C, v_C, u_D und v_D durch kubische Interpolationen gewonnen, da C und D keine Knotenpunkte sind. Die Zahlwerte zeigen, daß der bilineare Ansatz bereits recht brauchbare Ergebnisse liefert mit maximalen Abweichungen von gegen 10% im Vergleich zu den genaueren Werten der Fälle III und VII. Anderseits bringt der kubische Ansatz gegenüber dem quadratischen Ansatz (Fälle II und V, bzw. Fälle III und VII) keine entscheidenden Änderungen, obwohl die Anzahl der Knotenvariablen in beiden Fällen sogar etwa 10% größer ist. Da auch die Bandbreiten steigen, erhöht sich der Rechen- und Speicheraufwand. Die Verwendung der kubischen Elemente lohnt sich in diesem Fall offenbar nicht.

Tab. 6.17 Verschiebungen in ausgewählten Punkten in cm, gemeinsamer Faktor 10^{-5}

Fall	v_A	v_B	u_C	v_C	u_D	v_D	u_F	v_F
I	−527	−485	109	−342	−112	−343	139	−54
II	−553	−507	111	−361	−115	−362	141	−67
III	−573	−521	111	−374	−115	−375	142	−80
IV	−562	−507	111	−360	−115	−361	141	−66
V	−546	−515	111	−368	−115	−369	142	−73
VI	−534	−506	111	−359	−115	−361	141	−65
VII	−565	−524	111	−377	−115	−378	142	−83

Die Spannungswerte σ_x, σ_y und τ in den Mittelpunkten der Quadrate der Diskretisation
a) von Fig.6.16 sind je tabelliert von oben nach unten in den Fig.6.17 und 6.18 für den
bilinearen, bzw. den quadratischen Ansatz angegeben. In der unmittelbaren Umgebung
sowohl des Lastangriffspunktes wie auch des Auflagepunktes sind größere Abweichungen festzustellen, bedingt durch die dort auftretenden großen Spannungsänderungen.
Die lokal je feinere Elementeinteilung c) von Fig.6.16 trägt dieser Situation Rechnung.

−40	−211	−483	−769	−1034	−1275	−1496	−1710	−1951	−2448
−38	−32	−4	7	8	6	8	−13	34	−1226
−39	−135	−170	−162	−144	−127	−113	−105	−136	−670
−49	−185	−322	−433	−540	−656	−784	−924	−1077	−877
−214	−122	−11	30	30	23	13	−12	−267	−720
−153	−328	−370	−351	−324	−305	−294	−306	−417	−293
−46	−129	−122	−63	−31	−24	−35	−48	13	97
−539	−200	9	54	43	31	13	−57	−216	−387
−252	−435	−408	−375	−368	−368	−372	−385	−345	−150
−92	−54	210	383	520	640	753	871	988	1071
−961	−156	64	47	33	21	5	−35	−104	−164
−376	−371	−254	−268	−293	−313	−325	−314	−246	−96
228	581	716	882	1085	1315	1562	1811	2027	2157
−1344	108	15	19	9	6	1	−8	−22	−34
−429	19	−48	−94	−121	−137	−145	−139	−106	−41

Fig. 6.17 Spannungen für bilinearen Ansatz

−49	−229	−496	−781	−1049	−1296	−1526	−1744	−2117	−2189
−48	−25	−1	7	6	5	4	0	−47	−679
−46	−132	−161	−153	−138	−125	−117	−104	−196	−578
−45	−182	−322	−439	−552	−671	−804	−938	−1035	−959
−242	−106	0	28	25	19	11	−22	−183	−866
−152	−330	−365	−347	−324	−307	−298	−314	−367	−296
−42	−124	−120	−70	−37	−27	−34	−37	8	95
−576	−150	23	49	38	26	10	−42	−184	−414
−243	−435	−407	−379	−371	−370	−372	−377	−345	−148
−80	−78	182	378	526	651	768	885	1000	1083
−1107	−48	54	46	29	18	6	−27	−98	−175
−381	−346	−262	−271	−293	−310	−320	−310	−250	−103
−47	568	749	910	1112	1343	1590	1838	2054	2186
−598	27	27	14	8	5	2	−5	−20	−34
−357	−21	−46	−95	−117	−130	−137	−133	−104	−40

Fig. 6.18 Spannungen für quadratischen Ansatz

Die in diesem Fall mit dem quadratischen Ansatz berechneten Spannungswerte sind deshalb bedeutend zuverlässiger.

Die Lösung der linearen Gleichungssysteme nach der direkten Methode von Cholesky ist hinsichtlich Rechenzeit (CPU) erwartungsgemäß am effizientesten. Die Systeme sind auch mit der Methode der konjugierten Gradienten in der ursprünglichen Form (4.78) und mit den beiden Varianten der Vorkonditionierung und mit der Überrelaxation (SOR) gelöst worden. Im Fall der Methode der konjugierten Gradienten wird die Iteration gestoppt, sobald das Residuenquadrat kleiner als das 10^{-16}-fache des Residuenquadrates für die verschwindende Startlösung ist. Die Überrelaxation wurde in allen Fällen mit $\omega_S = 1{,}70 < \omega_{opt}$ gestartet, um den betreffenden Spektralradius μ_1 mit einer Anzahl von 75 bis 200 Iterationen nach (4.94) zu ermitteln. Mit dem nach (4.92) und (4.91) bestimmten Wert ω_b wird die Überrelaxation fortgesetzt, bis das Abbruchkriterium (6.5) erfüllt ist. Insgesamt sind n_{it} Schritte erforderlich.

In Tab.6.18 sind die maßgebenden Zahlwerte zu Vergleichszwecken zusammengestellt. Die Skalierung der Matrizen der linearen Gleichungssysteme, so daß die Diagonalelemente gleich Eins sind, reduziert die Anzahl der Iterationsschritte der normalen Methode der konjugierten Gradienten mehr oder weniger. Die vorkonditionierte SSORCG-Methode bringt die entscheidende Reduktion an Iterationen, so daß bei nicht erhöhtem Speicherbedarf die Rechenzeiten nur rund doppelt so groß ausfallen im Vergleich zu denjenigen der Cholesky-Methode. Wird die Vorkonditionierung mit Hilfe der partiellen Cholesky-Zerlegung angewandt, verringert sich die Zahl der benötigten Iterationsschritte noch wesentlich. Ein Blick auf die Rechenzeiten zeigt jedoch, daß diese gegenüber der SSORCG-Methode im Fall der linearen und quadratischen Ansätze nur unwesentlich kleiner sind, während sie im Fall der kubischen Ansätze sogar deutlich größer sind. Diese Feststellung zeigt die Tatsache auf, daß die partielle Cholesky-Zerlegung einen nicht zu vernachlässigenden Rechenaufwand erfordert, der die Einsparung an Rechenzeit für die nachfolgenden Iterationen fast ausgleicht oder gar zunichte macht. Zieht man noch den zusätzlichen Speicherbedarf für die Konditionierungsmatrix H in Betracht, so ist die

Tab. 6.18 Zur Lösung der Gleichungssysteme, Testscheibe

Fall	n	CHO-LESKY	cg-Methode Skalierung		SSORCG			PACHCG $\alpha = 0$		SOR	
		CPU	keine n_{it}	mit n_{it}	ω_{opt}	n_{it}	CPU	n_{it}	CPU	ω_b	n_{it}
I	132	0,19	82	68	1,10	27	0,33	18	0,32	1,94	398
II	192	0,45	190	158	1,35	46	0,91	24	0,84	1,97	766
III	362	0,83	229	199	1,45	51	1,90	25	1,65	1,97	974
IV	226	0,51	172	148	1,35	49	0,92	31	0,86	1,97	920
V	216	0,74	119	83	1,10	32	1,23	19	1,93	1,94	410
VI	150	0,50	104	81	1,00	35	0,90	21	1,07	1,94	774
VII	396	1,44	141	98	1,15	36	2,53	21	3,90	1,95	456

PACHCG-Methode weniger geeignet. Der Einsatz der PACHCG-Methode kann jedoch dann gerechtfertigt sein, wenn mehrere Belastungsfälle durchzurechnen sind, so daß die partielle Cholesky-Zerlegung nur einmal ausgeführt werden muß. Die hohen Rechenzeiten für die partiellen Cholesky-Zerlegungen im Fall der kubischen Ansätze erklären sich durch die relativ stärkere Besetzung der Gesamtsteifigkeitsmatrizen. Die letzte Kolonne von Tab.6.18 zeigt, daß die Methode der Überrelaxation hier sehr ungeeignet ist.

6.1.3.2 Gabelschlüssel Wir betrachten einen handelsüblichen Gabelschlüssel, wie er in Fig.1.8 dargestellt ist. Es soll die Spannungsverteilung im Schlüssel berechnet werden, falls er einer kontinuierlich verteilten Belastung nach Fig.1.8 von $p = 57{,}95$ Ncm^{-1} unterworfen wird. Die Belastung wirkt auf einer Länge von $6{,}21225$ cm senkrecht zum Griff. Die total angreifende Kraft beträgt 360 N, entsprechend einem Drehmoment an der Schraube von rund 5940 Ncm. Die beiden durch Kreise markierten Punkte des Gabelschlüssels werden als die einzigen Berührungspunkte des Schlüssels mit der Schraube als fest angenommen, so daß dort als geometrische Randbedingungen die Verschiebungen verschwinden. Die Dicke des Gabelschlüssels beträgt $h = 0{,}7$ cm, der Elastizitätsmodul sei $E = 2 \cdot 10^7$ Ncm^{-2} und die Poissonzahl $\nu = 0{,}3$. Die geometrischen Abmessungen können der Fig.6.21 entnommen werden.

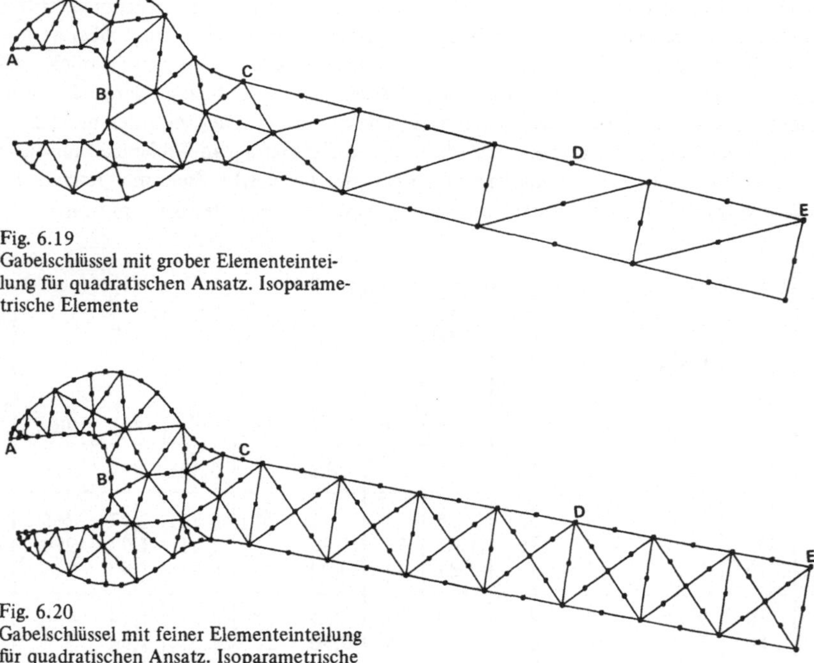

Fig. 6.19
Gabelschlüssel mit grober Elementeinteilung für quadratischen Ansatz. Isoparametrische Elemente

Fig. 6.20
Gabelschlüssel mit feiner Elementeinteilung für quadratischen Ansatz. Isoparametrische Elemente

Die gestellte Aufgabe wurde mit linearen, quadratischen und vollständigen kubischen Ver-
schiebungsansätzen für je zwei verschiedene Elementeinteilungen behandelt. Im Fall des
quadratischen Ansatzes wurden zur besseren Approximation des Schlüssels krummlinige,
isoparametrische Elemente verwendet. Fig.6.19 zeigt eine grobe Einteilung in teilweise
krummlinige Dreieckelemente, welche bereits eine hervorragende Approximation des
Schlüssels ergeben. In Fig.6.20 ist eine feinere Einteilung in teilweise krummlinige Dreieckelemente für den quadratischen Ansatz dargestellt. Aus diesen beiden Diskretisationen
wurden entsprechende Elementeinteilungen für quadratische Ansätze mit geradlinigen
Dreieckelementen gewonnen, indem alle krummlinigen Randstücke durch gerade Kanten
ersetzt sind. Zudem bildeten die Einteilungen der Fig.6.19 und Fig.6.20 den Ausgangspunkt zur Erzeugung von Elementeinteilungen für den linearen Ansatz. Dazu wurden
alle Dreiecke in vier Dreiecke eingeteilt, wobei alle Knotenpunkte auf den Seiten zu
Eckpunkten wurden. Für den vollständigen kubischen Ansatz sind die Einteilungen nach
Fig.6.21 und Fig.6.22 zugrunde gelegt. Tab.6.19 enthält die Angaben über acht ver-

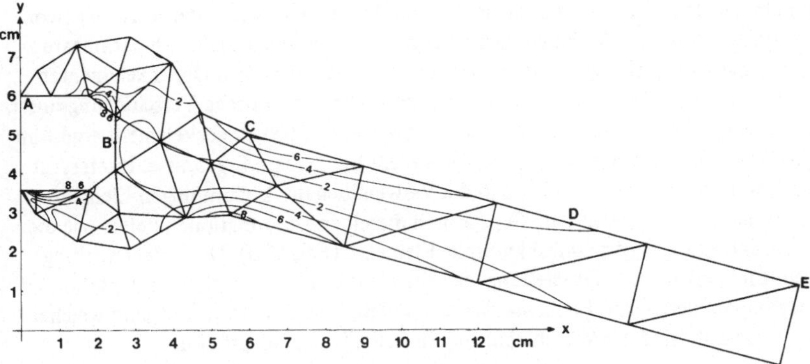

Fig. 6.21 Grobe Triangulierung des Gabelschlüssels, geradlinige Elemente, kubischer Ansatz.
Mit Linien gleicher Hauptspannungsdifferenzen

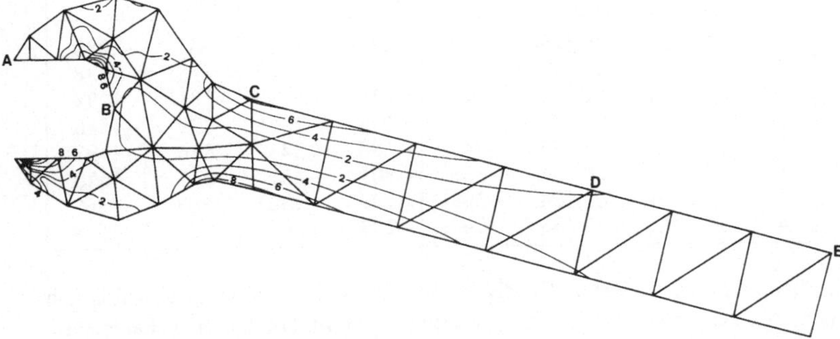

Fig. 6.22 Feine Triangulierung des Gabelschlüssels, geradlinige Elemente, kubischer Ansatz. Mit
Linien gleicher Hauptspannungsdifferenzen

Tab. 6.19 Charakterisierung der Fälle, Gabelschlüssel

Fall	Einteilung und Ansatz	n	m	n(m + 1)
I	(Fig.6.19), geradlinige Elemente, linear	196	23	4704
II	(Fig.6.20), geradlinige Elemente, linear	384	25	9984
III	(Fig.6.19), geradlinige Elemente, quadratisch	196	39	7840
IV	(Fig.6.20), geradlinige Elemente, quadratisch	384	47	18432
V	(Fig.6.19), krummlinige Elemente, quadratisch	196	39	7840
VI	(Fig.6.20), krummlinige Elemente, quadratisch	384	47	18432
VII	(Fig.6.21), geradlinige Elemente, kubisch	262	59	15720
VIII	(Fig.6.22), geradlinige Elemente, kubisch	388	59	23280

schiedene Fälle, nämlich die Zahl der Knotenvariablen n, Bandbreite m und den Speicherbedarf n(m + 1) der Bandmatrix.

In Tab.6.20 sind die resultierenden Verschiebungen der fünf Punkte A, B, C, D und E für die acht Fälle zusammengestellt. Im Fall VII stellen die Punkte B und D keine Knotenpunkte dar. Die Werte u_B, v_B, u_D und v_D sind durch kubische Interpolation gewonnen. Betrachtet man die Auslenkungen im Punkt E, so wird deutlich, daß der lineare Verschiebungsansatz mit konstanten Spannungen in den einzelnen Dreieckelementen allzu steif ist und zu kleine Deformationen liefert. Der quadratische Verschiebungsansatz mit entsprechend linear variierender Spannungsverteilung pro Dreieckelement ergibt im Vergleich zu den kubischen Ansätzen bereits recht brauchbare Ergebnisse. Interessant an den Resultaten ist die Tatsache, daß die Verwendung der krummlinigen Elemente in der groben Einteilung (im Fall V) praktisch dieselben Deformationen liefert wie die feine Diskretisation in geradlinige kubische Elemente (Fall VIII). Diese Beobachtung steht im Einklang mit der Feststellung, daß die nicht exakte numerische Integration im Fall der isoparametrischen Elemente das verwendete Modell in gewissem Sinn weicher gestaltet. Deshalb sind die Verschiebungen im Fall VI auch am größten.

Tab. 6.20 Verschiebungen in ausgewählten Punkten in cm, gemeinsamer Faktor 10^{-5}. Gabelschlüssel

Fall	u_A	v_A	u_B	v_B	u_C	v_C	u_D	v_D	u_E	v_E
I	1	163	−23	−76	29	−283	−237	−1769	−581	−3080
II	3	180	−22	−87	33	−310	−258	−2147	−718	−3938
III	2	171	−30	−82	27	−302	−272	−2297	−781	−4294
IV	5	205	−27	−99	36	−352	−295	−2468	−829	−4546
V	3	203	−25	−98	36	−341	−288	−2432	−816	−4497
VI	5	214	−26	−105	36	−365	−301	−2517	−842	−4620
VII	−1	175	−36	−82	24	−309	−293	−2361	−803	−4369
VIII	4	206	−28	−99	33	−347	−293	−2454	−825	−4524

Um die Spannungsverhältnisse im Gabelschlüssel darzustellen, sind für den kubischen Verschiebungsansatz die Spannungen σ_x, σ_y und τ_{xy} im Innern der Dreieckelemente berechnet worden und daraus die beiden Hauptspannungen σ_1 und σ_2 (vgl. dazu etwa [59]). Die verwendeten vollständigen kubischen Ansätze garantieren die Stetigkeit der ersten partiellen Ableitungen und damit der Spannungen nur in den Knotenpunkten. Die mit einem speziellen Plotterprogramm in den einzelnen Dreieckelementen ermittelten Linien konstanter Hauptspannungsdifferenzen sind anschließend von Hand geglättet worden. In Fig.6.21 und Fig.6.22 sind die Linien konstanter Hauptspannungsdifferenzen für 2, 4, 6, 8, 10, 15 und 20 kNcm^{-2} eingezeichnet. Die Niveaulinien mit den drei höchsten Werten sind nicht angeschrieben.

Die linearen Gleichungssysteme sind mit der direkten Cholesky-Methode unter Verwendung der Hüllenstruktur und mit den vorkonditionierten Methoden der konjugierten Gradienten gelöst worden. Um das Profil der Hülle zu minimieren, wurden optimale Numerierungen der Knotenpunkte mit Hilfe des Cuthill-McKee-Algorithmus ermittelt. In Tab. 6.21 sind die maßgebenden charakteristischen Zahlwerte wie die Ordnung n, das Profil p und die Zahl der potentiell von Null verschiedenen Matrixelemente der unteren Hälfte, die optimalen Parameterwerte sowie die ermittelten Rechenzeiten in Sekunden für die Diskretisationen in geradlinige Elemente mit quadratischen und kubischen Ansätzen zusammengetragen. Die Rechenzeiten schließen die Kompilation der Gesamtsteifigkeitsmatrix S ein. An den Ergebnissen ist zu erkennen, daß in diesem Beispiel die Cholesky-Methode die Aufgabe in jeder Hinsicht am effizientesten löst. Denn der Gabelschlüssel verhält sich im wesentlichen wie ein eindimensionales Problem, so daß die Hülle von S stark besetzt ist und durch die kompakte Speicherung keine große Einsparung an Speicherplatz erzielt werden kann.

Tab. 6.21 Zur Lösung der Gleichungssysteme, Gabelschlüssel

Fall	n	p	N	CHO-LESKY	SSORCG			PACHCG $\alpha = 0$	
				CPU	ω_{opt}	n_{it}	CPU	n_{it}	CPU
III	196	2994	1828	0,20	1,1	71	1,03	34	0,74
IV	384	6328	3720	0,38	1,3	105	2,91	57	2,15
VII	192	4560	3048	0,45	0,9	62	1,51	22	1,20
VIII	282	6927	4551	0,66	0,95	68	2,45	21	1,80

6.1.4 Plattenbeispiele

An einer quadratischen Testplatte soll illustriert werden, wie die berechneten Durchbiegungen von der Diskretisation und den Ansatzfunktionen abhängig sind und wie insbesondere die Methode der konjugierten Gradienten zur Lösung der linearen Gleichungssysteme in diesem Fall arbeitet. Als praktisches Beispiel wird eine schiefe Platte betrachtet als Modell einer Straßenbrücke.

6.1.4.1 Testplatte Wir betrachten eine quadratische Platte der (dimensionslosen) Seitenlänge 2, welche am linken Rand eingespannt, am rechten Rand gelagert und an den beiden horizontalen Rändern frei ist. Die Platte unterliege der konstanten kontinuierlichen Kraft p = 1, die Poissonzahl sei $\nu = 1/6$ und die Plattensteifigkeit D = 1. Die Bestimmung der Durchbiegungen erfolgt für verschiedene Einteilungen in Rechteck- und Dreieckelemente. Das Grundgebiet wird dazu regelmäßig in Quadrate eingeteilt. Daraus werden zwei verschiedene Triangulierungen gewonnen, indem jedes Quadrat erstens in zwei Dreiecke eingeteilt wird durch eine Diagonale von links unten nach rechts oben, und zweitens in vier Dreiecke. In Fig.6.23 ist die Situation für die Einteilung in 64 Quadrate sowie je teilweise für die beiden Triangulierungen dargestellt. Mit der zweiten Einteilung in Dreieckelemente wird der Symmetrie der Aufgabe Rechnung getragen, während dies mit der ersten Triangulierung nicht der Fall ist.

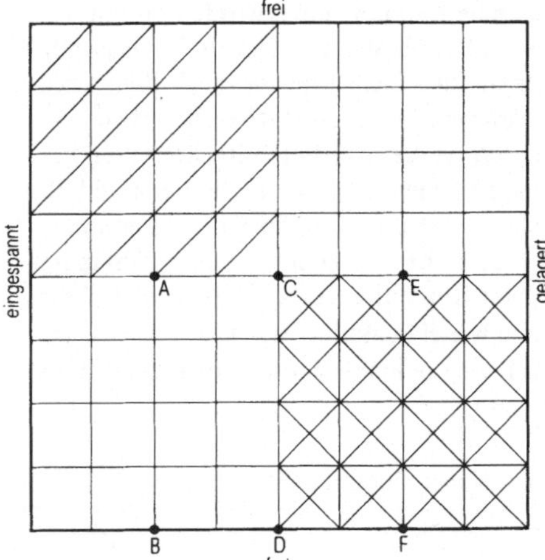

Fig. 6.23
Elementeinteilung der Testplatte

In den Rechteckelementen wird der konforme bikubische Ansatz (2.74) mit 16 Knotenvariablen wie auch der nichtkonforme kubische Ansatz der Serendipity-Klasse (2.73) mit 12 Knotenvariablen verwendet. In den Dreieckelementen liegt der kubische Ansatz (2.110) von Zienkiewicz zugrunde, der ebenfalls ein nichtkonformes Element liefert. Auf Grund der theoretischen Untersuchungen in [139] erfüllen die Dreieckelemente in Fall der ersten Triangulierung den Patch-Test, so daß bei Verfeinerung der Einteilung die Durchbiegungen gegen die richtigen Werte konvergieren. Im Fall der zweiten Triangulierung, bei welcher die Dreiecksseiten parallel zu vier verschiedenen Richtungen sind, ist der Patch-Test nicht erfüllt, so daß Konvergenz gegen die richtigen Werte nicht garantiert ist!

In Tab. 6.22 sind die betrachteten Fälle mit den sie charakterisierenden Daten zusammengefaßt. Darin bedeuten ℓ die Seitenlänge eines Teilquadrates, $n_{e\varrho}$ die Anzahl der Elemente, n_{kn} die Anzahl der Knotenpunkte, n die Zahl der Knotenvariablen, m die Bandbreite, p das Profil und N die Zahl der potentiell von Null verschiedenen Matrixelemente der unteren Hälfte der Gesamtsteifigkeitsmatrix. Die Knotenpunkte sind zeilenweise durchnumeriert.

Die Zahlwerte zum Speicherbedarf der Gesamtsteifigkeitsmatrix S zeigen in diesem Beispiel folgende Eigenschaften auf. Da bei Verfeinerung der Diskretisation einerseits die Zahl der Knotenvariablen quadratisch und anderseits die Bandbreite linear zunehmen,

Tab. 6.22 Charakterisierung der Fälle, Testplatte

Fall	Ansatz	ℓ	$n_{e\ell}$	n_{kn}	n	m	n(m+1)	p	N
I	bikubisch	1/2	16	25	100	27	2800	2170	1402
II		1/3	36	49	196	35	7056	5866	2986
III		1/4	64	81	324	43	14256	12330	5162
IV		1/6	144	169	676	59	40560	36634	11290
V	kubisch	1/2	16	25	75	20	1575	1230	798
VI		1/3	36	49	147	26	3969	3318	1698
VII		1/4	64	81	243	32	8019	6966	2934
VIII		1/6	144	169	507	44	22815	20670	6414
IX	Zienkiewicz	1/2	32	25	75	17	1350	1086	654
X		1/3	72	49	147	23	3528	2994	1374
XI		1/4	128	81	243	29	7290	6390	2358
XII		1/6	288	169	507	41	21294	19374	5118
XIII	Zienkiewicz	1/2	64	41	123	29	3690	2622	1182
XIV		1/3	144	85	255	41	10710	7746	2562
XV		1/4	256	145	435	53	23490	17142	4470

wächst der Speicherplatz für die Bandmatrix bzw. das Profil mit der dritten Potenz des Kehrwertes von ℓ. Infolge der sehr regelmäßigen Struktur von S bringt das Profil keine wesentliche Einsparung im Vergleich zur Speicherung als Bandmatrix. Die Zahl N der von Null verschiedenen Matrixelemente nimmt nur linear mit der Anzahl der Knotenvariablen zu, da die Zahl der von Null verschiedenen Matrixelemente pro Zeile bei gegebenem Ansatz eine feste Größe ist. Deshalb wächst N nur mit der zweiten Potenz des Kehrwertes von ℓ. Vergleicht man schließlich noch die Werte von N entsprechender Fälle von nichtkonformen Elementen, erkennt man die schwächere Besetzung von S im Fall der Dreieckelemente.

In Tab.6.23 sind die Durchbiegungen in sechs ausgewählten Punkten A bis F (vgl. Fig.6.23) in Abhängigkeit der Ansätze und der Diskretisierung zusammengestellt. Einige Werte (mit * gekennzeichnet) basieren auf kubischer Interpolation nach H e r m i t e [95]. Werden die Durchbiegungen im Fall IV der feinsten Einteilung mit konformen Elementen als exakte Vergleichswerte betrachtet, zeigen die Ergebnisse im Fall der nichtkonformen Rechteckelemente bei den feineren Einteilungen eine sehr gute Übereinstimmung. Dasselbe gilt auch für die erste Art der Triangulierung, für welche bei Verfeinerung der Einteilung die Konvergenz der Durchbiegungen gegen die richtigen Werte offensichtlich ist. Im Vergleich zu den nichtkonformen Rechteckelementen sind bei entsprechend feiner Einteilung größere Abweichungen festzustellen, die einerseits der Unsymmetrie der Diskretisation und anderseits der Tatsache zuzuschreiben sind, daß die Stetigkeit der Normalableitungen zusätzlich längs den Hypotenusen nicht gewährleistet ist. Die resultierenden Durchbiegungen im Fall der zweiten Triangulierung konvergieren zwar bei Verfeinerung, jedoch gegen falsche Grenzwerte, die bis ca. 3% zu hoch sind. Das illustriert die obengenannte Tatsache.

Tab. 6.23 Durchbiegungen in ausgewählten Punkten

Fall	w_A	w_B	w_C	w_D	w_E	w_F
I	0,038583	0,040729	0,082385	0,088057	0,069540	0,074599
II	0,038560*	0,040746*	0,082398	0,088068	0,069514*	0,074529*
III	0,038596	0,040774	0,082404	0,088074	0,069550	0,074568
IV	0,038600	0,040780	0,082410	0,088081	0,069554	0,074573
V	0,039026	0,038877	0,083089	0,084564	0,070019	0,071719
VI	0,038719*	0,039824*	0,082656	0,086450	0,069689*	0,073193*
VII	0,038679	0,040255	0,082539	0,087154	0,069640	0,073806
VIII	0,038635	0,040548	0,082466	0,087671	0,069591	0,074230
IX	0,039728	0,037800	0,084364	0,082518	0,070891	0,069589
X	0,039083*	0,039331*	0,083238	0,085488	0,070096*	0,072225*
XI	0,038902	0,039944	0,082872	0,086621	0,069875	0,073271
XII	0,038741	0,040412	0,082617	0,087444	0,069698	0,074000
XIII	0,041806	0,043405	0,087551	0,092046	0,073621	0,077668
XIV	0,040548*	0,042294*	0,085917	0,090673	0,072326*	0,076544*
XV	0,040186	0,042020	0,085348	0,090198	0,071960	0,076264

Die linearen Gleichungssysteme sind neben der direkten Eliminationsmethode unter Verwendung der Hüllenstruktur auch mit dem Verfahren der konjugierten Gradienten ohne und mit Vorkonditionierung gelöst worden. Die Konvergenzeigenschaften der Methode der konjugierten Gradienten ist überraschenderweise bedeutend besser als nach den Erfahrungen mit Differenzenapproximationen [33] zu erwarten wäre. Bei Skalierung der Gesamtsteifigkeitsmatrix oder mit Vorkonditionierung wird die Anzahl der notwendigen Iterationsschritte teilweise wesentlich kleiner als die Zahl der Unbekannten. Die Iteration wird abgebrochen, sobald das Quadrat der Länge des Residuenvektors kleiner als das 10^{-16}-fache des Anfangswertes zur verschwindenden Startlösung ist. In Tab. 6.24 sind die maßgebenden Zahlwerte, nämlich die optimalen Parameterwerte der iterativen Methoden, die Zahl der Iterationsschritte sowie die gemessenen Rechenzeiten in Sekunden angegeben. Die angegebenen Rechenzeiten schließen die Kompilation der Gesamtmatrix ein.

Tab. 6.24 zeigt erwartungsgemäß, daß die direkte Eliminationsmethode die Aufgabe mit der kürzesten Rechenzeit löst. Weiter wirken sich die drei Typen von Plattenelementen sehr unterschiedlich auf das Konvergenzverhalten der normalen Methode der konjugierten Gradienten aus. Wird die Matrix A nicht skaliert, ist die benötigte Iterationszahl im Fall der konformen Elemente bei feinerer Einteilung weit größer als die Ordnung n. Die Skalierung der Matrix bringt hier eine entscheidende Verbesserung. Darin kommt die Tatsache zum Ausdruck, daß sich die Diagonalelemente der nichtskalierten Matrix A um Zehnerpotenzen unterscheiden, da sie mit verschiedenen Potenzen der Elementgröße ℓ multipliziert sind.

Im Fall der nichtkonformen Rechteck- und Dreieckelemente reduziert die Skalierung die Zahl der Iterationsschritte weniger stark. Die Diagonalelemente der nichtskalierten

Tab. 6.24 Zur Lösung der Gleichungssysteme, Testplatte

| Fall | n | CHO-LESKY | konjugierte Gradienten | | | | SSORCG | | | PACHCG $\alpha = 0$ | |
| | | | unskaliert | | skaliert | | | | | | |
		CPU	n_{it}	CPU	n_{it}	CPU	ω_{opt}	n_{it}	CPU	n_{it}	CPU
I	100	0,17	95	0,50	32	0,26	1,0	22	0,32	9	0,38
II	196	0,43	455	4,11	53	0,72	1,0	36	0,93	13	1,25
III	324	0,92	922	13,7	77	1,53	1,0	53	2,05	19	3,06
IV	676	3,20	2212	72,5	145	5,60	1,1	102	8,08	31	7,84
V	75	0,12	42	0,20	26	0,17	1,0	20	0,21	9	0,22
VI	147	0,27	99	0,69	47	0,43	1,0	34	0,56	13	0,62
VII	243	0,53	190	1,90	72	0,93	1,1	51	1,25	19	1,42
VIII	507	1,61	421	8,58	133	3,20	1,1	100	4,76	32	3,77
IX	75	0,13	70	0,27	42	0,21	1,0	21	0,21	9	0,20
X	147	0,29	155	0,89	77	0,57	1,0	35	0,55	14	0,45
XI	243	0,55	288	2,49	121	1,28	1,1	53	1,22	19	0,99
XII	507	1,63	635	11,1	238	4,69	1,1	104	4,42	32	2,65

Matrix unterscheiden sich in der Größenordnung bedeutend weniger, da nur erste partielle Ableitungen als Knotenvariable vorkommen und deshalb die Diagonalelemente mit weniger unterschiedlichen Potenzen von ℓ multipliziert sind.

Die Vorkonditionierung des cg-Verfahrens reduziert die Zahl der Iterationsschritte in allen Fällen. Richtet man sein Augenmerk allein auf die Zahl der Iterationen, so scheint die Vorkonditionierung auf Grund einer partiellen Cholesky-Zerlegung am besten zu arbeiten. Für die Einteilungen in konforme und nichtkonforme Rechteckelemente sind aber die totalen Rechenzeiten höher als für den normalen cg-Algorithmus mit skalierter Matrix. Da in der SSORCG-Methode der Rechenaufwand pro Schritt ziemlich genau verdoppelt wird, sich die Zahl der Iterationen aber nicht auf die Hälfte reduziert, erklären sich die höheren Rechenzeiten. Das PACHCG-Verfahren dagegen weist zwar eine starke Verringerung der Iterationszahl auf, doch erfordert die durchzuführende partielle Cholesky-Zerlegung einen hohen Rechenaufwand. Die schwächere Besetzung der Matrix A im Fall der Dreieckeinteilungen hat zur Folge, daß die PACHCG-Methode am effizientesten ist. Falls nacheinander mehrere verschiedene Belastungsfälle für dieselbe Platte bei gleicher Lagerung durchzurechnen sind, dann löst die PACHCG-Methode die Aufgabe mit dem kleinsten Rechenaufwand, da dann die partielle Zerlegung nur einmal auszuführen ist und die sehr kleine Iterationszahl voll zum Zug kommt.

In Fig. 6.24 ist die Zahl der Iterationsschritte des SSORCG-Verfahrens in Abhängigkeit des Parameters ω für vier Fälle dargestellt. Die Darstellung zeigt das flache Minimum der Schrittzahl in der Gegend des optimalen ω-Wertes. Seltsamerweise ist die Anzahl der Iterationsschritte bei allen Rechteckeinteilungen für ω gegen Null, d. h. beim Übergang zu reiner Skalierung, nicht stetig. Für die skalierte Matrix erfolgt ein unvermittelter Abfall des Residuenquadrates, so daß eine relativ kleine Iterationszahl resultiert. In Fig. 6.25 ist das Quadrat der euklidischen Norm des Residuenvektors in den Fällen VII

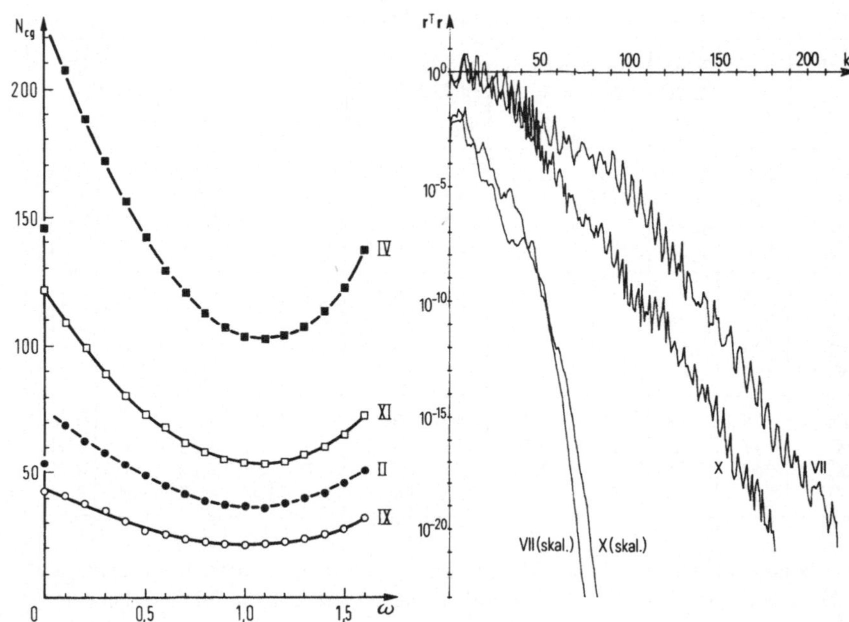

Fig. 6.24 Iterationsschritte des vorkonditionierten cg-Algorithmus. Testplatte

Fig. 6.25 Residuenquadrat im cg-Algorithmus.
Testplatte, Fälle VII und X

und X in Abhängigkeit der Schritte dargestellt, falls das Verfahren der konjugierten Gradienten auf die nichtskalierte bzw. die skalierte Matrix angewandt wird.

6.1.4.2 Brückenplatte Wir betrachten eine schiefe Brückenplatte, welche an den beiden schmalen Seiten gelagert und sonst frei ist. Ihre Durchbiegung soll unter ihrem Eigengewicht bestimmt werden. Die Abmessungen der Platte entsprechen etwa einem Fußgängerübergang über eine Straße (Fig. 6.26). Die Dicke der Platte sei d = 40 cm, der Elastizitätsmodul von Beton E = 4 · 10^6 Ncm^{-2}, die Poissonzahl ν = 1/6 und das spezifische Gewicht ρ = 2,548 gcm^{-3}. Daraus ergibt sich die kontinuierliche Belastung p = 1 Ncm^{-2}. Das Gesamtgewicht der Platte beträgt rund 30 t.

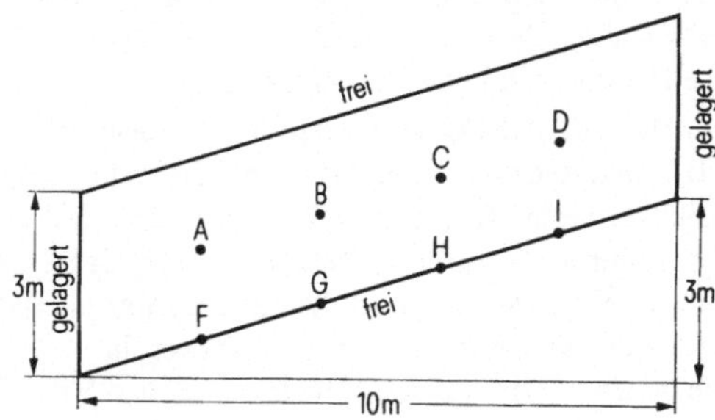

Fig. 6.26
Brückenplatte

Die Aufgabe wird mit verschiedenen Elementeinteilungen behandelt. Fig. 6.27 zeigt die sechs Einteilungen in Parallelogrammelemente, in denen die nichtkonformen kubischen Verschiebungsansätze der Serendipity-Klasse angewendet werden. Die Parallelogrammelemente werden zudem in je zwei Dreieckelemente unterteilt, in denen der Verschiebungsansatz von Zienkiewicz angewendet wird. In Fig. 6.27a ist dies in einem Fall dargestellt. Tab. 6.25 gibt eine Übersicht über die betrachteten Fälle. Neben der Anzahl der Elemente sind die Zahl n der Knotenvariablen, die Bandbreite m für die Einteilung in Rechteckelemente, das Profil p und die Zahl N der von Null verschiedenen Matrixelemente der unteren Hälfte angegeben.

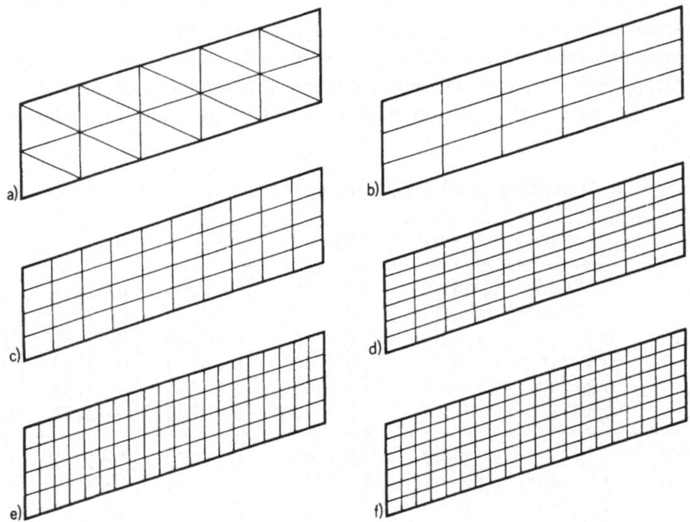

Fig. 6.27 Elementeinteilungen der Brückenplatte

Tab. 6.25 Charakterisierung der Fälle, Brückenplatte

Fall	Einteilung	$n_{e\ell}^{\square}$	Fall	$n_{e\ell}^{\triangle}$	n	$m^{\square}$	$p^{\square}$	$N^{\square}$	$p^{\triangle}$	$N^{\triangle}$
I	a)	10	VII	20	54	14	621	531	531	441
II	b)	15	VIII	30	72	17	1026	756	891	621
III	c)	40	IX	80	165	20	2976	1896	2616	1536
IV	d)	60	X	120	231	26	5466	2766	4926	2226
V	e)	80	XI	160	315	20	5886	3726	5166	3006
VI	f)	120	XII	240	441	26	10836	5436	9756	4356

Die optimale kolonnenweise Numerierung der Knotenpunkte führt auf relativ kleine Bandbreiten und Profile. Die Bandmatrizen bzw. die Hüllen sind relativ dicht besetzt. Die kompakte Speicherung der von Null verschiedenen Matrixelemente der unteren Hälfte bringt höchstens in den Fällen d), e) und f) gegenüber der hüllenorientierten

Speicherung einen Vorteil, falls man den Überhang mitberücksichtigt, verursacht durch die Indexwerte für die Position der Matrixelemente.

Die Aufgabe besitzt die Punktsymmetrie bezüglich des Mittelpunktes der Platte. In Tab.6.26 sind die Durchbiegungen in sechs ausgewählten Punkten zusammengestellt, wie sie auf Grund der zwölf Diskretisationen resultieren. Die Werte der Durchbiegungen sind alle negativ, da sie ja positiv in positiver z-Richtung sind. Das konstante negative Vorzeichen ist in Tab.6.26 weggelassen. Die Konvergenz der Durchbiegungen bei Verfeinerung der Einteilung ist offensichtlich. Die berechneten Verformungen der Platte für Parallelogramm- und Dreieckelemente zeigen für die feinsten Unterteilungen eine gute Übereinstimmung. Während bei Verfeinerung der Diskretisation im Fall der Parallelogrammelemente die resultierenden Durchbiegungen monoton zunehmen, trifft diese Eigenschaft bei den Dreieckelementen dann nicht zu, falls die Einteilung nur in Querrichtung verfeinert wird. Diese Feststellung ist besonders deutlich in den Fällen VII/VIII und IX/X. Das mathematische Modell der Platte wird in diesem Fall offensichtlich versteift.

Tab. 6.26 Durchbiegungen der Brückenplatte in ausgewählten Punkten in cm

Fall	$w_A = w_D$	$w_B = w_C$	w_F	w_G	w_H	w_I
I	0,37066	0,60066	0,36392	0,60294	0,61817	0,39194
II	0,37194*	0,60252*	0,36575	0,60537	0,62051	0,39359
III	0,37282	0,60384	0,36653	0,60649	0,62180	0,39490
IV	0,37318	0,60435	0,36702	0,60714	0,62243	0,39537
V	0,37293	0,60400	0,36654	0,60656	0,62194	0,39506
VI	0,37330	0,60452	0,36703	0,60722	0,62258	0,39554
VII	0,36921	0,59897	0,35997	0,59960	0,61612	0,39173
VIII	0,36248*	0,58895*	0,35505	0,59035	0,60639	0,38481
IX	0,37257	0,60360	0,36560	0,60587	0,62153	0,39494
X	0,37089	0,60106	0,36429	0,60346	0,61901	0,39318
XI	0,37383	0,60528	0,36766	0,60809	0,62338	0,39601
XII	0,37378	0,60526	0,36741	0,60794	0,62336	0,39611

* interpolierte Werte

Tab. 6.27 Zur Lösung der Gleichungssysteme, Brückenplatte

Fall	n	CHO-LESKY CPU	konjugierte Gradienten unskaliert n_{it}	CPU	skaliert n_{it}	CPU	SSORCG ω_{opt}	n_{it}	CPU	PACHCG $\alpha = 0$ n_{it}	CPU
IV	231	0,44	244	2,29	128	1,34	1,1	102	2,07	35	1,22
V	315	0,48	273	3,47	136	1,95	1,1	109	3,00	29	1,57
VI	441	0,84	364	6,53	169	3,39	1,1	136	5,37	44	2,73
X	231	0,46	214	1,83	110	1,13	1,1	90	1,68	43	1,20
XI	315	0,52	230	2,63	112	1,55	1,1	86	2,20	25	1,19
XII	441	0,89	295	4,75	133	2,52	1,1	108	3,86	39	2,21

Die Feststellungen zum Verhalten der Methode der konjugierten Gradienten ohne und mit Vorkonditionierung, die im Fall der Testplatte gemacht worden sind, behalten ihre Gültigkeit auch für die Brückenplatte. Die Skalierung der Gesamtsteifigkeitsmatrix reduziert die Zahl der Iterationsschritte im normalen cg-Verfahren ganz wesentlich. Der optimale ω-Wert für die SSORCG-Methode liegt auch in der Gegend von Eins. Die Iterationszahl wird nur noch so schwach reduziert, daß der doppelte Aufwand pro Iteration die Rechenzeit erhöht. Eine stärkere Reduktion der Iterationen bringt die Vorkonditionierung vermittels einer partiellen Cholesky-Zerlegung. Der totale Rechenaufwand wird dabei aber nicht wesentlich verringert, falls nur ein einziger Belastungsfall gerechnet wird. Tab. 6.27 enthält die Angaben zu den verschiedenen Lösungsmethoden für die drei feinsten Elementeinteilungen.

6.1.5 Belasteter Hochspannungsmast

Wir betrachten einen Hochspannungsmast mit einer Konstruktion gemäß Fig. 6.28. Sein Aufbau wurde auf Grund eines bestehenden Hochspannungsmastes in den Bergen unter unwesentlichen Vereinfachungen entworfen. Seine massive, unten breite Bauweise erklärt sich dadurch, daß die Hochspannungsleitung an dieser Stelle unter einem Winkel von etwa 135° geführt wird, so daß der Mast auch seitliche Kräfte aufzunehmen hat. Seine Fußpunkte befinden sich zudem auf verschiedenen Höhen, da sich sein Standort an einem Hang befindet.

Der Hochspannungsmast soll als Rahmenkonstruktion behandelt werden, die sich aus Balkenelementen zusammensetzt, die in den Verbindungsknoten starr miteinander verbunden sind. Die vorliegende Konstruktion besitzt 167 Knotenpunkte, so daß bei sechs Freiheitsgraden pro Knotenpunkt n = 1002 Knotenvariable resultieren. Um die Situation zu vereinfachen, ist die Annahme getroffen worden, daß die Querschnitte der Balkenelemente quadratisch seien. Um anderseits der Realität einigermaßen gerecht zu werden, sind Balkenelemente mit drei verschiedenen Querschnittflächen verwendet worden. Die vertikalen, tragenden Balken bis zum oberen Ausleger sollen die Querschnittfläche $A_1 = 64$ cm^2 haben, für die schrägen Verstrebungen und die Elemente der Ausleger ist eine Fläche $A_2 = 17{,}64$ cm^2 angenommen, und die meisten horizontalen Träger sowie die Elemente des Turmaufbaus mögen den Querschnitt $A_3 = 5{,}29$ cm^2 aufweisen. Die verschiedenen Querschnitte der Elemente ist in Fig. 6.28 an den unterschiedlichen Strichdicken erkennbar. Der Elastizitätsmodul des Materials sei $E = 2 \cdot 10^{11}$ Nm^{-2}, und die Poissonzahl sei $\nu = 0{,}3$. Die Spitze des Aufbaus befindet sich 47,24 m über dem tiefsten Fußpunkt, und die Abmessung der untersten horizontalen Verstrebung beträgt 8 m. Der Mast setzt sich aus 499 Balkenelementen zusammen. Im oberen Teil des Mastes kreuzen sich einige Balkenelemente ohne am Kreuzungspunkt miteinander verbunden zu sein. In Fig. 6.28 sind deshalb die wirklichen Knotenpunkte durch ausgefüllte Kreise hervorgehoben.

Aus naheliegenden Gründen sind die Knotenpunkte von oben nach unten durchnumeriert. Dadurch erhält die Gesamtsteifigkeitsmatrix S eine Hüllenstruktur mit dem Profil p = 50343. Die Besetzungsstruktur von S ist in Fig. 6.29 dargestellt, wo jedem mit einem

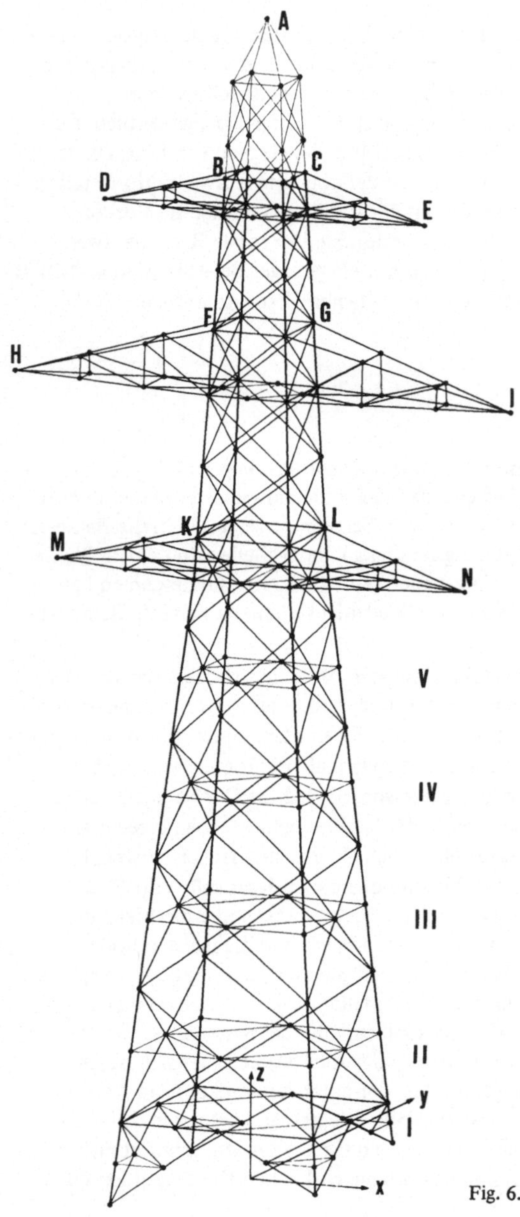

Fig. 6.28 Aufbau des Hochspannungsmastes

Kreuz ausgefüllten Quadrat eine Untermatrix der Ordnung sechs entspricht. An der Besetzungsstruktur ist die Struktur des Mastes, insbesondere die drei Ausleger und der regelmäßige Aufbau des unteren Teils, deutlich zu erkennen.

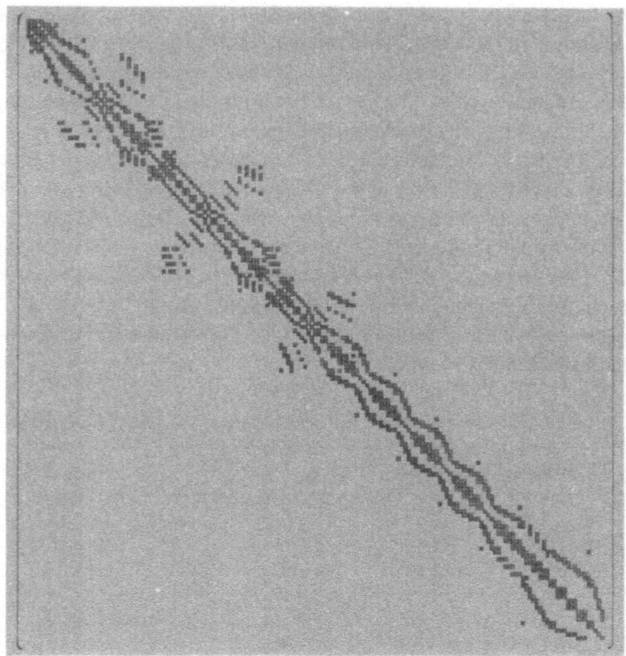

Fig. 6.29 Besetzungsstruktur von S für den Hochspannungsmast

Die Deformation des Hochspannungsmastes ist zu bestimmen unter der Annahme, daß
die vier Fußpunkte eingespannt sind und daß der Mast durch sieben Einzelkräfte an
den Enden der Ausleger und an der Mastspitze belastet ist. Da die Hochspannungsleitung unter einem Winkel geführt wird, wurden an den Auslegern die Kraftkomponen-
ten K_x = 1000 N, K_y = 500 N und K_z = $-$10000 N angenommen. Dem kleineren Gewicht des Erdungsseils entsprechend sei die an der Spitze angreifende Kraft zehnmal
kleiner. Die resultierenden Auslenkungen von einigen ausgewählten Knotenpunkten
(vgl. Fig. 6.28) sind in Tab. 6.28 zusammengestellt.

Tab. 6.28 Auslenkungen des Hochspannungsmastes

Punkt	u [mm]	v [mm]	w [mm]	Punkt	u [mm]	v [mm]	w [mm]
A	2,26	1,13	$-$0,42	H	1,69	0,72	$-$3,24
B	1,74	0,92	$-$0,28	I	0,74	0,72	$-$4,56
C	1,87	0,89	$-$0,52	K	0,74	0,44	$-$0,15
D	2,04	0,90	$-$2,69	L	0,90	0,39	$-$0,47
E	1,38	0,90	$-$3,55	M	1,21	0,40	$-$3,80
F	1,32	0,70	$-$0,22	N	0,24	0,40	$-$4,73
G	1,44	0,68	$-$0,52				

Das lineare Gleichungssystem des belasteten Hochspannungsmastes wurde sowohl direkt
nach der Methode von Cholesky unter Ausnützung der Hüllenstruktur der Gesamtsteifigkeitsmatrix S als auch mit Hilfe der beiden vorkonditionierten Methoden der konjugierten Gradienten gelöst. In Tab. 6.29 sind für die drei Lösungsverfahren der Speicherbedarf
N_S für die Matrixelemente von S in der zugehörigen Speicherart, d. h. hüllenorientiert
oder kompakt, dazu der eventuell zusätzlich erforderliche Arbeitsspeicherplatz N_H für
Hilfsvektoren und der partiellen Cholesky-Zerlegung H und die Zahl N_I von Indexinformationen zusammengefaßt. Für die vorkonditionierten Methoden der konjugierten Gradienten sind die optimalen Parameterwerte und die Zahl der Iterationsschritte angegeben. Die Iteration wurde gestoppt, sobald das Residuenquadrat kleiner als das 10^{-16}-
fache des Residuenquadrates für die verschwindende Startlösung geworden war. Die angegebene Rechenzeit in Sekunden schließt in allen Fällen die Kompilation der Gesamtsteifigkeitsmatrix S ein.

Tab. 6.29 Speicherbedarf und Rechenzeiten, Hochspannungsmast

Methode	N_S	N_H	N_I	Parameter	n_{it}	CPU
CHOLESKY	50 343	–	1 002	–	–	5,45
PACHCG	21 471	25 479	22 473	$\alpha = 0$	96	18,8
SSORCG	21 471	4 008	22 473	$\omega = 1,05$	257	34,1

Die direkte Methode von Cholesky löst die Aufgabe eindeutig mit der kleinsten Rechenzeit. Die vorkonditionierte Methode der konjugierten Gradienten PACHCG löst das
Gleichungssystem mit relativ wenigen Iterationsschritten, die totale Rechenzeit ist aber
bedeutend größer. Der totale Speicherbedarf ist sogar größer als für die direkte Methode,
selbst wenn man für die Indexinformation zum größten Teil kurze Computerzahlen verwenden kann. Die SSORCG-Methode löst das Gleichungssystem mit dem geringsten
Speicherbedarf, falls man berücksichtigt, daß die ganze Indexinformation mit kurzen
Computerzahlen behandelt werden kann. Die Rechenzeit ist jedoch prohibitiv, da die
Zahl der Iterationen hoch ist. Die iterativen Verfahren schneiden in diesem Beispiel
schlecht ab, weil sich der Mast im wesentlichen wie ein eindimensionales Problem verhält, für welches die Matrix S eine Hülle aufweist, welche relativ stark besetzt ist.

6.2 Schwingungsaufgaben

6.2.1 Akustische Eigenfrequenzen eines Autoinnenraumes

Wir betrachten die Neumannsche Eigenwertaufgabe

$$\Delta u + \lambda u = 0 \quad \text{in G} , \tag{6.6}$$

$$\frac{\partial u}{\partial n} = 0 \qquad \text{auf C} , \tag{6.7}$$

für ein Gebiet G, welches durch einen Autolängsschnitt nach Fig.6.30 gegeben ist. Das
mathematische Problem ist zuständig für die Berechnung der akustischen Eigenfrequenzen und Stehwellen eines Autoinnenraumes, falls man sich nach Separation der Variablen
auf einen zweidimensionalen Längsschnitt beschränkt und akustisch starre Wände annimmt [77]. In Fig.6.30 sind die wesentlichen Elemente eines Autolängsschnittes zu erkennen, im übrigen ist das zugrundegelegte Modell zur besseren Übersicht vereinfacht
worden. Die Abmessungen des Grundgebietes sind anhand des Koordinatensystems aus
Fig.6.30 zu ersehen.

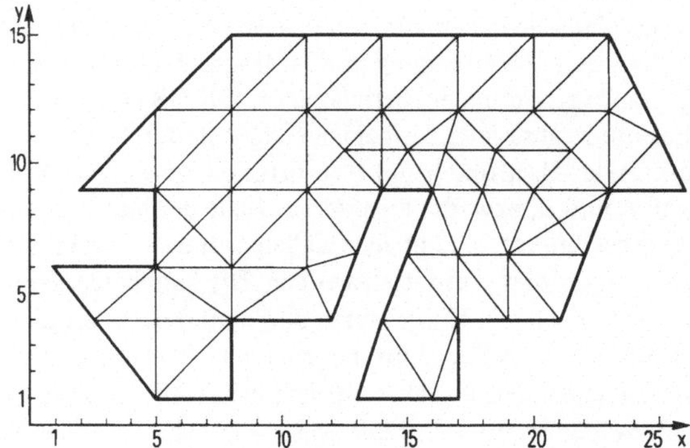

Fig. 6.30
Autolängsschnitt. Erste
Triangulierung für kubi-
schen Ansatz

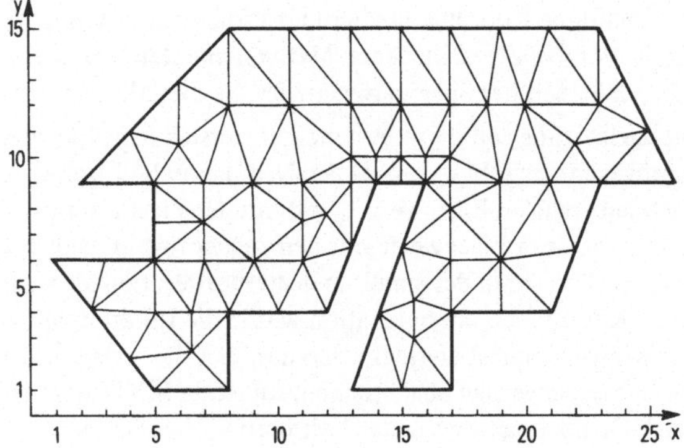

Fig. 6.31
Zweite feinere Triangulierung des Autolängsschnittes
für kubischen Ansatz

Die Aufgabe wird mit verschiedenen Elementeinteilungen und Ansätzen behandelt.
Fig.3.21 zeigt die Triangulierung des Gebietes für den quadratischen Ansatz. Durch
Unterteilung der Dreieckelemente in je vier Teildreiecke ist daraus die Einteilung für
den linearen Ansatz gewonnen worden mit derselben Zahl von Knotenpunkten. Fig.6.30
zeigt eine erste mit Fig.3.21 fast identische und Fig.6.31 eine zweite, etwas feinere Einteilung, beide für den kubischen Ansatz von Zienkiewicz. In Tab.6.30 sind die charakterisierenden Daten der vier Fälle zusammengefaßt.

Tab. 6.30 Beschreibende Daten der Fälle, Autolängsschnitt

Fall	Ansatz, Einteilung		$n_{e\ell}^{\Delta}$	n	p_{AB}	N_1	p_F	N_2
I	linear	(Fig. 3.21)	304	185	1977	673	2337	1161
II	quadratisch	(Fig. 3.21)	76	185	2230	1031	2585	1877
III	kubisch	(Fig. 6.30)	76	165	2823	1500	3135	2835
IV	kubisch	(Fig. 6.31)	110	228	4218	2121	4656	4014

Die resultierenden allgemeinen Eigenwertaufgaben $Ax = \lambda Bx$ sind zu Vergleichszwecken mit der Methode der simultanen inversen Vektoriteration (SIVIT), mit dem Verfahren der Bisektion in Verbindung mit der inversen Vektoriteration (BISECT) und mit der simultanen Koordinatenüberrelaxation (SICOR) behandelt worden. Um eine möglichst effiziente Realisierung der beiden erstgenannten Methode zu erzielen, ist die Hüllenstruktur der Matrizen A und B zu berücksichtigen. Zur Minimierung der Profile der Matrizen A und B, bzw. der erweiterten Hülle der Matrix $F = A - \mu B$, die ja den Speicherbedarf bestimmen, sind in allen Fällen optimale Numerierungen mit Hilfe des Cuthill-McKee-Algorithmus ermittelt worden. Die beteiligten Knotenpunkte wurden zuerst mit zunehmenden x-Koordinaten durchnumeriert. Mit diesen Startnumerierungen wurden vermittels des Rechenprogramms in [146] die Numerierungen mit den kleinsten Profilen berechnet. In Tab. 6.30 sind die Profile p_{AB} der Matrizen A und B sowie das Profil p_F der erweiterten Hülle von F angegeben. Für die Bisektionsmethode genügt es, die von Null verschiedenen Matrixelemente der unteren Hälfte zusammen mit der zugehörigen Indexinformation zu speichern. Ihre Zahl ist in Tab. 6.30 mit N_1 bezeichnet. Die simultane Koordinatenüberrelaxation erfordert hingegen die Speicherung von sämtlichen, von Null verschiedenen Matrixelementen, deren Zahl N_2 beträgt. Mit diesen Angaben läßt sich der Speicherbedarf für die drei Methoden abschätzen.

Die Zielsetzung soll darin bestehen, die ersten acht Eigenwerte mit den zugehörigen Eigenvektoren zu bestimmen. Die Neumannsche Eigenwertaufgabe (6.6) und (6.7) besitzt den trivialen Eigenwert $\lambda_0 = 0$ mit der Eigenlösung $u = const$, so daß die sieben ersten positiven Eigenwerte mit den zugehörigen Eigenvektoren erhalten werden. Sowohl im Verfahren der simultanen Vektoriteration als auch im Algorithmus der simultanen Koordinatenüberrelaxation wurde die Iteration mit zehn Vektoren durchgeführt. Der Konvergenztest erstreckt sich nur über die ersten acht iterierten Vektoren. Die beiden Prozesse werden abgebrochen, sobald in SIVIT der maximale Restvektor, der bei der B-Orthogonalisierung der Vektoren $x_i^{(k)}$ zu den $x_i^{(k-1)}$ entsteht, eine euklidische Länge kleiner als 10^{-6} hat bzw. sobald in SICOR die maximale Änderung der Vektoren betragsmäßig kleiner als 10^{-6} ist. Die inverse Vektoriteration in BISECT wird gestoppt, sobald sich zwei aufeinanderfolgende Rayleighsche Quotienten relativ um höchstens 10^{-12} unterscheiden. Ein Eigenwert Null wird mit derselben absoluten Toleranz behandelt.

Tab. 6.31 gibt einen Überblick über die Arbeitsweise der Rechenverfahren hinsichtlich der Zahl der erforderlichen Iterationsschritte und vor allem der Rechenzeit. Im Fall von SIVIT ist zu beachten, daß der Ritz-Schritt und der nachfolgende Konvergenztest nur nach je fünf Iterationen durchgeführt wird, was die Zahl n_{It} von Iterationen erklärt.

Da die Steifigkeitsmatrix infolge des Eigenwertes $\lambda_0 = 0$ singulär ist, muß für SIVIT eine Spektralverschiebung mit $\bar{\lambda} = 0{,}01$ angewandt werden. Für BISECT ist in allen Fällen das reichlich große Startintervall $[-0{,}01,\ 10{,}0]$ für die Eigenwerte vorgegeben worden. Die Totalzahl der Bisektionsschritte n_{Bis} sind deshalb in allen Fällen praktisch gleich, während die Totalzahl der inversen Vektoriterationen n_{Invit} größeren Schwankungen unterworfen ist, da die Eigenwerte in den verschiedenen Fällen natürlich unterschiedlich sind und ihre Lage innerhalb der sie eingrenzenden Intervalle die Konvergenz mitbestimmt. Die durchschnittliche Zahl von sechs bis acht Vektoriterationen pro Eigenvektor ist wegen der guten Eingrenzung relativ klein. Für SICOR ist der optimale Wert ω angegeben, für den die kleinste Iterationszahl erforderlich ist. Die Zahl der Iterationen wird in diesem Verfahren oft von Zufälligkeiten bestimmt, und sie hängt auch von den gewählten Zufallsstartvektoren ab.

Tab. 6.31 Zur Eigenwertberechnung, Autoproblem

Fall	SIVIT		BISECT			SICOR		
	n_{It}	CPU	n_{Bis}	n_{Invit}	CPU	ω	n_{It}	CPU
I	26	4,85	35	46	2,87	1,50	44	9,92
II	31	6,02	33	55	3,68	1,60	45	10,8
III	31	6,63	31	58	4,85	1,10	36	9,03
IV	26	8,43	33	46	6,69	1,30	34	11,8

Die Tab. 6.31 zeigt, daß die Bisektionsmethode die Aufgabe mit der kürzesten Rechenzeit löst. Die simultane Vektoriteration benötigt im Vergleich dazu eine zwischen 26 bis 70% höhere Rechenzeit, während die simultane Koordinatenüberrelaxation einen zwei- bis dreifachen Rechenaufwand erfordert. Die Bisektionsmethode arbeitet so effizient, weil beim verwendeten Verfahren nach Abschn. 5.3.4 die Hüllenstruktur optimal ausgenützt wird, so daß die Rechenzeiten für einen aufwendigen Bisektionsschritt doch nicht sehr groß sind. Die Konvergenz der simultanen Vektoriteration wie auch der simultanen Koordinatenüberrelaxation wird nicht verlangsamt durch die beiden benachbarten Eigenwerte λ_5 und λ_6. Da $\lambda_8 \approx 0{,}28$, $\lambda_9 \approx 0{,}29$ und $\lambda_{10} \approx 0{,}35$ sind, wird das gute Konvergenzverhalten von SIVIT auf Grund der guten Trennung der Eigenwerte λ_7 und λ_8 mit dem Quotienten $\lambda_7/\lambda_8 \approx 0{,}72$ klar. Da λ_8 und λ_9 benachbart sind, war es besonders vorteilhaft, sowohl bei SIVIT als auch bei SICOR mit je zwei zusätzlichen Vektoren zu arbeiten. Im Fall von SICOR offenbart sich wiederum der Einfluß der Ansätze auf die Konvergenz, weil im Fall der linearen und quadratischen Ansätze eindeutig mehr Iterationsschritte bei auch größerem Relaxationsparameter ω benötigt werden als in den Fällen III und IV, obwohl ja die kleinsten Eigenwerte die gleiche Verteilung aufweisen.

In Tab. 6.32 sind die sieben kleinsten positiven Eigenwerte λ_1 bis λ_7 für die vier Fälle zusammengestellt. Der lineare Ansatz liefert erwartungsgemäß etwas zu große Eigenwerte, während die quadratischen und kubischen Ansätze gut übereinstimmende Werte liefern. Im Fall III wurde der Prozeß der Kondensation angewandt, und zwar wurden nach beendeter Kompilation der Gesamtmatrizen die ersten partiellen Ableitungen als untergeordnete Variablen gesamthaft eliminiert. Es entsteht so ein vollbesetztes allgemeines Eigenwertproblem der Ordnung $n^* = 55$ für die Funktionswerte als Meistervariablen. Zuerst ist die statische Kondensation mit $\overline{\lambda} = 0$ durchgeführt worden. Die resultierenden Eigenwerte sind in Tab.6.32 mit den zugehörigen prozentualen Abweichungen gegenüber den Werten des nichtkondensierten Problems III angegeben. Die drei kleinsten positiven Eigenwerte werden durch die statische Kondensation nicht allzu stark vergrößert, die Funktionswerte stellen geeignete Meistervariable dar. Da die höheren Eigenwerte stärker verfälscht werden, ist mit $\overline{\lambda} = 0,12$ eine dynamische Kondensation durchgeführt worden. Damit erfahren die Eigenwerte λ_4 bis λ_7 nur geringe Erhöhungen, während jetzt die kleineren Eigenwerte stärker verfälscht werden.

Tab. 6.32 Eigenwerte des Autoproblems

Fall	λ_1	λ_2	λ_3	λ_4	λ_5	λ_6	λ_7
I	0,01299	0,04593	0,05919	0,1198	0,1448	0,1506	0,2088
II	0,01275	0,04469	0,05714	0,1170	0,1382	0,1434	0,2017
III	0,01288	0,04575	0,05778	0,1177	0,1400	0,1465	0,2017
IV	0,01277	0,04491	0,05726	0,1171	0,1387	0,1444	0,2010
III* $\overline{\lambda} = 0$	0,01297 (0,7%)	0,04754 (3,9%)	0,06030 (4,4%)	0,1264 (7,4%)	0,1535 (9,6%)	0,1630 (11%)	0,2317 (15%)
III* $\overline{\lambda} = 0,12$	0,01997 (55%)	0,05097 (11%)	0,06099 (5,6%)	0,1177 —	0,1403 (0,2%)	0,1471 (0,4%)	0,2071 (2,7%)

Zur Veranschaulichung der Ergebnisse sind in Fig.6.32 die Eigenschwingungsformen der Stehwellen qualitativ dargestellt. Zu diesem Zweck sind die Amplituden der Stehwellen in den 55 Knotenpunkten der Triangulierung der Fig.6.30, wie sie für den kubischen Ansatz resultieren, für die sechs kleinsten positiven Eigenwerte dargestellt. Die absolut größte Amplitude ist auf den Wert 100 normiert und die übrigen Werte sind auf ganze Zahlen gerundet. Die Knotenlinien der Stehwellen sind in den Autolängsschnitten ebenfalls eingetragen. Der Leser möge sich selber anhand der Darstellungen ein Bild davon machen, welche der akustischen Eigenschwingungen auf den vorderen, bzw. hinteren Sitzen laut gehört werden. Eine große Amplitude der Schwingung entspricht einer großen Druckschwankung und damit einer großen Lautstärke.

6.2.2 Maschinentisch mit Maschinengruppe

Die Fig.6.33 zeigt einen idealisierten Maschinentisch mit einer Maschinengruppe mit allen nötigen Abmessungen in cm. Gesucht sind die kleinsten Eigenfrequenzen und die zugehörigen Eigenschwingungsformen unter der Annahme, daß die sechs Beine des Maschinentisches im Fundament einbetoniert sind. Die Maschinengruppe besteht aus drei Teilen, welche als volle Zylinder mit den angegebenen Durchmessern angenommen werden, die auf einer gemeinsamen Lagerwelle sitzen, die ihrerseits an vier Stellen ge-

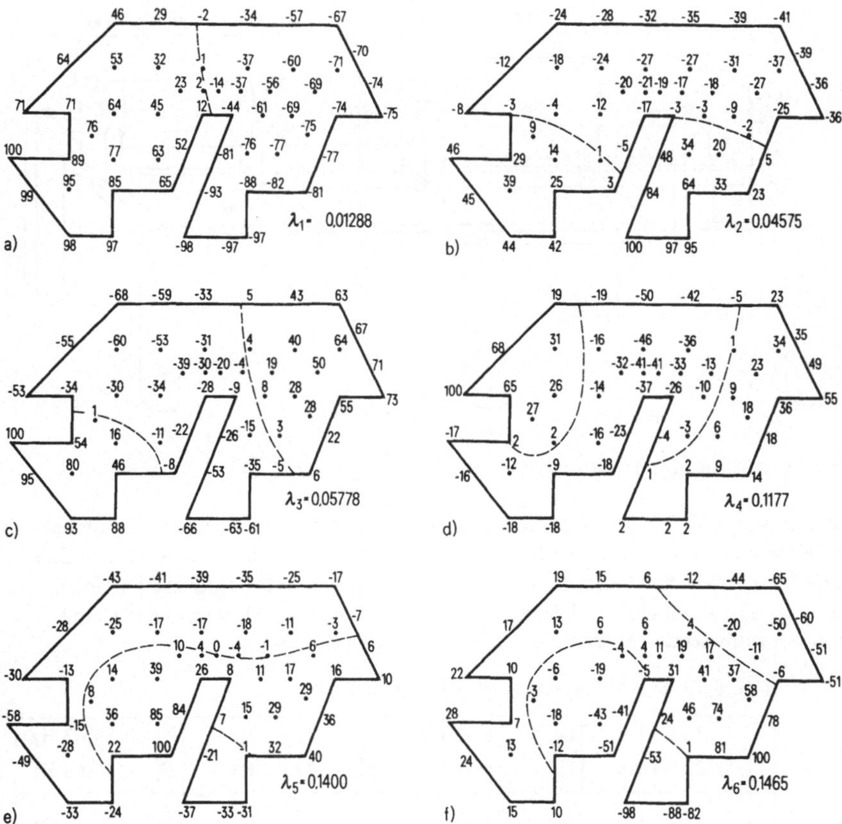

Fig. 6.32 Schwingungsformen der Stehwellen

lagert ist. Fig.6.33 zeigt gleichzeitig die verwendete Elementeinteilung in Balkenelemente.
Die Struktur setzt sich zusammen aus 6 Pfosten, 22 horizontalen Trägerbalken, 4 Lagerelementen, 8 Wellenelementen, sowie 2 großen und 2 kleinen Maschinenzylindern. Vereinfachend wird im Modell angenommen, daß die Lagerwelle in den Lagerpunkten starr
mit den Lagerelementen verbunden sei. Die 44 als Balkenelemente behandelten Teile
ergeben eine Totalzahl von 34 Knotenpunkten. Zu jedem Knotenpunkt gehören sechs
Knotenvariable, so daß die Gesamtzahl der Knotenvariablen 204 beträgt. Die Einspannung der Pfosten liefert 36 homogene Randbedingungen. Die betreffenden Knotenvariablen werden eliminiert, so daß die Ordnung des Eigenwertproblems n = 168 beträgt.
Bei optimaler Numerierung der Knotenpunkte wird die Bandbreite der Steifigkeits- und
Massenmatrix m = 36.

Die Dichte des Materials sei $\rho = 8{,}25$ gcm^{-3}, die elastomechanischen Konstanten seien
$E = 1{,}815 \cdot 10^7$ Ncm^{-2} und $\nu = 0{,}3$.

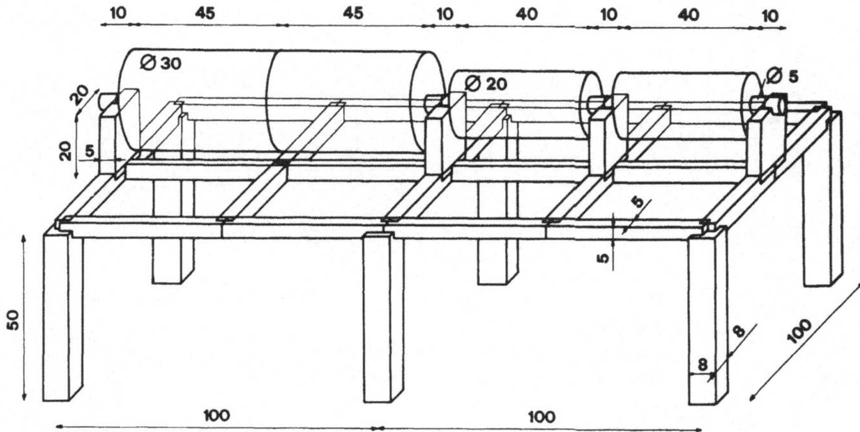

Fig. 6.33 Maschinentisch mit Maschinengruppe

Die Eigenwertaufgabe ist zusätzlich mit der Methode der statischen Kondensation behandelt worden. Zu diesem Zweck wurden die 84 Auslenkungen der 28 Knotenpunkte als die Meistervariablen betrachtet und die Ableitungen als untergeordnete Variablen eliminiert. Das resultierende allgemeine Eigenwertproblem der Ordnung $n^* = 84$ mit praktisch vollbesetzten Matrizen ist nach Abschn.5.1 gelöst worden.

Tab. 6.33 Eigenfrequenzen der Maschinengruppe

$f_1 = 33,93$ Hz	$f_2 = 38,36$ Hz	$f_3 = 43,63$ Hz	$f_4 = 56,63$ Hz
$f_1^* = 33,94$ Hz	$f_2^* = 38,37$ Hz	$f_3^* = 43,87$ Hz	$f_4^* = 56,63$ Hz
$f_5 = 64,31$ Hz	$f_6 = 76,45$ Hz	$f_7 = 78,57$ Hz	$f_8 = 100,7$ Hz
$f_5^* = 65,07$ Hz	$f_6^* = 78,58$ Hz(!)	$f_7^* = 100,3$ Hz(!)	
$f_9 = 138,0$ Hz	$f_{10} = 149,0$ Hz		

In Tab.6.33 sind die berechneten Eigenfrequenzen f_1 bis f_{10} sowie die sieben ersten Eigenfrequenzen f_1^* bis f_7^* nach der statischen Kondensation zusammengestellt. Die ersten fünf Eigenfrequenzen stimmen sehr gut überein. Die beiden weiteren Eigenfrequenzen f_6^* und besonders augenfällig f_7^* sind zu groß. Sie sind tatsächlich hervorragende Näherungen für f_7 und f_8, wie aus den zugehörigen Eigenschwingungsformen hervorgeht. Der Kondensationsprozeß k a n n somit in bestimmten Situationen zu unvollständigen Spektren führen, indem einige Eigenwerte fehlen. Im vorliegenden Fall läßt sich dazu eine einfache Erklärung finden. Neben einer seitlichen Schwingung des Maschinentisches existiert in der sechsten Eigenschwingung eine sehr ausgeprägte Torsionsschwingung der großen Trommel. Da im Kondensationsprozeß die Ableitungen, d. h. die Drehwinkel als untergeordnete Variablen eliminiert werden, kann das verbleibende Modell die betreffende Schwingungsform nicht darstellen.

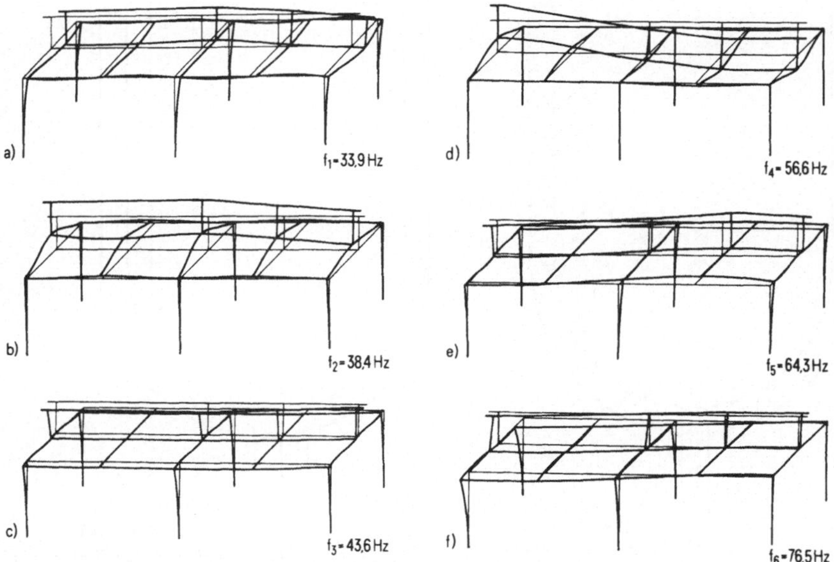

Fig. 6.34 Schwingungsformen der Maschinengruppe

In Fig.6.34 sind die Eigenschwingungsformen der sechs kleinsten Eigenfrequenzen dargestellt. Die Torsionsschwingung der sechsten Eigenfrequenz kann im Rahmen der Amplituden der Auslenkungen nicht dargestellt werden.

6.2.3 Schwingende Stimmgabel

Vor dem Aufkommen der Quarzuhren gelangten während kurzer Zeit Stimmgabeluhren auf den Markt, welche auf der Basis der tiefsten Eigenfrequenz einer eingebauten Stimmgabel eine hohe Ganggenauigkeit garantierten. Zur Entwicklung von brauchbaren Uhrenstimmgabeln mußten die tiefsten Eigenfrequenzen und die zugehörigen Eigenschwingungsformen analysiert werden. Um Störungen im Betrieb zu vermeiden, durften beispielsweise keine Oberschwingungen mit ganzzahligen Vielfachen der Grundfrequenz existieren. Da ferner die Schwingungen der Gabel mechanisch übertragen wurde, ergaben sich dadurch Anforderungen an die Amplitude und Richtung der Schwingung im Punkt, wo die mechanische Übertragung stattfindet.

Im folgenden soll eine Modellstimmgabel betrachtet werden, bestehend aus einem Griff, zwei Viertelskreisbögen und zwei geraden Stücken. Der Querschnitt der Stimmgabel ist quadratisch mit der Abmessung 1 cm x 1 cm. Die geometrischen Abmessungen sind aus den Fig.6.35 und 6.36 ersichtlich. Die Dichte des Materials ist $\rho = 8{,}25$ gcm^{-3} und die elastomechanischen Konstanten E = $1{,}815 \cdot 10^7$ Ncm^{-2} und $\nu = 0{,}3$. Gesucht sind die Eigenschwingungen der Stimmgabel in ihrer Ebene. Die Aufgabe läßt sich entweder mit Balkenelementen oder aber mit Scheibenelementen behandeln. Wir wählen hier die zweite

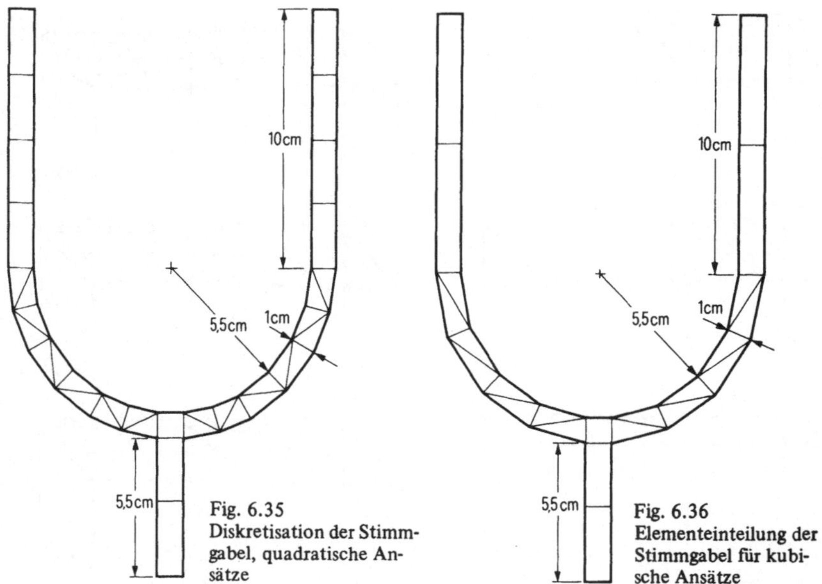

Fig. 6.35
Diskretisation der Stimm-
gabel, quadratische An-
sätze

Fig. 6.36
Elementeinteilung der
Stimmgabel für kubi-
sche Ansätze

Art und unterteilen die Stimmgabel in Scheibenelemente. Fig.6.35 zeigt die Diskretisation für den quadratischen Ansatz der Serendipity-Klasse in den Rechteckelementen.
Aus dieser Einteilung ist eine Einteilung für den linearen Ansatz in Dreiecken gewonnen
worden, indem jedes Dreieck in vier Teildreiecke und jedes Rechteck in sechs Teildreiecke unterteilt worden ist (vgl. Fig.6.37). Schließlich zeigt Fig.6.36 die Einteilung für
kubische Ansätze. In den Dreieckelementen wird der vollständige kubische Ansatz mit
10 Knotenvariablen und in den Rechteckelementen der kubische Ansatz der Serendipity-
Klasse mit 12 Knotenvariablen verwendet. In den Eckpunkten treten die Verschiebungen und ihre ersten partiellen Ableitungen als Knotenvariable auf. Tab.6.34 enthält die
näheren Angaben über die drei Elementeinteilungen.

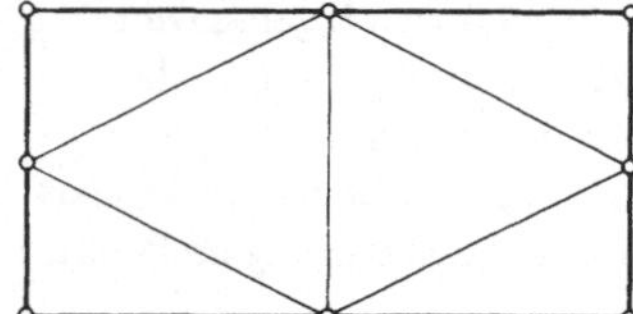

Fig. 6.37
Unterteilung eines Rechteckelementes

Tab. 6.34 Charakterisierende Daten, Stimmgabel

Fall	Ansatz, Einteilung		$n_{e\ell}^{\triangle}$	$n_{e\ell}^{\square}$	n	m	n(m + 1)
I	linear	(Fig. 6.35)	162	0	260	17	4680
II	quadratisch	(Fig. 6.35)	24	11	260	29	7800
III	kubisch	(Fig. 6.36)	16	7	216	43	9504

Die Eigenfrequenzen sind erstens für eine an ihrem Griff eingespannte Stimmgabel und zweitens für eine vollkommen freie Stimmgabel berechnet worden. Die berechneten sechs kleinsten Eigenfrequenzen der eingespannten Stimmgabel sind in Tab.6.35, die fünf kleinsten positiven Eigenfrequenzen der freien Stimmgabel sind in Tab.6.36 je für die drei Fälle zusammengestellt. Im Fall der freien Stimmgabel ist der Eigenwert Null dreifach mit den Starrkörperverschiebungen in x- und y-Richtung und der Starrkörperdrehung. Auch in diesem Fall erweisen sich die linearen Scheibenelemente als zu steif. Die linearen Ansätze liefern im Vergleich zu den andern Ansätzen wesentlich zu große Eigenfrequenzen.

Tab. 6.35 Eigenfrequenzen der eingespannten Stimmgabel

Fall	f_1 Hz	f_2 Hz	f_3 Hz	f_4 Hz	f_5 Hz	f_6 Hz
I	181,6	313,4	1049	1482	1983	3840
II	105,3	217,2	668,5	1014	1298	2496
III	105,6	215,7	666,1	1015	1284	2489

Tab. 6.36 Die fünf kleinsten positiven Eigenfrequenzen der freien Stimmgabel

Fall	f_1 Hz	f_2 Hz	f_3 Hz	f_4 Hz	f_5 Hz
I	322,3	934,6	2136	3191	4125
II	222,9	623,7	1376	2119	2600
III	221,3	621,1	1373	2129	2608

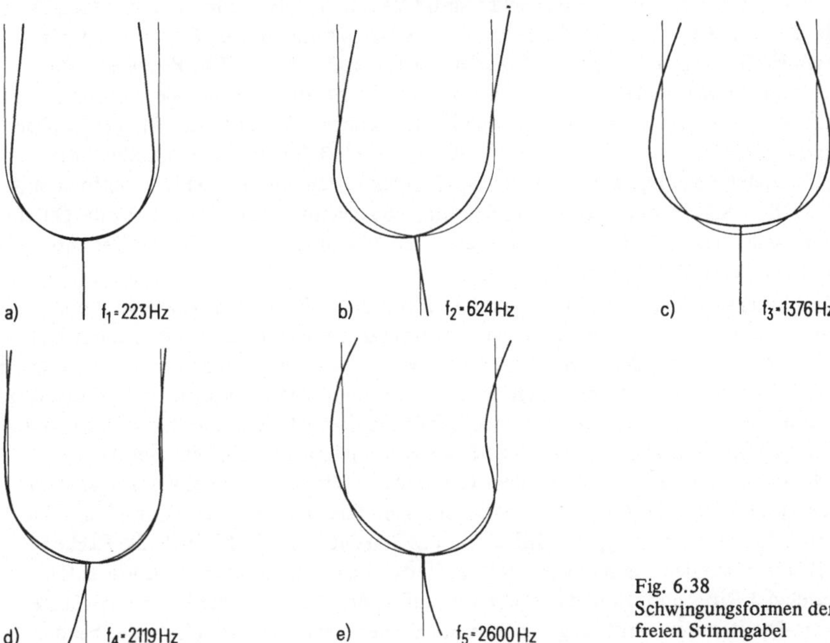

Fig. 6.38
Schwingungsformen der
freien Stimmgabel

Als Anschauungsmaterial der Ergebnisse sind in Fig.6.38 die ersten fünf Eigenschwingungsformen der freien Stimmgabel dargestellt. Zur Vereinfachung der Figuren sind nur die Schwingungsformen der Mittellinie dargestellt neben ihrer dünn gezeichneten unverformten Lage als Referenz.

6.2.4 Eigenschwingungen eines Hochspannungsmastes

Um das dynamische Verhalten eines Hochspannungsmastes im Fall eines Erdbebens oder bei stark wechselnden Windstärken zu untersuchen, sind seine Eigenfrequenzen und Eigenschwingungsformen von Bedeutung. Wir betrachten den Mast von Abschn. 6.1.5 mit dem in Fig. 6.28 dargestellten Aufbau. Die vier im Boden fixierten Fußpunkte ergeben total 24 homogene Randbedingungen für die betreffenden Knotenvariablen, so daß die Ordnung der Matrizen $\mathbf{A}$ und $\mathbf{B}$ noch $n = 978$ beträgt.

Die allgemeine Eigenwertaufgabe $\mathbf{Ax} = \lambda\mathbf{Bx}$ ist mit der simultanen Vektoriteration (SIVIT) und mit der Bisektionsmethode (BISECT) behandelt worden, wobei in beiden Fällen die Hüllenstruktur der Matrizen zur möglichst effizienten Lösung berücksichtigt worden ist. Bei der hohen Ordnung der Matrizen $\mathbf{A}$ und $\mathbf{B}$ ist der Speicherbedarf für die zwei Methoden recht groß. Im Fall von SIVIT sind die beiden Matrizen je in Hüllenform zu speichern, wofür $2 \times 50343 = 100686$ Plätze benötigt werden, zu denen noch die gemeinsame Indexinformation von $N_I = 1002$ ganzzahligen Werten für die Hülle hinzukommt. Neben den p* simultan iterierten Vektoren erfordert SIVIT im wesentlichen noch den zusätzlichen Arbeitsspeicher für p* Vektoren je der Länge n, d. h. p* $\times$ 978 Plätze. Für die Bisektionsmethode können die Matrixelemente von $\mathbf{A}$ und $\mathbf{B}$ je der unteren Hälfte kompakt gespeichert werden, wozu $2 \times 21471 = 42942$ Plätze erforderlich sind, zu denen allerdings die gemeinsame Indexinformation über die Position der Matrixelemente von $N_I = 22473$ ganzen Zahlen gehören. Weiter ist der Arbeitsspeicher für die Matrix $\mathbf{F} = \mathbf{A} - \mu\mathbf{B}$ mit einem Profil $p_F = 50343$ der erweiterten Hülle, für Informationen von insgesamt $4 \times 978 = 3912$ Indexwerten und für drei Hilfsvektoren mit $3 \times 978 = 2934$ Werten vorzusehen. Der totale Speicherbedarf ist folglich für die Durchführung der beiden Verfahren nur unwesentlich verschieden. Unter diesem Gesichtspunkt ist keine Methode zu bevorzugen.

Die Lösungsmethoden unterscheiden sich jedoch in der Rechenzeit zur Bestimmung einer bestimmten Anzahl p von Eigenwerten mit den zugehörigen Eigenvektoren. Dabei hängt das Verhältnis der Rechenzeiten stark von der Anzahl p der gewünschten kleinsten Eigenwerte ab, weil das Konvergenzverhalten der simultanen Vektoriteration durch den Quotienten $q = \lambda_p/\lambda_{p*+1}$ bestimmt wird, falls simultan p* Vektoren iteriert werden. Die Eigenwertaufgabe ist für verschiedene Zahlenpaare p und p* gelöst worden. Für drei Fälle sind in Tab. 6.37 die Anzahl der Iterationsschritte n_{it} sowie der Konvergenzquotient q für SIVIT, die Anzahl der total benötigten Bisektionsschritte n_{Bis} und der Vektoriterationsschritte n_{Invit} für BISECT für das Startintervall [O, L] sowie die Rechenzeiten in Sekunden zusammengestellt. Im Verfahren der simultanen Vektoriteration wurde der Ritz-Schritt und damit der Test auf Abbruch nach je vier Iterationen ausgeführt. Die Iteration wurde abgebrochen, sobald der maximale Restvektor, der bei der

B-Orthogonalisierung der Vektoren $x_i^{(k)}$ zu den $x_i^{(k-1)}$ entsteht, eine euklidische Länge kleiner als 10^{-6} aufweist. Die inverse Vektoriteration in BISECT wurde gestoppt, sobald sich zwei aufeinanderfolgende Rayleighsche Quotienten relativ um höchstens 10^{-12} unterschieden.

Tab. 6.37 Zur Eigenwertberechnung, Hochspannungsmast

Fall	SIVIT					BISECT			
	p	p^*	n_{it}	q	CPU	L	n_{Bis}	n_{Invit}	CPU
I	10	12	41	0,750	156	3000	44	75	186
II	15	18	133	0,918	745	5000	85	85	329
III	18	20	89	0,869	565	5000	105	97	397

Im Fall I liefert SIVIT die gewünschten Resultate in der kürzesten Rechenzeit, weil der Eigenwert λ_{10} gut von λ_{13} getrennt ist, so daß der kleine Quotient q die gute Konvergenz erklärt. Anders verhält es sich in den Fällen II und III. Die nächsthöheren Eigenwerte nach λ_p sind benachbart, so daß der große Quotient q eine langsame Konvergenz zur Folge hat. In diesen beiden Fällen arbeitet BISECT eindeutig effizienter, obwohl

Tab. 6.38 Eigenfrequenzen, Hochspannungsmast

k	λ_k	f_k [Hz]	Schwingungsform s_k
1	130,31	1,817	Schwingung der Verstrebungen des unteren Teils. Größte horizontale Amplitude im Niveau II
2	231,04	2,419	Wie s_1, größte Amplitude im Niveau III
3	260,19	2,567	Wie s_1, größte Amplitude im Niveau I
4	310,93	2,806	Biegeschwingung in y-Richtung
5	318,45	2,840	Biegeschwingung in x-Richtung
6	395,20	3,164	Wie s_1, größte Amplitude im Niveau IV
7	623,49	3,974	Drehschwingung des großen Auslegers
8	710,70	4,243	Wie s_1, größte Amplitude im Niveau V
9	852,26	4,646	Symmetrische, horizontale Schwingung des großen Auslegers
10	1255,1	5,638	Schwingung von Verstrebungen im untersten Teil
11	1536,7	6,239	Schwingung von Verstrebungen im untersten Teil
12	1659,0	6,483	Antisymmetrische, horizontale Schwingung des großen Auslegers
13	1672,8	6,509	Symmetrische, horizontale Schwingung des großen Auslegers
14	1844,7	6,836	Schwingung von Verstrebungen im untersten Teil
15	2229,8	7,515	Drehschwingung des Mastes mit antisymmetrischer Schwingung des großen Auslegers
16	2255,8	7,559	Torsionsschwingung der senkrechten Träger
17	2264,8	7,574	Schwingung von Verstrebungen im untersten Teil
18	2300,0	7,633	Schwingung von Verstrebungen im untersten Teil und schwache Drehschwingung des ganzen Mastes

Fig. 6.39 Ausgewählte Schwingungsformen des Hochspannungsmastes

die benachbarten Eigenwerte λ_{15} bis λ_{18} mehrere Testbisektionsschritte erfordern, um für die nachfolgende inverse Vektoriteration den geforderten Konvergenzquotienten zu garantieren.

In Tab. 6.38 sind die berechneten 18 kleinsten Eigenwerte λ_k und die Eigenfrequenzen $f_k = \sqrt{\lambda_k}/2\pi$ zusammengestellt. Zu jeder Eigenfrequenz ist die Art der Schwingungsform kurz beschrieben, wobei auf Fig. 6.28 Bezug genommen wird. Am Ergebnis ist überraschend, daß hauptsächlich ausgeprägte Schwingungen von Teilsystemen auftreten. Diese Tatsache erklärt die benachbarten Eigenfrequenzen. Zur Illustration sind in Fig. 6.39 vier der interessanteren Schwingungsformen dargestellt.

Um die Ordnung der Eigenwertaufgabe und den Speicherbedarf stark zu reduzieren, soll die Methode der Substrukturierung in Verbindung mit der Kondensation angewandt werden. Zu diesem Zweck wird der Hochspannungsmast in die fünf Substrukturen nach Fig. 6.40 zerlegt. Sie werden in den je vier gemeinsamen Knotenpunkten miteinander verbunden werden. Um einerseits die Zahl der Knotenvariablen drastisch zu verringern, sollen möglichst viele innere Knotenpunkte der Substrukturen vermittels Kondensation eliminiert werden. Anderseits sollen aber insbesondere die Schwingungs-

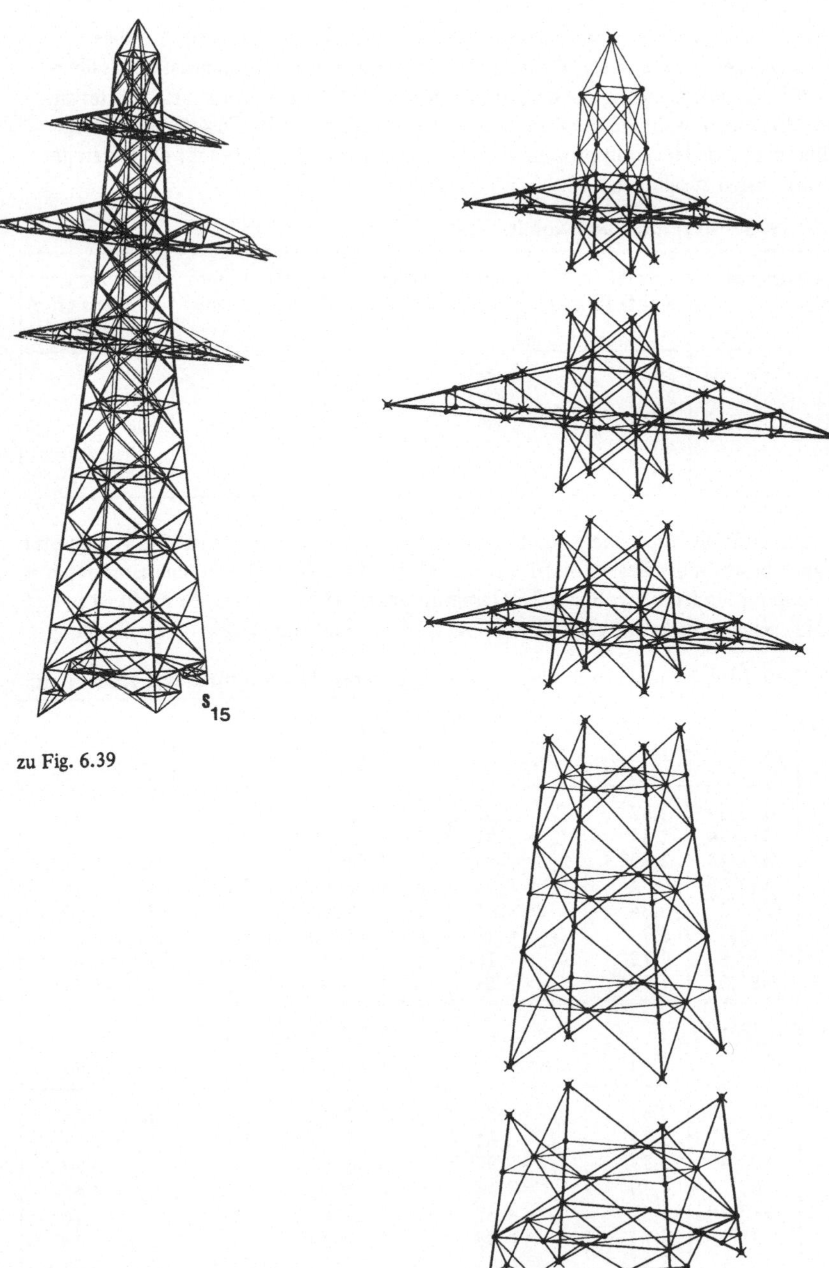

zu Fig. 6.39

Fig. 6.40
Substrukturen des Hochspannungsmastes

formen der Ausleger im kondensierten Problem erfaßt werden können. Aus diesem Grund wählten wir die in Fig. 6.40 durch Kreuze markierten Knotenpunkte als übergeordnet, für welche wir je die drei Auslenkungen und die Drehwinkel als Meistervariable bezeichnen, während die Knotenvariablen von allen andern Punkten als untergeordnet dem Kondensationsprozess unterworfen werden. Tab. 6.39 faßt die Daten der Substrukturen zusammen.

Tab. 6.39 Substrukturen und Kondensation

Substruktur	Anzahl Knotenpunkte	übergeordnete Knotenpunkte	untergeordnete Knotenpunkte	Ordnung der kondensierten Matrizen
I	39	15	24	90
II	38	18	20	108
III	30	18	12	108
IV	40	8	32	48
V	36	8	26	48

Die kondensierten Steifigkeits- und Massenmatrizen der Substrukturen sind voll besetzt. Folglich besitzen die Gesamtmatrizen eine voll besetzte Hülle. Bei 51 übergeordneten Knotenpunkten ist die Ordnung der Gesamtmatrizen $n^* = 306$, und ihr Profil ist $p = 17019$. Nach Berücksichtigung der 24 homogenen Randbedingungen ist die Ordnung

Tab. 6.40 Eigenfrequenzen des Hochspannungsmastes, Substrukturen und Kondensation

$\bar{\lambda} = 0$				$\bar{\lambda} = 310,93 = \lambda_4$			
k	λ_k^*	f_k^* [Hz]	entspricht	k	λ_k^*	f_k^* [Hz]	entspricht
1	316,89	2,83	$f_1 = 1,82$	1	310,93	2,81	$f_4 = 2,81$
2	318,54	2,84	$f_4 = 2,81$	2	318,45	2,84	$f_5 = 2,84$
3	319,43	2,85	$f_5 = 2,84$	3	372,53	3,07	$f_1 = 1,82!!$
4	887,00	4,74	$f_7 = 3,97$	4	609,89	3,93	$f_6 = 3,16$
5	1344,2	5,84	$f_9 = 4,65$	5	709,69	4,24	$f_7 = 3,97$
6	1908,5	6,95	$f_{12} = 6,48$	6	1137,8	5,37	$f_9 = 4,65$
7	2353,8	7,72	$f_6 = 3,16!!$	7	1845,9	6,84	$f_{12} = 6,48$
8	2481,0	7,93	$f_{13} = 6,51$	8	2029,1	7,17	$f_{13} = 6,51$
$\bar{\lambda} = 623,49 = \lambda_7$				$\bar{\lambda} = 852,26 = \lambda_9$			
k	λ_k^*	f_k^* [Hz]	entspricht	k	λ_k^*	f_k^* [Hz]	entspricht
1	319,43	2,85	$f_5 = 2,84$	1	321,65	2,85	$f_5 = 2,84$
2	329,87	2,89	$f_4 = 2,81$	2	378,39	3,10	$f_4 = 2,81$
3	623,49	3,97	$f_7 = 3,97$	3	685,76	4,17	$f_7 = 3,94$
4	763,23	4,40	$f_6 = 3,16$	4	852,26	4,65	$f_9 = 4,65$
5	917,98	4,82	$f_9 = 4,65$	5	876,01	4,71	$f_6 = 3,16$
6	1788,3	6,73	$f_{12} = 6,48$	6	1753,4	6,66	$f_{12} = 6,48$
7	1833,9	6,82	$f_{13} = 6,51$	7	1769,1	6,69	$f_{13} = 6,51$
8	1945,5	7,02	$f_1 = 1,82!!$	8	2488,7	7,94	$f_{15} = 7,52$

der Eigenwertaufgabe $n^{**} = 282$. Die allgemeinen Eigenwertprobleme sind mit SIVIT behandelt worden. Unter Verwendung verschiedener Werte $\bar{\lambda}$ für die dynamische Kondensation sind die zehn kleinsten Eigenwerte λ_k^* bei zwölf gleichzeitig iterierten Vektoren berechnet worden. Die Prozesse der Kompilation und Kondensation für die Substrukturen und die Kompilation der Gesamtmatrizen benötigten eine Rechenzeit von rund 53 Sekunden, während die anschließende simultane Vektoriteration weitere 90 Sekunden Rechenzeit erforderte. In Tab. 6.40 sind für vier Werte $\bar{\lambda}$ die acht kleinsten Eigenwerte λ_k^* und die Eigenfrequenzen f_k^* zusammengestellt. Auf Grund der Eigenschwingungsformen sind die entsprechenden Eigenfrequenzen f_j des nichtkondensierten Problems zugeordnet. Die Zusammenstellung zeigt, daß wegen der vorgenommenen Substrukturierung und wegen der Wahl der übergeordneten Knotenpunkte bestimmte Frequenzen, welche zu Schwingungen von Teilsystemen im unteren Teil des Mastes gehören, entweder fehlen oder wesentlich zu groß sind. Der Kondensationsprozeß führt in diesem Fall zu einem sehr unvollständigen Spektrum, in welchem zudem einige der Eigenfrequenzen unverhältnismäßig große Abweichungen aufweisen.

6.3 Instationäre Temperaturverteilung

Als Repräsentant eines instationären Feldproblems betrachten wir die Aufgabe, die zeitabhängige Temperaturverteilung im Grundgebiet G der Fig. 6.1 zu bestimmen. Die Anfangsrandwertaufgabe lautet für die vom Ort und der Zeit t abhängigen Funktion $u(x, y, t)$

$$\Delta u + 20 - \frac{\partial u}{\partial t} = 0 \quad \text{in } G \tag{6.8}$$

$$u = 0 \quad \text{auf AB}; \, t > 0 \tag{6.9}$$

$$\frac{\partial u}{\partial n} = 0 \quad \text{auf BD, DE, EF, LM, MA}; \, t > 0 \tag{6.10}$$

$$\frac{\partial u}{\partial n} + 2\,u = 0 \quad \text{auf FHIKL}; \, t > 0 \tag{6.11}$$

$$u(x, y, 0) = 0 \quad \text{in } G \tag{6.12}$$

Es soll die zeitliche Entwicklung der Temperaturverteilung bestimmt werden, falls zur Zeit $t = 0$ die Anfangstemperatur im Gebiet G gleich Null ist. Die Randbedingungen (6.9), (6.10) und (6.11) sind zeitunabhängig, was die Durchführung der Rechnung vereinfacht. Die stationär sich einstellende Lösungsfunktion stimmt mit derjenigen aus Abschn. 6.1.1 überein.

Zur Lösung der Aufgabe wird nach der in den Abschn. 1.4 und 1.5 dargelegten Methode die gesuchte Funktion nach (1.97) angesetzt. Da in unserem Fall die Randbedingungen homogen sind, entfällt die dort erklärte Funktion $\varphi_0(x, y, t)$. Als linear unabhängige Funktionen $\varphi_k(x, y)$ werden die globalen Formfunktionen $N_k(x, y)$ gewählt, so daß der Ansatz (1.97) lautet

$$u(x, y, t) = \sum_{k=1}^{n} c_k(t) N_k(x, y) \ . \tag{6.13}$$

Auf Grund der strengen Anwendung des Galerkinschen Verfahrens müßten die Ansatzfunktionen $\varphi_k(x, y)$, in unserem Fall die Formfunktionen $N_k(x, y)$, die homogenen Randbedingungen erfüllen. Gemäß der Bemerkung in Abschn. 1.4, (1. Anwendung der Methode von Galerkin) läßt man diese Forderung aber weg, so daß diese Randbedingungen auch nur näherungsweise erfüllt sein werden.

Die Galerkinschen Gleichungen (1.98) lauten für die betrachtete Anfangsrandwertaufgabe

$$\sum_{k=1}^{n} \dot{c}_k(t) \iint_{G} N_k N_j \, dxdy + \sum_{k=1}^{n} c_k(t) \left\{ \iint_{G} \mathrm{grad}\, N_k \cdot \mathrm{grad}\, N_j \, dxdy \right.$$

$$\left. + 2 \int_{C_2} N_k N_j \, ds \right\} - 20 \iint_{G} N_j \, dxdy = 0 \ , \qquad (j = 1, 2, \ldots, n) \ . \tag{6.14}$$

In (6.14) bedeutet C_2 den Halbkreis des Gebietes G. Die Gesamtheit der Differentialgleichungen (6.14) schreibt sich zusammengefaßt in der Form

$$\mathbf{B}\,\dot{\mathbf{c}} + \mathbf{A}\,\mathbf{c} + \mathbf{d} = \mathbf{O} \ , \tag{6.15}$$

worin $\mathbf{B}$ die Gesamtmassenmatrix, $\mathbf{A}$ die Gesamtsteifigkeitsmatrix und $\mathbf{d}$ den Konstantenvektor bedeuten gemäß

$$\mathbf{B} = (b_{jk}) \ , \qquad b_{jk} = \iint_{G} N_j N_k \, dxdy \ , \tag{6.16}$$

$$\mathbf{A} = (a_{jk}) \ , \qquad a_{jk} = \iint_{G} \mathrm{grad}\, N_j \cdot \mathrm{grad}\, N_k \, dxdy + 2 \int_{C_2} N_j N_k \, ds \ , \tag{6.17}$$

$$\mathbf{d} = (d_1, \ldots, d_n)^T \ , \qquad d_j = -20 \iint_{G} N_j \, dxdy \ . \tag{6.18}$$

Die Matrizen $\mathbf{A}$ und $\mathbf{B}$ und der Konstantenvektor werden zu einer gegebenen Gebietsdiskretisation am zweckmäßigsten kompiliert, ohne dabei auf die Randbedingung (6.9) zu achten nach dem in Abschn.3.1.2 beschriebenen Vorgehen. Die Randbedingung (6.10) wird näherungsweise durch das Nichtvorhandensein eines zugehörigen Randintegrals berücksichtigt, während (6.11) im zweiten Gebietsintegral von (6.17) Berücksichtigung findet.

Die numerische Integration von (6.15) erfolgt mit der Trapezmethode (vgl. Abschn.1.4). Da der Konstantenvektor $\mathbf{d}$ zeitunabhängig ist, lautet (1.105) vereinfacht

$$\left(\mathbf{B} + \frac{1}{2} \Delta t \, \mathbf{A} \right) c_{n+1} = \left(\mathbf{B} - \frac{1}{2} \Delta t \, \mathbf{A} \right) c_n - \Delta t \, \mathbf{d} \ . \tag{6.19}$$

Nun geht es noch darum, die Randbedingung (6.9) zu erfüllen. Anstatt die betreffenden Knotenvariablen aus dem System (6.15) zu eliminieren, werden die Bedingungen (6.9)

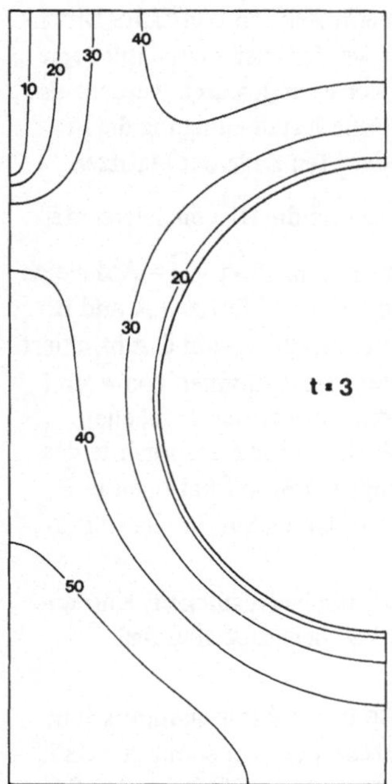

Fig. 6.41 Temperaturverteilung für t = 3

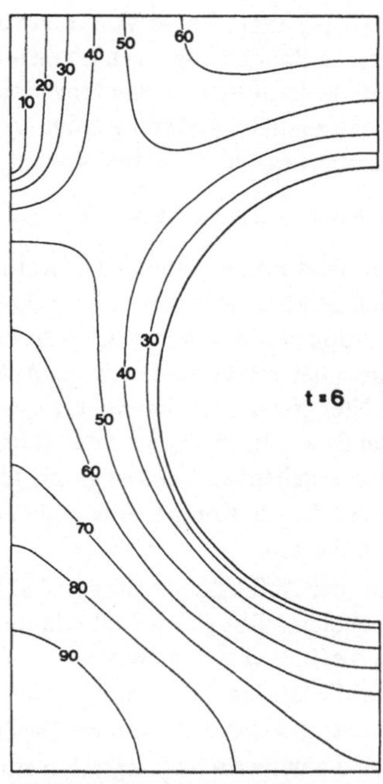

Fig. 6.42
Temperaturver-
teilung für t = 6

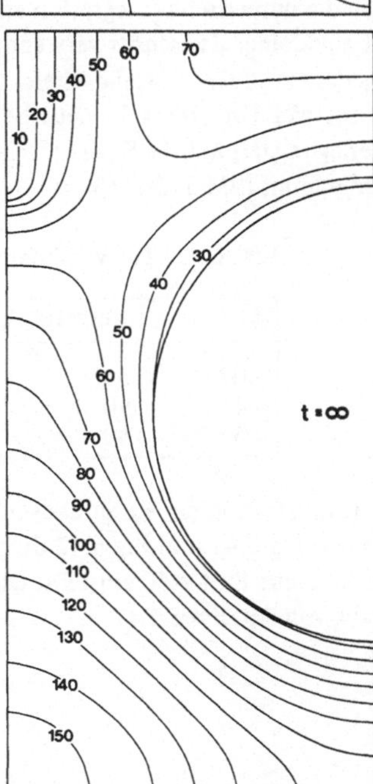

Fig. 6.43
Stationäre Tempe-
raturverteilung

in (6.19) ähnlich zum Vorgehen von Abschn.3.1.3 eingebaut. Zeitlich konstante Dirichletsche Randbedingungen können dadurch berücksichtigt werden, daß man dafür sorgt, daß die betreffenden Knotenvariablen im System (6.19) konstant gehalten werden, also keine zeitliche Änderung erfahren. Betrifft eine Dirichletsche Randbedingung die j-te Knotenvariable, wird dies erreicht, indem alle Elemente der j-ten Zeile der Matrizen

$$\widetilde{B} = B + \frac{1}{2} \Delta t\, A \quad \text{und} \quad \widetilde{A} = B - \frac{1}{2} \Delta t\, A$$ Null gesetzt werden und die Diagonalelemente

den Wert Eins erhalten. Gleichzeitig wird die j-te Komponente im Vektor $\widetilde{d} = \Delta t d$ gleich Null gesetzt. Jetzt wird die j-te Spalte von $\widetilde{A} - \widetilde{B}$ der modifizierten Matrizen $\widetilde{A}$ und $\widetilde{B}$, multipliziert mit dem gegebenen Randwert der j-ten Knotenvariablen, von $\widetilde{d}$ subtrahiert. Anschließend werden auch die Außendiagonalelemente der j-ten Kolonnen von $\widetilde{A}$ und $\widetilde{B}$ Null gesetzt. Im Startvektor $c_0 = c(0)$ erhält die j-te Komponente den gegebenen Randwert. In (6.19) wird damit im ersten Integrationsschritt die j-te Komponente des rechts stehenden Vektors gleich dem Randwert, und infolge der Modifikationen in $\widetilde{B}$ erhält die j-te Komponente von c_1 denselben Wert. Dies gilt dann auch für alle folgenden Schritte.

Aus der Anfangsbedingung (6.12) folgt schließlich, daß sämtliche (restlichen) Knotenvariablen selbst gleich Null sein müssen. Zusammen mit (6.9) bedeutet dies, daß $c_0 = c(0) = O$ gelten muß.

Für die konkrete Rechnung ist die Elementeinteilung nach Fig. 6.4 mit quadratischen Ansätzen verwendet worden. Die Ordnung der Systemmatrizen beträgt somit n = 537. Um die numerische Integration am Anfang mit hinreichender Genauigkeit durchzuführen, ist ein kleiner Zeitschritt verwendet worden, der anschließend zweimal vergrößert wird, bis der stationäre Zustand erreicht wird (vgl. Tab.6.41). Jede Änderung der Integrationsschrittweise erfordert die neue Berechnung der Matrizen $\widetilde{B}$ und $\widetilde{A}$ und die Cholesky-Zerlegung der Matrix $\widetilde{B}$. Die totale Rechenzeit betrug rund 14 Minuten (FORTRAN-Programm, IBM 370-155).

Tab. 6.41 Zur Wahl der Zeitschritte

Δt	Integrationsschritte	t_0	t_1
0,02	50	0,0	1,0
0,1	90	1,0	10,0
0,5	140	10,0	80,0

Zur Illustration der Resultate sind die Isothermen zu den Zeitpunkten t = 3 und t = 6 in den Fig.6.41 und Fig.6.42 dargestellt. Fig.6.43 zeigt den stationären Zustand, wie er sich bereits für t = 60 einstellt. Dies ist gleichzeitig die Temperaturverteilung für die Aufgabe von Abschn.6.1.1.

Literatur

[1] A b r a m o w i t z, M.; S t e g u n, I. A.: Handbook of mathematical functions. New York 1970

[2] A d i n i, A.: Analysis of shell structures by the finite element method. Ph. D. Thesis, Dept. Civ. Eng. Univ. of California 1961

[3] A l b r e c h t, J.; C o l l a t z, L.: Finite Elemente und Differenzenverfahren. ISNM Bd. 28, Basel 1975

[4] A n d e r h e g g e n, E.: A conforming finite element plate bending solution. Int. J. Numer. Meth. Eng. 2 (1970) 259–264

[5] A p e l t, C. J.; I s a a c s, L. T.: On the estimation of the optimum accelerator for SOR applied to finite element methods. Comp. Meth. Appl. Mech. Eng. 12 (1977) 383–391

[6] A r g y r i s, J. H.; F r i e d, I.; S c h a r p f, D. W.: The TET20 and the TEA8 elements for the matrix displacement method. Aer. J. 72 (1968) 618–623

[7] A r g y r i s, J. H.; F r i e d, I.; S c h a r p f, D. W.: The TUBA family of plate elements for the matrix displacement method. The Aeron. J. of the Roy. Aeron. Soc. 72 (1968) 701–709

[8] A x e l s s o n, O.: A generalized SSOR method. BIT 13 (1972) 443–467

[9] A x e l s s o n, O.: A class of iterative methods for finite element equations. Comp. Meth. in Appl. Mech. and Eng. 9 (1976) 123–137

[10] A x e l s s o n, O.: Solution of linear systems of equations: Iterative methods. Sparse Matrix Techniques, Copenhagen 1976. Berlin–Heidelberg–New York 1977. Lecture Notes in Mathematics 572

[11] A z i z, A. K. (ed.): The mathematical foundations of the finite element method with applications to partial differential equations. New York – London 1972

[12] B a r t h, W.; M a r t i n, R. S.; W i l k i n s o n, J. H.: Calculation of the eigenvalues of a symmetric tridiagonal matrix by the method of bisection. Numer. Math. 9 (1967) 386–393. Auch in [124]

[13] B a t h e, K. J.; W i l s o n, E. L.: Numerical methods in finite element analysis. Englewood Cliffs, N. J. 1976

[14] B a t h e, K. J.; O d e n, J. T.; W u n d e r l i c h, W. (ed.): Formulations and computational algorithms in finite element analysis. M. I. T. 1977

[15] B a u e r, F. L.: Optimally scaled matrices. Numer. Math. 5 (1963) 73–87

[16] B a z e l e y, G. P.; C h e u n g, Y. K.; I r o n s, B. M.; Z i e n k i e w i c z, O. C.: Triangular elements in bending-conforming and nonconforming solutions. In: Proc. 1st Conf. Matrix Methods in Struct. Mech., Air Force Inst. of Techn. Wright Patterson A. F. Base. Ohio 1965, 547–576

[17] B e c k e r, J.; D r e y e r, H.; H a a c k e, W.; N a b e r t, R.: Numerische Mathematik für Ingenieure. Stuttgart 1977

[18] B e l l, K.: A refined triangular plate bending finite element. Int. J. Numer. Meth. Eng. 1 (1969) 101–122

[19] B e n d e r, C. F.; S h a v i t t, J.: An iterative procedure for the calculation
      of the lowest real eigenvalue and eigenvector of a nonsymmetric matrix. J. Comput.
      Physics 6 (1970) 146–149

[20] B e n o i t: Note sur une méthode de résolution des équations normales etc.
      (Procédé du commandant Cholesky). Bull. géodésique 3 (1924) 67–77

[21] B u c k, K. E.; S c h a r p f, D. W.; S t e i n, E.; W u n d e r l i c h, W.:
      Finite Elemente in der Statik. Berlin – München – Düsseldorf 1973

[22] B u f l e r, H.: Die verallgemeinerten Variationsgleichungen der dünnen Platte
      bei Zulassung diskontinuierlicher Schnittkräfte und Verschiebungsgrößen. Ing.
      Arch. 39 (1970) 330–340

[23] B u n c h, J. R.; R o s e, D. J. (ed.): Sparse Matrix Computations. New
      York 1976

[24] C l o u g h, R. W.; T o c h e r, J. L.: Finite element stiffness matrices for the
      analysis of plate bending. In: Proc. 1st Conf. on Matrix Methods in Structural
      Mechanics, Wright Patterson AFB Ohio 1965, 515–545

[25] C l o u g h, R. W.; F e l i p p a, C. A.: A refined quadrilateral element for
      analysis of plate bending. In: Proc. 2nd Conf. on Matrix Methods in Structural
      Mechanics, Wright Patterson AFB Ohio 1968, 399–440

[26] C o l l a t z, L.: Numerische Behandlung von Differentialgleichungen, 2. Aufl.
      Berlin 1955; 3. Aufl. in englischer Sprache. Berlin – Göttingen – Heidelberg 1959

[27] C o o k, R. D.: Concepts and applications of finite element analysis. New
      York – London – Sydney – Toronto 1974

[28] C o u r a n t, R.; H i l b e r t, D.: Methoden der mathematischen Physik,
      1. Band, 3. Aufl. Berlin – Heidelberg – New York 1970

[29] C u t h i l l, E.: Several strategies for reducing the band width of matrices.
      Sparse matrices and their applications, D. J. Rose and R. A. Willoughby, eds.
      New York 1972, 157–166

[30] C u t h i l l, E.; M c K e e, J.: Reducing the bandwidth of sparse symmetric
      matrices. In: Proc. ACM Nat. Conf., New York 1969, 157–172

[31] D a v i s, P. J.; R a b i n o w i t z, P.: Numerical integration. London 1967.

[32] D e s a i, C. S.; A b e l, J. F.: Introduction to the finite element method.
      New York 1972

[33] E n g e l i, M.; G i n s b u r g, Th.; R u t i s h a u s e r, H.; S t i e f e l, E.:
      Refined iterative methods for the computation of the solution and the eigenvalues
      of selfadjoint boundary value problems. Basel – Stuttgart 1959. Mitt. Inst. f.
      angew. Math. ETH Zürich, Nr. 8

[34] E r g a t o u d i s, J. G.; I r o n s, B. M.; Z i e n k i e w i c z, O. C.: Curved
      isoparametric quadrilateral elements for finite element analysis. Int. J. Solids
      Struct. 4 (1968) 31–42

[35] F a d d e j e w, D. K.; F a d d e j e w a, W. N.: Computational methods of
      linear algebra. San Francisco 1963. (Dt. Übersetzung: Numerische Methoden der
      linearen Algebra. München – Wien 1964)

[36] F a l k, S.: Berechnung von Eigenwerten und Eigenvektoren normaler Matrizen-
      paare durch Ritz-Iteration. ZaMM 53 (1973) 73–91

[37] Forsythe, G. E.; Moler, C. B.: Computer solution of linear algebraic systems. Englewood Cliffs, N. J. 1967

[38] Funk, P.: Variationsrechnung und ihre Anwendung in Physik und Technik. 2. Aufl. Berlin – Heidelberg – New York 1970

[39] Gallagher, R. H.: Finite-Element-Analysis. Berlin – Heidelberg – New York 1976

[40] Galligani, I.; Magenes, E. (ed.): Mathematical aspects of finite element methods. Proc. of the Conf. held in Rome, Dec. 10–12, 1975. Berlin – Heidelberg – New York 1977. Lecture Notes in Mathematics No. 606

[41] Gantmacher, F. R.: Matrizenrechnung, Bd. 1, 3. Aufl. Berlin 1970

[42] George, J. A.: Computer implementation of the finite element method. Techn. Rep. STAN-CS-71-208, Computer Science Dept., Stanford Univ., Stanford, Calif. 1971

[43] George, J. A.: Nested dissection of a regular finite element mesh. SIAM J. Numer. Anal. 10 (1973) 345–363

[44] George, J. A.: Sparse matrix aspects of the finite element method. In: Proc. 2nd Intern. Symp. on Computing Methods in Applied Sciences and Engineering. Berlin – Heidelberg – New York 1976. Lecture Notes in Economics and Mathematical Systems 134, 3–22

[45] George, J. A.: Numerical experiments using dissection methods to solve n by n grid problems. SIAM J. Numer. Anal. 14 (1977) 161–179

[46] George, J. A.: Solution of linear systems of equations: Direct methods for finite element problems. Sparse matrix techniques, Copenhagen 1976. Berlin – Heidelberg – New York 1977. Lecture Notes in Mathematics 572, 52–101

[47] George, J. A.; Poole, W. G.; Voigt, R. G.: Incomplete nested dissection for solving n by n grid problems. SIAM J. Numer. Anal. 15 (1978) 662–673

[48] Gibbs, N. E.; Poole, W. G.; Stockmeyer, P. K.: An algorithm for reducing the bandwidth and profile of a sparse matrix. SIAM J. Numer. Anal. 13 (1976) 236–250

[49] Givens, W.: Numerical computation of the characteristic values of a real symmetric matrix. Oak Ridge Nat. Lab. Report ORNL-1574 (1954)

[50] Gose, G.: Relaxationsverfahren zur Minimierung von Funktionalen und Anwendung auf das Eigenwertproblem für symmetrische Matrizenpaare. Diss. Techn. Univ. Braunschweig 1974

[51] Gupta, K. K.: Solution of eigenvalue problems by Sturm sequence method. Int. J. Numer. Meth. Eng. 4 (1972) 379–404

[52] Gupta, K. K.: Eigenproblem solution by a combined Sturm sequence and inverse iteration technique. Int. J. Numer. Meth. Eng. 7 (1973) 17–42

[53] Hahn, H. G.: Methode der finiten Elemente in der Festigkeitslehre. Frankfurt a. M. 1975

[54] Hammer, P. C.; Stroud, A. H.: Numerical evaluation of multiple integrals. Math. Tables Aids Comp. 12 (1958) 272–280

[55] H e n r i c i, P.: On the speed of convergence of cyclic and quasi-cyclic Jacobi
methods for computing eigenvalues of Hermitian matrices. J. Soc. Industr. Appl.
Math. 6 (1958) 144—162

[56] H e s t e n e s, M.; S t i e f e l, E.: Methods of conjugate gradients for solving
linear systems. J. Res. Nat. Bur. Standards 49 (1952) 409—436

[57] H i n t o n, E.; O w e n, D. R. J.: Finite element programming. London—
New York—San Francisco 1977

[58] H o l a n d, I.; B e l l, K.: Finite element methods in stress analysis, 3rd ed.
Trondheim, Norwegen 1972

[59] H o l z m a n n, G.; M e y e r, H.; S c h u m p i c h, G.: Technische Mechanik. T. 3: Festigkeitslehre, 3. Aufl. Stuttgart 1975

[60] H o u s e h o l d e r, A.: Unitary triangularization of a nonsymmetric matrix.
J. Ass. Comput. Mach. 5 (1958) 339—342

[61] I r o n s, B. M.: A conforming quartic triangular element for plate bending.
Int. J. Numer. Meth. Eng. 1 (1969) 29—45

[62] I r o n s, B. M.: A frontal solution program for finite element analysis. Int. J.
Num. Meth. Eng. 2 (1970) 5—32

[63] I r o n s, B. M.; R a z z a q u e, A.: Experience with the patch test for convergence of finite elements. In: The mathematical foundations of the finite element method with applications to partial differential equations. Aziz, A. K.
(Hrsg.). New York—London 1972

[64] J a c o b i, C. G. J.: Über ein leichtes Verfahren, die in der Theorie der Säku-
larstörungen vorkommenden Gleichungen numerisch aufzulösen. Crelle's J. 30
(1846) 51—94

[65] J ä c k e r, M.; K n o t h e, K.: Gekoppelte Schwingungen von Rotor und
Fundament bei großen Turbosätzen. Institut für Luft- und Raumfahrt, TU Berlin,
Mitteilung Nr. 23, 1976

[66] J e n n i n g s, A.: A compact storage scheme for the solution of simultaneous
equations. Comput. J. 9 (1966) 281—285

[67] K a h a n, W.: Relaxation methods for an eigenproblem. Tech. Report CS-44,
Computer Science Dept. Stanford Univ. 1966.

[68] K n e u b ü h l, F.: Repetitorium der Physik. Stuttgart 1975

[69] K o p a l, Z.: Numerical Analysis, 2nd ed. New York 1961

[70] L a n c z o s, C.: The variational principles of mechanics. 4. Aufl. Toronto 1970

[71] L i u, W. H.; S h e r m a n, A. H.: Comparative analysis of the Cuthill-McKee
and the reverse Cuthill-McKee ordering algorithms for sparse matrices. SIAM J.
Numer. Anal. 13 (1976) 198—213

[72] M a r t i n, H. C.; C a r e y, G. F.: Introduction to finite element analysis,
theory and application. New York 1973

[73] M a r t i n, R. S.; P e t e r s, G.; W i l k i n s o n, J. H.: Symmetric decom-
position of a positive definite matrix. Numer. Math. 7 (1965) 362—383

[74] M a r t i n, R. S.; W i l k i n s o n, J. H.: Solution of symmetric and unsym-
metric band equations and the calculation of eigenvectors of band matrices. Numer.
Math. 9 (1967) 279—301

[75] M e l o s h, R. J.; B a m f o r d, R. M.: Efficient solution of load deflection equations. J. Struct. Div. ASCE, Proc. Paper No. 6510 (1969) 661–676

[76] M i t c h e l l, A. R.; W a i t, R.: The finite element method in partial differential equations. London – New York – Sydney – Toronto 1977

[77] M u h e i m, J. A.: Verfahren zur Berechnung der akustischen Eigenfrequenzen und Stehwellenfelder komplizierter Hohlräume. Dissertation ETH Zürich, No. 4810, 1972

[78] N e s b e t, R. K.: Algorithm for diagonalization of large matrices. J. Chem. Physics **43** (1965) 311–312

[79] N o r r i e, D. H.; d e V r i e s, G.: The finite element method. New York – London 1973

[80] N o r r i e, D. H.; d e V r i e s, G.: Finite element bibliography. New York 1976

[81] N o r r i e, D. H.; d e V r i e s, G.: An introduction to finite element analysis. New York 1978

[82] O d e n, J. T.; R e d d y, J. N.: Variational methods in theoretical mechanics. Berlin 1976

[83] P a r t e r, S. V.: The use of linear graphs in Gauss elimination. SIAM Rev. **3** (1969) 364–369

[84] P e t e r s, G.; W i l k i n s o n, J. H.: Eigenvalues of $\mathbf{Ax} = \lambda\mathbf{Bx}$ with band symmetric $\mathbf{A}$ and $\mathbf{B}$. Comp. J. **12** (1969) 398–404

[85] P i a n, T. H. H.: Finite element methods by variational principles with relaxed continuity requirements. In: Brebbia, C. A.; Tottenham, H. (ed.): Variational methods in engineering. Univ. Southampton 1973

[86] P r a g e r, W.: Beitrag zur Kinematik des Raumfachwerkes. ZaMM **6** (1926) 341–355

[87] P r a g e r, W.: Variational principles for elastic plates with relaxed continuity requirements. Int. J. Solids Structures **4** (1968) 837–844

[88] P r e n t e r, P. M.: Splines and variational methods. London – New York – Sydney – Toronto 1975

[89] R a z z a q u e, A. Q.: Program for triangular elements with derivative smoothing. Int. J. Numer. Meth. Eng. **6** (1973) 333–344

[90] R e i d, J. K. (ed.): Large sparse sets of linear equations, New York – London 1971

[91] R i t z, W.: Über eine neue Methode zur Lösung gewisser Variationsprobleme der mathematischen Physik. J. f. reine und angew. Math. **135** (1909) 1–61

[92] R o s e, D. J.; W i l l o u g h b y, R. A. (ed.): Sparse matrices and their applications. New York – London 1972

[93] R o s e n, R.: Matrix bandwidth minimization. Proc. ACM Nat. Conf., Brandon Systems Press, Princeton, N. J. 1968, 585–595

[94] R u h e, A.: SOR-methods for the eigenvalue problem with large sparse matrices. Math. Comput. **28** (1974) 695–710

[95] R u t i s h a u s e r, H.: Vorlesungen über Numerik. Basel 1976

[96] S c h m e i s s e r, G.; S c h i r m e i e r, H.: Praktische Mathematik. Berlin—
New York 1976

[97] S c h ö n h a g e, A.: Zur Konvergenz des Jacobi-Verfahrens. Numer. Math. 3
(1961) 374—380

[98] S c h w a r z, H. R.; R u t i s h a u s e r, H.; S t i e f e l, E.: Numerik sym-
metrischer Matrizen, 2. Aufl. Stuttgart 1972

[99] S c h w a r z, H. R.: The eigenvalue problem $(A - \lambda B)x = O$ for symmetric
matrices of high order. Comp. Meth. Appl. Mech. Eng. 3 (1974) 11—28

[100] S c h w a r z, H. R.: The method of coordinate overrelaxation for
$(A - \lambda B)x = O$. Numer. Math. 23 (1974) 135—151

[101] S c h w a r z, H. R.: La méthode de surrelaxation en coordonnées pour
$(A - \lambda B)x = O$. Séminaire d'analyse numérique, Université de Grenoble, report
no. 223, 1975

[102] S c h w a r z, H. R.: Two algorithms for treating $Ax = \lambda Bx$. Comp. Meth.
Appl. Mech. Eng. 12 (1977) 181—199

[103] S e g e r l i n d, L. J.: Applied finite element analysis. New York 1976

[104] S h a v i t t, I.: Modification of Nesbet's algorithms for the iterative evaluation
of eigenvalues and eigenvectors of large matrices. J. Comput. Physics 6 (1970)
124—130

[105] S h a v i t t, I.; B e n d e r, C. F.; P i p a n o, H.; H o s t e n y, R. P.:
The iterative calculation of several of the lowest or highest eigenvalues and
corresponding eigenvectors of very large symmetric matrices. J. Comput. Physics
11 (1973) 90—108

[106] S m i t h, B. T.; B o y l e, J. M.; G a r b o w, B. S.; I k e b e, Y.;
K l e m a, V. C.; M o l e r, C. B.: Matrix eigensystem routines — EISPACK
guide. Berlin—Heidelberg—New York 1974

[107] S t i e f e l, E.: Einführung in die numerische Mathematik. 5. Aufl. Stuttgart
1976

[108] S t r a n g, G.; F i x, G. J.: An analysis of the finite element method. Englewood Cliffs, N. J. 1973

[109] S t r o u d, A. H.; S e c r e s t, D.: Gaussian quadrature formulas. Englewood
Cliffs, N. J. 1966

[110] S t r o u d, A. H.: Approximate calculation of multiple integrals. Englewood
Cliffs, N. J. 1971

[111] T a y l o r, C.; P a t i l, B. S.; Z i e n k i e w i c z, O. C.: Harbour oscilla-
tions: A numerical treatment for undamped natural modes. Proc. Inst. Civil. Eng.
43 (1969) 141—155

[112] T o c h e r, J. L.: Analysis of plate bending using triangular elements. Ph. D.
Thesis, Dept. Civ. Eng. Univ. of California 1962

[113] V a r g a, R. S.: Matrix Iterative Analysis. Englewood Cliffs, N. J. 1962

[114] W e i n s t o c k, R.: Calculus of variations with applications to physics and
engineering. New York 1974

[115] W h i t e m a n, J. R. (ed.): The mathematics of finite elements and applications. New York—London 1973

[116] **W h i t e m a n**, J. R.: A bibliography for finite elements. London – New York – San Francisco 1975

[117] **W h i t e m a n**, J. R. (ed.): Mathematics of finite elements and applications II. MAFELAP 1975. London 1977

[118] **W i e l a n d t**, H.: Bestimmung höherer Eigenwerte durch gebrochene Iteration. Bericht der aerodyn. Versuchsanstalt Göttingen 44/J/37(1944)

[119] **W i l k i n s o n**, J. H.: Householder's method for the solution of the algebraic eigenproblem. Computer J. **3** (1960) 23–27

[120] **W i l k i n s o n**, J. H.: Error analysis of direct methods of matrix inversion. J. Ass. Comput. Mach. **8** (1961) 281–330

[121] **W i l k i n s o n**, J. H.: Note on the quadratic convergence of the cyclic Jacobi process. Numer. Math. **4** (1962) 296–300

[122] **W i l k i n s o n**, J. H.: The algebraic eigenvalue problem. Oxford 1965

[123] **W i l k i n s o n**, J. H.: Rundungsfehler. Berlin 1969

[124] **W i l k i n s o n**, J. H.; **R e i n s c h**, C.: Handbook for Automatic Computation, Vol. II, Linear Algebra. Berlin – Heidelberg – New York 1971

[125] **Y o u n g**, D. M.: Iterative solution of large linear systems. New York – London 1971

[126] **Z i e n k i e w i c z**, O. C.: The finite element method in engineering science. 3. Aufl. London 1977. (Dt. Übersetzung: Methode der finiten Elemente. Leipzig 1974)

[127] **A k i n**, J. E.: Application and implementation of finite element methods. London 1982

[128] **A m i t**, R.; **H a l l**, C.: Storage requirements for profile and frontal elimination. SIAM J. Numer. Anal. **19** (1981) 205–218

[129] **B u n c h**, J. R.; **K a u f m a n**, L.: Some stable methods for calculating inertia and solving symmetric linear systems. Math. Comput. **31** (1977) 163–177

[130] **C i a r l e t**, Ph. G.: The finite element method for elliptic problems. Amsterdam 1978

[131] **D u f f**, I. S.; **S t e w a r t**, G. W. (ed.): Sparse matrix proceedings 1978. SIAM Philadelphia 1979

[132] **E v a n s**, D. J.: The use of preconditioning in iterative methods for solving linear equations with symmetric positive definite matrices. J. Inst. Maths. Applics. **4** (1968) 295–314

[133] **E v a n s**, D. J.: The analysis and application of sparse matrix algorithms in the finite element method. In [115], 427–447

[134] **G u s t a f s s o n**, I.: On modified incomplete Cholesky factorization methods for the solution of problems with mixed boundary conditions and problems with discontinous material coefficients. Int. J. Num. Meth. Engin. **14** (1980) 1127–1140

[135] **H i n t o n**, E.; **O w e n**, D. R. J.: An introduction to finite element computations. Swansea. U.K. 1979

[136] **J e n n i n g s**, A.: Matrix computation for engineers and scientists. Chichester – New York – Brisbane – Toronto 1977

[137] Jennings, A.; Malik, G. M.: Partial elimination. J. Inst. Maths. Applics. **20** (1977) 307–316

[138] Kershaw, D. S.: The incomplete Cholesky-conjugate gradient method for the iterative solution of systems of linear equations. J. Comp. Physics **24** (1978) 43–65

[139] Lascaux, P.; Lesaint, P.: Some nonconforming finite elements for the plate bending problem. Rev. Française Automat. Informat. Recherche Opérationnelle Sér. Rouge Anal. Numér. **R-1** (1975) 9–53

[140] Manteuffel, T. A.: Shifted incomplete Cholesky-factorization. In: [131], 41–61

[141] Meijerink, J. A.; van der Vorst, H. A.: An iterative solution method for linear systems of which the coefficient matrix is a symmetric M-matrix. Math. Comput. **31** (1977) 148–162

[142] Parlett, B. N.: The symmetric eigenvalue problem. Englewood Cliffs, N. J. 1980

[143] Peters, T. J.: Sparse matrices and substructures with a novel implementation of finite element algorithms. Amsterdam 1980

[144] Rao, S. S.: The finite element method in engineering. Oxford-New York–Toronto-Sydney–Paris–Frankfurt 1982

[145] Schwarz, H. R.: Die Methode der konjugierten Gradienten mit Vorkonditionierungen. In: Numerische Behandlung von Differentialgleichungen, Band 3, ISNM 56, Basel 1981

[146] Schwarz, H. R.: FORTRAN-Programme zur Methode der finiten Elemente. Stuttgart 1981

[147] Schwarz, H. R.: Simultane Iterationsverfahren für große allgemeine Eigenwertprobleme. Ing.-Arch. **50** (1981) 329–338

[148] Szabó, I.: Höhere Technische Mechanik, 5. Aufl. Berlin–Heidelberg–New York 1977

[149] Waldvogel, P.: Bisection for $Ax = \lambda Bx$ with matrices of variable band width. Computing **28** (1982) 171–180

[150] Whiteman, J. R. (ed.): The mathematics of finite elements and applications III. MAFELAP 1978. London 1979

[151] Whiteman, J. R. (ed.): The mathematics of finite elements and applications IV. MAFELAP 1981. London 1982

Sachverzeichnis

Teubner Studienbücher Fortsetzung

Mathematik Fortsetzung

Hilbert: **Grundlagen der Geometrie**
12. Aufl. VII, 271 Seiten. DM 26,80

Jeggle: **Nichtlineare Funktionalanalysis**
Existenz von Lösungen nichtlinearer Gleichungen. 255 Seiten. DM 26,80

Kall: **Analysis für Ökonomen**
238 Seiten. DM 28,80 (LAMM)

Kall: **Mathematische Methoden des Operations Research**
Eine Einführung. 176 Seiten. DM 25,80 (LAMM)

Kohlas: **Stochastische Methoden des Operations Research**
192 Seiten. DM 25,80 (LAMM)

Krabs: **Optimierung und Approximation**
208 Seiten. DM 26,80

Müller: **Darstellungstheorie von endlichen Gruppen**
IX, 211 Seiten. DM 24,80

Rauhut/Schmitz/Zachow: **Spieltheorie**
Eine Einführung in die mathematische Theorie strategischer Spiele
400 Seiten. DM 32,– (LAMM)

Schwarz: **FORTRAN-Programme zur Methode der finiten Elemente**
208 Seiten. DM 23,80

Schwarz: **Methode der finiten Elemente**
2. Aufl. 346 Seiten. DM 36,– (LAMM)

Stiefel: **Einführung in die numerische Mathematik**
5. Aufl. 292 Seiten. DM 29,80 (LAMM)

Stiefel/Fässler: **Gruppentheoretische Methoden und ihre Anwendung**
Eine Einführung mit typischen Beispielen aus Natur- und Ingenieurwissenschaften
256 Seiten. DM 26,80 (LAMM)

Stummel/Hainer: **Praktische Mathematik**
2. Aufl. 368 Seiten. DM 36,–

Topsøe: **Informationstheorie**
Eine Einführung. 88 Seiten. DM 16,80

Uhlmann: **Statistische Qualitätskontrolle**
Eine Einführung. 2. Aufl. 292 Seiten. DM 38,– (LAMM)

Velte: **Direkte Methoden der Variationsrechnung**
Eine Einführung unter Berücksichtigung von Randwertaufgaben bei partiellen
Differentialgleichungen. 198 Seiten. DM 26,80 (LAMM)

Vogt: **Grundkurs Mathematik für Biologen**
224 Seiten. DM 21,80

Walter: **Biomathematik für Mediziner**
2. Aufl. 206 Seiten. DM 22,80

Winkler: **Vorlesungen zur Mathematischen Statistik**
276 Seiten. DM 26,80

Witting: **Mathematische Statistik**
Eine Einführung in Theorie und Methoden. 3. Aufl. 223 Seiten. DM 26,80 (LAMM)

Preisänderungen vorbehalten

Teubner Studienbücher Fortsetzung

Mechanik

Becker: **Technische Strömungslehre**
Eine Einführung in die Grundlagen und technischen Anwendungen
der Strömungsmechanik. 5. Aufl. 160 Seiten. DM 21,80

Becker/Bürger: **Kontinuumsmechanik**
Eine Einführung in die Grundlagen und einfache Anwendungen
228 Seiten. DM 34,– (LAMM)

Becker/Piltz: **Übungen zur Technischen Strömungslehre**
3. Aufl. 136 Seiten. DM 18,80

Böhme: **Strömungsmechanik nicht-newtonscher Fluide**
280 Seiten. DM 34,– (LAMM)

Hahn: **Bruchmechanik**
Einführung in die theoretischen Grundlagen. 221 Seiten. DM 34,– (LAMM)

Magnus: **Schwingungen**
Eine Einführung in die theoretische Behandlung von Schwingungsproblemen. 3. Aufl. 251 Seiten. DM 28,80 (LAMM)

Magnus/Müller: **Grundlagen der Technischen Mechanik**
4. Aufl. 300 Seiten. DM 29,80 (LAMM)

Müller/Magnus: **Übungen zur Technischen Mechanik**
2. Aufl. 292 Seiten. DM 29,80 (LAMM)

Wieghardt: **Theoretische Strömungslehre**
Eine Einführung. 2. Aufl. 237 Seiten. DM 28,80 (LAMM)

Physik

Becher/Böhm/Joos: **Eichtheorien der starken
und elektroschwachen Wechselwirkung**
2. Aufl. 395 Seiten. DM 34,–

Bourne/Kendall: **Vektoranalysis**
227 Seiten. DM 22,80

Daniel: **Beschleuniger**
215 Seiten. DM 25,80

Großer: **Einführung in die Teilchenoptik**
155 Seiten. DM 21,80

Großmann: **Mathematischer Einführungskurs für die Physik**
4. Aufl. 288 Seiten. DM 29,80

Heinloth: **Energie**
Physikalische Grundlagen ihrer Gewinnung, Umwandlung und Nutzung.
451 Seiten. DM 36,–

Kamke/Krämer: **Physikalische Grundlagen der Maßeinheiten**
Mit einem Anhang über Fehlerrechnung. 218 Seiten. DM 19,80

Kleinknecht: **Detektoren für Teilchenstrahlung**
216 Seiten. DM 26,80

Kneubühl: **Repetitorium der Physik**
2. Aufl. 544 Seiten. DM 42,–

Lautz: **Elektromagnetische Felder**
2. Aufl. 184 Seiten. DM 28,–

Teubner Studienbücher Fortsetzung

Physik Fortsetzung

Lindner: **Drehimpulse in der Quantenmechanik**
208 Seiten. DM 26,80

Lohrmann: **Einführung in die Elementarteilchenphysik**
148 Seiten. DM 24,80

Lohrmann: **Hochenergiephysik**
2. Aufl. 248 Seiten. DM 29,80

Mayer-Kuckuk: **Atomphysik**
Eine Einführung. 2. Aufl. 233 Seiten. DM 29,80

Mayer-Kuckuk: **Kernphysik**
Eine Einführung. 4. Aufl. 349 Seiten. DM 32,—

Neuert: **Atomare Stoßprozesse**
208 Seiten. DM 26,80

Raeder u. a.: **Kontrollierte Kernfusion**
Grundlagen ihrer Nutzung zur Energieversorgung. 408 Seiten. DM 36,—

Rohe: **Elektronik für Physiker**
Eine Einführung in analoge Grundschaltungen.
2. Aufl. 248 Seiten. DM 25,80

Walcher: **Praktikum der Physik**
4. Aufl. 408 Seiten. DM 29,—

Wegener: **Physik für Hochschulanfänger**
Teil 1: 269 Seiten. DM 23.80
Teil 2: 282 Seiten. DM 23,80

Wiesemann: **Einführung in die Gaselektronik**
Grundlagen der Elektrizitätsleitung in Gasen
282 Seiten. DM 28,—

Informatik

Berstel: **Transductions and Context-Free Languages**
278 Seiten. DM 38,— (LAMM)

Beth: **Verfahren der schnellen Fourier-Transformation**
316 Seiten. DM 34,— (LAMM)

Bolch/Akyildiz: **Analyse von Rechensystemen**
Analytische Methoden zur Leistungsbewertung und Leistungsvorhersage
269 Seiten. DM 29,80

Dal Cin: **Fehlertolerante Systeme**
206 Seiten. DM 24,80 (LAMM)

Ehrig et al.: **Universal Theory of Automata**
A Categorical Approach. 240 Seiten. DM 24,80

Giloi: **Principles of Continuous System Simulation**
Analog, Digital and Hybrid Simulation in a Computer Science Perspective
172 Seiten. DM 25,80 (LAMM)

Kandzia/Langmaack: **Informatik: Programmierung**
234 Seiten. DM 24,80 (LAMM)

Kupka/Wilsing: **Dialogsprachen**
168 Seiten. DM 21,80 (LAMM)

Teubner Studienbücher

Informatik Fortsetzung

Maurer: **Datenstrukturen und Programmierverfahren**
222 Seiten. DM 26,80 (LAMM)

Oberschelp/Wille: **Mathematischer Einführungskurs für Informatiker**
Diskrete Strukturen. 236 Seiten. DM 24,80 (LAMM)

Paul: **Komplexitätstheorie**
247 Seiten. DM 26,80 (LAMM)

Richter: **Betriebssysteme**
Eine Einführung. 152 Seiten. DM 25,80 (LAMM)

Richter: **Logikkalküle**
232 Seiten. DM 24,80 (LAMM)

Schlageter/Stucky: **Datenbanksysteme: Konzepte und Modelle**
2. Aufl. 368 Seiten. DM 32,— (LAMM)

Schnorr: **Rekursive Funktionen und ihre Komplexität**
191 Seiten. DM 25,80 (LAMM)

Spaniol: **Arithmetik in Rechenanlagen**
Logik und Entwurf. 208 Seiten. DM 24,80 (LAMM)

Vollmar: **Algorithmen in Zellularautomaten**
Eine Einführung. 192 Seiten. DM 23,80 (LAMM)

Weck: **Prinzipien und Realisierung von Betriebssystemen**
299 Seiten. DM 32,— (LAMM)

Wirth: **Compilerbau**
Eine Einführung. 2. Aufl. 94 Seiten. DM 17,80 (LAMM)

Wirth: **Systematisches Programmieren**
Eine Einführung. 4. Aufl. 160 Seiten. DM 22,80 (LAMM)